MBA
第11版

MPA MPAcc MEM

管理类

鑫全工作室

联考 数学精点

① 基础分册

鑫全工作室图书策划委员会·编

主编 杨 洁 王苁宇

参编 刘青春 毛 敏 廖 卫

全新改版
LIANKAO
2022 版
SHUXUEJINGDIAN
精点教材

机械工业出版社
CHINA MACHINE PRESS

本书根据全新管理类联考考试大纲和命题规律编写，针对考生的实际需求，在解题中总结套路，在套路中提高能力，形成一套灵活的应试方法，从而实现学习效果的加倍和考分的快速突破. 为方便考生使用，全书分为三个分册，即基础分册、强化分册，以及附赠的基础入门手册.

　　本书的特点之一是强化攻略篇的全程规划理念，通过完备的知识体系、常见技巧方法、命题总结，来帮助考生形成自己的备考体系，把握考试中的重点与难点，从而获得满意的分数.

　　本书的特点之二是对大纲给出的考点和往年真题进行了科学的分类和精解，并融入各章节中，帮助考生将所涉及的知识点、考点、技巧有机联系起来，达到"润物细无声"的功效.

　　本书的特点之三是内容编排与考生的不同复习阶段相对应，全书分为五个部分：应试指导篇、基础夯实篇、强化攻略篇、模考冲刺篇和考场增分策略篇，可供考生在备考启动阶段、基础阶段、强化阶段、冲刺阶段和临入考场阶段使用，为考试保驾护航.

　　随书附赠的基础入门手册是作者根据多年的辅导经验编写而成，选取了多数考生都存在知识盲点的五大薄弱板块，利用"知识点+习题"的形式逐个突破，为后面的学习打下良好基础. 对自身基础很自信的考生，可忽略此部分内容的学习.

　　希望在本书的帮助下，考生能顺利通过考试，取得满意的成绩.

图书在版编目（CIP）数据

数学精点：2022 精点教材　MBA、MPA、MPAcc、MEM 管理类联考 / 杨洁，王苁宇主编；鑫全工作室图书策划委员会编. —11 版. —北京：机械工业出版社，2020.12

（专业学位硕士联考应试精点系列）

ISBN 978 - 7 - 111 - 67005 - 6

Ⅰ.①数… Ⅱ.①杨…②王…③鑫… Ⅲ.①高等数学-硕士生入学考试-自学参考资料　Ⅳ.①O13

中国版本图书馆 CIP 数据核字（2020）第 236642 号

机械工业出版社（北京市百万庄大街 22 号　邮政编码 100037）
策划编辑：孟玉琴　　　　　　责任编辑：孟玉琴　孙　磊
责任校对：田　旭　　　　　　责任印制：孙　炜
保定市中画美凯印刷有限公司印刷

2020 年 12 月第 11 版·第 1 次印刷
184mm×260mm·29.75 印张·732 千字
00 001—10 000 册
标准书号：ISBN 978 - 7 - 111 - 67005 - 6
全书定价：79.00 元

电话服务　　　　　　　　　　　网络服务
客服电话：010 - 88361066　　　机　工　官　网：www.cmpbook.com
　　　　　010 - 88379833　　　机　工　官　博：weibo.com/cmp1952
　　　　　010 - 68326294　　　金　书　网：www.golden-book.com
封底无防伪标均为盗版　　　机工教育服务网：www.cmpedu.com

丛 书 序

　　这是一套针对管理类联考、经济类联考等专业学位硕士研究生入学考试应试备考的必备丛书. 本套丛书由专业学位硕士联考命题研究中心成员和命题专家联合编写，具有三大特点.

　　一、国内专业学位硕士联考命题研究组成员倾心打造

　　本套丛书作者均是从专业学位硕士联考命题研究中心中精心挑选的国内一流辅导教师. 他们具有丰富的管理类联考辅导经验，从 2009 年开始，就致力于研究专业学位硕士面向应届本科生招生之后的命题趋势，既有对考试命题规律进行研究的丰富经验，又有丰富的教学经验，能够将课堂与学生互动的疑问全部在本书编写时进行有针对性的讲解，更能满足广大考生对于个性化问题的需求.

　　二、完全依据专业学位硕士考试大纲和最新命题趋势编写

　　本套丛书完全根据专业学位硕士考试大纲进行编写，对专业学位硕士联考往年考试的真题进行分类整理，根据考生学习的逻辑规律将考试大纲中要求的应试能力和应试技巧与历年真题进行梳理，形成行之有效的考试复习思路. 在真题分类的基础上，对核心考点进行专项讲解，并且配备符合考试大纲要求的相关经典练习题，帮助考生充分理解和掌握核心考点，并且通过经典习题的配套练习，达到专业学位硕士考试所需的能力.

　　三、提供完整的科学复习体系，一站式解决各个阶段的备考难题

　　《逻辑精点》《写作分册精点》（管理类 199 科目与经济类 396 科目考生均适用），《数学精点》（管理类联考），《数学精点》（经济类联考）系列图书科学讲解考试大纲中要求的全部核心考点，并配备相关习题进行训练，力图做到"滴水不漏"，全面覆盖命题点.

　　《逻辑 1000 题一点通》和《数学 1000 题一点通》（管理类联考）、《管理类联考综合历年真题精点（数学+逻辑+中文写作）》等图书可以帮助考生系统运用知识点，专项突破，查漏补缺，扫除应试盲点，从而取得联考高分.

　　《管理类联考综合冲刺 10 套卷》《管理类联考综合能力考前押题五套卷》和《经济类联考综合能力考前冲刺 4 套卷》严格按照全新的考试大纲和最新命题趋势，结合热点考点及重点难点考点进行精心设计，凝聚众多作者多年的教学、辅导、命题研究的心血和智慧，考点分布合理，试卷难度略高于真题难度.

　　精点系列教材是伴随着专业学位硕士联考改革的不断深化进行的，能够紧扣最新的考试大纲和命题规律，能够把握考生尤其是应届考生对于高分的需求，能够有效地通过阶梯化学习训练帮助考生稳步提升应试能力，能够充分调动考生的学习积极性，调整考生的复习方法，能够在短时间内最大限度地提升考生的成绩.

　　希望考生根据自己的需求制订合理的复习计划，在参考本系列丛书的基础上，真正做到吃透每一本书中的每一个考点，真正掌握专业硕士联考的核心，相信大家一定能在考试中取得自己理想的成绩.

　　希望经过我们的不懈努力和众多专业学位硕士联考专家、辅导教师们的倾心奉献，广大考生在专业学位硕士备考的道路上能一帆风顺，金榜题名.

丛书编委会

前　言

本书根据全新管理类联考考试大纲、命题规律与真题轨迹编写，旨在帮助考生正确理解和使用大纲，准确把握考试内容，熟练掌握基础与方法，正确进行考前训练，为最后考试获得高分打下坚实的基础.

目前，数学科目的考前辅导书已出现不少，但大多数要么起点太高，一开始就进入强化冲刺阶段，备考建议过于宏观、抽象，让考生看不懂，跟不上；要么简单生硬地罗列概念，不能有机地导入到解题方法和技巧上. 这两种情况都没有构建出科学、系统、高效的备考体系. 本书针对这些问题和全国各地考生反馈的需求，深度总结了多年的考试辅导经验，以"全程规划、知识管理、产投比最大化"的理念为指导，强调备考中的层次性、系统性、科学性，用概念和基础方法铺平备考的道路，融入"阶梯化"理念和循序渐进的方法，带领考生在解题中总结，在总结中提高，从而实现考分的快速突破.

本书分为五个部分：应试指导篇、基础夯实篇、强化攻略篇、模考冲刺篇和考场增分策略篇，可供考生在备考启动阶段、基础阶段、强化阶段、冲刺阶段和临入考场前使用. 其中，应试指导篇深度研究了考试的内容、要点及命题偏好，结合备考建议和自测，给考生明确而实用的备考指导；基础夯实篇系统讲解了考试大纲中要求掌握的概念与方法，新版的数学精点完善了基本知识体系与对应的例题、练习题，让考生准确地理解概念与概念之间的逻辑关系，掌握数学考试中常用的方法；强化攻略篇引领学生建立全面知识体系，同时通过技巧点和命题点两方面学习考试的重点、难点、技巧和方法，帮助考生做到能解题、会解题、巧解题、快解题；模考冲刺篇严格按照考试要求提供 2 套模拟卷，既全面覆盖又重点突出，既能让考生查漏补缺、升华提高，又能让考生快速进入考试状态，直取高分；考场增分策略篇总结了考试必备策略、解题条件反射、核心公式和结论，帮助考生更好地应对考场上的问题.

本书基础夯实篇的结构说明如下：

基础概念　系统讲解考试大纲中要求的概念，帮助考生轻松地应对考试中的基础题.

基础方法　系统讲解考试中用到的方法，帮助考生构建数学解题中的方法体系.

经典例题、经典例题题解　通过例题剖析概念和方法及其在解题中的应用.

基础练习、基础练习题解　通过经典的基础习题帮助考生巩固基础概念与方法.

本书强化攻略篇的结构说明如下：

大纲表述　再现考试大纲的表述，使考生目标明确，有的放矢.

命题轨迹　再现历年考试的命题轨迹、命题特点以及常见的命题题材、命题语言等，帮助考生准确把握考试的动向与要领.

知识点 旨在帮助考生通过对本部分知识体系的查漏补缺，形成自己的知识体系，以及在临考前期回顾知识使用.

技巧点拨 旨在帮助考生掌握常见的技巧和方法，希望考生能在考场上如鱼得水.

命题点 旨在通过全面、系统总结以及题目的精挑细选和详细解答，帮助考生快速掌握重要命题点，直通高分.

综合训练 旨在通过精挑细选的题目和解析，配合命题点的内容，帮助考生举一反三，熟能生巧.

备考小结 提供空间帮助考生自己总结常见的命题模式、解题方法、经典母题和错题，供考生后期复习使用.

本书模考冲刺篇 2 套模拟试卷均配有详细的视频解析，关注微信公众号 xinquangzs，发送"数学精点+模拟试卷号"，即可查看. 例如发送"数学精点02"，即可查看数学精点模考冲刺篇模拟试卷二全部题目的视频解析.

另外，随书附赠的基础入门手册根据多数考生的薄弱点，形成排列组合、概率、数列、不等式、函数五大补弱专项，利用"知识点+习题"的形式帮考生快速提高，为之后的基础、强化乃至冲刺阶段的学习打下良好基础.

本书在整体结构的安排上得到了赵鑫全老师的悉心指导与建议，在创作的过程中得到了众多考生与老师的关心和鼓励，在此一并表示感谢.

编 者

配套服务使用说明

一、官方答疑

答疑小程序

扫描上方二维码或微信下滑
搜索"考研有问必答"小程序

专为考研学子开设的公益答疑频道，每天会有老师在线回复疑问，及时答疑解惑；另设置专属 VIP 一对一名师答疑，可直接与名师互动；如遇问题请及时咨询技术老师，QQ：342218140。

二、专业备考指导

考生可扫描下方二维码获得专业老师的专业咨询建议和备考指导。

MPAcc 官方微博

MBA 官方微博

物流与工业工程官方微博

396 经济类官方微博

三、视频课程

扫描封面二维码，观看视频课程。

四、图书勘误

扫描下方二维码获取图书勘误。

五、投诉建议

全国统一投诉热线：400 - 807 - 7070。如果遇其他学习服务问题，也可以在新浪微博 @鑫全讲堂-赵鑫全，或@考研大熊老师进行投诉。

目　录

第一篇　应试指导篇

建议学习时间：**2月底前（备考启动阶段）**

战略目标：形成正确的备考指导方针和备考路线图.
　　具体目标一：明确数学考试的内容和题型特点；
　　具体目标二：明确数学考试的命题规律和特点；
　　具体目标三：明确考生自身的优势和劣势，形成备考路线图.

特别提示：
　　在"应试指导篇"中一定要熟悉"条件充分性判断"题型的解题程序，形成解题思维方法.

学法导航：
　　第一步：学习指导一的内容，将考试的内容模块分为熟悉、一般和陌生等类别；
　　第二步：测试、学习指导二的内容，通过实战精确定位自身的优势与劣势；
　　第三步：总结、分析前两步的学习收获和问题，形成备考路线图.

联考数学大纲解析与备考建议

一、考 试 说 明

适用范围：高等院校和科研院所招收管理类专业学位硕士研究生命题适用. 目前全国 MBA、MPA、MPAcc、MEM 联考通用,考试使用同一份试卷.

考查目标：具有运用数学基础知识、基本方法分析和解决问题的能力.

考试形式：答题方式为闭卷、笔试. 不允许使用计算器.

试卷结构：数学基础 75 分,有以下两种题型:问题求解 15 小题,每小题 3 分,共 45 分;条件充分性判断 10 小题,每小题 3 分,共 30 分.

题型说明：两种题型在接下来的部分分别说明.

二、考试题型解读与时间控制

1. 考试题型

(1) 问题求解:第 1 ~ 15 小题,每小题 3 分,共 45 分. 在下列每题给出的 A、B、C、D、E 五个选项中,只有一个选项是最符合题目要求的.

考题示范 1——2019 年 12 月第 12 题:如图 1 - 1 - 1 所示,圆 O 的内接 $\triangle ABC$ 是等腰三角形,底边 $BC = 6$,顶角为 $\dfrac{\pi}{4}$,则圆 O 的面积为（　　）.

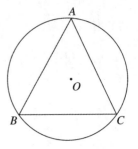

  A. 12π B. 16π C. 18π

  D. 32π E. 36π.

解析：方法一：①连接 OB,OC,同弧所对的圆心角是圆周角的 2 倍.

②$\angle BOC = 2\angle BAC = \dfrac{\pi}{2}$,即 $\triangle BOC$ 为等腰直角三角形,可知 OB

图 1 - 1 - 1

$= 3\sqrt{2}.$

③ 所以圆 O 的面积为 18π.

方法二：① 三角形外接圆半径为 $2R = \dfrac{a}{\sin A} = \dfrac{b}{\sin B} = \dfrac{c}{\sin C}$,

② 所以半径 $2R = \dfrac{BC}{\sin \angle A} = \dfrac{6}{\dfrac{\sqrt{2}}{2}} = 6\sqrt{2}$, 即 $R = 3\sqrt{2}$,

③ 所以圆 O 的面积为 18π.

综上所述, 选择 C

考题示范 2——2019 年 12 月第 6 题：已知实数 x 满足 $x^2 + \dfrac{1}{x^2} - 3x - \dfrac{3}{x} + 2 = 0$,

则 $x^3 + \dfrac{1}{x^3} = ($ $).$

A. 12   B. 15   C. 18   D. 24   E. 27

解析：① 将题干中的代数式进行化简有：

$$x^2 + \frac{1}{x^2} - 3x - \frac{3}{x} + 2 = 0 \Rightarrow \left(x + \frac{1}{x}\right)^2 - 3\left(x + \frac{1}{x}\right) = 0$$

② $\left(x + \dfrac{1}{x}\right)^2 - 3\left(x + \dfrac{1}{x}\right) = 0 \Rightarrow \left(x + \dfrac{1}{x}\right)\left(x + \dfrac{1}{x} - 3\right) = 0$

③ 则有 $x + \dfrac{1}{x} = 3$ $\left(x + \dfrac{1}{x}\right.$ 不可能为 $0\left.\right)$

$$\Rightarrow x^3 + \frac{1}{x^3} = \left(x + \frac{1}{x}\right)\left(x^2 + \frac{1}{x^2} - 1\right) = \left(x + \frac{1}{x}\right)\left[\left(x + \frac{1}{x}\right)^2 - 3\right] = 3 \times (3^2 - 3) = 18$$

综上所述, 选择 C.

考题示范 3——2019 年 12 月第 4 题：从 1 到 10 这 10 个整数中任取 3 个数, 恰有 1 个质数的概率是(   ).

A. $\dfrac{2}{3}$ B. $\dfrac{1}{2}$ C. $\dfrac{5}{12}$ D. $\dfrac{2}{5}$ E. $\dfrac{1}{120}$

解析：① 质数：1 ~ 10 以内的质数有 2, 3, 5, 7, 共 4 个.

1 ~ 10 以内的非质数有 1, 4, 6, 8, 9, 10, 共 6 个.

② 分母：$C_{10}^3 = 120$; 分子：从 4 个质数中任取 1 个, 从 6 个非质数中任取 2 个, 则有 $C_4^1 C_6^2 = 60$.

③ $\dfrac{\text{分子}}{\text{分母}} = \dfrac{C_4^1 C_6^2}{C_{10}^3} = \dfrac{60}{120} = \dfrac{1}{2}.$

综上所述, 选择 B.

（2）条件充分性判断：第 16 ~ 25 小题，每小题 3 分，共 30 分.

解题说明：

本大题要求判断所给出的条件(1)和(2)能否充分支持题干所陈述的结论.A、B、C、D、E 五个选项为判断结果，只有一个选项是最符合题目要求的.

A. 条件(1)充分，但条件(2)不充分

B. 条件(2)充分，但条件(1)不充分

C. 条件(1)和(2)单独都不充分，但条件(1)和(2)联合起来充分

D. 条件(1)充分，条件(2)也充分

E. 条件(1)和(2)单独都不充分，条件(1)和(2)联合起来也不充分

考题示范 4——2019 年 12 月第 20 题：某单位计划租 n 辆车出游，则能确定出游人数.

(1) 若租用 20 座的车辆，只有 1 辆车没坐满.

(2) 若租用 12 座的车，还缺 10 个座位.

解析：① 设有 n 辆车，最后一车 x 人$(0 < x < 20)$.

② 条件(1)$20(n - 1) + x$，不能确定人数；

条件(2)$12n + 10$，不能确定人数.

③ 联合条件(1)和(2)有：$20(n - 1) + x = 12n + 10(0 < x < 20)$

$$0 < x = -8n + 30 < 20 \ 得 \frac{10}{8} < n < \frac{30}{8},$$

则 $n = 2$ 或 $n = 3$，故人数为 34 或 46，联合也无法确定人数.

综上所述，选择 E.

考题示范 5——2013 年 1 月第 16 题：已知平面区域 $D_1 = \{(x,y) \mid x^2 + y^2 \leqslant 9\}$，

$D_2 = \{(x,y) \mid (x - x_0)^2 + (y - y_0)^2 \leqslant 9\}$，则 D_1, D_2 覆盖区域的边界长度为 8π.

(1) $x_0^2 + y_0^2 = 9$. 　　　　　　　　(2) $x_0 + y_0 = 3$.

解析：① 对于条件(1)

$$\begin{cases} D_1 = \{(x,y) \mid x^2 + y^2 \leqslant 9\} \\ D_2 = \{(x,y) \mid (x - x_0)^2 + (y - y_0)^2 \leqslant 9\} \\ x_0^2 + y_0^2 = 9 \end{cases}$$

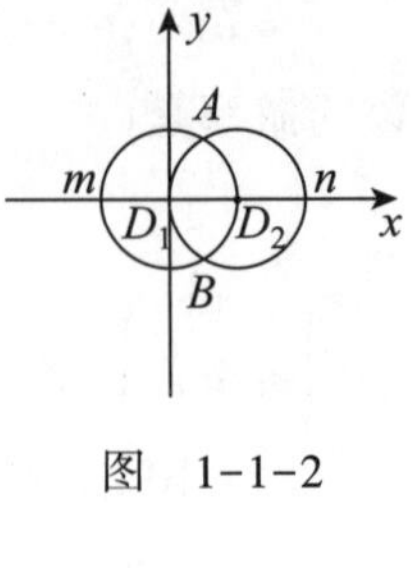

D_2 的圆心在 D_1 的圆周长运动，动态问题，静态分析，如图 1-1-2 所

示，可知 $\angle AD_1B = \angle AD_2B = 120°$，则覆盖区域的边界长度为 $\overset{\frown}{AmB} + \overset{\frown}{AnB} =$

$\dfrac{240}{180}\pi \cdot 3 + \dfrac{240}{180}\pi \cdot 3 = 8\pi$. 故条件(1)充分.

② 对于条件(2)$\begin{cases} D_1 = \{(x,y) \mid x^2 + y^2 \leqslant 9\} \\ D_2 = \{(x,y) \mid (x - x_0)^2 + (y - y_0)^2 \leqslant 9\} \\ x_0 + y_0 = 3 \end{cases}$

图 1-1-2

D_2 的圆心在直线 $x_0+y_0=3$ 上运动,动态问题,静态分析,在直线 AB 上举一反例点 D_2,如图 1-1-3 所示,可知此时覆盖区域边界长度在两圆相离时为两圆周长 12π,故条件(2)不充分.综上所述,选择 A.

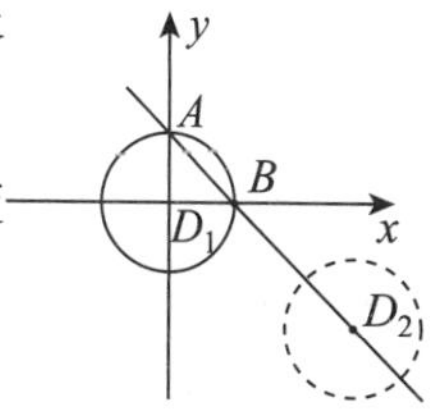

考题示范 6——2018 年 1 月第 17 题:设 $\{a_n\}$ 为等差数列,则能确定 $a_1+a_2+\cdots+a_9$ 的值.

(1)已知 a_1 的值.　　　　(2)已知 a_5 的值.

解析:①对于条件(1):据等差数列通项公式 $a_n=a_1+(n-1)d$ 及求和

图　1-1-3

公式 $S_n=\dfrac{n(a_1+a_n)}{2}$,有 $S_9=\dfrac{9(a_1+a_9)}{2}=9a_1+\dfrac{9\times 8}{2}d$,只知 a_1 的值,不知 d 的值,则无法确定 S_9 的值,所以条件(1)不充分.

②对于条件(2):据等差数列通项公式及求和公式有 $S_9=\dfrac{9(a_1+a_9)}{2}$,$a_1=a_5-4d$,$a_9=a_5+4d$,得 $S_9=9a_5$.故知 a_5 的值,可确定 S_9 的值,所以条件(2)充分.

综上所述,选择 B.

2. 解题说明

第一类题为常见的单项选择题,不做赘述(注:每一题有 5 个选项,为单项选择).

第二类题为条件充分性判断题.

(1)条件充分性命题的定义

对两个命题 A 和 B 而言,若由命题 A 成立,肯定可以推出命题 B 也成立(即 A⇒B 为真命题),则称命题 A 是命题 B 成立的充分条件.

(2)题型说明

条件充分性判断题要求考生判断题目中给的条件是否能推导出结论.若能推出,则为充分条件;若不能推出结论,则为非充分条件.

整个题目由题干、条件(1)和条件(2)构成,其中题干有可能包括条件且一定包含结论.题干中的条件常用"已知""若""如果"等词语引出,结论常用"则""那么"引出,考题示范 3 的具体图示如下:

题干 $\left\{\begin{array}{l}\end{array}\right.$ 设 a,b 为非负实数(公共条件),则 $a+b\leqslant\dfrac{5}{4}$(结论)

条件(1)　(1) $ab\leqslant\dfrac{1}{16}$

条件(2)　(2) $a^2+b^2\leqslant 1$

若题中有公共条件,则判断条件(1)或(2)的充分性时,需要用 条件(1)或(2) + 公共条件 来看是否能推导出结论.

(3)选项说明

表 1-1-1　条件充分性判断题选项说明

条件(1)	条件(2)	（注意题干中的公共条件）	选项
✓	✕		A
✕	✓		B
✕	✕	但(1)+(2)✓	C
✓	✓		D
✕	✕	且(1)+(2)✕	E

3. 时间控制

从综合能力试卷结构、题型、难度、解题速度上进行时间分析,见表 1-1-2 和表 1-1-3.

表 1-1-2　联考数学时间控制

项目	题型一:问题求解	题型二:条件充分性判断
题量/题	15	10
分值/分	每小题 3,共 45	每小题 3,共 30
每题包含的选项/个	5	2
按分值比例分配时间/分钟	40.5	27
平均每题解题时间/(分钟/题)	2.7(最低要求)	2.7(最低要求)
中等要求解题时间/(分钟/题)	2	2
高要求的解题时间/(分钟/题)	1~1.5(顶级要求)	1~1.5(顶级要求)

表 1-1-3　综合能力试卷时间控制

科目	数学	逻辑	写作	合计
分值/分	25×3=75	30×2=60	30+35=65	200
题量/个	15+10=25	30	2 篇(600 字+700 字)	57
时间/分钟	60	60	55	180
单题用时/分钟	1~3	1~2	2~2.5 秒/字	—
时间弹性	大	大	中	—
难度	大	大	中	—
拉分差距	大	大	中	—

三、考试能力要求及大纲

大纲原文为顺序罗列,为方便考生迅速抓住框架和要点,现将考试内容归纳见表 1-1-4.

表 1-1-4　考试内容

考查能力	综合能力考试中的数学基础部分主要考查考生的运算能力、逻辑推理能力、空间想象能力和数据处理能力,通过问题求解和条件充分性判断两种形式来测试			
考试内容	算　术	代　数	几　何	数据分析
模块一	1. 整数 (1)整数及其运算 (2)整除、公倍数、公约数 (3)奇数、偶数 (4)质数、合数	1. 整式 (1)整式及其运算 (2)整式的因式与因式分解	1. 平面图形 (1)三角形 (2)四边形:矩形,平行四边形,梯形 (3)圆与扇形	1. 计数原理 (1)加法原理、乘法原理 (2)排列与排列数 (3)组合与组合数
模块二	2. 分数、小数、百分数	2. 分式及其运算	2. 空间几何体 (1)长方体 (2)柱体 (3)球体	2. 数据描述 (1)平均值 (2)方差与标准差 (3)数据的图表表示:直方图,饼图,数表
模块三	3. 比与比例	3. 函数 (1)集合 (2)一元二次函数及图像 (3)指数函数、对数函数	3. 平面解析几何 (1)平面直角坐标系 (2)直线方程与圆的方程 (3)两点间距离公式与点到直线的距离公式	3. 概率 (1)事件及其简单运算 (2)加法公式 (3)乘法公式 (4)古典概型 (5)伯努利概型
模块四	4. 数轴与绝对值	4. 代数方程 (1)一元一次方程 (2)一元二次方程 (3)二元一次方程组		

（续）

考试内容	算　术	代　数	几　何	数据分析
模块五		5. 不等式 （1）不等式的性质 （2）均值不等式 （3）不等式求解：一元一次不等式（组），一元二次不等式，简单绝对值不等式，简单分式不等式		
模块六		6. 数列、等差数列、等比数列		

四、命题规律与偏好

1. 命题规律

三大命题规律：重点明确集中考、延续复制重复考、基础技巧兼顾考.

规律一：考点繁多，但命题重点明确.

对十几年的联考真题的研究显示，命题人有 62 个命题重点与偏好（参考表 1-1-5）.

规律二：题库浩大，但命题延续复制.

对十几年的联考真题的研究显示，三大命题复制题源为：

（1）历年真题——改变题型或改编数据.

（2）中考、高考题——改变题型或改编数据.

（3）竞赛试题——改变题型或改编数据.

规律三：技巧综合，但命题活、考基础.

考题不仅重视技巧和综合考点，也非常重视基础概念的理解和把握，并且注重实际应用，而不是简单的背诵.

【备考点评】考生要通过表 1-1-5 快速把握真题的精髓，掌握命题思路，明确复习方向，消除因不熟悉考试特征和命题思路而引起的恐惧、不安情绪，建立起备考的自信.

2. 命题偏好

表 1-1-5　命题重点与偏好

	算 术	代 数	几 何	数据分析
模块一偏好	1. 整数 概念与线性零和 长串数字技巧性运算 质因数组合最值 奇偶分析 质数表	1. 整式 整式的恒等变形 分解因式 因式定理和余式定理 待定系数法 配方法、赋值法	1. 平面图形 面积 长度 形状	1. 计数原理 加法原理与乘法原理 排列与排列数 组合与组合数 常考模型
模块二偏好	2. 分数与小数 分数与小数互化	2. 分式及其运算 定值(含参、定参) 化简求值 与比例、分式方程结合	2. 空间几何体 表面积公式 体积公式 内接与外接 内切与外切	2. 数据描述 平均值的计算 方差与标准差计算 数据的图表表示
模块三偏好	3. 比与比例 见比设 k 等比定理	3. 函数 集合运算 一元二次函数最值图像 与方程、不等式结合 指数、对数函数增减性与 不等式结合 常见绝对值函数	3. 平面解析几何 直线与圆的位置 关系 圆与圆的位置 关系 对称问题	3. 概率 事件及简单运算 加法公式与乘法公式 古典概型与伯努利概型
模块四偏好	4. 数轴与绝对值 数轴的实际应用 绝对值几何意义 绝对值的性质 绝对值的扩展	4. 代数方程 含参数一元一次方程 一元二次方程 (韦达定理、判别式、根的分布) 含参数二元一次方程组 分式方程的增根问题		
模块五偏好		5. 不等式 不等式的性质(含字母) 二元、三元均值不等式 含参一元二次不等式 简单绝对值不等式 简单分式不等式		
模块六偏好		6. 数列 数列的判断 数列的公式与性质 递推公式化通项公式 求和技巧		

注:在学完本书后回看这一部分内容,会有更大的收获.

五、备考建议

为了使大家更好地复习，取得高分，我们给出如下备考建议：

第一，精读一本参考书。参考书不能贪多，有一至两本即可，选定后要充分利用并读透参考书。根据往年经验，对于基础薄弱的考生而言，想要取得高分，参考书越少越好。

第二，合理有序地制订并实施复习计划。一定要合理安排复习时间，制订学习计划。计划执行期间最为关键的是坚持实施，学会将大的目标分割成小的目标，然后将小的目标作为自己在某一时间段的奋斗方向。总之，持之以恒地完成计划是所有方法中最重要的。

第三，重视基础。加强综合训练，研究历年真题。每道题都是由基本定理、定义和基本公式构成，它们是解题的基础，能熟练深刻地掌握这些内容是解题的关键。考试大多为综合题，因此，考生在掌握基础知识的前提下，必须加强综合性试题的训练，进一步提高解题能力。同时，通过对历年真题试题的类型、特点、思路进行系统的归纳总结，估计一下考试难度，对自己的水平有一个准确定位，还可以有意识地重点培养解题思路。

最后，希望大家通过本书学习达到"一懂、二熟、三精"，力求成绩产出最大化。

考生自测与诊断

一、测试与诊断说明

（1）如果考生的测试分数在66分或66分以上，就可以直接进入强化阶段甚至冲刺阶段的学习. 但是建议将基础知识点、强化阶段的考点与技巧快速复习一遍，做好查漏补缺.

（2）如果考生的测试分数在42~66分，就需要系统复习，强化阶段的学习必不可少，基础阶段可以选择性学习.

（3）如果考生的测试分数在42分以下，就需要从基础开始，先搞明白基本概念、关系、运算法则、几何图像，再开始强化学习，尝试做些中等难度且具有一定综合性的题，最后研读本书的每一部分，搞懂和练熟本书中的每一道题目.

（4）本测试根据数学科目中的考试要求分为问题求解和条件充分性判断两种题型，每道题均来自历年考试真题（除考查新增考点的25题外），全面覆盖了最新考试大纲中的考试内容. 在测试与诊断试题后详细分析了每题的题源、考点、得分技巧以及详细的题解，考生可以根据个人测试的实际情况，选择相关的知识点、考点与技巧进行学习.

二、测试与诊断试题

时间：50分钟　　　　　　　　得分：

一、问题求解：第1~15小题，每小题3分，共45分. 在下列每题给出的A、B、C、D、E五个选项中，只有一个选项是最符合题目要求的.

1. 甲班共有30名学生，在一次满分为100分的考试中，全班平均分为90分，则成绩低于60分的学生至多有（　　）名.

   A. 8　　　　　　B. 7　　　　　　C. 6　　　　　　D. 5　　　　　　E. 4

2. 某人在市场上买猪肉，小贩称得的肉重为4斤（1斤=500克），但此人不放心，拿出一个自备的100克的砝码，将肉和砝码放在一起让小贩用原秤复称，结果重量为4.25斤，若使用小贩的秤来称,顾客应要求小贩补猪肉( )两(1 两 = 50 克).

    A. 4   B. 6   C. 7   D. 8   E. 10

3. 五名小孩中有一名学龄前儿童(年龄不足 6 岁),他们的年龄都是质数(素数),且依次相差 6 岁,他们的年龄之和为( ).

    A. 73   B. 79   C. 85   D. 91   E. 97

4. 某商品的定价为 200 元,受金融危机的影响,连续两次降价 20% 后的售价为( )元.

    A. 114   B. 120   C. 128   D. 144   E. 160

5. 设直线 $nx + (n+1)y = 1$(n 为正整数)与两坐标轴围成的三角形的面积为 S_n($n = 1, 2, 3, \cdots, 2012$),则 $S_1 + S_2 + \cdots + S_{2012} = ($).

    A. $\dfrac{1}{2} \times \dfrac{2012}{2011}$ B. $\dfrac{1}{2} \times \dfrac{2011}{2012}$ C. $\dfrac{1}{2} \times \dfrac{2012}{2013}$ D. $\dfrac{1}{2} \times \dfrac{2013}{2012}$ E. 以上都不对

6. 如图 1-2-1 所示,设点 P 是正方形 $ABCD$ 外一点,$PB = 10\mathrm{cm}$,$\triangle APB$ 的面积是 $80\mathrm{cm}^2$,$\triangle CPB$ 的面积是 $90\mathrm{cm}^2$,则正方形 $ABCD$ 的面积为( )cm^2.

    A. 720

    C. 640

    E. 560

    B. 580

    D. 600

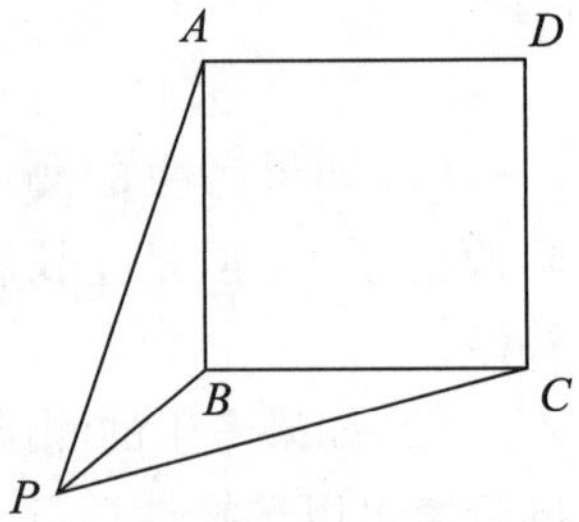

图 1-2-1

7. 某商店举行店庆活动,顾客消费达到一定数量后,可以在 4 种赠品中随机选取 2 件不同的赠品.任意两位顾客所选的赠品中,恰有 1 件品种相同的概率是( ).

    A. $\dfrac{1}{6}$ B. $\dfrac{1}{4}$ C. $\dfrac{1}{3}$ D. $\dfrac{1}{2}$ E. $\dfrac{2}{3}$

8. 多项式 $x^3 + ax^2 + bx - 6$ 的两个因式是 $x - 1$ 和 $x - 2$,则其第三个因式为( ).

    A. $x - 6$ B. $x - 3$ C. $x + 1$ D. $x + 2$ E. $x + 3$

9. 某公司的员工中,拥有本科毕业证、计算机等级证、汽车驾驶证的人数分别为 130,110,90,又知只有一种证的人数为 140,三证齐全的人数为 30,则恰有双证的人数为( ).

    A. 45   B. 50   C. 52   D. 65   E. 100

10. 甲商店销售某种商品,该商品的进价为每件 90 元,若每件定价为 100 元,则一天内能售出 500 件,在此基础上,定价每增加 1 元,一天便少售出 10 件,甲商店欲获得最大利润,则该商店的定价应为( )元.

    A. 115   B. 120   C. 125   D. 130   E. 135

11. 已知直线 $ax - by - 3 = 0$($a > 0, b > 0$)平分圆 $x^2 - 4x + y^2 + 2y + 1 = 0$ 的周长,则 ab 的最大值为( ).

    A. $\dfrac{9}{16}$ B. $\dfrac{11}{16}$ C. $\dfrac{3}{4}$ D. $\dfrac{9}{8}$ E. $\dfrac{9}{4}$

12. 某大学派出 6 名志愿者到西部 4 所中学支教,若每所中学至少有一名志愿者,则不同的分配方案共有( )种.

    A. 1560   B. 1440   C. 1248   D. 780   E. 720

13. 某装置的启动密码是由 0~9 中的 3 个不同数字组成的,连续 3 次输入错误密码,就会导致该装置永久关闭,一个仅记得密码是由 3 个不同数字组成的人能够启动此装置的概率为( ).

A. $\dfrac{1}{120}$　　B. $\dfrac{1}{168}$　　C. $\dfrac{1}{240}$　　D. $\dfrac{1}{720}$　　E. $\dfrac{3}{1000}$

14. 某居民小区决定投资 15 万元修建停车位,据测算,修建一个室内车位的费用为 5000 元,修建一个室外车位的费用为 1000 元,考虑到实际因素,计划室外车位的数量不少于室内车位的 2 倍,也不多于室内车位的 3 倍,这笔投资最多可建车位的数量为( ).

A. 78　　　　B. 74　　　　C. 72

D. 70　　　　E. 66

15. 如图 1-2-2 所示,长方形 $ABCD$ 的两条边长分别为 10m 和 8m,四边形 $OEFG$ 的面积是 9m^2,则阴影部分的面积为( )m^2.

A. 32　　　　B. 49　　　　C. 31

D. 40　　　　E. 48

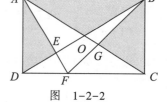

图 1-2-2

二、条件充分性判断:第 16~25 小题,每小题 3 分,共 30 分.

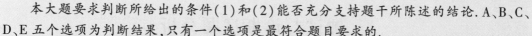

解题说明:

本大题要求判断所给出的条件(1)和(2)能否充分支持题干所陈述的结论. A、B、C、D、E 五个选项为判断结果,只有一个选项是最符合题目要求的.

A. 条件(1)充分,但条件(2)不充分.

B. 条件(2)充分,但条件(1)不充分.

C. 条件(1)和(2)单独都不充分,但条件(1)和(2)联合起来充分.

D. 条件(1)充分,条件(2)也充分.

E. 条件(1)和(2)单独都不充分,条件(1)和(2)联合起来也不充分.

16. $|\log_a x| > 1$.

(1) $x \in [3,9]$, $\dfrac{1}{3} < a < 1$.　　(2) $x \in \left[\dfrac{1}{9}, \dfrac{1}{4}\right]$, $1 < a < 3$.

17. 有偶数位来宾.

(1)聚会时所有来宾都被安排坐在一张圆桌周围,且每位来宾与其邻座性别不同.

(2)聚会时男宾人数是女宾人数的 3 倍.

18. 方程 $x^2 + mxy + 6y^2 - 10y - 4 = 0$ 的图像是两条直线.

(1) $m = 7$.　　　　　　　　(2) $m = -7$.

19. $\{a_n\}$ 的前 n 项和 S_n 与 $\{b_n\}$ 的前 n 项和 T_n 满足 $S_{19} : T_{19} = 3 : 2$.

(1) $\{a_n\}$ 和 $\{b_n\}$ 是等差数列.　(2) $a_{10} : b_{10} = 3 : 2$.

20. $a + b + c + d + e$ 的最大值为 133.

(1) a, b, c, d, e 是大于 1 的自然数,且 $abcde = 2700$.

(2) a, b, c, d, e 是大于 1 的自然数,且 $abcde = 2000$.

21. $2^{x+y} + 2^{a+b} = 9$.

    (1) a,b,x,y 满足 $y + \left| \sqrt{x} - \sqrt{2} \right| = 1 - a^2 + \sqrt{2}b$.

    (2) a,b,x,y 满足 $|x - 2| + \sqrt{2}b = y - 1 - b^2$.

22. 某班有 50 名学生,其中女生 22 名. 在某次选拔测试中,有 23 名学生未通过,则有 6 名女生未通过.

    (1) 在通过的学生中,女生比男生多 5 人.

    (2) 在男生中,未通过的人数比通过的人数多 6 人.

23. 方程 $2ax^2 - 2x - 3a + 5 = 0$ 的一个根大于 1,另一个根小于 1.

    (1) $a > 5$.　　　　　　　　　　(2) $a < 0$.

24. 设 a,b 为非负实数,则 $a + b \leqslant \dfrac{5}{4}$.

    (1) $ab \leqslant \dfrac{1}{16}$.　　　　　　　　(2) $a^2 + b^2 \leqslant 1$.

25. 若规定这个样本的平均数不超过 3 为合格,那么抽检样本为合格的样本.

    (1) 抽检一个样本 $1,3,2,k,5$ 的标准差为 $\sqrt{2}$.

    (2) 抽检一个样本 $1,3,2,k,5$ 的标准差为 2.

三、测试与诊断试题分析

题号	答案	考点定位 错误诊断	解题要点 得分技巧
1	B	不等式、应用题	逆向思维
2	E	比例、应用题	基本关系
3	C	数列、质数	质数表
4	C	比例、应用题	百分数
5	C	数列求和、解析几何、面积	裂项多米诺技巧
6	B	勾股定理、面积、解方程	巧设未知数、方程思想
7	E	排列组合(复杂计数)、概率	打包寄送模型
8	B	因式分解、因式定理	因式定理与赋值法
9	B	集合、方程	韦恩图与方程结合
10	B	二次函数法、最值、应用题	配方法求最值
11	D	直线与圆、均值不等式、最值	配方法与均值不等式
12	A	排列组合(复杂计数)	打包寄送模型
13	C	开锁问题、概率、应用题	抓阄原理

（续）

题号	答案	考点定位 错误诊断	解题要点 得分技巧
14	B	线性规划、最值、应用题	不等式、方程与试解法
15	B	面积	间接法
16	D	对数函数、不等式、绝对值	数形结合法、增减性
17	D	奇数与偶数（初等数论）	整体捆绑考虑
18	D	二元二次多项式的因式分解	双叉检验
19	C	等差数列的项和性质	数列四性质（表）
20	B	整数（初等数论）	组合最值
21	C	绝对值、非负数、指数运算	整体法
22	D	方程、应用题	框图法
23	D	一元二次函数、方程、不等式	数形结合法、根的"第二母型"
24	C	均值不等式	举反例
25	A	平均数、方差、标准差	方程求解

四、诊断分析结果与备考方向

1. 错题题号与考点：_____

_____

_____

_____

2. 知识点盲区：_____

_____

_____

_____

_____

五、测试与诊断试题题解

1　【解析】逆向思维

设低于 60 分的最多有 x 名学生，则 x 名学生每人必须丢 40 分以上，

30 人的总成绩为 $30 \times 90 = 2700$ 分.

则 $40x < 30 \times 100 - 2700 = 300$，解得 $x < 7.5$.

故最多有 7 名学生低于 60 分.

综上所述，答案是 **B**.

2　**【解析】**框图法

设肉的真实重量为 x 斤 MBA、MPA、MPAcc 必会的经济常识：1000 克 = 1 千克 = 1 公斤 = 2 斤，1 斤 = 10 两		
	真实重量	小贩假重
肉	x	4
肉和砝码	$x + 0.2$	4.25

根据题意可得：$\dfrac{x}{4} = \dfrac{x + 0.2}{4.25} \Rightarrow x = 3.2$，可知顾客应要求小贩补猪肉 8 两.

若使用小贩的秤来称，设小贩补顾客猪肉 y 斤，则 $\dfrac{0.8}{y} = \dfrac{3.2}{4} \Rightarrow y = 1$.

综上所述，答案是 **E**.

3　**【解析】**年龄不足 6 岁（设为 x 岁）是突破口，

小于 6 的质数共三个：2，3，5. 下面分类讨论：

当 $x = 2$ 时，根据年龄依次相差为 6 岁得：2，8，14（舍），…

当 $x = 3$ 时，根据年龄依次相差为 6 岁得：3，9，15（舍），…

当 $x = 5$ 时，根据年龄依次相差为 6 岁：5，11，17，23，29，

故他们的年龄之和为 $5 + 11 + 17 + 23 + 29 = 85$.

综上所述，答案是 **C**.

4　**【解析】**百分数问题

$$200(1 - 20\%)^2 = 128.$$

综上所述，答案是 **C**.

5　**【解析】**

如图 1-2-3 所示，$nx + (n + 1)y = 1 \Rightarrow \dfrac{x}{\dfrac{1}{n}} + \dfrac{y}{\dfrac{1}{n + 1}}$

$= 1 \Rightarrow$ 横截距为 $\dfrac{1}{n}$，纵截距为 $\dfrac{1}{n + 1}$

$\Rightarrow OA = \dfrac{1}{n}$，$OB = \dfrac{1}{n + 1} \Rightarrow S_n = \dfrac{1}{2}OA \cdot OB = \dfrac{1}{2} \cdot \dfrac{1}{n} \cdot \dfrac{1}{n + 1}$

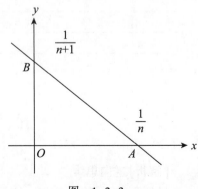

图　1-2-3

$$= \frac{1}{2}\left(\frac{1}{n} - \frac{1}{n+1}\right)$$

$\Rightarrow S_1 + S_2 + \cdots + S_{2012}$

$$= \frac{1}{2}\left[\left(\frac{1}{1} - \frac{1}{2}\right) + \left(\frac{1}{2} - \frac{1}{3}\right) + \cdots + \left(\frac{1}{2012} - \frac{1}{2013}\right)\right]$$

$$= \frac{1}{2} \times \frac{2012}{2013}.$$

综上所述,答案是 **C**.

6 【解析】

画图:题目已经给出示意图,如图 1-2-4,

作 $BE \perp PE$, $BF \perp PF$, 垂足分别为 E, F, 求正方形 $ABCD$ 的边长.

设 $AB = x$, $BF = a$, $BE = b$, 则正方形 $ABCD$ 的面积为 x^2.

勾股定理与面积公式:

$$\begin{cases} \frac{1}{2}ax = 80 \Rightarrow a = \frac{160}{x}, \\ \frac{1}{2}bx = 90 \Rightarrow b = \frac{180}{x}, \\ a^2 + b^2 = 10^2 \Rightarrow \left(\frac{160}{x}\right)^2 + \left(\frac{180}{x}\right)^2 = 10^2 \Rightarrow x^2 = 580. \end{cases}$$

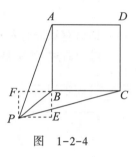

图　1-2-4

综上所述,答案为 **B**.

7 【解析】

方法一:甲、乙两位顾客在 4 种赠品中随机选取 2 件不同的赠品,

共有 $n = C_4^2 C_4^2 = 36$ 种方案.

恰有 1 件品种相同时,不同的方案数 m 分三步求解:

首先,从 4 件赠品中选出一件作为甲、乙两人相同的那件赠品,共 $C_4^1 = 4$ 种.

其次,从剩下的 3 件赠品中选出一件作为甲的另一件赠品,共 $C_3^1 = 3$ 种.

最后,从剩下的 2 件赠品中选出一件作为乙的另一件赠品,共 $C_2^1 = 2$ 种.

乘法原理(分步时用) $m = 4 \times 3 \times 2 = 24$,

古典概率计算公式 $\Rightarrow P(A) = \frac{m}{n} = \frac{24}{36} = \frac{2}{3}$.

方法二:乙从甲选中的两种中选一种,共 $C_2^1 = 2$ 种,乙从甲未选的两种礼品中选一种,共 $C_2^1 = 2$ 种.

$$p = \frac{C_2^1 \cdot C_2^1}{C_4^2} = \frac{2 \times 2}{6} = \frac{2}{3}$$

综上所述,答案是 **E**.

8 【解析】

设第三个因式为 $x + m$, 则 $x^3 + ax^2 + bx - 6 = (x-1)(x-2)(x+m)$,

令 $x = 0$,代入得: $-6 = (-1) \times (-2) \times m \Rightarrow m = -3$,

故第三个因式为 $x - 3$,

综上所述,答案是 **B**.

9 **【解析】**韦恩图法

锁定目标:求 $a + b + c$.

根据韦恩图(如图 1-2-5 所示设未知数)可得

$$\begin{cases} x + a + c + 30 = 130 \\ y + a + b + 30 = 110 \\ z + b + c + 30 = 90 \\ x + y + z = 140 \end{cases}$$

$\Rightarrow (x + y + z) + 2(a + b + c) + 90 = 330$

$\Rightarrow a + b + c = 50$,

即恰有双证的人数为 50.

综上所述,答案是 **B**.

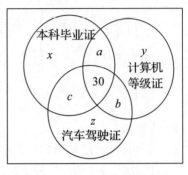

图 1-2-5 容斥原理

10 **【解析】**框图法

设该商店将定价增加 x 元,利润为 y 元		
锁定目标: y 取最大值时 x 的值,并求此时 $100 + x$ 的值		
	原来	现在
每个进价(成本)	90	90
每个卖价	100	$100 + x$
利润 = 卖价-进价	10	$10 + x$
数量	500	$500 - 10x$
总利润		$(10 + x)(500 - 10x)$

根据题意可得 $y = (10 + x)(500 - 10x) = -10(x - 20)^2 + 9000$,

当 $x = 20$ 时, $y_{\max} = 9000$,此时 $100 + x = 120$,

即该商店的定价应为 120 元.

综上所述,答案是 **B**.

11 **【解析】**

$x^2 - 4x + y^2 + 2y + 1 = 0 \Rightarrow (x - 2)^2 + (y + 1)^2 = 4$,

则知圆心为 $(2, -1)$.

直线平分圆的周长,说明直线 $ax - by - 3 = 0(a > 0, b > 0)$ 过圆心 $(2, -1) \Rightarrow 2a + b = 3$,

$\Rightarrow 2a + b = 3 \geqslant 2\sqrt{2ab} \Rightarrow ab \leqslant \dfrac{9}{8}$,

其中,等号当且仅当 $2a = b$ 时成立,此时 $\begin{cases} a = \dfrac{3}{4} \\ b = \dfrac{3}{2} \end{cases}$,

故 ab 的最大值为 $\dfrac{9}{8}$.

综上所述,答案是 **D**.

12 【解析】本题适用排列组合常用模型——打包寄送模型.

（Ⅰ）打包——将 6 名志愿者分成 4 个组,每个组至少 1 名志愿者.

第一层次:因每组中元素的个数而产生的差异,有两大类:

$$6 = 1 + 1 + 1 + 3 \text{（第 1 种分解方案）},$$
$$6 = 1 + 1 + 2 + 2 \text{（第 2 种分解方案）}.$$

第二层次:在每一种大类分解中,因元素的质地而产生的差异:

$$6 = 1 + 1 + 1 + 3 \Rightarrow \frac{C_6^1 C_5^1 C_4^1 C_3^3}{A_3^3} = 20 \text{（有 3 个 1,就要除以 A_3^3）},$$

$$6 = 1 + 1 + 2 + 2 \Rightarrow \frac{C_6^1 C_5^1 C_4^2 C_2^2}{A_2^2 A_2^2} = 45.$$

（有 2 个 1,就要除以 A_2^2,有 2 个 2,也要除以 A_2^2）.

即不同的打包方法共 $20 + 45 = 65$.

（Ⅱ）寄送——把 4 个不同的组寄送到西部 4 所中学支教,每所中学恰好 1 个组,共有不同的方法数为 $A_4^4 = 24$.

根据乘法原理得到最终结果为 $65 \times 24 = 1560$.

综上所述,答案是 **A**.

13 【解析】

锁定目标:设 $P(A_k)$ 表示第 k 次正好打开的概率,$P(\overline{A_k})$ 表示第 k 次正好打不开的概率,则三次内打开锁的概率

$$P(k \leq 3) = P(A_1) + P(\overline{A_1}A_2) + P(\overline{A_1}\,\overline{A_2}A_3)$$

$$= \frac{1}{720} + \frac{719}{720} \times \frac{1}{719} + \frac{719}{720} \times \frac{718}{719} \times \frac{1}{718}$$

$$= \frac{1}{720} + \frac{1}{720} + \frac{1}{720} = \frac{1}{240}.$$

综上所述,答案是 **C**.

【速解】抓阄原理: $\dfrac{1}{720} + \dfrac{1}{720} + \dfrac{1}{720} = \dfrac{1}{240}$.

14 【解析】

锁定目标:设室内车位、室外车位的个数分别是 x, y,则问题等价于:

$$\begin{cases} 0.5x + 0.1y = 15 \Rightarrow 5x + y = 150, \\ 2x \leqslant y \leqslant 3x, \\ x, y \in \mathbf{N}_+, \end{cases}$$

求 $x + y$ 的最大值.

分析运算:由 $5x + y = 150 \Rightarrow x + y = 150 - 4x \Rightarrow x$ 应尽量取小的整数.

由 $5x + y = 150 \Rightarrow y = 150 - 5x$,代入 $2x \leqslant y \leqslant 3x$ 得:

$2x \leqslant 150 - 5x \leqslant 3x \Rightarrow 18.75 \leqslant x \leqslant 21.43 \Rightarrow x = 19, 20, 21.$

故 $x = 19$ 时,$x + y$ 的最大值为 $150 - 4 \times 19 = 74.$

综上所述,答案是 **B**.

15 【解析】

锁定目标:$S_{阴影} = S_{矩形ABCD} - S_{空白}.$

分析运算:

$$S_{空白} = S_{\triangle ACF} + S_{\triangle BDF} - S_{四边形OEFG}$$

$$= \frac{1}{2}CF \times BC + \frac{1}{2}DF \times BC - 9 = \frac{1}{2}(CF + DF) \times BC - 9$$

$$= \frac{1}{2}DC \times BC - 9$$

$$= \frac{1}{2} \times 10 \times 8 - 9 = 31.$$

故 $S_{阴影} = S_{矩形ABCD} - S_{空白} = 10 \times 8 - 31 = 49.$

综上所述,答案是 **B**.

16 【解析】

结论 $|\log_a x| > 1$ 等价于:$\left| \dfrac{\log_3 x}{\log_3 a} \right| > 1 \Leftrightarrow |\log_3 x| > |\log_3 a|.$

(1) $x \in [3, 9], \dfrac{1}{3} < a < 1 \Rightarrow \begin{cases} |\log_3 x| = \log_3 x > 1 \\ |\log_3 a| = \log_3 \dfrac{1}{a} \in (0, 1) \end{cases} \Rightarrow |\log_3 x| > |\log_3 a|.$

故条件(1)能推出结论,是充分条件.

(2) $x \in \left[\dfrac{1}{9}, \dfrac{1}{4} \right], 1 < a < 3 \Rightarrow \begin{cases} |\log_3 x| = \log_3 \dfrac{1}{x} > 1 \\ |\log_3 a| = \log_3 a \in (0, 1) \end{cases} \Rightarrow |\log_3 x| > |\log_3 a|.$

故条件(2)能推出结论,是充分条件.

综上所述,答案是 **D**.

17 【解析】

条件(1)的充分性判断:

在意思不明晰的情况下,圆桌示意图如图1-2-6所示(B_k 表示第 k 个男宾,G_k 表示第 k 个女宾).

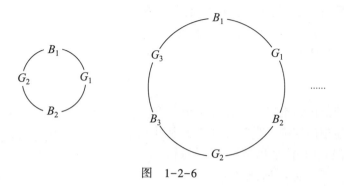

图　1-2-6

观察示意图可迅速得知:有偶数位来宾.严格证明如下:

从圆桌的某个地方将围成一圈的来宾队列切断并拉直,

即 $B_1G_1B_2G_2B_3G_3B_4G_4\cdots B_nG_nB_1$（$B_1$ 为切断处,为两个端点公有）

B_kG_k 总是成对出现的,故来宾人数为 $2n$（是偶数）.

故（1）是充分条件.

条件（2）的充分性判断:

男宾人数是女宾人数的 3 倍, 设女宾人数是 x, 则男宾人数是 $3x$.

来宾人数为 $x + 3x = 4x$, 一定是偶数.

故（2）是充分条件.

综上所述,答案是 **D**.

18 【解析】

第一步,双叉检验.

画出系数分解双十字架,要通过两个已知系数的检验.

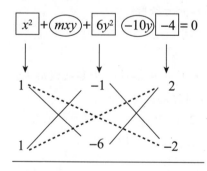

检验:

用 y 的系数检验:$(-1)\times(-2)+(-6)\times2=-10$,

用 x 的系数检验:$1\times2+1\times(-2)=0$,

得参数值:$1\times(-6)+1\times(-1)=-7$.

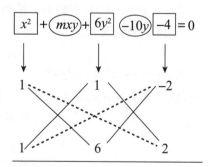

检验:

用 y 的系数检验:$1\times2+6\times(-2)=-10$,

用 x 的系数检验:$1\times2+1\times(-2)=0$,

得参数值:$1\times6+1\times1=7$.

第二步,用最后一个叉求参数值 $m = 7$ 或 $m = -7$.

第三步,充分性判断.

（1）$m = 7$ 是 $m = \pm 7$ 的子集，故（1）是充分条件.

（2）$m = -7$ 是 $m = \pm 7$ 的子集，故（2）是充分条件.

综上所述，答案是 **D**.

19　【解析】

条件（1）不能推出结论，故（1）不是充分条件.

条件（2）不能推出结论，故（2）不是充分条件.

条件（1）和（2）联合能推出结论，推导过程：

$\{a_n\}$ 和 $\{b_n\}$ 是等差数列，则

$$\frac{a_n}{b_n} = \frac{2a_n}{2b_n} = \frac{a_1 + a_{2n-1}}{b_1 + b_{2n-1}} = \frac{\dfrac{(a_1 + a_{2n-1})(2n-1)}{2}}{\dfrac{(b_1 + b_{2n-1})(2n-1)}{2}} = \frac{S_{2n-1}}{T_{2n-1}} \Rightarrow \frac{S_{19}}{T_{19}} = \frac{a_{10}}{b_{10}} = \frac{3}{2}.$$

综上所述，答案是 **C**.

20　【解析】

条件（1）的充分性判断：

$$abcde = 2700 = 2^2 \times 3^3 \times 5^2.$$

根据组合最值得：要使得 a,b,c,d,e 之和最大，则应尽可能让一个参数极端大，其余参数尽可能小，考虑到 a,b,c,d,e 是大于 1 的自然数，可组合得：

$$abcde = 2 \times 2 \times 3 \times 3 \times 75$$
$$\Rightarrow a = 2, b = 2, c = 3, d = 3, e = 75$$
$$\Rightarrow a + b + c + d + e = 85.$$

即 $a + b + c + d + e$ 的最大值为 85，故（1）不是充分条件.

条件（2）的充分性判断：

$$abcde = 2000 = 2^4 \times 5^3.$$

根据组合最值得：要使得 a,b,c,d,e 之和最大，则应尽可能让一个参数极端大，其余参数尽可能小，考虑到 a,b,c,d,e 是大于 1 的自然数，可组合得：

$$abcde = 2 \times 2 \times 2 \times 2 \times 125$$
$$\Rightarrow a = 2, b = 2, c = 2, d = 2, e = 125$$
$$\Rightarrow a + b + c + d + e = 133.$$

即 $a + b + c + d + e$ 的最大值为 133，故（2）是充分条件.

综上所述，答案是 **B**.

21　【解析】

条件（1）和（2）分别不能推出结论，联合起来能推出结论，推导过程：

把 $y + \left| \sqrt{x} - \sqrt{2} \right| = 1 - a^2 + \sqrt{2}b$，$|x - 2| + \sqrt{2}b = y - 1 - b^2$ 相加移项得：

$$\left| \sqrt{x} - \sqrt{2} \right| + |x - 2| + a^2 + b^2 = 0$$

$$\Rightarrow \begin{cases} \sqrt{x} - \sqrt{2} = 0 \\ x - 2 = 0 \\ a = 0 \\ b = 0 \end{cases} \Rightarrow \begin{cases} x = 2 \\ a = 0 \\ b = 0 \end{cases} \Rightarrow y + 0 = 1 - 0 + 0 \Rightarrow y = 1$$

$$\Rightarrow 2^{x+y} + 2^{a+b} = 2^{2+1} + 2^{0+0} = 8 + 1 = 9.$$

综上所述,答案是 **C**.

22 【解析】框图法

条件(1)能推出结论,故(1)是充分条件. 推导如下:

设有 x 名男生通过			
	男生	女生	合计
通过人数	x(设)	$x + 5$(求)	27
未通过人数			23
合计	28	22	50

根据框图得: $x + (x + 5) = 27 \Rightarrow x = 11$, 故有 $22 - (11 + 5) = 6$ 名女生未通过.

条件(2)能推出结论,故(2)是充分条件,推导如下:

设有 x 名男生通过			
	男生	女生	合计
通过人数	x(设)		27
未通过人数	$x + 6$(求)		23
合计	28	22	50

根据框图得: $x + (x + 6) = 28 \Rightarrow x = 11$, 故有 $23 - (11 + 6) = 6$ 名女生未通过.

综上所述,答案是 **D**.

23 【解析】先将方程化为开口向上: $x^2 - \dfrac{1}{a}x + \dfrac{5 - 3a}{2a} = 0 (a \neq 0)$,

本题属于"第二母型",具体解析如下:

第一步,画示意图:	第二步,根据示意图及"考验1"
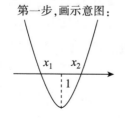	写不等式: $f(1) < 0$,根和1比大小(考验1) 代入可得: $1^2 - \dfrac{1}{a} + \dfrac{5 - 3a}{2a} < 0 \Rightarrow a > 3$ 或 $a < 0$

结论等价于：$a > 3$ 或 $a < 0$.

条件(1) $a > 5$ 是结论的子集，故(1)是充分条件.

条件(2) $a < 0$ 是结论的子集，故(2)是充分条件.

综上所述，答案是 **D**.

24 【解析】

条件(1)单独不能推出结论，故(1)不是充分条件.

$$反例：\begin{cases} a = 10 \\ b = \dfrac{1}{1000} \end{cases} 满足 ab \leqslant \dfrac{1}{16}，但推不出 a + b \leqslant \dfrac{5}{4}.$$

条件(2)单独不能推出结论，故(2)不是充分条件.

$$反例：\begin{cases} a = \dfrac{\sqrt{2}}{2}, \\ b = \dfrac{\sqrt{2}}{2}, \end{cases} 满足 a^2 + b^2 \leqslant 1，但推不出 a + b \leqslant \dfrac{5}{4}.$$

条件(1)和(2)联合能推出结论，推导过程：

$$\begin{cases} ab \leqslant \dfrac{1}{16} \Rightarrow 2ab \leqslant \dfrac{1}{8} \Rightarrow a^2 + b^2 + 2ab \leqslant 1 + \dfrac{1}{8} \\ a^2 + b^2 \leqslant 1 \end{cases}$$

$$\Rightarrow (a + b)^2 \leqslant \dfrac{9}{8} = \dfrac{18}{16} < \dfrac{25}{16} \Rightarrow a + b < \dfrac{5}{4}.$$

综上所述，答案是 **C**.

25 【解析】

条件(1)单独能推出结论，故(1)是充分条件，推导如下：

$$S^2 = \dfrac{1}{5}\left[(1^2 + 3^2 + 2^2 + k^2 + 5^2) - 5\left(\dfrac{1 + 3 + 2 + k + 5}{5}\right)^2\right] = (\sqrt{2})^2,$$

即 $$2k^2 - 11k + 12 = 0 \Rightarrow (k - 4)(2k - 3) = 0 \Rightarrow k = 4 \text{ 或 } \dfrac{3}{2}.$$

故平均数 $\dfrac{1 + 3 + 2 + k + 5}{5} = 3$ 或 $\dfrac{5}{2}$，能推出结论.

条件(2)单独不能推出结论，故(2)不是充分条件，推导如下：

$$S^2 = \dfrac{1}{5}\left[(1^2 + 3^2 + 2^2 + k^2 + 5^2) - 5\left(\dfrac{1 + 3 + 2 + k + 5}{5}\right)^2\right] = 2^2,$$

即 $$2k^2 - 11k - 13 = 0 \Rightarrow (k + 1)(2k - 13) = 0 \Rightarrow k = -1 \text{ 或 } \dfrac{13}{2}.$$

故平均数 $\dfrac{1 + 3 + 2 + k + 5}{5} = 2$ 或 $\dfrac{7}{2}$，推不出结论.

综上所述，答案是 **A**.

第二篇　基础夯实篇

建议学习时间：3月~6月（备考基础阶段）

战略目标：掌握考试中常用、常考的概念与方法，为"强化攻略篇"做好战略铺垫.

　　具体目标一：掌握数学考试的概念系统与方法系统；

　　具体目标二：比较熟悉重要方法对应的题目，初步积累"经典题库存量"；

　　具体目标三：形成初步的解题题感.

特别提示：

　　提示一：解题速度不要求快，但是要求能正确理解与掌握基础概念、方法；

　　提示二："基础夯实篇"并非指内容简单，而是作为"强化攻略篇"的基础与铺垫而言.

学法导航：

　　第一步：学习8个基础章节的第一部分内容，熟悉概念系统与方法系统；

　　第二步：学习8个基础章节的第二部分内容，熟悉重要例题，通过例题掌握方法；

　　第三步：学习8个基础章节的第三部分内容，通过基础习题进行举一反三的练习和复习；

　　第四步：总结、分析前三步的学习收获和所遇问题，积累错题本.

数的概念系统与方法系统

一、概念与方法指南

基础概念

　　数学考试中的概念有维度的区别. 单维概念是描述一个主体的本质与性质, 多维概念是描述两个或两个以上的主体之间的本质与性质. 如倍数、约数是多维概念, 它们描述的是几个主体之间的本质和性质. 质数、合数是单维概念, 它们描述的是单个主体的本质和性质.

　　实数是指数轴上的点所对应的数, 从不同的角度, 可以对实数进行不同的分类.

$$实数\begin{cases}有理数\begin{cases}分数 \leftrightarrow 可以化为分数的小数\begin{cases}有限小数, 如:0.3 \\ 无限循环小数, 如:0.\dot{3}\end{cases} \\ \\ 整数\end{cases} \\ 无理数 \leftrightarrow 无限不循环小数, 如:\pi, e, \sqrt{2}, 2^{0.1}, \lg 3, \cdots\end{cases}$$

$$整数\begin{cases}2k(偶) \\ 2k+1(奇)\end{cases} \quad \begin{cases}3k \\ 3k+1 \\ 3k+2\end{cases} \quad \begin{cases}4k \\ 4k+1 \\ 4k+2 \\ 4k+3\end{cases} \quad \begin{cases}5k \\ 5k+1 \\ 5k+2 \\ 5k+3 \\ 5k+4\end{cases} \cdots \quad 整数\begin{cases}零 \\ 正整数\begin{cases}质数 \\ 合数 \\ 1\end{cases} \\ 负整数\end{cases}$$

一、第一组单维概念(在整数范围内讨论)

　　(1)奇数:不能被 2 整除的整数叫作奇数.

　　(2)偶数:能被 2 整除的整数叫作偶数.

　　(3)自然数:0 与正整数叫作自然数.

二、第二组单维概念(在正整数范围内讨论)

　　(1)质数(素数):只能被 1 和本身(1 之外的正整数)整除的正整数叫作质数, 质数也叫素数.

　　　　如:2,3,5,7,11,13,17,19,23,29,31,…

(2)合数:能被 1 和本身(1 之外的正整数)以及其他整数整除的正整数叫作合数.

如:4,6,8,9,10,12,14,15,16,18,20,…

(3)非质非合数:1.

(4)2 是最小的质数,也是唯一的偶质数;4 是最小的合数.

三、第一组多维概念(在多个正整数之间讨论)

(1)倍数与最小公倍数:若 a 能整除 N,则 N 叫作 a 的倍数.若 b 也能整除 N,则 N 叫作 a 与 b 的公倍数.公倍数有无穷多个,其中最小的一个叫作最小公倍数,记为 $[a,b]$.

(2)约数与最大公约数:若 a 能整除 M,则 a 叫作 M 的约数.若 a 也能整除 N,则 a 叫作 M 与 N 的公约数.公约数的个数是有限的,其中最大的一个叫作最大公约数,记为 (M,N).

(3)因数与质因数:因数也就是约数,若因数是质数,那么该因数就是质因数.

(4)互质:若 a 与 b 的最大公约数是 1,那么称 a 与 b 互质,即 $(a,b)=1$.

(5)若两整数为 a,b,则有 $a\times b=(a,b)[a,b]$ 且知 $[a,b]$ 为 (a,b) 的倍数.

四、第二组多维概念

(1)带余除法:若 a 除 N 的余数是 r,则有 r 小于 a.

(2)整除:若 a 除 N 没有余数,则称 a 整除 N,记为 $a\mid N$.

(3)带余除法化整除:a 除 N 余 r,则有 a 整除 $N-r$.

基础方法

数学考试的工具是方法体系,如考试常用的基础方法有:判断质数与合数的方法、求体积的方法、求概率的方法等.高层次的方法有:分类讨论法、数形结合法、数学归纳法、联想类比法、判别式法等.本部分考生要掌握如下的方法:

一、分小互化的基本方法

(1)有限小数转化为分数用补 0 法,如:$0.12=\dfrac{12}{100}=\dfrac{3}{25}$.

(2)无限纯循环小数转化为分数用补 9 法,如:$0.\dot{1}\dot{2}=\dfrac{12}{99}=\dfrac{4}{33}$.

(3)无限混合循环小数转化为分数用 0-9 法,如:$0.1\dot{2}=\dfrac{12-1}{90}=\dfrac{11}{90}$.

【本质理解】$0.1\dot{2}=\dfrac{1.\dot{2}}{10}=\dfrac{1+0.\dot{2}}{10}=\dfrac{1+\dfrac{2}{9}}{10}=\dfrac{11}{90}$(0-9 法做题更具高效性).

二、实数的整数部分及小数部分分析方法

(1)实数的整数部分即为实数的取整,用 $[a]$ 表示不超过 a 的最大整数,如 $[1.2]=1$,$[-1.2]=-2$,$[a]\leqslant a$.

(2)实数的小数部分即为实数减去该实数的整数部分. 用$\{a\}$表示a的小数部分. 如$\{1.2\}=1.2-[1.2]=0.2,\{-1.2\}=-1.2-[-1.2]=0.8,\{a\}\in[0,1)$.

三、实数混合运算的基本方法

(1)有理数±有理数＝有理数

(2)有理数±无理数＝无理数

(3)无理数±无理数＝不确定

　　① $\sqrt{3}+(-\sqrt{3})=0$　② $\pi-\pi=0$　③ $(\sqrt{3}+2)+(4-\sqrt{3})=6$　④ $\sqrt{3}+\sqrt{2}=\sqrt{3}+\sqrt{2}$

(4)有理数×有理数＝有理数

(5)有理数×无理数＝0或无理数

　　① $0\times$无理数＝0　② 非0有理数×无理数＝无理数

(6)无理数×无理数＝不确定

　　① $\sqrt{3}\times\sqrt{3}=3$　② $2\sqrt{3}\times\sqrt{3}=6$　③ $(\sqrt{3}+1)(\sqrt{3}-1)=2$　④ $\sqrt{3}\times\sqrt{2}=\sqrt{6}$

(7)有理数÷有理数＝有理数

(8)有理数÷无理数＝0或无理数,无理数÷有理数＝无理数

　　① $0\div$无理数＝0　② 非0有理数÷无理数＝无理数

(9)无理数÷无理数＝不确定

　　① $2\sqrt{3}\div\sqrt{3}=2$　② $\sqrt{3}\div\sqrt{3}=1$　③ $\sqrt{6}\div\sqrt{3}=\sqrt{2}$

四、奇偶分析的方法

(1)偶数在乘法中具有同化作用:

　　　　奇数×奇数 ＝ 奇数（参考:奇数÷奇数 ＝ 整数时奇数）

　　　　偶数×偶数 ＝ 偶数（参考:偶数÷偶数 ＝ 整数时奇偶不定）

　　　　偶数×奇数 ＝ 偶数（参考:偶数÷奇数 ＝ 整数时偶数）

(2)在加减法中遵守法则"同为偶,异为奇":

　　　　奇数+奇数 ＝ 偶数（参考:奇数－奇数 ＝ 偶数）

　　　　偶数+偶数 ＝ 偶数（参考:偶数－偶数 ＝ 偶数）

　　　　偶数+奇数 ＝ 奇数（参考:偶数－奇数 ＝ 奇数）

五、判断质数与合数的方法:试除法

用$2,3,\cdots,n-1$去除n, 若都不能整除, 则n是质数. 否则为合数.

六、求最小公倍数与最大公约数的方法

多元短除法、分解质因数法或辗转相除法

方法一:多元短除法(如下图所示,直到互质为止)

　　　　72,84 的最小公倍数是 $[72,84]=2\times2\times3\times6\times7=504$.

　　　　72,84 的最大公约数是 $(72,84)=2\times2\times3=12$.

【实用口诀】最大公约数取侧部,最小公倍数取全部.

方法二:分解质因数法

$$\begin{cases} 72 = 2^3 \times 3^2 \\ 84 = 2^2 \times 3 \times 7 \end{cases} \Rightarrow \begin{cases} [72,84] = 2^3 \times 3^2 \times 7 = 504. \\ (72,84) = 2^2 \times 3 = 12. \end{cases}$$

【实用口诀】最大公约数取小者,最小公倍数反取大.

方法三:辗转相除法

两数的最大公约数等于其中较小数与大数除以小数的余数的最大公约数.如此辗转相除,直到一数是另一数的倍数.

$$(72,84) = (72,12) = 12 \Rightarrow [72,84] = \frac{72 \times 84}{12} = 504.$$

【实用口诀】大数用余留小数,直到出现倍数状.

七、判断整除的方法(性质):特征法

(1)能被 2 整除的特征:偶数.

(2)能被 3,9 整除的特征:每一位数字之和是 3,9 的倍数.

(3)能被 4,25 整除的特征:末两位数是 4,25 的倍数.

(4)能被 5 整除的特征:末位数是 5 的倍数.

(5)能被 6 整除的特征:能被 3 整除的偶数.

(6)能被 7,11,13 整除的特征:末三位与末三位以前的数之差是 7,11,13 的倍数.

(7)能被 8,125 整除的特征:末三位数是 8,125 的倍数.

(8)能被 11 整除的特征:奇数位之和与偶数位之和的差是 11 的倍数.

八、化简求值的方法

(1)方法 I(分数裂项抵消的方法):$\dfrac{1}{n(n+k)} = \dfrac{1}{k}\left(\dfrac{1}{n} - \dfrac{1}{n+k}\right)$.

(2)方法 II(连环平方差合项方法):

$(a+b)(a^2+b^2)(a^4+b^4)\cdots(a^{2^n}+b^{2^n})$

$= \dfrac{(a-b)(a+b)(a^2+b^2)(a^4+b^4)\cdots(a^{2^n}+b^{2^n})}{a-b} = \dfrac{a^{2^{n+1}} - b^{2^{n+1}}}{a-b}$.

(3)方法 III(阶乘裂项抵消的方法):$\dfrac{n-1}{A_n^n} = \dfrac{n-1}{n!} = \dfrac{1}{(n-1)!} - \dfrac{1}{n!}$.

(4)方法 IV(根式裂项抵消的方法):$\dfrac{1}{\sqrt{n} + \sqrt{n+k}} = \dfrac{1}{k}\left(-\sqrt{n} + \sqrt{n+k}\right)$.

(5)方法 V:$\dfrac{1}{1+2+3+\cdots+n} = 2\left(\dfrac{1}{n} - \dfrac{1}{n+1}\right)$.

(6)方法 VI:$\dfrac{1}{n(n+1)(n+2)} = \dfrac{1}{2}\left[\dfrac{1}{n(n+1)} - \dfrac{1}{(n+1)(n+2)}\right]$.

右上角短除法:

$$\begin{array}{r|cc} 2 & 72 & 84 \\ \hline 2 & 36 & 42 \\ \hline 3 & 18 & 21 \\ \hline & 6 & 7 \end{array}$$

短除法

二、例题精解

条件充分性判断题解题说明:

本大题要求判断所给出的条件(1)和(2)能否充分支持题干所陈述的结论. A、B、C、D、E 五个选项为判断结果,只有一个选项是最符合题目要求的. (注:本书中所有条件充分性判断题的选项含义均以此为准,不再一一说明.)

A. 条件(1)充分,但条件(2)不充分

B. 条件(2)充分,但条件(1)不充分

C. 条件(1)和(2)单独都不充分,但条件(1)和(2)联合起来充分

D. 条件(1)充分,条件(2)也充分

E. 条件(1)和(2)单独都不充分,条件(1)和(2)联合起来也不充分

经典例题

例1　$0.1\dot{2}+0.2\dot{3}+0.3\dot{4}+0.4\dot{5}+0.5\dot{6}+0.6\dot{7}+0.7\dot{8}=($ 　　$)$.

A. $\dfrac{63}{20}$　　　　B. $\dfrac{35}{11}$　　　　C. $\dfrac{287}{90}$　　　　D. $\dfrac{289}{90}$　　　　E. $\dfrac{287}{99}$

例2　两个正整数的最大公约数是 6,最小公倍数是 90,满足条件的两个正整数组成的大数在前的数对共有($ 　　$).

A. 1 对　　　　B. 2 对　　　　C. 3 对　　　　D. 4 对　　　　E. 5 对

例3　(条件充分性判断)整数 x 除以 15 的余数是 2.

(1)整数 x 除以 3 的余数是 2.　　　　(2)整数 x 除以 5 的余数是 2.

例4　三个质数之积恰好等于它们和的 5 倍,则这三个质数之和为($ 　　$).

A. 11　　　　B. 12　　　　C. 13　　　　D. 14　　　　E. 15

例5　(条件充分性判断)已知 m,n 均为实数,则 m^3-n^3 是 8 的倍数.

(1) m,n 都为奇数.　　　　(2) m,n 都为偶数

例6　$\left(1+\dfrac{1}{2}+\cdots+\dfrac{1}{100}\right)\left(\dfrac{1}{2}+\dfrac{1}{3}+\cdots+\dfrac{1}{99}\right)-$

$\left(1+\dfrac{1}{2}+\cdots+\dfrac{1}{99}\right)\left(\dfrac{1}{2}+\dfrac{1}{3}+\cdots+\dfrac{1}{100}\right)=($ 　　$)$.

A. $\dfrac{1}{100}$　　　　B. 1　　　　C. 0　　　　D. -1　　　　E. $-\dfrac{1}{100}$

例7　$\left(1-\dfrac{1}{4}\right)\left(1-\dfrac{1}{9}\right)\left(1-\dfrac{1}{16}\right)\left(1-\dfrac{1}{25}\right)\cdots\left(1-\dfrac{1}{10000}\right)=($ 　　$)$.

A. $\dfrac{101}{201}$　　　　B. $\dfrac{101}{200}$　　　　C. $\dfrac{101}{100}$　　　　D. $\dfrac{99}{100}$　　　　E. $\dfrac{202}{201}$

例 8 已知 $6-\sqrt{15}$ 的整数部分为 a，小数部分为 b，则代数式 $a+\dfrac{1}{b}=($ 　　$)$.

A. $6-\sqrt{15}$ 　　　　　　B. $6+\sqrt{15}$ 　　　　　　C. $8-\sqrt{15}$

D. $\sqrt{15}$ 　　　　　　E. $1+\sqrt{15}$

例 9 （条件充分性判断）已知 $\alpha x+\beta=2x$，则 $\alpha\beta=0$.

（1）α,β 是有理数. 　　　　　（2）x 是无理数.

例 10 （条件充分性判断）已知 a,b 是质数，则 $a=2,b=3$.

（1）$3a+4b=18$. 　　　　　（2）$3a+2b$ 是 6 的倍数.

经典例题题解

例 1 解析 $0.1\dot{2}+0.2\dot{3}+0.3\dot{4}+0.4\dot{5}+0.5\dot{6}+0.6\dot{7}+0.7\dot{8}$

$$=\frac{11}{90}+\frac{21}{90}+\frac{31}{90}+\frac{41}{90}+\frac{51}{90}+\frac{61}{90}+\frac{71}{90}=\frac{7}{2}\left(\frac{11}{90}+\frac{71}{90}\right)=\frac{287}{90}$$

综上所述，答案是 **C**.

例 2 解析 设所求两个整数为 a,b，由已知 $(a,b)=6,[a,b]=90$，从而

$$ab=[a,b](a,b)=90\times6=540=2\times2\times3\times3\times3\times5.$$

即
$$a=2\times3\times3\times5=90,b=2\times3=6,$$
$$或\ a=2\times3\times5=30,b=2\times3\times3=18.$$

综上所述，答案是 **B**.

例 3 解析 条件（1）和（2）单独不能推出结论，联合可以推出结论. 推导：

根据带余除法可设 $x-2$ 既是 3 的倍数，又是 5 的倍数 $\Rightarrow x-2$ 是 15 的倍数

$\Rightarrow x-2=15k\Rightarrow x=15k+2\Rightarrow$ 整数 x 除以 15 的余数是 2.

综上所述，答案是 **C**.

例 4 解析 方法一：设三个质数分别为 P_1,P_2,P_3，

由已知 $P_1P_2P_3=5(P_1+P_2+P_3)$，即 $5\mid P_1P_2P_3$，

由于 5 是质数，从而 5 一定整除 P_1,P_2,P_3 中的一个.

不妨设 $5\mid P_1$，又由于 P_1 是质数，可知 $P_1=5$，因此，$5P_2P_3=5(5+P_2+P_3)$，

得
$$P_2P_3=5+P_2+P_3,$$
所以
$$P_2P_3-P_2-P_3+1=6,$$
$$(P_2-1)(P_3-1)=6=1\times6\ 或\ 2\times3,$$

得
$$\begin{cases}P_2-1=1\\P_3-1=6\end{cases}或\begin{cases}P_2-1=2\\P_3-1=3\end{cases}(舍)$$

则
$$P_2=2,P_3=7,$$
$$P_1+P_2+P_3=14.$$

综上所述，答案是 **D**.

方法二：试算，选项不超过 15，可试得 2,5,7 符合题意，$2+5+7=14$，答案是 **D**.

例 5 解析 条件(1)取反例 $m=3, n=1$,代入所求 $m^3-n^3=26$,不是 8 的倍数,不充分;

条件(2)令 $m=2a, n=2b$,其中 a, b 都是整数,则 $m^3-n^3=8(a^3-b^3)$ 是 8 的倍数,充分.

综上所述,答案是 **B**.

例 6 解析 令 $t=\dfrac{1}{2}+\dfrac{1}{3}+\cdots+\dfrac{1}{99}$,题目中分式可化简为

$$\left(1+t+\dfrac{1}{100}\right)t-(1+t)\left(t+\dfrac{1}{100}\right)=t+t^2+\dfrac{1}{100}t-t-\dfrac{1}{100}-t^2-\dfrac{1}{100}t=-\dfrac{1}{100}$$

综上所述,答案是 **E**.

例 7 解析 $\left(1-\dfrac{1}{2}\right)\left(1+\dfrac{1}{2}\right)\left(1-\dfrac{1}{3}\right)\left(1+\dfrac{1}{3}\right)\cdots\left(1-\dfrac{1}{99}\right)\left(1+\dfrac{1}{99}\right)\left(1-\dfrac{1}{100}\right)\left(1+\dfrac{1}{100}\right)$

$=\dfrac{1}{2}\times\dfrac{3}{2}\times\dfrac{2}{3}\times\dfrac{4}{3}\times\cdots\times\dfrac{98}{99}\times\dfrac{100}{99}\times\dfrac{99}{100}\times\dfrac{101}{100}=\dfrac{1}{2}\times\dfrac{101}{100}=\dfrac{101}{200}$.

例 8 解析 已知 $3<\sqrt{15}<4\Rightarrow-4<-\sqrt{15}<-3\Rightarrow 2<6-\sqrt{15}<3$

根据整数部分和小数部分定义可知 $a=2, b=4-\sqrt{15}$,

则 $a+\dfrac{1}{b}=2+\dfrac{1}{4-\sqrt{15}}=2+\dfrac{4+\sqrt{15}}{(4-\sqrt{15})(4+\sqrt{15})}=6+\sqrt{15}$

综上所述,答案是 **B**.

例 9 解析 条件(1)取反例: $\alpha=1, \beta=2, x=2$,故不充分;

条件(2)取反例: $\alpha=1, \beta=x$,则 β 也为无理数,故不充分;

条件(1)与(2)联合时: $\alpha x+\beta=2x\Rightarrow(2-\alpha)x=\beta$,由 $0\times$ 无理数 $=0$,

可得 $2-\alpha=0, \beta=0$,则有 $\alpha\beta=0$,充分.

综上所述,答案是 **C**.

例 10 解析 条件(1) 由 $4b$ 为偶数,18 为偶数,可得 $3a$ 为偶数,又 2 是唯一的偶质数,所以 $a=2$,解得 $b=3$,充分;

条件(2)令 $3a+2b=6k(k\in\mathbf{Z}_+)$,其中 $2b$ 和 $6k$ 都是偶数,因此 $3a$ 为偶数,又 3 为奇数,可得 a 为偶数,又 a 为质数,所以 $a=2$,则 $b=3(k-1)$,又 b 为质数,则 $b=3$,故充分.

综上所述,答案是 **D**.

三、基础练习

基础练习 ◤

1. $\dfrac{1}{13\times15}+\dfrac{1}{15\times17}+\cdots+\dfrac{1}{37\times39}=($).

A. $\dfrac{1}{37}$ B. $\dfrac{1}{39}$ C. $\dfrac{1}{40}$ D. $\dfrac{2}{41}$ E. $\dfrac{2}{39}$

2. (条件充分性判断) 已知 x,y 满足 $xy - x - y = 2$, 则 $x + y > 2$.

   (1) x,y 均为整数.   (2) x,y 均为正整数.

3. (条件充分性判断) 整数 x 除以 15 的余数是 14.

   (1) 整数 x 除以 3 的余数是 2.   (2) 整数 x 除以 5 的余数是 4.

4. (条件充分性判断) 若 x,y 是质数, 则 $1000x + 4y = 2012$.

   (1) xy 是偶数.   (2) xy 是 6 的倍数.

5. 已知 n 是偶数, m 是奇数, x,y 为整数且满足方程组 $\begin{cases} x - 1998y = n \\ 9x + 13y = m \end{cases}$, 那么 (   ).

   A. x,y 都是偶数   B. x,y 都是奇数

   C. x 是偶数, y 是奇数   D. x 是奇数, y 是偶数

   E. 以上均不正确

6. (条件充分性判断) a,b 的最大公约数是 203.

   (1) $a = 5887$.   (2) $b = 3857$.

7. $\dfrac{1}{1 + \sqrt{2}} + \dfrac{1}{\sqrt{2} + \sqrt{3}} + \dfrac{1}{\sqrt{3} + \sqrt{4}} + \cdots + \dfrac{1}{\sqrt{2024} + \sqrt{2025}} = $ (   ).

   A. 43   B. 44   C. 45   D. 46   E. 47

8. 已知 p,q 都是质数, 且 $5p + 7q = 129$, 则 $p + q = $ (   ).

   A. 15   B. 19   C. 25   D. 19 或 25   E. 15 或 19

9. 若几个质数(素数)的乘积为 770, 则它们的和为 (   ).

   A. 85   B. 84   C. 28   D. 26   E. 25

10. 一位同学计算两个数的乘法时, 把 $1.2\dot{3}$ 错看成 1.23, 使计算结果少了 0.3, 则原来两个数的乘积为 (   ).

   A. 90   B. 95   C. 101

   D. 106   E. 111

11. $k \in \mathbf{Z}_+$, 则 $k^3 - k$ (   ).

   A. 不能被 3 整除   B. 不能被 6 整除

   C. 不能被 3 整除, 也不能被 6 整除   D. 能被 3 整除, 也能被 6 整除

   E. 能被 3 整除, 不能被 6 整除

12. 已知两数之和是 60, 它们的最大公约数与最小公倍数之和是 84, 则这两个数中较大的那个数是 (   ).

   A. 36   B. 38   C. 40   D. 42   E. 44

13. 有一个整数 x, 加 6 之后是一个完全平方数, 减 5 之后也是一个完全平方数, 则 x 各数位上的数字之和为 (   ).

   A. 3   B. 4   C. 5   D. 6   E. 7

14. 已知 x,y 是有理数, 且满足方程 $(1 + \sqrt{3})x + (-2 + 2\sqrt{3})y - 4\sqrt{3} = 0$, 则 x,y 的值分别为 (   ).

   A. 2,1   B. 1,2   C. 2,3   D. 3,2   E. 2,0

15. $\left(1-\dfrac{1}{2}\right)\left(1-\dfrac{1}{3}\right)\left(1-\dfrac{1}{4}\right)\left(1-\dfrac{1}{5}\right)\cdots\left(1-\dfrac{1}{2021}\right)=($　　$)$.

   A. $\dfrac{2020}{2021}$　　　　B. $\dfrac{1}{2021}$　　　　C. $\dfrac{2019}{2021}$　　　　D. 1　　　　E. $\dfrac{2}{2021}$

16. 有一个正既约分数,如果其分子加上 24,分母加上 54 后,其分数值不变,则此既约分数的分子与分母的乘积等于(　　).

   A. 24　　　　B. 30　　　　C. 32　　　　D. 36　　　　E. 38

基础练习题解

1　**【解析】**原式 $=\dfrac{1}{2}\left[\left(\dfrac{1}{13}-\dfrac{1}{15}\right)+\left(\dfrac{1}{15}-\dfrac{1}{17}\right)+\cdots+\left(\dfrac{1}{37}-\dfrac{1}{39}\right)\right]$

　　　　　　$=\dfrac{1}{2}\left(\dfrac{1}{13}-\dfrac{1}{39}\right)$

　　　　　　$=\dfrac{1}{39}.$

　　综上所述,答案是 **B**.

2　**【解析】**本题考点:不定方程的求解——"交叉"乘.

　　将题干中的已知 $xy-x-y=2$ 因式分解得 $(x-1)(y-1)=3$.

　　条件(1)两个整数 $x-1,y-1$ 都是 3 的约数,即 $3=1\times3=(-1)\times(-3)=3\times1=$

　　　　$(-3)\times(-1)$,

　　　　则对应的 x,y 分别为 2,4 或 0,-2 或 4,2 或 -2,0,$x+y=-2$ 或 6,不充分.

　　条件(2)与条件(1)类似,因为 x,y 均为正整数,得 $x+y=6$,充分.

　　综上所述,答案是 B

3　**【解析】**条件(1)和(2)单独不能推出结论,联合可以推出结论. 推导:

　　根据带余除法可设 $x+1$ 既是 3 的倍数,又是 5 的倍数 $\Rightarrow x+1$ 是 15 的倍数

　　$\Rightarrow x+1=15k\Rightarrow x=15k-1=15(k-1)+14\Rightarrow$ 整数 x 除以 15 的余数是 14.

　　综上所述,答案是 **C**.

4　**【解析】**条件(1)和(2)单独不能推出结论,联合也推不出结论. 推导:

　　注意到 x,y 是质数,xy 是偶数又是 6 的倍数 $\Rightarrow\begin{cases}x=2\\y=3\end{cases}$ 或 $\begin{cases}x=3,\\y=2,\end{cases}$

　　故 $1000x+4y=2012$ 或 3008. 不是结论的子集,故推不出结论.

　　综上所述,答案是 **E**.

5　**【解析】**$x=1998y+n$,1998y 和 n 均为偶数,故 x 为偶数;$13y=m-9x$,m 为奇数,$9x$ 为偶数,

　　故 $13y$ 为奇数,即 y 为奇数. 所以 x 为偶数,y 为奇数.

　　综上所述,答案是 **C**.

6　【解析】条件(1)和(2)单独不能推出结论,联合可以推出结论. 推导:

数字较大时用辗转相除法.

$(5887,3857)=(2030,3857)=(2030,1827)=(203,1827)=203.$

综上所述,答案是 **C**.

7　【解析】原式 $=(-1+\sqrt{2})+(-\sqrt{2}+\sqrt{3})+(-\sqrt{3}+\sqrt{4})+\cdots+(-\sqrt{2024}+\sqrt{2025})$

$=-1+\sqrt{2025}=44.$

综上所述,答案是 **B**.

8　【解析】由奇数+偶数=奇数知,在 p,q 中必有一个数为偶质数2,

故 $p=2,q=17$ 或 $p=23,q=2$,所以 $p+q=19$ 或 25.

综上所述,答案是 **D**.

9　【解析】$770=11\times7\times5\times2$,则 $11+7+5+2=25$.

综上所述,答案是 **E**.

10　【解析】设原来另一个数为 a,

则 $1.2\dot{3}a-1.23a=0.\dot{3}\Rightarrow0.00\dot{3}a=0.\dot{3}\Rightarrow\frac{3}{900}a=0.\dot{3}\Rightarrow a=90.$

所以原来两数乘积为 $1.23\times90+0.3=111.$

综上所述,答案是 **E**.

11　【解析】$k^3-k=k(k^2-1)=(k-1)k(k+1)$,

因为两个连续的整数必有一个能被 2 整除,三个连续的整数必有一个能被 3 整除,所以 k^3-k 既是 3 的倍数,也是 6 的倍数.

综上所述,答案是 **D**.

12　【解析】设 $x=\alpha\beta,y=\alpha\mu$($\alpha$ 为 x,y 的最大公约数),故 x,y 的最小公倍数为 $\alpha\beta\mu$,则有 $\begin{cases}\alpha\beta+\alpha\mu=60\\\alpha+\alpha\beta\mu=84\end{cases}$,相除有 $\frac{\beta+\mu}{1+\beta\mu}=\frac{60}{84}=\frac{5}{7}.$

又因为 β 和 μ 互质,故 $\beta+\mu=5,1+\beta\mu=7.$

故 $\alpha=12$,故两数为 24,36.

综上所述,答案是 **A**.

13　【解析】由题意知 $\begin{cases}x+6=k_1^2 &①\\x-5=k_2^2 &②\end{cases}$

①-②得 $11=(k_1+k_2)(k_1-k_2)=11\times1=(-11)\times(-1)$,

所以 $\begin{cases}k_1+k_2=11\\k_1-k_2=1\end{cases}$ 或 $\begin{cases}k_1+k_2=1\\k_1-k_2=11\end{cases}$ 或 $\begin{cases}k_1+k_2=-11\\k_1-k_2=-1\end{cases}$ 或 $\begin{cases}k_1+k_2=-1\\k_1-k_2=-11\end{cases}$,

解得 $\begin{cases}k_1=6\\k_2=5\end{cases}$ 或 $\begin{cases}k_1=6\\k_2=-5\end{cases}$ 或 $\begin{cases}k_1=-6\\k_2=-5\end{cases}$ 或 $\begin{cases}k_1=-6\\k_2=5\end{cases}$.

故 $x = k_1^2 - 6 = 30$，各数位上的数字之和为 3.

综上所述，答案是 **A**.

14 【解析】由题可得 $(x + 2y - 4)\sqrt{3} + (x - 2y) = 0$，则 $\begin{cases} x + 2y - 4 = 0 \\ x - 2y = 0 \end{cases} \Rightarrow x = 2, y = 1.$

综上所述，答案是 **A**.

15 【解析】$\left(1 - \dfrac{1}{2}\right)\left(1 - \dfrac{1}{3}\right)\left(1 - \dfrac{1}{4}\right)\left(1 - \dfrac{1}{5}\right)\cdots\left(1 - \dfrac{1}{2021}\right)$

$= \dfrac{1}{2} \times \dfrac{2}{3} \times \dfrac{3}{4} \times \cdots \times \dfrac{2020}{2021} = \dfrac{1}{2021}$

综上所述，答案是 **B**

16 【解析】设此分数为 $\dfrac{b}{a}$，则 $\dfrac{b+24}{a+54} = \dfrac{b}{a}$，故 $a(b+24) = b(a+54).$

因此 $\dfrac{b}{a} = \dfrac{24}{54} = \dfrac{4}{9}$，故 $a = 9, b = 4, ab = 36.$

综上所述，答案是 **D**.

基 础 二

值与数据描述的概念系统与方法系统

一、概念与方法指南

基础概念

$$
值\begin{cases}绝对值\\比值\\平均值\end{cases}\qquad 数据描述一\begin{cases}平均值\\方差\\标准差\end{cases}\qquad 数据描述二\begin{cases}数表\\直方图\\饼图\end{cases}
$$

一、绝对值相关的概念

(1)数轴:实数与数轴上的点一一对应.数轴是有原点、刻度和方向的直线.方向指数轴的正向,一根水平的数轴正向一般指向右方,原点对应的实数为 0,正数在原点的右侧,数越大在数轴上对应的点就越靠右.

(2)绝对值:数轴上的点到原点的距离叫作这个数的绝对值,两个数之差的绝对值表示数轴上这两个数所对应的点之间的距离.一般规定,正数的绝对值是它本身,负数的绝对值是它的相反数,零的绝对值为零.即 $|a| = \begin{cases} a\,(a > 0) \\ 0\,(a = 0) \\ -a\,(a < 0) \end{cases}$.

(3)绝对值的非负性:任意实数的绝对值非负(大于或等于零),即 $|a| \geqslant 0$.

二、比值相关的概念

(1)比和比例式:两个数相除,叫作这两个数的比,a 和 b $(b \neq 0)$ 的比记为 $a:b$ 或 $\dfrac{a}{b}$.

表示两个比相等的式子叫作比例式,记为 $a:b = c:d$.

(2)正比:若 $y = kx\,(k \neq 0)$,则称 y 和 x 成正比,k 称为比例系数.

反比:若 $y = \dfrac{k}{x}\,(k \neq 0)$,则称 y 和 x 成反比,k 称为比例系数.

(3)比例定理是与比例相关的六个定理:

更比定理:$\dfrac{a}{b} = \dfrac{c}{d} \Leftrightarrow \dfrac{a}{c} = \dfrac{b}{d}$.

反比定理：$\dfrac{a}{b} = \dfrac{c}{d} \Leftrightarrow \dfrac{b}{a} = \dfrac{d}{c}$.

合比定理：$\dfrac{a}{b} = \dfrac{c}{d} \Leftrightarrow \dfrac{a+b}{b} = \dfrac{c+d}{d}$.

分比定理：$\dfrac{a}{b} = \dfrac{c}{d} \Leftrightarrow \dfrac{a-b}{b} = \dfrac{c-d}{d}$.

合分比定理：$\dfrac{a}{b} = \dfrac{c}{d} \Leftrightarrow \dfrac{a+b}{a-b} = \dfrac{c+d}{c-d}$.

等比定理：$\dfrac{a}{b} = \dfrac{c}{d} \Leftrightarrow \dfrac{a}{b} = \dfrac{c}{d} = \dfrac{a+c}{b+d}$.

三、平均值、方差相关的概念

（1）平均值包含算术平均值与几何平均值，平均值用来度量数据的平均趋势水平．

算术平均值：设 n 个数 $x_1, x_2, x_3, \cdots, x_n$，那么 $\bar{x} = \dfrac{x_1 + x_2 + x_3 + \cdots + x_n}{n}$ 叫作这 n 个数的算术平均值，简记为 $\bar{x} = \dfrac{1}{n}\sum\limits_{i=1}^{n} x_i$. 根据定义可知：① 负数也存在算术平均值；② 0 的算术平均值为 0．

几何平均值：设 n 个正数 $x_1, x_2, x_3, \cdots, x_n$，那么 $x_g = \sqrt[n]{x_1 x_2 x_3 \cdots x_n}$ 叫作这 n 个正数的几何平均值，简记为 $x_g = \sqrt[n]{\prod\limits_{i=1}^{n} x_i}$. 根据定义可知：① 负数不存在几何平均值；② 0 不存在几何平均值．

（2）方差用来度量数据相对于平均值的波动水平．设 n 个数 $x_1, x_2, x_3, \cdots, x_n$，那么 $\sigma^2 = \dfrac{(x_1 - \bar{x})^2 + (x_2 - \bar{x})^2 + \cdots + (x_n - \bar{x})^2}{n}$ 叫作这 n 个数的方差，简记为 $\sigma^2 = \dfrac{1}{n}\sum\limits_{i=1}^{n} (x_i - \bar{x})^2$，将 $\sigma = \sqrt{\dfrac{(x_1 - \bar{x})^2 + (x_2 - \bar{x})^2 + \cdots + (x_n - \bar{x})^2}{n}}$ 叫作标准差．

（3）均值不等式：当 $x_1, x_2, x_3, \cdots, x_n$ 为 n 个正数时，它们的算术平均值不小于它们的几何平均值，即 $\dfrac{x_1 + x_2 + x_3 + \cdots + x_n}{n} \geqslant \sqrt[n]{x_1 x_2 x_3 \cdots x_n}$ $\quad (x_i > 0, i = 1, 2, \cdots, n)$，

当且仅当 $x_1 = x_2 = x_3 = \cdots = x_n$ 时，等号成立．特别地，$\dfrac{a+b}{2} \geqslant \sqrt{ab}$.

四、图表相关的概念

（1）直方图：直方图是一种直观地表示数据信息的统计图形，它由许多宽（组距）相同但高可以变化的小长方形构成．其中，组距表示数据（变量）的分布区间，高表示在这一区间的频数、频率等度量值，即小长方形的高直观地表示度量值的大小．直方图根据高的度量值不

同可以分为频数直方图、频率直方图等.

（2）饼图:饼图是以圆形和扇形表示数据的统计图形,扇形的圆心角之比等于频数之比,圆心角的大小直观地表示度量值的大小关系.

（3）数表:数表是以两行表格的形式反映数据信息的统计图形,第一行表示分布区间或散点值,第二行表示对应的度量值(频率、频数).

基础方法

本部分考生要掌握如下的方法:

一、定性定量分析结合法

有时使用定性分析可以目测得到平均值、方差和标准差的结果,速度快,反过来推知定量计算的结果的大小. 例如,如果两组数据通过目测得到甲组数据的波动性要大,那么我们就不需要计算两组数据的方差和标准差,可以马上判断出 $\sigma_{甲}^2 > \sigma_{乙}^2$.

二、分类讨论法

见到绝对值时常采用分类讨论来去掉绝对值,即要判断绝对值内的数或表达式的正负性,利用绝对值的表达式来分类讨论去绝对值. 主要有以下几种表现形式:

（1） $|a| = \begin{cases} a & a \geq 0 \\ -a & a < 0 \end{cases}$ 或 $\begin{cases} a & a > 0 \\ 0 & a = 0 \\ -a & a < 0 \end{cases}$

（2） $\dfrac{a}{|a|} = \begin{cases} 1 & a > 0 \\ -1 & a < 0 \end{cases}$

（3） $\dfrac{a}{|a|} + \dfrac{b}{|b|} + \dfrac{c}{|c|} = \begin{cases} 3 & a,b,c \text{ 均为正} \\ 1 & a,b,c \text{ 中两正一负} \\ -1 & a,b,c \text{ 中两负一正} \\ -3 & a,b,c \text{ 均为负} \end{cases}$

（4） $\dfrac{abc}{|abc|} = \begin{cases} 1 & a,b,c \text{ 均为正,或一正两负} \\ -1 & a,b,c \text{ 均为负,或一负两正} \end{cases}$

三、见比设 k 法

当题目中出现两个或多个连比时,往往假设比值等于中间值 k,然后用 $k(k \neq 0)$ 替换其他元素,从而简化运算. 例如:

（1） $\dfrac{a}{b} = \dfrac{c}{d} = k \Rightarrow \begin{cases} a = bk \\ c = dk \end{cases}$,如 $a : b = 3 : 5 \Rightarrow a = 3k, b = 5k$.

（2） $\dfrac{a}{b} = \dfrac{c}{d} = \dfrac{e}{f} = k \Rightarrow \begin{cases} a = bk \\ c = dk \\ e = fk \end{cases}$,如 $a : b : c = 1 : 2 : 3 \Rightarrow a = k, b = 2k, c = 3k$.

二、例题精解

经典例题

例 1　（条件充分性判断）设 x,y,z 为非零实数，则 $\dfrac{2x+3y-4z}{-x+y-2z}=1$.

(1) $3x-2y=0$.　　　　(2) $2y-z=0$.

例 2　如果 a,b,c 是非零实数，且 $a+b+c=0$，则 $\dfrac{a}{|a|}+\dfrac{b}{|b|}+\dfrac{c}{|c|}+\dfrac{abc}{|abc|}$ 的值为（　　）.

A. 0　　　　B. 1 或 -10　　C. 2 或 -20　　D. 0 或 -20　　E. 3

例 3　x,y,z 满足条件 $|x^2+4xy+5y^2|+\sqrt{z+\dfrac{1}{2}}=-2y-1$，则 $(4x-10y)^z=$（　　）.

A. 1　　　　B. $\sqrt{2}$　　　C. $\dfrac{\sqrt{2}}{6}$　　　　D. 2　　　　E. $\dfrac{2}{3}$

例 4　设 $\dfrac{1}{x}:\dfrac{1}{y}:\dfrac{1}{z}=4:5:6$，则使 $x+y+z=74$ 成立的 y 值是（　　）.

A. 24　　　　B. 36　　　C. $\dfrac{74}{3}$　　　D. $\dfrac{37}{2}$　　　　E. 以上都不对

例 5　已知 $\dfrac{a}{b}=\dfrac{c}{d}=\dfrac{e}{f}=\dfrac{2}{3}$，且 $2b-d+5f=18$，则 $a-\dfrac{c-5e}{2}$ 的值是（　　）.

A. 6　　　　B. 9　　　C. 10　　　D. 12　　　E. 14

例 6　已知两个样本数据如下：

甲	9.9	10.2	9.8	10.1	9.8	10	10.2
乙	10.1	9.6	10	10.4	9.7	9.9	10.3

则下列选项正确的是（　　）.

A. $\bar{x}_甲=\bar{x}_乙,\sigma^2_甲>\sigma^2_乙$　　　　B. $\bar{x}_甲=\bar{x}_乙,\sigma^2_甲<\sigma^2_乙$　　　　C. $\bar{x}_甲=\bar{x}_乙,\sigma^2_甲=\sigma^2_乙$

D. $\bar{x}_甲\neq\bar{x}_乙,\sigma^2_甲=\sigma^2_乙$　　　E. $\bar{x}_甲>\bar{x}_乙,\sigma^2_甲=\sigma^2_乙$

例 7　设一组数据的方差是 σ^2，将这组数据的每个数据都乘10，所得到的一组新数据的方差是（　　）.

A. $0.1\sigma^2$　　　B. σ^2　　　C. $10\sigma^2$　　　D. $100\sigma^2$　　　E. σ^2+10

例 8　（条件充分性判断）$2^{x+y}+2^{a+b+c}=24$.

(1) a,b,x,y 满足 $y+|\sqrt{x}-\sqrt{3}|=1-a^2+\sqrt{3}b$.

(2) c,b,x,y 满足 $|x-c|+\sqrt{3}b=y-1-b^2$.

例9 某图书馆有外文图书共 8000 册,其图书构成如图 2-2-1 所示.

下列说法不正确的是( ).

A. 英文图书是日文图书的 4 倍

B. 其他图书和日文图书的比是 1 : 3

C. 日文图书与其他图书之比等于俄文图书与德文图书之比

D. 如果再购买德文图书 200 本,俄文图书 300 本,两者的比不会发生变化

E. 如果该图书馆卖掉 3000 本书,要保持英文图书比例不变,则卖掉的书里应该包含 1800 本英文图书

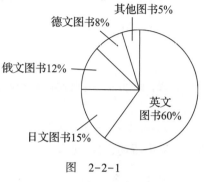

图 2-2-1

例10 $|x + \log_2 x| < |x| + |\log_2 x|$ 成立的条件是( ).

A. $(0,1)$ B. $(1, +\infty)$ C. $(0, +\infty)$ D. $[1, +\infty)$ E. $(0,1]$

经典例题题解

例1解析 由条件(1)$3x - 2y = 0$,则 $3x = 2y$,

反例:$x = 2, y = 3$ 代入,$\dfrac{2x + 3y - 4z}{-x + y - 2z} = \dfrac{13 - 4z}{1 - 2z}$.其值与 z 有关,故条件(1) 不充分.

由条件(2)$2y - z = 0$, 则 $2y = z$,

反例:$y = 1, z = 2$ 代入,$\dfrac{2x + 3y - 4z}{-x + y - 2z} = \dfrac{2x - 5}{-x - 3}$.其值与 x 有关,故条件(2) 不充分.

联合条件(1) 和(2),由 $\begin{cases} 3x = 2y \\ 2y = z \end{cases} \Rightarrow \begin{cases} x = \dfrac{2}{3}y, \\ z = 2y \end{cases}$,

代入得 $\dfrac{2x + 3y - 4z}{-x + y - 2z} = \dfrac{2 \times \dfrac{2}{3}y + 3y - 4 \times 2y}{-\dfrac{2}{3}y + y - 2 \times 2y} = 1$,故联合充分.

综上所述,答案是 **C**.

例2解析 $a + b + c = 0 \Rightarrow \dfrac{a}{|a|} + \dfrac{b}{|b|} + \dfrac{c}{|c|} + \dfrac{abc}{|abc|}$ 的值的分类讨论如下:

若 a, b, c 两正一负,不妨设 $a > 0, b > 0, c < 0$, 则原式 $= 1 + 1 - 1 - 1 = 0$.

若 a, b, c 一正两负,不妨设 $a > 0, b < 0, c < 0$, 则原式 $= 1 - 1 - 1 + 1 = 0$.

综上所述,答案是 **A**.

例3解析 已知等式中:$|x^2 + 4xy + 5y^2| = |(x + 2y)^2 + y^2|$, $(x + 2y)^2 + y^2$ 具有非负性,

则可以直接去掉绝对值 $|x^2 + 4xy + 5y^2| = (x + 2y)^2 + y^2$,因此已知等式可变形为

$(x + 2y)^2 + y^2 + 2y + 1 + \sqrt{z + \dfrac{1}{2}} = (x + 2y)^2 + (y + 1)^2 + \sqrt{z + \dfrac{1}{2}} = 0$.

得 $x = 2, y = -1, z = -\dfrac{1}{2} \Rightarrow (4x - 10y)^z = \dfrac{\sqrt{2}}{6}$.

综上所述,答案是 **C**

例 4 解析 方法一:见比设 k 技巧. $\dfrac{1}{x} : \dfrac{1}{y} : \dfrac{1}{z} = 4 : 5 : 6 = \dfrac{4}{60} : \dfrac{5}{60} : \dfrac{6}{60} = \dfrac{1}{15} : \dfrac{1}{12} : \dfrac{1}{10} \Rightarrow \begin{cases} x = 15k, \\ y = 12k, \\ z = 10k, \end{cases}$

$\Rightarrow x + y + z = 37k = 74 \Rightarrow k = 2 \Rightarrow y = 12k = 24$.

综上所述,答案是 **A**.

方法二:令 $x = \dfrac{k}{4}, y = \dfrac{k}{5}, z = \dfrac{k}{6}, x + y + z = 74 \Rightarrow k = 120 \Rightarrow y = 24$.

例 5 解析 使用比例定理: $\dfrac{a}{b} = \dfrac{c}{d} = \dfrac{e}{f} = \dfrac{2}{3} \Rightarrow \dfrac{2a - c + 5e}{2b - d + 5f} = \dfrac{2a - c + 5e}{18} = \dfrac{2}{3}$

$\Rightarrow 2a - c + 5e = 12 \Rightarrow a - \dfrac{c - 5e}{2} = \dfrac{2a - c + 5e}{2} = 6$.

综上所述,答案是 **A**.

例 6 解析 根据平均值计算公式可得: $\bar{x}_{甲} = \bar{x}_{乙}$,经过观察可得 $\sigma^2_{甲} < \sigma^2_{乙}$,答案是 **B**.

例 7 解析 根据方差与标准差的性质可知,答案是 **D**.

例 8 解析 条件(1)缺少变量 c,而结论的分析需要 c,故不充分;

条件(2)缺少变量 a,而结论的分析需要 a,故不充分;

条件(1)与(2)联合时:两个等式整体相加,得 $|x - c| + |\sqrt{x} - \sqrt{3}| + a^2 + b^2 = 0$,解得 $x = 3, c = 3, a = 0, b = 0$,代入等式中得到 $y = 1$,则有 $2^{x+y} + 2^{a+b+c} = 2^4 + 2^3 = 24$,充分.

综上所述,答案是 **C**.

例 9 解析 对于 A 选项:$60\% : 15\% = 4 : 1$,正确.

对于 B 选项:$5\% : 15\% = 1 : 3$,正确.

对于 C 选项:$15\% : 5\% = 3 : 1 \neq 12\% : 8\%$,错误.

对于 D 选项:原来德文图书:俄文图书 $= 8\% : 12\% = 2 : 3$.

现在德文图书:俄文图书 $= 840 : 1260 = 2 : 3$,正确.

注:$(8\% \times 8000 + 200) : (12\% \times 8000 + 300) = 840 : 1260$.

对于 E 选项:$3000 \times 60\% = 1800$,正确.

综上所述,答案是 **C**.

例 10 解析 将 $|x + \log_2 x| < |x| + |\log_2 x|$ 看作 $|m + n| \leqslant |m| + |n|$ 等号不成立的情形.

等号成立条件是 $mn \geqslant 0$,则等号不成立时,$mn < 0$,

即 $x(\log_2 x) < 0$,又 $x > 0$,所以 $\log_2 x < 0$,解得 $0 < x < 1$.

综上所述,答案是 **A**.

三、基础练习

基础练习

1. 关于 x 的方程 $\left|1-|x|\right|+\sqrt{|x|-2}=x$ 的根的个数为(　　).

   A. 0　　　　　B. 1　　　　　C. 3　　　　　D. 4　　　　　E. 2

2. 已知 $\dfrac{|x+y|}{x-y}=2$,则 $\dfrac{x}{y}$ 等于(　　).

   A. $\dfrac{1}{2}$　　　B. 3　　　C. $\dfrac{1}{3}$ 或 3　　　D. $\dfrac{1}{2}$ 或 $\dfrac{1}{3}$　　　E. 3 或 $\dfrac{1}{2}$

3. $|3x+2|+2x^2-12xy+18y^2=0$,则 $2y-3x=$ (　　).

   A. $-\dfrac{14}{9}$　　　B. $-\dfrac{2}{9}$　　　C. 0　　　D. $\dfrac{2}{9}$　　　E. $\dfrac{14}{9}$

4. 设 $\dfrac{1}{yz}:\dfrac{1}{xz}:\dfrac{1}{xy}=4:5:6$,则使 $x+y+z=75$ 成立的 y 值是(　　).

   A. 20　　　　B. 25　　　　C. 30　　　　D. 36　　　　E. 以上都不对

5. $\sqrt{\dfrac{1\times2\times3+2\times4\times6+\cdots+n\times2n\times3n}{1\times3\times4+2\times6\times8+\cdots+n\times3n\times4n}}$ 的值为(　　).

   A. $\dfrac{1}{2}$　　　B. $\dfrac{3}{2}$　　　C. $\dfrac{5}{4}$　　　D. $\dfrac{3}{4}$　　　E. $\dfrac{\sqrt{2}}{2}$

6. 在一次计算机知识竞赛中,将两个班参赛学生的成绩(得分均为整数)进行整理后分成五组.已知第一、第三、第四、第五小组的频率分别是 0.30,0.15,0.10,0.05,第二小组的频数是 40.那么这两个班参赛的学生人数是 (　　).

   A. 110　　　B. 100　　　C. 90　　　D. 96　　　E. 90

7. 某医院急诊中心关于其病人等待急诊的时间记录如下:

等待时间/分钟	$[0,5)$	$[5,10)$	$[10,15)$	$[15,20)$
频　数	4	8	5	3

用上述分组资料计算病人平均等待时间的估计值 $\bar{x}=$ (　　).

   A. 8.75　　　B. 9　　　C. 9.25　　　D. 9.50　　　E. 9.75

8. (条件充分性判断) $k=\pm\dfrac{12\sqrt{5}}{5}$.

   (1)已知样本 90,83,86,85,83,78,74,73,71,77 的方差为 σ^2.

   (2)关于 x 的方程 $x^2-(k+1)x+k-3=0$ 的两根的平方和恰好是 σ^2.

9. 方程 $\left|x-|2x+1|\right|=4$ 的根是(　　).

A. $x = -5$ 或 $x = 1$ B. $x = 5$ 或 $x = -1$ C. $x = 3$ 或 $x = -\dfrac{5}{3}$

D. $x = -3$ 或 $x = \dfrac{5}{3}$ E. 不存在

10. 若 y 与 $x - 1$ 成正比, 比例系数为 k_1; y 又与 $x + 1$ 成反比, 比例系数为 k_2, 且 $k_1 : k_2 = 2 : 3$, 则 x 的值为(   ).

    A. $\pm \dfrac{\sqrt{15}}{3}$ B. $\dfrac{\sqrt{15}}{3}$ C. $-\dfrac{\sqrt{15}}{3}$

    D. $\pm \dfrac{\sqrt{10}}{2}$ E. $-\dfrac{\sqrt{10}}{2}$

11. (条件充分性判断) $m = 1$.

    $(1) m = \dfrac{|x-1|}{x-1} + \dfrac{|1-x|}{1-x} + \dfrac{\sqrt{x-1}}{\sqrt{|x-1|}}$.

    $(2) m = \dfrac{|x-1|}{x-1} - \dfrac{|1-x|}{1-x} + \dfrac{\sqrt{x-1}}{\sqrt{|x-1|}}$.

12. 已知样本 $x_1, x_2, \cdots, x_n$ 的平均值为 2, 方差为 4, 则样本 $2x_1 + 2, 2x_2 + 2, \cdots, 2x_n + 2$ 的平均值和方差分别为(   ).

    A. 2,4   B. 4,8   C. 4,32   D. 6,32   E. 6,16

13. (条件充分性判断) 已知 a, b 均为正数, 则 a, b 的几何平均值的 3 倍大于它们的算术平均值.
    $(1)\ a^2 + b^2 < 34ab$. $(2) a^2 + b^2 > 34ab$.

14. 若 $\dfrac{a+b-c}{c} = \dfrac{a-b+c}{b} = \dfrac{-a+b+c}{a}$, 则 $\dfrac{(a+b)(b+c)(c+a)}{abc} = ($ $)$.
    A. 8   B. 1 或 -8   C. -1 或 8   D. -8   E. 1 或 8

15. $-1, 0, 3, 5, x$ 的方差是 $\dfrac{34}{5}$, 则 $x = ($ $)$.

    A. -2 或 5.5   B. 2 或 5.5   C. 4 或 11

    D. -4 或 -11   E. 3 或 10

基础练习题解 ▶

1. 【解析】 $|1 - |x|| + \sqrt{|x| - 2} \geqslant 0 \Rightarrow x \geqslant 0$

    $\Rightarrow |1 - |x|| + \sqrt{|x| - 2} = x$

    $\Rightarrow |1 - x| + \sqrt{x - 2} = x$

    又 $\sqrt{x - 2} \Rightarrow x \geqslant 2$

    $\Rightarrow |1 - x| + \sqrt{x - 2} = x - 1 + \sqrt{x - 2} = x$

    $\Rightarrow \sqrt{x - 2} = 1$

    $\Rightarrow x = 3$

    可知该方程只有 1 个根.

综上所述,答案是 **B**.

2 【解析】$\dfrac{|x+y|}{x-y}=2 \Rightarrow \dfrac{x+y}{x-y}=2$ 或 $\dfrac{x+y}{x-y}=-2 \Rightarrow x=3y$ 或 $y=3x \Rightarrow \dfrac{x}{y}=\dfrac{1}{3}$ 或 3.

综上所述,答案是 **C**.

3 【解析】$|3x+2|+2x^2-12xy+18y^2=0 \Rightarrow |3x+2|+2(x-3y)^2=0$

$$\Rightarrow \begin{cases} 3x+2=0 \\ x-3y=0 \end{cases} \Rightarrow \begin{cases} x=-\dfrac{2}{3} \\ y=-\dfrac{2}{9} \end{cases} \Rightarrow 2y-3x=\dfrac{14}{9}.$$

综上所述,答案是 **E**.

4 【解析】见比设 k 技巧. $\dfrac{1}{yz}:\dfrac{1}{xz}:\dfrac{1}{xy}=\dfrac{xyz}{yz}:\dfrac{xyz}{xz}:\dfrac{xyz}{xy}=x:y:z=4:5:6 \Rightarrow \begin{cases} x=4k \\ y=5k \\ z=6k \end{cases}$

$$\Rightarrow x+y+z=15k=75 \Rightarrow k=5 \Rightarrow y=5k=25.$$

综上所述,答案是 **B**.

5 【解析】使用比例定理. $\dfrac{1\times2\times3}{1\times3\times4}=\dfrac{2\times4\times6}{2\times6\times8}=\cdots=\dfrac{n\times2n\times3n}{n\times3n\times4n}=\dfrac{1}{2}$

$$\Rightarrow \dfrac{1\times2\times3+2\times4\times6+\cdots+n\times2n\times3n}{1\times3\times4+2\times6\times8+\cdots+n\times3n\times4n}=\dfrac{1}{2}$$

$$\Rightarrow \sqrt{\dfrac{1\times2\times3+2\times4\times6+\cdots+n\times2n\times3n}{1\times3\times4+2\times6\times8+\cdots+n\times3n\times4n}}=\dfrac{\sqrt{2}}{2}.$$

综上所述,答案是 **E**.

6 【解析】第二小组的频率是 $1-0.3-0.15-0.1-0.05=0.4 \Rightarrow$ 总人数 $=\dfrac{40}{0.4}=100$.

综上所述,答案是 **B**.

7 【解析】等待时间是一个区间,用时间区间的中间值代表该组等待时间.

等待时间/分钟	2.5	7.5	12.5	17.5
频　数	4	8	5	3

根据平均值的计算公式可得,$\bar{x}=\dfrac{2.5\times4+7.5\times8+12.5\times5+17.5\times3}{4+8+5+3}=9.25$.

综上所述,答案是 **C**.

8 【解析】条件(1)和(2)分别推不出结论,联合可以推出结论. 推导:

第一步:求平均值 $\bar{x} = \dfrac{90 + 83 + 86 + 85 + 83 + 78 + 74 + 73 + 71 + 77}{10} = 80$.

第二步:求方差.

样本与平均值的差为: $10, 3, 6, 5, 3, -2, -6, -7, -9, -3$,

$$\sigma^2 = \dfrac{100 + 9 + 36 + 25 + 9 + 4 + 36 + 49 + 81 + 9}{10} = 35.8.$$

第三步:韦达定理求参数.

$$x_1^2 + x_2^2 = (x_1 + x_2)^2 - 2x_1 x_2$$

$$= (k + 1)^2 - 2(k - 3) = k^2 + 7 = 35.8 \Rightarrow k^2 = 28.8 \Rightarrow k = \pm\dfrac{12\sqrt{5}}{5}.$$

综上所述,答案是 **C**.

9　**【解析】** $|x - |2x + 1|| = 4 \Rightarrow x - |2x + 1| = 4$ 或 $x - |2x + 1| = -4$,

即 $\begin{cases} 2x + 1 \geqslant 0 \\ x - (2x + 1) = 4 \end{cases}$ 或 $\begin{cases} 2x + 1 < 0 \\ x + 2x + 1 = 4 \end{cases}$ 或 $\begin{cases} 2x + 1 \geqslant 0 \\ x - (2x + 1) = -4 \end{cases}$

或 $\begin{cases} 2x + 1 < 0 \\ x + 2x + 1 = -4 \end{cases}$,

解得 $x = 3$ 或 $x = -\dfrac{5}{3}$.

综上所述,答案是 **C**.

10　**【解析】** 由题意知 $\begin{cases} y = k_1(x - 1) & ① \\ y = \dfrac{k_2}{x + 1} & ② \end{cases}$

① 除以 ② 得 $1 = \dfrac{k_1}{k_2}(x - 1)(x + 1) \Rightarrow 1 = \dfrac{2}{3}(x^2 - 1) \Rightarrow x = \pm\dfrac{\sqrt{10}}{2}$.

综上所述,答案是 **D**.

11　**【解析】** 条件(1):若方程有意义,则 $x > 1$,

所以 $m = \dfrac{x - 1}{x - 1} + \dfrac{-(1 - x)}{1 - x} + \dfrac{\sqrt{x - 1}}{\sqrt{x - 1}} = 1$,故条件(1) 充分.

条件(2):同理 $m = \dfrac{x - 1}{x - 1} - \dfrac{-(1 - x)}{1 - x} + \dfrac{\sqrt{x - 1}}{\sqrt{x - 1}} = 3$,故条件(2) 不充分.

所以条件(1) 充分,条件(2) 不充分.

综上所述,答案是 **A**.

12　**【解析】** 由均值和方差的性质:

$E(ax + b) = aE(x) + b, D(ax + b) = a^2 D(x).$

可知 $E(2x + 2) = 2E(x) + 2 = 2 \times 2 + 2 = 6$,

$$D(2x + 2) = 4D(x) = 4 \times 4 = 16.$$

综上所述,答案是 **E**.

__13__ 【解析】$3\sqrt{ab} > \dfrac{a+b}{2}(a > 0, b > 0) \Leftrightarrow 36ab > (a+b)^2 (a > 0, b > 0)$

$\Leftrightarrow a^2 + b^2 < 34ab(a > 0, b > 0)$

故条件(1)充分,条件(2)不充分.

综上所述,答案是 **A**.

__14__ 【解析】若 $a + b + c = 0$,即 $\begin{cases} a + b = -c \\ a + c = -b, \\ b + c = -a \end{cases}$

故 $\dfrac{(a+b)(b+c)(c+a)}{abc} = \dfrac{-c \times (-a) \times (-b)}{abc} = -1.$

若 $a + b + c \neq 0$,则 $\dfrac{a+b-c}{c} = \dfrac{a-b+c}{b} = \dfrac{-a+b+c}{a} = \dfrac{a+b+c}{a+b+c} = 1$(等比定理),

故 $\begin{cases} a + b = 2c \\ a + c = 2b, \\ b + c = 2a \end{cases}$ 所以 $\dfrac{(a+b)(b+c)(c+a)}{abc} = \dfrac{2a \times 2b \times 2c}{abc} = 8.$

所以原式 $= -1$ 或 8.

综上所述,答案是 **C**.

__15__ 【解析】由方差的定义知:

$$S^2 = \dfrac{1}{n} \times \left[(x_1 - \bar{x})^2 + (x_2 - \bar{x})^2 + (x_3 - \bar{x})^2 + \cdots + (x_n - \bar{x})^2\right] \quad (方差第一定义)$$

$$= \dfrac{1}{n} \times \left[x_1^2 + x_2^2 + \cdots + x_n^2 - 2(x_1 + x_2 + \cdots + x_n)\bar{x} + n\bar{x}^2\right]$$

$$= \dfrac{1}{n} \times (x_1^2 + x_2^2 + \cdots + x_n^2 - n\bar{x}^2) \quad (方差第二定义)$$

故 $\dfrac{34}{5} = \dfrac{1}{5} \times \left[(-1)^2 + 0^2 + 3^2 + 5^2 + x^2 - 5 \times \left(\dfrac{-1 + 0 + 3 + 5 + x}{5}\right)^2\right] \Rightarrow x = -2$ 或 x

$= 5.5.$

综上所述,答案是 **A**.

基础三

式的概念系统与方法系统

一、概念与方法指南

基础概念

　　式是数与字母的表达式,表达式里可以有加减乘除、开方、乘方等运算. 只有加减乘除的式叫作有理式,字母不在分母中的有理式叫作整式,分母中含有字母的有理式叫作分式.

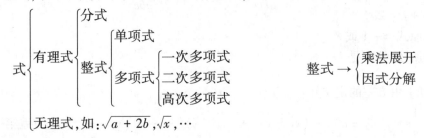

一、第一组单维概念(在整式范围内讨论)

　　(1)单项式与单项式的次:字母之间只有乘法(幂),没有加减法等其他的运算的式叫作单项式. 如:$ab,a^3b,ab^3xy^2,\cdots$ 都是单项式. 常数也是单项式,如:$1,200$. 单项式每一个字母因子的次方之和叫作单项式的次,如:ab 的次为 2,ab^3xy^2 的次为 7. 单项式字母前的常数叫作单项式的系数.

　　【多维概念】如果两个单项式之间只有系数不同,其他部分完全一样,就称这两个单项式是可合并的单项式,也叫同类单项式.

　　(2)多项式与多项式的次:若干个非同类单项式的加减结果叫作多项式. 如:$ab + a^3b$,$ab^3 + xy^2,\cdots$ 都是多项式. 单项式的最高次叫作多项式的次,如:$ab + a^3b$ 是四次多项式,$ab^3 + xy^2$ 是四次多项式.

二、第二组单维概念(在一元范围内讨论)

　　(1)一次多项式:关于 x 的一次多项式是指主元为 x,主元的最高次为 1,形如 $ax + b$.

　　(2)二次多项式:关于 x 的二次多项式是指主元为 x,主元的最高次为 2,形如 $ax^2 + bx + c$.

（3）高次多项式：关于 x 的高次多项式是指主元为 x，主元的最高次大于 2，形如

$$a_n x^n + a_{n-1} x^{n-1} + a_{n-2} x^{n-2} + \cdots + a_1 x + a_0 \ (n \geqslant 3 \text{ 且 } a_n \neq 0).$$

三、第三组单维概念（在一元范围内讨论）

（1）降幂排列：多项式中每一项的次方递减，如 $a_n x^n + a_{n-1} x^{n-1} + \cdots + a_1 x + a_0$.

（2）升幂排列：多项式中每一项的次方递增，如 $a_0 + a_1 x + \cdots + a_{n-1} x^{n-1} + a_n x^n$.

（3）$a^n - b^n = (a-b)(a^{n-1} + a^{n-2}b + a^{n-3}b^2 + \cdots + ab^{n-2} + b^{n-1})$.

四、第一组多维概念（在多个整式之间讨论）

（1）多项式之积的展开：把积变形为多项式. 如 $(x+1)(x+2) = x^2 + 3x + 2$.

（2）因式与公因式：若 $f(x)$ 能整除 $g(x)$，则 $f(x)$ 是 $g(x)$ 的一个因式. 如 $x+1$ 是多项式 $x^2 + 3x + 2$ 的因式. 若 $f(x)$ 能整除 $g(x)$ 和 $h(x)$，则 $f(x)$ 是 $g(x)$ 和 $h(x)$ 的一个公因式. 如 $x+1$ 是多项式 $x^2 + 3x + 2$ 和 $x^2 + 4x + 3$ 的公因式.

（3）整式的因式分解：把多项式变形为积. 如 $x^2 + 3x + 2 = (x+1)(x+2)$.

（4）分式的分部分解：把分式变形为和（差）. 如 $\dfrac{1}{x^2 + 3x + 2} = \dfrac{1}{x+1} - \dfrac{1}{x+2}$.

五、第二组多维概念

（1）带余除法：若 $f(x)$ 除以 $g(x)$ 的余数为 $r(x)$，则称 $f(x)$ 为被除式，$g(x)$ 为除式，记为 $f(x) = g(x) \times$ 商式 $+ r(x)$. 如 $x+1$（除式）除多项式 $x^2 + 3x + 2013$（被除式）的商式为 $x + 2$，余式为 2011，记为 $x^2 + 3x + 2013 = (x+1)(x+2) + 2011$.

（2）整除：若 $f(x)$ 除 $g(x)$ 没有余数，则称 $f(x)$ 整除 $g(x)$，记为 $f(x) \mid g(x)$. 如 $x+1$ 整除多项式 $x^2 + 3x + 2$.

（3）余式定理：若 $f(x)$ 除以 $ax - b$ 有余数（余式），则余式为 $f\left(\dfrac{b}{a}\right)$；

特别地，$f\left(\dfrac{b}{a}\right) = 0 \Leftrightarrow ax - b$ 就是 $f(x)$ 的一个因式，这就是因式定理.

基础方法

代数式恒等变形与分解、展开是专业硕士数学考试中的基础与重点，涉及许多基础方法. 本部分考生要掌握如下的方法：

一、因式分解法

多项式因式分解的一般步骤：

（1）如果多项式的各项有公因式，那么先提取公因式.

（2）如果各项没有公因式，那么可尝试运用公式、十字相乘法来分解.

（3）如果用上述方法不能分解，那么可以尝试用分组、拆项、补项法来分解.

方法一：提取公因式法. 原理：$AB + AC = A(B + C)$.

提取公因式法是在乘法分配律的基础上发展而来的,应用时往往要先创造公因式.

如,分解因式 $x^2 - xy - x + y$.

分析:先要创造公因式,可以通过分组来创造.

$$原式 = (x^2 - xy) - (x - y) = x(x - y) - (x - y) = (x - 1)(x - y).$$

方法二:十字相乘法. 原理: $a_1 a_2 x^2 + (a_1 b_2 + a_2 b_1)x + b_1 b_2 = (a_1 x + b_1)(a_2 x + b_2)$.

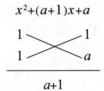

如,分解因式 $x^2 + (a + 1)x + a$. 原式 $= (x + 1)(x + a)$.

$$x^2 + (a+1)x + a$$

$$
\begin{array}{ccc}
1 & \diagdown & 1 \\
1 & \diagup & a
\end{array}
$$

$$a+1$$

方法三:公式法.

将常用的因式分解公式作为储备和比对参考的样本,这种方法就是公式法.

(1) 平方差: $a^2 - b^2 = (a + b)(a - b)$.

(2) 立方差: $a^3 - b^3 = (a - b)(a^2 + ab + b^2)$.

(3) 立方和: $a^3 + b^3 = (a + b)(a^2 - ab + b^2)$.

(4) 二项式: $(a + b)^n = C_n^0 a^n b^0 + C_n^1 a^{n-1} b + \cdots + C_n^r a^{n-r} b^r + \cdots + C_n^{n-1} a b^{n-1} + C_n^n a^0 b^n$.

1) 完全平方和: $(a + b)^2 = a^2 + 2ab + b^2$.

2) 完全平方差: $(a - b)^2 = a^2 - 2ab + b^2$.

3) 完全立方和: $(a + b)^3 = a^3 + 3a^2 b + 3ab^2 + b^3$.

4) 完全立方差: $(a - b)^3 = a^3 - 3a^2 b + 3ab^2 - b^3$.

(5) $(a + b + c)^2 = a^2 + b^2 + c^2 + 2ab + 2ac + 2bc$.

(6) $a^2 + b^2 + c^2 - ab - ac - bc = \dfrac{1}{2}\left[(a - b)^2 + (a - c)^2 + (b - c)^2\right]$.

(7) $a^3 + b^3 + c^3 - 3abc = (a + b + c)(a^2 + b^2 + c^2 - ab - ac - bc)$.

(8) $abc + ab + ac + bc + a + b + c + 1 = (a + 1)(b + 1)(c + 1)$.

1) $ab + a + b + 1 = (a + 1)(b + 1)$.

2) $ab - a - b + 1 = (a - 1)(b - 1)$.

3) $ab + a - b - 1 = (a - 1)(b + 1)$.

4) $ab - a + b - 1 = (a + 1)(b - 1)$.

方法四:凑项法.

有些代数式在因式分解时,需要先添加一些项,再减去相应的项,形成铺垫,使其他因式分解的方法能顺利应用,这种方法就是凑项法.

如,分解因式 $x^3 + 3x - 4$.

分析:应用凑项法,先补一些项,再还原.

$$x^3 + 3x - 4 = \underline{x^3 - x^2} + \underline{x^2 - x} + \underline{4x - 4}（加减凑项）$$
$$= x^2(x-1) + x(x-1) + 4(x-1)（分组提取公因式,创造公因式）$$
$$= (x^2 + x + 4)(x-1).（提取公因式）$$

方法五:求根法. 原理: $f(x) = (x - a_1)(x - a_2)(x - a_3)\cdots \Leftrightarrow \begin{cases} f(a_1) = 0. \\ f(a_2) = 0. \\ \cdots \end{cases}$

有些代数式在因式分解时,若通过观察得到 $f(a_1) = 0$,则 $f(x)$ 一定含有一次因式 $(x - a_1)$,这种方法就是求根法.

如,分解因式 $x^3 + 3x - 4$.

分析:观察可知 $f(1) = 0$,则 $f(x)$ 一定含有一次因式 $(x-1)$. 然后综合应用凑项法、多项式除法等方法都可以解决.

二、配方法

将代数式变形为完全平方与常数之和的过程叫作配方,运用配方解决二次函数的对称轴、最值问题的方法就是配方法.

常见配方公式有:

(1) $ax^2 + bx + c = a\left[x^2 + \dfrac{b}{a}x + \left(\dfrac{b}{2a}\right)^2\right] - \dfrac{b^2}{4a} + c = a\left(x + \dfrac{b}{2a}\right)^2 + \dfrac{4ac - b^2}{4a}$;

(2) $x^2 + 2bx + b^2 = (x + b)^2$;

(3) $x^2 + \dfrac{1}{x^2} + 2 = \left(x + \dfrac{1}{x}\right)^2$; $\qquad x^2 + \dfrac{1}{x^2} - 2 = \left(x - \dfrac{1}{x}\right)^2$;

(4) $a^2 + b^2 + c^2 + 2ab + 2bc + 2ca = (a + b + c)^2$.

三、待定系数法

代数式在恒等变形时,若我们对变形所要得到的代数式的构成是清晰的,只是每部分的系数不知道是多少,那么我们就可以采用待定系数法.

待定系数法应用的条件:(1)变形后的构成形式明确.(2)这种变形是恒等变形.

待定系数法应用的步骤:(1)先将系数用参数表示.(2)展开对比系数,得到关于参数的方程,解方程即可得到参数(系数).

如,$x^2 + 3x + 2$ 可以变形为 $x + 1$ 和另一个代数式之积,求另一个代数式.

分析可知,另一个代数式可以设为 $x + m$,则 $x^2 + 3x + 2 = (x + 1)(x + m)$,

展开对比系数:

$$x^2 + 3x + 2 = x^2 + (1 + m)x + m \Rightarrow \begin{cases} 1 + m = 3 \\ m = 2 \end{cases} \Rightarrow m = 2 \Rightarrow \text{另一个代数式为 } x + 2.$$

四、多项式的竖式除法

(1)把被除式、除式按某个字母作降幂排列,把所缺的项用零补齐.

(2)用被除式的第一项除以除式第一项,得到商式的第一项.

(3)用商式的第一项去乘除式,把积写在被除式下面(同类项对齐),消去相等项,把不相等的项结合起来.

(4)把减得的差当作新的被除式,再按照上面的方法继续演算,直到余式为零或余式的次数低于除式的次数时为止,被除式=除式×商式+余式.

如求多项式 x^3-2 除以 $x-1$ 的商式和余式.

$$\require{enclose}
\begin{array}{r}
x^2+x+1 \\
x-1 \enclose{longdiv}{x^3+0x^2+0x-2} \\
\underline{x^3-x^2} \\
x^2+0x-2 \\
\underline{x^2-x} \\
x-2 \\
\underline{x-1} \\
-1
\end{array}$$

故 $x^3-2=(x-1)(x^2+x+1)-1$.

二、例题精解

经典例题

例1 已知 $\dfrac{a^2 b^2}{a^4 - 2b^4} = 1$,则 $\dfrac{a^2 + b^2}{a^2 + 4b^2} = ($).

A. 2   B. $\dfrac{1}{2}$ C. 3   D. $\dfrac{1}{3}$ E. 1

例2 已知 $(2x-1)^6 = a_0 + a_1 x + a_2 x^2 + \cdots + a_6 x^6$,则 $a_0 + a_1 + a_2 + \cdots + a_6 = ($).

A. 1   B. 729   C. 365   D. 366   E. 364

例3 已知 $x^2 - x - 2$ 是多项式 $2x^3 - ax^2 - 2ax + b$ 的因式,则 $a + b = ($).

A. 2   B. 3   C. -1 D. 3 或-1 E. -1 或 2

例4 已知 $3x^4 + x^3 - 4x^2 - 17x + 5$ 除以 $x^2 + x + 1$ 的商式是 $ax^2 + bx + c$,余式是 $dx + e$,则 $a + b + c + d + e = ($).

A. -5 B. 3   C. -4 D. -10 E. 10

例 5　已知 $x + \dfrac{1}{x} = \sqrt{5}$，则 $\dfrac{2x^2}{x^4 - x^2 + 1} = ($　　$)$.

A. 1　　　　B. -1　　　　C. 2　　　　D. -2　　　　E. 0

例 6　（条件充分性判断）$a^2 + b^2 + c^2 = 2$.

（1）$a + b + c = 2$.　　　　　　（2）$ab + bc + ac = 1$.

例 7　已知 $x^3 + ax^2 + bx + 8$ 有两个因式 $x + 1$ 和 $x + 2$，则 $a + b = ($　　$)$.

A. 3　　　　B. 8　　　　C. 15　　　　D. 21　　　　E. 13

例 8　已知 $a = 2016 + x, b = 2017 + x, c = 2018 + x$，则 $a^2 + b^2 + c^2 - ab - ac - bc = ($　　$)$.

A. 2　　　　B. 3　　　　C. 4　　　　D. 5　　　　E. 6

例 9　（条件充分性判断）多项式 $f(x)$ 除以 $x^2 - 5x + 6$ 的余式为 $x + 2$.

（1）多项式 $f(x)$ 除以 $x - 2$ 的余式为 4.

（2）多项式 $f(x)$ 除以 $x - 3$ 的余式为 5.

例 10　已知 $a = 3 + 2\sqrt{2}, b = 3 - 2\sqrt{2}$，则 $a^2 b - ab^2$ 的值为（　　）.

A. $4\sqrt{2}$　　　B. $3\sqrt{2}$　　　C. $-4\sqrt{2}$　　　D. $-3\sqrt{2}$　　　E. -1

经典例题题解

例 1 解析　由题可得 $a^2 b^2 = a^4 - 2b^4 \Rightarrow a^4 - a^2 b^2 - 2b^4 = 0$，

则 $(a^2 - 2b^2)(a^2 + b^2) = 0$，因为若 $a = b = 0$ 则原分式无意义，故 $a^2 = 2b^2 \neq 0$，

则所求 $\dfrac{a^2 + b^2}{a^2 + 4b^2} = \dfrac{1}{2}$.

综上所述，答案是 **B**.

例 2 解析　赋值法. 在 $(2x - 1)^6 = a_0 + a_1 x + a_2 x^2 + \cdots + a_6 x^6$ 中，令 $x = 1 \Rightarrow$ 原式 $= 1$.

综上所述，答案是 **A**.

例 3 解析　令 $f(x) = 2x^3 - ax^2 - 2ax + b$，$x^2 - x - 2 = (x - 2)(x + 1)$，由因式定理得，

$f(2) = -8a + b + 16 = 0$，$f(-1) = a + b - 2 = 0$，解得 $a = 2, b = 0$，所以 $a + b = 2$.

综上所述，答案是 **A**.

例 4 解析　由竖式除法可得

$$3x^4 + x^3 - 4x^2 - 17x + 5 = (x^2 + x + 1)(3x^2 - 2x - 5) - 10x + 10,$$

故 $a = 3, b = -2, c = -5, d = -10, e = 10 \Rightarrow a + b + c + d + e = -4$.

综上所述，答案是 **C**.

例 5 解析　结合已知条件，等式两边平方有 $\left(x + \dfrac{1}{x}\right)^2 = x^2 + \dfrac{1}{x^2} + 2 = 5$，可得 $x^2 + \dfrac{1}{x^2} = 3$，

化简所求得：$\dfrac{2x^2}{x^4-x^2+1}=\dfrac{2}{x^2+\dfrac{1}{x^2}-1}=\dfrac{2}{3-1}=1.$

综上所述,答案是 **A.**

例6解析 对于条件(1):举反例:$a=2,b=0,c=0$,有 $a^2+b^2+c^2=4\neq2$,故条件(1)不充分.

对于条件(2):举反例:$a=2,b=\dfrac{1}{2},c=0$,有 $a^2+b^2+c^2=\dfrac{17}{4}\neq2$,故条件(2)不充分.

条件(1)与(2)联合有$(a+b+c)^2=a^2+b^2+c^2+2(ab+ac+bc)$,

则 $a^2+b^2+c^2=(a+b+c)^2-2(ab+ac+bc)=4-2=2$,

故联合起来充分.

综上所述,答案是 **C.**

例7解析 设$f(x)=x^3+ax^2+bx+8$,

由因式定理可得.$\begin{cases}f(-1)=0\\f(-2)=0\end{cases}\Rightarrow\begin{cases}a-b=-7\\2a-b=0\end{cases}\Rightarrow\begin{cases}a=7\\b=14\end{cases}\Rightarrow a+b=21.$

综上所述,答案是 **D.**

例8解析 因为 $a^2+b^2+c^2-ab-ac-bc=\dfrac{1}{2}\left[(a-b)^2+(a-c)^2+(b-c)^2\right]$,

则 $a^2+b^2+c^2-ab-ac-bc=\dfrac{1}{2}\left[(-1)^2+(-2)^2+(-1)^2\right]=\dfrac{1}{2}\times6=3.$

综上所述,答案是 **B.**

例9解析 本题考点:余式定理及其扩展.

设$f(x)\div(x^2-5x+6)$的余式为$ax+b$,则有$f(x)=(x^2-5x+6)q(x)+ax+b$

条件(1)由余式定理得$f(2)=2a+b=4$,无法求得未知数,不充分;

条件(2)由余式定理得$f(3)=3a+b=5$,无法求得未知数,不充分;

条件(1)与(2)联合得$\begin{cases}2a+b=4\\3a+b=5\end{cases}\Rightarrow\begin{cases}a=1\\b=2\end{cases}$,即余式为$x+2$,充分.

综上所述,答案是 **C.**

例10解析 $ab=(3+2\sqrt{2})(3-2\sqrt{2})=1$,

$a-b=(3+2\sqrt{2})-(3-2\sqrt{2})=4\sqrt{2}$,

$a^2b-ab^2=ab(a-b)=1\times4\sqrt{2}=4\sqrt{2}.$

综上所述,答案是 **A.**

三、基 础 练 习

基础练习

1. 若 $x^2 + xy + y = 14, y^2 + xy + x = 28$，则 $x + y$ 的值等于（　　）.

 A. 6　　　　B. -7　　　　C. 6 或-7　　　D. -6 或 7　　　E. 以上结论均不正确

2. 已知 $2x - 3\sqrt{xy} - 2y = 0 (x > 0, y > 0)$，则 $\dfrac{x^2 + 4xy - 16y^2}{2x^2 + xy - 9y^2} = $ （　　）.

 A. $\dfrac{2}{3}$　　　B. $\dfrac{4}{9}$　　　C. $\dfrac{16}{25}$　　　D. $\dfrac{16}{27}$　　　E. $\dfrac{16}{23}$

3. 已知 $x^3 + ax^2 + bx + c$ 能被 $x^2 + 3x - 4$ 整除，则 $3a - b = $（　　）.

 A. -5　　　B. 3　　　C. -4　　　D. -10　　　E. 13

4. 已知多项式 $f(x)$ 除以 $x+2$ 的余式为 1，除以 $x+3$ 的余式为-1，则 $f(x)$ 除以 $(x+2)(x+3)$ 的余式为（　　）.

 A. $2x-5$　　B. $2x+5$　　C. $x-1$　　　D. $x+1$　　　E. $2x-1$

5. （条件充分性判断）分式 $\dfrac{ax^2 + 9x + 6}{3x^2 + bx + 2}$ 的值是一个定值.

 （1）$a = 3b$.　　　　　　　（2）$a = 9, b = 3$.

6. 已知 $\alpha + \beta = -\sqrt{7}$，$\alpha\beta = 1$，则 $\sqrt{\dfrac{\alpha}{\beta}} + \sqrt{\dfrac{\beta}{\alpha}} = $ （　　）.

 A. $\sqrt{7}$　　　B. $-\sqrt{7}$　　　C. 1　　　D. -1　　　E. 0

7. $(1 - 2x)^n = a_7 x^7 + a_6 x^6 + \cdots + a_1 x + a_0$，则 $a_1 + a_3 + a_5 + a_7 = $（　　）.

 A. 1093　　B. 2187　　C. 2186　　　D. -1094　　　E. -1093

8. （条件充分性判断）已知 $\triangle ABC$ 的三条边边长分别为 a, b, c，则 $\triangle ABC$ 是等腰直角三角形.

 （1）$(a - b)(c^2 - a^2 - b^2) = 0$.　　　　　（2）$c = \sqrt{2} b$.

9. （条件充分性判断）三角形的三边长分别为 a, b, c，则该三角形是等边三角形.

 （1）$a^2 + b^2 + c^2 = ab + bc + ac$.

 （2）$a^3 - a^2 b + ab^2 + ac^2 - b^3 - bc^2 = 0$.

10. （条件充分性判断）实数 A, B, C 中至少有一个大于零.

 （1）$x, y, z \in \mathbf{R}$，$A = x^2 - 2y + \dfrac{\pi}{2}, B = y^2 - 2z + \dfrac{\pi}{3}, C = z^2 - 2x + \dfrac{\pi}{6}$.

 （2）$x \in \mathbf{R}$ 且 $|x| \neq 1$，$A = x - 1, B = x + 1, C = x^2 - 1$.

11. 若 $3(a^2 + b^2 + c^2) = (a + b + c)^2$，则 a, b, c 三者的关系为（　　）.

 A. $a + b = b + c$　　　B. $a + b + c = 1$　　　　　C. $a = b = c$

 D. $ab = bc = ac$　　　E. $abc = 1$

12. 已知 $4x - 3y - 6z = 0, x + 2y - 7z = 0$，则 $\dfrac{2x^2 + 3y^2 + 6z^2}{x^2 + 5y^2 + 7z^2} = $ （　　）.

A. -1　　B. 2　　C. $\dfrac{1}{2}$　　　　D. $\dfrac{2}{3}$　　　　E. 1

13. 已知 $x^2 - 1 = 3x$,则 $3x^3 - 11x^2 + 3x - 5 = ($　　$)$.

　　A. 0　　B. 2　　C. -7　　D. 7　　E. -2

14. 若 $x + \dfrac{1}{x} = 3$,则 $\dfrac{x^2}{x^4 + x^2 + 1} = ($　　$)$.

　　A. $-\dfrac{1}{8}$　　B. $\dfrac{1}{6}$　　C. $\dfrac{1}{4}$　　　　D. $-\dfrac{1}{4}$　　　　E. $\dfrac{1}{8}$

15. 已知 $\dfrac{ab}{a + b} = \dfrac{1}{3}, \dfrac{bc}{b + c} = \dfrac{1}{4}, \dfrac{ac}{a + c} = \dfrac{1}{5}$,则 $\dfrac{abc}{ab + ac + bc} = ($　　$)$.

　　A. 1　　B. $\dfrac{1}{2}$　　C. $\dfrac{1}{6}$　　　　D. $\dfrac{1}{12}$　　　　E. $-\dfrac{1}{6}$

基础练习题解

1 【解析】将两式相加得 $x^2 + 2xy + y^2 + x + y = 42$,即 $(x + y)^2 + (x + y) - 42 = 0$,从而
$(x + y - 6)(x + y + 7) = 0$,所以 $x + y - 6 = 0$ 或 $x + y + 7 = 0$,即有 $x + y = 6$ 或 -7.
综上所述,答案是 **C**.

2 【解析】$2x - 3\sqrt{xy} - 2y = 0(x > 0, y > 0) \Rightarrow (2\sqrt{x} + \sqrt{y})(\sqrt{x} - 2\sqrt{y}) = 0$.
因为 $x > 0, y > 0$,则 $\sqrt{x} = 2\sqrt{y} \Rightarrow x = 4y$. 令 $x = 4, y = 1$ 代入所求可得 $\dfrac{16}{27}$.
综上所述,答案是 **D**.

3 【解析】分解因式可得 $x^2 + 3x - 4 = (x - 1)(x + 4)$,设 $f(x) = x^3 + ax^2 + bx + c$,
由因式定理可得 $\begin{cases} f(1) = 0 \\ f(-4) = 0 \end{cases} \Rightarrow \begin{cases} a + b + c = -1 \\ 16a - 4b + c = 64 \end{cases} \Rightarrow 3a - b = 13$.
综上所述,答案是 **E**.

4 【解析】设 $f(x) = (x + 2)(x + 3)P(x) + ax + b$
由余式定理知 $\begin{cases} f(-2) = 1 \\ f(-3) = -1 \end{cases}$ 即 $\begin{cases} -2a + b = 1 \\ -3a + b = -1 \end{cases} \Rightarrow \begin{cases} a = 2 \\ b = 5 \end{cases}$
所以 $f(x)$ 除以 $(x + 2)(x + 3)$ 的余式为 $2x + 5$
综上所述,答案是 **B**.

5 【解析】条件(1)不能推出结论,条件(2)能推出结论.
推导:结论等价于 $\dfrac{a}{3} = \dfrac{9}{b} = \dfrac{6}{2} \Leftrightarrow \begin{cases} a = 9. \\ b = 3. \end{cases}$
综上所述,答案是 **B**.

6　【解析】$\sqrt{\dfrac{\alpha}{\beta}} + \sqrt{\dfrac{\beta}{\alpha}} = \sqrt{\left(\sqrt{\dfrac{\alpha}{\beta}} + \sqrt{\dfrac{\beta}{\alpha}} \right)^2} = \sqrt{\dfrac{\alpha}{\beta} + \dfrac{\beta}{\alpha} + 2} = \sqrt{\dfrac{\alpha^2 + \beta^2 + 2\alpha\beta}{\alpha\beta}} =$

$\sqrt{\dfrac{(\alpha + \beta)^2}{\alpha\beta}} = \sqrt{7}$

综上所述,答案是 **A**.

7　【解析】因为展开式最高次项为 x^7,所以 $n = 7$,

分别令 $x = 1$ 或 -1,

则 $\begin{cases} a_0 + a_1 + a_2 + \cdots + a_7 = (1 - 2)^7 & ① \\ a_0 - a_1 + a_2 - \cdots - a_7 = (1 + 2)^7 & ② \end{cases}$

① $-$ ② 得 $a_1 + a_3 + a_5 + a_7 = -1094$.

综上所述,答案是 **D**.

8　【解析】条件(1):$(a - b)(c^2 - a^2 - b^2) = 0 \Rightarrow a = b$ 或 $c^2 = a^2 + b^2$,

所以 $\triangle ABC$ 是直角三角形或等腰三角形,故条件(1) 不充分.

条件(2):显然不充分.

条件(1) 和(2) 联合:$\begin{cases} a = b \\ c = \sqrt{2}b \end{cases}$ 或 $\begin{cases} c^2 = a^2 + b^2 \\ c = \sqrt{2}b \end{cases} \Rightarrow \begin{cases} a = b \\ c^2 = a^2 + b^2 \end{cases}$ 或 $\begin{cases} c^2 = a^2 + b^2 \\ a = b \end{cases}$.

故 $\triangle ABC$ 是等腰直角三角形.

所以条件(1) 和条件(2) 单独都不充分,条件(1) 联合条件(2) 充分.

综上所述,答案是 **C**.

9　【解析】条件(1)由题知 $\dfrac{1}{2}\left[(a - b)^2 + (b - c)^2 + (a - c)^2 \right] = 0$,即 $a = b = c$,充分;

条件(2) $a^3 - a^2b + ab^2 + ac^2 - b^3 - bc^2 = a^3 - b^3 - (a^2b - ab^2) + ac^2 - bc^2$

$= (a - b)(a^2 + ab + b^2) - ab(a - b) + c^2(a - b) = (a - b)(a^2 + b^2 + c^2) = 0$.

因此 $a = b$,三角形为等腰三角形,不充分.

综上所述,答案是 **A**.

10　【解析】条件(1) $A + B + C = (x - 1)^2 + (y - 1)^2 + (z - 1)^2 + \pi - 3 > 0$,则 A,B,C 中

至少有一个大于零,充分;

条件(2) $ABC = (x - 1)(x + 1)(x^2 - 1) = (x^2 - 1)^2 \geqslant 0$, 又 $|x| \neq 1$,所以:$ABC > 0$,

三个数相乘大于零,则可以确定 A,B,C 中至少有一个大于零,充分.

综上所述,答案是 **D**.

11　【解析】$3(a^2 + b^2 + c^2) = (a + b + c)^2$

$\qquad \Rightarrow 2a^2 + 2b^2 + 2c^2 - 2ab - 2ac - 2bc = 0$

$\qquad \Rightarrow (a - b)^2 + (a - c)^2 + (b - c)^2 = 0$

$\qquad \Rightarrow a = b = c$

综上所述,答案是 C.

12 【解析】$\begin{cases} 4x - 3y - 6z = 0 \\ x + 2y - 7z = 0 \end{cases} \Rightarrow \begin{cases} x = 3z \\ y = 2z \end{cases}$,

原式 $= \dfrac{18z^2 + 12z^2 + 6z^2}{9z^2 + 20z^2 + 7z^2} = \dfrac{36z^2}{36z^2} = 1$.

综上所述,答案是 E.

13 【解析】$3x^3 - 11x^2 + 3x - 5 = 3x(x^2 - 3x - 1) + 9x^2 + 3x - 11x^2 + 3x - 5$

$= 3x(x^2 - 3x - 1) - 2x^2 + 6x - 5 = 3x(x^2 - 3x - 1) - 2(x^2 - 3x - 1) - 7$.

又 $x^2 - 3x - 1 = 0$,故原式 $= -7$.

综上所述,答案是 C.

14 【解析】将所求分式分子分母同时除以 x^2 可得,

原式 $= \dfrac{1}{x^2 + \dfrac{1}{x^2} + 1} = \dfrac{1}{\left(x + \dfrac{1}{x}\right)^2 - 1} = \dfrac{1}{3^2 - 1} = \dfrac{1}{8}$.

综上所述,答案是 E.

15 【解析】

$\begin{cases} \dfrac{a + b}{ab} = 3 \\ \dfrac{b + c}{bc} = 4 \\ \dfrac{a + c}{ac} = 5 \end{cases} \Rightarrow \begin{cases} \dfrac{1}{a} + \dfrac{1}{b} = 3 \\ \dfrac{1}{b} + \dfrac{1}{c} = 4 \\ \dfrac{1}{a} + \dfrac{1}{c} = 5 \end{cases} \Rightarrow \dfrac{1}{a} + \dfrac{1}{b} + \dfrac{1}{c} = 6 \Rightarrow \begin{cases} \dfrac{1}{a} = 2 \\ \dfrac{1}{b} = 1 \\ \dfrac{1}{c} = 3 \end{cases}, \dfrac{ab + ac + bc}{abc} = \dfrac{1}{a} + \dfrac{1}{b} + \dfrac{1}{c} = 6$,

故原式 $= \dfrac{1}{6}$.

综上所述,答案是 C.

方程和不等式的概念系统与方法系统

一、概念与方法指南

基础概念

　　基础一中的数、基础三中的式都是数学中的基本元素,这些基本元素之间有相等关系和不等关系两种.有些相等关系、不等关系是恒成立的,如 $2x^2 + 2 = (x-1)^2 + (x+1)^2$, $2x^2 + 2 > 0$,不管 x 等于多少,方程、不等式都是成立的.有些相等关系、不等关系成立是有条件的,如 $x^2 + 2 = 3$ 只有当 $x = \pm 1$ 时成立, $x^2 - 4 \leqslant 0$ 只有当 $-2 \leqslant x \leqslant 2$ 时成立.其中,恒成立的等式叫作恒等式,需要满足一定条件的等式叫作条件等式.含有未知数的等式叫作方程,方程既可以是恒等式,也可以是条件等式.使得方程成立的未知数的值(或条件)叫作方程的解.如 $x = \pm 1$ 是方程 $x^2 + 2 = 3$ 的解(根、零点).使得不等式成立的未知数的集合(或条件)叫作不等式的解集.含有一个未知数,且最高次数为 1 的方程(不等式)叫作一元一次方程(不等式).含有一个未知数,且最高次数为 2 的方程(不等式)叫作一元二次方程(不等式).含有一个未知数,且最高次数大于 2 的方程(不等式)叫作一元高次方程(不等式).

$$
\text{方程}\begin{cases}
\text{有理方程}\begin{cases}
\text{分式方程}:\dfrac{3-x}{x-4}=3\\[2mm]
\text{整式方程}\begin{cases}
\text{一元方程}\begin{cases}
\text{一元一次方程}:ax+b=0\\
\text{一元二次方程}:ax^2+bx+c=0(a\neq 0)\\
\text{一元高次方程}:x^3+2x^2-x-2=0
\end{cases}\\[1mm]
\text{多元方程}:(x-2y)^2+x^2=0
\end{cases}
\end{cases}\\[2mm]
\text{无理方程,如}:\sqrt{x-4}=\dfrac{1}{2}x,\cdots
\end{cases}
$$

$$
\text{不等式}\begin{cases}
\text{有理不等式}\begin{cases}
\text{分式不等式}:\dfrac{3-x}{x-4}>3\\[2mm]
\text{整式不等式}\begin{cases}
\text{一元不等式}\begin{cases}
\text{一元一次不等式}:ax+b>0\\
\text{一元二次不等式}:ax^2+bx+c<0(a\neq 0)\\
\text{一元高次不等式}:x^3+2x^2-x-2<0
\end{cases}\\[1mm]
\text{多元不等式}:(x-2y)^2+x^2\geqslant 0
\end{cases}
\end{cases}\\[2mm]
\text{无理不等式,如}:\sqrt{x-4}>\dfrac{1}{2}x,\cdots
\end{cases}
$$

一、一次方程、不等式的解

形如 $kx + b = 0$ 的方程的解有如下结论:

(1)若 $k \neq 0$,则方程 $kx + b = 0$ 有唯一解.

(2)若 $\begin{cases} k = 0 \\ b = 0 \end{cases}$,则方程 $kx + b = 0$ 有无穷多个解,解集为全体实数.

(3)若 $\begin{cases} k = 0 \\ b \neq 0 \end{cases}$,则方程 $kx + b = 0$ 没有解.

形如 $\begin{cases} a_1 x + b_1 y = c_1 \\ a_2 x + b_2 y = c_2 \end{cases}$ 的方程组的解有如下结论:

(1)若 $\dfrac{a_1}{a_2} \neq \dfrac{b_1}{b_2}$,则方程组有唯一组解.

(2)若 $\dfrac{a_1}{a_2} = \dfrac{b_1}{b_2} = \dfrac{c_1}{c_2}$,则方程组有无穷多组解.

(3)若 $\dfrac{a_1}{a_2} = \dfrac{b_1}{b_2} \neq \dfrac{c_1}{c_2}$,则方程组没有解.

形如 $kx + b > 0$ 的不等式的解有如下结论:【注:$kx + b < 0$ 讨论类似】

(1)若 $k > 0$,则不等式的解集为 $\left\{ x \mid x > -\dfrac{b}{k} \right\}$.

(2)若 $k < 0$,则不等式的解集为 $\left\{ x \mid x < -\dfrac{b}{k} \right\}$.

(3)若 $\begin{cases} k = 0 \\ b > 0 \end{cases}$,则不等式的解集为全体实数.

(4)若 $\begin{cases} k = 0 \\ b < 0 \end{cases}$,则不等式的解集为空集.

二、二次方程、不等式的解

(1)一元二次方程 $ax^2 + bx + c = 0 (a \neq 0)$ 的根为 $x = \dfrac{-b \pm \sqrt{b^2 - 4ac}}{2a}$.

(2)一元二次方程 $ax^2 + bx + c = 0 (a \neq 0)$ 的韦达定理:$\begin{cases} x_1 + x_2 = -\dfrac{b}{a} \\ x_1 x_2 = \dfrac{c}{a} \end{cases}$

(3)一元二次不等式 $x^2 + bx + c > 0$ 的解集为 $\{ x \mid x < x_1 \text{ 或 } x > x_2 (\text{其中 } x_1 < x_2) \}$.

一元二次不等式 $x^2 + bx + c < 0$ 的解集为 $\{ x \mid x_1 < x < x_2 (\text{其中 } x_1 < x_2) \}$.

基础方法 ◤

在方程、不等式模块中,考生要掌握如下方法:

一、消元法(代入消元、加减消元)

在解多元方程组时,消元法是最基本、最常用的方法.使用消元法的要领是通过抵消逐步减少未知数的个数,直到只有一个未知数为止,然后将解出的这个未知数代入原方程组,采用相同的方法解出其余的未知数.

例如,解方程组 $\begin{cases} 3x+4y=18 \\ 4x+3y=17 \end{cases}$.

方法一:加减消元法

第一步:消元. $\begin{cases} 3x+4y=18 \\ 4x+3y=17 \end{cases} \Rightarrow \begin{cases} 12x+16y=72 \\ 12x+9y=51 \end{cases} \Rightarrow 7y=21 \Rightarrow y=3$,

第二步:求出其他未知数. $3x+4\times3=18 \Rightarrow x=2 \Rightarrow$ 方程组的解为 $\begin{cases} x=2 \\ y=3 \end{cases}$.

方法二:代入消元法

第一步:消元. $3x+4y=18 \Rightarrow x=\dfrac{18-4y}{3}$.

第二步:将上式代入 $4x+3y=17$ 中,有 $4\times\dfrac{18-4y}{3}+3y=17 \Rightarrow y=3$.

第三步:求出其他未知数. $x=\dfrac{18-4y}{3}=2 \Rightarrow$ 方程组的解为 $\begin{cases} x=2 \\ y=3 \end{cases}$.

二、换元法

有些方程、不等式在不同的部分出现了相同或相似的未知数表达式,如绝对值、对数、指数等,此时可以使用换元法进行替换,将复杂表达式进行简化,解出对应的表达式,最后再还原求解.

例如,解方程 $x^2+\dfrac{1}{x^2}-5x-\dfrac{5}{x}+8=0$.

解:第一步,换元:设 $x+\dfrac{1}{x}=y \Rightarrow x^2+\dfrac{1}{x^2}=y^2-2$,原方程化为 $y^2-5y+6=0$,

第二步,解一元二次方程 $y^2-5y+6=0$ 可得 $y=2$ 或 3,

第三步,还原:

当 $y=x+\dfrac{1}{x}=2$ 时,解得 $x=1$.

当 $y=x+\dfrac{1}{x}=3$ 时,解得 $x=\dfrac{3\pm\sqrt{5}}{2}$.

综上所述, $x=1$ 或 $\dfrac{3-\sqrt{5}}{2}$ 或 $\dfrac{3+\sqrt{5}}{2}$.

三、特殊方程的解法

(1)分式方程的解法

第一步,去分母,化为整式方程.

第二步,解整式方程.

第三步,验根(注意分母不为0).

例如:解方程 $\dfrac{1}{x-1}+x=3$.

第一步:$1+x(x-1)=3(x-1)\Leftrightarrow x^2-4x+4=0$.

第二步:$(x-2)^2=0$.

第三步:$x=2$.

(2)根式方程的解法

第一步,求出定义域.

第二步,分类讨论,去根号,化为有理方程并求解.

第三步,验根(注意根号下为非负数).

例如:解方程:$\sqrt{x+1}+\sqrt{x+2}=1$.

第一步:$\begin{cases}x+1\geqslant 0\\x+2\geqslant 0\end{cases}\Rightarrow x\geqslant -1$.

第二步:平方去根号,$2x+3+2\sqrt{(x+1)(x+2)}=1$.

移项再平方$\Rightarrow x^2+3x+2=(x+1)^2$.

第三步:$x=-1$.

四、分类讨论法

在情况不明的情况下,常常需要就不同的情况,分门别类地逐一讨论,这种方法叫作分类讨论法.

例如,求 $ax^2+bx+c>0(a\neq 0)$ 的解集.

解:第一步,求方程 $ax^2+bx+c=0$ 的根 $x_1,x_2(x_1<x_2)$,

第二步,分类讨论 $ax^2+bx+c=a(x-x_1)(x-x_2)>0$,

(1)当 $a>0$ 时,则 $x-x_1$ 与 $x-x_2$ 同号,再进一步分为两种情况:

    1)$x-x_1$ 与 $x-x_2$ 同为正,则 $x>x_2$;

    2)$x-x_1$ 与 $x-x_2$ 同为负,则 $x<x_1$.

(2)当 $a<0$ 时,则 $x-x_1$ 与 $x-x_2$ 异号,再进一步分为两种情况:

    1)$x-x_1$ 为正,$x-x_2$ 为负,则 $x_1<x<x_2$;

    2)$x-x_1$ 为负,$x-x_2$ 为正,则无解.

综上所述,当 $a>0$ 时,解集为 $\{x\mid x<x_1$ 或 $x>x_2\}$. 当 $a<0$ 时,解集为 $\{x\mid x_1<x<x_2\}$.

五、不等式恒成立的专用方法与通用方法

一元二次不等式(组)的恒成立问题:

专用方法——开口与判别式联合解题系统

适用于自变量为全体实数:

(1)$ax^2+bx+c>0$ 恒成立 $\Leftrightarrow\begin{cases}a>0\\\Delta<0\end{cases}$,   (2)$ax^2+bx+c<0$ 恒成立 $\Leftrightarrow\begin{cases}a<0\\\Delta<0\end{cases}$.

注意:对于含有参数的一元二次不等式(组)的恒成立问题,一定要注意 $a = 0$.

例如,$(k-4)x^2+(k-4)x+3>0$ 恒成立,实战中注意分类:(1) $k = 4$,(2) $k \neq 4$.

通用方法——变量分离与最大最小法解题系统

适用于所有情况,尤其是自变量有取值范围.

第一步,变量分离.

第二步,最大最小.

注意:常常结合考查均值不等式、一元二次函数求最值、对勾函数等考点.

六、穿线法

求高次不等式 $f(x) = (x-x_1)(x-x_2)(x-x_3)\cdots(x-x_n)>0$ 的解集可以用穿线法.

穿线法的解题口诀:"自上而下,从右至左,奇穿偶不穿,符号定区间".

例如,求 $(x-1)(x-2)(x-3)>0$ 的解集.

解:第一步,如图 2-4-1 所示,穿线.

图 2-4-1

第二步,定区间:原不等式的解集为 $\{x \mid 1 < x < 2$ 或 $x > 3\}$.

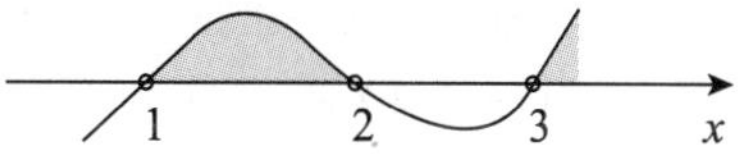

二、例题精解

经典例题

例1 已知关于 x 的方程 $x^2 + px + q = 0$ 的两根为 α, β,如果又以 $\alpha + \beta, \alpha\beta$ 为根的一元二次方程是 $x^2 - px + q = 0$,则 p, q 分别是(   ).

A. $-1, 2$ 　　 B. $-1, -2$ 　　 C. $1, -2$ 　　 D. $1, 2$ 　　 E. $2, -1$

例2 关于 x 的一元二次方程 $mx^2 - (m-1)x + m - 5 = 0$ 的两根 α, β 满足 $-1 < \alpha < 0$ 和 $0 < \beta < 1$,则(   ).

A. $3 < m < 4$ 　　　　　　　　 B. $4 < m < 5$

C. $5 < m < 6$ 　　　　　　　　 D. $m > 6$ 或 $m < 5$

E. $m > 5$ 或 $m < 4$

例3 (条件充分性判断)不等式 $(k+3)x^2 - 2(k+3)x + k - 1 < 0$ 对任意的实数 x 恒成立.

(1) $k \leqslant 0$. 　　　　　　　　 (2) $k \leqslant -3$.

例4 (条件充分性判断)$x < 3$ 或 $x > 4$.

(1) $(x^2 - 3x + 4)(x^2 - 5x - 6) > 0$.

(2) $(x^2 - 3x - 4)(x^2 - 5x + 6) > 0$.

例5 (条件充分性判断)$k = 0$.

(1) $\dfrac{2k}{x-1} - \dfrac{x}{x^2 - x} = \dfrac{kx + 1}{x}$ 只有一个实数根(注:相等的根算作一个).

(2) k 是整数.

例 6 （条件充分性判断）$x = \dfrac{13}{4}$.

(1) $\sqrt{x-1} + \sqrt{x-3} = 2$.   (2) $\sqrt{x-1} - \sqrt{x-3} = 1$.

例 7 （条件充分性判断）$x > 5$.

(1) $\sqrt{x-1} + x > 7$.   (2) $\sqrt{x-1} - x < 7$.

例 8 不等式 $ax^2 + bx + c > 0$ 的解集为 $(-2,3)$，则不等式 $cx^2 - bx + a \leqslant 0$ 的解集为（　　）.

A. $[-3,2]$ B. $\left[-\dfrac{1}{3}, \dfrac{1}{2}\right]$ C. $\left[-\dfrac{1}{2}, \dfrac{1}{3}\right]$ D. $\left[\dfrac{1}{3}, \dfrac{1}{2}\right]$ E. $[2,3]$

例 9 （条件充分性判断）$kx^2 - 13x - 48 \leqslant 0$.

(1) $kx^2 - (k-8)x - 1 \geqslant 0$ 对任意实数 x 恒成立.

(2) $(k-1)x^2 + (k-1)x - 1 > 0$ 的解集是空集.

例 10 设 $0 < x < 1$，则不等式 $\dfrac{3x^2 - 2}{x^2 - 1} > 1$ 的解集是（　　）.

A. $\left(0, \dfrac{1}{\sqrt{2}}\right)$ B. $\left(-\dfrac{1}{\sqrt{2}}, \dfrac{1}{\sqrt{2}}\right)$ C. $\left(0, \sqrt{\dfrac{2}{3}}\right)$

D. $\left(\sqrt{\dfrac{2}{3}}, 1\right)$ E. $\left(\dfrac{1}{\sqrt{2}}, \sqrt{\dfrac{2}{3}}\right)$

经典例题题解

例 1 解析 本题考点：韦达定理.

由题可得 $\alpha + \beta = -p, \alpha\beta = q$，其为一元二次方程 $x^2 - px + q = 0$ 的两个根，设其中一根为 $x_1 = -p$，另一根为 $x_2 = q$，由韦达定理可得 $x_1 + x_2 = q - p = p, x_1 x_2 = -pq = q$，解得 $p = -1, q = -2$.

综上所述，答案是 **B**.

例 2 解析 原方程左右两边同时除以 m，得到其等价方程 $x^2 - \dfrac{m-1}{m}x + \dfrac{m-5}{m} = 0$，该方程的两根满足 $-1 < \alpha < 0, 0 < \beta < 1$，由图 2 - 4 - 2 可得：

即得 $\begin{cases} f(-1) > 0 \\ f(0) < 0 \\ f(1) > 0 \end{cases}$，解得 $4 < m < 5$.

综上所述，答案是 **B**.

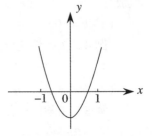

图 2 - 4 - 2

例 3 解析 不等式 $(k+3)x^2 - 2(k+3)x + k - 1 < 0$ 对于任意的实数 x 恒成立，则

① $k + 3 = 0$ 时，$k = -3$，有 $-3 - 1 = -4 < 0$ 恒成立；

② $k + 3 \neq 0$ 时，$k \neq -3$，原不等式等价于

$$\begin{cases} k + 3 < 0 \\ \Delta = 4(k+3)^2 - 4(k+3)(k-1) < 0 \end{cases} \Rightarrow k < -3;$$

结论等价于 $k \leqslant -3$.

(1) $k \leqslant 0$ 不是结论的子集,故条件(1)不充分.

(2) $k \leqslant -3$ 是结论的子集,故条件(2)充分.

综上所述,答案是 **B**.

例 4 解析　条件(1)和(2)分别都能推出结论(都是结论的子集). 推导:

(1) $x^2 - 3x + 4 > 0$ 恒成立, $(x^2 - 3x + 4)(x^2 - 5x - 6) > 0 \Rightarrow x^2 - 5x - 6 > 0$,

解得 $x < -1$ 或 $x > 6$.

(2) $(x+1)(x-4)(x-2)(x-3) > 0$,

由穿线法,如图 2-4-3 所示,可得: $x < -1$ 或 $2 < x < 3$ 或 $x > 4$.

穿线法

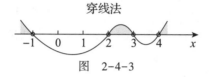

图　2-4-3

综上所述,答案是 **D**.

例 5 解析　条件(1)和(2)分别不能推出结论,联合可以推出结论. 推导:

第一步:准备工作, $\dfrac{2k}{x-1} - \dfrac{x}{x^2 - x} = \dfrac{kx+1}{x}$ 分母不为零 $\Rightarrow x \neq 0, x \neq 1$.

第二步:去分母,整式化, $kx^2 - (3k-2)x - 1 = 0$,分类讨论如下:

若 $k = 0$,则唯一解为 $x = \dfrac{1}{2}$.

若 $k \neq 0$,则一元二次方程 $\Delta = (3k-2)^2 + 4k = 9k^2 - 8k + 4 > 0$ 恒成立.

方程有两个不相等的实数根,则必有一个为增根.

当增根为 0 时,则 $-1 = 0$,矛盾!

当增根为 1 时,则 $k - (3k-2) - 1 = 0 \Rightarrow k = \dfrac{1}{2} \Rightarrow x = -2$.

故 $k = 0$ 或 $\dfrac{1}{2}$.

k 是整数 $\Rightarrow k = 0$.

综上所述,答案是 **C**.

例 6 解析　条件(1)和(2)分别能推出结论. 推导:

(1) $\sqrt{x-1} + \sqrt{x-3} = 2$

由定义域 $x - 1 \geqslant 0, x - 3 \geqslant 0 \Rightarrow x \geqslant 1$ 且 $x \geqslant 3 \Rightarrow x \geqslant 3$

$$\begin{cases} \sqrt{x-1} + \sqrt{x-3} = 2 & ① \\ (x-1) - (x-3) = 2 & ②(恒等式) \end{cases}$$

$\dfrac{②}{①}\Rightarrow \sqrt{x-1}-\sqrt{x-3}=1$ ③

由①③$\Rightarrow 2\sqrt{x-1}=3\Rightarrow x=\dfrac{13}{4}$

(2) 同理 $\Rightarrow x=\dfrac{13}{4}$

综上所述,答案是 **D**.

例7解析 条件(1)能推出结论,条件(2)不能推出结论.推导:

(1)第一步:定义域,$x-1\geqslant 0\Rightarrow x\geqslant 1$.

第二步:分类讨论,$\sqrt{x-1}>7-x$.

情况一:若 $7-x<0$,则 $x>7$.

情况二:若 $7-x\geqslant 0$,则 $x-1>(7-x)^2\Rightarrow 5<x<10$,此时 $5<x\leqslant 7$.

第三步:$\sqrt{x-1}+x>7$ 的解集为 $\{x\,|\,x>5\}$,推出结论.

(2)第一步:定义域,$x-1\geqslant 0\Rightarrow x\geqslant 1$.

第二步:分类讨论,$\sqrt{x-1}<x+7$.

情况一:若 $x+7<0$,不可能.

情况二:若 $x+7\geqslant 0$,则 $x-1<(7+x)^2\Rightarrow x^2+13x+50>0$ 恒成立.

第三步:$\sqrt{x-1}-x<7$ 的解集为 $\{x\,|\,x\geqslant 1\}$,不是结论的子集,推不出结论.

综上所述,答案是 **A**.

例8解析 $ax^2+bx+c>0$ 的解集为 $(-2,3)$,则 $-2+3=-\dfrac{b}{a}(a<0)$,即 $-\dfrac{b}{a}=1$,

$(-2)\times 3=\dfrac{c}{a}$,即 $\dfrac{c}{a}=-6$,可得 $-\dfrac{b}{c}=-\dfrac{1}{6}$,

$cx^2-bx+a\leqslant 0$,根据韦达定理有:$x_1+x_2=\dfrac{b}{c}=\dfrac{1}{6}$,$x_1\cdot x_2=\dfrac{a}{c}=-\dfrac{1}{6}$.

则不等式等价于 $6x^2-x-1\leqslant 0\Leftrightarrow(3x+1)(2x-1)\leqslant 0\Rightarrow -\dfrac{1}{3}\leqslant x\leqslant \dfrac{1}{2}$.

综上所述,答案为 **B**.

例9解析 $k^2-13k-48\leqslant 0\Rightarrow(k-16)(k+3)\leqslant 0\Rightarrow -3\leqslant k\leqslant 16$.

条件(1) 当 $k=0$ 时有 $8x-1\geqslant 0$,不能保证对任何实数 x 恒成立,舍去;当 $k\neq 0$ 时,若使得 $kx^2-(k-8)x-1\geqslant 0$ 对任何实数恒成立,需满足 $k>0$ 且 $\Delta\leqslant 0$,有 $\Delta=(k-8)^2+4k$,因为 $k>0$,所以 $\Delta=(k-8)^2+4k>0$,舍去,故条件(1) 不充分.

条件(2) 即 $(k-1)x^2+(k-1)x-1\leqslant 0$ 恒成立,当 $k=1$ 时,有 $-1\leqslant 0$,对任何实数 x 恒成立;

当 $k\neq 1$ 时,若使得 $(k-1)x^2+(k-1)x-1\leqslant 0$ 对任何实数 x 恒成立,需满足 $k-1<0$ 且 $\Delta\leqslant 0$,有 $\Delta=(k-1)^2+4(k-1)\leqslant 0$,解得 $-3\leqslant k\leqslant 1$,综上可得 $-3\leqslant$

$k \leq 1$,是题干子集,充分.

综上所述,答案是 B.

三、基础练习

基础练习

1. (条件充分性判断) $a + b = 20$.

   (1) $ax + 2 \leq 3x + b$ 的解集是 $\left\{ x \mid x \leq \dfrac{2}{3} \right\}$.　(2) $bx + 2 \geq 3x + a$ 的解集是 $\{ x \mid x \geq 2 \}$.

2. (条件充分性判断)若 k 是方程的根,则 $k = -1$.

   (1) $2014x^2 + 2015x + 1 = 0$.　　　　　(2) $2015x^2 + 2016x + 1 = 0$.

3. 已知 a, b, c 是三角形的三边长,关于 x 的方程 $(c + a)x^2 + 2bx + (c - a) = 0$ 有两个相等的实数根,则该三角形是(　　).

   A. 等腰三角形　　　　　　B. 等边三角形　　　　　　C. 直角三角形

   D. 等腰直角三角形　　　　E. 不确定

4. (条件充分性判断) $4 < x < 6$.

   (1) $(x^2 - 3x + 2)(x^2 - 4x + 3) > 0$.　　(2) $(x^2 - 3x - 4)(x^2 - 5x - 6) < 0$.

5. (条件充分性判断)方程的唯一实数根为 $x = 2$.

   (1) $x^2 + x + 2x\sqrt{x + 2} = 14$.　　　　(2) $\sqrt{\dfrac{x - 1}{x + 2}} + \sqrt{\dfrac{x + 2}{x - 1}} = \dfrac{5}{2}$.

6. (条件充分性判断) $x < 3$.

   (1) $\sqrt{7x^2 + 9x + 13} > 3x + 2$.　　　　(2) $\sqrt{7x^2 - 9x + 13} > 3x - 2$.

7. 已知 α, β 是方程 $x^2 - x - 1 = 0$ 的两个根,则 $\alpha^4 + 3\beta$ 的值等于(　　).

   A. 5　　　B. 6　　　C. $5\sqrt{2}$　　　D. $6\sqrt{2}$　　　E. 以上结论均不正确

8. (条件充分性判断) 方程 $2ax^2 - 2x - 3a + 5 = 0$ 的一个根大于1,另一个根小于1.

   (1) $a > 5$.　　　　　　(2) $a < 0$.

9. 若不等式 $ax^2 + bx + 1 > 0$ 的解集是 $\left(-\dfrac{1}{3}, \dfrac{1}{2} \right)$,则不等式 $x^2 + bx + a < 0$ 的解集是(　　).

   A. $(2, 3)$　　　　　　　B. $(-\infty, -3) \cup (2, +\infty)$　　　　　　C. $(-3, 2)$

   D. $\left(-\dfrac{1}{3}, \dfrac{1}{2} \right)$　　　　　E. 以上答案均不正确

10. a, b, c 是一个三角形的三边长,则方程 $x^2 + 2(a + b)x + c^2 = 0$ 根的情况为(　　).

    A. 有两个不相等实数根　　B. 有两个相等实数根　　　C. 只有一个实数根

    D. 没有实数根　　　　　　E. 无法断定

11. 设 $a^2 + 1 = 3a, b^2 + 1 = 3b$,且 $a \neq b$,则代数式 $\dfrac{1}{a^2} + \dfrac{1}{b^2}$ 的值为(　　).

A. 3 　　 B. 4 　　 C. 5 　　 D. 6 　　 E. 7

12. 设 α，β 是方程 $4x^2 - 4mx + m + 2 = 0$ 的两个实数根，$\alpha^2 + \beta^2$ 有最小值，则最小值为（　　）.

A. $\dfrac{1}{2}$ 　　 B. 1 　　 C. $\dfrac{3}{2}$ 　　 D. 2 　　 E. 以上均不正确

13. 要使 $3x^2 + (m-5)x + m^2 - m - 2 = 0$ 的两根分别满足 $0 < x_1 < 1, 1 < x_2 < 2$，则 m 的取值范围为（　　）.

A. $-2 \le m < 0$ 　　 B. $-2 \le m < -1$ 　　 C. $-2 < m < -1$

D. $-1 < m < 2$ 　　 E. $1 < m < 2$

14. 关于 x 的方程 $\dfrac{3 - 2x}{x - 3} + \dfrac{2 + mx}{3 - x} = -1$ 无解，则 m 的值为（　　）.

A. -1 　　 B. 1 　　 C. $\dfrac{5}{3}$

D. -1 或 $-\dfrac{5}{3}$ 　　 E. 1 或 $\dfrac{5}{3}$

15. 不等式 $\dfrac{x(x+2)}{x-3} \le 0$ 的解集为（　　）.

A. $\{x \mid x \le -2 \text{ 或 } 0 \le x \le 3\}$ 　　 B. $\{x \mid -2 \le x \le 0 \text{ 或 } x > 3\}$

C. $\{x \mid x \le -2 \text{ 或 } x \ge 0\}$ 　　 D. $\{x \mid x \le 0 \text{ 或 } x > 3\}$

E. 以上结果均不正确

基础练习题解

1 【解析】条件（1）和（2）分别不能推出结论，联合可以推出结论. 推导：

（1）由 $(a-3)x \le b-2$ 解集分析得到 $\begin{cases} \dfrac{b-2}{a-3} = \dfrac{2}{3} \\ a - 3 > 0 \end{cases} \Rightarrow \begin{cases} 2a = 3b \\ a > 3 \end{cases}$.

（2）由 $(b-3)x \ge a-2$ 解集分析得到 $\begin{cases} \dfrac{a-2}{b-3} = 2 \\ b - 3 > 0 \end{cases} \Rightarrow \begin{cases} a = 2b - 4 \\ b > 3 \end{cases}$.

条件（1）和（2）联合，则 $\begin{cases} a = 2b - 4 \\ 2a = 3b \end{cases} \Rightarrow \begin{cases} a = 12 \\ b = 8 \end{cases} \Rightarrow a + b = 20$.

综上所述，答案是 C.

2 【解析】条件（1）和（2）分别不能推出结论，联合可以推出结论. 推导：观察找根

（1）$2014 - 2015 + 1 = 0 \Rightarrow -1$ 是方程的解，另一根为 $-\dfrac{1}{2014}$（由韦达定理可知）.

（2）$2015 - 2016 + 1 = 0 \Rightarrow -1$ 是方程的解，另一根为 $-\dfrac{1}{2015}$（由韦达定理可知）.

故条件（1）和（2）分别都不能推出结论，（1）（2）联合，可知 $k = -1$，能推出结论.
综上所述，答案是 C.

【点评】若一个方程的系数之和为 0,则必有根 $x = 1$. 若一个方程的系数交替变号之和为 0,则必有根 $x = -1$.

3 **【解析】**判别式 $\Delta = 4b^2 - 4(c + a)(c - a) = 0 \Rightarrow c^2 = a^2 + b^2 \Rightarrow$ 三角形是直角三角形

综上所述,答案是 **C**.

4 **【解析】**条件(1)不能推出结论,条件(2)能推出结论. 推导:

(1) $(x - 1)^2 (x - 2)(x - 3) > 0$.

由穿线法,如图 2-4-4 所示,可得: $x < 1$ 或 $1 < x < 2$ 或 $x > 3$.

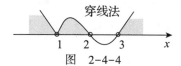

图 2-4-4

(2) $(x + 1)^2 (x - 4)(x - 6) < 0$.

由穿线法,如图 2-4-5 所示,可得: $4 < x < 6$.

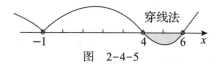

图 2-4-5

综上所述,答案是 **B**.

5 **【解析】**

条件(1):由定义域知 $x + 2 \geqslant 0 \Rightarrow x \geqslant -2$,

$$x^2 + 2x\sqrt{x + 2} + (\sqrt{x + 2})^2 = 16 \Rightarrow (x + \sqrt{x + 2})^2 = 16.$$

故 $x + \sqrt{x + 2} = 4$ 或 $x + \sqrt{x + 2} = -4$(舍,$x \geqslant -2$),

即 $\sqrt{x + 2} = 4 - x \Rightarrow \begin{cases} 4 - x \geqslant 0 \\ x + 2 \geqslant 0 \\ x + 2 = (4 - x)^2 \end{cases} \Rightarrow x = 2$,故条件(1)充分.

条件(2):令 $\sqrt{\dfrac{x - 1}{x + 2}} = t$,则原式 $\Rightarrow t + \dfrac{1}{t} = \dfrac{5}{2} \Rightarrow t = 2$ 或 $t = \dfrac{1}{2}$.

若 $\sqrt{\dfrac{x - 1}{x + 2}} = 2 \Rightarrow x = -3$;若 $\sqrt{\dfrac{x - 1}{x + 2}} = \dfrac{1}{2} \Rightarrow x = 2$.

故条件(2)不充分.

所以条件(1)充分,条件(2)不充分.

综上所述,答案是 **A**.

6 **【解析】**条件(1)和(2)分别能推出结论. 推导:

(1)第一步:求定义域,$7x^2 + 9x + 13 \geqslant 0 \Rightarrow x \in \mathbf{R}$.

第二步:分类讨论,目标是 $\sqrt{7x^2 + 9x + 13} > 3x + 2$.

情况一:若 $3x + 2 < 0$, 此时 $x < -\dfrac{2}{3}$.

情况二:若 $3x + 2 \geqslant 0$, 则 $7x^2 + 9x + 13 > (3x + 2)^2 \Rightarrow 2x^2 + 3x - 9 < 0.$

$$\Rightarrow -3 < x < \frac{3}{2},$$

此时 $-\frac{2}{3} \leqslant x < \frac{3}{2}.$

第三步: $\sqrt{7x^2 + 9x + 13} > 3x + 2$ 的解集为 $\left(-\infty, \frac{3}{2}\right)$, 是结论的子集,能推出结论.

(2)第一步:求定义域, $7x^2 - 9x + 13 \geqslant 0 \Rightarrow x \in \mathbf{R}.$

第二步:分类讨论,目标是 $\sqrt{7x^2 - 9x + 13} > 3x - 2.$

情况一:若 $3x - 2 < 0$, 此时 $x < \frac{2}{3}.$

情况二:若 $3x - 2 \geqslant 0$, 则 $7x^2 - 9x + 13 > (3x-2)^2 \Rightarrow 2x^2 - 3x - 9 < 0$

$$\Rightarrow -\frac{3}{2} < x < 3,$$

此时 $\frac{2}{3} \leqslant x < 3.$

第三步: $\sqrt{7x^2 - 9x + 13} > 3x - 2$ 的解集为 $(-\infty, 3)$, 推出结论.
综上所述,答案是 D.

7　【解析】因为 $\alpha^2 - \alpha - 1 = 0$, 所以 $\alpha^2 = \alpha + 1$(降次),
$\alpha^4 = (\alpha^2)^2 = (\alpha + 1)^2 = \alpha^2 + 2\alpha + 1 = (\alpha + 1) + 2\alpha + 1 = 3\alpha + 2,$
于是 $\alpha^4 + 3\beta = 3\alpha + 3\beta + 2 = 3(\alpha + \beta) + 2 = 3 \times 1 + 2 = 5.$
综上所述,答案是 A.

8　【解析】令 $f(x) = 2ax^2 - 2x - 3a + 5$, 若 $f(x) = 0$ 的一根大于1,另一根小于1,
则 $af(1) < 0 \Rightarrow a(3 - a) < 0 \Rightarrow a > 3$ 或 $a < 0.$
显然条件(1)充分,条件(2)也充分.
综上所述,答案是 D.

9　【解析】由方程与不等式的关系知, $\begin{cases} \dfrac{1}{9}a - \dfrac{1}{3}b + 1 = 0 \\ \dfrac{1}{4}a + \dfrac{1}{2}b + 1 = 0 \end{cases} \Rightarrow \begin{cases} a = -6 \\ b = 1 \end{cases}.$

故 $x^2 + bx + a < 0 \Rightarrow x^2 + x - 6 < 0 \Rightarrow -3 < x < 2.$
综上所述,答案是 C.

10　【解析】因为三角形两边之和大于第三边,所以有 $a + b > c \Rightarrow (a + b)^2 > c^2.$
方程 $\Delta = [2(a + b)]^2 - 4c^2 = 4[(a + b)^2 - c^2] > 0.$
所以方程有两个不相等实数根.
综上所述,答案是 A.

__11__　【解析】$\begin{cases} a^2 - 3a + 1 = 0 \\ b^2 - 3b + 1 = 0 \end{cases} \Rightarrow a,b$ 是方程 $x^2 - 3x + 1 = 0$ 的两根. 所以 $a + b = 3, ab = 1$,

$\dfrac{1}{a^2} + \dfrac{1}{b^2} = \dfrac{(a + b)^2 - 2ab}{(ab)^2} = \dfrac{9 - 2}{1} = 7$.

综上所述,答案是 **E**.

__12__　【解析】方程有两个实数根,则 $\Delta \geqslant 0$,即 $(-4m)^2 - 16(m + 2) \geqslant 0 \Rightarrow m \geqslant 2$ 或 $m \leqslant -1$.

由韦达定理得 $\alpha + \beta = m, \alpha\beta = \dfrac{m + 2}{4}$.

所以 $\alpha^2 + \beta^2 = (\alpha + \beta)^2 - 2\alpha\beta = m^2 - \dfrac{m}{2} - 1 = \left(m - \dfrac{1}{4}\right)^2 - \dfrac{17}{16}$.

当 $m = -1$ 时, $\alpha^2 + \beta^2$ 取得最小值 $\dfrac{1}{2}$.

综上所述,答案是 **A**.

__13__　【解析】设 $f(x) = 3x^2 + (m - 5)x + m^2 - m - 2$.

由题意知 $\begin{cases} f(0) = m^2 - m - 2 > 0 \\ f(1) = 3 + m - 5 + m^2 - m - 2 < 0 \\ f(2) = 12 + 2(m - 5) + m^2 - m - 2 > 0 \end{cases} \Rightarrow \begin{cases} (m + 1)(m - 2) > 0 \\ m^2 < 4 \\ m(m + 1) > 0 \end{cases} \Rightarrow -2 < m < -1$.

综上所述,答案是 **C**.

__14__　【解析】$\dfrac{3 - 2x}{x - 3} + \dfrac{2 + mx}{3 - x} = -1 \Rightarrow 3 - 2x - 2 - mx = -(x - 3) \Rightarrow (m + 1)x = -2$.

若 $m + 1 = 0$ 即 $m = -1$,则方程无解.

若 $m + 1 \neq 0$,可得 $x = \dfrac{-2}{m + 1}$,分式方程无解,则 $\dfrac{-2}{m + 1} = 3, m = -\dfrac{5}{3}$.

所以 $m = -1$ 或 $m = -\dfrac{5}{3}$.

综上所述,答案是 **D**.

__15__　【解析】$\dfrac{x(x + 2)}{x - 3} \leqslant 0 \Rightarrow (x - 3)x(x + 2) \leqslant 0$ 且 $x \neq 3$.

如图 $2 - 4 - 6$ 所示,由穿线法可得不等式的解集为 $\{x \mid x \leqslant -2$ 或 $0 \leqslant x < 3\}$.

综上所述,答案是 **E**.

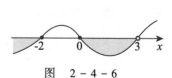

图　$2 - 4 - 6$

基础五

函数和解析几何的概念系统与方法系统

一、概念与方法指南

基础概念

前面几个部分的学习都是代数内容.同一事物可以从多个角度考察与分析,同样的东西在数学中既可以从代数角度来看,也可以从几何图形的角度来看.函数图像、解析几何将代数和几何联系在了一起.

$$函数一\begin{cases}反比例函数 \\ 一次函数 \\ 二次函数 \\ 绝对值函数\end{cases} \qquad 函数二\begin{cases}指数函数 \\ 对数函数\end{cases} \qquad 解析几何\begin{cases}点 \\ 线 \\ 圆\end{cases}$$

一、函数与构成要素

(1)变量 y 随变量 x 的变化而变化,给定一个 x 的值,则 y 的值就确定了,那么就称 y 是 x 的函数,x 叫作自变量,y 叫作因变量,记作 $y = f(x)$,如 $y = 2x + 1$ 也可以记作 $f(x) = 2x + 1$.

(2)自变量的取值范围叫作定义域,因变量的取值范围叫作值域.值域是被决定的,定义域可以是函数表达式隐含的,如 $y = \dfrac{1}{x}$ 的定义域是 $x \neq 0$,值域是 $y \neq 0$,定义域也可以是人为规定的,如 $y = 2x + 1(x \leqslant 1)$ 中的定义域 $x \leqslant 1$ 就是人为规定的.

(3)自变量和定义域、因变量和值域、联系自变量和因变量的对应法则共同构成了函数.函数 $y = f(x)$ 是代数等式,表示了两个变量之间的代数关系.换一种角度,每一个 x 对应一个 y,如果用有序数对 (x, y) 来记录这种对应关系,然后把许多这样的数对描在直角坐标系中,再用平滑的曲线连接起来,就可以得到一个几何图形,这个几何图形叫作函数的图像.

二、直角坐标系与构成要素

(1)两条互相垂直的数轴(垂足是原点)就构成了直角坐标系.其中,横轴用 x 表示,纵轴用 y 表示,有序数对 (x, y) 就可以用直角坐标系中的一个点来表示了.点 (x, y) 所在象限及符号特点如图 2-5-1 所示.

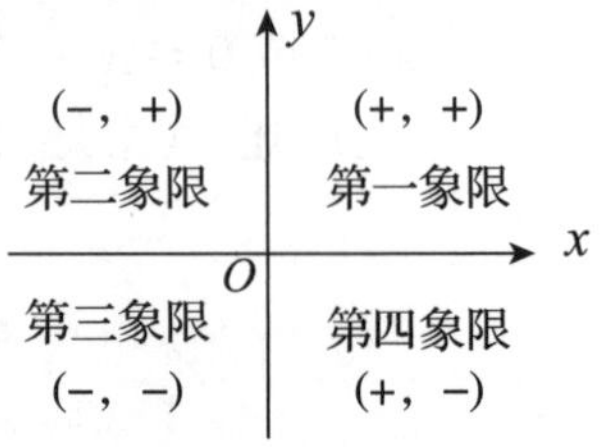

(2)在直角坐标系中,点的坐标有以下基本规律:

	y	
$(-, +)$		$(+, +)$
第二象限		第一象限
第三象限	O	第四象限
$(-, -)$		$(+, -)$

图 2-5-1

若两点关于横轴对称,则横等纵相反,简记为 $(x,y) \xrightarrow{x\text{轴}} (x,-y)$.

若两点关于纵轴对称,则纵等横相反,简记为 $(x,y) \xrightarrow{y\text{轴}} (-x,y)$.

若两点关于 $y=x$ 对称,则横纵互换,简记为 $(x,y) \xrightarrow{y=x} (y,x)$.

若两点关于原点对称,则横纵变相反,简记为 $(x,y) \xrightarrow{(0,0)} (-x,-y)$.

三、函数的解析式

(1) 一次函数的解析式: $y = kx + b$.

(2) 反比例函数的解析式: $y = \dfrac{k}{x}(k \neq 0)$.

(3) 正比例函数的解析式: $y = kx(k \neq 0)$.

(4) 二次函数的解析式:

　　① 二次函数的一般式: $y = ax^2 + bx + c(a \neq 0)$;

　　② 二次函数的顶点式: $y = a\left(x + \dfrac{b}{2a}\right)^2 + \dfrac{4ac - b^2}{4a}(a \neq 0)$;

　　③ 二次函数的两点式: $y = a(x - x_1)(x - x_2)(a \neq 0, \Delta \geq 0)$.

(5) 指数函数的解析式: $y = a^x(a > 0 \text{ 且 } a \neq 1)$.

(6) 对数函数的解析式: $y = \log_a x(a > 0 \text{ 且 } a \neq 1)$.

四、基本函数的图像和特点

描点法是绘制函数图形的基本方法.描点法的应用要点是:(1)列表.(2)描点.(3)连线.

1. 例如,作图 $y = 2x + 1$.

第一步:列表.

x	-3	-2	-1	0	1	2	3
y	-5	-3	-1	1	3	5	7

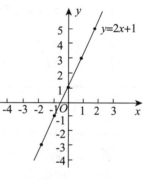

第二步,描点.

第三步,连线.如图 2-5-2 所示.

【点评】对于直线,可以通过两点确定一条直线.即只需描出两个点,用直线连接便得到了图像.

【结论】一般地, $y = kx + b$ 的图像是一条直线:

(1) $k > 0$ 时,图像沿一、三象限倾斜.

(2) $k = 0$ 时,图像与横轴平行($b = 0$ 时重合).

(3) $k < 0$ 时,图像沿二、四象限倾斜.

图 2-5-2

2. 例如,作图 $y = x^2$.

第一步,列表.

x	-3	-2	-1	0	1	2	3
y	9	4	1	0	1	4	9

第二步,描点.

第三步,连线. 如图 2-5-3 所示.

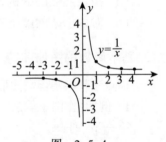

【结论】一般地, $y = ax^2 + bx + c\,(a \neq 0)$ 的图像是一条抛物线,作图时,应先配方 $y = a\left(x + \dfrac{b}{2a}\right)^2 + \dfrac{4ac - b^2}{4a}$,对称轴为 $x = -\dfrac{b}{2a}$,顶点为 $\left(-\dfrac{b}{2a}, \dfrac{4ac - b^2}{4a}\right)$.

图 2-5-3

(1)当 $a > 0$ 时,图像开口向上. (2) 当 $a < 0$ 时,图像开口向下.

【点评】画二次函数的图像时,若可求出零点,则可以快速画出一条经过零点的抛物线.

3. 例如,作图 $y = \dfrac{1}{x}$.

第一步,列表.

x	-3	-2	-1	1	2	3	4
y	$-\dfrac{1}{3}$	$-\dfrac{1}{2}$	-1	1	$\dfrac{1}{2}$	$\dfrac{1}{3}$	$\dfrac{1}{4}$

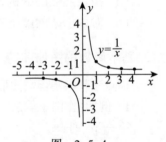

第二步,描点.

第三步,连线. 如图 2-5-4 所示.

【结论】一般地, $y = \dfrac{k}{x}$ 的图像是两支双曲线,

图 2-5-4

(1) 当 $k > 0$ 时,图像在一、三象限. (2) 当 $k < 0$ 时,图像在二、四象限.

4. 例如,作图 $y = 2^x$.

第一步:列表.

x	-3	-2	-1	0	1	2	3
y	$\dfrac{1}{8}$	$\dfrac{1}{4}$	$\dfrac{1}{2}$	1	2	4	8

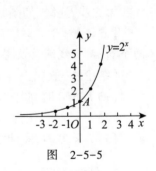

第二步,描点.

第三步,连线. 如图 2-5-5 所示.

【结论】一般地, $y = a^x$ 的图像经过定点 $A(0,1)$,

(1)当 $0 < a < 1$ 时,图像在一、二象限且递减.

(2)当 $a > 1$ 时,图像在一、二象限且递增.

图 2-5-5

5. 例如,作图 $y = \log_2 x$.

第一步,列表.

x	$\dfrac{1}{8}$	$\dfrac{1}{4}$	$\dfrac{1}{2}$	1	2	4	8
y	-3	-2	-1	0	1	2	3

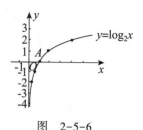

图　2-5-6

第二步,描点.

第三步,连线.如图 2-5-6 所示.

【结论】一般地,$y = \log_a x$ 的图像经过定点 $A(1,0)$,

(1)当 $0 < a < 1$ 时,图像在一、四象限且递减.

(2)当 $a > 1$ 时,图像在一、四象限且递增.

【注意】对于一些基本函数的图像,考生要熟悉.对于比较陌生的指数函数、对数函数的图像,考生应不怕麻烦,用描点法多画几次图像,加以熟悉.

五、二次函数的基础运算

以一般式为例:$y = ax^2 + bx + c\ (a \neq 0)$.

(1)a 决定图像的开口方向:$a > 0 \Leftrightarrow$ 开口向上;$a < 0 \Leftrightarrow$ 开口向下.

(2)对称轴:$x = -\dfrac{b}{2a}$.

(3)顶点坐标:$\left(-\dfrac{b}{2a}, \dfrac{4ac - b^2}{4a} \right)$.

(4)单调性:当 $a > 0$ 时,在 $\left(-\infty, -\dfrac{b}{2a} \right]$ 上单调递减;$\left(-\dfrac{b}{2a}, +\infty \right)$ 上单调递增.

当 $a < 0$ 时,在 $\left(-\infty, -\dfrac{b}{2a} \right]$ 上单调递增;$\left(-\dfrac{b}{2a}, +\infty \right)$ 上单调递减.

(5)最值:当 $a > 0$ 时,y 有最小值,$y_{\min} = \dfrac{4ac - b^2}{4a}$;

当 $a < 0$ 时,y 有最大值,$y_{\max} = \dfrac{4ac - b^2}{4a}$.

六、指数函数与对数函数的基础运算

指数幂的基本规定:在 a^m 中,若 $m > 0$,则 $a \in \mathbf{R}$. 若 $m \leq 0$,则 $a \neq 0$.

指数幂的运算规则(其中 $m, n \in \mathbf{Z}$):

(1)指数幂乘法:$a^m a^n = a^{m+n}$.　　　　(2)指数幂除法:$a^m \div a^n = a^{m-n}$.

(3)指数幂乘方:$(a^m)^n = a^{mn}$.　　　　(4)指数幂分解:$(ab)^m = a^m b^m$.

指数幂的等价转换:

(1)分数指数幂:$a^{\frac{m}{n}} = \sqrt[n]{a^m}$.　　　　(2)负数指数幂:$a^{-m} = \dfrac{1}{a^m}$.

特别地,$a^0 = 1$.

对数的基本规定:

在 $\log_a x$ 中:(1) $a > 0$ 且 $a \neq 1$;(2) $x > 0$.

对数的运算规则：

(1) 对数加法：$\log_a M + \log_a N = \log_a (MN)$.

(2) 对数减法：$\log_a M - \log_a N = \log_a \dfrac{M}{N}$.

(3) 指数析出：$\log_{a^m} x^n = \dfrac{n}{m} \log_a x$.

(4) 换底公式：$\log_A M = \dfrac{\log_c M}{\log_c A} = \dfrac{\lg M}{\lg A}$；$\log_A M \cdot \log_M A = 1$.

(5) 对数恒等式：$a^{\log_a M} = M$.

特别地，$\log_a 1 = 0$，$\log_a a = 1$.

七、直线与圆的方程

直线方程的五种形式：

(1) 点斜式：$y - y_0 = k(x - x_0)$.

　　【适用】已知点 $P(x_0, y_0)$ 和斜率 k.

　　【局限】不能表示垂直于 x 轴的直线.

(2) 斜截式：$y = kx + b$.

　　【适用】已知斜率 k 和直线在 y 轴上的截距 b.

　　【局限】不能表示垂直于 x 轴的直线.

(3) 两点式：$\dfrac{y - y_1}{x - x_1} = \dfrac{y_2 - y_1}{x_2 - x_1}$.

　　【适用】已知直线上两点 $P_1(x_1, y_1)$，$P_2(x_2, y_2)$.

　　【局限】不能表示垂直于 x 轴的直线.

(4) 截距式：$\dfrac{x}{a} + \dfrac{y}{b} = 1$.（截距有符号）

　　【适用】已知 x 轴上的截距为 a，y 轴上的截距为 b.

　　【局限】不能表示通过原点或垂直于坐标轴的直线.

(5) 一般式：$Ax + By + C = 0 (A^2 + B^2 \neq 0)$.

圆的三种方程形式：

(1) 标准式：$(x - x_0)^2 + (y - y_0)^2 = r^2$【已知圆心 $O(x_0, y_0)$ 和半径 r】.

(2) 一般式：$x^2 + y^2 + Dx + Ey + F = 0$【$D^2 + E^2 - 4F > 0$】.

(3) 直径式：$(x - x_1)(x - x_2) + (y - y_1)(y - y_2) = 0$【已知直径端点 $A(x_1, y_1)$，$B(x_2, y_2)$】.

基础方法

在函数、解析几何模块中，考生要掌握如下的方法：

一、图形变换法（对称、平移）

图形变换法是依托已知的基本图形，通过对称、平移、翻折得到所求图像的方法.

1. 例如,作图 $y = \log_2(x - 1)$.

第一步,先作图 $y = \log_2 x$.

第二步,将图像往右边平移 1 个单位.
如图 2-5-7 所示.

平移口诀:"左加右减".

2. 例如,作图 $y = |\log_2(x - 1)|$.

第一步,先作图 $y = \log_2(x - 1)$.

第二步,将图像在 x 轴下方的部分翻折
到 x 轴上方. 如图 2-5-8 所示.

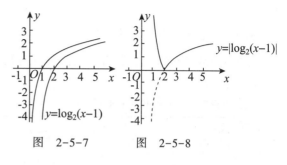

图 2-5-7　　　图 2-5-8

翻折口诀:"整体绝对下翻上,自变绝对右翻左,左右合成新图形".

二、分段作图法

1. 例如,作图 $y = |x - 1| + |x - 2|$.

第一步,将绝对值函数写成分段函数 $y = \begin{cases} 3 - 2x & x \leq 1 \\ 1 & 1 < x < 2 \\ 2x - 3 & x \geq 2 \end{cases}$.

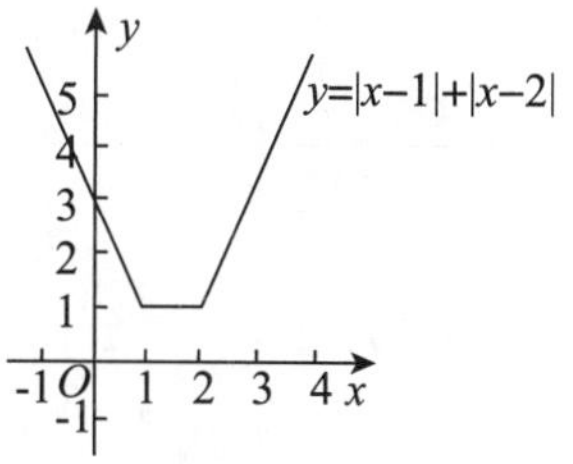

第二步,分段作图,如图 2-5-9 所示.

【结论】一般地, $y = |x - a| + |x - b| \ (a < b)$ 的图像是一个
向上的凹槽.

（1）当 $a < x < b$ 时,图像是水平线, $y_{\min} = b - a$;（2）倾斜的两段是对称的.

2. 例如,作图 $y = |x - 1| - |x - 2|$.

第一步,将绝对值函数写成分段函数 $y = \begin{cases} -1 & x \leq 1 \\ 2x - 3 & 1 < x < 2 \\ 1 & x \geq 2 \end{cases}$.

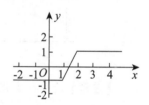

图 2-5-9

第二步,分段作图,如图 2-5-10 所示.

【结论】一般地, $y = |x - a| - |x - b| \ (a < b)$ 的图像是一条折线.

（1）当 $a < x < b$ 时,图像是倾斜线,两端是水平线. （2） $y_{\min} = a - b, y_{\max} = b - a$.

图 2-5-10

三、求距离的方法

点 (x_1, y_1) 与点 (x_2, y_2) 之间的距离公式: $d = \sqrt{(x_2 - x_1)^2 + (y_2 - y_1)^2}$. 【根据勾股定
理得到】

点 (x_0, y_0) 与线 $Ax + By + C = 0$ 之间的距离公式: $d = \dfrac{|Ax_0 + By_0 + C|}{\sqrt{A^2 + B^2}}$. 【根据勾股定理得到】

线 $Ax + By + C_1 = 0$ 与线 $Ax + By + C_2 = 0$ 之间的距离公式: $d = \dfrac{|C_2 - C_1|}{\sqrt{A^2 + B^2}}$. 【根据点线距离
公式得到】

四、判断直线与直线位置关系的方法

两条直线的位置关系分为:重合、平行、相交,垂直是相交的一种特殊情况,平行、垂直是其重要考点.

已知直线 $l_1:A_1x + B_1y + C_1 = 0(y = k_1x + b_1)$;$l_2:A_2x + B_2y + C_2 = 0(y = k_2x + b_2)$.

位置关系	图形	常用条件	充要条件
平行		$k_1 = k_2$ 且 $b_1 \neq b_2$	$A_1B_2 = A_2B_1$ 且 $A_1C_2 \neq A_2C_1$
相交		$k_1 \neq k_2$	$A_1B_2 \neq A_2B_1$
垂直		$k_1k_2 = -1$	$A_1A_2 + B_1B_2 = 0$

【注意】两平行直线 $l_1:Ax + By + C_1 = 0$ 与 $l_2:Ax + By + C_2 = 0$ 的距离为 $\dfrac{|C_1 - C_2|}{\sqrt{A^2 + B^2}}$.

五、判断直线和圆的位置关系的方法

线和圆的位置关系是考频比较高的一种题型,位置关系分三种:相交、相切、相离.

圆 O 的半径为 r,圆心到直线 l 的距离用 d 来表示.

位置关系	图形	判定	引申题型
相交		$d < r$	①求弦长:$AB = 2\sqrt{r^2 - d^2}$ ②最值问题:过点 P 的直线中,与 OP 垂直的直线截得弦长最短

（续）

位置关系	图形	判定	引申题型
相切		$d = r$	求切线方程
相离		$d > r$	最值问题:圆上的点到直线 l 距离的最大值和最小值. 过圆心做直线 l 的垂线,并延长至圆上,两个交点就是取到最值的点. $d_{max} = r + d, d_{min} = d - r$

六、判断圆与圆的位置关系的方法

已知圆 $O_1:(x-x_1)^2 + (y-y_1)^2 = r_1^2$,圆 $O_2:(x-x_2)^2 + (y-y_2)^2 = r_2^2$, d 为两圆的圆心距.

位置关系	图形	判定	内公切线	外公切线
相离		$d > r_1 + r_2$	2 条	2 条
外切		$d = r_1 + r_2$	1 条	2 条
相交		$|r_1 - r_2| < d < r_1 + r_2$	0 条	2 条

（续）

位置关系	图形	判定	内公切线	外公切线
内切		$d = \lvert r_1 - r_2 \rvert$	0条	1条
内含		$d < \lvert r_1 - r_2 \rvert$	0条	0条

半径与两圆位置关系的快速判断：

七、求点关于直线的对称点的方法

两点 $P_1(x_1,y_1)$，$P_2(x_2,y_2)$ 关于直线 $y = kx + b$ 对称：

两点关于直线对称 $\Rightarrow \begin{cases} \dfrac{y_1 + y_2}{2} = k\left(\dfrac{x_1 + x_2}{2}\right) + b \\ k\left(\dfrac{y_2 - y_1}{x_2 - x_1}\right) = -1 \end{cases}$.

八、求点关于点的对称点的方法

（1）点 (x_1,y_1) 关于 (x_0,y_0) 的对称点为 $(2x_0-x_1, 2y_0-y_1)$.

（2）点 $P_1(x_1,y_1)$，$P_2(x_2,y_2)$，若点 P 分有向线段 $\overrightarrow{P_1P_2}$ 为 $\dfrac{\overrightarrow{P_1P}}{\overrightarrow{PP_2}} = \lambda$，

则点 P 的坐标 (x',y') 为 $\begin{cases} x' = \dfrac{x_1+\lambda x_2}{1+\lambda} \\ y' = \dfrac{y_1+\lambda y_2}{1+\lambda} \end{cases}$.

特别地，当 $\lambda = 1$ 时，点 P 为线段 P_1P_2 的中点.

二、例 题 精 解

经典例题

例 1　若一次函数 $y = ax + 1 - a$ 中, y 随着 x 的增大而增大, 且它的图像与 y 轴交于正半轴, 则代数式 $|a - 1| + \sqrt{a^2} = ($ 　　$)$.

A. 1　　　　　B. $-a$　　　　　C. $2a$　　　　　D. $2a - 1$　　　　　E. $1 - 2a$

例 2　一元二次函数 $f(x) = x^2 - ax + 4$ 在 $x \in [-1, 4]$ 时的最小值与 $x \in \mathbf{R}$ 时的最小值相等, 则 a 的取值范围为(　　).

A. $(-\infty, -2)$　　　　　　　　B. $[8, +\infty)$

C. $(-\infty, -2) \cup [8, +\infty)$　　　D. $(-2, 8)$

E. $[-2, 8]$

例 3　(条件充分性判断)函数 $f(x) = ax^2 + bx + c$ 满足 $f(2) < f(-1) < f(5)$.

(1) $ax^2 + bx + c = 0$ 的两根为 $-2, 4$.

(2) $ax^2 + bx + c > 0$ 的解集为 $\{x | x < -2$ 或 $x > 4\}$.

例 4　函数 $f(x) = 3^{-x^2 + 2x + 3}$ 的最大值为(　　).

A. 3　　　　　B. 27　　　　　C. 36

D. 69　　　　　E. 81

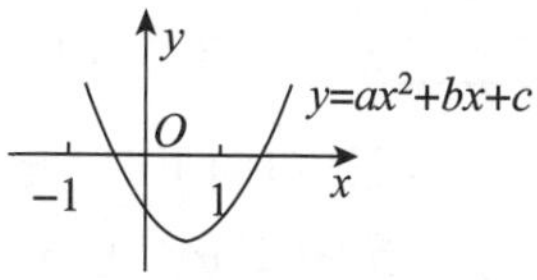

例 5　若 $M = |a + b + c| - |a - b + c| + |2a + b| - |2a - b|$, 二次函数 $y = ax^2 + bx + c$ 的图像如图 2-5-11 所示, 则(　　).

A. $M = 0$　　B. $M > 0$　　C. $M < 0$　　D. $M > 1$　　　　E. 不确定

图 2-5-11

例 6　两个圆 $C_1 : x^2 + y^2 + 2x + 2y - 2 = 0$ 与 $C_2 : x^2 + y^2 - 4x - 2y + 1 = 0$ 的公切线有且仅有(　　)条.

A. 1　　　　　B. 2　　　　　C. 3　　　　　D. 4　　　　　E. 5

例 7　(条件充分性判断) $x^2 + y^2 - ax - by + c = 0$ 与 x 轴相切, 则能确定 c 的值.

(1)已知 a 的值.　　　　　　(2)已知 b 的值.

例 8　已知点 $A(10, 2)$, $B(2, -4)$, 点 M 在 x 轴上, 且 M 到 A, B 两点的距离相等, 则 M 的横坐标是(　　).

A. $\dfrac{21}{4}$　　　　B. 2　　　　　C. 0　　　　　D. -1　　　　　E. -4

例 9　已知直线 l 的斜率为 $\dfrac{1}{6}$, 且和两坐标轴围成的三角形面积是 3, 则直线 l 的方程是(　　).

A. $x - 6y + 6 = 0$　　　　　　　B. $x + 6y + 6 = 0$

C. $x - 6y + 6 = 0$ 或 $x + 6y + 6 = 0$　　D. $x - 6y + 6 = 0$ 或 $x - 6y - 6 = 0$

E. 以上结果均不正确

例 10　设点 (x_0, y_0) 在圆 $x^2 + y^2 = 1$ 的内部,则直线 $l: x_0 x + y_0 y = 1$ 与圆(　　).

A. 不相交　　　　　　　　　　　　　　B. 有一个交点

C. 有两个距离小于 2 的交点　　　　　D. 有两个距离大于 2 的交点

E. 以上结果均不正确

经典例题题解

__例 1 解析__　一次函数 $y = ax + 1 - a$, y 随着 x 的增大而增大,且它的图像与 y 轴交于正半轴,可知斜率 $a > 0$, 截距 $1 - a > 0$, 解得 $0 < a < 1$, 代数式 $|a - 1| + \sqrt{a^2} = 1 - a + a = 1$.

综上所述,答案是 **A**.

__例 2 解析__　一元二次函数 $f(x) = x^2 - ax + 4$ 在 $x \in [-1, 4]$ 时的最小值与 $x \in \mathbf{R}$ 时的最小值相等,只需要保证对称轴 $x = \dfrac{a}{2}$ 在区间 $[-1, 4]$ 中,即 $-1 \le \dfrac{a}{2} \le 4$, 解得 $-2 \le a \le 8$.

综上所述,答案是 **E**.

__例 3 解析__　条件 $(1) ax^2 + bx + c = 0$ 的两根为 -2 和 4, 则对称轴为 $x = \dfrac{-2 + 4}{2} = 1$, 当抛物线开口向下时,推不出题干,不充分.

条件 $(2) ax^2 + bx + c > 0$ 的解集为 $\{x \mid x < -2 \text{ 或 } x > 4\}$, 则可知二次函数图像开口朝上,对称轴为 $x = \dfrac{-2 + 4}{2} = 1$, 图像中距离对称轴越远的 x 值,其对应的 y 值越大,于是可以得 $f(2) < f(-1) < f(5)$, 充分.

综上所述,答案是 **B**.

__例 4 解析__　本题考点:指数函数最值.

要求函数 $f(x) = 3^{-x^2 + 2x + 3}$ 的最大值,只需要求出 $g(x) = -x^2 + 2x + 3$ 的最大值,该二次函数开口向下,在顶点处取得最大值,顶点坐标为 $(1, 4)$, 即 $g(x) = -x^2 + 2x + 3$ 的最大值为 4, 此时函数 $f(x) = 3^{-x^2 + 2x + 3}$ 取得最大值,最大值为 $f(1) = 3^4 = 81$.

综上所述,答案是 **E**.

__例 5 解析__　找特殊点:考查 $f(x) = ax^2 + bx + c$ 的口诀"要点一轴加开口".

$$\begin{cases} f(-1) > 0 \\ f(0) < 0 \\ f(1) < 0 \\ 0 < -\dfrac{b}{2a} < 1 \\ a > 0 \end{cases} \Rightarrow \begin{cases} a - b + c > 0 \\ a + b + c < 0 \\ 2a + b > 0 \\ a > 0 \\ b < 0 \\ c < 0 \end{cases}$$

去绝对值号: $M = |a + b + c| - |a - b + c| + |2a + b| - |2a - b|$

$$= - (a + b + c) - (a - b + c) + (2a + b) - (2a - b)$$

$$= - 2(a - b + c) < 0.$$

综上所述,答案是 **C**.

例 6 解析　圆 $C_1 : (x + 1)^2 + (y + 1)^2 = 4$,圆心为 $(-1, -1)$,半径 $r_1 = 2$.

圆 $C_2 : (x - 2)^2 + (y - 1)^2 = 4$,圆心为 $(2, 1)$,半径 $r_2 = 2$.

圆心距 $d = \sqrt{[2 - (-1)]^2 + [1 - (-1)]^2} = \sqrt{13}$.

$r_1 - r_2 < d < r_1 + r_2$,所以两圆相交,有 2 条公切线.

综上所述,答案是 **B**.

例 7 解析　结论 $x^2 + y^2 - ax - by + c = 0$ 等价于 $\left(x - \dfrac{a}{2}\right)^2 + \left(y - \dfrac{b}{2}\right)^2 = \dfrac{a^2 + b^2 - 4c}{4}$ 与

x 轴相切,则圆心到 x 轴的距离等于半径.

即 $\left|\dfrac{b}{2}\right| = \sqrt{\dfrac{a^2 + b^2 - 4c}{4}} \Leftrightarrow \dfrac{b^2}{4} = \dfrac{a^2 + b^2 - 4c}{4}$,即 $a^2 = 4c$.

对于条件 (1),已知 a 的值,根据 $a^2 = 4c$,则 c 的值能确定.

对于条件 (2),已知 b 的值,无法确定 c 的值.

条件 (1) 充分,条件 (2) 不充分.

综上所述,答案是 **A**.

例 8 解析　设 M 点坐标为 $(m, 0)$,则有 $\sqrt{(10 - m)^2 + (2 - 0)^2} =$

$\sqrt{(2 - m)^2 + (-4 - 0)^2} \Rightarrow (10 - m)^2 + 4 = (2 - m)^2 + 16 \Rightarrow m = \dfrac{21}{4}$.

综上所述,答案是 **A**.

例 9 解析　如图 2 - 5 - 12 所示,由直线 l 的斜率为 $\dfrac{1}{6}$,可设直线的方程为 $y = \dfrac{1}{6}x + b$. 直线

l 与 x 轴、y 轴的交点分别为 $(-6b, 0)$,$(0, b)$. 三角形面积 $\dfrac{1}{2}|b| \cdot |-6b| = 3 \Rightarrow b = \pm 1$. 故

直线方程为 $x - 6y + 6 = 0$ 或 $x - 6y - 6 = 0$.

综上所述,答案是 **D**.

例 10 解析　点 (x_0, y_0) 在圆 $x^2 + y^2 = 1$ 的内部,则 $x_0^2 + y_0^2 < 1$. 圆

心 $(0, 0)$ 到直线 l 的距离

$$d = \dfrac{|-1|}{\sqrt{x_0^2 + y_0^2}} > 1 = r.$$ 故直线 l 与圆不相交.

综上所述,答案是 **A**.

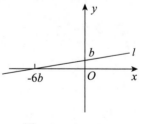

图　2 - 5 - 12

三、基 础 练 习

基础练习

1. 已知 $M(2,-3),N(-3,-2)$,直线 l 过点 $P(1,1)$,若 l 与线段 MN 有交点,则斜率 k 的取值范围是(　　).

A. $-4 \leqslant 3k \leqslant \dfrac{3}{4}$　　　　B. $k \geqslant \dfrac{3}{4}$ 或 $k \leqslant -4$　　　　C. $-\dfrac{1}{4} \leqslant k \leqslant 4$

D. $-2 \leqslant k \leqslant -\dfrac{1}{4}$　　　　E. $k \geqslant -\dfrac{1}{4}$ 或 $k \leqslant -2$

2. (条件充分性判断) $m < -4$.

(1) 直线 $l_1:(m+3)x+4y-5+3m=0$ 与直线 $l_2:2x+(m+5)y-8=0$ 垂直.

(2) 直线 $l_1:(m+3)x+4y-5+3m=0$ 与直线 $l_2:2x+(m+5)y-8=0$ 平行.

3. (条件充分性判断) 三角形 ABC 的外接圆的方程是 $x^2+y^2-4x-2y-20=0$.

(1) 点 $A(6,-2),B(-1,5)$.　　　　(2) 点 $C(5,5)$.

4. (条件充分性判断) 经过定点 $P(-3,0)$ 且斜率为 k 的直线和圆 $x^2+y^2-6x+5=0$ 相切.

(1) $k = \dfrac{\sqrt{2}}{4}$.　　　　(2) $k = -\dfrac{\sqrt{2}}{4}$.

5. (条件充分性判断) 点 $P(1,2)$ 在圆 $x^2+y^2-2x+y+k=0$ 的外部.

(1) $k > 5$.　　　　(2) $k > -5$.

6. 方程 $\log_2(x+2)=x^2$ 实数根的个数是(　　).

A. 0　　　　B. 1　　　　C. 2　　　　D. 3　　　　E. 4

7. 如果函数 $f(x)=x^2+bx+c$ 对于任意的实数 t 都有 $f(2+t)=f(2-t)$,则(　　).

A. $f(2) < f(1) < f(4)$　　　　B. $f(1) < f(2) < f(4)$　　　　C. $f(4) < f(2) < f(1)$

D. $f(2) < f(4) < f(1)$　　　　E. 不确定

8. (条件充分性判断) 已知二次函数 $f(x)=ax^2+bx+c$,则能确定 a,b,c 的值.

(1) 曲线 $y=f(x)$ 经过点 $(0,0)$ 和点 $(1,1)$.

(2) 曲线 $y=f(x)$ 与直线 $y=a+b$ 相切.

9. 函数 $f(x)=\dfrac{\lg(2x^2+5x-12)}{\sqrt{x^2-3}}$ 的定义域为(　　).

A. $(-\infty,4] \cup [5,+\infty)$　　　　B. $(-\infty,4)$　　　　C. $(-\infty,-4) \cup (\sqrt{3},+\infty)$

D. $(-\infty,-3) \cup (\sqrt{3},+\infty)$　　　　E. $(\sqrt{3},+\infty)$

10. 圆 $x^2+y^2-4x=0$ 在点 $P(1,\sqrt{3})$ 处的切线方程为(　　).

A. $x+\sqrt{3}y-2=0$　　　　B. $x+\sqrt{3}y-4=0$　　　　C. $x-\sqrt{3}y+4=0$

D. $x-\sqrt{3}y+2=0$　　　　E. $x-\sqrt{3}y-2=0$

11. 二次函数 $y = ax^2 + bx + c(a \neq 0)$ 的图像如图 2 - 5 - 13 所示,则下列判断:① $a > 0$,
    ② $c > 0$, ③ $b^2 - 4ac > 0$,④ $b < 0$, 其中正确的判断
    有(　　)个.
    A. 0　　　　　B. 1　　　　　C. 2
    D. 3　　　　　E. 4

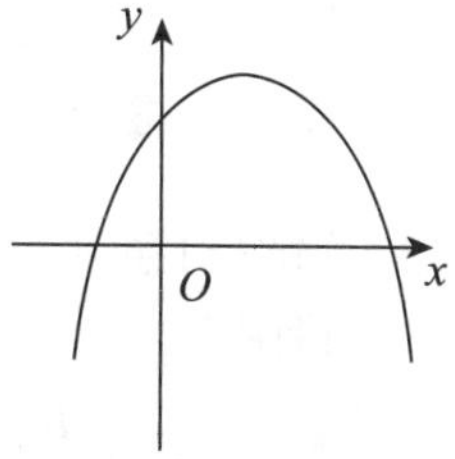

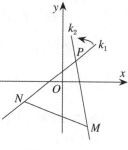

图　2 - 5 - 13

12. 无论 m 为何值,直线 $(m-1)x - y + 2m + 1 = 0$ 都通过定点(　　).
    A. $(3, -2)$　　B. $(-2, 3)$　　C. $(-2, -3)$
    D. $(-3, -2)$　　E. $(3, 2)$

13. 在平面直角坐标系中,以直线 $y = 2x + 4$ 为对称轴与原点对称的点的坐标是(　　).
    A. $\left(-\dfrac{16}{5}, \dfrac{8}{5}\right)$　　　　　　B. $\left(-\dfrac{8}{5}, \dfrac{4}{5}\right)$　　　　　　C. $\left(\dfrac{16}{5}, \dfrac{8}{5}\right)$
    D. $\left(\dfrac{8}{5}, \dfrac{4}{5}\right)$　　　　　　E. 以上结果均不正确

14. (条件充分性判断) $\log_{2a} \dfrac{1 + a^3}{1 + a} < 0$.
    (1) $\dfrac{1}{2} < a < 1$.　　　　　(2) $0 < a < \dfrac{1}{2}$.

15. 直线 $y = kx + 3$ 与圆 $(x - 2)^2 + (y - 3)^2 = 4$ 相交于 M, N 两点,若 $|MN| = 2\sqrt{3}$,则 k 的取值为(　　).
    A. $\dfrac{\sqrt{3}}{3}$　　　　B. $-\dfrac{\sqrt{3}}{3}$　　　　C. $\pm\dfrac{\sqrt{3}}{3}$
    D. $\sqrt{3}$　　　　E. $-\sqrt{3}$

基础练习题解

1 【解析】
如图2-5-14所示,当直线斜率在 $k_1 \sim k_2$ 之间变动时,均满足题
目要求,其中 $k_1 = k_{NP} = \dfrac{3}{4}$, $k_2 = k_{MP} = -4$,

图　2-5-14

直线在转动过程中过了90°,则所求斜率的取值范围为 $k \geqslant \dfrac{3}{4}$ 或 $k \leqslant -4$.

综上所述,答案是 B.

2 【解析】条件(1)和(2)分别都能推出结论. 推导:
(1)若斜率不存在,无解. 若斜率存在,直线 l_1 与直线 l_2 垂直 $\Leftrightarrow k_1 k_2 = -1$,
故　　　　　　$\left(-\dfrac{m + 3}{4}\right)\left(-\dfrac{2}{m + 5}\right) = -1 \Rightarrow m = -\dfrac{13}{3} \Rightarrow m < -4$.

(2)若斜率不存在,无解. 若斜率存在,直线 l_1 与直线 l_2 平行 $\Leftrightarrow \dfrac{A_1}{A_2} = \dfrac{B_1}{B_2} \neq \dfrac{C_1}{C_2}$,

故 $\dfrac{m+3}{2}=\dfrac{4}{m+5}\neq\dfrac{3m-5}{-8}\Rightarrow m=-7\,(m=-1\text{ 舍掉!})\Rightarrow m<-4.$

综上所述,答案是 **D**.

3 **【解析】**条件(1)和(2)单独不能推出结论,联合能推出结论.推导:

设圆为 $x^2+y^2+Dx+Ey+F=0$,

则 $\begin{cases}6D-2E+F+40=0\\-D+5E+F+26=0\\5D+5E+F+50=0\end{cases}\Rightarrow\begin{cases}D=-4\\E=-2\\F=-20\end{cases}\Rightarrow x^2+y^2-4x-2y-20=0.$

综上所述,答案是 **C**.

4 **【解析】**条件(1)和(2)单独都能推出结论.推导:

设直线为 $y=k(x+3)$,即 $kx-y+3k=0$,

圆的方程标准化 $(x-3)^2+y^2=4$,

结论等价于 $d=\dfrac{|3k-0+3k|}{\sqrt{k^2+1}}=2\Leftrightarrow k=\dfrac{\sqrt{2}}{4}$ 或 $k=-\dfrac{\sqrt{2}}{4}.$

判断:条件(1)是等价结论的子集,条件(2)也是等价结论的子集,故都能推出结论.

综上所述,答案是 **D**.

5 **【解析】**条件(1)和(2)单独不能推出结论,联合也推不出结论.推导:

点 P 在圆外部,则 $1^2+2^2-2+2+k>0\Leftrightarrow k>-5$,

同时要保证是一个圆,则 $D^2+E^2-4F>0\Leftrightarrow 4+1-4k>0\Leftrightarrow k<\dfrac{5}{4}$,

故结论等价于 $-5<k<\dfrac{5}{4}.$

条件(1)和(2)单独都不是结论的子集,联合也不是结论的子集.

综上所述,答案是 **E**.

6 **【解析】**数形结合法:

方程实数根个数等价于两函数 $y=\log_2(x+2)$ 与 $y=x^2$ 图像的交点个数,

根据图 2-5-15 可知交点有两个,

故方程 $\log_2(x+2)=x^2$ 实数根的个数是 2.

综上所述,答案是 **C**.

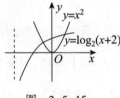

图 2-5-15

7 **【解析】**考点复习:一元二次函数对称轴的代数表示.

(1)已知 $y=ax^2+bx+c\,(a\neq 0)$,则对称轴的方程为 $x=-\dfrac{b}{2a}.$

(2)已知 $y=a(x-x_1)(x-x_2)\,(a\neq 0)$,则对称轴的方程为 $x=\dfrac{x_1+x_2}{2}.$

（3）已知 $f(m-x) = f(n+x)$，则对称轴的方程为 $x = \dfrac{m+n}{2}$.

应用：本题中 $f(2+t) = f(2-t) \Rightarrow$ 对称轴的方程为 $x = \dfrac{m+n}{2} = \dfrac{2+2}{2} = 2$.

开口向上，与对称轴越远的点的函数值越大 $\Rightarrow f(2) < f(1) < f(4)$.

综上所述，答案是 **A**.

8 【解析】由条件（1）可知 $f(0) = 0 \Rightarrow c = 0$，

$f(1) = 1 \Rightarrow a + b + c = 1$，

由此可得 $a + b = 1, c = 0$.

由条件（2）可知，$a + b = \dfrac{4ac - b^2}{4a}$.

条件（1）和（2）联合有 $\begin{cases} a + b = 1 \\ c = 0 \\ \dfrac{4ac - b^2}{4a} = a + b \end{cases} \Rightarrow \begin{cases} a = -1 \\ b = 2 \\ c = 0 \end{cases}$,

故能确定 a, b, c 的值.

综上所述，答案是 **C**.

9 【解析】由 $f(x)$ 的定义域可知 $\begin{cases} 2x^2 + 5x - 12 > 0 \\ x^2 - 3 > 0 \end{cases} \Rightarrow \begin{cases} x < -4 \text{ 或 } x > \dfrac{3}{2} \\ x < -\sqrt{3} \text{ 或 } x > \sqrt{3} \end{cases} \Rightarrow x < -4 \text{ 或 } x > \sqrt{3}$.

综上所述，答案是 **C**.

10 【解析】圆的标准方程为 $(x-2)^2 + y^2 = 4$，圆心为 $(2,0)$，半径为 2，点 P 代入圆的方程可得

点 P 在圆上，即该点也为切点，其和圆心构成直线的斜率为 $\dfrac{\sqrt{3} - 0}{1 - 2} = -\sqrt{3}$，则切线的斜率

为 $\dfrac{1}{\sqrt{3}}$，则根据点斜式可得切线方程为 $y - \sqrt{3} = \dfrac{1}{\sqrt{3}}(x - 1)$，整理得 $x - \sqrt{3}y + 2 = 0$.

综上所述，答案是 **D**.

11 【解析】一元二次函数开口向下，故 $a < 0$.

当 $x = 0$ 时，$y = c > 0$，故 $c > 0$.

一元二次函数与 x 轴有两个不同交点，

故 $\Delta = b^2 - 4ac > 0$.

一元二次函数对称轴 $-\dfrac{b}{2a} > 0$，又因为 $a < 0$，故 $b > 0$.

所以正确的判断有 2 个.

综上所述，答案是 **C**.

12　【解析】$(m-1)x-y+2m+1=0 \Rightarrow (x+2)m-(x+y-1)=0$,

因为方程与 m 大小无关,所以 $\begin{cases} x+2=0 \\ x+y-1=0 \end{cases} \Rightarrow \begin{cases} x=-2 \\ y=3 \end{cases}$,故直线过定点 $(-2,3)$.

综上所述,答案是 **B**.

13　【解析】设对称点为 (a,b),

则 $\begin{cases} \dfrac{b}{2}=2\times\dfrac{a}{2}+4 \\ \dfrac{b}{a}\times 2=-1 \end{cases} \Rightarrow \begin{cases} a=-\dfrac{16}{5} \\ b=\dfrac{8}{5} \end{cases}$. 故对称点的坐标是 $\left(-\dfrac{16}{5},\dfrac{8}{5}\right)$.

综上所述,答案是 **A**.

14　【解析】由 $\log_{2a}\dfrac{1+a^3}{1+a} < 0$ 可得 $\log_{2a}\dfrac{1+a^3}{1+a} < \log_{2a}1$,需分类讨论:

当 $0 < 2a < 1$ 时,即在 $0 < a < \dfrac{1}{2}$ 时,有 $\dfrac{1+a^3}{1+a} > 1 \Rightarrow a < -1$ 或 $-1 < a < 0$ 或 $a >$

1, 与 $0 < a < \dfrac{1}{2}$ 求交集可得为空集;

当 $2a > 1$ 时,即在 $a > \dfrac{1}{2}$ 时,有 $\dfrac{1+a^3}{1+a} < 1 \Rightarrow 0 < a < 1$,与 $a > \dfrac{1}{2}$ 求交集可得 $\dfrac{1}{2} <$

$a < 1$.

故 $\dfrac{1}{2} < a < 1$,可得条件(1)充分,条件(2)不充分.

综上所述,答案是 **A**.

15　【解析】根据题意可得,圆心坐标为 $(2,3)$,半径 $r=2$,则圆心到直线 $y=kx+3$ 距离为 d

$= \dfrac{|2k|}{\sqrt{k^2+1}}$,其中圆心到直线的距离 d、弦长 MN 的一半 $\sqrt{3}$、圆的半径 2 构成直角三角

形,则有 $d^2+(\sqrt{3})^2=2^2$,解得 $k=\pm\dfrac{\sqrt{3}}{3}$.

综上所述,答案是 **C**.

基础六

平面几何与立体几何的概念系统与方法系统

一、概念与方法指南

基础概念

$$平面几何 \begin{cases} 平行线 \\ 三角形 \\ 四边形 \\ 圆与扇形 \end{cases}$$

$$三角形 \begin{cases} 直角三角形 \\ 锐角三角形 \\ 钝角三角形 \end{cases}$$

$$四边形 \begin{cases} 平行四边形 \\ 长方形、正方形、菱形 \\ 梯形 \end{cases}$$

$$立体几何 \begin{cases} 长方体 \\ 圆柱体 \\ 球体 \end{cases}$$

一、角的相关概念

(1) 锐角:若 $0 < \angle A < 90°$,则称 $\angle A$ 为锐角.

直角:若 $\angle A = 90°$,则称 $\angle A$ 为直角.

钝角:若 $90° < \angle A < 180°$,则称 $\angle A$ 为钝角.

平角:若 $\angle A = 180°$,则称 $\angle A$ 为平角.

余角:若 $\angle A + \angle B = 90°$,则称 $\angle A$ 与 $\angle B$ 互为余角.

补角:若 $\angle A + \angle B = 180°$,则称 $\angle A$ 与 $\angle B$ 互为补角.

(2) 对顶角:$\angle 1$ 与 $\angle 3$,$\angle 4$ 与 $\angle 5$. 对顶角相等.

邻补角:$\angle 1$ 与 $\angle 2$,$\angle 2$ 与 $\angle 3$. 邻补角互补.

(3) 内错角:$\angle 3$ 与 $\angle 4$,两线平行 $\Leftrightarrow$ 内错角相等.

同位角:$\angle 1$ 与 $\angle 4$,$\angle 3$ 与 $\angle 5$. 两线平行 $\Leftrightarrow$ 同位角相等.

同旁内角:$\angle 2$ 与 $\angle 4$,两线平行 $\Leftrightarrow$ 同旁内角互补.

(4) 内角和:一个凸多边形所有内角之和.

三角形内角和为 $180°$.

四边形的内角和为 $360°$.

凸 n 边形内角和为 $180°(n-2)$.

三角形内角和证明思路图

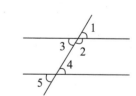

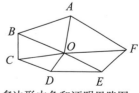

多边形内角和证明思路图

外角和:三角形、四边形、凸 n 边形的外角和都为 360°.

（5）圆周角:顶点在圆周上,角的两边是圆的两条弦,这样的角叫作圆周角.

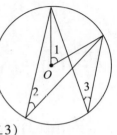

同弧或等弧所对的圆周角相等.（∠3 = ∠2）

圆心角:以圆心为顶点,两条半径为两边的角叫作圆心角.（∠1）

同弧或等弧所对的圆心角相等.

同弧或等弧所对的圆心角是所对圆周角的两倍.（∠1=2∠2=2∠3）

二、三角形的相关概念

（1）三角形三边关系

任意两边之和大于第三边,即 $a+b>c$ 且 $a+c>b$ 且 $b+c>a$.

任意两边之差小于第三边,即 $|a-b|<c$ 且 $|a-c|<b$ 且 $|b-c|<a$.

（2）三角形面积公式

$$S=\frac{1}{2}ah=\frac{1}{2}ab\sin C=\sqrt{p(p-a)(p-b)(p-c)}$$

（其中 h 为 a 边上对应的高,$\angle C$ 为 a,b 边所夹的角,$p=\frac{a+b+c}{2}$）

（3）三角形的"四心"

类型	定义	性质	图形
内心	三条内角平分线交点	①到各边距离相等 ②三角形内切圆的圆心	
外心	三边垂直平分线交点	①到三个顶点距离相等 ②三角形外接圆的圆心	
重心	三条中线交点	①重心分中线的比例是 2:1 ②重心等分三角形面积	
垂心	三条高线交点	三角形三条边与其上对应的高成反比	

（4）几种特殊的三角形

类型	性质
等腰三角形	①两腰相等 ②两底角相等 ③顶角的角平分线、中线、高线重合(三线合一)
等边三角形 (特殊的等腰三角形)	①三边相等 ②三个内角均为60° ③设边长为 a，则面积 $S=\dfrac{\sqrt{3}}{4}a^2$
直角三角形	①勾股定理:两直角边的平方和等于斜边的平方 ②30°角所对的直角边等于斜边的一半 ③斜边上的中线等于斜边的一半

（5）三角形的全等及相似

类型	判定定理	性质定理
全等三角形	①两边及其夹角对应相等(SAS) ②两角及其夹边对应相等(ASA) ③两角及其中一角对边对应相等(AAS) ④三边对应相等(SSS) ⑤直角三角形一直角边一斜边对应相等(HL)	一切对应量(角、线、边)全相等
相似三角形	①两角对应相等(AA) ②三边对应成比例(S'S'S') ③有两边对应成比例且这两边所形成的夹角相等(S'AS')	(相似比) ^{2} =(对应边之比) ^{2} =面积之比

三、四边形的相关概念

（1）两组对边分别平行的四边形叫作平行四边形.

（2）邻边垂直的平行四边形叫作长方形,长方形也叫矩形.

（3）邻边相等的平行四边形叫作菱形,菱形的对角线互相垂直平分.

（4）邻边垂直且相等的平行四边形叫作正方形.正方形也可看作是长宽相等的长方形.

（5）一组对边平行,另一组对边不平行的四边形叫作梯形.两条腰长相等的梯形叫作等腰梯形.一条腰垂直于底的梯形叫作直角梯形.

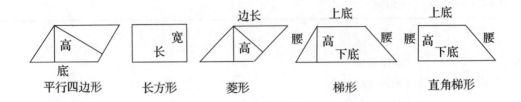

平行四边形　　长方形　　菱形　　梯形　　直角梯形

四、圆与扇形的相关概念

（1）半径：圆心和圆周上的点连成的线段叫作半径.

（2）弦：圆周上的两点连接成的线段叫作弦.

（3）直径：通过圆心的弦叫作直径. 直径是圆中最长的弦.

（4）弧：圆周的一部分叫作圆弧，或简称为弧.

（5）弦心距：圆心到弦的距离叫作弦心距.

（6）圆心距：两个圆的圆心之间的距离叫作圆心距.

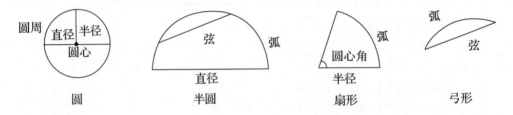

圆　　半圆　　扇形　　弓形

（7）常用公式

	圆	扇形		注释
面积	$S_{圆}=\pi r^2$	①$S_{扇}=\dfrac{n}{360°}\cdot S_{圆}=\dfrac{n}{360°}\cdot \pi r^2$	②$S_{扇}=\dfrac{1}{2}lr$	r 为圆或扇形的半径，d 为圆的直径，l 为扇形的弧长，n 为扇形的弧的度数.
周长（弧长）	$C=2\pi r=\pi d$	$l=\dfrac{n}{360°}\cdot C=\dfrac{n}{360°}\cdot 2\pi r=\dfrac{n\pi r}{180°}$		

五、空间几何体的相关概念

通过下图感知三种几何体，了解相应的名称所指.

长方体　　圆柱体　　球体

常考立体几何图形基本公式:

考点	表面积公式	体积公式	注释
长方体 (正方体)	$S=2(ab+bc+ca)$ $S=6a^2$	$V=abc$ $V=a^3$	长 a 宽 b 高 c
圆柱体	$S=2\pi rh+2\pi r^2$	$V=\pi r^2 h$	底面半径 r 高 h
球体	$S=4\pi R^2$	$V=\dfrac{4}{3}\pi R^3$	半径 R

基础方法

在平面几何、立体几何模块中,考生要掌握如下的方法:

一、等面积法

方法一:三角形对应边与高之积相等.

等面积法(通用):$ah_a=bh_b=ch_c$ 或 $h_a:h_b:h_c=\dfrac{1}{a}:\dfrac{1}{b}:\dfrac{1}{c}$.

方法二:同底等高,面积相等.

例如,如图 2-6-1 所示,$AC \parallel MN$,则 $S_{\triangle AMN}=S_{\triangle BMN}=S_{\triangle CMN}$.

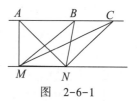

图 2-6-1

二、根据三角形的三边长度判断三角形形状的方法

方法一:根据勾股定理判断三角形的形状.

(1)若最大边为 c,则必有结论:$a^2+b^2>c^2 \Leftrightarrow$ 锐角三角形.

(2)若最大边为 c,则必有结论:$a^2+b^2=c^2 \Leftrightarrow$ 直角三角形.

(3)若最大边为 c,则必有结论:$a^2+b^2<c^2 \Leftrightarrow$ 钝角三角形.

方法二:根据特殊直角三角形边长关系精确判断每个角的度数.

(1)角度 $30°,60°,90° \Leftrightarrow$ 边长比为 $1:\sqrt{3}:2$.

(2)角度 $45°,45°,90° \Leftrightarrow$ 边长比为 $1:1:\sqrt{2}$.

三、求面积的方法

方法一:割补法.

割补法是通过将不规则图形在不改变面积的情况下进行修补,将不规则图形变成规则图形,以便于求出其面积的方法.

方法二:三角形、四边形面积的补充公式法.

(1)三角形面积备用公式

$$S=\frac{1}{2}a\cdot h_a=\frac{1}{2}b\cdot h_b=\frac{1}{2}c\cdot h_c=\frac{1}{2}ab\sin C=\sqrt{p(p-a)(p-b)(p-c)}=pr.$$

其中 $p=\dfrac{a+b+c}{2}$,r 为三角形内切圆的半径.

（2）四边形面积备用公式 $S = \dfrac{1}{2}mn.$（其中对角线 m,n 互相垂直）

四、相似中的比例法

两个几何对象相似（平面图形或者立体图形），那么这两个对象的对应度量之比都可以根据相似比求得.设相似比为 k，则

（1）角度之比 $= k^0 = 1.$　　　　（2）长度之比 $= k^1 = k.$

（3）面积之比 $= k^2.$　　　　　（4）体积之比 $= k^3.$

例如，球的体积扩大为原来的 8 倍，则 $k^3 = 8 \Rightarrow k = 2 \Rightarrow k^2 = 4$，那么可推出球的表面积扩大为原来的 4 倍.

五、求最短距离的方法

方法一：直线上的点与直线外一点构成的所有线段中，垂线段最短.

例如，一块临河三角形的地如图 2-6-2 所示，其中 BC 表示河流，$\triangle ABC$ 的三边之长分别为 6，8，10（单位：km），那么要修建管道将水从河里引入 A 地，最少需要多长的管道？

分析：作 $AD \perp BC$，垂足为 D，则 AD 为所求.

根据等面积法可知：

$AD = 4.8\text{km}.$

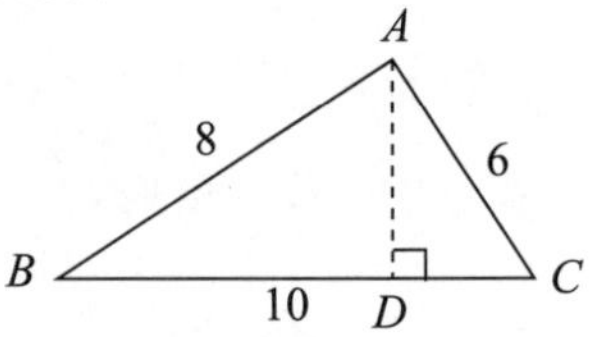

图 2-6-2

方法二：两点之间，线段最短（往往需要作对称点）.

例如，一块临河直角梯形的区域如图 2-6-3a 所示，其中 CD 表示河流，河流可以近似看作是一条直线，$AC = 14$，$BD = 4$，$AB = 26$，现在当地政府欲在河段上选址建设一个自来水厂，同时架设水管向 A,B 两地供水，那么总水管长度最少为多少？（单位：km）

方案一：如图 2-6-3b 所示，作 B 关于 CD 的对称点 F，连接 DF.过点 F 作 FE 垂直于 AC 的延长线，垂足为 E. 作 $BH \perp AC$，垂足为 H. 连接 AF 交 CD 于 P. 则 AF 为所求. $BH = 24$，$AE = 18$，$EF = 24 \Rightarrow AF = 30.$

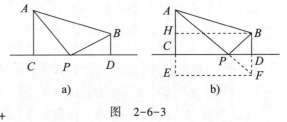

图 2-6-3

方案二：选址在 D 处，则总水管长度 $AB + BD = 26 + 4 = 30(\text{km})$.两方案总长相同.

方法三：长方体、圆柱体表面，两点之间的最短距离应在展开面上用方法二.

例如，如图 2-6-4a 所示，圆柱体的高为 6，地面圆周长为 32，CD 和 EF 是相互垂直的两条直径，一只蚂蚁想沿着圆柱体的表面从 A 点爬到 E 点，那么蚂蚁爬行的最短距离为多少？

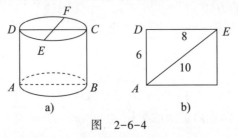

图 2-6-4

分析:将圆柱体的侧面展开,如图 2-6-4b 所示,则 AE 为所求.

根据已知可得 $AD = 6, DE = 8$,

根据勾股定理可知 $AE = 10$.

方法四:球体表面,两点之间的最短距离应在大圆上考虑.

例如,地球可以近似看作一个球体,两个城市之间的最短航线是球心、两个城市所在圆上的一段弧长(飞机的垂直高度这里忽略不计,实际情况可以考虑进去).

六、球与内接长方体的传导方法

长方体的八个顶点都在球面上,其中长方体的体对角线恰好通过球心,所以长方体的体对角线长等于球的直径,即 $\sqrt{a^2 + b^2 + c^2} = 2R$,其中,$a, b, c$ 是长方体的长、宽、高,R 是球的半径.

例如,某加工厂的师傅要用车床将一个球形铁块磨成一个正方体,若球的体积为 V,那么这个加工出来的正方体的体积最大为多少?

分析:当正方体内接于球时,正方体的体积最大.

$$\sqrt{3}a = 2R \Rightarrow a = \frac{2R}{\sqrt{3}} \Rightarrow a^3 = \frac{8\sqrt{3}R^3}{9},$$

因为

$$V = \frac{4\pi R^3}{3} \Rightarrow R^3 = \frac{3V}{4\pi},$$

所以

$$a^3 = \frac{2\sqrt{3}V}{3\pi}.$$

七、立体几何常见公式与关系

长方体、圆柱体和球体的关系见表 2-6-1.

表 2-6-1

体对角线是解决"接与切"问题的关键				
考点	体对角线长	外接球	内切球	注释
长方体	$\sqrt{a^2+b^2+c^2}$	$2R = \sqrt{a^2+b^2+c^2}$	当且仅当 $a=b=c$ 时存在,$2R=a=b=c$	长 a 宽 b 高 c
圆柱体	$\sqrt{(2r)^2+h^2}$	$2R = \sqrt{(2r)^2+h^2}$	当且仅当 $2r=h$ 时存在,$2R=2r=h$	底面半径 r 高 h

二、例 题 精 解

经典例题

例 1　(条件充分性判断)若三角形的周长为 m,则 $14 < m < 20$.

（1）三角形的一边长为 3.　　　　（2）三角形的一边长为 7.

例 2　（条件充分性判断）如图 2-6-5 所示，在梯形 $ABCD$ 中，$AB//CD$，对角线交于点 O，已知 $\triangle ABO$ 的面积为 4，则 $\triangle CBO$ 的面积为 8.

（1）$AO : OC = 1 : 2$　　　　（2）$AB : CD = 1 : 2$.

例 3　（条件充分性判断）$S_3 = 81$.

（1）如图 2-6-6 所示，$S_1 = 16$，$S_2 = 25$.

（2）如图 2-6-6 所示，S_1，S_2，S_3 分别是三个正方形的面积.

例 4　如图 2-6-7 所示，$\triangle ABC$ 是边长为 1 的等边三角形，其中弧 CD、弧 DE、弧 EF 的圆心依次为 A、B、C，则曲线 $CDEF$ 的长度为（　　）.

A. 4π　　　　B. $\dfrac{13}{3}\pi$　　　　C. 5π　　　　D. $\dfrac{14}{3}\pi$　　　　E. $\dfrac{16}{3}\pi$

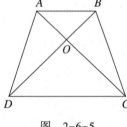

图 2-6-5

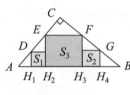

图 2-6-6

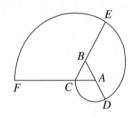

图 2-6-7

例 5　如图 2-6-8 所示，已知矩形 $ABCD$ 的边长 $AD = 10$，$AB = 8$，四边形 $EFGO$ 的面积为 9，直线 AF，DF 相交于 F 点，矩形对角线相交于 O 点，则阴影部分面积为（　　）.

A. 25　　　　B. 28　　　　C. 29　　　　D. 35　　　　E. 39

例 6　如图 2-6-9 所示，正方形 $ABCD$ 的边长为 10，DC 的延长线交 AE 于 E 点，且知 $S_{\triangle ABF} - S_{\triangle CEF} = 10$，则 $CE = $（　　）.

A. 6　　　　B. 7　　　　C. 8　　　　D. 9　　　　E. 10

例 7　如图 2-6-10 所示，正方形 $ABCD$ 的面积为 256，点 F 在 AD 上，点 E 在 AB 的延长线上，$Rt\triangle ECF$ 的面积为 200，则 BE 的长为（　　）.

A. 10　　　　B. 11　　　　C. 12　　　　D. 15　　　　E. 16

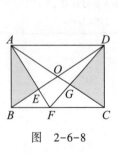

图 2-6-8

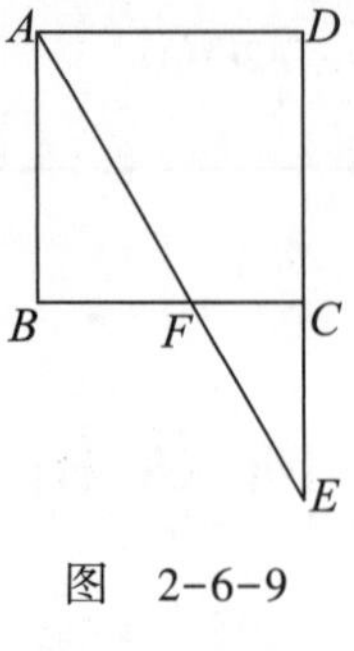

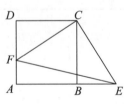

图 2-6-9

图 2-6-10

例 8　如图 2-6-11 所示，在 $\triangle ABC$ 中，$BD = \dfrac{3}{4}AB$，$BE = \dfrac{1}{3}BC$，$CF = \dfrac{1}{2}CD$，则

$\dfrac{S_{\triangle CFE}}{S_{\triangle ABC}} = ($).

A. $\dfrac{1}{4}$　　　B. $\dfrac{1}{5}$　　　C. $\dfrac{2}{7}$

D. $\dfrac{4}{15}$　　　E. $\dfrac{3}{16}$

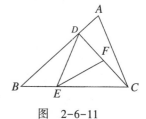

例 9 长方体的三条棱长分别为 $2,4\sqrt{2},8$,那么该长方体的外接球的表面积是( ).

A. $\dfrac{500}{3}$　　　B. $\dfrac{500}{3}\pi$　　　C. 25π

D. 100　　　E. 100π

图 2-6-11

例 10 如图 2-6-12 所示,已知正方体边长为 $2,E,F$ 分别为 AA_1, C_1D_1 的中点. 将此立体图形按某一边展开成平面图形,则 EF 在平面图形中的最短距离是( ).

A. $\sqrt{10}$　　　B. $2\sqrt{2}$　　　C. 3　　　D. 4　　　E. $2\sqrt{5}$

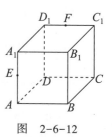

图 2-6-12

经典例题题解

例 1 解析 条件(1)和(2)分别不能推出结论,联合能推出结论. 推导:设第三边为 x, 则

$$7 - 3 < x < 3 + 7 \Rightarrow 4 < x < 10 \Rightarrow 14 < x + 10 < 20 \Rightarrow 14 < m < 20.$$

综上所述,答案是 **C**.

例 2 解析 本题考点:两三角形高相等,其面积比等于底之比.

条件(1) $\triangle ABO$ 与 $\triangle CBO$ 是高等底不等的两个三角形, $S_{\triangle ABO} : S_{\triangle CBO} = AO : CO = 1 : 2$, 又 $S_{\triangle ABO} = 4$, 则 $S_{\triangle CBO} = 8$, 充分;

条件(2)由 $\triangle ABO \sim \triangle CDO$ 可得 $AB : CD = AO : OC = 1 : 2$, 与条件(1)等价,也充分.

综上所述,答案是 **D**.

例 3 解析 条件(1)和(2)分别不能推出结论,联合可以推出结论. 推导:

三个正方形边长分别为 $\begin{cases} a = \sqrt{S_1} = 4 \\ b = \sqrt{S_2} = 5 \\ c = \sqrt{S_3} \end{cases}$

图 2-6-13 中两个阴影三角形相似

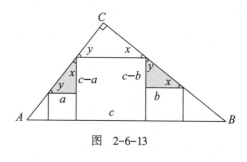

图 2-6-13

$$\Rightarrow \dfrac{c - a}{a} = \dfrac{b}{c - b}$$

$$\Rightarrow ab = c^2 - (a + b)c + ab$$

$$\Rightarrow a + b = c \Rightarrow c = 9$$

$$\Rightarrow S_3 = 81$$

综上所述,答案是 **C**.

例 4 解析 弧 $CD = \frac{1}{3} \times 2\pi \times 1 = \frac{2}{3}\pi$,弧 $DE = \frac{1}{3} \times 2\pi \times 2 = \frac{4}{3}\pi$,弧 $EF = \frac{1}{3} \times 2\pi \times 3 =$

2π ,则曲线 $CDEF$ 的长度为 $\frac{2}{3}\pi + \frac{4}{3}\pi + 2\pi = 4\pi$.

综上所述,答案是 **A**.

例 5 解析 根据共底等高的三角形面积之比等于底边边长之比,有 $S_{\triangle ABF} = S_{\triangle DBF} \Rightarrow S_{\triangle ABE} =$

$S_{\triangle DEF}$. 则阴影部分面积 $S_{\triangle ABE} + S_{\triangle DGC} = S_{\triangle DEF} + S_{\triangle DGC} = S_{\triangle DOC} + S_{EFGO} = \frac{10 \times 8}{4} + 9 = 29$.

综上所述,答案是 **C**.

例 6 解析 设 $S_{\triangle CEF} = t$,则 $S_{\triangle ABF} = 10 + t$,又因为 $S_{正方形ABCD} = 100$,则 $S_{梯形AFCD} = 90 - t$. $S_{\triangle AED}$

$= (90 - t) + t = 90, AD = 10, Rt\triangle AED$ 的面积为 $10 \cdot DE \cdot \frac{1}{2} = 90$,则 $DE = 18 \Rightarrow CE = DE$

$- DC = 18 - 10 = 8$.

综上所述,答案是 **C**.

例 7 解析 $\angle DCF + \angle FCB = \angle ECB + \angle FCB \Rightarrow \angle DCF = \angle ECB$,因为 $CD = CB, \angle CDF =$

$\angle CBE = 90°$,则 $Rt\triangle CDF \cong Rt\triangle CBE \Rightarrow CF = CE$,又因为 $S_{Rt\triangle CEF} = 200 \Rightarrow CE = 20$.

$S_{正方形ABCD} = 256 \Rightarrow CB = 16$,在 $Rt\triangle ECB$ 中,由勾股定理得 $BE = 12$.

综上所述,答案是 **C**.

例 8 解析 已知 $BD = \frac{3}{4}AB$, $BE = \frac{1}{3}BC$, $CF = \frac{1}{2}CD$,则有

$BD : AD = 3 : 1 \Rightarrow S_{\triangle BCD} : S_{\triangle ACD} = 3 : 1 \Rightarrow S_{\triangle BCD} = \frac{3}{4}S_{\triangle ABC}$;

$BE : EC = 1 : 2 \Rightarrow S_{\triangle BED} : S_{\triangle ECD} = 1 : 2 \Rightarrow S_{\triangle ECD} = \frac{2}{3}S_{\triangle BCD}$;

$CF : CD = 1 : 2 \Rightarrow S_{\triangle CFE} : S_{\triangle ECD} = 1 : 2 \Rightarrow S_{\triangle CFE} = \frac{1}{2}S_{\triangle ECD} = \frac{1}{2} \times \frac{2}{3}S_{\triangle BCD} = \frac{1}{2} \times \frac{2}{3} \times \frac{3}{4}$

$S_{\triangle ABC} = \frac{1}{4}S_{\triangle ABC}$.

综上所述,答案是 **A**.

例 9 解析 设外接球的半径为 R .

则 $\qquad\qquad 2R = \sqrt{a^2 + b^2 + c^2} = 10 \Rightarrow R = 5,$

球的表面积为 $\qquad\qquad S = 4\pi R^2 = 100\pi.$

综上所述,答案是 **E**.

例 10 解析　如图 2-6-14 所示,以 A_1D_1 边展开,EF 在平面图形中的距离最短.作 $EE_1 \perp DD_1$,垂足为 E_1.

此时 $EF = \sqrt{(EE_1)^2 + (FE_1)^2} = \sqrt{2^2 + 2^2} = 2\sqrt{2}$.

综上所述,答案是 **B**.

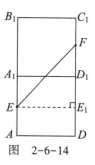

图 2-6-14

三、基 础 练 习

1. (条件充分性判断)如图 2-6-15 所示,若 AD 是三角形 $\triangle ABC$ 的中线,则 $2 < AD < 4$.

　(1) $AB = 5$.　　　　　　　　　(2) $AC = 9$.

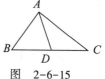

图　2-6-15

2. (条件充分性判断) $\triangle ABC$ 的面积是 84.

　(1)三角形 ABC 的三边长为 $7,24,25$.

　(2)三角形 ABC 的三边长为 $5,12,13$.

3. 如图 2-6-16 所示,在 Rt$\triangle ABC$ 中,$AC = 10$,$BC = 8$,且 D,E,F 分别为 AC,AB,BD 的中点,则 $\triangle DEF$ 的面积是(　　).

　A. 4　　　　B. 5　　　　C. 6　　　　D. 8　　　　E. 10

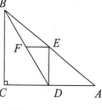

图　2-6-16

4. (条件充分性判断)矩形 $EFGH$ 的面积为 72.

　(1)如图 2-6-17 所示,$BC = 30$,高线 $AD = 10$.

　(2)如图 2-6-17 所示,$EFGH$ 是内接矩形,$HG = 2HE$.

5. P 是以 a 为边长的正方形,P_1 是以 P 的四边中点为顶点的正方形,P_2 是以 P_1 的四边中点为顶点的正方形,$\cdots$,P_i 是以 P_{i-1} 的四边中点为顶点的正方形,则 P_4 的面积为(　　).

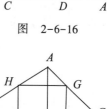

图　2-6-17

　A. $\dfrac{a^2}{16}$　　　　B. $\dfrac{a^2}{32}$　　　　C. $\dfrac{a^2}{40}$

　D. $\dfrac{a^2}{48}$　　　　E. $\dfrac{a^2}{64}$

6. 如图 2-6-18 所示,在四边形 $ABCD$ 中,$AM = MN = ND$,$BE = EF = FC$,四边形 $ABEM,MEFN,NFCD$ 的面积分别记为 S_1,S_2,S_3,则 $\dfrac{S_2}{S_1 + S_3} = ($　　$)$.

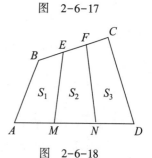

图　2-6-18

　A. $\dfrac{5}{9}$　　　　B. $\dfrac{4}{9}$　　　　C. $\dfrac{1}{2}$　　　　D. $\dfrac{1}{3}$　　　　E. $\dfrac{2}{5}$

7. 如图 2-6-19 所示,设半球内接正方体的体积为 8,则球的体积为(　　　).

   A. $6\sqrt{6}\pi$　　　B. 12π　　　C. $8\sqrt{6}\pi$　　　D. 24π　　　E. $4\sqrt{6}\pi$

8. 如图 2-6-20 所示,AB 是圆 O 的直径,CD 是弦,$AE \perp EF$,$BF \perp EF$,若 $AB = 10$,$CD = 8$,则 A,B 两点到直线 CD 的距离之和为(　　　).

   A. 12　　　B. 10　　　C. 8　　　D. 6　　　E. 4

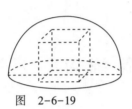　　　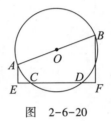

图 2-6-19　　　　　　　图 2-6-20

9. 如图 2-6-21 所示,在 Rt$\triangle AOB$ 中,$\angle AOB = 90°$,$AO = \sqrt{2}$,$BO = 1$,若以 O 为圆心,OB 的长为半径的圆交 AB 于 C,则 $AC = ($　　　$)$.

   A. $\sqrt{3}$　　　B. $\dfrac{\sqrt{3}}{3}$　　　C. $\dfrac{\sqrt{2}}{2}$　　　D. $\sqrt{2}$　　　E. $\dfrac{\sqrt{6}}{2}$

10. 如图 2-6-22 所示,已知 M 是平行四边形 $ABCD$ 的 AB 边的中点,CM 交 BD 于点 E,则图中阴影部分面积与四边形 $ABCD$ 面积之比为(　　　).

   A. $\dfrac{1}{3}$　　　B. $\dfrac{1}{4}$　　　C. $\dfrac{2}{5}$　　　D. $\dfrac{5}{12}$　　　E. $\dfrac{12}{13}$

11. 如图 2-6-23 所示,已知正方形 $ABCD$ 的边长为 4cm,则阴影部分的面积为(　　　)cm^2.

   A. 4　　　B. 6　　　C. 7　　　D. 8　　　E. 10

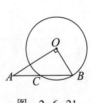　　　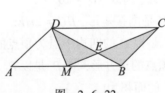　　　

图 2-6-21　　　　　图 2-6-22　　　　　图 2-6-23

12. 长、宽、高分别为 1,2,3 的长方体,其外接球的体积为(　　　).

   A. $\dfrac{7\sqrt{14}}{3}\pi$　　B. 56π　　　C. $\sqrt{14}\pi$　　　D. $\dfrac{2\sqrt{14}}{5}\pi$　　　E. 40π

13. (条件充分性判断)长方体的全面积是 88.

   (1)长方体的共点三棱长之比为 1:2:3.

   (2)长方体的体积是 48.

14. 两个球形容器,大球中溶液是盛满的,将大球中溶液的 $\dfrac{2}{5}$ 倒入空的小球中,恰好可装满小球,则大球与小球半径之比为(　　　).

   A. $5:3$　　　　　　　B. $8:3$　　　　　　　C. $\sqrt[3]{5}:\sqrt[3]{2}$

   D. $\sqrt[3]{20}:\sqrt[3]{5}$　　　　　E. 以上结果均不确

15. 一个圆柱的高与一正方体的高相等,且它们侧面积也相等,则圆柱体体积与正方体体积的比值是(　　).

   A. $\dfrac{\pi}{4}$　　　B. $\dfrac{4}{\pi}$　　　C. $\dfrac{2\pi}{3}$　　　D. $\dfrac{3\pi}{2}$　　　E. $\dfrac{4}{3}$

基础练习题解

1 【解析】条件(1)和(2)分别不能推出结论,联合也不能推出结论. 推导:
延长 AD 一倍到 E,连接 CE,如图 $2-6-24$ 所示,
则 $EC=AB=5\Rightarrow9-5<2AD<5+9\Rightarrow2<AD<7$.
$2<AD<7$ 不是结论的子集.
综上所述,答案是 **E**.

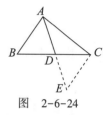

图　$2-6-24$

2 【解析】条件(1)能推出结论,条件(2)不能推出结论. 推导:

在条件(1)中,$7^2+24^2=25^2\Rightarrow$ 三角形 ABC 是直角三角形 $\Rightarrow$ 面积是 $S=\dfrac{7\times24}{2}=84$.

在条件(2)中,$5^2+12^2=13^2\Rightarrow$ 三角形 ABC 是直角三角形 $\Rightarrow$ 面积是 $S=\dfrac{5\times12}{2}=30$.

综上所述,答案是 **A**.

3 【解析】由题意知 $DE/\!/BC,EF/\!/AC,DE=\dfrac{1}{2}BC,EF=\dfrac{1}{2}AD$,又 $BC\perp AC$,

故 $EF=\dfrac{1}{2}AD=\dfrac{1}{2}\times10=\dfrac{5}{2},DE=\dfrac{1}{2}BC=\dfrac{1}{2}\times8=4,EF\perp DE$,所以 $S_{\triangle DEF}=\dfrac{1}{2}\times4\times\dfrac{5}{2}=5$.

综上所述,答案是 **B**.

4 【解析】条件(1)和(2)分别不能推出结论,联合可以推出结论. 推导:
设 $HE=x,HG=2x$.

$$\triangle BHE\backsim\triangle BAD\Rightarrow\frac{BH}{BA}=\frac{HE}{AD}=\frac{x}{10}$$

$$\triangle AHG\backsim\triangle ABC\Rightarrow\frac{AH}{AB}=\frac{HG}{BC}=\frac{2x}{30}$$

$$\frac{BH}{BA}+\frac{AH}{AB}=\frac{x}{10}+\frac{2x}{30}=1\Rightarrow x=6\Rightarrow 矩形\ EFGH\ 的面积为\ 2x^2=72$$

综上所述,答案是 **C**.

5 【解析】如图 $2-6-25$ 所示,每次取正方形的中点,边长都会变为原来的 $\dfrac{\sqrt{2}}{2}$,故面积都会

变为上次面积的 $\dfrac{1}{2}$,

所以 $P_4 = \left(\dfrac{1}{2}\right)^4 \times a^2 = \dfrac{a^2}{16}$.

综上所述,答案是 **A**.

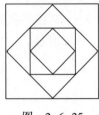

图 2-6-25

6 【解析】方法一:连接 AE,EN,NC,设 $\triangle AEM$,$\triangle CFN$ 的面积分别是 x,y(见图 2-6-26a).

根据"面积比定理的表现形式三"可得

$$S_{\triangle AEM} + S_{\triangle CFN} = x + y = \dfrac{1}{2}S_{\text{四边形}AECN},$$

连接 AE,AC,NC,设 $\triangle ABE$,$\triangle CDN$ 的面积分别是 a,b(见图 2-6-26b).

$$S_{\triangle ABE} + S_{\triangle CDN} = a + b = \dfrac{1}{2}S_{\text{四边形}AECN},$$

从而 $$x + y = a + b,$$

$$\begin{cases} S_1 = a + x \\ S_3 = b + y \end{cases} \Rightarrow S_1 + S_3 = (a+b) + (x+y) = 2(x+y) = 2S_2,$$

故 $$\dfrac{S_2}{S_1 + S_3} = \dfrac{1}{2}.$$

方法二:令 $ABCD$ 为长方形,如图 2-6-26c 所示

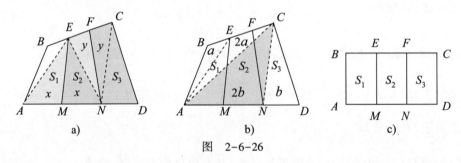

图 2-6-26

故 $\dfrac{S_2}{S_1 + S_3} = \dfrac{1}{2}$.

综上所述,答案是 **C**.

7 【解析】设球的半径为 R(提示:把握技巧解法),考虑将两个这样的图形拼成一个球,则球的内接长方体的棱长为 $2,2,4$.

故 $$2R = \sqrt{2^2 + 2^2 + 4^2} \Rightarrow R = \sqrt{6},$$

从而 $$V = \dfrac{4}{3}\pi R^3 = \dfrac{4}{3}\pi(\sqrt{6})^3 = 8\sqrt{6}\pi.$$

综上所述,答案是 **C**.

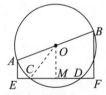

8 【解析】如图 2-6-27 所示,作 $OM \perp EF$,垂足为 M,连接 OC. 由垂径定

图 2-6-27

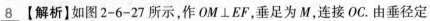

理知 $OM \perp CD$, $CM = DM$.

故 $OM = \sqrt{OC^2 - CM^2} = \sqrt{5^2 - 4^2} = 3$.

由中线性质可知 $OM = \dfrac{1}{2}(AE + BF)$, 所以 $AE + BF = 2OM = 6$.

综上所述, 答案是 **D**.

9 【解析】如图 2-6-28 所示, 作 $OM \perp AB$, 交 AB 于点 M. 由垂径定理知 $CM = BM$.

$AB = \sqrt{AO^2 + BO^2} = \sqrt{3}$,

由射影定理知 $OB^2 = MB \cdot AB \Rightarrow MB = \dfrac{1}{\sqrt{3}} = \dfrac{\sqrt{3}}{3}$, 所以 $AC = \dfrac{\sqrt{3}}{3}$.

综上所述, 答案是 **B**.

图 2-6-28

10 【解析】$\triangle DEC \backsim \triangle BEM$, 则 $\dfrac{DE}{EB} = \dfrac{CD}{MB} = \dfrac{2}{1}$, $\dfrac{S_{\triangle DEC}}{S_{\triangle BCE}} = \dfrac{DE}{BE} = \dfrac{2}{1}$, 故 $\dfrac{S_{\triangle BCE}}{S_{\triangle BCD}} = \dfrac{1}{3}$, $\dfrac{S_{\triangle BCE}}{S_{\square ABCD}} = \dfrac{1}{6}$,

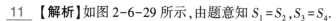

$S_{\triangle DBM} = S_{\triangle CMB} \Rightarrow S_{\triangle DEM} = S_{\triangle BCE}$,

$\dfrac{S_{阴影}}{S_{\square ABCD}} = \dfrac{S_{\triangle DEM} + S_{\triangle BCE}}{S_{\square ABCD}} = \dfrac{1}{6} + \dfrac{1}{6} = \dfrac{1}{3}$.

综上所述, 答案是 **A**.

11 【解析】如图 2-6-29 所示, 由题意知 $S_1 = S_2$, $S_3 = S_4$.

故 $S_{阴影} = S_{\triangle ABC} = \dfrac{4 \times 4}{2} = 8(\text{cm}^2)$.

综上所述, 答案是 **D**.

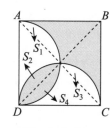

图 2-6-29

12 【解析】长方体外接球的直径为长方体的体对角线, 即为 $2R = \sqrt{1^2 + 2^2 + 3^2} = \sqrt{14} \Rightarrow R$

$= \dfrac{\sqrt{14}}{2}$, 则该球的体积为 $\dfrac{4}{3}\pi R^3 = \dfrac{4}{3}\pi \times \left(\dfrac{\sqrt{14}}{2}\right)^3 = \dfrac{7}{3}\sqrt{14}\pi$.

综上所述, 答案是 **A**.

13 【解析】设长方体的三条棱长分别为 x, y, z.

条件(1): $x : y : z = 1 : 2 : 3$, 显然不充分.

条件(2): $xyz = 48$, 显然也不充分.

联合条件(1)和(2): $\begin{cases} x = t, y = 2t, z = 3t \\ xyz = 48 \end{cases} \Rightarrow \begin{cases} x = 2 \\ y = 4 \\ z = 6 \end{cases}$,

所以全面积为 $2 \times (2 \times 4 + 2 \times 6 + 4 \times 6) = 88$. 条件(1)和(2)联合充分.

综上所述, 答案是 **C**.

14 　【解析】设大、小球半径分别为 R,r,则 $\dfrac{2}{5}\times\dfrac{4}{3}\pi R^3=\dfrac{4}{3}\pi r^3\Rightarrow\dfrac{R^3}{r^3}=\dfrac{5}{2}\Rightarrow\dfrac{R}{r}=\dfrac{\sqrt[3]{5}}{\sqrt[3]{2}}$.

　　综上所述,答案是 **C**.

15 　【解析】设正方体的边长为 $a=1$,圆柱体的底面半径为 r,则圆柱体的高 $h=1$.

　　故 $2\pi r\cdot h=4a^2\Rightarrow 2\pi r=4\Rightarrow r=\dfrac{2}{\pi}$. 所以 $\dfrac{V_{圆柱体}}{V_{正方体}}=\dfrac{\pi r^2 h}{a^3}=\dfrac{\pi\times\dfrac{4}{\pi^2}\times 1}{1^3}=\dfrac{4}{\pi}$.

　　综上所述,答案是 **B**.

数列的概念系统与方法系统

一、概念与方法指南

基础概念

$$数列\begin{cases}一般数列\\等差数列\\等比数列\end{cases} \qquad 数列变量\begin{cases}项数\\项\end{cases} \qquad 数列关系\begin{cases}通项公式\\求和公式\\递推公式\end{cases}$$

一、数列的相关概念

(1)一列数 $a_1, a_2, a_3, a_4, \cdots, a_{n-1}, a_n$ 就构成了数列,数列中的 a_n 叫作这个数列的项,下标 n 表示这个项在数列中的位置是第 n 个,n 叫作这个项的项数.

(2)若一个数列从第二项开始,后一项减去前一项等于定值 d,那么这个数列就称为等差数列.这个定值 d 叫作等差数列的公差.由数列靠前的一项或者几项按照某种规则,可以求出数列中后面的项,这个规则叫作数列的递推公式,根据等差数列的定义可知递推公式为 $a_n = a_{n-1} + d$. 等差数列的项 a_n 与项数 n 存在确定的函数关系,这个函数关系叫作通项公式,根据递推公式和累加法可知 $a_n = a_1 + (n-1)d$. 数列的前 n 项和记为 S_n,S_n 与项数 n 存在确定的函数关系,这个函数关系叫作求和公式,根据倒序相加法可知 $S_n = \dfrac{(a_1 + a_n)n}{2}$.

(3)若一个数列从第二项开始,后一项除以前一项等于定值 q,那么这个数列就称为等比数列.这个定值 q 叫作等比数列的公比.根据等比数列的定义可知递推公式为 $a_n = a_{n-1}q$. 根据递推公式和累乘法可知通项公式 $a_n = a_1 q^{n-1}$. 根据错位相减法可知 $S_n = \dfrac{a_1(1 - q^n)}{1-q}$,$(q \neq 1)$.

(4)项与项之间的关系有两个层面的理解:第一,递推公式.第二,中项公式.递推公式是邻近几项(两项、三项或多项)的关系,中项公式是项数构成等差数列的三项之间的关系.根据通项公式可知等差数列的中项公式为 $a_n = \dfrac{a_{n-m} + a_{n+m}}{2}$,等比数列的中项公式为 $a_n = \pm\sqrt{a_{n-m}a_{n+m}}$.

二、等差数列相关公式及性质

(1)定义:$a_n - a_{n-1} = d \,(n \geqslant 2)$ $a_{n+1} - a_n = d \,(n \geqslant 1)$.

（2）通项公式：$a_n = a_1 + (n-1)d = dn + (a_1 - d) = kn + b$.

（3）求和公式：$S_n = \dfrac{n(a_1 + a_n)}{2} = na_1 + \dfrac{n(n-1)}{2}d = \dfrac{d}{2}n^2 + \left(a_1 - \dfrac{d}{2}\right)n = An^2 + Bn$.

（4）基本性质：

①通项性：$a_n = a_1 + (n-1)d = a_m + (n-m)d \Leftrightarrow \dfrac{a_n - a_m}{n-m} = d$.

②等和性：$m + n = p + q \Leftrightarrow a_m + a_n = a_p + a_q$.

③中项性：$m + n = 2p \Leftrightarrow a_m + a_n = 2a_p \Leftrightarrow S_{2m-1} = (2m-1)a_m$.

④脚标等距性：已知 $\{a_n\}$ 为等差数列，则 a_n, a_{n+k}, a_{n+2k} 为等差数列.

⑤求和等距性：已知 S_n 为等差数列前 n 项和，则 $S_n, S_{2n} - S_n, S_{3n} - S_{2n}$ 为等差数列.

⑥新数列成等差：已知 $\{a_n\}$ 为等差数列，则 $\{a_{2n}\}, \{a_{2n-1}\}, \{\lambda a_n\}$ 为等差数列.

⑦奇数项和与偶数项和关系：已知 $\{a_n\}$ 为首项是 a_1，公差为 d 的等差数列.

若项数为 $2n$ 项，则 $S_奇 - S_偶 = -nd$；$\dfrac{S_奇}{S_偶} = \dfrac{a_n}{a_{n+1}}$.

若项数为 $2n+1$ 项，则 $S_奇 - S_偶 = a_{n+1}$；$\dfrac{S_奇}{S_偶} = \dfrac{n+1}{n}$.

若项数为 $2n-1$ 项，则 $S_奇 - S_偶 = a_n$；$\dfrac{S_奇}{S_偶} = \dfrac{n}{n-1}$.

三、等比数列相关公式及性质

（1）定义：$\dfrac{a_n}{a_{n-1}} = q(n \geq 2)$，$\dfrac{a_{n+1}}{a_n} = q(n \geq 1)(a_n \neq 0)$.

（2）通项公式：$a_n = a_1 q^{n-1} = \dfrac{a_1}{q}q^n = kq^n$.

（3）求和公式：$S_n = \begin{cases} na_1\,(q = 1) \\ \dfrac{a_1(1 - q^n)}{1 - q}\,(q \neq 1) = \dfrac{-a_1}{1-q}q^n + \dfrac{a_1}{1-q} = aq^n + b\,(a + b = 0) \end{cases}$.

（4）基本性质：

①通项性：$a_n = a_1 q^{n-1} = a_m q^{n-m} \Leftrightarrow \dfrac{a_n}{a_m} = q^{n-m}$.

②等和性：$m + n = p + q \Leftrightarrow a_m a_n = a_p a_q$.

③中项性：$m + n = 2p \Leftrightarrow a_m a_n = a_p^2 \Leftrightarrow a_p = \pm\sqrt{a_n a_m}$.

④脚标等距性：已知 $\{a_n\}$ 为等比数列，则 a_n, a_{n+k}, a_{n+2k} 为等比数列.

⑤求和等距性：已知 $\{a_n\}$ 为等比列数，则 $S_n, S_{2n} - S_n, S_{3n} - S_{2n}$ 为等比数列.

⑥新数列成等比：已知 $\{a_n\}$ 为等比数列，

则 $\{a_{2n}\}, \{a_{2n-1}\}, \{a_n^2\}, \{a_n^3\}, \{|a_n|\}, \left\{\dfrac{1}{a_n}\right\}, \{\lambda a_n\}$ 为等比数列.

⑦无穷等比数列所有项和：$S = \dfrac{a_1}{1 - q}(|q| < 1) = \dfrac{首项}{1 - 公比}(|公比| < 1)$.

⑧特殊等比数列：若 $a_{n+1} = pa_n + q(p \neq 1)$，则 $\left\{a_n + \dfrac{q}{p-1}\right\}$ 为等比数列.

四、几个特殊的数列概念

(1)斐波那契数列:$1,1,2,3,5,8,13,21,34,55,\cdots$,该数列的通项公式是 $a_n = a_{n-1} + a_{n-2}$.

(2)奇数数列:$1,3,5,7,9,\cdots$,该数列的通项公式是 $a_n = 2n - 1$,求和公式为 $S_n = n^2$.

(3)递增数列:若 $a_{n+1} > a_n(n \geqslant 1)$,则该数列为递增数列.

(4)递减数列:若 $a_{n+1} < a_n(n \geqslant 1)$,则该数列为递减数列.

(5)常数数列:若 $a_{n+1} = a_n(n \geqslant 1)$,则该数列为常数数列.

(6)周期数列:比如:$1,2,3,1,2,3,1,2,3,\cdots$,该数列将脚标按周期进行分类,可知 $a_{3k+1} = 1$, $a_{3k+2} = 2$, $a_{3k+3} = 3$ 或 $a_n + a_{n+1} + a_{n+2} = 6(k \in \mathbf{N}, n \in \mathbf{Z}_+)$.

基础方法

一、倒序相加法

例如,求和 $S = 1 + 2 + 3 + 4 + \cdots + 100$.

解 第一步,照抄原式再倒序　$S = 100 + 99 + 98 + 97 + \cdots + 1$.

第二步,配对相加除以二　$2S = (1 + 100) + (2 + 99) + \cdots + (1 + 100) \Rightarrow S = 5050$.

二、累加法

对于形如 $a_{n+1} = a_n + f(n)$ 的关系式,可用累加法求通项公式.

例如,已知 $a_n = a_{n-1} + n$, 且 $a_1 = 1$, 求 a_n.

解　分析,累加相抵 $\begin{cases} a_n = a_{n-1} + n \\ a_{n-1} = a_{n-2} + n - 1 \\ a_{n-2} = a_{n-3} + n - 2 \\ \vdots \\ a_3 = a_2 + 3 \\ a_2 = a_1 + 2 \end{cases} \Rightarrow a_n = a_1 + 2 + 3 + \cdots + n = \dfrac{n(n+1)}{2}$.

三、累乘法

对于形如 $a_{n+1} = f(n) \cdot a_n$ 的关系式,可用累乘法求通项公式.

例如,已知 $a_n = a_{n-1} \times 3^n$, 且 $a_1 = 3$, 求 a_n.

解　分析,累乘相约 $\begin{cases} a_n = a_{n-1} \times 3^n \\ a_{n-1} = a_{n-2} \times 3^{n-1} \\ a_{n-2} = a_{n-3} \times 3^{n-2} \\ \vdots \\ a_4 = a_3 \times 3^4 \\ a_3 = a_2 \times 3^3 \\ a_2 = a_1 \times 3^2 \end{cases} \Rightarrow a_n = a_1 \times 3^2 \times 3^3 \times 3^4 \times \cdots \times 3^n = 3^{\frac{n(n+1)}{2}}$.

四、错位相减法

错位相减法是一种常用的数列求和方法,主要应用于等差数列和等比数列相乘形式的数列求和.

具体方法:列出 S_n,再把所有式子同时乘以等比数列的公比 q,即 $q \cdot S_n$;然后错开一位,两个式子相减可求得 S_n.

例如,求 $S_n = 2 + 3 \times 2^2 + 5 \times 2^3 + 7 \times 2^4 + \cdots + (2n-1)2^n$

解 第一步: $S_n = 2 + 3 \times 2^2 + 5 \times 2^3 + 7 \times 2^4 + \cdots + (2n-1)2^n$ ①

第二步:将 S_n 乘以公比,可得

$2S_n = 1 \times 2^2 + 3 \times 2^3 + 5 \times 2^4 + \cdots + (2n-1)2^{n+1}$ ②

①-② $= -S_n = 2 + 2 \times 2^2 + 2 \times 2^3 + \cdots + 2 \times 2^n - (2n-1)2^{n+1}$

$= 2 \times (1 + 2^2 + 2^3 + \cdots + 2^n) - (2n-1)2^{n+1}$

$= 2^{n+2} - 6 - (2n-1)2^{n+1}$

$= -[6 + (2n-3)2^{n+1}]$

所以 $S_n = 6 + (2n-3)2^{n+1}$.

五、已知 S_n,求 a_n

$$a_n = \begin{cases} S_1 & n = 1 \\ S_n - S_{n-1} & n \geq 2 \end{cases}$$

最后将 $a_1 = S_1$ 代入 $a_n (n \geq 2)$,看是否一致,若一致即得出 $a_n = S_n - S_{n-1}$.

六、构造特殊等比数列求通项

对于形如 $a_{n+1} = pa_n + q$(其中 p,q 均为常数,且 $pq(p-1) \neq 0$)的数列,我们可以利用换元法和待定系数法,先求出一个新等比数列的通项,然后再得出 $\{a_n\}$ 的通项公式.

例如,已知通项公式 $a_{n+1} = pa_n + q$(其中 $pq(p-1) \neq 0$)和 a_1,求通项公式.

解 第一步,先用待定系数法:设 $a_{n+1} = pa_n + q$ 恒等变形后的形式为 $a_{n+1} + x = p(a_n + x)$.

$$\Rightarrow a_{n+1} = pa_n + (p-1)x \Rightarrow (p-1)x = q \Rightarrow x = \frac{q}{p-1}.$$

第二步,换元法:设 $b_n = a_n + \dfrac{q}{p-1}$,则 $b_{n+1} = pb_n \Rightarrow \{b_n\}$ 是等比数列

故 $\left\{a_n + \dfrac{q}{p-1}\right\}$ 是首项为 $a_1 + \dfrac{q}{p-1}$,公比为 p 的等比数列

$$\Rightarrow a_n + \frac{q}{p-1} = \left(a_1 + \frac{q}{p-1}\right)p^{n-1} \Rightarrow a_n = \left(a_1 + \frac{q}{p-1}\right)p^{n-1} - \frac{q}{p-1}.$$

二、例题精解

经典例题

例1 已知数列 $\{a_n\}$ 是等差数列,且 $a_2 = -6$,$a_8 = 6$,设 $\{a_n\}$ 的前 n 项和为 S_n,则( ).

A. $S_4 = S_5$　B. $S_4 < S_5$　C. $S_4 > S_5$　D. $S_5 = S_6$　E. $S_5 > S_6$

例2　等差数列 $\{a_n\}$ 中，$a_{10} < 0$，$a_{11} > 0$，且 $a_{11} > |a_{10}|$，S_n 是 n 前项的和，则（　　）.

A. $S_1, S_2, \cdots, S_{10}$ 都小于 0，$S_{11}, S_{12}, \cdots$ 都大于 0

B. $S_1, S_2, \cdots, S_5$ 都小于 0，$S_6, S_7, \cdots$ 都大于 0

C. $S_1, S_2, \cdots, S_{20}$ 都小于 0，$S_{21}, S_{22}, \cdots$ 都大于 0

D. $S_1, S_2, \cdots, S_{19}$ 都小于 0，$S_{20}, S_{21}, \cdots$ 都大于 0

E. $S_1, S_2, \cdots, S_9$ 都小于 0，$S_{10}, S_{11}, \cdots$ 都大于 0

例3　（条件充分性判断）$S_{100} = \dfrac{640}{3}$.

（1）数列 $\{a_n\}$ 满足：$a_1 + a_3 + \cdots + a_{99} = 90$，其前 n 项和为 S_n.

（2）数列 $\{a_n\}$ 满足：$3a_{n+1} = 3a_n + 2(n \in \mathbf{N}^*)$.

例4　等比数列 $\{a_n\}$ 中，$a_2 = 6$，$a_5 = 162$，设其前 n 项和为 S_n，若 $S_n = 242$，则 $n = $（　　）.

A. 7　　　　B. 8　　　　C. 9　　　　D. 5　　　　E. 6

例5　若 $\{a_n\}$ 是等比数列，下面列出四个命题：

①数列 $\{a_n^3\}$ 也是等比数列；②数列 $\{3a_n\}$ 也是等比数列；③数列 $\left\{\dfrac{1}{2a_n}\right\}$ 也是等比数列；④数列 $\left\{\sqrt{|a_n|}\right\}$ 也是等比数列，其中正确命题的个数是（　　）.

A. 4　　　　B. 3　　　　C. 2　　　　D. 1　　　　E. 0

例6　在 $\dfrac{8}{3}$ 和 $\dfrac{27}{2}$ 之间插入 3 个数，使这 5 个数成为一个等比数列，则插入的 3 个数的乘积为（　　）.

A. 36　　　B. -216　　　C. 72　　　D. 324　　　E. 216

例7　已知数列 $\{a_n\}$ 中，$a_1 = 2$，$a_{n+1} = a_n + 3n(n \in \mathbf{N}^*)$，则 $a_n = $（　　）.

A. $\dfrac{3n^2 - 3n + 4}{2}$　　　　B. $\dfrac{3n^2 + 3n - 2}{2}$　　　　C. $3n^2 - 3n + 2$

D. $n^2 - 3n + 2$　　　　E. 以上都不对

例8　已知数列 $\{a_n\}$ 的前 n 项和 $S_n = 3n^2 - 4n$，则数列 $\{a_n\}$ 的通项公式 $a_n = $（　　）.

A. $3n - 4$　　　　B. $4n - 5$　　　　C. $5n - 6$

D. $6n - 7$　　　　E. 以上结果均不正确

例9　等差数列 $\{a_n\}$，$\{b_n\}$ 的前 n 项和的比 $\dfrac{S_n}{T_n} = \dfrac{5n+3}{2n+7}$，则 $\dfrac{a_5}{b_5}$ 的值是（　　）.

A. $\dfrac{28}{17}$　　　B. $\dfrac{23}{15}$　　　C. $\dfrac{53}{27}$　　　D. $\dfrac{48}{25}$　　　E. $\dfrac{23}{30}$

例10　设数列 $\{a_n\}$ 和 $\{b_n\}$ 都是等差数列，其中 $a_1 = 25$，$b_1 = 75$，且 $a_{100} + b_{100} = 100$，则数列 $\{a_n + b_n\}$ 的前 100 项和为（　　）.

A. 9000　　　B. 9800　　　C. 10000　　　D. 10500　　　E. 15000

经典例题题解

例 1 解析 方法一

根据 $a_n = a_1 + (n-1)d$ 可得：$\begin{cases} -6 = a_1 + d \\ 6 = a_1 + 7d \end{cases} \Rightarrow \begin{cases} a_1 = -8 \\ d = 2 \end{cases}$,

根据 $S_n = na_1 + \dfrac{n(n-1)}{2}d$ 可得：$\begin{cases} S_4 = -20 \\ S_5 = -20 \\ S_6 = -18 \end{cases} \Rightarrow S_4 = S_5 < S_6.$

方法二

由 $a_2 = -6, a_8 = 6 \Rightarrow a_5 = 0$ 可知：$S_4 = S_5$.

综上所述,答案是 **A**.

例 2 解析 $S_{19} = \dfrac{a_1 + a_{19}}{2} \times 19 = 19a_{10} < 0$,而 $S_{20} = \dfrac{a_1 + a_{20}}{2} \times 20 = 10(a_{10} + a_{11}) > 0$,其中 d

$= a_{11} - a_{10} > 0$,可得 $a_1 < 0$,该等差数列是首项为负,公差为正的等差数列,$S_1, S_2, \cdots, S_{19}$

都小于 0,$S_{20}, S_{21}, \cdots$ 都大于 0.

综上所述,答案是 **D**.

例 3 解析 条件(1)不能推出结论,故条件(1)不是充分条件,

条件(2)不能推出结论,故条件(2)不是充分条件,

条件(1)和(2)联合可以推出结论,推导过程:

$$3a_{n+1} = 3a_n + 2 \Rightarrow a_{n+1} - a_n = \frac{2}{3}$$

$\Rightarrow$ 数列 $\{a_n\}$ 是公差为 $\dfrac{2}{3}$ 的等差数列

$$\Rightarrow (a_2 + a_4 + \cdots + a_{100}) - (a_1 + a_3 + \cdots + a_{99}) = 50d = \frac{100}{3}$$

$$\Rightarrow a_2 + a_4 + \cdots + a_{100} = 90 + \frac{100}{3} = \frac{370}{3}$$

$$\Rightarrow S_{100} = (a_1 + a_3 + \cdots + a_{99}) + (a_2 + a_4 + \cdots + a_{100}) = 90 + \frac{370}{3} = \frac{640}{3}.$$

综上所述,答案是 **C**.

例 4 解析 $a_2 = 6, a_5 = 162 \Rightarrow \begin{cases} a_1 q = 6 \\ a_1 q^4 = 162 \end{cases} \Rightarrow \begin{cases} a_1 = 2 \\ q = 3 \end{cases}$

$$S_n = \frac{2(1 - 3^n)}{1 - 3} = 242 \Rightarrow 3^n = 243 \Rightarrow n = 5.$$

综上所述,答案是 **D**.

例 5 解析 已知 $\{a_n\}$ 是等比数列,设其公比为 q,则有

命题①：$\dfrac{a_{n+1}^{3}}{a_{n}^{3}} = \left(\dfrac{a_{n+1}}{a_{n}}\right)^{3} = q^{3}$ 为常数，因此为等比数列；

命题②：$\dfrac{3a_{n+1}}{3a_{n}} = \dfrac{a_{n+1}}{a_{n}} = q$ 为常数，因此为等比数列；

命题③：$\dfrac{\dfrac{1}{2a_{n+1}}}{\dfrac{1}{2a_{n}}} = \dfrac{a_{n}}{a_{n+1}} = \dfrac{1}{q}$ 为常数，因此为等比数列；

命题④：$\dfrac{\sqrt{|a_{n+1}|}}{\sqrt{|a_{n}|}} = \sqrt{\dfrac{|a_{n+1}|}{|a_{n}|}} = \sqrt{|q|}$ 为常数，因此为等比数列.

所以命题①、②、③、④均是真命题.

综上所述，答案是 **A**.

<u>例 6 解析</u>　$\dfrac{8}{3}, a_{1}, a_{2}, a_{3}, \dfrac{27}{2}$ 成等比数列 $\Rightarrow \begin{cases} a_{2}^{2} = a_{1}a_{3} = \dfrac{8}{3} \times \dfrac{27}{2} = 36 \\ a_{1}^{2} = \dfrac{8}{3}a_{2} > 0 \Rightarrow a_{2} > 0 \end{cases} \Rightarrow a_{2} = 6,$

故插入的 3 个数的乘积为 $a_{1}a_{2}a_{3} = 216$.

综上所述，答案是 **E**.

<u>例 7 解析</u>　累加法求通项：

$$\left. \begin{array}{l} a_{n} = a_{n-1} + 3(n-1) \\ a_{n-1} = a_{n-2} + 3(n-2) \\ a_{n-2} = a_{n-3} + 3(n-3) \\ \vdots \\ a_{3} = a_{2} + 3 \times 2 \\ a_{2} = a_{1} + 3 \times 1 \end{array} \right\} \xrightarrow{\text{累加相抵}} a_{n} = a_{1} + 3(1 + 2 + \cdots + n - 1)$$

$$\Rightarrow a_{n} = a_{1} + 3(1 + 2 + \cdots + n - 1) = 2 + 3 \times \dfrac{n(n-1)}{2} = \dfrac{3n^{2} - 3n + 4}{2}.$$

综上所述，答案是 **A**.

<u>例 8 解析</u>　当 $n = 1$ 时，$a_{1} = S_{1} = 3 \times 1^{2} - 4 \times 1 = -1$.

当 $n \geq 2$ 时，$a_{n} = S_{n} - S_{n-1} = 3n^{2} - 4n - [3(n-1)^{2} - 4(n-1)] = 6n - 7$.

将 $n = 1$ 代入 $\{a_{n}\}$ 的通项公式，满足 $a_{1} = -1$，故 $a_{n} = 6n - 7$.

综上所述，答案是 **D**.

<u>例 9 解析</u>　$\dfrac{a_{5}}{b_{5}} = \dfrac{2a_{5}}{2b_{5}} = \dfrac{a_{1} + a_{9}}{b_{1} + b_{9}} = \dfrac{\dfrac{a_{1} + a_{9}}{2} \times 9}{\dfrac{b_{1} + b_{9}}{2} \times 9} = \dfrac{S_{9}}{T_{9}} = \dfrac{48}{25}$.

综上所述,答案是 **D**.

例 10 解析　令 $c_n = a_n + b_n$,由于 $\{a_n\}$ 和 $\{b_n\}$ 是等差数列,故 $\{c_n\}$ 也是等差数列.

又因为 $c_1 = a_1 + b_1 = 100, c_{100} = a_{100} + b_{100} = 100$,所以 $\{c_n\}$ 是以 100 为首项的常数列,其前 100 项和为 10000.

综上所述,答案是 **C**.

三、基 础 练 习

基础练习

1. (条件充分性判断) $\{a_n\}$ 是等差数列.

   (1) $a_n = xn + y$,其中 x, y 为实数.

   (2) $\{a_n\}$ 的前 n 项和 $S_n = xn^2 + yn$,其中 x, y 为实数.

2. 在 a 和 $b(a \neq b)$ 之间插入 n 个数,使它们与 a, b 成为一个等差数列,则该数列的公差为(　　).

   A. $\dfrac{b-a}{n}$　　　　B. $\dfrac{b-a}{n+1}$　　　　C. $\dfrac{b+a}{n}$　　　　D. $\dfrac{b+a}{n+1}$　　　　E. $\dfrac{b-a}{n+2}$

3. 等比数列 $\{a_n\}$ 中,$S_2 = 7, S_6 = 91$,则 S_4 可为(　　).

   A. 28　　　　B. 32　　　　C. -21　　　　D. 28 或-21　　　　E. 35

4. 等差数列 $\{a_n\}$ 中,$a_1 > 0$,其前 n 项和为 S_n,且 $S_4 = S_9$,则使得 S_n 取到最大值的 n 为(　　).

   A. 4 或 5　　　B. 4 或 6　　　C. 5 或 6　　　D. 7　　　　E. 6 或 7

5. 已知 $\{a_n\}$ 是等比数列,且 $a_n > 0, a_2 a_4 + 2a_3 a_5 + a_4 a_6 = 25$,那么 $a_3 + a_5 = ($　　$)$.

   A. 5　　　　B. 10　　　　C. 15　　　　D. 20　　　　E. 25

6. 已知数列 $\{a_n\}$ 中,$a_1 = 1, a_n = \dfrac{2a_{n-1}}{2 + a_{n-1}}(n \geq 2)$,则 $a_n = ($　　$)$.

   A. $\dfrac{3}{n+1}$　　　　　　B. $\dfrac{n+1}{2}$　　　　　　C. $\dfrac{n+3}{2}$

   D. $\dfrac{2n-1}{2}$　　　　　E. $\dfrac{2}{n+1}$

7. 已知数列 $\{a_n\}$ 中,$a_1 = 2, a_{n+1} = 2a_n + 3(n \in \mathbf{N}^*)$,则数列 $\{a_n\}$ 的通项公式为(　　).

   A. $a_n = 3 \times 2^{n-1} - 1$　　　　B. $a_n = 5 \times 2^{n-1} - 3$　　　　C. $a_n = 5 \times 2^n - 8$

   D. $a_n = 4^n - 2$　　　　　E. 以上都不对

8. 已知数列的通项是 $a_n = 2n - 23$,使前 n 项和 S_n 取最小值的 n 是(　　).

   A. 10　　　　B. 11　　　　C. 12　　　　D. 13　　　　E. 14

9. (条件充分性判断)实数 a, b, c 成等比数列.

   (1)关于 x 的一元二次方程 $ax^2 - 2bx + c = 0$ 有两个相等的实数根.

   (2)$\lg a, \lg b, \lg c$ 成等差数列.

10. 等差数列前 n 项和为 210,其中前 4 项和为 40,后 4 项和为 80,则 n 的值为(　　).

　　A. 10　　　　B. 12　　　　C. 14　　　　D. 16　　　　E. 18

11. 首项为-72 的等差数列,从第 10 项开始为正数,则公差 d 的取值范围是(　　).

　　A. $d>8$　　B. $d<9$　　C. $8≤d<9$　　D. $8<d≤9$　　E. $8<d<9$

12. 一个无穷等比数列所有奇数项之和为 45,所有偶数项之和为-30,则其首项等于(　　).

　　A. 24　　　　B. 25　　　　C. 26　　　　D. 27　　　　E. 28

13. 数列 $\{a_n\}$ 的前 n 项和 S_n 满足 $\log_2(S_n-1)=n$,则数列 $\{a_n\}$ 是(　　).

　　A. 等差数列　　　　　　　　　　　B. 等比数列

　　C. 既是等差数列又是等比数列　　　D. 既非等差数列亦非等比数列

　　E. 以上结论均不正确

14. 已知数列 $\{a_n\}$ 满足 $a_1=0,a_{n+1}=\dfrac{a_n-\sqrt{3}}{\sqrt{3}a_n+1}$ $(n\in\mathbf{N}^*)$,则 $a_{20}=($　　$)$.

　　A. 0　　　　B. $-\sqrt{3}$　　　　C. $\sqrt{3}$　　　　D. $\dfrac{\sqrt{3}}{2}$　　　　E. 1

15. 已知数列 $-1,a_1,a_2,-4$ 成等差数列,$-1,b_1,b_2,b_3,-4$ 成等比数列,则 $\dfrac{a_2-a_1}{b_2}=($　　$)$.

　　A. $\dfrac{1}{2}$　　　B. $-\dfrac{1}{2}$　　　C. $\dfrac{1}{2}$或$-\dfrac{1}{2}$　　　D. $\dfrac{1}{4}$　　　E. $\dfrac{1}{3}$

▌基础练习题解 ◉

1　【解析】直接应用等差数列"速判原则"可知:(1)是充分条件,(2)是充分条件

　　附:等差数列快速判断(等价形式)——速判原则:

$$表现形式一:a_n=An+B\Leftrightarrow\{a_n\}为等差数列$$

$$表现形式二:S_n=An^2+Bn\Leftrightarrow\{a_n\}为等差数列$$

　　综上所述,答案是 **D**.

2　【解析】根据 $a_n=a_1+(n-1)d$ 可得:$b=a+[(n+2)-1]d\Rightarrow d=\dfrac{b-a}{n+1}$.

　　综上所述,答案是 **B**.

3　【解析】因为数列 $\{a_n\}$ 是等比数列,所以 S_2,S_4-S_2,S_6-S_4 也是等比数列,

　　所以,$7,S_4-7,91-S_4$ 成等比数列,所以 $(S_4-7)^2=7(91-S_4)$,解得 $S_4=28$ 或 $S_4=-21$,由于 $S_4=a_1+a_2+a_3+a_4=a_1+a_2+a_1q^2+a_2q^2=(a_1+a_2)(1+q^2)=S_2(1+q^2)>0$,所以 $S_4=28$.

　　综上所述,答案是 **A**.

4　【解析】因为 $a_1>0$,且 $S_4=S_9$,可知公差 $d<0$,S_n 是一个一元二次函数,函数图像开口

向下, 对称轴为 $n = \dfrac{9+4}{2} = 6.5$, 在对称轴处函数图像取得最大值, 又因为 n 为正整数,

所以当 $n = 6$ 或 7 时, 前 n 项和 S_n 取得最大值.

综上所述, 答案是 **E**.

5　【解析】$a_2 a_4 + 2a_3 a_5 + a_4 a_6 = 25 \Rightarrow a_3^2 + 2a_3 a_5 + a_5^2 = 25 \Rightarrow (a_3 + a_5)^2 = 25$,

又因为 $a_n > 0$, 所以 $a_3 + a_5 = 5$.

综上所述, 答案是 **A**.

6　【解析】因为 $a_n = \dfrac{2a_{n-1}}{2+a_{n-1}} (n \geqslant 2) \Rightarrow 2a_n + a_n a_{n-1} = 2a_{n-1} \Rightarrow \dfrac{2}{a_{n-1}} + 1 = \dfrac{2}{a_n} \Rightarrow \dfrac{1}{a_n} - \dfrac{1}{a_{n-1}} = \dfrac{1}{2}$,

则有数列 $\left\{\dfrac{1}{a_n}\right\}$ 是首项为 1, 公差为 $\dfrac{1}{2}$ 的等差数列,

有 $\dfrac{1}{a_n} = 1 + (n-1) \times \dfrac{1}{2} = \dfrac{n+1}{2}$, 可得 $a_n = \dfrac{2}{n+1}$.

综上所述, 答案是 **E**.

7　【解析】待定系数求通项:

第一步, 设 $a_{n+1} = 2a_n + 3$ 恒等变形后的形式为 $a_{n+1} + x = 2(a_n + x)$,

$$a_{n+1} = 2a_n + x \Rightarrow x = 3 \Rightarrow a_{n+1} + 3 = 2(a_n + 3).$$

第二步, $\{a_n + 3\}$ 是首项为 5, 公比为 2 的等比数列 $\Rightarrow a_n + 3 = 5 \times 2^{n-1}$,

故

$$a_n = 5 \times 2^{n-1} - 3.$$

综上所述, 答案是 **B**.

8　【解析】设数列为 $\{a_n\}$, 由数列的通项 $a_n = 2n - 23$ 知, $\{a_n\}$ 是以 -21 为首项, 2 为公差的等差数列.

$$S_n = \dfrac{d}{2} n^2 + \left(a_1 - \dfrac{d}{2}\right) n = n^2 - 22n, 故当 n = -\dfrac{-22}{2} = 11 时, S_n 取最小值.$$

综上所述, 答案是 **B**.

9　【解析】条件(1): 由方程有两个相等的实数根知 $\Delta = (-2b)^2 - 4ac = 0 \Rightarrow b^2 = ac$.

令 $a = 1, b = 0, c = 0, a, b, c$ 不能构成等比数列, 故条件(1) 不充分.

条件(2): $\lg a, \lg b, \lg c$ 成等差数列 $\Rightarrow 2\lg b = \lg a + \lg c \Rightarrow \lg b^2 = \lg ac \Rightarrow b^2 = ac (a, b, c$ 均大于 0). 故 a, b, c 成等比数列, 条件(2) 充分.

综上所述, 答案是 **B**.

10　【解析】设数列为 $\{a_n\}$, 则 $\begin{cases} a_1 + a_2 + a_3 + a_4 = 40 \\ a_{n-3} + a_{n-2} + a_{n-1} + a_n = 80 \end{cases}$,

故 $(a_{n-3} + a_4) + (a_{n-2} + a_3) + (a_{n-1} + a_2) + (a_n + a_1) = 4(a_1 + a_n) = 120 \Rightarrow a_1 + a_n = 30.$

$$S_n = \frac{a_1 + a_n}{2} \cdot n = \frac{30}{2}n = 210 \Rightarrow n = 14.$$

综上所述,答案是 **C**.

11 【解析】$\begin{cases} a_9 \leq 0 \\ a_{10} > 0 \end{cases} \Rightarrow \begin{cases} a_1 + 8d \leq 0 \\ a_1 + 9d > 0 \end{cases} \Rightarrow \begin{cases} d \leq -\dfrac{a_1}{8} \\ d > -\dfrac{a_1}{9} \end{cases} \Rightarrow 8 < d \leq 9.$

综上所述,答案是 **D**.

12 【解析】设无穷等比数列首项为 a_1,公比为 q,由于其和存在,故 $0 < |q| < 1$.

$$\begin{cases} S_{\text{奇}} = \dfrac{a_1 \left[1 - (q^2)^{+\infty}\right]}{1 - q^2} = \dfrac{a_1}{1 - q^2} = 45 \\ S_{\text{偶}} = \dfrac{a_1 q \left[1 - (q^2)^{+\infty}\right]}{1 - q^2} = \dfrac{a_1 q}{1 - q^2} = -30 \end{cases} \Rightarrow \begin{cases} a_1 = 25 \\ q = -\dfrac{2}{3} \end{cases}$$

综上所述,答案是 **B**.

13 【解析】$\log_2(S_n - 1) = n \Rightarrow S_n - 1 = 2^n \Rightarrow S_n = 2^n + 1.$ 由等比数列前 n 项和的特征可知 $\{a_n\}$ 既非等差数列亦非等比数列.

综上所述,答案是 **D**.

14 【解析】$a_1 = 0, a_2 = \dfrac{a_1 - \sqrt{3}}{\sqrt{3}a_1 + 1} = -\sqrt{3}, a_3 = \dfrac{a_2 - \sqrt{3}}{\sqrt{3}a_2 + 1} = \sqrt{3}, a_4 = 0, a_5 = \dfrac{a_4 - \sqrt{3}}{\sqrt{3}a_4 + 1} = -\sqrt{3}, \cdots.$

故 $\{a_n\}$ 是以 3 为周期的循环数列,$a_{20} = a_2 = -\sqrt{3}.$

综上所述,答案是 **B**.

15 【解析】由 $-1, a_1, a_2, -4$ 成等差数列知 $3d = -4 - (-1) \Rightarrow d = -1 \Rightarrow a_1 = -2, a_2 = -3.$

由 $-1, b_1, b_2, b_3, -4$ 成等比数列知 $q^4 = 4 \Rightarrow q^2 = 2 \Rightarrow b_2 = -1 \times q^2 = -2.$

故 $\dfrac{a_2 - a_1}{b_2} = \dfrac{-3 - (-2)}{-2} = \dfrac{1}{2}.$

综上所述,答案是 **A**.

基础 八

排列组合与概率的概念系统与方法系统

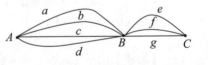

一、概念与方法指南

基础概念

本部分为排列组合与概率模块. 本部分着眼于概念所要表达的真实意义以及概念之间的内在推进关系与逻辑, 仍然是边讲解边举例示范, 目标是帮助考生掌握抽象难懂的内容.

$$\text{计数原理}\begin{cases}\text{加法原理}\\\text{乘法原理}\end{cases} \quad \text{排列}\begin{cases}\text{全排列}\\\text{排列数}\end{cases} \quad \text{组合}\begin{cases}\text{组合数}\\\text{组合公式}\end{cases}$$

$$\text{事件}\begin{cases}\text{随机事件}\\\text{必然事件}\\\text{不可能事件}\end{cases} \quad \text{随机事件}\begin{cases}\text{样本空间}\\\text{样本点}\\\text{概率}\end{cases} \quad \text{事件运算}\begin{cases}\text{和事件}\\\text{差事件}\\\text{积事件}\end{cases} \quad \text{事件关系}\begin{cases}\text{互斥事件}\\\text{对立事件}\\\text{独立事件}\end{cases}$$

$$\text{概率}\begin{cases}\text{古典概型}\\\text{伯努利概型}\end{cases} \quad \text{概率运算}\begin{cases}\text{加法公式}\\\text{乘法公式}\end{cases}$$

一、计数的相关概念

观察示意图, 已知从 A 到 B 共有 4 种方法 (路线), 从 B 到 C 共有 3 种方法, 那么从 A 到 C 共有 12 种方法. 具体是:

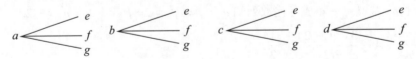

(1) 加法原理: 一般地, 完成一件事情有 k 类方法, 在第一类方法中共有 m_1 种不同的方法, 在第二类方法中共有 m_2 种不同的方法, $\cdots$, 在第 k 类方法中共有 m_k 种不同的方法, 那么完成事情的不同方法总数为 $m_1 + m_2 + m_3 + \cdots + m_k$.

(2) 乘法原理: 一般地, 完成一件事情有 k 个步骤, 在第一个步骤中共有 m_1 种不同的方法, 在第二个步骤中共有 m_2 种不同的方法, $\cdots$, 在第 k 个步骤中共有 m_k 种不同的方法, 那么完成事情的不同方法总数为 $m_1 m_2 m_3 \cdots m_k$.

例如, 一列火车沿途共有 10 个车站, 火车票上标有出发站指向到达站的箭头和票价, 那么售票处要为这列火车准备多少种不同的车票?

解:根据乘法原理可知,分两步:第一步,从 10 个车站中选择 1 个车站作为出发站,共有 10 种不同的方法. 第二步,从剩下的 9 个车站中选择 1 个车站作为到达站,共有 9 种不同的方法. 因此不同的车票总数为 $10 \times 9 = 90$.

例如,从 a,b,c,d 四个人中选出两个人安排到 A,B 两地执勤,每个地方安排一个人,有多少种不同的分配方案?

解:任务分为两步:第一步,落实 A 地人员,共 4 种不同方案. 第二步,落实 B 地人员,共 3 种不同方案. 根据乘法原理可知,共 12 种.

$$a \hspace{-0.5em}\begin{cases} b \\ c \\ d \end{cases} \quad b \hspace{-0.5em}\begin{cases} a \\ c \\ d \end{cases} \quad c \hspace{-0.5em}\begin{cases} a \\ b \\ d \end{cases} \quad d \hspace{-0.5em}\begin{cases} a \\ b \\ c \end{cases}$$

(3)排列与排列数:一般地,从 n 个不同的元素中选出 m 个排成一列,每一种顺序都叫作一个排列,所有不同的排列总数叫作排列数,排列数记为 A_n^m. 这个排列的任务可以分为 m 个步骤:第一步,落实队列的第一位,共有 n 种不同的方法;第二步,落实队列的第二位,共有 $n-1$ 种不同的方法;第三步,落实队列的第三位,共有 $n-2$ 种不同的方法;……第 m 步,落实队列的第 m 位,共有 $n-m+1$ 种不同的方法. 根据乘法原理可知,$A_n^m = n(n-1)(n-2)\cdots(n-m+1)$. 特别地,当 $n=m$ 时,A_n^n 叫作全排列.

(4)阶乘:阶乘是数列 $1,2,3,4,5,\cdots$ 的前若干项之积,n 的阶乘是数列 $1,2,3,4,5,\cdots$ 的前 n 项之积,记作 $n! = 1 \times 2 \times 3 \times 4 \times 5 \times \cdots \times n$. 规定:$0! = 1$. 根据定义可知,排列数也可以写为 $A_n^m = \dfrac{n!}{(n-m)!}$.

(5)组合与组合数:一般地,从 n 个不同的元素中选出 m 个元素构成一个集合,每一种集合都叫作一个组合,所有不同的集合总数叫作组合数,组合数记为 C_n^m. 考虑组合数与排列数之间的关系就可以很容易求出组合数的结果. 从另一种视角来看,排列任务分为两步:第一步,从 n 个不同的元素中选出 m 个,共有 C_n^m 种不同的方法;第二步,将选出来的 m 个元素排列,共有 A_m^m 种不同的方法. 根据乘法原理可知,$A_n^m = C_n^m A_m^m$. 从而得到组合公式

$$C_n^m = \frac{A_n^m}{A_m^m} = \frac{n(n-1)(n-2)\cdots(n-m+1)}{1 \times 2 \times \cdots \times m} = \frac{n!}{m!\,(n-m)!}.$$

二、事件的相关概念

(1)试验:给出一组初始条件,那么就会产生结果. 这一过程就是试验,试验是帮助我们认清事物现象、因果规律、本质的一种方法,也是认识和掌握概率的基础概念.

①必然试验(现象):试验的结果是唯一确定的,这种试验叫作必然试验(现象).

②随机试验(现象):试验的结果是两种或两种以上的可能结果,这种试验叫作随机试验(现象).

③必然事件:必然事件就是必然试验的结果.

④随机事件:随机事件就是随机试验中某一个结果.

⑤基本事件:随机事件简称为事件,将一个试验中的结果划分为最基本的结果,那么每一种结果叫作基本随机事件,简称为基本事件.

例如,在标准大气压下(初始条件),水的沸点是 100℃(唯一结果),这个结果就是必然事件. 投掷一颗骰子,会出现奇数点或者偶数点两种结果,那么随机事件是两个. 每一种结果叫作基本随机事件,简称为基本事件. 该试验的基本事件为 1 点、2 点、3 点、4 点、5 点、6 点.

⑥不可能事件:不可能出现的结果叫作不可能事件.

例如,掷一颗骰子,点数为 100 就是不可能事件.

试验和事件主要是为理解、导入、事件运算等定性分析服务的. 定量分析就要引入样本空间和概率.

(2)样本点和样本空间:每一个基本事件也叫作样本点,所有样本点的集合叫作样本空间. 从集合的角度来看,样本空间有许多子集,每一个子集都是一个随机事件. 这些子集还可以进行并集(和)、交集(积)、补集(差)运算.

(3)事件运算(和、差、积):每一个样本点都是一个样本空间中的元素. 设样本空间 $\Omega = \{a_1, a_2, a_3, \cdots, a_n\}$,随机事件 A, B, C 是样本空间的子集,运算定义如下图所示.

| 基本图形 | 加(并集)$A+B$ | 乘(交集)AB | 减(补集)$A-B$ |

运算规律如下: $(A+B)C = AC + BC$; $A + \overline{A} = \Omega$; $\overline{AB} = \overline{A} + \overline{B}$; $\overline{A+B} = \overline{A}\overline{B}$.

(4)互斥事件、对立事件与独立事件. 在一次试验中,若事件 A 与事件 B 没有公共的样本点,就称事件 A 与事件 B 是不相容的,也叫作互斥. 互斥的判断标准是 $AB = \varnothing$. 如果事件 A 与事件 B 互斥,并且两个事件的并集正好是样本空间,那么就称事件 A 与事件 B 是对立的,简称对立事件. 对立的判断标准是 $\begin{cases} AB = \varnothing \\ A + B = \Omega \end{cases}$. 对立事件一定是互斥事件,互斥事件不一定是对立事件. 如果事件 A 的发生与否对事件 B 没有任何影响,就称事件 A 与事件 B 是相互独立的,简称独立事件. 独立的判断标准是 $P(AB) = P(A)P(B)$.

三、概率的相关概念

(1)概率与古典概型. 有一种典型而特殊的试验,这种随机试验的结果总数是有限的,基本事件互不相容且等可能地发生. 与这种试验相关的概率问题叫作古典概型. 概率就是事件发生的可能性. 设样本空间中样本点的个数为 n,随机事件 A 中的样本点的个数为 m,用 $\dfrac{m}{n}$ 来度量这种可能性. 从而得到古典概型公式 $P(A) = \dfrac{m}{n}$.

(2)概率加法与概率乘法. 概率的度量是以集合(样本空间)中元素(样本点)的个数为基础的,根据集合中的容斥原理可得:

概率的加法公式　　　$P(A+B) = P(A) + P(B) - P(AB)$.

特别地,当 A 与 B 互斥时,$P(A+B) = P(A) + P(B)$

根据乘法原理可得概率的乘法公式: $P(AB) = P(B)P(A \mid B)$

特别地,当 A 与 B 独立时, $P(AB) = P(A)P(B)$.

（3）伯努利概型. 伯努利试验是只有两个结果的试验, 伯努利概型是专门求解伯努利试验反复试验 n 次, 恰好有 k 次是期待结果的概率的模型. n 次独立重复试验恰好发生 k 次的概率 $P_n(k) = C_n^k p^k (1-p)^{n-k}$.

四、计数及事件的相关公式

（1）常用的阶乘数: $0! = 1, 1! = 1, 2! = 2, 3! = 6, 4! = 24, 5! = 120, 6! = 720$.

（2）阶乘与全排列: $n! = n \cdot (n-1)! = n \cdot (n-1) \cdot (n-2) \cdots 2 \cdot 1 = A_n^n = P_n^n$.

（3）排列与排列数: $A_n^m = P_n^m = \dfrac{n!}{(n-m)!} = C_n^m A_m^m$.

（4）组合与组合数: $C_n^m = \dfrac{A_n^m}{A_m^m} = \dfrac{n!}{\dfrac{(n-m)!}{m!}} = \dfrac{n!}{m!\ (n-m)!}$.

（5）常用组合公式: $C_n^0 = C_n^n = C_m^m = 1, C_n^m = C_n^{n-m}, C_n^m + C_n^{m-1} = C_{n+1}^m$.

（6）二项式定理: $(a+b)^n = C_n^0 a^n b^0 + C_n^1 a^{n-1} b^1 + \cdots + C_n^r a^{n-r} b^r + \cdots + C_n^{n-1} a^1 b^{n-1} + C_n^n a^0 b^n$, 当 $a = 1, b = 1$ 时, $2^n = C_n^0 + C_n^1 + C_n^2 + \cdots + C_n^n$.

（7）古典概型公式: $P = \dfrac{m}{n}$.

（8）伯努利概型公式: $P(n=k) = C_n^k p^k (1-p)^{n-k}$.

（9）条件概型公式及事件的运算:

① $P(A+B) = P(A \cup B) = P(A) + P(B) - P(AB)$.

② $P(A-B) = P(A\bar{B}) = P(A) - P(AB)$.

③ $P(B-A) = P(B\bar{A}) = P(B) - P(AB)$.

④ $P(AB) = P(A \cap B) = P(A) \cdot P(B|A) = P(B) \cdot P(A|B)$.

若 AB 互斥, 则 $P(AB) = 0$.

若 AB 对立, 则 $P(AB) = 0$ 且 $P(A) + P(B) = 1$.

若 AB 独立, 则 $P(AB) = P(A) \cdot P(B)$.

基础方法

一、"相邻"问题用捆绑法

将必须相邻的元素捆绑在一起作为一个整体, 连同剩下的元素再全排列, 这种方法叫作捆绑法.

例如, 甲、乙等 10 名同学排成一列, 要求甲、乙相邻, 那么有多少种不同的排列方法?

分两步: 第一步, 将甲、乙捆绑在一起, 有 $A_2^2 = 2$ 种不同的方法. 第二步, 将捆绑的整体当作一个人, 连同剩下的 8 个人, 一共是 9 个人进行全排列, 有 A_9^9 种不同的方法. 根据乘法原理可知不同的排列方法为 $2A_9^9$.

二、"不相邻"问题用插空法

将不能相邻的元素放到一边暂不考虑, 先把剩下的元素全排列, 这些全排列的元素之间形成了许多间隔,此时便可以将不能相邻的元素排到这些间隔中去,这种方法叫作插空法.

例如,甲、乙等 10 名同学排成一列,要求甲、乙不相邻,那么有多少种不同的排列方法?

分两步:第一步,将甲、乙搁在一边不考虑,将剩下的 8 个人全排列,有 A_8^8 种不同的方法.第二步,8 个人形成了 9 个空格(包括两端),将甲、乙两人插进 9 个空格中,有 A_9^2 种不同的方法.根据乘法原理可知不同的排列方法为 $A_9^2 A_8^8$.

三、分配相同东西用挡板法

挡板法专门解决元素相同的分配问题.将相同元素分配给不同对象时,先将元素一字摆开,然后从间隔中选出所需的个数,插入挡板,将元素分成若干段,这种分配方法叫作挡板法.挡板法得到的每个对象都至少有一个元素.

例如,把 10 瓶相同的饮料分给 3 个人,每个人至少分得 1 瓶,有多少种不同的分法?

将 10 瓶饮料一字摆开,形成 9 个间隔,要分成 3 段,只需要从 9 个间隔中取出 2 个插入挡板即可.故不同的分法总数为 $C_9^2 = 36$.

四、分配不同东西用打包寄送法

打包法专门解决元素不同的分组问题.将不同元素分组时,先将元素个数进行正整数分解并利用排列组合计算每一种分解所对应的不同分组情况,然后汇总相加,这种分组方法叫作打包法.打包法得到的每一组都至少有一个元素.

例如,6 名教师分成 3 个小组,有多少种不同的分组方法?

解:首先,$6 = 1 + 1 + 4 = 1 + 2 + 3 = 2 + 2 + 2$,则 6 共有三种分解方法.其次,求出每种分解所对应的分组方法数,

$$1 + 1 + 4 \rightarrow \frac{C_6^1 C_5^1 C_4^4}{A_2^2} = 15 \; ; \; 1 + 2 + 3 \rightarrow C_6^1 C_5^2 C_3^3 = 60 \; ; \; 2 + 2 + 2 \rightarrow \frac{C_6^2 C_4^2 C_2^2}{A_3^3} = 15.$$

汇总相加可得 $15 + 60 + 15 = 90$ 种不同的分组方法.

寄送法实际上就是将 n 个不同的元素分到 n 个不同的位置,每个位置恰好一个元素,不同的寄送方法为全排列 A_n^n.打包法与寄送法结合在一块就是打包寄送法.

例如,6 名教师分配到 3 个边疆地区支教,每个地区至少去一名教师,有多少种不同的分配方法?

分两步:第一步,打包(分组),共有 90 种方法.第二步,寄送,共有 6 种方法.根据乘法原理可得,不同的分配方法有 $90 \times 6 = 540$ 种.

五、"各不归位"问题用错排法

例如,4 名教师监考他们所教的 4 个班级,要求教师不能监考自己所教的班级,那么有多少种不同的监考方案?

利用错排公式 $D_n = \left[\dfrac{n!}{e} + 0.5 \right]$(其中 $e = 2.71828\cdots$),可知 $D_4 = \left[\dfrac{4!}{e} + 0.5 \right] = 9$.

六、"超几何"问题用抽检法

例如,一箱产品共有 100 个,其中次品有 5 个,验货时从箱子中随机抽取 3 件进行检验,

规定抽检的产品至多有 1 件次品时才可以收货,那么验货方收货的概率为多少?

利用概率的定义可知 $m = C_5^0 C_{95}^3 + C_5^1 C_{95}^2$,$n = C_{100}^3$,从而 $p = \dfrac{C_5^0 C_{95}^3 + C_5^1 C_{95}^2}{C_{100}^3}$.

七、"抓阄"问题用抓阄原理法

例如,已知 n 个阄中只有一个目标阄,n 个人逐一从中无放回抓一个阄. 如果有人抓到目标阄则试验结束.那么第 k 个人抓到目标阄的概率是多少?

解:设事件 A_k 表示"第 k 个人抓到目标阄",$\overline{A_k}$ 表示"第 k 个人没抓到目标阄",则:

$P(A_1) = \dfrac{1}{n}$.

$P(\overline{A_1}) = \dfrac{n-1}{n}$.

$P(A_2) = P(\overline{A_1}A_2) = \dfrac{n-1}{n} \times \dfrac{1}{n-1} = \dfrac{1}{n}$.

$P(\overline{A_2}) = P(A_1) + P(\overline{A_1 A_2}) = \dfrac{1}{n} + \dfrac{n-1}{n} \times \dfrac{n-2}{n-1} = \dfrac{n-1}{n}$.

$P(A_3) = P(\overline{A_1 A_2}A_3) = \dfrac{n-1}{n} \times \dfrac{n-2}{n-1} \times \dfrac{1}{n-2} = \dfrac{1}{n}$.

$P(\overline{A_3}) = P(A_1) + P(A_2) + P(\overline{A_1 A_2 A_3}) = \dfrac{1}{n} + \dfrac{1}{n} + \dfrac{n-1}{n} \times \dfrac{n-2}{n-1} \times \dfrac{n-3}{n-2} = \dfrac{n-1}{n}$.

一般地,$P(A_k) = \dfrac{1}{n}$,$P(\overline{A_k}) = 1 - \dfrac{1}{n}$.

八、正难则反法

对于没有、全部、至少、至多型的概率问题常常采用正难则反法,即先考虑对立事件的概率,然后用 1 减去这个概率.

例如,一箱产品共有 100 个,其中次品有 5 个,验货时从箱子中随机抽取 3 件进行检验,规定抽检的产品全部为正品时才可以收货,那么验货方拒绝收货的概率 p 为多少?

对立事件(收货)的概率 $= \dfrac{C_{95}^3}{C_{100}^3} \Rightarrow p = 1 - \dfrac{C_{95}^3}{C_{100}^3}$.

二、例题精解

经典例题

例 1 将 3 封信投入 4 个不同的信箱,则不同的投信方法种数是(   ).

A. 3×4   B. 3^4 C. 4^3 D. 7   E. 以上结论均不对

例 2 用 1 到 8 组成没有重复数字的八位数,要求 1 与 2 相邻、3 与 4 相邻、5 与 6 相邻、7 与 8 不相邻,这样的八位数共有(　　)个.

  A. 90   B. 180   C. 270   D. 540   E. 576

  例 3 乒乓球队的 10 名队员中有 3 名主力队员,派 5 名参加比赛,3 名主力队员要安排在第一、三、五位置,其余 7 名队员选 2 名安排在第二、四位置,那么不同的出场安排共有(　　)种.

  A. 42   B. 252   C. 404   D. 360   E. 480

  例 4 将数字 1,2,3,4 填入标号为 1,2,3,4 的四个方格里,每格填入一个数,则每个方格的标号与所填的数字均不相同的填法有(　　).

  A. 6 种   B. 9 种   C. 11 种   D. 23 种   E. 44 种

  例 5 将 7 个不同的小球全部放入编号为 2 和 3 的两个小盒子里,使得每个盒子里的球的个数不小于盒子的编号,则不同的放球方法共有(　　)种.

  A. 240   B. 144   C. 120   D. 91   E. 24

  例 6 有 6 个人,每个人都以相同的概率被分配到 4 间房中的每一间中,某指定房间中恰有 2 人的概率约为(　　).

  A. 0.1926   B. 0.6667   C. 0.3333   D. 0.2966   E. 0.4

  例 7 若 10 把钥匙中只有 2 把钥匙能打开某锁,则从中任取 2 把能打开锁的概率为(　　).

  A. $\dfrac{7}{45}$ B. $\dfrac{1}{5}$ C. $\dfrac{17}{45}$ D. $\dfrac{13}{45}$ E. $\dfrac{19}{45}$

  例 8 一个人有 n 把钥匙,其中只有 1 把钥匙能打开房门,随机逐个试验,则恰好第 k 次打开房门的概率为(　　).

  A. C_n^k B. $\dfrac{1}{n}$ C. $\dfrac{k}{n}$ D. $\dfrac{n-k}{n}$ E. C_n^{n-k}

  例 9 在伯努利试验中,事件 A 出现的概率为 $\dfrac{1}{3}$,则在此 3 重伯努利试验中,事件 A 出现奇数次的概率是(　　).

  A. $\dfrac{2}{27}$ B. $\dfrac{8}{27}$ C. $\dfrac{13}{27}$ D. $\dfrac{1}{2}$ E. $\dfrac{23}{27}$

  例 10 6 个人分到三个不同的房间中,要求每个房间至少 1 人且至多 3 人,共有(　　)种分配方式.

  A. 180   B. 240   C. 360   D. 450   E. 480

  例 11 (条件充分性判断)甲、乙、丙三人各自去破译一个密码,则密码能被破译的概率为 $\dfrac{3}{5}$.

  (1)甲、乙、丙三人能破译出密码的概率分别为 $\dfrac{1}{3},\dfrac{1}{4},\dfrac{1}{7}$.

  (2)甲、乙、丙三人能破译出密码的概率分别为 $\dfrac{1}{2},\dfrac{1}{3},\dfrac{1}{4}$.

  例 12 72 的正约数共有(　　)个.

A. 8   B. 12   C. 16   D. 20   E. 24

例 13 从 4 台甲型电脑和 5 台乙型电脑中任取 3 台,其中两种电脑都要取,则不同的取法有( )种.

A. 140   B. 84   C. 70   D. 35   E. 24

例 14 下列问题中是组合问题的个数有( )个.

① 从全班 45 人中选出 5 人参加学代会.

② 从全班 45 人中选出 2 人担任正、副班长.

③ 从全班 45 人中选出 3 人担任不同学科课代表.

④ 从 1,2,3 中任取两个数的积.

⑤ 从 1,2,3 中任取两个数的商.

A. 1   B. 2   C. 3   D. 4   E. 5

例 15 平面上有一组 5 条平行直线与另一组 n 条平行直线垂直,若两组平行直线共构成 280 个矩形,则 $n=$ ( ).

A. 5   B. 6   C. 7   D. 8   E. 9

例 16 从 3 双不同的鞋中随机抽取两只,则随机抽取的两只鞋恰好成双的概率是( ).

A. $\dfrac{1}{2}$ B. $\dfrac{1}{5}$ C. $\dfrac{1}{6}$ D. $\dfrac{1}{3}$ E. $\dfrac{1}{4}$

例 17 抛掷两个骰子,当至少有一个 2 点或 3 点出现时,就说这次试验成功,则一次试验中成功的概率为( ).

A. $\dfrac{5}{9}$ B. $\dfrac{4}{9}$ C. $\dfrac{11}{21}$ D. $\dfrac{10}{21}$ E. $\dfrac{1}{3}$

例 18 (条件充分性判断)甲、乙两人各进行 3 次射击,则甲恰好比乙多击中目标 2 次的概率是 $\dfrac{1}{24}$.

(1)甲每次击中目标的概率为 $\dfrac{1}{2}$.   (2)乙每次击中目标的概率为 $\dfrac{2}{3}$.

例 19 一个袋子里有 10 颗不同的小球,其中 4 颗白球,6 颗黑球,无放回地每次抽取 1 颗,则第二次取到白球的概率是( ).

A. $\dfrac{2}{15}$ B. $\dfrac{4}{15}$ C. $\dfrac{1}{5}$ D. $\dfrac{2}{5}$ E. $\dfrac{1}{15}$

例 20 4 个同学同时考上了同一所高中,假设这所学校的高一年级共有 10 个班,那么至少有 2 人分在同一班级的概率为( ).

A. $\dfrac{12}{25}$ B. $\dfrac{62}{125}$ C. $\dfrac{37}{75}$ D. $\dfrac{49}{135}$ E. $\dfrac{4}{25}$

经典例题题解 ◤

例 1 解析　要做的事需分 3 步完成,因每封信有 4 种不同的投放方法,

故由乘法原理知 $4×4×4=4^3$ 种不同的投放方法,

综上所述,答案是 **C**.

例 2 解析　先将 1 与 2、3 与 4、5 与 6 进行捆绑,并将捆绑成的 3 个元素进行全排列,

有 $A_2^2 A_2^2 A_2^2 A_3^3 = 48$ 种方法;此时 3 个捆绑元素形成 4 个空位,从中取出两个空位,将 7 与

8 进行全排列后安排到这两个空位中,有 $C_4^2 A_2^2 = 12$ 种方法;

根据分步相乘的原理,有 $A_2^2 A_2^2 A_2^2 A_3^3 C_4^2 A_2^2 = 576$ 种不同的排法.

综上所述,答案是 **E**.

例 3 解析　"定点特权优先排,分步分类要结合!".

第一步,3 名主力队员要安排在第一、三、五位置,不同的方法为 $A_3^3 = 6$;

第二步,7 名普通队员中选出 2 名安排在第二、四位置,不同的方法为 $A_7^2 = 42$.

故不同排法有 $6 × 42 = 252$.

综上所述,答案是 **B**.

例 4 解析　直接根据"错排公式"可得: $D_4 = 9$, 答案是 **B**.

例 5 解析　要使得每个盒子里的球的个数不小于盒子的编号,则编号为 2 和 3 的盒子中球

的个数分配可以是 2 + 5,3 + 4 或 4 + 3,

2 + 5 的情况: $C_7^2 = 21$;

3 + 4 的情况: $C_7^3 = 35$;

4 + 3 的情况: $C_7^4 = 35$.

根据分类相加原理,不同的放球方法共有 21 + 35 + 35 = 91 种.

综上所述,答案是 **D**.

例 6 解析　利用乘法原理(分房时没有人数上的限制,可空房). $\dfrac{C_6^2 × 3^4}{4^6} \approx 0.2966$.

综上所述,答案是 **D**.

例 7 解析　方法一:根据古典概型可得 $P(A) = \dfrac{m}{n} = \dfrac{C_8^1 C_2^1 + C_2^2}{C_{10}^2} = \dfrac{17}{45}$.

方法二:根据对立事件可得 $P(A) = 1 - \dfrac{C_8^2}{C_{10}^2} = \dfrac{17}{45}$.

综上所述,答案是 **C**.

例 8 解析　方法一:开锁人是理性人,即开锁是无放回的随机抽样.

设 B_n 表示第 n 次首次打开了房门, $\overline{B_n}$ 表示第 n 次没有打开房门,则:

$$P(B_k) = P(\overline{B_1}\overline{B_2}\cdots\overline{B_{k-1}}B_k) = \frac{n-1}{n} \times \frac{n-2}{n-1} \cdots \frac{n-(k-1)}{n-(k-2)} \times \frac{1}{n-(k-1)} = \frac{1}{n}.$$

方法二:根据抓阄原理可得 $P(B_k) = \dfrac{1}{n}$.

综上所述,答案是 **B**.

例9 解析
$$P(A) = P(k=1) + P(k=3) = C_3^1 \frac{1}{3}\left(\frac{2}{3}\right)^2 + C_3^3 \left(\frac{1}{3}\right)^3$$
$$= \frac{4}{9} + \frac{1}{27} = \frac{13}{27}.$$

综上所述,答案是 **C**.

例10 解析 "至少1人且至多3人",则房间的人数分配分两类:

第一类:每个房间有2个人,按需给每个房间分人即可,共 $C_6^2 C_4^2 C_2^2 = 90$ 种分法;

第二类:人数分成1、2、3三组,随机分到三个房间,共 $C_6^1 C_5^2 C_3^3 A_3^3 = 360$ 种分法.

因此,共 90 + 360 = 450 种分法.

综上所述,答案是 **D**.

例11 解析 设甲、乙、丙三人能破译出密码的事件为 A,B,C.

条件(1): $P(A) = \dfrac{1}{3}, P(B) = \dfrac{1}{4}, P(C) = \dfrac{1}{7}, A,B,C$ 三个事件相互独立,

故 $P(A \cup B \cup C) = 1 - P(\overline{A})P(\overline{B})P(\overline{C}) = 1 - \dfrac{2}{3} \times \dfrac{3}{4} \times \dfrac{6}{7} = \dfrac{4}{7} \neq \dfrac{3}{5}$,

故条件(1)不充分.

条件(2): $P(A) = \dfrac{1}{2}, P(B) = \dfrac{1}{3}, P(C) = \dfrac{1}{4}, A,B,C$ 三个事件相互独立.

故 $P(A \cup B \cup C) = 1 - P(\overline{A})P(\overline{B})P(\overline{C}) = 1 - \dfrac{1}{2} \times \dfrac{2}{3} \times \dfrac{3}{4} = \dfrac{3}{4} \neq \dfrac{3}{5}$,

故条件(2)不充分. 条件(1)和(2)无法联合.

综上所述,答案是 **E**.

例12 解析 72 的正约数为 1,2,3,4,6,8,9,12,18,24,36,72,每一个正约数均为 72 的质因数的组合,如 $18 = 2 \times 3 \times 3, 36 = 2 \times 3 \times 2 \times 3$ 等.

则将 72 进行质因数分解,$72 = 2^3 \times 3^2$,质因数 2 有 4 种选取方式(0个2,1个2,2个2,3个2),质因数 3 有 3 种选取方式(0个3,1个3,2个3).

则 72 的正约数共有 $4 \times 3 = 12$ 个.

推广:若 $M = m_1^{p_1} \cdot m_2^{p_2} \cdot m_3^{p_3} \cdot \cdots \cdot m_n^{p_n}(m_1, m_2, \cdots, m_n$ 为质因数)

则 M 的正约数共有 $(p_1+1) \cdot (p_2+1) \cdot \cdots \cdot (p_n+1)$ 个.

综上所述,答案是 **B**.

例 13 解析　本题可分为以下两种情况.

第一种:1 甲 2 乙,共有 $C_4^1C_5^2=40$ 种.

第二种:2 甲 1 乙,共有 $C_4^2C_5^1=30$ 种.

故共有 $40+30=70$ 种取法.

综上所述,答案是 **C**.

例 14 解析　组合问题中元素的顺序对最终结果不产生影响(只选不排);排列问题中元素的顺序对最终结果会产生影响(先选再排). 故①、④属于组合问题,②、③、⑤属于排列问题.

综上所述,答案是 **B**.

例 15 解析　第一组的任意两条直线与另一组的任意两条直线都会组成一个唯一不重复的矩形. 故 $C_5^2C_n^2=280\Rightarrow n=8$.

综上所述,答案是 **D**.

例 16 解析　根据题意可知,该概率的分母部分相当于从 6 只鞋中随机抽取 2 只,即 $C_6^2=15$;

随机抽取的两只鞋恰好成双的情况有 3 种,则该概率是 $p=\dfrac{3}{C_6^2}=\dfrac{1}{5}$.

综上所述,答案是 **B**.

例 17 解析　设掷一颗骰子,出现 2 点或 3 点为事件 A,则有 $P(A)=\dfrac{2}{6}=\dfrac{1}{3}$;

设出现其他点为事件 B,则有 $P(B)=\dfrac{4}{6}=\dfrac{2}{3}$;

根据"正难则反法",即两个均不出现 2 点和 3 点的概率为 $\dfrac{2}{3}\times\dfrac{2}{3}=\dfrac{4}{9}$,

故题干所求概率为 $1-\dfrac{4}{9}=\dfrac{5}{9}$.

综上所述,答案是 **A**.

例 18 解析　显然条件(1)和(2)单独都不充分.

联合条件(1)和(2):甲比乙多击中目标 2 次,可分为甲中 2 次、乙中 0 次和甲中 3 次、乙中 1 次两种情况.

甲中 2 次、乙中 0 次:$C_3^2\left(\dfrac{1}{2}\right)^2\left(1-\dfrac{1}{2}\right)\times C_3^3\left(1-\dfrac{2}{3}\right)^3=\dfrac{1}{72}$,

甲中 3 次、乙中 1 次:$C_3^3\left(\dfrac{1}{2}\right)^3\times C_3^1\dfrac{2}{3}\times\left(1-\dfrac{2}{3}\right)^2=\dfrac{1}{36}$.

故所求概率为 $\dfrac{1}{36}+\dfrac{1}{72}=\dfrac{1}{24}$,联合充分.

综上所述,答案是 **C**.

例 19 解析　第二次取到白球的情况有以下两种：

情况一:第一次和第二次都取到白球,设该种情况为事件 A ,则有 $P(A) = \dfrac{4}{10} \times \dfrac{3}{9} = \dfrac{2}{15}$;

情况二:第一次取到黑球,第二次取到白球,设该种情况为事件 B ,则有 $P(B) = \dfrac{6}{10} \times \dfrac{4}{9}$

$= \dfrac{4}{15}$;

第二次取到白球的概率为 p ,则 $p = P(A) + P(B) = \dfrac{2}{15} + \dfrac{4}{15} = \dfrac{2}{5}$.

综上所述,答案是 **D**.

例 20 解析　根据题意可知,4 个人都分在不同班级的情况有 $A_{10}^4 = 5040$ 种,

而将 4 名同学安排到 10 个班级中,一共有 10^4 种情况,

则至少有 2 人分在同一班级的概率为 $\dfrac{10^4 - A_{10}^4}{10^4} = \dfrac{62}{125}$.

综上所述,答案是 **B**.

三、基 础 练 习

基础练习

1. 有 4 名学生参加数、理、化三科竞赛,每人限报一科,则不同的报名情况有(　　).
   A. 3^4 种　　　　B. 4^3 种　　　　C. 321 种　　　　D. 432 种　　　　E. 以上结论都不对

2. 用数字 0,1,2,3,4,5 可以组成没有重复数字,并且比 20000 大的五位偶数共有(　　)个.
   A. 126　　　　B. 288　　　　C. 216　　　　D. 144　　　　E. 240

3. 现有 4 个成年人和 2 个小孩,其中 2 人是母女;6 人排成一排照相,要求每个小孩两边都是成年人,且这对母女要排在一起,则不同的排法有(　　)种.
   A. 56　　　　B. 60　　　　C. 72　　　　D. 84　　　　E. 96

4. 有 8 本互不相同的书,其中数学书 3 本,外文书 2 本,其他书 3 本,若将这些书排成一列放在书架上,则数学书恰好排在一起,外文书也恰好排在一起的排法共有(　　)种.
   A. 420　　　　B. 2520　　　　C. 1680　　　　D. 1440　　　　E. 2480

5. 同室 4 人各写一张贺年卡,先集中起来,然后每人从中拿一张别人送出的贺年卡,则 4 张贺年卡的不同分配方式有(　　).
   A. 6 种　　　　B. 9 种　　　　C. 11 种　　　　D. 23 种　　　　E. 44 种

6. 在一次口试中,要从 5 道题中抽出 3 道题进行回答,答对了其中 2 道题就获得及格,某考生只会回答 5 道题中的 3 道,则该考生及格的概率为(　　).
   A. 0.1　　　　B. 0.4　　　　C. 0.6　　　　D. 0.7　　　　E. 0.5

7. 一个人有 n 把钥匙,其中只有 1 把钥匙能打开房门,随机逐个试验,则不超过 k 次打开房

门的概率为(　　).

A. C_n^k　　　　B. $\dfrac{1}{n}$　　　　C. $\dfrac{k}{n}$　　　　D. $\dfrac{n-k}{n}$　　　　E. C_n^{n-k}

8. 将 2 个红球(球互不相同)与 1 个白球随机地放入甲、乙、丙三个盒子中,则乙盒中至少有 1 个红球的概率为(　　).

A. $\dfrac{1}{9}$　　　　B. $\dfrac{8}{27}$　　　　C. $\dfrac{4}{9}$　　　　D. $\dfrac{5}{9}$　　　　E. $\dfrac{17}{27}$

9. 某乒乓球男子单打决赛在甲、乙两选手间进行,比赛采用 7 局 4 胜制,已知每局甲胜乙的概率为 0.7,则甲选手以 4∶1 战胜乙选手的概率为(　　).

A. 0.84×0.7^3　　　　　　B. 0.7×0.7^3　　　　　　C. 0.3×0.7^3

D. 0.9×0.7^3　　　　　　E. 以上结果均不对

10. 现有 6 张同排连号的电影票,分给 3 名教师和 3 名学生,若要求师生相间而坐,则不同的分法有(　　)种.

A. $A_3^3 A_4^3$　　B. $A_3^3 A_3^3$　　C. $A_4^3 A_4^3$　　D. $2A_3^3 A_3^3$　　E. $4A_3^3 A_3^3$

11. 电影院一排有 7 个座位,现在 4 人买了同一排的票,则恰有两个空座位相邻的不同坐法有(　　)种.

A. 160　　　B. 180　　　C. 240　　　D. 480　　　E. 960

12. 用数字 0,1,2,3,4,5 六个数字组成没有重复数字的四位数,其中三个偶数连在一起的四位数有(　　)个.

A. 20　　　B. 28　　　C. 30　　　D. 35　　　E. 40

13. 某种产品有 2 只次品和 3 只正品,每只产品均不相同,现每次取出一只测试,直到 2 只次品全部测出为止,则最后一只次品恰好在第 4 次测试时发现的不同情况有(　　)种.

A. 24　　　B. 36　　　C. 48　　　D. 72　　　E. 84

14. 编号为 1、2、3、4、5 的五人入座编号也为 1、2、3、4、5 的五个座位,至多有 2 人对号的坐法有(　　)种.

A. 109　　　B. 100　　　C. 89　　　D. 57　　　E. 44

15. 有 6 位老师,分别是 6 个班的班主任,期末考试时,每个老师监考一个班,恰好只有 2 位老师监考自己所在的班,则不同的监考方法有(　　)种.

A. 90　　　B. 120　　　C. 135　　　D. 210　　　E. 240

16. 10 双不同的鞋子,从中任意取出 4 只,4 只鞋子恰有 1 双的取法有(　　)种.

A. 450　　　B. 480　　　C. 960　　　D. 1200　　　E. 1440

17. 有 5 条线段,长度分别为 1,3,5,7,9 从中任取 3 条,能构成三角形的概率为(　　).

A. 0.1　　　B. 0.2　　　C. 0.3　　　D. 0.4　　　E. 0.5

18. 两次抛掷一枚骰子,两次出现的数字之和为奇数的概率为(　　).

A. $\dfrac{1}{36}$　　　　B. $\dfrac{1}{18}$　　　　C. $\dfrac{1}{9}$　　　　D. $\dfrac{5}{18}$　　　　E. $\dfrac{1}{2}$

19. 7 个人到 7 个地方去旅游,每人只去 1 个地方且各人去的地方均不相同,其中甲不去 A

地,乙不去 B 地,则共有( )种旅游方案.

    A. 3720   B. 3520   C. 3640   D. 2380   E. 2420

20. 从编号为 $1,2,3,\cdots,10$ 的球中任取 4 个,则所取 4 个球的最大号码是 6 的概率为( ).

    A. $\dfrac{1}{24}$ B. $\dfrac{1}{21}$ C. $\dfrac{1}{20}$ D. $\dfrac{2}{5}$ E. $\dfrac{3}{5}$

基础练习题解

1 【解析】每人有 3 种报名方法,依乘法原理,共有 $3\times3\times3\times3=3^4$ 种.

综上所述,答案是 **A**.

2 【解析】首先个位数字必须为偶数,分类讨论:

    (1)个位数为 0,万位数从 2,3,4,5 中选择一个,其余三位数从剩下的 4 个数中选择 3 个全排列,共有 $C_4^1 A_4^3 = 96$ 种,

    (2)个位数为 2,万位数从 3,4,5 中选择一个,其余三位数从剩下的 4 个数中选择 3 个全排列,共有 $C_3^1 A_4^3 = 72$ 种,

    (3)个位数为 4,万位数从 2,3,5 中选择一个,其余三位数从剩下的 4 个数中选择 3 个全排列,共有 $C_3^1 A_4^3 = 72$ 种,

根据分类计数原理,符合题意的偶数个数为 96 + 72 + 72 = 240.

综上所述,答案是 **E**.

3 【解析】从其他 3 位成年人中选取 1 人,让其和母亲分别排在女儿的两边,即 $C_3^1 A_2^2$;把这 3 个人看成一个整体与剩下的 2 个成年人全排列,即 A_3^3;另外一个小孩插入到中间的 2 个空中,即 C_2^1.

由乘法原理知共有 $C_3^1 A_2^2 A_3^3 C_2^1 = 72$ 种.

综上所述,答案是 **C**.

4 【解析】"排队有顺序,相邻捆绑整体看!"(捆绑法专用于解决相邻问题)

第一步,3 本数学书恰好排在一起,捆绑在一起并视作整体 I,不同的方法为 $A_3^3 = 6$,

2 本外文书恰好排在一起,捆绑在一起并视作整体 II,不同的方法为 $A_2^2 = 2$;

第二步,3 本其他的书与 2 个整体共 5 个元素排列,不同的方法为 $A_5^5 = 120$.

故不同排法有 $6 \times 2 \times 120 = 1440$.

综上所述,答案是 **D**.

5 【解析】直接根据"错排公式"可得:$D_4 = 9$,答案是 **B**.

6 【解析】从 5 道题中抽出 3 道题共 $C_5^3 = 10$ 种情况;要使考生及格,则选出的 3 道题中至少有两道是会回答的题目有 $C_3^3 + C_3^2 C_2^1 = 7$ 种情况.故该考生及格的概率为 $p = \dfrac{7}{10} = 0.7$.

综上所述,答案是 **D**.

7 【解析】开锁人是理性人,一旦开锁就终止试验,即开锁是无放回的随机抽样.

设 B_n 表示第 n 次打开了房门,B_n 与 $B_m(m \neq n)$ 互斥,

则 $$P(B_1 + B_2 + \cdots + B_k) = P(B_1) + P(B_2) + \cdots + P(B_k) = \frac{k}{n}.$$

综上所述,答案是 **C**.

【点评】抓阄原理:$P(B_k) = \dfrac{1}{n}$ 是必备的解题工具,考生务必熟练掌握!

8 【解析】方法一:分母:3 个球放入 3 个盒子,共有 $3^3 = 27$ 种不同方法.

分子:乙盒有 1 个红球:从两个红球中选择一个红球放入乙盒有 C_2^1 种;另一个红球放入甲、丙中的一个盒子有 C_2^1 种;白球从 3 个盒子中选一个有 C_3^1 种;故共有 $C_2^1 C_2^1 C_3^1 = 12$ 种.

乙盒有 2 个红球:两个红球放入乙盒中,有 1 种方法;白球放入到 3 个盒子中的一个有 $C_3^1 = 3$ 种,故共有 $1 \times C_3^1 = 3$ 种方法.

所以乙盒至少有 1 个红球共有 $12 + 3 = 15$ 种方法.

所求概率:$p = \dfrac{15}{27} = \dfrac{5}{9}$.

方法二:分母:3 个球放入 3 个盒子,共有 $3^3 = 27$ 种方法.

分子:乙盒没有红球:2 个红球放入甲、丙盒子中共有 $2 \times 2 = 4$ 种,白球放入 3 个盒子共有 3 种.故乙盒没有红球共有 $4 \times 3 = 12$ 种.

所求概率:$p = 1 - \dfrac{12}{27} = \dfrac{5}{9}$.

综上所述,答案是 **D**.

9 【解析】甲选手以 4:1 战胜乙选手,就是相当于在前 4 局中甲赢了 3 局,且第 5 局必须赢. 因此,其概率等于 $p = C_4^3 \times (0.7)^3 \times 0.3 \times 0.7 = 0.84 \times 0.7^3$.

综上所述,答案是 **A**.

10 【解析】第一步:3 名教师和 3 名学生相间而坐只有两种情况.

第二步:3 名教师和 3 名同学分别全排列,有 $A_3^3 A_3^3$ 种. 故不同分法有 $2A_3^3 A_3^3$ 种.

综上所述,答案是 **D**.

11 【解析】4 个人任意坐,有 A_4^4 种情况;将相邻的 2 个空座捆绑,与另外一个空座一起插入 4 个人形成的 5 个空中,有 A_5^2 种情况. 由乘法原理知,共有 $A_4^4 A_5^2 = 480$ 种.

综上所述,答案是 **D**.

12 【解析】第一步:从三个奇数中选择一个数与 0,2,4 构成四个数字,共有 C_3^1 种.

第二步:用四个数字组成一个四位数需分两种情况讨论.

若千位上为奇数,共有 $C_1^1 A_3^3 = 6$ 种. 若千位上为偶数,共有 $C_2^1 A_2^2 = 4$ 种.

故所求四位数共有 $C_3^1 \times (6+4) = 30$ 个.

综上所述,答案是 **C**.

---

13 【解析】第 4 次测试的为次品,即 C_2^1;前 3 次测试中有 1 只次品,2 只正品,即 $C_3^1 A_3^2$.

故有 $C_2^1 C_3^1 A_3^2 = 36$ 种.

综上所述,答案是 **B**.

---

14 【解析】已知,2 个元素错排的情况有 1 种;3 个元素错排的情况有 2 种;

4 个元素错排的情况有 9 种;5 个元素错排的情况有 44 种;

当有 0 人对号入座时,即 5 个人均错排,此时有 44 种坐法;

当有 1 人对号入座时,即 4 个人错排,此时有 $C_5^1 \times 9 = 45$ 种坐法;

当有 2 人对号入座时,即 3 个人错排,此时有 $C_5^2 \times 2 = 20$ 种坐法.

至多有 2 人对号的坐法有 $44 + 45 + 20 = 109$ 种.

综上所述,答案是 **A**.

---

15 【解析】第一步:只有 2 位老师监考自己的班,即 $C_6^2 = 15$.

第二步:其余 4 位老师不监考自己班,即 $D_4 = 9$.

故不同的监考方法共有 $15 \times 9 = 135$ 种.

综上所述,答案是 **C**.

---

16 【解析】第一步:4 只鞋子恰有 1 双,即 C_{10}^1.

第二步:另外两只鞋子不成双,即从剩下的 9 双中选 2 双,每双中取 1 只,故为 $C_9^2 C_2^1 C_2^1$.

所以共有 $C_{10}^1 C_9^2 C_2^1 C_2^1 = 1440$ 种取法.

综上所述,答案是 **E**.

---

17 【解析】第一步:从 5 条线段中任取 3 条,共有 $C_5^3 = 10$ 种不同 的情况.

第二步:可以构成三角形的线段有以下 3 组:(3,5,7)、(3,7,9)、(5,7,9),

故构成三角形的概率为 $\dfrac{3}{10} = 0.3$.

综上所述,答案是 **C**.

---

18 【解析】两次出现数字之和为奇数有以下两种情况:

第一种:第一次为奇数第二次为偶数,即 $\dfrac{1}{2} \times \dfrac{1}{2} = \dfrac{1}{4}$.

第二种:第一次为偶数第二次为奇数,即 $\dfrac{1}{2} \times \dfrac{1}{2} = \dfrac{1}{4}$.

故两次出现数字之和为奇数的概率为 $\dfrac{1}{4} + \dfrac{1}{4} = \dfrac{1}{2}$.

综上所述,答案是 **E**.

19 【解析】本题考点：两个基本原理.

在没有限制的情况下，7 个人到 7 个地方去旅游，共有 A_7^7 种方案；

当甲去 A 地且乙去 B 地时，只需将剩余 5 个人进行全排列即可，共有 A_5^5 种方案；

当甲去 A 地且乙不去 B 地时，先将乙安排到其余 5 个地点中的任意一个，再将剩余 5 个人进行全排列，共有 $C_5^1 A_5^5$ 种方案；

当甲不去 A 地且乙去 B 地时，先将甲安排到其余 5 个地点中的任意一个，再将剩余 5 个人进行全排列，共有 $C_5^1 A_5^5$ 种方案；

则按照题干要求，当甲不去 A 地且乙不去 B 地时，

共有 $A_7^7 - A_5^5 - C_5^1 A_5^5 - C_5^1 A_5^5 = 3720$ 种旅游方案.

综上所述，答案是 **A**.

20 【解析】第一步：从 10 个球中任取 4 个共有 $C_{10}^4 = 210$ 种.

第二步：4 个球最大号码是 6，故有一个球是 6，其他球从 1,2,3,4,5 中选出三个，即 $C_5^3 = 10$ 种.

故 4 个球的最大号码是 6 的概率为 $\dfrac{10}{210} = \dfrac{1}{21}$.

综上所述，答案是 **B**.

专业学位硕士联考应试 精点 系列

ZhuanYe XueWei ShuoShi LianKao YingShi JingDian XiLie

MBA

第11版

MPA MPAcc

MEM

管理类

鑫全工作室

联考 数学精点

②强化分册

鑫全工作室图书策划委员会·编

主编 杨 洁 王苏宇

参编 刘青春 毛 敏 廖 卫

全新改版
LIANKAO
2022 版
SHUXUEJINGDIAN
精点教材

机械工业出版社

CHINA MACHINE PRESS

目　录

第三篇　强化攻略篇

第四篇　模考冲刺篇

第五篇　考场增分策略篇

第三篇 强化攻略篇

建议学习时间：6月~11月（备考强化阶段）

战略目标：熟练、灵活使用各种方法，快速、准确解题，达到高分、满分水准.

具体目标一：精准掌握数学考试的命题轨迹与解题思路；

具体目标二：精准掌握数学考试全部知识、命题角度与相应的解题技巧，做到"胸有陈题"；

具体目标三：形成系统的解题"条件反射系统".

特别提示：

提示一："强化攻略篇"将真题分门别类，构建了命题套路和解题套路；

提示二："强化攻略篇"的知识点也可用于考前回顾；

提示三：强化阶段的学习交流会、"面试式"讨论与辩论会是实现目标的有效方法.

学法导航：

第一步：学习9个攻略章节的第一部分内容，基本实现目标一；

第二步：学习9个攻略章节的第二、三、四部分内容，全面实现目标一、目标二；

第三步：学习9个攻略章节的第五部分内容，全面实现目标一、目标二、目标三；

第四步：总结、分析前三步的学习内容，适当复习"基础夯实篇"，积累错题本，把书"越学越薄".

数与运算

一、备考攻略综述

大纲表述

(一)算术

1. 整数

(1)整数及其运算

(2)整除、公倍数、公约数

(3)奇数、偶数

(4)质数、合数

2. 分数、小数、百分数

命题轨迹

十几年来,考题都集中在实数的理解与运算技巧、有理数与无理数的线性零和、整除分析、质因数分析、奇偶分析、组合最值等方向,但命题素材来源于基本概念、定理,语言与模式相对比较固定. 考生只要在备考与实战中抓住这点,做好相应的准备,就可以稳操胜券.

备考提示

为彻底解决联考中数与运算,考生第一要搞懂并熟记相关概念,第二要重点掌握质数、整除、倍约等内容,最后要熟练掌握本章的技巧点拨的内容.

二、知 识 点

实 数

(1)有理数与无理数统称为实数.

(2)数轴上的点与实数存在一一对应的关系.

(3)任意两实数的和、差、积、商(除数不为 0)仍是实数,即实数的四则运算具有封闭性.

(4)对任意实数 x 用 $[x]$ 表示不超过 x 的最大整数;$\{x\}=x-[x]$ 表示实数 x 的小数部分.

(5)实数的分类

$$实数\begin{cases}有理数\\无理数\end{cases}\qquad 实数\begin{cases}正实数\\0\\负实数\end{cases}$$

(6)有理数与无理数的混合运算

1)有理数之间进行四则运算(除法中分母要有意义)所得结果仍为有理数.

2)有理数和无理数进行四则运算以及无理数与无理数进行四则运算要分类讨论.

无理数 🔄

(1)凡不能写成 $m=\dfrac{p}{q}$(p,q 为非零整数)的数 m 都是无理数.

(2)任意两无理数的和、差、积、商(除数不为零)不一定是无理数.

有理数 🔄

(1)凡是能写成 $m=\dfrac{p}{q}$(p,q 为非零整数)的数 m 都是有理数.

(2)任意两有理数的和、差、积、商(除数不为零)仍为有理数.

(3)有理数与无理数的混合运算中,和、差一定为无理数,积、商(除数不为零)不确定.

分数 🔄

分数的四则运算"先通分,后约分",最终化为最简分数(【注】通分找分母的最小公倍数.约分找分子与分母的最大公约数,最简分数为分子、分母互质.)

整数 🔄

(1)整数的分类

$$整数\begin{cases}正整数\\0\\负整数\end{cases}\qquad 整数\begin{cases}奇数\\偶数\end{cases}$$

(2)奇数与偶数

1)奇数的定义:不能被 2 整除的整数叫作奇数,常设为 $2k+1$ 或 $2k-1$.($k\in \mathbf{Z}$,$\mathbf{Z}$ 为整数集)

2)偶数的定义:能被 2 整除的整数叫作偶数,常设为 $2k$.($k\in \mathbf{Z}$,$\mathbf{Z}$ 为整数集)

3)奇偶分析

在乘法中偶数具有同化作用:

奇×奇＝奇　　　偶×偶＝偶　　　奇×偶＝偶

在加减法中遵守"同为偶,异为奇":

奇±奇＝偶　　偶±偶＝偶　　奇±偶＝奇

若 x,y 为整数,则 $x+y$ 与 $x-y$ 奇偶性一致;

若 $\sqrt{x\pm y}$ 为整数,则 $x\pm y$ 与 $\sqrt{x\pm y}$ 奇偶性一致.

正整数

(1)正整数的分类

$$正整数\begin{cases}质数\\合数\\1\end{cases}$$

(2)质数与合数

1)质数与合数的定义:一个大于 1 的正整数,如果它的正因数只有 1 和它本身,则称这个整数为质数(或素数);一个大于 1 的整数,如果除了 1 和它本身,还有其他正因数,则称这个整数是合数(或复合数).

2)质数与合数的性质

质数的性质:任意一个整数与一质数要么互质,要么是这一质数的倍数;若质数 P 整除 $a_1\cdots a_n$,则质数 P 至少能整除 $a_1,a_2,\cdots,a_n$ 中的一个,最小的"偶"质数为 2,最小的"奇"质数为 3.

常见的质数有"2,3,5,7,11,13,17,19,23,29,31,37,41,43,47,53,59,61,67,71,73,79,83,89,97,…"

合数的性质:最小的合数为 4.

【注】"1"既不是质数,也不是合数;

　　　"2"是质数中唯一的偶数.

(3)倍约与除余

1)若 a 能整除 N,则 N 叫作 a 的倍数,a 叫作 N 的约数.

2)a 与 b 的最小公倍数与最大公约数分别记为 $[a,b]$,(a,b).

求法如下:

方法一:多元短除法.

方法二:质因数分解法.

方法三:辗转相除法.

两者之间的关系为 $(a,b)[a,b]=ab$;$[a,b]$ 为 (a,b) 的倍数.

3)整除:若 a 除 N 没有余数,则称 a 整除 N,记为 $a\mid N$.

整除的性质

传递性:如果 a 是 b 的倍数,b 是 c 的倍数,那么 a 是 c 的倍数.

线性性质:如果 a 是 c 的倍数,b 是 c 的倍数,那么对于任意的整数 m,n,线性和(差)$ma+nb$ 都是 c 的倍数.

4)将带余除法转化为整除:若 a 除以 b 余 c,则 $a-c$ 能被 b 整除.

5)互质的概念:若 a 与 b 的最大公约数是 1,那么称 a 与 b 互质.

6)质因数分解:任意正整数都能唯一分解为质因数之积.

即 $N=m_1^{p_1}m_2^{p_2}\cdots m_n^{p_n}$,则约数个数为 $(p_1+1)(p_2+1)\cdots(p_n+1)$.

三、技巧点拨

无限循环小数化分数 ◐

无限循环小数可以化为分数,如 $0.\dot{4} = \dfrac{4}{9}$.

方法如下:设 $x = 0.\dot{4} = 0.44444\cdots$,

则 $10x = 4.\dot{4} = 4.44444\cdots$.

两式相减:$9x = 4 \Rightarrow x = \dfrac{4}{9}$.

倍约个数 ◐

设 a, b 是任意两个正整数,则有以下结论:

(1) 从 1 到 N 个自然数中,能被 a 和 b 整除的数的个数为

$$n = \left[\dfrac{N}{a \text{ 与 } b \text{ 的最小公倍数}}\right].$$

(2) 从 1 到 N 个自然数中,能被 a 或 b 整除的数的个数为

$$n = \left[\dfrac{N}{a}\right] + \left[\dfrac{N}{b}\right] - \left[\dfrac{N}{a \text{ 与 } b \text{ 的最小公倍数}}\right].$$

阶乘串零 ◐

本技巧主要解决 $M!$ 的末尾有多少个零.

第一步:分析乘积末尾零的形成机理.

① 质因数 2,5 之积为 10.

② 质因数分解后看 2,5 的次方 m_2, m_5.

③ 乘积末尾零的个数 n 公式:$n = m_5$(因为质因数分解中 2 的次方大于等于 5 的次方).

第二步:分析 $M!$ 阶乘的某个质因数 5 的次方 m_5.

"次方原理":$M! = 1 \times 2 \times 3 \times \cdots \times M$

$$m_5 = \left[\dfrac{M}{5}\right] + \left[\dfrac{M}{5^2}\right] + \left[\dfrac{M}{5^3}\right] + \cdots.$$

第三步:$M!$ 末尾零的个数 n 的最后实战公式:

$$n = m_5 = \left[\dfrac{M}{5}\right] + \left[\dfrac{M}{5^2}\right] + \left[\dfrac{M}{5^3}\right] + \cdots.$$

组合最值

组合最值是这样的一类问题:

(1)几个正数的和一定,求积的最值.

(2)几个正数的积一定,求和的最值.

有时,还会附加一些条件,如这几个正数都大于2.

联考数学常见的组合最值的命题模式如下:

模式一:若 n 个参数(皆为正整数)之积等于定值,和的最值求解原则

① 要使得这 n 个参数之和最大,则应尽可能让一个参数极端大,其余参数尽可能小.

② 要使得这 n 个参数之和最小,则应尽可能让这几个参数接近.

实战示范(加深理解):

$$ab = 12 \Rightarrow \begin{cases} ab = 1 \times 12 \Rightarrow a + b = 13(越极端,和越大) \\ ab = 2 \times 6 \Rightarrow a + b = 8 \\ ab = 3 \times 4 \Rightarrow a + b = 7(越接近,和越小) \end{cases}$$

$$abc = 12 \Rightarrow \begin{cases} abc = 1 \times 1 \times 12 \Rightarrow a + b + c = 14(越极端,和越大) \\ abc = 1 \times 2 \times 6 \Rightarrow a + b + c = 9 \\ abc = 1 \times 3 \times 4 \Rightarrow a + b + c = 8 \\ abc = 2 \times 2 \times 3 \Rightarrow a + b + c = 7(越接近,和越小) \end{cases}$$

模式二:若 n 个参数(皆为正整数)之和等于定值,积的最值求解原则

① 要使得这 n 个参数之积最大,则应尽可能让这 n 个参数接近.

② 要使得这 n 个参数之积最小,则应尽可能让一个参数极端大,其余参数尽可能小.

实战示范(加深理解):

$$a + b = 5 \Rightarrow \begin{cases} a + b = 1 + 4 \Rightarrow ab = 4(越极端,积越小) \\ a + b = 2 + 3 \Rightarrow ab = 6(越接近,积越大) \end{cases}$$

$$a + b + c = 5 \Rightarrow \begin{cases} a + b + c = 1 + 1 + 3 \Rightarrow abc = 3(越极端,积越小) \\ a + b + c = 1 + 2 + 2 \Rightarrow abc = 4(越接近,积越大) \end{cases}$$

长串公式化简

主要用于长串数学加减乘除抵消化简

(1)分数型裂项: $$\begin{cases} \dfrac{1}{n(n+k)} = \dfrac{1}{k}\left(\dfrac{1}{n} - \dfrac{1}{n+k}\right) \\ \dfrac{1}{1+2+\cdots+n} = 2\left(\dfrac{1}{n} - \dfrac{1}{n+1}\right) \\ \dfrac{1}{n(n+1)(n+2)} = \dfrac{1}{2}\left[\dfrac{1}{n(n+1)} - \dfrac{1}{(n+1)(n+2)}\right] \end{cases}$$

$$S = \frac{1}{1 \times 2} + \frac{1}{2 \times 3} + \cdots + \frac{1}{n(n+1)}$$

$$a_n = \frac{1}{n(n+1)} = \frac{1}{n} - \frac{1}{n+1}(理论依据)$$

$$S = \left(1 - \frac{1}{2}\right) + \left(\frac{1}{2} - \frac{1}{3}\right) + \cdots + \left(\frac{1}{n} - \frac{1}{n+1}\right) = \frac{n}{n+1}$$

拓展：$S = \dfrac{1}{m(m+k)} + \dfrac{1}{(m+k)(m+2k)} + \cdots$

$\quad a_n = \dfrac{1}{n(n+k)} = \dfrac{1}{k}\left(\dfrac{1}{n} - \dfrac{1}{n+k}\right)$（理论依据）

$\quad S = \dfrac{1}{k}\left[\left(\dfrac{1}{m} - \dfrac{1}{m+k}\right) + \left(\dfrac{1}{m+k} - \dfrac{1}{m+2k}\right) + \cdots\right]$

（2）根式型裂项：$\dfrac{1}{\sqrt{n} + \sqrt{n+k}} = \dfrac{1}{k}\left(\sqrt{n+k} - \sqrt{n}\right)$

$\dfrac{1}{1 + \sqrt{2}} + \dfrac{1}{\sqrt{2} + \sqrt{3}} + \dfrac{1}{\sqrt{3} + 2} + \cdots + \dfrac{1}{\sqrt{n} + \sqrt{n+1}}$

$= \sqrt{2} - 1 + \sqrt{3} - \sqrt{2} + 2 - \sqrt{3} + \cdots + \sqrt{n+1} - \sqrt{n}$

$= \sqrt{n+1} - 1$

（3）排列型裂项：$\dfrac{n-1}{n!} = \dfrac{1}{(n-1)!} - \dfrac{1}{n!}$

$S = \dfrac{1}{2!} + \dfrac{2}{3!} + \cdots + \dfrac{n-1}{n!}$

$a_n = \dfrac{n-1}{n!} = \dfrac{1}{(n-1)!} - \dfrac{1}{n!}$（理论依据）

$S = \left(1 - \dfrac{1}{2!}\right) + \left(\dfrac{1}{2!} - \dfrac{1}{3!}\right) + \cdots + \left[\dfrac{1}{(n-1)!} - \dfrac{1}{n!}\right] = 1 - \dfrac{1}{n!}$

（4）平方差裂项：$a^2 - b^2 = (a+b)(a-b)$

$S = \left(1 - \dfrac{1}{4}\right)\left(1 - \dfrac{1}{9}\right)\cdots\left(1 - \dfrac{1}{10000}\right)$

$a^2 - b^2 = (a+b)(a-b)$（理论依据）

$1 - \dfrac{1}{n^2} = \left(1 - \dfrac{1}{n}\right)\left(1 + \dfrac{1}{n}\right)$（实战应用）

$S = \left(1 - \dfrac{1}{2}\right) \times \left(1 + \dfrac{1}{2}\right) \times \left(1 - \dfrac{1}{3}\right) \times \left(1 + \dfrac{1}{3}\right) \times \cdots \times \left(1 - \dfrac{1}{99}\right) \times \left(1 + \dfrac{1}{99}\right) \times$

$\left(1 - \dfrac{1}{100}\right) \times \left(1 + \dfrac{1}{100}\right)$

$= \dfrac{1}{2} \times \dfrac{3}{2} \times \dfrac{2}{3} \times \dfrac{4}{3} \times \dfrac{3}{4} \times \cdots \times \dfrac{98}{99} \times \dfrac{100}{99} \times \dfrac{99}{100} \times \dfrac{101}{100}$

$= \dfrac{1}{2} \times \left(\dfrac{3}{2} \times \dfrac{2}{3}\right) \times \left(\dfrac{4}{3} \times \dfrac{3}{4}\right) \times \cdots \times \left(\dfrac{100}{99} \times \dfrac{99}{100}\right) \times \dfrac{101}{100}$

$= \dfrac{1}{2} \times \dfrac{101}{100} = \dfrac{101}{200}$

$(a + b)(a^2 + b^2)(a^4 + b^4)(a^8 + b^8)\cdots$

$= \dfrac{(a - b)(a + b)(a^2 + b^2)(a^4 + b^4)(a^8 + b^8)\cdots}{(a - b)}$

$$= \frac{(a^2 - b^2)(a^2 + b^2)(a^4 + b^4)(a^8 + b^8) \cdots}{a - b}$$

$$= \frac{(a^4 - b^4)(a^4 + b^4)(a^8 + b^8) \cdots}{a - b}$$

$$= \frac{(a^8 - b^8)(a^8 + b^8) \cdots}{a - b}$$

$$= \frac{(a^{16} - b^{16}) \cdots}{a - b}$$

四、命 题 点

实数的混合运算

例1　（条件充分性判断）m 是一个整数.

（1）若 $m = \dfrac{p}{q}$，其中 p 与 q 为非零整数，且 m^2 是一个整数.

（2）若 $m = \dfrac{p}{q}$，其中 p 与 q 为非零整数，且 $\dfrac{2m + 4}{3}$ 是一个整数.

例2　一个大于1的自然数的算术平方根为 a，则与这个自然数左右相邻的两个自然数的算术平方根分别为（　　）.

A. $\sqrt{a} - 1, \sqrt{a} + 1$　　　　B. $a - 1, a + 1$　　　　C. $\sqrt{a - 1}, \sqrt{a + 1}$

D. $\sqrt{a^2 - 1}, \sqrt{a^2 + 1}$　　　　E. $a^2 - 1, a^2 + 1$

例3　若 x, y 是有理数，且满足：$(1 + 2\sqrt{3})x + (1 - \sqrt{3})y - 2 + 5\sqrt{3} = 0$，则 x, y 的值分别为（　　）.

A. $1, 3$　　　B. $-1, 2$　　　C. $-1, 3$　　　D. $1, 2$　　　E. 以上都不对

实数的取整及小数部分

例4　设 $x = \sqrt{2} + 1$，a 是 x 的小数部分，b 是 $-x$ 的小数部分，则 $a^3 + b^3 + 3ab = $（　　）.

A. 0　　　　B. 1　　　　C. 2　　　　D. 3　　　　E. 4

例5　（条件充分性判断）$[a], [b], [c]$ 分别表示不超过 a, b, c 的最大整数，则 $[a - b - c]$ 可以取值的个数是3个.

（1）$[a] = 5$　$[b] = 3$　$[c] = 1$.　　　　　　（2）$[a] = 5$　$[b] = -3$　$[c] = -1$.

分小互化

例6　$\dfrac{\frac{1}{2} + \left(\frac{1}{2}\right)^2 + \left(\frac{1}{2}\right)^3 + \cdots + \left(\frac{1}{2}\right)^8}{0.\dot{1} + 0.\dot{2} + 0.\dot{3} + \cdots + 0.\dot{9}} = $（　　）.

A. $\dfrac{85}{768}$　　　B. $\dfrac{85}{512}$　　　C. $\dfrac{51}{256}$　　　D. $\dfrac{85}{384}$　　　E. $\dfrac{51}{512}$

例 7　将 $\dfrac{3456}{9999}$ 化为小数,那么小数点后面 2024 位数之和为(　　).

A. 9108　　　B. 9106　　　C. 9100　　　D. 9072　　　E. 9068

奇偶分析及运算 🔾

例 8　(条件充分性判断) m^2 除以 8 的余数是 1.

(1) m 是奇数.　　　　　　　　　　　　　　(2) m 是偶数.

例 9　若 a,b 是正整数,且 $m = ab(a + b)$,则(　　).

A. m 一定是奇数　　　　　　　　　　　　B. m 一定是偶数

C. 只有当 a,b 都是偶数时,m 是偶数　　D. 只有当 a,b 一奇一偶时,m 是偶数

E. 只有当 a,b 都是奇数时,m 是偶数

例 10　若 $|x - y| + \sqrt{x + y} = a$,且知 x,y,a 均为整数,同时 a 为质数,则方程有(　　)组解.

A. 1　　　B. 2　　　C. 3　　　D. 4　　　E. 5

质合分析及质因数分解 🔾

例 11　如果 A,B,C 是三个质数,而且 $A - B = B - C = 20$,那么 $3A + 2B + C =$(　　).

A. 33　　　B. 43　　　C. 53　　　D. 158　　　E. 178

例 12　三名小孩中有一名学龄前儿童(年龄不足 6 岁),他们的年龄都是质数(素数),且依次相差 6 岁,他们的年龄之和为(　　).

A. 21　　　B. 27　　　C. 33　　　D. 39　　　E. 51

例 13　已知 x_1,x_2,x_3,x_4,x_5 是满足条件 $x_1 + x_2 + x_3 + x_4 + x_5 = -7$ 的不同整数,b 是关于 x 的一元五次方程 $(x - x_1)(x - x_2)(x - x_3)(x - x_4)(x - x_5) = 1773$ 的整数根,则 b 的值为(　　).

A. 15　　　B. 17　　　C. 25　　　D. 36　　　E. 38

例 14　(条件充分性判断) 若 x,y 是质数,则 $8x + 666y = 2014$.

(1) $3x + 4y$ 是偶数.　　　　　　　　　　(2) $3x - 4y$ 是 6 的倍数.

倍约分析 🔾

例 15　(条件充分性判断) 存在正整数 a,b,使得 $ab = 750$.

(1) a,b 的最大公约数是 35.　　　　　　　(2) a,b 的最大公约数是 15.

例 16　从 1 到 100 的整数中任取一个数,则该数能被 5 或 7 整除的概率为(　　).

A. 0.02　　　B. 0.14　　　C. 0.2　　　D. 0.32　　　E. 0.34

整除及带余除法

例 17 （条件充分性判断）$\dfrac{n}{14}$ 是一个整数.

（1）n 是一个整数，且 $\dfrac{3n}{14}$ 也是一个整数.

（2）n 是一个整数，且 $\dfrac{n}{7}$ 也是一个整数.

例 18 （条件充分性判断）整数除以 15 的余数为 14.

（1）整数除以 3 的余数是 2.　　　　　　　　（2）整数除以 5 的余数是 4.

例 19 有一个四位数，它被 122 除余 109，被 121 除余 2，则此四位数的各位数字之和为（　　）.

A. 12　　　　　B. 13　　　　　C. 14　　　　　D. 16　　　　　E. 17

长串式子的化简求值

例 20 $\dfrac{(1+3)(1+3^2)(1+3^4)(1+3^8)\cdots(1+3^{32})+\dfrac{1}{2}}{3\times3^2\times3^3\times3^4\times\cdots\times3^{10}}=（\qquad）.$

A. $\dfrac{1}{2}\times3^{10}+3^{19}$　　　　　　B. $\dfrac{1}{2}+3^{19}$　　　　　　C. $\dfrac{1}{2}\times3^{19}$

D. $\dfrac{1}{2}\times3^9$　　　　　　E. 以上都不对

例 21 $1-\dfrac{2}{1\times(1+2)}-\dfrac{3}{(1+2)(1+2+3)}-\dfrac{4}{(1+2+3)(1+2+3+4)}-\cdots-$

$\dfrac{10}{(1+2+\cdots+9)(1+2+\cdots+10)}=（\qquad）.$

A. $\dfrac{1}{45}$　　　　B. $\dfrac{1}{55}$　　　　C. $\dfrac{1}{65}$　　　　D. $\dfrac{7}{60}$　　　　E. $\dfrac{7}{75}$

例 22 $\dfrac{\log_7(1+7^2)+\log_7(1+7^4)+\log_7(1+7^8)+\cdots+\log_7(1+7^{32})+\log_{\frac{1}{7}}\left(\dfrac{7^{64}-1}{48}\right)}{\log_3(3\times3^2\times3^3\times3^4\times\cdots\times3^{10})}=（\qquad）.$

A. $\log_7 48$　　　B. $\log_7 8$　　　C. $\dfrac{1}{2}$　　　D. 0　　　E. 以上都不对

组合最值

例 23 （条件充分性判断）$a+b+c+d+e$ 的最大值为 133.

（1）a,b,c,d,e 是大于 1 的自然数，且 $abcde=2700$.

（2）a,b,c,d,e 是大于 1 的自然数，且 $abcde=2000$.

例 24　（条件充分性判断）$abcde$ 的最小值为 256.

（1）a,b,c,d,e 是大于 1 的自然数，且 $a+b+c+d+e=24$.

（2）a,b,c,d,e 是大于 1 的自然数，且 $a+b+c+d+e=23$.

阶乘串零（末尾 0 的个数）

例 25　（条件充分性判断）$n \geqslant 22$.

（1）$m=1 \times 2 \times 3 \times \cdots \times 99$，其中 m 末尾连续有 n 个零.

（2）$m=11 \times 12 \times 13 \times \cdots \times 109$，其中 m 末尾连续有 n 个零.

命题点答案及解析

例 1 解析　条件（1）是充分条件，推导如下：

根据 $m=\dfrac{p}{q}$，其中 p 和 q 为非零整数，可知 m 是有理数.

又因为 m^2 是一个整数，四种有理数（整数、分数、有限小数、无限循环小数）中，只有整数的平方才是整数，故 m 是一个整数.

条件（2）不是充分条件，推导如下：

根据 $m=\dfrac{p}{q}$，其中 p 和 q 为非零整数，可知 m 是有理数.

又因为 $\dfrac{2m+4}{3}$ 是一个整数，则 $\dfrac{2m+4}{3}=k$（k 为整数），$m=k-2+\dfrac{k}{2}$.

当 k 为偶数时，m 是一个整数.

当 k 为奇数时，m 不是一个整数.

综上所述，答案是 **A**.

例 2 解析　设该大于 1 的自然数为 x，$\sqrt{x}=a$，$x=a^2$.

这个自然数左右相邻的两个自然数分别为 a^2-1,a^2+1，其算术平方根分别为 $\sqrt{a^2-1}$，$\sqrt{a^2+1}$.

综上所述，答案是 **D**.

例 3 解析　$(1+2\sqrt{3})x+(1-\sqrt{3})y-2+5\sqrt{3}=0$

$\Rightarrow (2x-y+5)\sqrt{3}+(x+y-2)=0$.

$\Rightarrow \begin{cases} 2x-y+5=0 \\ x+y-2=0 \end{cases} \Rightarrow \begin{cases} x=-1 \\ y=3 \end{cases}$.

综上所述，答案是 **C**.

例 4 解析　$a=x-[x]=\sqrt{2}+1-2=\sqrt{2}-1$，

$b=-x-[-x]=-\sqrt{2}-1-(-3)=2-\sqrt{2}$，

则 $a+b=1 \Rightarrow a^3+b^3+3ab=(a+b)(a^2-ab+b^2)+3ab$

$$= a^2 - ab + b^2 + 3ab = (a + b)^2 = 1.$$

综上所述,答案是 **B**.

例5解析　由条件(1),$5 \leq a < 6, 3 \leq b < 4, 1 \leq c < 2$,

从而 $5 \leq a < 6, -4 < -b \leq -3, -2 < -c \leq -1, -1 < a - b - c < 2$,

即 $[a - b - c]$ 可以取值为 $-1, 0, 1$ 三个数,因此条件(1) 是充分的.

同理可得条件(2) 也是充分的.

综上所述,答案是 **D**.

例6解析　分别求出 $\dfrac{\dfrac{1}{2} + \left(\dfrac{1}{2}\right)^2 + \left(\dfrac{1}{2}\right)^3 + \cdots + \left(\dfrac{1}{2}\right)^8}{0.\dot{1} + 0.\dot{2} + 0.\dot{3} + \cdots + 0.\dot{9}}$ 的分子、分母.

分子应用等比数列求和公式:$S_{分子} = \dfrac{a_1(1 - q^n)}{1 - q} = \dfrac{\dfrac{1}{2}\left[1 - \left(\dfrac{1}{2}\right)^8\right]}{1 - \dfrac{1}{2}} = \dfrac{255}{256}.$

分母先化为分数,$0.\dot{1} + 0.\dot{2} + 0.\dot{3} + \cdots + 0.\dot{9} = \dfrac{1}{9} + \dfrac{2}{9} + \dfrac{3}{9} + \cdots + \dfrac{9}{9}.$

再应用等差数列求和公式:$S_{分母} = \dfrac{(a_1 + a_n) \cdot n}{2} = \dfrac{\left(\dfrac{1}{9} + \dfrac{9}{9}\right) \times 9}{2} = 5.$

原式 $= \dfrac{S_{分子}}{S_{分母}} = \dfrac{\dfrac{255}{256}}{5} = \dfrac{255}{256} \times \dfrac{1}{5} = \dfrac{51}{256}.$

综上所述,答案是 **C**.

例7解析　$\dfrac{3456}{9999} = 0.\overline{3456}$ 每个循环节长度为4,和为18,总共循环 $\dfrac{2024}{4} = 506$ 次.

故小数点后面 2024 位数之和为 $18 \times 506 = 9108$.

综上所述,答案是 **A**.

例8解析　由条件(1)$m = 2k + 1$ 可知,

$m^2 - 1 = 4k(k + 1)$,根据 $k(k + 1)$ 是 2 的倍数,可知 $m^2 - 1$ 是 8 的倍数,

从而可得 m^2 除以 8 的余数是 1.

条件(2) 推不出结论. 反例:$m = 2$,但是 m^2 除以 8 的余数不是 1.

综上所述,答案是 **A**.

例9解析　分类讨论:

若 a, b 同为奇数,则 $a + b$ 为偶数,故 $m = ab(a + b)$ 为偶数.

若 a, b 中有偶数,则 ab 为偶数,故 $m = ab(a + b)$ 为偶数.

故 $m = ab(a + b)$ 恒为偶数.

综上所述,答案是 **B**.

例 10 解析 因为 $x-y$ 与 $x+y$ 的奇偶性一致,且 $|x-y|+\sqrt{x+y}=a$ 中 x,y,a 均为整数,

可知 $|x-y|$ 与 $\sqrt{x+y}$ 的奇偶性一致,所以 a 为偶数,

又 a 是质数,所以 $a=2$,

则 $|x-y|+\sqrt{x+y}=a \Rightarrow |x-y|+\sqrt{x+y}=2 \Rightarrow$

$$\begin{cases} |x-y|=0 \\ \sqrt{x+y}=2 \end{cases} 或 \begin{cases} |x-y|=2 \\ \sqrt{x+y}=0 \end{cases} 或 \begin{cases} |x-y|=1 \\ \sqrt{x+y}=1 \end{cases}$$

$$\Rightarrow \begin{cases} x-y=0 \\ x+y=4 \end{cases} \begin{cases} x-y=2 \\ x+y=0 \end{cases} \begin{cases} x-y=-2 \\ x+y=0 \end{cases} \begin{cases} x-y=1 \\ x+y=1 \end{cases} \begin{cases} x-y=-1 \\ x+y=1 \end{cases}$$

共五组解.

综上所述,答案是 **E**.

例 11 解析 (试算法)由 A,B,C 是质数且 $A-B=B-C=20$,不难想到 $C=3$,

$B=23,A=43$,则 $3A+2B+C=178$.

综上所述,答案是 **E**.

例 12 解析 准备工作:

(1) 质数:只有两个正约数(1 和本身)的正整数叫作质数.

(2) 实战必备:小于 100 的质数是(共 25 个)$2,3,5,7,11,13,17,19,23,29,31,37,41,$
$43,47,53,59,61,67,71,73,79,83,89,97.$

回归本题,解析如下:

年龄不足 6 岁(设为 x 岁)是突破口,

小于 6 的质数共三个:$2,3,5$,下面分类讨论:

当 $x=2$ 时,根据年龄依次相差为 6 岁得:$2,8,14$(舍).

当 $x=3$ 时,根据年龄依次相差为 6 岁得:$3,9,15$(舍).

当 $x=5$ 时,根据年龄依次相差为 6 岁得:$5,11,17$.

故他们的年龄之和为 $5+11+17=33$.

综上所述,答案是 **C**.

例 13 解析 根据整数分析:$(x-x_1)(x-x_2)(x-x_3)(x-x_4)(x-x_5)=1773=1\times(-1)\times$
$3\times(-3)\times197.$

令 $x-x_1=1, x-x_2=-1, x-x_3=3, x-x_4=-3, x-x_5=197$,

则 $(x-x_1)+(x-x_2)+(x-x_3)+(x-x_4)+(x-x_5)=5x-(x_1+x_2+x_3+x_4+x_5)=197.$

又因为 $x_1+x_2+x_3+x_4+x_5=-7$,则 $5x=190$,即 $5b=190$,所以 $b=38$.

综上所述,答案是 **E**.

例 14 解析 条件(1)不能推出结论. 反例:$x=2,y=11$,此时结论不成立.

条件(2)可以推出结论. 推导如下:

$3x-4y$ 是 6 的倍数 $\Rightarrow 3x$ 为偶数,且 $4y$ 为 3 的倍数,

又 x,y 为质数,故 $x=2,y=3 \Rightarrow 8x+666y=2014$.

综上所述,答案是 **B**.

例 15 解析　对结论进行等价转化:$[a,b] = \dfrac{ab}{(a,b)} = \dfrac{750}{(a,b)}$.

条件(1) 和(2) 分别推不出结论,推导如下:

(1) 假设存在这样的正整数 a,b,$(a,b) = 35$ 不能整除 750. 矛盾,故推不出结论.

(2) 假设存在这样的正整数 a,b,$(a,b) = 15 \Rightarrow [a,b] = 50$,最小公倍数却不是最大公约数的倍数,矛盾,故推不出结论.

条件(1) 和(2) 联合矛盾,也推不出结论.

综上所述,答案是 **E**.

例 16 解析　从 1 到 100 的整数共有 100 个,能被 5 或 7 整除的个数为

$\left[\dfrac{100}{5}\right] + \left[\dfrac{100}{7}\right] - \left[\dfrac{100}{35}\right] = 20 + 14 - 2 = 32$. 故概率为 $\dfrac{32}{100} = 0.32$.

综上所述,答案是 **D**.

例 17 解析　条件(1) 是充分条件,推导如下:

根据 $\dfrac{3n}{14}$ 是一个整数,可知 n 是 14 的倍数,则推出 $\dfrac{n}{14}$ 是整数.

条件(2) 不是充分条件,推导如下:

根据 $\dfrac{n}{7}$ 是一个整数,可知 n 是 7 的倍数,则推出 $\dfrac{n}{7}$ 是整数,但 $\dfrac{n}{14}$ 不一定是整数.

综上所述,答案是 **A**.

例 18 解析　条件(1) 和(2) 单独不能推出结论,联合可以推出结论. 推导如下:

根据带余除法可设 $x + 1$ 既是 3 的倍数,又是 5 的倍数,

可知 $x + 1$ 是 15 的倍数,$x + 1 = 15k$,

则 $x = 15k - 1 = 15(k - 1) + 14$,即整数 x 除以 15 的余数是 14.

综上所述,答案是 **C**.

例 19 解析　设这个四位数为 x,由带余除法,

则有 $\begin{cases} x = 122k_1 + 109 \\ x = 121k_2 + 2 \end{cases}$. 因为 k_1 与 k_2 为整数,设 $k_2 = k_1 + k(k \in \mathbf{Z})$,

有 $122k_1 + 109 = 121k_2 + 2 = 121(k_1 + k) + 2 \Rightarrow 122k_1 - 121k_1 = 121k - 107 = k_1$.

又因为 x 是一个四位数,则只有 $k = 1,k_1 = 14,k_2 = 15$ 符合题意,得 $x = 1817$.

所以 $1 + 8 + 1 + 7 = 17$.

综上所述,答案是 **E**.

例 20 解析　分别求出 $\dfrac{(1 + 3)(1 + 3^2)(1 + 3^4)(1 + 3^8)\cdots(1 + 3^{32}) + \dfrac{1}{2}}{3 \times 3^2 \times 3^3 \times 3^4 \times \cdots \times 3^{10}}$ 的分子、分母.

分子应用平方差公式得：

$$\frac{(1-3)(1+3)(1+3^2)(1+3^8)\cdots(1+3^{32})+\frac{1}{2}(1-3)}{1-3}$$

$$=\frac{1-3^{64}-1}{-2}=\frac{3^{64}}{2}.$$

分母应用等差数列求和公式：

$$1+2+3+\cdots+10=\frac{(1+10)\times10}{2}=55.$$

$$S_{\text{分母}}=3^{1+2+3+\cdots+10}=3^{55}.$$

$$\text{原式}=\frac{S_{\text{分子}}}{S_{\text{分母}}}=\frac{\dfrac{3^{64}}{2}}{3^{55}}=\frac{3^9}{2}.$$

综上所述，答案是 **D**.

例21解析　第一步，化简通项.

$$a_n=\frac{n+1}{(1+2+\cdots+n)\left[1+2+\cdots+(n+1)\right]}$$

$$=\frac{n+1}{\dfrac{n(n+1)}{2}\cdot\dfrac{(n+1)(n+2)}{2}}$$

$$=\frac{4}{n(n+1)(n+2)}$$

$$=2\left[\frac{1}{n(n+1)}-\frac{1}{(n+1)(n+2)}\right],\text{其中},n=1,2,\cdots,9.$$

第二步，裂项求和.

原式中 $n=9$，

$$\text{原式}=1-2\left(\frac{1}{1\times2}-\frac{1}{2\times3}+\frac{1}{2\times3}-\frac{1}{3\times4}+\cdots+\frac{1}{9\times10}-\frac{1}{10\times11}\right)$$

$$=1-2\left(\frac{1}{1\times2}-\frac{1}{10\times11}\right)$$

$$=\frac{1}{55}.$$

综上所述，答案是 **B**.

例22解析　先根据对数的运算性质进行恒等变形，再应用平方差公式求解.

$$\log_7(1+7^2)+\log_7(1+7^4)+\log_7(1+7^8)+\cdots+\log_7(1+7^{32})$$

$$=\log_7(1+7^2)(1+7^4)(1+7^8)\cdots(1+7^{32})=\log_7\frac{7^{64}-1}{48}=-\log_{\frac{1}{7}}\frac{7^{64}-1}{48}.$$

分式的分子等于0，故不需要考虑分母，原式 $=0$.

综上所述，答案是 **D**.

例 23 解析 条件(1)的充分性判断:$abcde = 2700 = 2^2 \times 3^3 \times 5^2$.

根据组合最值:要使得 a,b,c,d,e 之和最大,则应尽可能让一个参数极端大,其余参数尽可能小,考虑到 a,b,c,d,e 是大于 1 的自然数,可组合得

$abcde = 2 \times 2 \times 3 \times 3 \times 75 \Rightarrow a = 2, b = 2, c = 3, d = 3, e = 75$,

即 $a + b + c + d + e$ 的最大值为 85.

故条件(1)不是充分条件,

条件(2)的充分性判断:$abcde = 2000 = 2^4 \times 5^3$.

根据组合最值:要使得 a,b,c,d,e 之和最大,则应尽可能让一个参数极端大,其余参数尽可能小,考虑到 a,b,c,d,e 是大于 1 的自然数,可组合得

$abcde = 2 \times 2 \times 2 \times 2 \times 125 \Rightarrow a = 2, b = 2, c = 2, d = 2, e = 125$,

$a + b + c + d + e = 133$,

即 $a + b + c + d + e$ 的最大值为 133.

故条件(2)是充分条件.

综上所述,答案是 **B**.

例 24 解析 条件(1)的充分性判断:

根据组合最值:要使得 a,b,c,d,e 之积最小,则应尽可能让一个参数极端大,其余参数尽可能小. 考虑到 a,b,c,d,e 是大于 1 的自然数,可组合得

$a + b + c + d + e = 24 = 2 + 2 + 2 + 2 + 16 \Rightarrow abcde = 2 \times 2 \times 2 \times 2 \times 16 = 256$,

即 $abcde$ 的最小值为 256,故条件(1)是充分条件.

条件(2)的充分性判断:

根据组合最值:要使得 a,b,c,d,e 之积最小,则应尽可能让一个参数极端大,其余参数尽可能小. 考虑到 a,b,c,d,e 是大于 1 的自然数,可组合得

$a + b + c + d + e = 23 = 2 + 2 + 2 + 2 + 15 \Rightarrow abcde = 2 \times 2 \times 2 \times 2 \times 15 = 240$,

即 $abcde$ 的最小值为 240,故条件(2)不是充分条件.

综上所述,答案是 **A**.

例 25 解析 点评:直接应用"阶乘串零"求解.

条件(1)的充分性判断:

$n = m_5 = \left[\dfrac{99}{5}\right] + \left[\dfrac{99}{5^2}\right] + \left[\dfrac{99}{5^3}\right] + \cdots = 19 + 3 + 0 = 22$.

$n = 22$ 是 $n \geqslant 22$ 的子集,故条件(1)是充分条件.

条件(2)的充分性判断:

$$\begin{cases} m_5 = \left[\dfrac{109}{5}\right] + \left[\dfrac{109}{5^2}\right] + \left[\dfrac{109}{5^3}\right] + \cdots = 21 + 4 + 0 = 25 \\ m'_5 = \left[\dfrac{10}{5}\right] + \left[\dfrac{10}{5^2}\right] + \left[\dfrac{10}{5^3}\right] + \cdots = 2 + 0 + 0 = 2 \end{cases}$$

$\Rightarrow n = m_5 - m'_5 = 25 - 2 = 23$.

$n = 23$ 是 $n \geqslant 22$ 的子集,故条件(2)是充分条件.

综上所述,答案是 **D**.

五、综 合 训 练

综合训练题

1. (条件充分性判断) $\log_2 m$ 是一个奇数.

   (1) 若 $m = \dfrac{p}{q}$, 其中 p 和 q 为非零整数, 且 $\log_2 m$ 是一个整数.

   (2) 若 $m = \dfrac{p}{q}$, 其中 p 和 q 为非零整数, 且 $\dfrac{m+4}{3}$ 是一个整数.

2. 已知 a 为实数, 且 $a + 2\sqrt{6}$ 与 $\dfrac{1}{a} - 2\sqrt{6}$ 都是整数, 则满足条件的所有 a 之积等于 (　　).

   A. 24　　　　　B. -1　　　　C. 1　　　　D. 25　　　　E. -25

3. 已知三个质数的倒数和为 $\dfrac{1879}{3495}$, 则这三个质数的和为 (　　).

   A. 244　　　　B. 243　　　　C. 242　　　　D. 241　　　　E. 240

4. 已知 a, b 为正整数, 小明今年的年龄为 a^2, 9 年后小明的年龄为 b^2, 则 $b - a = $ (　　).

   A. 1　　　　　B. -1　　　　C. 3　　　　D. -3　　　　E. 9

5. 已知非零实数 a, b 满足 $\sqrt{(b-1)a^2} + |2b - 2| + |a - 2| + 2 = 2b$, 则 $\dfrac{1}{ab} + $

   $\dfrac{1}{(a+1)(b+1)} + \dfrac{1}{(a+2)(b+2)} + \cdots + \dfrac{1}{(a+2002)(b+2002)} = $ (　　).

   A. $\dfrac{2001}{2002}$　　　B. $\dfrac{2003}{2002}$　　　C. $\dfrac{2002}{2003}$　　　D. $\dfrac{2003}{2004}$　　　E. $\dfrac{2004}{2005}$

6. 对于一个不小于 2 的自然数 n, 关于 x 的一元二次方程 $x^2 - (n+2)x - 2n^2 = 0$ 的两个根记作 a_n,

   $b_n (n \geq 2)$, 则 $\dfrac{1}{(a_2 - 2)(b_2 - 2)} + \dfrac{1}{(a_3 - 2)(b_3 - 2)} + \cdots + \dfrac{1}{(a_{2016} - 2)(b_{2016} - 2)} = $ (　　).

   A. $-\dfrac{1}{2} \times \dfrac{2016}{2015}$　　　　　B. $\dfrac{1}{2} \times \dfrac{2017}{2016}$　　　　　C. $-\dfrac{1}{2} \times \dfrac{2015}{2016}$

   D. $\dfrac{1}{2} \times \dfrac{2015}{2016}$　　　　　E. 以上都不对

7. a, b 为有理数, 且满足等式 $a + b\sqrt{3} = \sqrt{6} \times \sqrt{1 + \sqrt{4 + 2\sqrt{3}}}$, 则 $a + b$ 的值为 (　　).

   A. 2　　　　　B. 4　　　　　C. 6　　　　　D. 8　　　　　E. 10

8. 设 a, b, c 是小于 12 的三个不同的质数 (素数), 且 $|a - b| + |b - c| + |c - a| = 8$, 则 a

   $+ b + c = $ (　　).

   A. 10　　　　B. 12　　　　C. 14　　　　D. 15　　　　E. 19

9. (条件充分性判断) $abcde$ 的最大值为 2000.

   (1) a, b, c, d, e 是大于 1 的自然数, 且 $a + b + c + d + e = 24$.

   (2) a, b, c, d, e 是大于 1 的自然数, 且 $a + b + c + d + e = 23$.

10. （条件充分性判断）已知 k_1，k_2 为正整数，则 $\dfrac{n+22}{21}$ 为整数.

    （1）$n = 7k_1 + 6$.　　　　　　　　　　（2）$n = 3k_2 + 2$.

11. （条件充分性判断）$80 \leqslant m \leqslant 99$.

    （1）$f(m) = 1 \times 2 \times 3 \times \cdots \times m$，其中 m 是正整数，$f(m)$ 末尾连续有 20 个零.

    （2）$f(m) = 11 \times 12 \times 13 \times \cdots \times m$，其中 m 是正整数，$f(m)$ 末尾连续有 20 个零.

12. 如果 A，B，C 是三个质数，而且 $A - B = B - C = 14$，那么 $AB + BC + CA = ($ $)$.

    A. 671　　　　B. 527　　　　C. 589　　　　D. 1147　　　　E. 899

13. 已知不全相等的正整数 a，b，c 都是两位数，且它们的最小公倍数是 385，则 $a + b + c$ 的最大值是（   ）.

    A. 57　　　　B. 81　　　　C. 101　　　　D. 143　　　　E. 209

14. 已知 n 为整数，且 n 除以 5 余 2，n 除以 3 余 2，则 $n + 17$ 除以 15 的余数为（   ）.

    A. 1　　　　B. 2　　　　C. 3　　　　D. 4　　　　E. 5

15. 已知 a_1，a_2，a_3，a_4，a_5 是满足条件 $a_1 + a_2 + a_3 + a_4 + a_5 = 19$ 的五个不同的整数，如果 b 是关于 x 的一元五次方程 $(x - a_1)(x - a_2)(x - a_3)(x - a_4)(x - a_5) = 1859$ 的整数根，则 $b = ($ $)$.

    A. 0　　　　B. 2　　　　C. 4　　　　D. 6　　　　E. 8

综合训练答案及解析

1. 【解析】条件（1）不是充分条件，推导（找反例）如下：

    根据 $m = \dfrac{p}{q}$，其中 p 和 q 为非零整数，可知 m 是有理数.

    $m = \dfrac{1}{4}$，$\log_2 m = -2$ 为整数，但不是奇数.

    条件（2）不是充分条件，推导如下：

    根据 $m = \dfrac{p}{q}$，其中 p 和 q 为非零整数，可知 m 是有理数.

    $m = 5$ 满足 $\dfrac{m+4}{3}$ 是一个整数，但 $\log_2 m$ 不是奇数.

    条件（1）和（2）联合可以推出结论，推导如下：

    $\log_2 m$ 是整数，设 $\log_2 m = t$，即 $m = 2^t$（t 是整数），则 $\dfrac{m+4}{3} = \dfrac{2^t+4}{3} = \dfrac{2^t+1}{3} + 1$.

    观察循环规律：$\dfrac{2^t+1}{3}$ 为整数当且仅当 t 是奇数时成立，故 $\log_2 m = t$ 是奇数.

t	0	1	2	3	4	5	6	7	…
2^t	1	2	4	8	16	32	64	128	…
除以 3 的余数	1	2	1	2	1	2	1	2	…

综上所述，答案是 **C**.

【备考点评】余数规律整除分析在联考中占有重要的地位，整除分析常常和余数分析结合起来考虑.

2　【解析】知识点:若 a,b 是有理数,$\sqrt{\beta}\,(\beta>0)$ 是任意无理数,且 $a+b\sqrt{\beta}=0$,则 $a=b=0$.

设 $a+2\sqrt{6}=x,\dfrac{1}{a}-2\sqrt{6}=y\,(x,y$ 都是整数$)$,则有

$$\begin{cases} a=x-2\sqrt{6} \\ \dfrac{1}{a}=y+2\sqrt{6} \end{cases}\Rightarrow a\cdot\dfrac{1}{a}=(x-2\sqrt{6})(y+2\sqrt{6})\Rightarrow(xy-25)+2\sqrt{6}(x-y)=0.$$

因为 $xy-25,2(x-y)$ 为有理数,$\sqrt{6}$ 为无理数,故 $\begin{cases}2(x-y)=0\\xy-25=0\end{cases}\Rightarrow x=y=\pm5.$ 故 $a=x-2\sqrt{6}=\pm5-2\sqrt{6}.$

代入求值 $a_1\cdot a_2=(5-2\sqrt{6})(-5-2\sqrt{6})=-1.$

综上所述,答案是 **B**.

3　【解析】设三个质数分别为 a,b,c.

由题意可得:$\dfrac{1}{a}+\dfrac{1}{b}+\dfrac{1}{c}=\dfrac{1879}{3495}.$

则 $\dfrac{bc+ac+ab}{abc}=\dfrac{1879}{3495}.$

因为 $3495=3\times5\times233$(质因数分解),

所以 $a=3,b=5,c=233$,三个质数之和为 $a+b+c=241.$

综上所述,答案是 **D**.

4　【解析】本题考点:完全平方数.

由题可得 $a^2+9=b^2\Rightarrow b^2-a^2=9\Rightarrow(b+a)(b-a)=9$,

将 9 分解可以得到 $9=9\times1=3\times3$(舍去),则有 $b-a=1.$

综上所述,答案是 **A**.

5　【解析】由题意可得:$b\geqslant1$,则 $|2b-2|=2b-2$,

条件可化为:$\sqrt{(b-1)a^2}+|a-2|=0$,由非负性可得:$b=1,a=2.$

则原式 $=\dfrac{1}{1\times2}+\dfrac{1}{2\times3}+\dfrac{1}{3\times4}+\cdots+\dfrac{1}{2003\times2004}$

$=\left(1-\dfrac{1}{2}\right)+\left(\dfrac{1}{2}-\dfrac{1}{3}\right)+\left(\dfrac{1}{3}-\dfrac{1}{4}\right)+\cdots+\left(\dfrac{1}{2003}-\dfrac{1}{2004}\right)$

$=1-\dfrac{1}{2004}=\dfrac{2003}{2004}.$

综上所述,答案是 **D**.

6　【解析】第一步,韦达定理(口诀:"见到二次方程有把握,两个支点韦达与判别"):

$a_n, b_n (n \geq 2)$ 是 $x^2 - (n+2)x - 2n^2 = 0$ 的两个根,

因此
$$\begin{cases} a_n + b_n = n + 2 \\ a_n b_n = -2n^2 \end{cases}.$$

第二步,分析通项规律:

$$\frac{1}{(a_n - 2)(b_n - 2)} = \frac{1}{a_n b_n - 2(a_n + b_n) + 4} = \frac{1}{-2n^2 - 2(n+2) + 4} = -\frac{1}{2n(n+1)}$$

$$= -\frac{1}{2}\left(\frac{1}{n} - \frac{1}{n+1}\right).$$

第三步,裂项相抵法:

$$原式 = -\frac{1}{2}\left[\left(\frac{1}{2} - \frac{1}{3}\right) + \left(\frac{1}{3} - \frac{1}{4}\right) + \cdots + \left(\frac{1}{2016} - \frac{1}{2017}\right)\right]$$

$$= -\frac{1}{2}\left(\frac{1}{2} - \frac{1}{2017}\right) = -\frac{1}{4} \times \frac{2015}{2017}.$$

综上所述,答案是 **E**.

---

7 【解析】第一步,化简多重根式.

二重根式化简核心: $\sqrt{(a + b\sqrt{x})^2} = a + b\sqrt{x}$. 其中,关键是化为完全平方式.

实战示范:

$$\sqrt{4 + 2\sqrt{3}} = \sqrt{3 + 1 + 2\sqrt{3}} = \sqrt{(\sqrt{3} + \sqrt{1})^2} = \sqrt{3} + \sqrt{1} = \sqrt{3} + 1.$$

$$\sqrt{1 + \sqrt{4 + 2\sqrt{3}}} = \sqrt{1 + \sqrt{3} + 1} = \sqrt{2 + \sqrt{3}}.$$

$$\sqrt{6} \times \sqrt{1 + \sqrt{4 + 2\sqrt{3}}} = \sqrt{6} \times \sqrt{2 + \sqrt{3}} = \sqrt{3} \times \sqrt{4 + 2\sqrt{3}} = \sqrt{3} \times (\sqrt{3} + 1) = 3 + \sqrt{3}.$$

第二步,异域数相等求参.

$$a + b\sqrt{3} = 3 + \sqrt{3} \Rightarrow \begin{cases} a = 3 \\ b = 1 \end{cases} \Rightarrow a + b = 4.$$

综上所述,答案是 **B**.

---

8 【解析】假设 $a > b > c$,则

$|a - b| + |b - c| + |c - a| = a - b + b - c + a - c = 2(a - c) = 8 \Rightarrow a - c = 4$,

又因为小于 12 的质数只有 2,3,5,7,11,

则 $a - c = 4 \Rightarrow a = 7, c = 3, b = 5$

$\Rightarrow a + b + c = 7 + 5 + 3 = 15$.

综上所述,答案是 **D**.

---

9 【解析】条件(1)的充分性判断:

根据组合最值得:要使得 a, b, c, d, e 之积最大,则应尽可能让这 5 个参数接近,考虑到 a, b, c, d, e 是大于 1 的自然数,可组合得

$a + b + c + d + e = 24 = 5 + 5 + 5 + 5 + 4 \Rightarrow abcde = 5 \times 5 \times 5 \times 5 \times 4 = 2500.$

即 $abcde$ 的最大值为 2500, 故条件(1)不是充分条件.

条件(2)的充分性判断:

根据组合最值得:要使得 a, b, c, d, e 之积最大,则应尽可能让这 5 个参数接近,考虑到 a, b, c, d, e 是大于 1 的自然数,可组合得

$a + b + c + d + e = 23 = 5 + 5 + 5 + 4 + 4 \Rightarrow abcde = 5 \times 5 \times 5 \times 4 \times 4 = 2000.$

即 $abcde$ 的最大值为 2000, 故条件(2)是充分条件.

综上所述,答案是 **B**.

10 【解析】条件(1):举反例 $n = 13$,不充分;

条件(2):举反例 $n = 5$,不充分;

条件(1)与条件(2)联合可得: $n + 1 = 21k (k \in \mathbf{Z}_+)$,

则 $\dfrac{n + 22}{21} = \dfrac{21k - 1 + 22}{21} = k + 1 (k \in \mathbf{Z}_+)$,充分.

综上所述,答案是 **C**.

11 【解析】条件(1)的充分性判断:

第一步,估算 m 的大概取值.

根据"阶乘串零"公式 $n = m_5 = \left[\dfrac{m}{5}\right] + \left[\dfrac{m}{5^2}\right] + \left[\dfrac{m}{5^3}\right] + \cdots$ 估计,

$$n = m_5 = \dfrac{m}{5} + \dfrac{m}{5^2} + \dfrac{m}{5^3} \approx 20 \Rightarrow m = 80.$$

第二步,根据估算定位.

当 $m = 80$ 时, $n = m_5 = \left[\dfrac{80}{5}\right] + \left[\dfrac{80}{5^2}\right] + \left[\dfrac{80}{5^3}\right] + \cdots = 16 + 3 + 0 = 19.$

当 $m = 85$ 时, $n = m_5 = \left[\dfrac{85}{5}\right] + \left[\dfrac{85}{5^2}\right] + \left[\dfrac{85}{5^3}\right] + \cdots = 17 + 3 + 0 = 20.$

从而可得:当 $m = 85, 86, 87, 88, 89$ 时,串零个数都是 20.

而 $m = 85, 86, 87, 88, 89$ 是 $80 \leqslant m \leqslant 99$ 的子集,故条件(1)是充分条件.

条件(2)的充分性判断:条件(2)等价于 $f(m) = 1 \times 2 \times 3 \times \cdots \times m, f(m)$ 末尾连续有 22 个零.

第一步,估算 m 的大概取值.

根据"阶乘串零"公式 $n = m_5 = \left[\dfrac{m}{5}\right] + \left[\dfrac{m}{5^2}\right] + \left[\dfrac{m}{5^3}\right] + \cdots$ 估计,

$$n = m_5 = \dfrac{m}{5} + \dfrac{m}{5^2} + \dfrac{m}{5^3} \approx 22 \Rightarrow m = 88.$$

最接近的倍 5 整数为 90.

第二步,根据估算定位.

当 $m = 90$ 时, $n = m_5 = \left[\dfrac{90}{5}\right] + \left[\dfrac{90}{5^2}\right] + \left[\dfrac{90}{5^3}\right] + \cdots = 18 + 3 + 0 = 21.$

当 $m = 95$ 时,$n = m_5 = \left[\dfrac{95}{5}\right] + \left[\dfrac{95}{5^2}\right] + \left[\dfrac{95}{5^3}\right] + \cdots = 19 + 3 + 0 = 22$.

从而可得:$m = 95,96,97,98,99$ 时,串零个数都是 22.

而 $m = 95,96,97,98,99$ 是 $80 \leqslant m \leqslant 99$ 的子集,故条件(2)是充分条件.

综上所述,答案是 **D**.

---

12 【解析】方法一:(试算)A,B,C 是三个质数,且 $A - B = B - C = 14$,

则不难想到 $C = 3,B = 17,A = 31$. 则 $AB + BC + CA = 671$.

方法二:由题意知 $A = 28 + C,B = 14 + C$,

$C,C + 1,C + 2$ 中必有一个数为 3 的倍数,

$C + 3k_1,C + 1 + 3k_2,C + 2 + 3k_3$ 中必有一个数为 3 的倍数,

$C,C + 1 + 3 \times 9,C + 2 + 3 \times 4$ 中必有一个数为 3 的倍数,

即 $C,C + 28,C + 14$ 中必有一个数为 3 的倍数.

又 A,B,C 均为质数,故 $C = 3,B = 17,A = 31$,

从而 $AB + BC + CA = 671$.

综上所述,答案是 **A**.

---

13 【解析】第一步,分解质因数 $385 = 5 \times 7 \times 11$.

第二步,不全相等的正整数 a,b,c 都是两位数 $\Rightarrow a = 77,b = 77,c = 55$.

此时,$a + b + c$ 的最大值是 $77 + 77 + 55 = 209$.

综上所述,答案是 **E**.

---

14 【解析】由题可得:

$\begin{cases} n = 5k_1 + 2,k_1 \in \mathbf{Z} \\ n = 3k_2 + 2,k_2 \in \mathbf{Z} \end{cases} \Rightarrow n - 2 = 15k,k \in \mathbf{Z} \Rightarrow n + 17 = 15k + 19 = 15(k + 1) + 4$.

综上所述,答案是 **D**.

---

15 【解析】由题意可得:$b - a_1$,$b - a_2$,$b - a_3$,$b - a_4$,$b - a_5$ 均为整数.

因为 $(b - a_1)(b - a_2)(b - a_3)(b - a_4)(b - a_5) = 1859 = (-1) \times 1 \times (-13) \times 13 \times 11$,

所以 $b - a_1 = -1$,$b - a_2 = 1$,$b - a_3 = -13$,$b - a_4 = 13$,$b - a_5 = 11$,

则 $5b - (a_1 + a_2 + a_3 + a_4 + a_5) = 11$,解得 $b = 6$.

综上所述,答案是 **D**.

六、备考小结

常见的命题模式：_____ .

_____ .

_____ .

_____ .

_____ .

_____ .

解题战略战术方法：_____ .

_____ .

_____ .

_____ .

_____ .

_____ .

经典母题与错题积累：_____ .

_____ .

_____ .

_____ .

_____ .

_____ .

攻略二

值与运算

一、备考攻略综述

命题轨迹

十几年来,值的考查集中在两个核心技巧(见比设 k 与同构即等、零点分段)、三大核心主体(平均值、比和比例、绝对值)、四个综合命题角度(与应用题结合、与方程结合、与最值结合、与平面几何及数列中项结合).

备考提示

考生要彻底地解决联考中值的问题,第一,搞懂三种值的基本含义与化简、计算的公式;第二,掌握并熟悉几种重要的解题技巧;第三,掌握并熟练解决值与其他考点相结合的综合题.

二、知 识 点

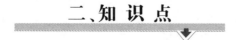

$$
\text{值}\begin{cases}\text{绝对值}\\\text{比值}\\\text{平均值}\end{cases}
$$

绝对值

（1）定义：正数的绝对值是它本身，负数的绝对值是它的相反数，零的绝对值为零．

（2）几何意义：数轴上的点到原点的距离叫作这个数的绝对值，两个数之差的绝对值表示数轴上这两个数相对应的点之间的距离．

（3）表达式：$|a| = \begin{cases} a & (a > 0) \\ 0 & (a = 0) \\ -a & (a < 0) \end{cases}$．

（4）性质：

对称性：$|-a| = |a|$，即互为相反数的两个数的绝对值相等．

等价性：$\sqrt{a^2} = |a|$，$|a|^2 = a^2 (a \in \mathbf{R})$．

自比性：$-|a| \leqslant a \leqslant |a|$，推而广之，$\dfrac{|x|}{x} = \dfrac{x}{|x|} = \begin{cases} 1, & x > 0 \\ -1, & x < 0 \end{cases}$．

自比性的三种命题形式

命题形式一	命题形式二	命题形式三
$\dfrac{a}{\|a\|} = \begin{cases} 1 \Leftrightarrow 正 \\ -1 \Leftrightarrow 负 \end{cases}$	$\dfrac{a}{\|a\|} + \dfrac{b}{\|b\|} = \begin{cases} 2 \Leftrightarrow 两正 \\ 0 \Leftrightarrow 一正一负 \\ -2 \Leftrightarrow 两负 \end{cases}$	$\dfrac{a}{\|a\|} + \dfrac{b}{\|b\|} + \dfrac{c}{\|c\|} = \begin{cases} 3 \Leftrightarrow 三正 \\ 1 \Leftrightarrow 两正一负 \\ -1 \Leftrightarrow 一正两负 \\ -3 \Leftrightarrow 三负 \end{cases}$

非负性：即 $|a| \geqslant 0$，任何实数 a 的绝对值非负．

【注】推而广之，具有非负性的数还有正偶数次方（根式），如 $a^2, a^4, \cdots, \sqrt{a}, \sqrt[4]{a}, \cdots$

（5）数轴：实数与数轴上的点一一对应．数轴是有原点、刻度和方向的直线．方向指数轴的正向，一根水平的数轴正向一般指向右方，原点对应的实数为0，正数在原点的右侧，数越大在数轴上对应的点就越靠右．

（6）① $|x_1 - x_2| = \sqrt{(x_1 - x_2)^2} = \sqrt{(x_1 + x_2)^2 - 4x_1x_2}$．

② $|a| \leqslant |b| \Leftrightarrow a^2 \leqslant b^2$．

③ $|x| \leqslant a \Leftrightarrow -a \leqslant x \leqslant a$，$|a| + |b| \geqslant |a \pm b| \geqslant ||a| - |b||$，
　　$|a_1 + a_2 + \cdots + a_n| \leqslant |a_1| + |a_2| + \cdots + |a_n|$．

比值

（1）比和比值

两个数相除，又称为这两个数的比，即 $a : b = \dfrac{a}{b}$．其中 a 叫作比的前项，b 叫作比的后项．相除所得商叫作比值，记 $a : b = \dfrac{a}{b} = k$．在实际应用中，常将比值表示成百分数，称为百分比．

（2）比例式

相等的比称为比例，记作 $a : b = c : d$ 或 $\dfrac{a}{b} = \dfrac{c}{d}$．其中 a 和 d 称为比例外项，b 和 c 称为比

例内项. 当 $a:b=b:c$ 时,称 b 为 a 和 c 的比例中项,显然当 a,b,c 均为正数时,b 是 a 和 c 的几何平均值.

（3）正比与反比

① 正比

若 $y=kx(k$ 不为零$)$,则称 y 与 x 成正比,k 称为比例系数.

【注】并不是 x 和 y 同时增大或减小才称为正比. 比如当 $k<0$ 时,x 增大时,y 反而减小.

② 反比

若 $y=\dfrac{k}{x}(k$ 不为零$)$,则称 x 与 y 成反比,k 称为比例系数.

（4）比例的性质

$a:b=c:d\Leftrightarrow ad=bc.$

（5）重要定理

① 更比定理:$\dfrac{a}{b}=\dfrac{c}{d}\Leftrightarrow\dfrac{a}{c}=\dfrac{b}{d}.$

② 反比定理:$\dfrac{a}{b}=\dfrac{c}{d}\Leftrightarrow\dfrac{b}{a}=\dfrac{d}{c}.$

③ 合比定理:$\dfrac{a}{b}=\dfrac{c}{d}\Leftrightarrow\dfrac{a+b}{b}=\dfrac{c+d}{d}.$

④ 分比定理:$\dfrac{a}{b}=\dfrac{c}{d}\Leftrightarrow\dfrac{a-b}{b}=\dfrac{c-d}{d}.$

⑤ 合分比定理:$\dfrac{a}{b}=\dfrac{c}{d}\Leftrightarrow\dfrac{a+b}{a-b}=\dfrac{c+d}{c-d}.$

⑥ 等比定理:$\dfrac{a}{b}=\dfrac{c}{d}=\dfrac{e}{f}=\dfrac{a+c+e}{b+d+f}\quad(b+d+f\neq0).$

平均值

平均值包含算术平均值和几何平均值等,平均值用来度量数据的平均趋势水平.

（1）算术平均值

算术平均值:设 n 个数 $x_1,x_2,x_3,\cdots,x_n$,那么 $\bar{x}=\dfrac{x_1+x_2+x_3+\cdots+x_n}{n}$ 叫作这 n 个数的算术平均值,简记为 $\bar{x}=\dfrac{1}{n}\sum\limits_{i=1}^{n}x_i$. 根据定义可知:① 负数也存在算术平均值. ② 0 的算术平均值为0.

（2）几何平均值

几何平均值:设 n 个正数 $x_1,x_2,x_3,\cdots,x_n$,那么 $x_g=\sqrt[n]{x_1x_2x_3\cdots x_n}$ 叫作这 n 个正数的几何平均值,简记为 $x_g=\sqrt[n]{\prod\limits_{i=1}^{n}x_i}$. 根据定义可知:① 负数不存在几何平均值. ② 0 不存在几何平均值.

（3）均值不等式

均值不等式:当 $x_1,x_2,x_3,\cdots,x_n$ 为 n 个正数时,它们的算术平均值不小于它们的几何平均值,即 $\dfrac{x_1+x_2+x_3+\cdots+x_n}{n}\geqslant\sqrt[n]{x_1x_2x_3\cdots x_n}\ (x_i>0,i=1,2,\cdots,n)$,

当且仅当 $x_1=x_2=x_3=\cdots=x_n$ 时,等号成立,特别地 $\dfrac{a+b}{2}\geqslant\sqrt{ab}$.

特别地,有 $a+b\geqslant 2\sqrt{ab}\ (a,b>0)$,当且仅当 $a=b$ 时,等号才成立.

$a+\dfrac{1}{a}\geqslant 2$,当且仅当 $a=1$ 时,等号成立.

（4）柯西不等式

柯西不等式为（当且仅当 $a_i=kb_i,i=1,2,\cdots,n$ 时等号成立）

$(a_1^2+a_2^2+\cdots+a_n^2)(b_1^2+b_2^2+\cdots+b_n^2)\geqslant(a_1b_1+a_2b_2+\cdots+a_nb_n)^2$

特别地: $(a^2+b^2)(c^2+d^2)\geqslant(ac+bd)^2$ 当且仅当 $ad=bc$ 时等号成立.

$(a^2+b^2)(c^2+d^2)\geqslant(ad+bc)^2$ 当且仅当 $ac=bd$ 时等号成立.

平均值与方差的性质 ◤

① 若 $x_1,x_2,\cdots,x_n$ 的平均数为 $\bar{x}$,则 $mx_1+a,mx_2+a,\cdots,mx_n+a$ 的平均数为 $m\bar{x}+a$.

② 数据 $x_1,x_2,\cdots,x_n$ 的方差与数据 $x_1+a,x_2+a,\cdots,x_n+a$ 的方差相等.

③ 若数据 $x_1,x_2,\cdots,x_n$ 的方差为 S^2 ,则 $ax_1,ax_2,\cdots,ax_n$ 的方差为 a^2S^2 .

综合 ②、③ 我们可得

④ 若数据 $x_1,x_2,\cdots,x_n$ 的方差为 S^2 ,则 $ax_1+b,ax_2+b,\cdots,ax_n+b$ 的方差为 a^2S^2 .

三、技 巧 点 拨

去绝对值的方法 ◤

见到绝对值常采用分类讨论来去绝对值,即要判断绝对值内的正负性,利用绝对值的表达式来分类讨论去绝对值;对于方程中的绝对值还可以采用平方的方式来去绝对值;对于不等式中可以利用绝对值不等式等价来去绝对值.

定整与定零 ◤

（1）定零

如果几个非负数之和为零,那么这几个非负数分别为零.

在联考实战中,常见的非负数有:二次根式（偶次根式）,完全平方式（偶次平方式）,绝对值.

常考公式有：

$$a^2 + b^2 + c^2 - ab - bc - ca = \frac{1}{2}[(a-b)^2 + (b-c)^2 + (c-a)^2].$$

$$a^4 + b^4 + c^4 - a^2b^2 - b^2c^2 - c^2a^2 = \frac{1}{2}[(a^2-b^2)^2 + (b^2-c^2)^2 + (c^2-a^2)^2].$$

$$a^3 + b^3 + c^3 - 3abc = (a+b+c) \times \frac{1}{2}[(a-b)^2 + (b-c)^2 + (c-a)^2].$$

（2）定整

如果几个非负整数之和为 1，那么这几个非负整数恰好有一个为 1，其余分别为零.

绝对值的线性和差最值

（1）两个线性和

如图 3 - 2 - 1 所示，绝对值函数 $f(x) = |x - x_1| + |x - x_2|$
最值问题的三个核心要领

① 只有最小值，没有最大值.

② $f(x)_{\min} = |x_1 - x_2|$

③ 取最小值对应的 x 有无穷多个，且 $x \in [x_1, x_2]$

$f(x) = |x - x_1| + |x - x_2|$

若 $0 < x_1 < x_2$

则 $f(x) = \begin{cases} x_1 + x_2 - 2x & x < x_1 \\ x_2 - x_1 & x_1 \leqslant x < x_2 \\ 2x - x_1 - x_2 & x \geqslant x_2 \end{cases}$

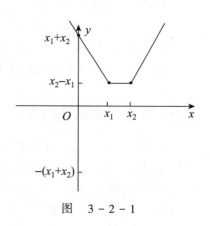

图　3 - 2 - 1

（2）两个线性差

如图 3 - 2 - 2 所示，绝对值函数 $f(x) = |x - x_1| - |x - x_2|$
最值问题的三个核心要领

① 既有最小值，又有最大值.

② $f(x)_{\min} = -|x_1 - x_2|$　　　$f(x)_{\max} = |x_1 - x_2|$

③ 取最小值、最大值时对应的 x 有无穷多个.

$f(x) = |x - x_1| - |x - x_2|$

若 $0 < x_1 < x_2$

则 $f(x) = \begin{cases} x_1 - x_2 & x < x_1 \\ 2x - x_1 - x_2 & x_1 \leqslant x < x_2 \\ x_2 - x_1 & x \geqslant x_2 \end{cases}$

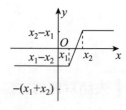

图　3 - 2 - 2

（3）三个线性和

如图 3 - 2 - 3 所示，绝对值函数 $f(x) = |x - x_1| + |x - x_2|$
$+ |x - x_3| (x_1 < x_2 < x_3)$ 最值问题的三个核心要领

① 只有最小值，没有最大值.

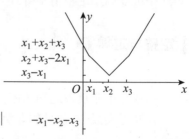

图　3 - 2 - 3

② $f(x)_{\min} = |x_3 - x_1|$

③ 取最小值时 $x = x_2$(唯一的最小值)

$f(x) = |x - x_1| + |x - x_2| + |x - x_3|$

若 $0 < x_1 < x_2 < x_3$ 且 $x_3 - x_1 - x_2 > 0$

$$f(x) = \begin{cases} x_1 + x_2 + x_3 - 3x & x < x_1 \\ x_2 + x_3 - x_1 - x & x_1 \leqslant x < x_2 \\ x_3 - x_1 - x_2 + x & x_2 \leqslant x < x_3 \\ -x_1 - x_2 - x_3 + 3x & x \geqslant x_3 \end{cases}$$

(4) n 个线性和及一系列经验公式

① $|x| > a(a > 0) \Leftrightarrow x > a$ 或 $x < -a$.

② $|x| < a(a > 0) \Leftrightarrow -a < x < a$.

③ $f(x) = |x - a| + |x - b|(a \leqslant b)$,

$f(x) \geqslant |a - b|$(当 $x \in [a, b]$ 时, $f(x)$ 取最小值 $|a - b|$).

④ $f(x) = |x - a| - |x - b|(a \leqslant b)$,

$f(x) \in [-|a - b|, |a - b|]$(当 $x \leqslant a$ 时, $f(x)$ 取最小值 $-|a - b|$;当 $x \geqslant b$ 时,

$f(x)$ 取最大值 $|a - b|$).

⑤ $f(x) = |x - a| + |x - b| + |x - c|(a \leqslant b \leqslant c)$,

$f(x) \geqslant |a - c|$(当 $x = b$ 时, $f(x)$ 取最小值 $|a - c|$).

⑥ $f(x) = |x - x_1| + |x - x_2| + \cdots + |x - x_{2k}|(x_1 \leqslant x_2 \leqslant \cdots \leqslant x_{2k})$,

当 $x \in [x_k, x_{k+1}]$ 时, $f(x)$ 取最小值(将 $x_k \sim x_{k+1}$ 中任意一点代入 $f(x)$ 即可).

⑦ $f(x) = |x - x_1| + |x - x_2| + \cdots + |x - x_{2k+1}|(x_1 \leqslant x_2 \leqslant \cdots \leqslant x_{2k+1})$,

当 $x = x_{k+1}$ 时, $f(x)$ 取最小值 $f(x_{k+1})$.

⑧ $f(x) = |x - x_1| + |x - x_2| + \cdots + |x - x_{2k-1}|(x_1 \leqslant x_2 \leqslant \cdots \leqslant x_{2k-1})$,

当 $x = x_k$ 时, $f(x)$ 取最小值 $f(x_k)$.

注意运用以上公式须将 x 的系数化为1.

等比定理(要注意分母不为零)

若 $\dfrac{a}{b} = \dfrac{c}{d} = \dfrac{e}{f}$, 则有 $\dfrac{a}{b} = \dfrac{c}{d} = \dfrac{e}{f} = \dfrac{a + c + e}{b + d + f}$, $b + d + f \neq 0$.

同时还有 $\dfrac{a}{b} = \dfrac{c}{d} = \dfrac{e}{f} = \dfrac{\triangle a + \square c + ☆e}{\triangle b + \square d + ☆f}$, $\triangle b + \square d + ☆f \neq 0$. ($\triangle$, $\square$, ☆ 代表任意实数)

见比设 k

$\dfrac{a}{b} = \dfrac{c}{d} = \dfrac{e}{f} = k \Leftrightarrow \begin{cases} a = kb \\ c = kd, \text{其中 } k \neq 0. \\ e = kf \end{cases}$

$a : b : c = 1 : 2 : 3$, 则设 $a = k, b = 2k, c = 3k(k \neq 0)$.

多比化连比

$$\begin{cases} x:y=a:b \\ y:z=c:d \end{cases} \Rightarrow \begin{cases} x:y=(ac):(bc) \\ y:z=(bc):(bd) \end{cases} \Rightarrow x:y:z=(ac):(bc):(bd).$$

均值不等式

均值不等式,算术平均值不小于几何平均值	
使用条件:一正二定三相等	
表现形式一:$\dfrac{a+b}{2} \geqslant \sqrt{ab}\,(a>0,b>0)$ （当且仅当 $a=b$ 时等号成立）	表现形式二:$\dfrac{a+b+c}{3} \geqslant \sqrt[3]{abc}\,(a>0,b>0,c>0)$ （当且仅当 $a=b=c$ 时等号成立）

联考数学均值不等式常见命题与解题表现形式		
模式一(二元)	模式二(三元)	模式三(对勾)
$a^2+b^2 \geqslant 2ab$（恒成立） $(a+b)^2 \geqslant 4ab$（恒成立） $2(a^2+b^2) \geqslant (a+b)^2$（恒成立） $a+b \geqslant 2\sqrt{ab}\,(a>0,b>0)$	$a^2+b^2+c^2 \geqslant ab+bc+ac$（恒成立） $3(a^2+b^2+c^2) \geqslant (a+b+c)^2$（恒成立） $a^3+b^3+c^3 \geqslant 3abc\,(a>0,b>0,c>0)$ $a+b+c \geqslant 3\sqrt[3]{abc}\,(a>0,b>0,c>0)$	$a+\dfrac{k}{a} \geqslant 2\sqrt{k}\,(a>0,k>0)$ $a+\dfrac{k}{a^2}=\dfrac{1}{2}a+\dfrac{1}{2}a+$ $\dfrac{k}{a^2} \geqslant 3\sqrt[3]{\dfrac{k}{4}}\,(a>0,k>0)$

均拆技巧

若 $a>0$,则有 $a+\dfrac{4}{a^2}=\dfrac{a}{2}+\dfrac{a}{2}+\dfrac{4}{a^2} \geqslant 3\sqrt[3]{\dfrac{a}{2}\cdot\dfrac{a}{2}\cdot\dfrac{4}{a^2}}=3$,

当且仅当 $\dfrac{a}{2}=\dfrac{4}{a^2}$ 时,等号成立.

四、命 题 点

绝对值的基本性质

例 1　（条件充分性判断）$|y-x|+|z-y|-|z|=x$.

（1）x,y,z 在数轴上的位置如图 3-2-4 所示:

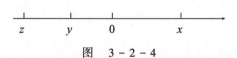

图　3-2-4

（2）x,y,z 在数轴上的位置如图 3 - 2 - 5 所示：

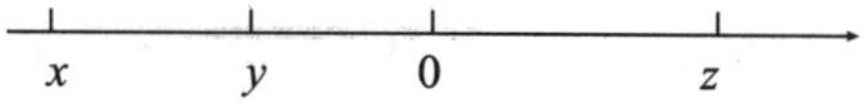

图　3 - 2 - 5

例 2　已知 $\dfrac{a}{|a|} + \dfrac{|b|}{b} + \dfrac{c}{|c|} = 1$，则 $\left(\dfrac{bc}{|ab|} \cdot \dfrac{ac}{|bc|} \cdot \dfrac{ab}{|ca|}\right) \div \left(\dfrac{|abc|}{abc}\right)^{2027} = (\quad)$.

A. 1　　　　　　B. - 1　　　　　　C. 2　　　　　　D. - 2　　　　　　E. $\dfrac{1}{2}$

例 3　（条件充分性判断）$- 1 < x \leqslant \dfrac{1}{2}$.

（1）$\dfrac{|2x - 1|}{|x^2 + 1|} = \dfrac{1 - 2x}{x^2 + 1}$.　　　　　　（2）$\dfrac{|2x - 1|}{3} = \dfrac{2x - 1}{3}$.

绝对值定整与定零

例 4　设 a,b,c 为整数，且 $|a - b|^{29} + |c - a|^{41} = 1$，则 $|a - b| + |a - c| + |b - c| = (\quad)$.

A. 2　　　　B. 3　　　　C. 4　　　　D. - 3　　　　E. - 2

例 5　已知实数 a,b,x,y 满足 $y + |\sqrt{x} - \sqrt{2}| = 1 - a^2$，$|x - 2| = y - 1 - b^2$，则 $3^{x+y} + 3^{a+b} = (\quad)$.

A. 25　　　　B. 26　　　　C. 27　　　　D. 28　　　　E. 29

绝对值的最值问题

例 6　设 $y = |x - 2| + |x + 2|$，则下列结论正确的是(　　).

A. y 没有最小值　　　　　　　　　　B. 只有一个 x 使 y 取到最小值

C. 有无穷多个 x 使 y 取到最大值　　　D. 有无穷多个 x 使 y 取到最小值

E. 以上都不对

例 7　（条件充分性判断）$f(x)$ 有最小值 2.

（1）$f(x) = \left|x - \dfrac{5}{12}\right| + \left|x - \dfrac{1}{12}\right|$　　　　　　（2）$f(x) = |x - 2| + |4 - x|$.

例 8　（条件充分性判断）若 $y = |x - a| - |x - b|$，则 y 的最大值为 2.

（1）$a = 4, b = 6$.　　　　　　　　　（2）$a = - 6, b = - 4$.

例 9　（条件充分性判断）$|x - 2| - |x - 14| \leqslant m^2 - 13m$ 的解集是空集.

（1）$1 < m < 13$.　　　　　　　　　（2）$0 < m < 12$.

例 10　设 $y = |x - a| + |x - 20| + |x - a - 20|$，其中 $0 < a < 20$，则对于满足 $a \leqslant x \leqslant 20$ 的 x 值，y 的最小值是(　　).

A. 10　　　　B. 15　　　　C. 20　　　　D. 25　　　　E. 30

见比设 k

例 11 已知三角形的三条高之比为 4：5：6，若这个三角形的周长为 74，长度介于中间的边长是(　　).

A. 24　　　　B. 36　　　　C. $\dfrac{74}{3}$　　　　D. $\dfrac{37}{2}$　　　　E. 以上都不对

例 12 设 $\dfrac{1}{x}:\dfrac{1}{y}:\dfrac{1}{z}=4:5:6$，则使 $x+y+z=148$ 成立的 y 值是(　　).

A. 24　　　　B. 36　　　　C. $\dfrac{74}{3}$　　　　D. $\dfrac{37}{2}$　　　　E. 48

多比化连比

例 13 已知直角三角形的一条直角边长与斜边长之比为 5：13，周长为 120，那么该直角三角形的面积为(　　).

A. 124　　　　B. 60　　　　C. 250　　　　D. 120　　　　E. 480

正比反比

例 14 已知 $y=y_1-y_2$，且 y_1 与 $\dfrac{1}{2x^2}$ 成反比例，y_2 与 $\dfrac{3}{x+2}$ 成正比例. 当 $x=0$ 时，$y=-3$，又当 $x=1$ 时，$y=1$，那么 y 的 x 表达式是(　　).

A. $y=\dfrac{3x^2}{2}-\dfrac{3}{x+2}$　　　　　　B. $y=3x^2-\dfrac{6}{x+2}$

C. $y=3x^2+\dfrac{6}{x+2}$　　　　　　D. $y=-\dfrac{3x^2}{2}+\dfrac{3}{x+2}$

E. $y=-3x^2-\dfrac{3}{x+2}$

等比定理

例 15 非零实数 a,b,c,x,y,z 满足：$\dfrac{x}{a}=\dfrac{y}{b}=\dfrac{z}{c}$，$\dfrac{xyz(a+b)(b+c)(c+a)}{abc(x+y)(y+z)(z+x)}$ 的值为(　　).

A. 1　　　　B. 2　　　　C. 0　　　　D. -2　　　　E. -1

算术平均值与几何平均值

例 16 （条件充分性判断）a,b,c 算术平均值是 $\dfrac{14}{3}$，几何平均值是 4.

（1）a,b,c 是满足 $a>b>c$ 的三个整数，$b=4$.

（2）a,b,c 是满足 $a>b>c>1$ 的三个整数，$b=2$.

例 17　（条件充分性判断）三个实数 x_1, x_2, x_3 的算术平均数为 4.

（1）$x_1 + 6, x_2 - 2, x_3 + 5$ 的算术平均数为 4.

（2）x_2 为 x_1 和 x_3 的等差中项，且 $x_2 = 4$.

例 18　x_1, x_2 是方程 $6x^2 - 7x + a = 0$ 的两个实数根，若 $\dfrac{1}{x_1}, \dfrac{1}{x_2}$ 的几何平均值是 $\sqrt{3}$，则 a 的值是（　　）.

A. 2　　　　　B. 3　　　　　C. 4　　　　　D. -2　　　　　E. -3

例 19　为了解某公司员工的年龄结构，按男、女人数的比例进行了随机抽样，结果如下：

男员工年龄（岁）	23	26	28	30	32	34	36	38	41
女员工年龄（岁）	23	25	27	27	29	31			

根据表中数据估计，该公司男员工的平均年龄与全体员工的平均年龄分别是（　　）.（单位：岁）

A. 32,30　　　B. 32,29.5　　　C. 32,27　　　D. 30,27　　　E. 29.5,27

均值不等式

例 20　已知 $2x + 3y = 4$，且 $x > 0, y > 0$，则 $\dfrac{3}{x} + \dfrac{2}{y}$（　　）.

A. 有最小值 6　　　　　　　　　　　　B. 有最大值 6

C. 有最小值 4　　　　　　　　　　　　D. 有最大值 4

E. 没有最小值与最大值

例 21　（条件充分性判断）设 m, n 是非负实数，则 $m + n \leqslant 2$.

（1）$\sqrt{m} + \sqrt{n} = 2$.　　　　　　（2）$m^2 + n^2 = 2$.

例 22　（条件充分性判断）$\dfrac{1}{a^2} + \dfrac{1}{b^2} + \dfrac{1}{c^2} > a + b + c$.

（1）$abc = 1$.　　　　　　　　　　　　（2）a, b, c 为不全相等的正实数.

例 23　当 $x > 0$ 时，则 $y = 4x + \dfrac{9}{x^2}$ 的最小值为（　　）.

A. 6　　　　　B. $\sqrt{6}$　　　　　C. $3\sqrt{6}$　　　　　D. $6\sqrt{6}$　　　　　E. $3\sqrt[3]{36}$

例 24　函数 $y = x + \dfrac{1}{2(x-1)^2}$（$x > 1$）的最小值为（　　）.

A. $\dfrac{5}{2}$　　　　　B. 1　　　　　C. $2\sqrt{3}$　　　　　D. 2　　　　　E. 3

例 25　矩形周长为 2，将它绕其一边旋转一周，所得圆柱体积最大时的矩形面积为（　　）.

A. $\dfrac{4\pi}{27}$　　　　B. $\dfrac{2}{3}$　　　　C. $\dfrac{2}{9}$　　　　D. $\dfrac{4}{27}$　　　　E. $\dfrac{27}{4}$

命题点答案及解析

例 1 解析　条件（1）能推出结论，条件（2）推不出结论. 推导：

（1）x, y, z 在数轴上的位置如图 3 - 2 - 4 所示：

$|y - x| + |z - y| - |z| = -(y - x) - (z - y) + z = x$, 能推出结论.

(2) x, y, z 在数轴上的位置如图 3 - 2 - 5 所示:

$|y - x| + |z - y| - |z| = (y - x) + (z - y) - z = -x$, 不能推出结论.

综上所述, 答案是 **A**.

例 2 解析 $\dfrac{a}{|a|} + \dfrac{|b|}{b} + \dfrac{c}{|c|} = 1 \Rightarrow a, b, c$ 两正一负, 不妨设 $a < 0, b > 0, c > 0$,

原式 $= 1 \div (-1)^{2027} = -1$.

综上所述, 答案是 **B**.

例 3 解析   (1) $\left|\dfrac{2x - 1}{x^2 + 1}\right| = \dfrac{1 - 2x}{x^2 + 1} \Leftrightarrow |2x - 1| = 1 - 2x \Leftrightarrow 2x - 1 \leqslant 0 \Leftrightarrow x \leqslant \dfrac{1}{2}$.

即条件 (1) 等价于 $x \leqslant \dfrac{1}{2}$, 不是结论的子集, 故条件 (1) 不是充分条件.

(2) $\left|\dfrac{2x - 1}{3}\right| = \dfrac{2x - 1}{3} \Leftrightarrow \dfrac{2x - 1}{3} \geqslant 0 \Leftrightarrow x \geqslant \dfrac{1}{2}$.

即条件 (2) 等价于 $x \geqslant \dfrac{1}{2}$, 不是结论的子集, 故条件 (2) 不是充分条件.

条件 (1) 和 (2) 联合时: $\begin{cases} x \leqslant \dfrac{1}{2} \\ x \geqslant \dfrac{1}{2} \end{cases} \Rightarrow x = \dfrac{1}{2}$, 是结论的子集, 是充分条件.

综上所述, 答案是 **C**.

例 4 解析   由 $|a - b|^{29} + |c - a|^{41} = 1$ 得: $|a - b|^{29}$ 与 $|c - a|^{41}$ 恰有一个为 1, 一个为 0.

不妨设 $\begin{cases} |a - b|^{29} = 1 \\ |c - a|^{41} = 0 \end{cases} \Rightarrow \begin{cases} |a - b| = 1 \\ |c - a| = 0 \Rightarrow a = c \end{cases}$

$\Rightarrow |a - b| + |a - c| + |b - c| = 2|a - b| = 2$.

综上所述, 答案是 **A**.

例 5 解析   把 $y + |\sqrt{x} - \sqrt{2}| = 1 - a^2$, $|x - 2| = y - 1 - b^2$ 相加移项得:

$|\sqrt{x} - \sqrt{2}| + |x - 2| + a^2 + b^2 = 0$,

$\Rightarrow \begin{cases} \sqrt{x} - \sqrt{2} = 0 \\ x - 2 = 0 \\ a = 0 \\ b = 0, \end{cases} \Rightarrow \begin{cases} x = 2 \\ a = 0 \Rightarrow y + 0 = 1 - 0 \Rightarrow y = 1. \\ b = 0 \end{cases}$

$\Rightarrow 3^{x+y} + 3^{a+b} = 3^{2+1} + 3^{0+0} = 27 + 1 = 28$.

综上所述, 答案是 **D**.

例 6 解析 $y = |x - 2| + |x + 2|$ 的最值情况为:

① 只有最小值, 没有最大值.

② $f(x)_{\min} = 4$.

③ 取最小值时对应的 x 有无穷多个,且 $x \in [-2,2]$.

综上所述,答案是 **D**.

例 7 解析　$(1)f(x) = \left| x - \dfrac{5}{12} \right| + \left| x - \dfrac{1}{12} \right|$ 的最值情况为:

① 只有最小值,没有最大值.

② $f(x)_{\min} = \dfrac{5}{12} - \dfrac{1}{12} = \dfrac{1}{3}$.

③ 取最小值时对应的 x 有无穷多个,且 $x \in \left[\dfrac{1}{12}, \dfrac{5}{12} \right]$.

$(2)f(x) = |x - 2| + |4 - x| = |x - 2| + |x - 4|$ 的最值情况为:

① 只有最小值,没有最大值.

② $f(x)_{\min} = 4 - 2 = 2$.

③ 取最小值时对应的 x 有无穷多个,且 $x \in [2,4]$.

故条件(1) 不能推出结论,不是充分条件.

条件(2) 能推出结论,是充分条件.

综上所述,答案是 **B**.

例 8 解析　条件(1) 和(2) 分别推出结论,推导: $y_{\max} = |a - b| = 2$.

综上所述,答案是 **D**.

例 9 解析　设 $y = |x - 2| - |x - 14| \Rightarrow y_{\min} = -12$.

$|x - 2| - |x - 14| \leqslant m^2 - 13m$ 的解集是空集 $\Rightarrow m^2 - 13m < -12 \Rightarrow 1 < m < 12$.

结论等价于 $1 < m < 12$.

条件(1) 与(2) 单独均不是结论的子集,但联合起来有 $1 < m < 12$,所以条件(1) 与(2) 联合起来充分.

综上所述,答案是 **C**.

例 10 解析　绝对值函数 $y = |x - a| + |x - 20| + |x - a - 20|$ 最值问题的三个核心要领:

其中 $a < 20 < a + 20$,

① 只有最小值,没有最大值.

② $f(x)_{\min} = |(a + 20) - a| = 20$.

③ 取最小值时 $x = 20$(唯一的最小值点).

综上所述,答案是 **C**.

例 11 解析　设三角形三边长为 x, y, z, $\dfrac{1}{x} : \dfrac{1}{y} : \dfrac{1}{z} = 4 : 5 : 6 = \dfrac{4}{60} : \dfrac{5}{60} : \dfrac{6}{60} = \dfrac{1}{15} : \dfrac{1}{12} : \dfrac{1}{10} \Rightarrow$

$x : y : z = 15 : 12 : 10$,

见比设 k:设 $x = 15k, y = 12k, z = 10k$,

从而 $x + y + z = 15k + 12k + 10k = 74 \Rightarrow k = 2$,

故 $y = 12k = 24$.

综上所述,答案是 **A**.

例 12 解析 方法一:这是典型的比例问题,可利用比例系数去求解.

由已知有 $\dfrac{\frac{1}{x}}{4} = \dfrac{\frac{1}{y}}{5} = \dfrac{\frac{1}{z}}{6} = k$,即

$$\begin{cases} x = \dfrac{1}{4k} \\ y = \dfrac{1}{5k} \\ z = \dfrac{1}{6k} \end{cases} \Rightarrow \dfrac{1}{4k} + \dfrac{1}{5k} + \dfrac{1}{6k} = 148 \Rightarrow k = \dfrac{1}{240},\text{代入 } y = \dfrac{1}{5k} = \dfrac{240}{5} = 48.$$

方法二:由题意得

$$x : y : z = \dfrac{1}{4} : \dfrac{1}{5} : \dfrac{1}{6} = 15 : 12 : 10$$

根据 $x + y + z = 148$,得 $y = 4 \times 12 = 48$.

综上所述,答案是 **E**.

例 13 解析 第一步,见比设 k. 设直角边长与斜边长分别为 $5k, 13k$,根据勾股定理可知,另一直角边长为 $12k$.

第二步,求边长. 周长为 $120 \Rightarrow 5k + 12k + 13k = 120 \Rightarrow k = 4$. 两直角边长为 $20, 48$.

第三步,求面积. 直角三角形的面积 $= \dfrac{1}{2} \times 20 \times 48 = 480$.

综上所述,答案是 **E**.

例 14 解析 根据题目得到 $y_1 = \dfrac{k_1}{\frac{1}{2x^2}} = 2k_1 x^2$, $y_2 = \dfrac{3k_2}{x + 2}$,得到 $y = 2k_1 x^2 - \dfrac{3k_2}{x + 2}$,

根据过 $(0, -3), (1, 1)$ 点,列出方程组

$$\begin{cases} -3 = -\dfrac{3}{2}k_2 \\ 1 = 2k_1 - \dfrac{3 \times 2}{3} = 2k_1 - 2 \end{cases},\text{解出 } k_1 = \dfrac{3}{2}, k_2 = 2,\text{从而 } y = 3x^2 - \dfrac{6}{x + 2}.$$

综上所述,答案是 **B**.

例 15 解析 方法一:(核心:等比定理)

$$\dfrac{x}{a} = \dfrac{y}{b} = \dfrac{z}{c} \Rightarrow \dfrac{x}{a} = \dfrac{y}{b} = \dfrac{z}{c} = \dfrac{x+y}{a+b} = \dfrac{y+z}{b+c} = \dfrac{z+x}{c+a} \Rightarrow \dfrac{xyz}{abc}\dfrac{(a+b)(b+c)(c+a)}{(x+y)(y+z)(z+x)} = 1.$$

方法二:(核心:见比设 k)

$$\frac{x}{a} = \frac{y}{b} = \frac{z}{c} \Rightarrow \begin{cases} x = ak \\ y = bk \\ z = ck \end{cases}$$

$$\Rightarrow \frac{xyz}{abc} \frac{(a+b)(b+c)(c+a)}{(x+y)(y+z)(z+x)} = \frac{abc}{abc} \frac{(a+b)(b+c)(c+a)k^3}{(a+b)(b+c)(c+a)k^3} = 1.$$

综上所述, 答案是 **A**.

例16解析　a, b, c 算术平均值是 $\frac{14}{3} \Leftrightarrow \frac{a+b+c}{3} = \frac{14}{3} \Leftrightarrow a+b+c = 14$.

几何平均值是 $4 \Leftrightarrow \sqrt[3]{abc} = 4 \Leftrightarrow abc = 64$.

结论等价于: $a+b+c = 14$ 且 $abc = 64$.

(1) a, b, c 是满足 $a > b > c$ 的三个整数, $b = 4$, 不是充分条件.

反例: $a = 5, b = 4, c = 3$ 推不出结论(一票否决制).

(2) a, b, c 是满足 $a > b > c > 1$ 的三个整数, $b = 2$, 不是充分条件.

反例: c 不存在, 推不出结论.

条件(1) 和(2) 联合(矛盾!) 推不出结论.

综上所述, 答案是 **E**.

例17解析　实数 x_1, x_2, x_3 的算术平均数为 $4 \Leftrightarrow \frac{x_1 + x_2 + x_3}{3} = 4 \Leftrightarrow x_1 + x_2 + x_3 = 12$.

条件(1) 不是充分条件, 推导:

由 $x_1 + 6, x_2 - 2, x_3 + 5$ 的算术平均数为 4,

得　　　$\frac{(x_1+6)+(x_2-2)+(x_3+5)}{3} = \frac{x_1+x_2+x_3}{3} + 3 = 4,$

则　$x_1 + x_2 + x_3 = 3$.

即条件(1) 推不出结论.

条件(2) 是充分条件, 推导:

x_2 为 x_1 和 x_3 的等差中项, 且 $x_2 = 4$,

因此　　　　　　$x_2 = \frac{x_1 + x_3}{2} = 4,$

则　$x_1 + x_2 + x_3 = 12$.

即条件(2) 能推出结论.

综上所述, 答案是 **B**.

例18解析　第一步, 韦达定理: $x_1 x_2 = \frac{a}{6}$.

第二步, 恒等变形: $\sqrt{\dfrac{1}{x_1} \cdot \dfrac{1}{x_2}} = \sqrt{\dfrac{6}{a}} = \sqrt{3} \Rightarrow a = 2$.

综上所述, 答案是 **A**.

例 19 解析 $\bar{x}_{男} = \dfrac{23 + 26 + 28 + 30 + 32 + 34 + 36 + 38 + 41}{9} = 32.$

$\bar{x}_{女} = \dfrac{23 + 25 + 27 + 27 + 29 + 31}{6} = 27.$

设全体员工的平均年龄为 $\bar{x}$,

男:32　　$\bar{x} - 27$

　　　$\bar{x}$　　　　,故 $\dfrac{\bar{x} - 27}{32 - \bar{x}} = \dfrac{9}{6} = \dfrac{3}{2}.$

女:27　　$32 - \bar{x}$

所以 $2\bar{x} - 54 = 96 - 3\bar{x} \Rightarrow \bar{x} = 30.$

综上所述,答案是 **A**.

例 20 解析 第一步,对勾化.

$$\left(\frac{3}{x} + \frac{2}{y}\right)\left(\frac{2x + 3y}{4}\right) = \left(\frac{3}{x} + \frac{2}{y}\right)\left(\frac{x}{2} + \frac{3y}{4}\right) = \frac{1}{4}\left(12 + \frac{9y}{x} + \frac{4x}{y}\right).$$

第二步,均值不等式.

$$\frac{9y}{x} + \frac{4x}{y} \geqslant 2\sqrt{\frac{9y}{x} \cdot \frac{4x}{y}} = 12,$$

$$\frac{3}{x} + \frac{2}{y} \geqslant \frac{1}{4}(12 + 12) = 6.$$

即原式的最小值为 6.

另一方面,当 $x \to \infty$,即原式没有最大值. 当 $x \to 0$ 时,$\dfrac{3}{x} + \dfrac{2}{y} \to +\infty.$

综上所述,答案是 **A**.

例 21 解析 条件(1)单独不能推出结论,故条件(1)不是充分条件. 推导过程:m,n 是非负数, 推不出结论.

$$2(m + n) \geqslant (\sqrt{m} + \sqrt{n})^2 = 4 \Rightarrow m + n \geqslant 2,$$

条件(2)单独能推出结论,故条件(2)是充分条件.

$$4 = 2(m^2 + n^2) \geqslant (m + n)^2 \Rightarrow -2 \leqslant m + n \leqslant 2.$$

综上所述,答案是 **B**.

例 22 解析 条件(1)和(2)联合能推出结论. 推导:

$$2\left(\frac{1}{a^2} + \frac{1}{b^2} + \frac{1}{c^2}\right) = \left(\frac{1}{a^2} + \frac{1}{b^2}\right) + \left(\frac{1}{b^2} + \frac{1}{c^2}\right) + \left(\frac{1}{c^2} + \frac{1}{a^2}\right) \geqslant 2\left(\frac{1}{ab} + \frac{1}{bc} + \frac{1}{ca}\right) = 2(a + b + c).$$

("$\geqslant$"中等号不能取到)

即

$$\frac{1}{a^2} + \frac{1}{b^2} + \frac{1}{c^2} > a + b + c.$$

综上所述,答案是 **C**.

例 23 解析 $y = 4x + \dfrac{9}{x^2} = 2x + 2x + \dfrac{9}{x^2}(x > 0),$

则 $2x + 2x + \dfrac{9}{x^2} \geqslant 3\sqrt[3]{2x \cdot 2x \cdot \dfrac{9}{x^2}} = 3\sqrt[3]{36}.$

综上所述,答案是 **E**.

例 24 解析　$x > 1$,则 $y = x + \dfrac{1}{2(x-1)^2}$

$$= \dfrac{1}{2}\left[(x-1)+(x-1)\right] + \dfrac{1}{2(x-1)^2} + 1$$

$$= \dfrac{(x-1)}{2} + \dfrac{(x-1)}{2} + \dfrac{1}{2(x-1)^2} + 1$$

$$\geqslant 3\sqrt[3]{\dfrac{x-1}{2} \cdot \dfrac{x-1}{2} \cdot \dfrac{1}{2(x-1)^2}} + 1 = \dfrac{5}{2}.$$

综上所述,答案是 **A**.

例 25 解析　设该矩形的一边为 x,则另一边为 $1-x$,则 $\pi x^2(1-x) = 4\pi \cdot \dfrac{x}{2} \cdot \dfrac{x}{2} \cdot (1-x)$,

根据均值不等式可得 $4\pi \cdot \dfrac{x}{2} \cdot \dfrac{x}{2} \cdot (1-x) \leqslant 4\pi \cdot \left[\dfrac{\dfrac{x}{2}+\dfrac{x}{2}+(1-x)}{3}\right]^3 = \dfrac{4\pi}{27}$,当且仅

当 $\dfrac{x}{2} = 1-x$,即 $x = \dfrac{2}{3}$ 时,圆柱的体积最大,此时该矩形的面积为 $\dfrac{2}{3} \times \dfrac{1}{3} = \dfrac{2}{9}$.

综上所述,答案是 **C**.

五、综合训练

综合训练题

1. 已知 $\sqrt{x^3 + 2x^2} = -x\sqrt{x+2}$,则 x 的取值范围是(　　).

　　A. $x < 0$ 　　　　　　B. $x \geqslant -2$ 　　　　　　C. $-2 \leqslant x \leqslant 0$

　　D. $-2 < x < 0$ 　　　　E. 无法确定

2. 设 x, y, z 为实数,且 $|xz| + xz = 0$,$|xy| + xy = 0$,$xyz < 0$,则 $|y-x| - |x-z| + |y+z|$
　　$= (\quad)$.

　　A. $y + 2z$ 　　B. $2y$ 　　　　C. $2z$ 　　　　D. $x + z$ 　　　　E. $2x$

3. (条件充分性判断)$\dfrac{|a-b|}{|a-2|+|b-2|} < 1.$

　　(1) $2(a+b) - ab < 4.$ 　　　　(2) $ab > 2(a+b).$

4. 若方程 $|x+1| + |x+2| + |x+3| = C$ 恰有两个实数解,则实数 C 的取值范围为(　　).

　　A. $C \geqslant 2$ 　　B. $C \leqslant 2$ 　　C. $C > 2$ 　　D. $C < 2$ 　　E. 以上答案均不正确

5. $y = |x-1| + |2x-1| + |3x-1|$ 的最小值为(　　).

A. $\dfrac{1}{2}$ B. $\dfrac{1}{3}$ C. $\dfrac{2}{3}$ D. 1   E. $\dfrac{3}{2}$

6. 若 $(|x+1|+|x-2|)(|y-2|+|y+1|)(|z-3|+|z+1|)=36$,则 $x+2y+3z$ 的最小值等于( ).

    A. 15   B. -15 C. -16 D. -6 E. 不存在

7. (条件充分性判断) 若 $y=|x-a|-|x-b|\leqslant s$,则 $s\geqslant 2$.

    (1) $a=2,b=4$.   (2) $a=-4,b=-2$.

8. 若 $\dfrac{a-b}{x}=\dfrac{b-c}{y}=\dfrac{c-a}{z}=xyz>0$,则 x,y,z 中为负数的共有( )个.

    A. 1   B. 2   C. 3   D. 0   E. 无法判断

9. (条件充分性判断) 三个实数 x_1,x_2,x_3 的几何平均数为 4.

    (1) x_1+2,x_2-2,x_3 的几何平均数为 4.

    (2) x_2 为 x_1 和 x_3 的等比中项,且 $x_2=4$.

10. x_1,x_2 是方程 $6x^2-7x+a=0$ 的两个实数根,若 $\dfrac{x_2}{x_1^2},\dfrac{x_1}{x_2^2}$ 的几何平均值是 $\sqrt{3}$,则 a 的值是( ).

    A. -2 B. 3   C. 4   D. 2   E. -3

11. (条件充分性判断) $|a-b|+|a-c|+|b-c|\leqslant 2$.

    (1) a,b,c 为整数,且 $|a-b|^{29}+|c-a|^{41}=1$.

    (2) a,b,c 为整数,且 $|a-b|^{29}+|c-a|^{41}=2$.

12. 已知实数 m,n,x,y 满足 $y+|\sqrt{x}-\sqrt{2}|=2012-m^2$,$|x-2|=y-2012-n^2$,则 $\log_{(x+2010)}2012$ $=$( ).

    A. 25   B. 0   C. 27   D. 2012   E. 1

13. (条件充分性判断) $\dfrac{(x+y)(z+y)(x+z)}{xyz}=8$.

    (1) $xyz\neq 0$ 且 $\dfrac{-y+x-z}{x}=\dfrac{-z-x+y}{y}=\dfrac{z-x-y}{z}$.

    (2) $xyz\neq 0$ 且 $\dfrac{x}{2}=\dfrac{y}{3}=\dfrac{z}{4}$.

14. 已知 $a+b=5,a^3+b^3=35$,则 $|a-b|=$( ).

    A. 1   B. 2   C. 3   D. 4   E. 5

15. (条件充分性判断) 已知 a,b,c 为三个实数,则 $\min\{|a-b|,|b-c|,|a-c|\}\leqslant 5$.

    (1) $|a|\leqslant 5,|b|\leqslant 5,|c|\leqslant 5$.   (2) $a+b+c=15$.

综合训练题答案及解析 ◉

1 【解析】$\sqrt{x^3+2x^2}=\sqrt{x^2(x+2)}=|x|\sqrt{x+2}=-x\sqrt{x+2}\Rightarrow\begin{cases}x+2\geqslant 0\\x\leqslant 0\end{cases}\Rightarrow -2\leqslant x\leqslant 0.$

    综上所述,答案是 C.

2　【解析】由绝对值性质可得：$xz < 0, xy < 0$, 又 $xyz < 0$,

则 $x < 0, y > 0, z > 0$. 原式 $= y - x + x - z + y + z = 2y$.

综上所述，答案是 **B**.

3　【解析】结论可化为 $|a - b| < |a - 2| + |b - 2|$, 即 $|(a - 2) - (b - 2)| < |a - 2| + |b - 2|$.

由三角不等式可得：$(a - 2)(b - 2) > 0$, 即 $ab - 2a - 2b + 4 > 0$.

所以条件(1) 和条件(2) 都是充分的.

综上所述，答案是 **D**.

4　【解析】令 $y = |x + 1| + |x + 2| + |x + 3|$,

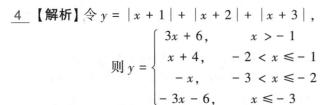

$$则 y = \begin{cases} 3x + 6, & x > -1 \\ x + 4, & -2 < x \leqslant -1 \\ -x, & -3 < x \leqslant -2 \\ -3x - 6, & x \leqslant -3 \end{cases}$$

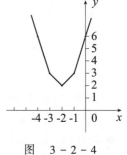

图　3 - 2 - 4

函数图形如图 3 - 2 - 4 所示，可知当 $C > 2$ 时，方程恰有两个实

数解.

综上所述，答案是 **C**.

5　【解析】$y = |x - 1| + |2x - 1| + |3x - 1| = |x - 1| + \left| x - \dfrac{1}{2} \right| + \left| x - \dfrac{1}{2} \right| + \left| x - \dfrac{1}{3} \right| +$

$\left| x - \dfrac{1}{3} \right| + \left| x - \dfrac{1}{3} \right|$ 变为 1, 相同的零点视作不同：

从小到大：$\dfrac{1}{3}, \dfrac{1}{3}, \dfrac{1}{3}, \dfrac{1}{2}, \dfrac{1}{2}, 1$,

中间的零点为 $\dfrac{1}{2}, \dfrac{1}{3}$,

那么，满足 $\dfrac{1}{3} \leqslant x \leqslant \dfrac{1}{2}$ 的任意 x 都可以使 y 取最小值，且 $y_{\min} = 1$.

综上所述，答案是 **D**.

6　【解析】

$$\begin{cases} |x + 1| + |x - 2| \geqslant 3 \\ |y - 2| + |y + 1| \geqslant 3 \Rightarrow 积 \geqslant 36. \\ |z - 3| + |z + 1| \geqslant 4 \end{cases}$$

已知积为 36，故每个不等式中的等号成立，从而 $\begin{cases} x \in [-1, 2] \\ y \in [-1, 2] \\ z \in [-1, 3] \end{cases}$

可得 $x + 2y + 3z$ 的最小值为 $(-1) + 2 \times (-1) + 3 \times (-1) = -6$.

综上所述，答案是 **D**.

7　【解析】条件(1)和(2)分别能推出结论. 推导:$s \geqslant y_{max} = |a - b| = 2$.
综上所述,答案是 **D**.

8　【解析】

由题意$\begin{cases} a - b = x^2 yz \\ b - c = xy^2 z \\ c - a = xyz^2 \end{cases}$,相加可得:$xyz(x + y + z) = 0$.

从而$\begin{cases} x + y + z = 0 \\ xyz > 0 \end{cases}$,所以 x, y, z 中两负一正.

综上所述,答案是 **B**.

9　【解析】

条件(1)推不出结论,故条件(1)不是充分条件. 反例:$x_1 = -1, x_2 = 3, x_3 = 64$.

条件(2)推不出结论,故条件(2)不是充分条件. 反例:$x_1 = -1, x_2 = 4, x_3 = -16$.

条件(1)和(2)联合能推出结论,推导:

x_2 为 x_1 和 x_3 的等比中项,且 $x_2 = 4 \Rightarrow x_1 x_3 = 16$,

$x_1 + 2, x_2 - 2, x_3$ 的几何平均数为 $4 \Rightarrow 2(x_1 + 2)x_3 = 64 \Rightarrow x_1 x_3 + 2x_3 = 32$.

联立两个方程解得:$x_1 = 2, x_3 = 8$.

故 x_1, x_2, x_3 的几何平均数为 4.

综上所述,答案是 **C**.

注意:几何平均值要求每个数是非负数,这一点希望考生在解题时多加注意.

10　【解析】第一步,韦达定理:$x_1 x_2 = \dfrac{a}{6}$.

第二步,恒等变形:$\sqrt{\dfrac{x_2}{x_1^2} \dfrac{x_1}{x_2^2}} = \sqrt{\dfrac{1}{x_1 x_2}} = \sqrt{\dfrac{6}{a}} = \sqrt{3} \Rightarrow a = 2$.

综上所述,答案是 **D**.

11　【解析】条件(1)能推出结论,是充分条件.

由 $|a - b|^{29} + |c - a|^{41} = 1$ 得 $|a - b|^{29}$ 与 $|c - a|^{41}$ 恰有一个为 1,一个为 0,

不妨设　$\begin{cases} |a - b|^{29} = 1 \\ |c - a|^{41} = 0 \end{cases} \Rightarrow \begin{cases} |a - b| = 1 \\ |c - a| = 0 \end{cases} \Rightarrow a = c.$

则　　　　　$|a - b| + |a - c| + |b - c| = 2|a - b| = 2$.

条件(2)不能推出结论,故不是充分条件.

由 $|a - b|^{29} + |c - a|^{41} = 2$ 得:$|a - b|^{29}$ 与 $|c - a|^{41}$ 都为 1,

故　　　　$\begin{cases} |a - b|^{29} = 1 \\ |c - a|^{41} = 1 \end{cases} \Rightarrow \begin{cases} |a - b| = 1 \\ |c - a| = |a - c| = 1 \end{cases} \Rightarrow b = c$ 或 $|b - c| = 2$.

则　　　　　$|a - b| + |a - c| + |b - c| = 2$ 或 4.

综上所述,答案是 **A**.

12 【解析】

把 $y + |\sqrt{x} - \sqrt{2}| = 2012 - m^2$，$|x - 2| = y - 2012 - n^2$，相加移项得：

$$|\sqrt{x} - \sqrt{2}| + |x - 2| + m^2 + n^2 = 0,$$

得 $\begin{cases} \sqrt{x} - \sqrt{2} = 0 \\ x - 2 = 0 \\ m = 0 \\ n = 0 \end{cases} \Rightarrow \begin{cases} x = 2 \\ m = 0 \\ n = 0 \end{cases} \Rightarrow y + 0 = 2012 - 0 \Rightarrow y = 2012.$

则 $\log_{(x+2010)} 2012 = \log_{2012} 2012 = 1.$

综上所述，答案是 **E**.

13 【解析】条件(1)：若 $x + y + z \neq 0$，由等比定理可得：

$$\frac{-y+x-z}{x} = \frac{-z-x+y}{y} = \frac{z-x-y}{z} = \frac{-(x+y+z)}{x+y+z} = -1$$

则 $\begin{cases} y + z = 2x \\ x + z = 2y \\ x + y = 2z \end{cases}$，$\frac{(x+y)(z+y)(x+z)}{xyz} = 8.$

若 $x + y + z = 0$，则 $\frac{(x+y)(z+y)(x+z)}{xyz} = -1.$

所以条件(1) 不充分.

条件(2)：由见比设 k 得 $x = 2k$，$y = 3k$，$z = 4k$.

则 $\frac{(x+y)(z+y)(x+z)}{xyz} = \frac{5k \cdot 7k \cdot 6k}{2k \cdot 3k \cdot 4k} = \frac{35}{4} \neq 8.$

所以条件(2)不充分. 条件(1)和(2)无法联立.

综上所述，答案是 **E**.

14 【解析】本题考点：常用的基本公式.

方法一：$a^3 + b^3 = (a+b)(a^2 - ab + b^2) = 5(a^2 - ab + b^2) = 35$，可得 $a^2 - ab + b^2 = 7$①，

由 $a + b = 5$ 可得 $a^2 + 2ab + b^2 = 25$②，①、②联立可得 $ab = 6$，$a^2 + b^2 = 13$，

则所求 $|a - b| = \sqrt{(a-b)^2} = \sqrt{a^2 - 2ab + b^2} = 1.$

方法二：代值计算，由已知可得 $a = 3$，$b = 2$ 满足已知条件，则所求为 1.

综上所述，答案是 **A**.

15 【解析】$\min\{|a-b|, |b-c|, |a-c|\} \leq 5$，表示 $|a-b|$，$|b-c|$，$|a-c|$ 三个表达式中的最小值小于等于 5，故至少有 1 个式子小于等于 5 即可.

对于条件(1)：a, b, c 为 -5 到 5 之间的数字(含端点).

① 若 $a < b < c$，当且仅当 $c - a$ 达到最大值且 $a - b = b - c$ 时(如图 3-2-5 所示)，

$\min\{|a-b|, |b-c|, |a-c|\}$ 取最大，

即 $a = -5$，$b = 0$，$c = 5$ 时，

$\min\{|a-b|, |b-c|, |a-c|\}$ 的最大值为 5.

② 而当 a,b,c 取其他任意值时,

$\min\{\,|a-b|\,,|b-c|\,,|a-c|\,\} < 5.$

综上: $\min\{\,|a-b|\,,|b-c|\,,|a-c|\,\} \leqslant 5$, 故条件(1) 充分.

对于条件(2): 举反例, $a=5$, $b=-5$, $c=15$, 条件(2) 不充分.

综上所述, 答案是 A.

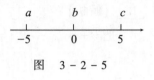

图　3 - 2 - 5

六、备考小结

常见的命题模式: _____.

_____.

_____.

_____.

_____.

_____.

解题战略战术方法: _____.

_____.

_____.

_____.

_____.

_____.

_____.

经典母题与错题积累: _____.

_____.

_____.

_____.

_____.

_____.

攻略三

式与运算

一、备考攻略综述

大纲表述

(二)代数

1. 整式

(1)整式及其运算

(2)整式的因式与因式分解

2. 分式及其运算

命题轨迹

十几年来,考题都集中在代数式的非负零和与零积这个战略高地上,命题时往往和平面几何图形中的等边三角形、等腰直角三角形、等腰三角形,代数中的一元二次方程与函数图像、多项式的恒等变形(配方)与因式分解、均值不等式(对勾函数)结合起来考. 考题综合性强,要求高,但是命题语言与模式相对比较固定,考生只要在备考与实战中抓住这点,就可以稳操胜券.

备考提示

考生要彻底地解决联考中式的问题,第一,搞懂并熟记整式、分式、根式(补)的运算规则;第二,掌握并熟悉因式分解(整式)和分部分解(分式)的常用方法;第三,掌握恒等变形中的配方法和待定系数法,以及给定恒等式求参数时用的赋值法.

二、知识点

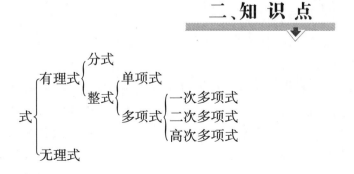

式的概念

（1）式：式是数与字母的表达式，表达式里可以有加减乘除、开方、乘方等运算．

（2）无理式：开方开不尽时，被开方数中含有字母的根式叫作无理式，如 $\sqrt{a+2b}$，$\sqrt{x}$，…

（3）有理式：只有加减乘除的数与字母式子叫作有理式，如 $3x+2$．

（4）分式：约分后，字母在分母中的有理式叫作分式，如 $\dfrac{1}{x}$．

（5）整式：字母不在分母中的有理式叫作整式，如 x^2+2．

（6）单项式：字母之间只有乘法，没有加减法等其他的运算的式叫作单项式．如 ab，a^3b，ab^3xy^2，… 都是单项式，常数也是单项式，如：1，20．

【注】零多项式为零，零次多项式为非零常数

（7）多项式：若干个非同类单项式的加减结果叫作多项式，如：$ab+a^3b$，ab^3+xy^2，… 都是多项式．

分式

（1）分式有意义的条件是分母不等于零；分式无意义的条件是分母等于零．

（2）分式相等时应满足将分式化为最简分式时分子、分母分别对应相等．特别地，当分式的值等于零时应满足分子等于零且分母不等于零．

（3）分式的运算

1）加减法：同分母的分式相加减，分母不变，把分子相加减；异分母的分式相加减，先通分，变为同分母的分式，然后再加减．

$$\frac{a}{b}\pm\frac{c}{b}=\frac{a\pm c}{b}，\frac{a}{b}\pm\frac{c}{d}=\frac{ad\pm bc}{bd}.$$

2）乘法：分式乘以分式，用分子的积作积的分子，分母的积作积的分母．

$$\frac{a}{b}\cdot\frac{c}{d}=\frac{ac}{bd}.$$

3）除法：分式除以分式，把除式的分子、分母颠倒位置后，与被除式相乘．

$$\frac{a}{b}\div\frac{c}{d}=\frac{a}{b}\cdot\frac{d}{c}=\frac{ad}{bc}.$$

4）乘方：分式的乘方是把分子、分母分别乘方．

$$\left(\frac{a}{b}\right)^n=\frac{a^n}{b^n}（n\text{ 为正整数}）.$$

（4）通分及最简分式

1）分式的通分

根据分式的基本性质，把几个异分母的分式转化成与原来的分式相等的同分母的分式，叫作分式的通分．分式的通分是对一个分式进行恒等变形的手段，通分前后的分式值是不变的．通分的关键是确立几个分式的最简公分母．一般地，取各分母系数的最小公倍数与各字母因式的最高次幂的积作为公分母，这样的公分母叫作最简

公分母.

2）最简分式

一个分式的分子与分母没有公因式时,叫作最简分式.

【注】一个分式的最后形式必须是最简分式. 当分式不是最简分式时,通常采用约分的方法.

整式

（1）单项式

1）单项式的次:单项式每一个字母因子的次方之和叫作单项式的次,如 ab 的次为 2, ab^3xy^2 的次为 7.

2）单项式的系数:单项式字母前的常数叫作单项式的系数.

3）同类单项式:如果两个单项式之间只有系数不同,其他部分完全一样,就称这两个单项式是可合并的单项式,也叫同类单项式.

4）单项式相等应满足对应的系数、字母、次数完全相等.

（2）多项式

1）多项式的次:多项式中的单项式的最高次叫作多项式的次,如:$ab + a^3b$ 是四次多项式,$ab^3 + xy^2$ 是四次多项式.

2）多项式的项:在多项式中,每个单项式叫作多项式的项,其中不含字母的叫作常数项. 一个多项式有几项就叫作几项式,多项式中的符号看作各项的性质符号.

3）多项式的分类（在一元范围内）

① 一次多项式:关于 x 的一次多项式是指主元为 x,主元的最高次为 1,形如 $ax + b$.

② 二次多项式:关于 x 的二次多项式是指主元为 x,主元的最高次为 2,形如 $ax^2 + bx + c$.

③ 高次多项式:关于 x 的高次多项式是指主元为 x,主元的最高次大于 2,形如

$$a_nx^n + a_{n-1}x^{n-1} + a_{n-2}x^{n-2} + \cdots + a_1x + a_0(n \geq 3 \text{ 且 } a_n \neq 0).$$

4）多项式的降幂与升幂排列.

降幂排列:多项式中每一项的次方递减,如 $a_nx^n + a_{n-1}x^{n-1} + \cdots + a_1x + a_0$.

升幂排列:多项式中每一项的次方递增,如 $a_0 + a_1x + \cdots + a_{n-1}x^{n-1} + a_nx^n$.

（3）整式的运算

1）整式的加减运算:去括号,合并同类项.

【注】合并同类项时"系数相加减,字母不变".

2）整式的乘法运算:整式的乘法运算主要参见乘法公式 $(a + b)(c + d) = ac + ad + bc + bd$ 进行运算.

【注】单项式相乘"系数相乘,次方相加".

3）整式的除法运算:

带余除法:若 $f(x)$ 除以 $g(x)$ 的商为 $h(x)$,余数为 $r(x)$,则称 $g(x)$ 为除式,$f(x)$ 为被除式,记为 $f(x) = g(x) \times h(x) + r(x)$,其中 $r(x)$ 的次数小于 $g(x)$ 的次数.

【注】碰到这一类题时要把上面的式子写出来,还要记住 $r(x)$ 的次数小于 $g(x)$ 的次数,

并根据 $g(x)$ 的次方设出 $r(x)$ 的次方.

整除:若 $g(x)$ 除 $f(x)$ 没有余数,则称 $g(x)$ 整除 $f(x)$. 记为则称 $g(x)\mid f(x)$.

4) 整除性质:

多项式整除性质:

(1) 传递性:若 $g_2(x)\mid g_1(x)$,且 $g_1(x)\mid f(x)$,则 $g_2(x)\mid f(x)$.

(2) 线性性质:若 $g(x)\mid f_1(x)$,且 $g(x)\mid f_2(x)$,则有 $g(x)\mid[f_1(x)\pm f_2(x)]$,一般的有 $g(x)\mid[u(x)f_1(x)\pm v(x)f_2(x)]$,其中 $u(x),v(x)$ 为任意多项式.

5) "余因" 定理:

① 余式定理:用一次多项式 $x-a$ 去除多项式 $f(x)$,所得的余式是一个常数,这个常数值等于函数值 $f(a)$.

设 $f(x)=a_nx^n+a_{n-1}x^{n-1}+\cdots+a_1x+a_0$,

$f(a)=a_na^n+a_{n-1}a^{n-1}+\cdots+a_1a+a_0$,

则 $f(x)=q(x)(x-a)+f(a)$.

② 因式定理:a 是 $f(x)$ 的根的充分必要条件是 $(x-a)\mid f(x)$.

设 $f(x)=a_nx^n+a_{n-1}x^{n-1}+\cdots+a_1x+a_0$,

则 $a_na^n+a_{n-1}a^{n-1}+\cdots+a_1a+a_0=0$ 的充分必要条件是 $(x-a)\mid f(x)$.

(4) 因式分解

1) ① 分解因式的概念

把一个多项式化成几个整式的积的形式,这种变形叫作分解因式(又叫因式分解).

a. 因式分解的实质是一种恒等变形,是一种化和为积的变形.

b. 因式分解与整式乘法是互逆的.

c. 在因式分解的结果中,每个因式都必须是整式.

d. 因式分解要分解到不能再分解为止.

② 因式分解的基本方法

因式分解的基本方法有 *a*. 运用公式法;*b*. 分组分解法;*c*. 十字相乘法.

2) 因式与公因式

若 $g(x)$ 能整除 $f(x)$,则 $g(x)$ 是 $f(x)$ 的一个因式. 如 $x+1$ 是多项式 x^2+3x+2 的因式. 若 $g(x)$ 能整除 $f_1(x)$ 和 $f_2(x)$,则 $g(x)$ 是 $f_1(x)$ 和 $f_2(x)$ 的一个公因式. 如 $x+1$ 是多项式 x^2+3x+2 和 x^2+4x+3 的公因式.

三、技巧点拨

分式恒等变形

(1) $\dfrac{1}{(x+a)(x+b)}=\dfrac{1}{b-a}\left(\dfrac{1}{x+a}-\dfrac{1}{x+b}\right)$(命题角度:裂项求和).

(2) $\dfrac{1}{(x+a)(x+b)^2}=\dfrac{A}{x+a}+\dfrac{B}{x+b}+\dfrac{C}{(x+b)^2}$(再用待定系数法求 A,B,C).

分式恒等变形中的待定系数法：

以 $\dfrac{1}{(x+a)(x+b)^2} = \dfrac{A}{x+a} + \dfrac{B}{x+b} + \dfrac{C}{(x+b)^2}$ 为例，解法如下：

第一步：去分母，$1 = A(x+b)^2 + B(x+a)(x+b) + C(x+a)$；

第二步：取特值，令 $x = -a \Rightarrow 1 = A(-a+b)^2 \Rightarrow A = \dfrac{1}{(b-a)^2}$；

令 $x = -b \Rightarrow 1 = C(-b+a) \Rightarrow C = -\dfrac{1}{b-a}$；

令 $x = 0$ 可求出剩下的待定系数 B.

(3) $\dfrac{1}{(x+1)(x+2)(x+3)} = \dfrac{1}{2}\left[\dfrac{1}{(x+1)(x+2)} - \dfrac{1}{(x+2)(x+3)}\right]$（裂项求和）.

分式为定值

$\dfrac{ax^2 + bx + c}{dx^2 + ex + f}$ 为定值.

① $a = d = b = e = 0$，且 $f \neq 0$ 时，定值为 $\dfrac{c}{f}$.

② $a = d = 0$，且 $e \neq 0$，$f \neq 0$ 时，则 $\dfrac{b}{e} = \dfrac{c}{f}$.

③ $b = e = 0$，且 $d \neq 0$，$f \neq 0$ 时，则 $\dfrac{a}{d} = \dfrac{c}{f}$.

④ $c = f = 0$，且 $d \neq 0$，$e \neq 0$ 时，则 $\dfrac{a}{d} = \dfrac{b}{e}$.

⑤ $d \neq 0$，$e \neq 0$，$f \neq 0$ 时，则 $\dfrac{a}{d} = \dfrac{b}{e} = \dfrac{c}{f}$.

因式分解常用方法

因式分解的方法	核心要点与示范
提取公因式法	$am + bm = (a+b)m$
分组分解法	$a^3 + a^2 b + ab^2 + b^3$ $= (a^3 + a^2 b) + (ab^2 + b^3)$ $= (a+b)(a^2 + b^2)$
公式法	平方差公式：$a^2 - b^2 = (a+b)(a-b)$ 完全平方公式：$a^2 \pm 2ab + b^2 = (a \pm b)^2$ 立方和公式：$a^3 + b^3 = (a+b)(a^2 - ab + b^2)$ 立方差公式：$a^3 - b^3 = (a-b)(a^2 + ab + b^2)$ 完全立方公式：$a^3 \pm 3a^2 b + 3ab^2 \pm b^3 = (a \pm b)^3$

（续）

因式分解的方法	核心要点与示范
十字相乘法	$ax^2 + bx + c = (a_1x + c_1)(a_2x + c_2)$ $3x^2 + 10x + 3 = (3x + 1)(x + 3)$
拆项法	$a^3 + 3a^2b + 3ab^2 + b^3$ $= (a^3 + a^2b) + (2a^2b + 2ab^2) + (ab^2 + b^3)$ $= a^2(a + b) + 2ab(a + b) + b^2(a + b)$ $= (a + b)^3$
补项法	$a^4 + 64$ $= a^4 + 16a^2 + 64 - 16a^2$ $= (a^2 + 8)^2 - (4a)^2$ $= (a^2 + 4a + 8)(a^2 - 4a + 8)$

双十字相乘法

将 $Ax^2 + Bxy + Cy^2 + Dx + Ey + F$ 分解为两个一次因式乘积的形式.

若 $Ax^2 + Bxy + Cy^2 + Dx + Ey + F = (A_1x + C_1y + F_1)(A_2x + C_2y + F_2)$,

则系数应满足以下三式:

$B = A_1C_2 + A_2C_1$　　　　　$D = A_1F_2 + A_2F_1$　　　　　$E = C_1F_2 + C_2F_1$

恒等变形中常用的配方法

将代数式进行恒等变形,化为几个完全平方式的运算叫作配方. 配方法是解决非负零和与最值问题的有效工具.

联考数学常见配方法命题模式:

模式一:$a^2 + b^2 - 2ab = (a - b)^2$(最基础).

模式二:$a^2 + b^2 + c^2 - ab - bc - ca = \dfrac{1}{2}[(a - b)^2 + (b - c)^2 + (c - a)^2]$(最常考).

拓展一	拓展二
$a^4 + b^4 + c^4 - a^2b^2 - b^2c^2 - c^2a^2$ $= \dfrac{1}{2}\left[(a^2 - b^2)^2 + (b^2 - c^2)^2 + (c^2 - a^2)^2\right]$	$a^3 + b^3 + c^3 - 3abc$ $= (a + b + c) \times \dfrac{1}{2}\left[(a - b)^2 + (b - c)^2 + (c - a)^2\right]$

模式三:$a^2 + b^2 + c^2 + d^2 - ab - bc - cd - da$

$$= \frac{1}{2}\left[(a - b)^2 + (b - c)^2 + (c - d)^2 + (d - a)^2\right].$$

模式四:$(a^2 + b^2)(x^2 + y^2) - (ax + by)^2 = (ay - bx)^2.$

▋"定零"与"比较"技巧

模式一:几个数之积为零,那么这几个数至少有一个为零.

$abc = 0 \Rightarrow a, b, c$ 至少有一个为零.

模式二:几个数之和为零,那么这几个数中至少有一个不小于零, 至少有一个不大于零.

若 $a + b = 0$,则 $\max\{a, b\} \geqslant 0 \geqslant \min\{a, b\}$.

若 $a + b + c = 0$,则 $\max\{a, b, c\} \geqslant 0 \geqslant \min\{a, b, c\}$.

模式三:几个数中,至少有一个不小于算术平均数,且至少有一个不大于算术平均数,同样地,几个数中,至少有一个不小于几何平均数,且至少有一个不大于几何平均数. (非负数才能考虑几何平均数)

$$\max\{a, b\} \geqslant \frac{a + b}{2} \geqslant \sqrt{ab} \geqslant \min\{a, b\}.$$

$$\max\{a, b, c\} \geqslant \frac{a + b + c}{3} \geqslant \sqrt[3]{abc} \geqslant \min\{a, b, c\}.$$

▋二项式定理

$(a + b)^n = a^n + C_n^1 a^{n-1}b + \cdots + C_n^i a^{n-i}b^i + \cdots + b^n$,特别地,常考两个:

(1)$(a+b)^3 = a^3 + 3a^2b + 3ab^2 + b^3$;

(2)$(a+b)^2 = a^2 + 2ab + b^2$.

▋关于因式余式的求法

碰到这一类题时候要把整个式子写出来,还要记住余式的次数小于除式的次数,并根据 $f(x)$ 的次方和系数设出因式与余式的次方和系数.

此类题有三种解法:

(1)代除式的根,解方程;

(2)直接采用多项式除法;

(3)直接令除式为零,代入表达式中降次,直到得到的次数低于除式的次数.

四、命 题 点

分式的定值 ◀

例1 （条件充分性判断）对于使 $\dfrac{ax+7}{bx+11}$ 有意义的一切 x 的值，这个分式为一定值.

(1) $7a - 11b = 0$.   (2) $11a - 7b = 0$.

式子的恒等变形 ◀

例2 若 $2x^2y^m - \dfrac{1}{3}x^ny^3$ 是一个单项式，则 $(m^m)^n$ 的值为（   ）.

A. 81   B. 243   C. 729   D. 6561   E. 以上都不对

例3 （条件充分性判断）$(x^2 + px + q)(x^2 - 3x + q)$ 的结果中不含有二次项与三次项.

(1) $p = 3$.   (2) $q = \dfrac{9}{2}$.

例4 已知 a,b 是正实数，$\dfrac{a^2}{a^4 + a^2 + 1} = \dfrac{1}{24}$，$\dfrac{b^3}{b^6 + b^3 + 1} = \dfrac{1}{19}$，则 $\dfrac{ab}{(a^2 + a + 1)(b^2 + b + 1)}$ = （   ）.

A. $\dfrac{1}{16}$ B. $\dfrac{1}{20}$ C. $\dfrac{1}{24}$ D. $\dfrac{1}{28}$ E. 以上均不对

例5 （条件充分性判断）若 x,y,z 是正整数，则 $3x + 4y + 12z$ 是 11 的倍数.

(1) $7x + 2y - 5z$ 是 11 的倍数.   (2) $7x - 9y + 6z$ 是 11 的倍数.

例6 设实数 a,b 满足 $ab = 6$，$|a + b| + |a - b| = 6$，则 $a^2 + b^2 = $（   ）.

A. 10   B. 11   C. 12   D. 13   E. 14

基本公式的运用 ◀

例7 a,b,c 是不全相等的任意实数，若 $x = a^2 - bc$，$y = b^2 - ac$，$z = c^2 - ab$，则 x,y,z（   ）.

A. 都大于零   B. 至少有一个大于零   C. 至少有一个小于零

D. 都不小于零   E. 以上都不对

例8 $2^{48} - 1$ 能被 $60 \sim 70$ 之间的两个整数整除，则这两个整数之差的最小值为（   ）.

A. -2 B. -1 C. 0   D. 1   E. 2

例9 已知 $\begin{cases} a + b + c = 12 \\ ab + bc + ca = 47 \\ abc = 60 \end{cases}$，则 $(a + 1)(b + 1)(c + 1) = $（   ）.

A. 109   B. 129   C. 120   D. 139   E. 169

例 10 已知 $(x^2-x+1)^6=a_0+a_1x+a_2x^2+\cdots+a_{12}x^{12}$,则 $a_1+a_3+a_5+\cdots+a_{11}=(\quad)$.

A. 1　　　B. -729　　C. 365　　D. 366　　E. -364

因式分解及运用

例 11 已知 x^3+px^2+qx+6 的两个因式为 $(x+1)\left(x-\dfrac{3}{2}\right)$,则另一个因式为 $(\quad)$.

A. $x+2$　　B. $x-2$　　C. $x-4$　　D. $x+4$　　E. $x+5$

例 12 (条件充分性判断) 方程 $x^2+mxy+6y^2-10y-4=0$ 的图形是两条直线.

(1) $m=7$.　　　　　　　　(2) $m=-7$.

例 13 $x^2+kxy+y^2-2y-3=0$ 的图像是两条直线,则 $k=(\quad)$.

A. 1　　B. -1　　C. ±1　　D. $\dfrac{4\sqrt{3}}{3}$　　E. $\pm\dfrac{4\sqrt{3}}{3}$

因式定理、余式定理

例 14 若多项式 $f(x)=x^3+a^2x^2+x-3a$ 能被 $x-1$ 整除,则实数 $a=(\quad)$.

A. 0　　B. 1　　C. 0 或 1　　D. 2 或 -1　　E. 2 或 1

例 15 (条件充分性判断) 二次多项式 x^2+x-6 是多项式 $2x^4+x^3-ax^2+bx+a+b-1$ 的一个因式.

(1) $a=16$.　　　　(2) $b=2$.

例 16 设 $f(x)$ 是三次多项式,且 $f(2)=f(-1)=f(4)=3,f(1)=-9$,则 $f(5)=(\quad)$.

A. -13　　B. -23　　C. -33　　D. -43　　E. -3

例 17 (条件充分性判断) $f(x)$ 除以 $(x+2)(x+3)$ 的余式为 $2x-5$.

(1) 多项式 $f(x)$ 除以 $(x+2)$ 的余式为 1.
(2) 多项式 $f(x)$ 除以 $(x+3)$ 的余式为 -1.

式子的定值及最值

例 18 a,b,c,d 是不全相等的任意实数,若 $x_1=a^2-bc,x_2=b^2-cd,x_3=c^2-da,x_4=d^2-ab$,则 x_1,x_2,x_3,x_4 四个数 $(\quad)$.

A. 都大于零　　　　B. 至少有一个大于零　　　C. 至少有一个小于零

D. 都不小于零　　　E. 以上都不对

例 19 若 $\triangle ABC$ 的三边 a,b,c 满足:$a^3+b^3+c^3=3abc$,则 $\triangle ABC$ 为$(\quad)$.

A. 等腰三角形　　　B. 直角三角形　　　C. 等边三角形

D. 等腰直角三角形　　　E. 以上都不对

例 20　（条件充分性判断）$2a^2 - 5a - 2 + \dfrac{3}{a^2 + 1} = -1$.

（1）a 是方程 $x^2 - 3x + 1 = 0$ 的根.　　　（2）$|a| = 1$.

命题点答案及解析

例 1 解析　准备工作：

（1）定值的含义：

关于 x 的函数 $f(x) = $ 定值，说明变量 x 任意取值代入得到相同的结果.

（2）定值的根源：

变量 x 要么是分子分母约分消掉了，要么是多项式前面的系数为零.

（3）实战应用：

联考实战中，分子分母约分消元，要抓住关键 —— 同次项系数成比例.

回归本题，解析如下：

结论等价于 $\dfrac{a}{b} = \dfrac{7}{11}$，即 $11a - 7b = 0$.

（1）$7a - 11b = 0$ 不能推出结论，故条件（1）不是充分条件.

（2）$11a - 7b = 0$ 能推出结论，故条件（2）是充分条件.

综上所述，答案是 **B**.

例 2 解析　$2x^2 y^m - \dfrac{1}{3} x^n y^3$ 是一个单项式，说明 $2x^2 y^m$ 与 $-\dfrac{1}{3} x^n y^3$ 是同类项

$\Rightarrow n = 2,\ m = 3 \Rightarrow (m^m)^n = (3^3)^2 = 729$.

综上所述，答案是 **C**.

例 3 解析　条件（1）单独不能推出结论，条件（2）单独也不能推出结论. 推导：

先对结论等价转化：

展开 $(x^2 + px + q)(x^2 - 3x + q) = x^4 + (p - 3)x^3 + (2q - 3p)x^2 + \cdots \Rightarrow$

$\begin{cases} p - 3 = 0 \\ 2q - 3p = 0 \end{cases} \Rightarrow p = 3,\ q = \dfrac{9}{2}$；

故条件（1）不能推出结论，条件（2）也不能推出结论.

但（1）与（2）联合起来充分.

综上所述，答案是 **C**.

例 4 解析　第一步，倒数化与对勾化技巧（注意：$a > 0, b > 0$），

$$\dfrac{a^2}{a^4 + a^2 + 1} = \dfrac{1}{24} \Rightarrow a^2 + \dfrac{1}{a^2} = 23 \Rightarrow \left(a + \dfrac{1}{a}\right)^2 - 2 = 23 \Rightarrow a + \dfrac{1}{a} = 5,$$

$$\dfrac{b^3}{b^6 + b^3 + 1} = \dfrac{1}{19} \Rightarrow b^3 + \dfrac{1}{b^3} = 18 \Rightarrow \left(b + \dfrac{1}{b}\right)^3 - 3\left(b + \dfrac{1}{b}\right) = 18 \Rightarrow b + \dfrac{1}{b} = 3.$$

第二步，代入运算

$$\frac{ab}{(a^2 + a + 1)(b^2 + b + 1)} = \frac{1}{\left(a + \frac{1}{a} + 1\right)\left(b + \frac{1}{b} + 1\right)} = \frac{1}{(5 + 1)(3 + 1)} = \frac{1}{24}.$$

综上所述,答案是 **C**.

例 5 解析　条件(1) 和(2) 分别能推出结论. 推导:

$7(3x + 4y + 12z) = 3(7x + 2y - 5z) + 11(2y + 9z) \Rightarrow 3x + 4y + 12z$ 是 11 的倍数.

$7(3x + 4y + 12z) = 3(7x - 9y + 6z) + 11(5y + 6z) \Rightarrow 3x + 4y + 12z$ 是 11 的倍数.

综上所述,答案是 **D**.

例 6 解析　$ab = 6$,则 a, b 同号.

① 若 $a > b > 0$,去绝对值,有 $2a = 6$,得 $a = 3, b = 2$,则 $a^2 + b^2 = 13$.

② 若 $a = b(> 0$ 或 $< 0)$,则 $a = b = \pm\sqrt{6}$(舍).

③ 若 $b < a < 0$,去绝对值,有 $-2b = 6$,得 $b = -3, a = -2$,
则 $a^2 + b^2 = 13$.

综上所述,答案是 **D**.

例 7 解析　由 $x = a^2 - bc, y = b^2 - ac, z = c^2 - ab$ 得:

$$x + y + z = a^2 + b^2 + c^2 - ab - bc - ca = \frac{1}{2}\left[(a - b)^2 + (b - c)^2 + (c - a)^2\right] \geq 0$$

其中,a, b, c 是不全相等的任意实数,等号不能取得,故 $x + y + z > 0$.

由单一均值原则(比较型) 知:x, y, z 至少有一个大于零.

综上所述,答案是 **B**.

例 8 解析　分解因式:$2^{48} - 1 = (2^{24} + 1)(2^{12} + 1)(2^6 + 1)(2^6 - 1)$
$$= (2^{24} + 1)(2^{12} + 1) \times 65 \times 63$$

这两个整数之差的最小值为 $63 - 65 = -2$.

综上所述,答案是 **A**.

例 9 解析　$(a + 1)(b + 1)(c + 1) = abc + ab + bc + ca + a + b + c + 1 = 60 + 47 + 12 + 1 = 120.$

综上所述,答案是 **C**.

例 10 解析　赋值法:在 $(x^2 - x + 1)^6 = a_0 + a_1 x + a_2 x^2 + \cdots + a_{12} x^{12}$ 中,

令 $x = 1 \Rightarrow a_0 + a_1 + a_2 + \cdots + a_{12} = 1$;

令 $x = -1 \Rightarrow a_0 - a_1 + a_2 - \cdots + a_{12} = 729$;

两式相减再除以 2 可得:$a_1 + a_3 + \cdots + a_{11} = -364$.

综上所述,答案是 **E**.

例 11 解析　由已知 $x^3 + px^2 + qx + 6 = (x + 1)\left(x - \frac{3}{2}\right)(x + a)$,

令 $x = 0$,可得 $-\frac{3}{2}a = 6$, 即 $a = -4$,

从而另一个因式为 $x - 4$.

综上所述,答案是 **C**.

例 12 解析 第一步,双叉检验:画出系数分解双十字架,要通过两个已知系数的检验,如下图所示.

第二步,用最后一个叉求参数值:$m = 7$ 或 $m = -7$.

第三步,充分性判断:

(1)$m = 7$ 是 $m = \pm 7$ 的子集,故条件(1)是充分条件.

(2)$m = -7$ 是 $m = \pm 7$ 的子集,故条件(2)是充分条件.

综上所述,答案是 **D**.

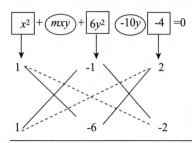 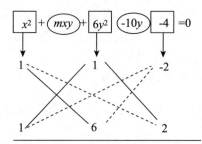

检验:

用 y 的系数检验:$(-1) \times (-2) + (-6) \times 2 = -10$;

用 x 的系数检验:$1 \times 2 + 1 \times (-2) = 0$;

得参数值:$1 \times (-6) + 1 \times (-1) = -7$.

检验:

用 y 的系数检验:$1 \times 2 + 6 \times (-2) = -10$;

用 x 的系数检验:$1 \times 2 + 1 \times (-2) = 0$;

得参数值:$1 \times 6 + 1 \times 1 = 7$.

例 13 解析 方法一:双十字相乘.

$$x^2 + kxy + y^2 - 2y - 3 = 0$$

① $x^2 - 0x - 3$ ② $y^2 - 2y - 3$ ③ $x^2 + kxy + y^2$

$$\begin{array}{cc} x & \sqrt{3} \\ x & -\sqrt{3} \end{array}$$ $$\begin{array}{cc} \sqrt{3}y & \sqrt{3} \\ \frac{\sqrt{3}}{3}y & -\sqrt{3} \end{array}$$ $$\begin{array}{cc} x & \sqrt{3}y \\ x & \frac{\sqrt{3}}{3}y \end{array}$$

$$\begin{array}{cc} -\frac{\sqrt{3}}{3}y & \sqrt{3} \\ -\sqrt{3}y & -\sqrt{3} \end{array}$$ $$\begin{array}{cc} x & -\frac{\sqrt{3}}{3}y \\ x & -\sqrt{3}y \end{array}$$

可得 $k = \dfrac{4\sqrt{3}}{3}$ 或 $k = -\dfrac{4\sqrt{3}}{3}$,即 $k = \pm\dfrac{4}{3}\sqrt{3}$.

方法二:双 Δ 法.

$$Ax^2 + Bxy + Cy^2 + Dx + Ey + F = (a_1x + c_1y + f_1)(a_2x + c_2y + f_2)$$

$\Leftrightarrow Ax^2 + (By + D)x + (Cy^2 + Ey + F)$ 中 $\Delta_x = [f(y)]^2$,

$[f(y)]^2 = (By + D)^2 - 4A(Cy^2 + Ey + F)$ 中 $\Delta_y = 0$.

则 $x^2 + kxy + y^2 - 2y - 3 = 0 \Rightarrow$

$\Delta_x = (ky)^2 - 4(y^2 - 2y - 3) = (k^2 - 4)y^2 + 8y + 12$,

$\Delta_y = 8^2 - 4(k^2 - 4) \times 12 = 0 \Rightarrow k = \pm\dfrac{4}{3}\sqrt{3}$.

综上所述,答案是 E.

<u>例 14 解析</u>　本题应用多项式的除法、因式定理求解.

第一步,因式定理:多项式 $f(x) = x^3 + a^2x^2 + x - 3a$ 能被 $x - 1$ 整除 $\Leftrightarrow f(x)$ 有因式 $x - 1$.

第二步,带余除法: $f(x) = x^3 + a^2x^2 + x - 3a = (x - 1)p(x)$.

接下来有两种方法(求参数时,优先选用方法一:赋值法,解题速度更快!):

方法一:赋值法 —— 取特殊值代入,该特殊值一般是零点.

在上面的恒等式中令 $x = 1$,得

$f(1) = 1^3 + a^2 \times 1^2 + 1 - 3a = (1 - 1)p(x) = 0$

$a^2 - 3a + 2 = 0 \Rightarrow (a - 1)(a - 2) = 0 \Rightarrow a = 1$ 或 2.

方法二:多项式除法:

$$
\begin{array}{r}
x^2+(a^2+1)x+3a \\
x-1\,\overline{)\,x^3+a^2x^2+x-3a} \\
\underline{x^3-x^2} \\
(a^2+1)x^2+x \\
\underline{(a^2+1)x^2-(a^2+1)x} \\
(a^2+2)x-3a \\
\underline{3ax-3a} \\
0
\end{array}
$$

从而 $a^2 + 2 = 3a \Rightarrow a^2 - 3a + 2 = 0 \Rightarrow (a - 1)(a - 2) = 0 \Rightarrow a = 1$ 或 2.

综上所述,答案是 E.

<u>例 15 解析</u>　第一步,因式定理:

由已知得: $2x^4 + x^3 - ax^2 + bx + a + b - 1$ 有因式 $x^2 + x - 6$.

第二步,带余除法:

$f(x) = 2x^4 + x^3 - ax^2 + bx + a + b - 1 = (x^2 + x - 6)p(x) = (x - 2)(x + 3)p(x)$.

接下来使用赋值法.

在上面的恒等式中令 $x = 2, -3$,

得 $\begin{cases} f(2) = -3a + 3b + 39 = 0 \\ f(-3) = -8a - 2b + 134 = 0 \end{cases} \Rightarrow \begin{cases} a - b = 13 \\ 4a + b = 67 \end{cases} \Rightarrow \begin{cases} a = 16 \\ b = 3 \end{cases}$.

结论等价于 $a = 16$ 且 $b = 3$,

(1) $a = 16$ 不能推出结论,故条件(1)不是充分条件.

(2)$b = 2$ 不能推出结论,故条件(2) 也不是充分条件.

条件(1) 和(2) 联合也不能推出结论.

综上所述,答案是 **E**.

例 16 解析 根据 $f(2) = f(-1) = f(4) = 3$,可设 $f(x) = a(x - 2)(x + 1)(x - 4) + 3$,

将 $x = 1$ 代入,有 $f(1) = a \times (-1) \times 2 \times (-3) + 3 = -9 \Rightarrow a = -2$,

得 $f(x) = -2(x - 2)(x + 1)(x - 4) + 3$,故 $f(5) = -33$.

综上所述,答案是 **C**.

例 17 解析 条件(1) 和(2) 分别不能推出结论,联合也推不出结论.

第一步,余式定理:$f(x) = (x + 2)p(x) + 1 \Rightarrow f(-2) = 1$,

$$f(x) = (x + 3)q(x) - 1 \Rightarrow f(-3) = -1.$$

第二步,待定系数法:设所求的余数为 $ax + b$,则:

$$f(x) = (x + 2)(x + 3)s(x) + ax + b,$$

$$\begin{cases} f(-2) = -2a + b = 1 \\ f(-3) = -3a + b = -1 \end{cases} \Rightarrow \begin{cases} a = 2 \\ b = 5 \end{cases}.$$

故 $f(x)$ 除以 $(x + 2)(x + 3)$ 的余式为 $2x + 5$.

方法二:显然条件(1) 和条件(2) 单独都不充分.

条件(1) 联合条件(2):设 $f(x) = (x + 2)(x + 3)P(x) + a(x + 2) + 1$.

由余式定理知 $f(-3) = -1$,故 $a \times (-3 + 2) + 1 = -1 \Rightarrow a = 2$.

故余式为 $2(x + 2) + 1 = 2x + 5$,所以不充分.

所以条件(1) 不充分,条件(2) 不充分,条件(1) 联合条件(2) 也不充分.

综上所述,答案是 **E**.

例 18 解析 方法一:(配方法) 将已知中的四个等式累加得:

$$x_1 + x_2 + x_3 + x_4 = a^2 + b^2 + c^2 + d^2 - ab - bc - cd - da$$

$$= \frac{1}{2}[(a - b)^2 + (b - c)^2 + (c - d)^2 + (d - a)^2] \geq 0.$$

其中,a, b, c, d 是不全相等的任意实数,等号不能取到,故 $x_1 + x_2 + x_3 + x_4 > 0$.

由单一均值原则(比较型) 知:$x_1 + x_2 + x_3 + x_4$ 至少有一个大于零.

方法二:(均值不等式法)

$$\left.\begin{array}{l} a^2 + b^2 \geq 2ab \\ b^2 + c^2 \geq 2bc \\ c^2 + d^2 \geq 2cd \\ d^2 + a^2 \geq 2ad \end{array}\right\} \xrightarrow{\text{累加}} 2(a^2 + b^2 + c^2 + d^2) \geq 2(ab + bc + cd + da),$$

即 $a^2 + b^2 + c^2 + d^2 - ab - bc - cd - da \geq 0$(等号当且仅当 $a = b = c = d$ 成立),

将已知中的四个等式累加可得:(注意:a, b, c, d 不全相等)

$$x_1 + x_2 + x_3 + x_4 = a^2 + b^2 + c^2 + d^2 - ab - bc - cd - da > 0,$$

由单一均值原则(比较型) 知:$x_1 + x_2 + x_3 + x_4$ 至少有一个大于零.

综上所述,答案是 **B**.

例 19 解析 方法一:配方法

$$a^3 + b^3 + c^3 - 3abc = (a + b + c) \times \frac{1}{2}\left[(a-b)^2 + (b-c)^2 + (c-a)^2\right] = 0$$

$\Rightarrow a = b = c$, 即 $\triangle ABC$ 为等边三角形.

方法二:均值不等式法

当 a,b,c 是正数时, $\dfrac{a^3 + b^3 + c^3}{3} \geq abc$(等号当且仅当 $a = b = c$ 时成立),

由已知 $a^3 + b^3 + c^3 = 3abc$ 可得: $a = b = c$, 即 $\triangle ABC$ 为等边三角形.

综上所述,答案是 **C**.

常见错误解法:(配方法)

$$xy = x^2 + y^2 - \sqrt{3}x - \sqrt{3}y + 3 = \left(x - \frac{\sqrt{3}}{2}\right)^2 + \left(y - \frac{\sqrt{3}}{2}\right)^2 + \frac{3}{2} \geq \frac{3}{2},$$

即 xy 有最小值 1.5,故答案是 **D**.

错误原因分析:

错误解法中,配方之后的最后一个等号不能成立,因为 $x = y = \dfrac{\sqrt{3}}{2}$ 时, $xy = \dfrac{3}{4} \neq \dfrac{3}{2}$. 矛盾! 错误的根源在于利用配方值求最值时,下面的等式两边都在变动

$$xy = \left(x - \frac{\sqrt{3}}{2}\right)^2 + \left(y - \frac{\sqrt{3}}{2}\right)^2 + \frac{3}{2}$$

例 20 解析 方法一:结论等价于 $(2a^2 - 5a - 2)(a^2 + 1) + 3 = -(a^2 + 1)$,

即 $\left[2(a^2 - 3a + 1) + (a - 3)\right](a^2 + 1) + 3 = 0$,

即 $2(a^2 - 3a + 1)(a^2 + 1) + a(a^2 - 3a + 1) = 0$,

即 $f(a) = (a^2 - 3a + 1)(2a^2 + a + 2) = 0$,

即 $a^2 - 3a + 1 = 0$(注意: $2a^2 + a + 2 > 0$ 恒成立).

(1) $a^2 - 3a + 1 = 0$ 能推出结论,故条件(1)是充分条件.

(2) $|a| = 1$ 不能推出结论,故条件(2)不是充分条件.

方法二:条件(1): a 是方程 $x^2 - 3x + 1 = 0$ 的根,故 $a^2 - 3a + 1 = 0$.

$2a^2 - 5a - 2 + \dfrac{3}{a^2 + 1} = 2(a^2 - 3a + 1) + a + \dfrac{3}{3a} - 4 = a + \dfrac{1}{a} - 4 = \dfrac{a^2 + 1}{a} - 4 = \dfrac{3a}{a} - $

$4 = -1$,故充分.

条件(2):举反例, $a = 1$ 时, $2a^2 - 5a - 2 + \dfrac{3}{a^2 + 1} \neq -1$,故不充分.

故条件(1)充分,条件(2)不充分.

综上所述,答案是 **A**.

五、综合训练

综合训练题

1. 设 $x^2 + ax + b$ 是 $x^n - x^3 + 5x^2 + x + 1$ 与 $3x^n - 3x^3 + 14x^2 + 13x + 12$ 的公因式，则 $a + b + 1 = ($).

   A. 18   B. 17   C. -18 D. -17 E. -16

2. （条件充分性判断）已知 $x(1 - kx)^3 = a_1 x + a_2 x^2 + a_3 x^3 + a_4 x^4$ 对所有实数 x 都成立，则 $a_1 + a_2 + a_3 + a_4 = -8$.

   (1) $a_2 = -9$.   (2) $a_3 = 27$.

3. （条件充分性判断）方程 $(a^2 + b^2)x^2 - 2(am + bn)x + (m^2 + n^2) = 0$ 有实数根.

   (1) 非零实数满足：$an = bm$.

   (2) 非零实数满足：$am = bn$.

4. （条件充分性判断）$\triangle ABC$ 是等边三角形.

   (1) $\triangle ABC$ 的三边满足：$a^2 + b^2 + c^2 = ab + bc + ca$.

   (2) $\triangle ABC$ 的三边满足：$a^3 + c^3 + ab^2 - a^2b + b^2c - bc^2 - 2abc = 0$.

5. $(x^2 + 3x + 1)^5$ 的展开式中，x^2 的系数为( ).

   A. 5   B. 10   C. 45   D. 90   E. 95

6. 若 $a + b = 4$，$a^3 + b^3 = 28$，则 $a^2 + b^2 = ($).

   A. 10   B. 9   C. 8   D. 7   E. 6

7. （条件充分性判断）二次多项式 $x^2 + x - 2$ 是多项式 $x^4 + x^3 - ax^2 + bx + a + b - 1$ 的一个因式.

   (1) $a = \dfrac{5}{2}$.   (2) $b = -\dfrac{1}{2}$.

8. （条件充分性判断）$a^2 - 2013a - \dfrac{2012}{a^2 + 1} = -2013$.

   (1) a 是方程 $x^2 - 2012x + 1 = 0$ 的根.

   (2) $\sqrt[2012]{a^{2012}} = 1$.

9. （条件充分性判断）方程 $x^2 + mxy - 6y^2 - 10y - 4 = 0$ 的图形是两条直线.

   (1) $m = 1$.   (2) $m = -1$.

10. （条件充分性判断）对于使 $\dfrac{ax^2 + bx + 7}{7x^2 + ax + 11}$ 有意义的一切 x 的值，这个分式为一定值.

    (1) $7a - 11b = 0$.   (2) $11a - 7b = 0$.

11. （条件充分性判断）设 x 是大于 0 的实数，则 $\dfrac{1}{x^3} + x^3 = 18$.

    (1) $x + \dfrac{1}{x} = 3$.   (2) $x^2 + \dfrac{1}{x^2} = 7$.

12. (条件充分性判断) 已知 p,q 为非零实数,则能确定 $\dfrac{p}{q(p-1)}$ 的值.

   (1) $p + q = 1$.　　　　　　　　　(2) $\dfrac{1}{p} + \dfrac{1}{q} = 1$.

13. 已知 $ax^3 + bx^2 + cx + d$ 除以 $x - 1$ 时,所得的余数是 2,除以 $x - 2$ 时,所得的余数是 3. 那么除以 $x^2 - 3x + 2$ 时,所得的余式是 ( ).

   A. $2x - 1$　　B. $2x + 1$　　C. $x - 1$　　D. $x + 1$　　E. 3

14. (条件充分性判断) 已知 a,b 是实数,则 $\dfrac{1}{a^2 + 1} + \dfrac{1}{b^2 + 1} = 1$.

   (1) $ab = 1$.　　　　　　　　　(2) $a + b = 1$.

15. (条件充分性判断) 若 $a \in \mathbf{R}$,则 $a + 2 = 1$.

   (1) $a^3 - 4a^2 + a + 6 = 0$.　　(2) $a^3 + a^2 - a - 1 = 0$.

16. 若 $a^2 + 3a + 1 = 0$,则 $a^5 + \dfrac{1}{a^5} = $ ( ).

   A. 123　　　B. -123　　　C. 246　　　D. -246　　　E. 1

综合训练题答案及解析

1. 【解析】由题意可得: $x^2 + ax + b$ 整除 $x^n - x^3 + 5x^2 + x + 1$,

   则 $x^2 + ax + b$ 整除 $3(x^n - x^3 + 5x^2 + x + 1)$,

   由整除性质可得: $x^2 + ax + b$ 整除 $[3(x^n - x^3 + 5x^2 + x + 1) - (3x^n - 3x^3 + 14x^2 + 13x + 12)]$,即 $x^2 + ax + b$ 整除 $x^2 - 10x - 9$,得: $a = -10$, $b = -9$.

   所以 $a + b + 1 = -18$.

   综上所述,答案是 **C**.

2. 【解析】$x(1 - kx)^3 = a_1 x + a_2 x^2 + a_3 x^3 + a_4 x^4$.

   令 $x = 1$ 可知 $(1 - k)^3 = a_1 + a_2 + a_3 + a_4 = -8 \Rightarrow k = 3$

   $x(1 - kx)^3 = -k^3 x^4 + 3k^2 x^3 - 3kx^2 + x$

   (1) $a_2 = -3k = -9 \Rightarrow k = 3$,故条件 (1) 充分.

   (2) $a_3 = 3k^2 = 27 \Rightarrow k = \pm 3 \nRightarrow k = 3$,故条件 (2) 不充分.

   综上所述,答案是 **A**.

3. 【解析】方程 $(a^2 + b^2)x^2 - 2(am + bn)x + (m^2 + n^2) = 0$ 有实数根,

   $\Leftrightarrow \Delta \geqslant 0 \Rightarrow 4(am + bn)^2 - 4(a^2 + b^2)(m^2 + n^2) \geqslant 0$,

   $\Leftrightarrow (an - bm)^2 \leqslant 0$,

   $\Leftrightarrow an - bm = 0$,

   $\Leftrightarrow an = bm$.

   结论等价于 $an = bm$.

   条件 (1) 可以推出结论,故条件 (1) 是充分条件.

   条件 (2) 不能推出结论,故条件 (2) 不是充分条件.

综上所述,答案是 **A**.

4 【解析】条件(1)能推出结论,是充分条件,推导过程如下:

$$a^2 + b^2 + c^2 - ab - bc - ca = \frac{1}{2}\left[(a-b)^2 + (b-c)^2 + (c-a)^2\right] = 0.$$

$$\Rightarrow a = b = c.$$

即 $\triangle ABC$ 为等边三角形.

条件(2)能推出结论,是充分条件,推导过程如下:

$$a^3 + c^3 + ab^2 - a^2b + b^2c - bc^2 - 2abc$$
$$= (a^3 + c^3) + (ab^2 + b^2c) - (a^2b + abc) - (bc^2 + abc)$$
$$= (a+c)(a^2 - ac + c^2) + b^2(a+c) - ab(a+c) - bc(a+c)$$
$$= (a+c)(a^2 + b^2 + c^2 - ab - bc - ca)$$
$$= \frac{1}{2}(a+c)\left[(a-b)^2 + (b-c)^2 + (c-a)^2\right] = 0,$$

$$\Rightarrow a = b = c.$$

即 $\triangle ABC$ 为等边三角形.

综上所述,答案是 **D**.

5 【解析】方法一:

$(x^2 + 3x + 1)^5 = [1 + (x^2 + 3x)]^5,$

$T_r = C_5^r(x^2 + 3x)^r$,则含 x^2 的项为 $\begin{cases} C_5^1 x^2 = 5x^2 \\ C_5^2(3x)^2 = 90x^2 \end{cases}$

$5x^2 + 90x^2 = 95x^2$,即 x^2 的系数为 95.

方法二:

$(x^2 + 3x + 1)^5 = (x^2 + 3x + 1)(x^2 + 3x + 1)\cdots(x^2 + 3x + 1),$

含 x^2 的项为 $C_5^1(x^2)^1 C_4^4 1^4 + C_5^2(3x)^2 C_3^3 1^3 = 95x^2$,即 x^2 的系数为 95.

方法三:

$(x^2 + 3x + 1)^5$ 的展开式

$T_r = C_5^r(x^2)^r C_{5-r}^m(3x)^m C_{5-r-m}^{5-r-m} 1^{(5-r-m)} = 3^m C_5^r C_{5-r}^m x^{2r+m} \Rightarrow \begin{cases} r=1 \\ m=0 \end{cases}$ 或 $\begin{cases} r=0 \\ m=2 \end{cases},$

即 $3^0 C_5^1 C_4^0 + 3^2 C_5^0 C_5^2 = 95.$

综上所述,答案是 **E**.

6 【解析】

由题意可得: $\begin{cases} a^2 + 2ab + b^2 = 16 \\ (a+b)(a^2 - ab + b^2) = 28 \end{cases},$

则 $\begin{cases} (a^2 + b^2) + 2ab = 16 \\ (a^2 + b^2) - ab = 7 \end{cases}$,得 $\begin{cases} ab = 3 \\ a^2 + b^2 = 10 \end{cases}.$

综上所述,答案是 **A**.

7 【解析】第一步,因式定理:

由已知得: $x^4 + x^3 - ax^2 + bx + a + b - 1$ 有因式 $x^2 + x - 2$.

第二步,带余除法:

$$f(x) = x^4 + x^3 - ax^2 + bx + a + b - 1 = (x^2 + x - 2)p(x)$$
$$= (x - 1)(x + 2)p(x).$$

接下来用赋值法.

在上面的恒等式中令 $x = 1, -2$, 得

$$\begin{cases} f(1) = 2b + 1 = 0 \\ f(-2) = -3a - b + 7 = 0 \end{cases} \Rightarrow \begin{cases} 2b + 1 = 0 \\ 3a + b = 7 \end{cases} \Rightarrow \begin{cases} a = \dfrac{5}{2} \\ b = -\dfrac{1}{2} \end{cases}$$

结论等价于 $a = \dfrac{5}{2}$ 且 $b = -\dfrac{1}{2}$.

(1) $a = \dfrac{5}{2}$ 不能推出结论,故条件(1)不是充分条件.

(2) $b = -\dfrac{1}{2}$ 不能推出结论,故条件(2)也不是充分条件.

条件(1)和(2)联合能推出结论.

综上所述,答案是 **C**.

8 【解析】(1) a 是方程 $x^2 - 2012x + 1 = 0$ 的根

$$a^2 - 2012a + 1 = 0 \Rightarrow \begin{cases} a^2 - 2013a = -a - 1 \\ \dfrac{2012}{a^2 + 1} = \dfrac{1}{a} \end{cases} \quad 且\ a + \dfrac{1}{a} = 2012.$$

$$a^2 - 2013a - \frac{2012}{a^2 + 1} = -1 - a - \frac{1}{a} = -1 - \left(a + \frac{1}{a}\right) = -1 - 2012 = -2013.$$

条件(1)能推出结论,故条件(1)是充分条件.

(2) $\sqrt[2012]{a^{2012}} = 1 \Rightarrow |a| = 1$, 不能推出结论,故条件(2) 不是充分条件.

综上所述,答案是 **A**.

【备考点评】本题中使用了方程的恒等变形技巧:同除以一个不为零的数(式).

9 【解析】第一步,双叉检验:画出系数分解双十字架,要通过两个已知系数的检验.

第二步,用最后一个叉求参数值.

回归本题,解析如下:

第一步,双叉检验:画出系数分解双十字架,要通过两个已知系数的检验,如下图所示.

第二步,用最后一个叉求参数值——$m = 1$ 或 $m = -1$.

第三步,充分性判断:

(1) $m = 1$ 是 $m = \pm 1$ 的子集,故条件(1)是充分条件.

(2) $m = -1$ 是 $m = \pm 1$ 的子集,故条件(2)也是充分条件.

综上所述,答案是 **D**.

双叉检验　　　　　　　　　　　**双叉检验**

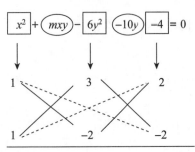 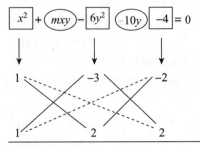

检验:　　　　　　　　　　　　　　　　检验:

用 y 的系数检验:$3\times(-2)+(-2)\times2=-10$　　用 y 的系数检验:$(-3)\times2+(-2)\times2=-10$

用 x 的系数检验:$1\times2+1\times(-2)=0$　　　用 x 的系数检验:$1\times2+1\times(-2)=0$

得参数值:$1\times(-2)+1\times3=1$　　　　得参数值:$1\times2+1\times(-3)=-1$

10 【解析】准备工作:

(1)定值的含义:

关于 x 的函数 $f(x)=$ 定值,说明变量 x 任意取值代入得到相同的结果.

(2)定值的根源:

变量 x 要么是分子分母约分消掉了,要么是多项式前面的系数为零.

(3)实战应用:

联考实战中,分子分母约分消元,要抓住关键——同次项系数成比例.

回归本题,解析如下:

结论等价于 $\dfrac{a}{7}=\dfrac{b}{a}=\dfrac{7}{11}$, 即 $a=\dfrac{49}{11}$,$b=\dfrac{343}{121}$,

(1) $7a-11b=0$ 不能推出结论,故条件(1)不是充分条件.

(2) $11a-7b=0$ 不能推出结论,故条件(2)也不是充分条件.

条件(1)和(2)联合也推不出结论.

综上所述,答案是 **E**.

11 【解析】结合立方和公式,所求可变形为 $\dfrac{1}{x^3}+x^3=\left(x+\dfrac{1}{x}\right)\left(\dfrac{1}{x^2}+x^2-1\right)$

条件(1) $x+\dfrac{1}{x}=3$,则有 $\dfrac{1}{x^2}+x^2=\left(x+\dfrac{1}{x}\right)^2-2=7$,代入所求得 $\dfrac{1}{x^3}+x^3=18$,充分;

条件(2) $\dfrac{1}{x^2}+x^2=7$,则有 $\dfrac{1}{x}+x=\pm\sqrt{\dfrac{1}{x^2}+x^2+2}=\pm3$,又因为 x 是大于0的实数,则 x

$+\dfrac{1}{x}=3$,代入所求得 $\dfrac{1}{x^3}+x^3=18$,充分.

综上所述,答案是 **D**.

12 【解析】条件(1)：$p + q = 1$，故 $q = 1 - p$，故 $\dfrac{p}{q(p-1)} = \dfrac{p}{(1-p)(p-1)}$，

其值受 p 的取值影响，不充分.

条件(2)：$\dfrac{1}{p} + \dfrac{1}{q} = 1 \Rightarrow \dfrac{p+q}{pq} = 1 \Rightarrow p + q = pq$.

故 $\dfrac{p}{q(p-1)} = \dfrac{p}{pq-q} = \dfrac{p}{p+q-q} = \dfrac{p}{p} = 1$，充分.

综上所述，答案是 **B**.

13 【解析】设 $f(x) = ax^3 + bx^2 + cx + d$ 除以 $x^2 - 3x + 2$ 时，所得的余式是 $mx + n$.

分解因式可得 $x^2 - 3x + 2 = (x - 1)(x - 2)$，

由余式定理可得 $\begin{cases} f(1) = 2 = m + n \\ f(2) = 3 = 2m + n \end{cases} \Rightarrow \begin{cases} m = 1 \\ n = 1 \end{cases} \Rightarrow$ 所求的余式是 $x + 1$.

综上所述，答案是 **D**.

14 【解析】条件(1) 将 $ab = 1$ 代入所求，

$\dfrac{1}{a^2+1} + \dfrac{1}{b^2+1} = \dfrac{1}{a^2+ab} + \dfrac{1}{b^2+ab} = \dfrac{1}{a(a+b)} + \dfrac{1}{b(a+b)} = \dfrac{a+b}{ab(a+b)} = \dfrac{1}{ab} = 1$，充分；

条件(2) 可举反例，令 $a = b = \dfrac{1}{2}$，此时 $\dfrac{1}{a^2+1} + \dfrac{1}{b^2+1} = \dfrac{4}{5} + \dfrac{4}{5} = \dfrac{8}{5}$，不充分.

综上所述，答案是 **A**.

15 【解析】

条件(1)：$a^3 - 3a^2 - a^2 + a + 6 = a^2(a-3) - (a-3)(a+2)$
$= (a-3)(a-2)(a+1) = 0$

得 $a = -1, 2, 3$，条件(1) 不充分.

条件(2)：$a^2(a+1) - (a+1) = (a+1)^2(a-1) = 0$，

得 $a = -1, 1$，条件(2) 不充分.

条件(1) 和(2) 联合可得：$a = -1$，充分.

综上所述，答案是 **C**.

16 【解析】

由 $a^2 + 3a + 1 = 0$，可得 $a + \dfrac{1}{a} = -3$，

则 $a^2 + \dfrac{1}{a^2} = \left(a + \dfrac{1}{a}\right)^2 - 2 = 7$，$a^3 + \dfrac{1}{a^3} = \left(a + \dfrac{1}{a}\right)\left(a^2 - 1 + \dfrac{1}{a^2}\right) = -18$，

$a^5 + \dfrac{1}{a^5} = \left(a^2 + \dfrac{1}{a^2}\right)\left(a^3 + \dfrac{1}{a^3}\right) - \left(a + \dfrac{1}{a}\right) = 7 \times (-18) - (-3) = -123$.

综上所述，答案是 **B**.

六、备考小结

常见的命题模式：_____.

_____.

_____.

_____.

_____.

解题战略战术方法：_____.

_____.

_____.

_____.

_____.

经典母题与错题积累：_____.

_____.

_____.

_____.

_____.

方程与不等式

一、备考攻略综述

大纲表述

(二)代数

4.代数方程

(1)一元一次方程

(2)一元二次方程

(3)二元一次方程组

5.不等式

(1)不等式的性质

(3)不等式求解

一元一次不等式求解(组)、一元二次不等式求解、简单绝对值不等式求解、简单分式不等式求解

命题轨迹

十几年来,方程与不等式考题,积累较多,该部分命题轨迹为:重点考查一元二次方程的求根公式、韦达定理、判别式、根的分布、绝对值方程、分式方程,还有对数、指数的方程等;不等式的基本性质、一元二次不等式、绝对值不等式、可分解因式的高次不等式、分式不等式,均值不等式等.

备考提示

考生要彻底解决联考中方程与不等式的问题,第一,搞懂并熟悉方程的解法、韦达定理求根公式、判别式、根的分布、一元一次不等式、绝对值不等式;第二,要灵活运用技巧点拨中的方法;第三,对于综合问题,应采用数形结合、站在函数,方程,不等式的角度来看.

二、知 识 点

方程的基本概念

(1)含有未知数的等式叫方程.

(2)方程中未知数的个数叫方程的"元",方程中未知数的最高次数叫方程的"次".

(3)能使方程左右相等的未知数的值称为方程的解,特别当方程为 $f(x)=0$ 时候,方程的解又称为方程的根.

(4)当一个根是一个方程化为整式方程的根,但不是原来方程的根的时候,称其为原来方程的增根.

【注】增根常出现在分母为零,根号下为负数,对数的真数为负数,增根的产生主要是因为在化简过程中将原来的定义域扩大了.

解方程

(1)根式方程

第一步:求出定义域.

第二步:分类讨论,去根号,化为有理方程并求解.

第三步:验根.

(2)分式方程

第一步:求出定义域.

第二步:去分母,化为整式方程并求解.

第三步:验根.

【注】求解过程中可能产生增根:增根是去分母后得到的整式方程的根,增根使得分式方程的分母为零.

(3)一元一次方程

已知 $ax+b=0(a\neq0)$,则方程的解为: $x=-\dfrac{b}{a}$.

(4)一元二次方程

1)已知 $ax^2+bx+c=0(a\neq0)$,令 $\Delta=b^2-4ac$,此方程的解将依 Δ 值的不同分为如下三种情况:

当 $\Delta>0$ 时,方程有两个不等实数根,根的表达式为: $x_1,x_2=\dfrac{-b\pm\sqrt{\Delta}}{2a}$;

当 $\Delta=0$ 时,方程有两个相等实数根,根的表达式为: $x_1,x_2=-\dfrac{b}{2a}$;

当 $\Delta < 0$ 时,方程无实数根.

2) 根与系数关系(韦达定理):

设 x_1, x_2 是方程 $ax^2 + bx + c = 0 (a \neq 0)$ 的两个根,则 $\begin{cases} x_1 + x_2 = -\dfrac{b}{a} \\ x_1 x_2 = \dfrac{c}{a} \end{cases}$.

(5) 二元一次方程组

二元一次方程组的形式是 $\begin{cases} a_1 x + b_1 y = c_1 \\ a_2 x + b_2 y = c_2 \end{cases}$,有三种解的情况:

如果 $\dfrac{a_1}{a_2} \neq \dfrac{b_1}{b_2}$,则方程组有唯一解 (x, y);

如果 $\dfrac{a_1}{a_2} = \dfrac{b_1}{b_2} = \dfrac{c_1}{c_2}$,则方程组有无穷多解;

如果 $\dfrac{a_1}{a_2} = \dfrac{b_1}{b_2} \neq \dfrac{c_1}{c_2}$,则方程组无解.

其中当方程中有唯一解时,可以通过消元法,将其转换为一元一次方程来求解.

【注】上面三种情况可以从两直线之间位置关系来看,分别对应着两直线相交、重合、平行.

不等式的基本概念

(1) 含有未知数的不等式叫不等式方程.

(2) 不等式中未知数的个数叫不等式的"元",不等式中未知数的最高次数叫不等式的"次".

(3) 能使不等式成立的未知数的集合称为不等式的解集.

不等式的性质

(1) 传递性: $a > b, b > c \Rightarrow a > c$;

(2) 同向相加性: $\left. \begin{array}{c} a > b \\ c > d \end{array} \right\} \Rightarrow a + c > b + d$;

(3) 同向皆正相乘性: $\left. \begin{array}{c} a > b > 0 \\ c > d > 0 \end{array} \right\} \Rightarrow ac > bd$;

(4) 皆正倒数性: $a > b > 0 \Leftrightarrow \dfrac{1}{b} > \dfrac{1}{a} > 0$;

(5) 皆正乘(开)方性: $a > b > 0 \Rightarrow a^n > b^n > 0 (n \in \mathbf{Z}_+)$.

【注】在不等式两边进行乘除运算时要注意:当两边乘除一个恒正的式子时,不等号方向不变,当两边乘除一个恒负的式子时,不等号方向改变,当不确定的时候,则需要分类讨论.

解不等式

（1）根式不等式

第一步：求出定义域.

第二步：分类讨论，去根号，化为有理不等式求解集.

第三步：求的解集和定义域求交集.

【注】在对不等式两边乘除的时候要注意正负性.

（2）分式不等式

第一步：求出定义域.

第二步：通过移向、通分合并，分母乘分子，化为整式不等式求解集.

第三步：求解集与定义域的交集.

【注】在对不等式两边乘除的时候要注意，切记不能直接通过乘分母来去分母.

（3）一元一次不等式

已知 $ax + b > 0(< 0)$，其中 a 不等于 0，则不等式的解集为：

$a > 0$ 时，解集为 $\left\{x \,\middle|\, x > -\dfrac{b}{a}\right\} \left(\left\{x \,\middle|\, x < -\dfrac{b}{a}\right\}\right)$.

$a < 0$ 时，解集为 $\left\{x \,\middle|\, x < -\dfrac{b}{a}\right\} \left(\left\{x \,\middle|\, x > -\dfrac{b}{a}\right\}\right)$.

（4）一元二次不等式

1）将一元二次不等式化简为 $x^2 + bx + c > 0(< 0)$.

2）判断对应方程根的情况.

3）当其对应的方程存在两个根 $x_1, x_2 (x_1 < x_2)$ 时有

一元二次不等式 $x^2 + bx + c > 0$ 的解集为 $\{x \mid x < x_1 \text{ 或 } x > x_2\}$；

一元二次不等式 $x^2 + bx + c < 0$ 的解集为 $\{x \mid x_1 < x < x_2\}$.

（5）绝对值不等式

1）基本不等式

$|x| < a \Leftrightarrow -a < x < a (a > 0)$.

$|x| > a \Leftrightarrow x < -a \text{ 或 } x > a (a > 0)$.

【注】适合不等式 $|x| < a (a > 0)$ 的所有实数所对应的就是全部与原点距离小于 a 的点解含有绝对值的不等式的关键是化去式中的绝对值符号，常用的方法如下.

① 平方法：$(|f(x)|)^2 = (f(x))^2$.

② 分段讨论法：$|f(x)| = \begin{cases} f(x), & f(x) \geqslant 0. \\ -f(x), & f(x) < 0. \end{cases}$

③ 转化法：$|f(x)| < a(a>0) \Leftrightarrow -a < f(x) < a$；$|f(x)| > a(a>0) \Leftrightarrow f(x) < -a \text{ 或 } f(x) > a$.

将其转换为常见不等式来求解.

2）三角不等式

$|a + b| < |a| + |b| \Leftrightarrow ab < 0$

$|a + b| = |a| + |b| \Leftrightarrow ab \geqslant 0$

$|a + b| > ||a| - |b|| \Leftrightarrow ab > 0$

$|a + b| = ||a| - |b|| \Leftrightarrow ab \leqslant 0$

$|a - b| < |a| + |b| \Leftrightarrow ab > 0$

$|a - b| = |a| + |b| \Leftrightarrow ab \leqslant 0$

$|a - b| > ||a| - |b|| \Leftrightarrow ab < 0$

$|a - b| = ||a| - |b|| \Leftrightarrow ab \geqslant 0$

三、技 巧 点 拨

基本方法总结

（1）消元法

在解多元方程组时,消元法是最基本、最常用的方法,使用消元法的要领是通过抵消逐步减少未知数的个数,直到只有一个未知数为止,然后将解出的这个未知数代入原方程组,采用相同的方法解出其余的未知数.

（2）配方法

在式的部分我们学习了配方法的概念,将代数式变形为完全平方与常数之和的过程叫作配方,这里我们应用配方法求解一元二次方程的解.

（3）分类讨论法

在情况不明的情况下,常常需要就不同的情况,分门别类地逐一讨论,这种方法叫作分类讨论法.

（4）换元法

有些方程、不等式在不同的部分出现了相同未知数表达式,这个表达式妨碍了思路,常采用换元法将其统一处理,有时也可通过换元法达到降次作用.

（5）判别式法

表达式 $\Delta = b^2 - 4ac$ 叫作判别式,要判断一元二次方程是否有实数根,不需要配方,可以直接使用判别式法,具体如下：(1) $\Delta < 0 \Leftrightarrow$ 无实数根；(2) $\Delta = 0 \Leftrightarrow$ 有两个相等的实数根；(3) $\Delta > 0 \Leftrightarrow$ 有两个不相等的实数根.

韦达定理的变形与应用

利用韦达定理可以求出关于两个根的对称轮换式的数值.

（1）$\dfrac{1}{x_1} + \dfrac{1}{x_2} = \dfrac{x_1 + x_2}{x_1 x_2} = -\dfrac{b}{c}$（与 a 无关）.

(2) $\dfrac{1}{x_1^2} + \dfrac{1}{x_2^2} = \dfrac{(x_1 + x_2)^2 - 2x_1 x_2}{(x_1 x_2)^2} = \dfrac{b^2 - 2ac}{c^2}.$

(3) $|x_1 - x_2| = \sqrt{(x_1 + x_2)^2 - 4x_1 x_2} = \sqrt{\dfrac{b^2}{a^2} - \dfrac{4c}{a}} = \dfrac{\sqrt{b^2 - 4ac}}{|a|} = \dfrac{\sqrt{\Delta}}{|a|}.$

(4) $x_1^2 + x_2^2 = (x_1 + x_2)^2 - 2x_1 x_2 = \dfrac{b^2 - 2ac}{a^2}.$

(5) $x_1^2 - x_2^2 = (x_1 + x_2)(x_1 - x_2).$

(6) $x_1^3 + x_2^3 = (x_1 + x_2)(x_1^2 - x_1 x_2 + x_2^2)$
$\qquad = (x_1 + x_2)\left[(x_1 + x_2)^2 - 3x_1 x_2\right].$

一元二次方程根的分布

方程 $ax^2 + bx + c = 0\,(a \neq 0)$ 根的情况有以下几种.

(1) 方程有两个正根 $\begin{cases} x_1 + x_2 = -\dfrac{b}{a} > 0 \\ x_1 x_2 = \dfrac{c}{a} > 0 \\ \Delta \geqslant 0 \end{cases}.$

(2) 有两个负根 $\begin{cases} x_1 + x_2 = -\dfrac{b}{a} < 0 \\ x_1 x_2 = \dfrac{c}{a} > 0 \\ \Delta \geqslant 0 \end{cases}$ 可简化为 a,b,c 同号.

(3) 一正一负根 $\begin{cases} x_1 x_2 = \dfrac{c}{a} < 0 \\ \Delta > 0 \end{cases}$ 可简化为 a,c 异号即可.

若再要求 $|$正根$| > |$负根$|$,有 $\begin{cases} x_1 + x_2 = -\dfrac{b}{a} > 0 \\ x_1 x_2 = \dfrac{c}{a} < 0 \\ \Delta > 0 \end{cases}.$

(4) 一根比 k 大,一根比 k 小:

若 $a > 0$,则由图像可知 $f(k) < 0$;若 $a < 0$,则由图像可知 $f(k) > 0$.综上,只需 $af(k) < 0$ 即可.

(5) 有理系数方程有两个有理根的条件为:Δ 为完全平方数.

(6) 整系数方程有两个整数根的条件为:

$\begin{cases} x_1 + x_2 = -\dfrac{b}{a} \in \mathbf{Z} \\ x_1 x_2 = \dfrac{c}{a} \in \mathbf{Z} \\ \Delta \text{ 为完全平方数} \end{cases}.$

【技巧】 画出题干条件中的图像,然后再根据区间讨论端点函数值与零的关系,列不等式求解.

▌超越方程的换元技巧 🔄

一般遇到超越方程的问题,都要先经过换元,转化成常见的一元二次方程进行讨论分析,在换元的过程中,一定要注意换元前后变量的取值范围的变化,在解对数方程的时候,尤其要注意定义域.

▌不等式实战技巧(见表 3 - 4 - 1) 🔄

表 3 - 4 - 1

名称	性质	使用条件
倒数改向原则	$0 < a < b < c \Leftrightarrow \dfrac{1}{a} > \dfrac{1}{b} > \dfrac{1}{c} > 0$	正数约定
补除保向原则	$0 < a < b < c \Leftrightarrow 0 < \dfrac{a}{b+c} < \dfrac{b}{c+a} < \dfrac{c}{a+b}$	正数约定
趋一原则	分子、分母同时加上一个相同的正数,所得分数越趋近于自然数 1 对比学习:分子分母同加 1 真分数:$\dfrac{1}{2} \Rightarrow \dfrac{2}{3}, \dfrac{3}{4}, \dfrac{4}{5}, \dfrac{5}{6}, \dfrac{6}{7} \cdots$ 实战规律:真分数越加越大,趋近 1 假分数:$\dfrac{2}{1} \Rightarrow \dfrac{3}{2}, \dfrac{4}{3}, \dfrac{5}{4}, \dfrac{6}{5}, \dfrac{7}{6} \cdots$ 实战规律:假分数越加越小,趋近 1	正数约定

▌一元二次不等式(含参) 恒成立问题(见表 3 - 4 - 2) 🔄

表 3 - 4 - 2

题型:不等式	解读 Ⅰ:函数图像	解读 Ⅱ:解题要点
$ax^2 + bx + c > 0$ 恒成立	$y=ax^2+bx+c$	$\begin{cases} a > 0 \\ \Delta = b^2 - 4ac < 0 \end{cases}$

（续）

题型:不等式	解读 Ⅰ:函数图像	解读 Ⅱ:解题要点
$ax^2 + bx + c < 0$ 恒成立		$\begin{cases} a < 0 \\ \Delta = b^2 - 4ac < 0 \end{cases}$
$ax^2 + bx + c \geqslant 0$ 恒成立		$\begin{cases} a > 0 \\ \Delta = b^2 - 4ac \leqslant 0 \end{cases}$
$ax^2 + bx + c \leqslant 0$ 恒成立		$\begin{cases} a < 0 \\ \Delta = b^2 - 4ac \leqslant 0 \end{cases}$

【注】对于一元二次不等式 $ax^2 + bc + c < (\,>)0$ 解集为任意实数的充要条件是 $\begin{cases} a < (\,>)0 \\ \Delta < 0 \end{cases}$.

高次可分解因式不等式的巧解

"数轴穿线法"用于解一元高次不等式非常方便,其解题步骤如下:

（1）分解因式,化成若干个因式的乘积(分解到不能再分解为止);

（2）进行等价变形,保证因式最高项符号为正,例如 $x^2 + 1, x^2 + x + 1, x^2 - 3x + 5$ 等;

（3）由小到大、从左到右标出与不等式对应的方程的根;

（4）从右上角起,"穿针引线";

（5）重根的处理,依"奇穿偶不穿"原则;

（6）画出解集的示意区域,从左到右写出解集.

例如:

高次不等式 $f(x) = (x - x_1)(x - x_2)(x - x_3)\cdots(x - x_n) > 0$ 的解集可以用穿线法.

穿线法的解题口诀:"奇穿偶不穿,符号定区间",

例如,求 $(x-1)(x-2)(x-3)>0$ 的解集.

第一步,如图 $3-4-1$ 所示,穿线.

第二步,定区间:原不等式的解集为 $1<x<2$ 或 $x>3$.

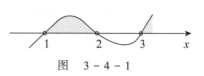

图　$3-4-1$

四、命题点

一元一次方程求解

例1　某部门在一次联欢活动中共设了 26 个奖,奖品均价为 280 元,其中一等奖单价为 400 元,其他奖品均价为 270 元. 一等奖的个数为(　　).

A. 6　　　　B. 5　　　　C. 4　　　　D. 3　　　　E. 2

一元二次方程的判别式及求解

例2　(条件充分性判断) 设 $\triangle ABC$ 的三边长分别为 a,b,c,且 $c=\sqrt{3}$,则 $\triangle ABC$ 的面积为 $\dfrac{\sqrt{3}}{4}$.

$(1)a^2+b^2-ab-\sqrt{3}a-\sqrt{3}b+3=0$.　　　　$(2)a^2+b^2+ab-3a-3b+3=0$.

一元二次方程的韦达定理

例3　若方程 $x^2+px+37=0$ 恰有两个正整数解 x_1,x_2,则 $\dfrac{(x_1+1)(x_2+1)}{p}$ 的值是(　　).

A. -2　　　　B. -1　　　　C. 0　　　　D. 1　　　　E. 2

例4　已知方程 $3x^2+5x+1=0$ 的两个根为 α,β 则 $\sqrt{\dfrac{\beta}{\alpha}}+\sqrt{\dfrac{\alpha}{\beta}}=($　　$)$.

A. $-\dfrac{5\sqrt{3}}{3}$　　B. $\dfrac{5\sqrt{3}}{3}$　　C. $\dfrac{\sqrt{3}}{5}$　　D. $-\dfrac{\sqrt{3}}{5}$　　E. 以上都不对

例5　(条件充分性判断) $\alpha^2+\beta^2$ 的最小值是 $\dfrac{1}{2}$.

$(1)\alpha$ 与 β 是方程 $x^2-2ax+(a^2+2a+1)=0$ 的两个实数根.

$(2)\alpha\beta=\dfrac{1}{4}$.

例6　(条件充分性判断) 若 $ab\neq 1$,则 $\dfrac{a^2-ab+b^2}{a^2+ab+b^2}=\dfrac{7}{19}$.

$(1)2a^2+123456789a+3=0$.　　　　$(2)3b^2+123456789b+2=0$.

一元二次方程的求解及整数根

例 7 （条件充分性判断）关于 x 的方程 $a^2x^2 - (3a^2 - 8a)x + 2a^2 - 13a + 15 = 0$ 至少有一个整数根.

(1) $a = 3$.　　　　　　　　　　　　　(2) $a = 5$.

一元二次方程根的分布及分布区间

例 8 （条件充分性判断）$m \geqslant -2$.
(1) 一元二次方程 $x^2 + (m - 4)x + 6 - m = 0$ 的两根都比 2 小.
(2) 一元二次方程 $x^2 + (m - 4)x + 6 - m = 0$ 的两根都比 2 大.

例 9 （条件充分性判断）方程 $2ax^2 - 2x - 3a + 5 = 0$ 的一个根大于 1，另一个根小于 1.
(1) $a > 3$.　　　　　　　　　　　　　(2) $a < 0$.

多元一次方程组求解

例 10 若 $\begin{cases} 3x + 2y + z = 315 \\ x + 2y + 3z = 285 \end{cases}$，则 $x + y + z = ($ 　 $)$.

A. 165　　　B. 95　　　C. 100　　　D. 120　　　E. 150

例 11 某单位进行办公室维修，若甲乙两个装修公司合做，需 10 周完成，工时费为 100 万元；甲公司单独做 6 周后由乙公司接着做 18 周完成，工时费为 96 万元. 甲公司每周的工时费为( ) 万元.

A. 7.5　　　B. 7　　　C. 6.5　　　D. 6　　　E. 5.5

其他方程求解

例 12 已知方程 $(x - 3)^2 + \log x = 9$ 的解为 3，则方程 $y^2 + \log(y + 3) = 9$ 的解为( ).

A. 2　　　B. 4　　　C. 8　　　D. 5　　　E. 0

例 13 现有长方形木板 340 张，正方形木板 160 张，这些木板恰好可以装配成若干个竖式和横式的无盖箱子，如图 3 - 4 - 2 所示，则装配成的竖式和横式箱子的个数分别为( ).

A. 25,80　　　B. 60,50　　　C. 20,70

D. 60,40　　　E. 40,60

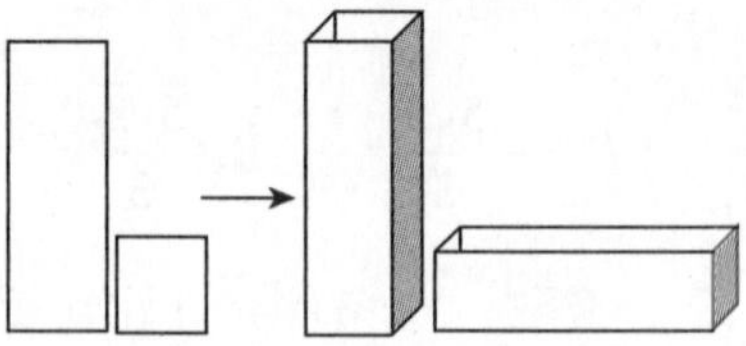

图 3 - 4 - 2

例 14 方程 $4^{-|x-1|} - 4 \times 2^{-|x-1|} = a$ 有实数，则 a 的取值范围是( ).

A. $a \leqslant -3$ 或 $a \geqslant 0$　　　B. $a \leqslant -3$ 或 $a > 0$　　　C. $-3 \leqslant a < 0$

D. $-3 \leqslant a \leqslant 0$　　　E. 以上答案都不对

一元一次不等式的求解 🔺

例 15 (条件充分性判断) $(a + b)^{a+b} = \dfrac{1}{4}$.

(1) $ax + b > 0$ 的解集是 $\left\{x \mid x < \dfrac{1}{3}\right\}$.

(2) $(a + 1)x > a^2 - 1$ 的解集是 $\{x \mid x < -4\}$.

一元二次不等式求解及恒成立问题 🔺

例 16 (条件充分性判断) 不等式 $(k + 3)x^2 - 2(k + 3)x + k - 1 < 0$ 对任意的实数 x 恒成立.

(1) $k = 0$.   (2) $k = -3$.

例 17 若 $y^2 - 3\left(\sqrt{x} + \dfrac{1}{\sqrt{x}}\right)y + 5 < 0$ 对一切正实数 x 恒成立,则 y 的取值范围是(   ).

A. $1 < y < 5$ B. $2 < y < 4$ C. $1 < y < 4$ D. $3 < y < 5$ E. $2 < y < 5$

简单分式不等式求解 🔺

例 18 设 $0 < x < 1$,则不等式 $\dfrac{3x^2 - 2}{x^2 - 1} > 1$ 的解为(   ).

A. $0 < x < \dfrac{1}{\sqrt{2}}$ B. $\dfrac{1}{\sqrt{2}} < x < 1$ C. $0 < x < \sqrt{\dfrac{2}{3}}$

D. $\sqrt{\dfrac{2}{3}} < x < 1$ E. 以上都不对

绝对值不等式求解 🔺

例 19 (条件充分性判断) 实数 a, b 满足: $|a|(a + b) > a|a + b|$.

(1) $a < 0$.   (2) $a > -b$.

例 20 (条件充分性判断) $|y - a| \leqslant 2$ 成立.

(1) $|2x - a| \leqslant 1$.   (2) $|2x - y| \leqslant 1$.

其他不等式 🔺

例 21 (条件充分性判断) $\dfrac{1}{a} + \dfrac{1}{b} + \dfrac{1}{c} > \sqrt{a} + \sqrt{b} + \sqrt{c}$.

(1) $abc = 1$.   (2) a, b, c 为不全相等的实数.

例 22 (条件充分性判断) 设 x, y 为实数,则 $|x + y| \leqslant 2$.

(1) $x^2 + y^2 \leqslant 2$.   (2) $xy \leqslant 1$.

例23　若 $a > b > 0, k > 0$, 则下列不等式中一定成立的是(　　).

A. $-\dfrac{b}{a} < -\dfrac{b+k}{a+k}$　　　　B. $\dfrac{a}{b} > \dfrac{a-k}{b-k}$　　　　C. $-\dfrac{b}{a} > -\dfrac{b+k}{a+k}$

D. $\dfrac{a}{b} < \dfrac{a-k}{b-k}$　　　　E. 以上都不对

例24　若实数 a, b, c 满足: $a^2 + b^2 + c^2 = 9$, 则 $(a-b)^2 + (b-c)^2 + (c-a)^2$ 的最大值为(　　).

A. 9　　　　B. 18　　　　C. 22　　　　D. 27　　　　E. 36

例25　设实数 x, y 满足等式 $x^2 - 4xy + 4y^2 + \sqrt{3}x + \sqrt{3}y - 6 = 0$, 则 $x + y$ 的最大值为(　　).

A. $\dfrac{\sqrt{3}}{2}$　　　　B. $\dfrac{2\sqrt{3}}{3}$　　　　C. $2\sqrt{3}$　　　　D. $2\sqrt{2}$　　　　E. $3\sqrt{3}$

命题点答案及解析

例1解析　设一等奖的个数为 x 个, 则其他奖品个数为 $26 - x$ 个.

则有
$$400x + 270(26 - x) = 280 \times 26$$

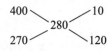

所以
$$\frac{2}{26 - x} = \frac{1}{12} \Rightarrow x = 2$$

综上所述, 答案是 **E**.

例2解析　(1) 第一步, 用判别式法求 a, b.

$$a^2 - (b + \sqrt{3})a + (b^2 - \sqrt{3}b + 3) = 0 \cdots\cdots ①$$

$$\Delta \geqslant 0 \Rightarrow (b + \sqrt{3})^2 - 4(b^2 - \sqrt{3}b + 3) \geqslant 0$$

$$\Rightarrow (b - \sqrt{3})^2 \leqslant 0$$

$$\Rightarrow b = \sqrt{3}$$

把 $b = \sqrt{3}$ 代入 ① 可得 $a = \sqrt{3}$

第二步, 求面积.

如图 $3 - 4 - 3$ 所示, $S_{\triangle ABC} = \dfrac{3\sqrt{3}}{4}$, 推不出结论.

故条件(1) 不是充分条件.

(2) 第一步, 用判别式求 a, b

$$a^2 + (b - 3)a + b^2 - 3b + 3 = 0 \cdots\cdots ②$$

$$\Delta \geqslant 0 \Rightarrow (b - 3)^2 - 4(b^2 - 3b + 3) \geqslant 0$$

$$\Rightarrow (b - 1)^2 \leqslant 0$$

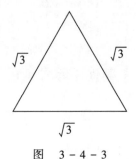

图　$3 - 4 - 3$

$\Rightarrow b = 1$

把 $b = 1$ 代入 ② 可得 $a = 1$.

第二步:求面积.

如图 3 - 4 - 4 所示,易知底边上的高为 $\dfrac{1}{2}$,

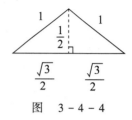

图　3 - 4 - 4

$S_{\triangle ABC} = \dfrac{1}{2} \times \sqrt{3} \times \dfrac{1}{2} = \dfrac{\sqrt{3}}{4}$,可以推出结论.

故条件(2) 是充分条件.

综上所述,答案是 **B**.

例 3 解析　第一步,韦达定理:$\begin{cases} x_1 + x_2 = -p \\ x_1 x_2 = 37 \end{cases}$,

因为 37 为质数,且两根为正整数,

故　　　　　　$\begin{cases} x_1 = 1 \\ x_2 = 37 \end{cases}$ 或 $\begin{cases} x_1 = 37 \\ x_2 = 1 \end{cases}$.

从而　　　　　　　　$p = -38$.

第二步,代入求值:$\dfrac{(x_1 + 1)(x_2 + 1)}{p} = \dfrac{2 \times 38}{-38} = -2$.

综上所述,答案是 **A**.

例 4 解析　第一步,韦达定理:$\begin{cases} \alpha + \beta = -\dfrac{5}{3} \\ \alpha\beta = \dfrac{1}{3} \end{cases}$.

第二步,恒等变形:

$$\sqrt{\dfrac{\beta}{\alpha}} + \sqrt{\dfrac{\alpha}{\beta}} = \sqrt{\left(\sqrt{\dfrac{\beta}{\alpha}} + \sqrt{\dfrac{\alpha}{\beta}}\right)^2} = \sqrt{\dfrac{(\alpha + \beta)^2}{\alpha\beta}} = \sqrt{\dfrac{\left(-\dfrac{5}{3}\right)^2}{\dfrac{1}{3}}} = \dfrac{5\sqrt{3}}{3}.$$

综上所述,答案是 **B**.

例 5 解析　(1) 与根相关的最值问题在联考实战中一般的解题步骤:

第一步,判别式(求出参数的取值范围).

若方程有两个实数根,则 $\Delta \geqslant 0$;

若方程有两个不同实数根,则 $\Delta > 0$.

第二步,韦达定理(用于恒等变形).

第三步,恒等变形(转化为一元二次函数求最值).

回归本题,解析如下:

α 与 β 是方程 $x^2 - 2ax + (a^2 + 2a + 1) = 0$ 的两个实数根.

第一步,判别式(求出参数的取值范围).

方程有两个实数根

$$\Delta \geqslant 0 \Rightarrow (2a)^2 - 4(a^2 + 2a + 1) \geqslant 0 \Rightarrow a \leqslant -\frac{1}{2}.$$

第二步,韦达定理(用于恒等变形).

$$\begin{cases} \alpha + \beta = 2a \\ \alpha\beta = a^2 + 2a + 1 \end{cases},$$

第三步,恒等变形(转化为一元二次函数求最值).

$$\begin{aligned} \alpha^2 + \beta^2 &= (\alpha + \beta)^2 - 2\alpha\beta \\ &= (2a)^2 - 2(a^2 + 2a + 1) \\ &= 2(a - 1)^2 - 4 \\ &= f(a). \left(其中, a \leqslant -\frac{1}{2} \right) \end{aligned}$$

$f(a)$ 是关于 a 的二次函数图像的一部分,即满足 $a \leqslant -\frac{1}{2}$(图 3 - 4 - 5 中实线部分,减区间)

故 $\alpha^2 + \beta^2$ 的最小值是 $f\left(-\frac{1}{2}\right) = \frac{1}{2}$.

(2) 均值不等式联考实战必须烂熟于心的三种形式:

$$\begin{cases} \alpha^2 + \beta^2 \geqslant 2\alpha\beta \\ \alpha + \beta \geqslant 2\sqrt{\alpha\beta} \\ 2(\alpha^2 + \beta^2) \geqslant (\alpha + \beta)^2 \end{cases}.$$

回归本题,解析如下:$\alpha^2 + \beta^2 \geqslant 2\alpha\beta = 2 \times \frac{1}{4} = \frac{1}{2}$,

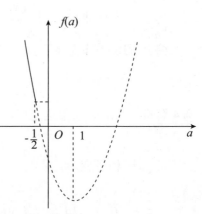

图 3 - 4 - 5

故条件(1) 可以推出结论,是充分条件,条件(2) 也是充分条件.

综上所述,答案是 **D**.

例 6 解析 条件(1) 和(2) 分别不能推出结论,联合可以推出结论,推导:

等号两边同除以 b^2

得 $$\begin{cases} 2a^2 + 123456789a + 3 = 0 \\ 3 + 123456789 \cdot \dfrac{1}{b} + 2 \cdot \left(\dfrac{1}{b}\right)^2 = 0 \end{cases},$$

则 a 与 $\dfrac{1}{b}$ 是一元二次方程 $2x^2 + 123456789x + 3 = 0$ 的两根,

由韦达定理知 $a \cdot \dfrac{1}{b} = \dfrac{3}{2} \Rightarrow \begin{cases} a = 3k \\ b = 2k \end{cases} \Rightarrow \dfrac{a^2 - ab + b^2}{a^2 + ab + b^2} = \dfrac{7k^2}{19k^2} = \dfrac{7}{19}.$

综上所述,答案是 **C**.

例 7 解析　一元二次方程有整数根在联考实战中一般的解题步骤:

第一步,分解因式 —— 十字相乘法.

第二步,整除分析求参数.

回归本题,解析如下:

第一步,分解因式 —— 十字相乘法.

方程 $a^2x^2 - (3a^2 - 8a) + 2a^2 - 13a + 15 = 0$ 化为,

$a^2x^2 - (3a^2 - 8a)x + (a - 5)(2a - 3) = 0$,分解如下:

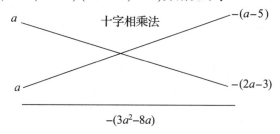

故　　　　　　　　$[ax - (a - 5)][ax - (2a - 3)] = 0.$

第二步,整除分析求参数.

方程的两根为:　　　　　$x = 1 - \dfrac{5}{a}$ 或 $2 - \dfrac{3}{a}$,

原方程至少有一个整数根,等价于 $\dfrac{5}{a}$ 与 $\dfrac{3}{a}$ 至少有一个整数,故 $a = \pm 5$ 或 ± 3 或 ± 1 或 a 为一分数

(1)$a = 3$ 是结论的子集,故条件(1)是充分条件.

(2)$a = 5$ 是结论的子集,故条件(2)是充分条件.

综上所述,答案是 **D**.

速解

(1)$a = 3$ 时,方程为 $9x^2 - 3x - 6 = 0 \Rightarrow (x - 1)(9x + 6) = 0 \Rightarrow x = 1$ 或 $-\dfrac{2}{3}$,此时有一个整数根,故条件(1)是充分条件.

(2)$a = 5$ 时,方程为 $25x^2 - 35x = 0 \Rightarrow x(5x - 1) = 0 \Rightarrow x = 0$ 或 $\dfrac{7}{5}$,

此时有一个整数根,故条件(2)是充分条件.

综上所述,答案是 **D**.

例 8 解析　对于条件(1):有 $\begin{cases} \Delta \geqslant 0 \\ \dfrac{4 - m}{2} < 2, \\ f(2) > 0 \end{cases}$ 解得 $m \geqslant 2 + 2\sqrt{3}$.

对于条件(2):有 $\begin{cases} \Delta \geqslant 0 \\ \dfrac{4-m}{2} > 2 \\ f(2) > 0 \end{cases}$,解得 $-2 < m \leqslant 2 - 2\sqrt{3}$.

综上所述,条件(1)与条件(2)均是结论的子集,答案是 **D**.

例 9 解析 方法一:一元二次方程 $ax^2 + bx + c = 0(a \neq 0)$ 有一个根大于 m,有一个根小于 m,

则有 $af(m) < 0$.

则结论 $\Leftrightarrow af(1) < 0 \Leftrightarrow a(3 - a) < 0 \Leftrightarrow a < 0$ 或 $a > 3$,

则条件(1)充分,条件(2)充分.

方法二:设方程的两根分别为 $x_1, x_2(x_1 > x_2)$,则 $x_1 - 1 > 0, x_2 - 1 < 0$.

故 $\begin{cases} \Delta = 4 - 4 \times 2a \times (5 - 3a) > 0 \\ (x_1 - 1)(x_2 - 1) = x_1 x_2 - (x_1 + x_2) + 1 = \dfrac{5 - 3a}{2a} - \dfrac{2}{2a} + 1 < 0 \end{cases} \Rightarrow a > 3$ 或 $a < 0$.

所以条件(1)充分,条件(2)也充分.

综上所述,答案是 **D**.

例 10 解析 两个方程相加:

$4(x + y + z) = 315 + 285 = 600 \Rightarrow x + y + z = 150$.

综上所述,答案是 **E**.

例 11 解析 设甲公司每周的工时费为 x 万元,乙公司每周的工时费为 y 万元.

则有 $\begin{cases} 10x + 10y = 100 \\ 6x + 18y = 96 \end{cases} \Rightarrow \begin{cases} x = 7 \\ y = 3 \end{cases}$,

所以甲公司每周的工时费为 7 万元.

综上所述,答案是 **B**.

例 12 解析 第一步,换元:$(x - 3)^2 + \log_a x = 9$,设 $y = x - 3 \Rightarrow x = y + 3 \Rightarrow y^2 + \log_a(y + 3) = 9$,

第二步,取特值(解):令 $x = 3 \Rightarrow y = 0$,则方程 $y^2 + \log_a(y + 3) = 9$ 的解为 0.

综上所述,答案是 **E**.

例 13 解析 设可装配成竖式箱子 x 个,横式箱子 y 个.

则可列方程组 $\begin{cases} 4x + 3y = 340 \\ x + 2y = 160 \end{cases} \Rightarrow \begin{cases} x = 40 \\ y = 60 \end{cases}$.

综上所述,答案是 **E**.

例 14 解析 令 $t = 2^{-|x-1|}$,由于 $|x - 1| \geqslant 0$,所以 $0 < t \leqslant 1$;

化为 $t^2 - 4t = a$ 即 $(t - 2)^2 = a + 4$;

$0 < t \leqslant 1 \Rightarrow -2 < t - 2 \leqslant -1 \Rightarrow 1 \leqslant (t - 2)^2 < 4$,得到 $1 \leqslant a + 4 < 4, -3 \leqslant a < 0$.

综上所述,答案是 **C**.

例 15 解析　条件(1) 和(2) 分别不能推出结论,联合可以推出结论,推导:

(1) 由 $ax + b > 0$ 解集分析得到 $\begin{cases} \dfrac{-b}{a} = \dfrac{1}{3} \\ a < 0 \end{cases} \Rightarrow a = -3b < 0.$

(2) 由 $(a + 1)x > a^2 - 1$ 解集分析得到 $\begin{cases} \dfrac{a^2 - 1}{a + 1} = -4 \\ a + 1 < 0 \end{cases} \Rightarrow a = -3.$

条件(1) 和(2) 联合,则 $\begin{cases} a = -3 \\ b = 1 \end{cases} \Rightarrow (a + b)^{a+b} = (-2)^{-2} = \dfrac{1}{4}.$

综上所述,答案是 **C**.

例 16 解析　$(k + 3)x^2 - 2(k + 3)x + k - 1 < 0$ 对任意的实数 x 恒成立,解题时分两种情况:

情况一:$k + 3 = 0$ 时,$k = -3$,原不等式变为 $-4 < 0$,恒成立.

情况二:$k + 3 \neq 0$ 时,$k \neq -3$,原不等式等价于

$$\begin{cases} k + 3 < 0 \\ \Delta = 4(k + 3)^2 - 4(k + 3)(k - 1) < 0 \end{cases} \Rightarrow k < -3.$$

结论等价于 $k \leqslant -3$.

条件(1)$k = 0$ 不是结论的子集,故条件(1) 不是充分条件.

条件(2)$k = -3$ 是结论的子集,故条件(2) 是充分条件.

综上所述,答案是 **B**.

例 17 解析　第一步,变量分离

$$y^2 - 3\left(\sqrt{x} + \dfrac{1}{\sqrt{x}}\right)y + 5 < 0$$

$$\Leftrightarrow y^2 + 5 < 3\left(\sqrt{x} + \dfrac{1}{\sqrt{x}}\right)y \quad (\text{注意}:y > 0)$$

$$\Leftrightarrow \dfrac{y^2 + 5}{y} < 3\left(\sqrt{x} + \dfrac{1}{\sqrt{x}}\right).$$

第二步,最大最小法

$\dfrac{y^2 + 5}{y} < 3\left(\sqrt{x} + \dfrac{1}{\sqrt{x}}\right)$ 对一切正实数 x 恒成立,

等价于:不等式左边的最大值小于右边的最小值.

$3\left(\sqrt{x} + \dfrac{1}{\sqrt{x}}\right) \geqslant 3 \times 2\sqrt{\sqrt{x}\dfrac{1}{\sqrt{x}}} = 6$,即不等式右边的最小值为 6,

从而 $\dfrac{y^2 + 5}{y} < 6 \Rightarrow (y - 1)(y - 5) < 0 \Rightarrow 1 < y < 5(\text{注意 } y > 0).$

综上所述,答案是 **A**.

例 18 解析　<u>分式不等式求解,在联考实战中一般分两步:</u>

第一步,转化(锁定目标:将分式不等式化为整式不等式).

情况一:明确分母正负时,

口诀:"直接乘!"(不等式两边同时乘以分母,分母大于零时,不等号不变向,分母小于零时,不等号变向).

情况二:不明确分母正负时,

口诀:"移项通分除变乘".

第二步,解整式不等式.

穿线法口诀:"奇穿偶不穿,符号定区间"(专用于解决高次不等式).

回归本题,解析如下:

第一步,转化(锁定目标,将分式不等式转化为整式不等式)

$0 < x < 1 \Rightarrow x^2 - 1 < 0$(分母为负),

应用口诀:"直接乘!"

得到 $$3x^2 - 2 < x^2 - 1 \Rightarrow x^2 < \frac{1}{2},$$

第二步,求解 $$0 < x < 1, x^2 < \frac{1}{2} \Rightarrow 0 < x < \frac{1}{\sqrt{2}},$$

综上所述,答案是 **A**.

例 19 解析 $|a|(a+b) > a|a+b|$ 等价于 $\dfrac{a+b}{|a+b|} > \dfrac{a}{|a|}$,

等价于 $\begin{cases} \dfrac{a+b}{|a+b|} = 1 \Leftrightarrow a+b > 0 \\ \dfrac{a}{|a|} = -1 \Leftrightarrow a < 0 \end{cases}$,

即结论等价于 $a + b > 0$ 且 $a < 0$.

(1)$a < 0$ 不能推出结论,故条件(1)不是充分条件.

(2)$a > -b$ 不能推出结论,故条件(2)不是充分条件.

条件(1)和(2)联合能推出结论.

综上所述,答案是 **C**.

例 20 解析 $|(2x-a)-(2x-y)| \leqslant |2x-a| + |2x-y| \leqslant 1 + 1 = 2$,

故条件(1)和(2)联合能推出结论.

综上所述,答案是 **C**.

例 21 解析 条件(1)不能推出结论,故条件(1)不是充分条件.

反例:$a = b = c = 1$.

条件(2)不能推出结论,故条件(2)不是充分条件.

反例:$a = b = -1, c = 1$.

条件(1)和(2)联合不能推出结论,反例:$a = b = -1, c = 1$.

综上所述,答案是 **E**.

例22解析　条件(1):据恒成立的不等式,$2(x^2 + y^2) \geqslant (x + y)^2$,
则 $(x + y)^2 \leqslant 2(x^2 + y^2) \leqslant 4$,

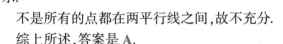

由不等式的传递性,有 $(x + y)^2 \leqslant 4$,则 $|x + y| \leqslant 2$,充分.

条件(2):$xy \leqslant 1$,

当 $x > 0$ 时,$y \leqslant \dfrac{1}{x}$,

当 $x < 0$ 时,$y \geqslant \dfrac{1}{x}$,

当 $x = 0$ 时,$0 \leqslant 1$ 恒成立,可举反例,亦可画图,如图 $3 - 4 - 6$

所示.

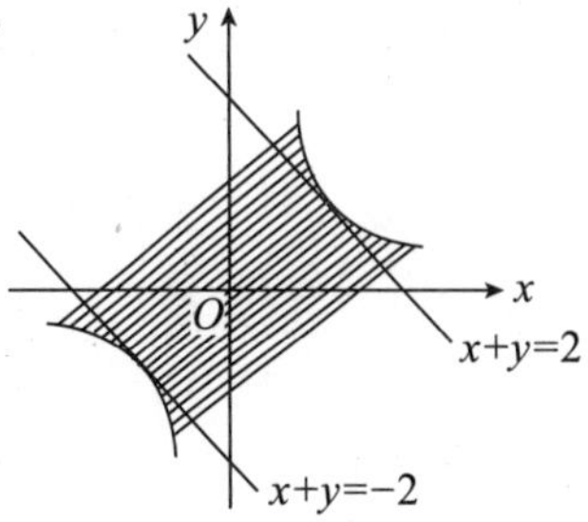

图　$3 - 4 - 6$

不是所有的点都在两平行线之间,故不充分.

综上所述,答案是 **A**.

例23解析　当 $a > b > 0, k > 0$ 时,则

(1)$\dfrac{b}{a}$ 为真分数 $\Rightarrow$ 越加越大 $\Rightarrow \dfrac{b}{a} < \dfrac{b + k}{a + k} \Rightarrow -\dfrac{b}{a} > -\dfrac{b + k}{a + k}$.

(2)$\dfrac{a}{b}$ 为假分数 $\Rightarrow$ 越加越小 $\Rightarrow \dfrac{a}{b} > \dfrac{a + k}{b + k} \Rightarrow -\dfrac{a}{b} < -\dfrac{a + k}{b + k}$.

综上所述,答案是 **C**.

【备考点评】$B. \dfrac{a}{b} > \dfrac{a - k}{b - k}$ 及 $D. \dfrac{a}{b} < \dfrac{a - k}{b - k}$ 两个选项中不满足"正数约定",不能选.

例24解析　$(a - b)^2 + (b - c)^2 + (c - a)^2$

$= 2a^2 + 2b^2 + 2c^2 - 2bc - 2ac - 2ab$

$= 3a^2 + 3b^2 + 3c^2 - (a^2 + b^2 + c^2 + 2ab + 2bc + 2ac)$

$= 3(a^2 + b^2 + c^2) - (a + b + c)^2$

$= 27 - (a + b + c)^2$,

因为　　　　　　　　　　$(a + b + c)^2 \geqslant 0$,

所以　　　　　　　　$27 - (a + b + c)^2 \leqslant 27$,

所以　　　　　$(a - b)^2 + (b - c)^2 + (c - a)^2 \leqslant 27$.

即 $(a - b)^2 + (b - c)^2 + (c - a)^2$ 的最大值为 27.

综上所述,答案是 **D**.

例25解析　$x^2 - 4xy + 4y^2 + \sqrt{3}x + \sqrt{3}y - 6 = 0$

$\Rightarrow x + y = \dfrac{6 - (x - 2y)^2}{\sqrt{3}} \leqslant \dfrac{6}{\sqrt{3}} = 2\sqrt{3}$,

其中,等号当且仅当 $x = 2y$ 时取得.

（把 $x = 2y$ 代入 $x + y = 2\sqrt{3}$ 解得 $x = \dfrac{4\sqrt{3}}{3}, y = \dfrac{2\sqrt{3}}{3}$，即确实存在实数 $,x,y$ 使得 $x + y$ 的最大值为 $2\sqrt{3}$，考生注意：这个检验过程不能忽略）

综上所述，答案是 C.

五、综 合 训 练

综合训练题

1. （条件充分性判断）$y > \dfrac{9}{2}$.

　　(1) $y = 2x + \dfrac{1}{x - 1}(x > 1)$.　　　　(2) $y = x + \dfrac{5}{x^2}(x > 0)$.

2. （条件充分性判断）$y < \dfrac{1}{9}$.

　　(1) $y = x(1 - 2x)\left(0 < x < \dfrac{1}{2}\right)$.　(2) $y = x^2(1 - 2x)\left(0 < x < \dfrac{1}{2}\right)$.

3. 已知关于 x, y 的二元一次方程 $(2a - 1)x + (3a - 2)y + 4 - 7a = 0$，当 a 每取一个值时就得到一个方程，而这些方程有一个公共解，那么这个公共解 x, y 的积为（　　）.
   A. -2　　　　B. -1　　　　C. 0　　　　D. 1　　　　E. 2

4. 已知 $x > 0, y > 0, x + y = 1$，则 $\left(1 + \dfrac{1}{x}\right)\left(1 + \dfrac{1}{y}\right)$ 的最小值为（　　）.

   A. 9　　　　B. -9　　　　C. $-\dfrac{5}{2}$　　　　D. -3　　　　E. 3

5. 设 $a > 0, b > 0$，若 $\sqrt{3}$ 是 3^a 与 3^b 的等比中项，则 $\dfrac{1}{a} + \dfrac{1}{b}$ 的最小值为（　　）.

   A. 8　　　　B. 4　　　　C. 1　　　　D. $\dfrac{1}{4}$　　　　E. $\dfrac{1}{8}$

6. 关于 x 的方程 $\dfrac{x^2 - 9x + m}{x - 2} + 3 = \dfrac{1 - x}{2 - x}$ 与 $\dfrac{x + 1}{x - |n|} = 2 - \dfrac{3}{|n| - x}$ 有相同的增根，则函数 $y = |x - m| + |x - n| + |x + n|$（　　）.
   A. 有最小值 17　　　　　　B. 有最大值 17　　　　　　C. 有最小值 12
   D. 有最大值 12　　　　　　E. 没有最小值，随 m, n 变化而变化

7. 已知实数 a, b 满足 $2a^2 + 2ab + 7b^2 - 10a - 18b + 19 = 0$，则 $a^2 + b^2 = $（　　）.
   A. 5　　　　B. 10　　　　C. 15　　　　D. 20　　　　E. 25

8. $3x^2 + bx + c = 0(c \neq 0)$ 的两个根为 α, β，如果又以 $\alpha + \beta, \alpha\beta$ 为根的一元二次方程是 $3x^2 - bx + c = 0$，则 b 和 c 分别为（　　）.

A. 2,6　　　　　　　　　　B. 3,4　　　　　　　　　　C. -2,-6

D. -3,-6　　　　　　　　　E. 以上都不对

9. 已知关于 x 的方程 $x^2 - 6x + (a-2)|x-3| + 9 - 2a = 0$ 有两个不同的实数根,则实数 a 的取值范围是(　　).

A. $a = 2$ 或 $a > 0$　　　　B. $a < 0$　　　　　　　C. $a = -2$ 或 $a > 0$

D. $a = 2$　　　　　　　　　E. 以上都不对

10. (条件充分性判断)(高次不等式) $(x^2 - 2x - 8)(2-x)(2x - x^2 - 6) > 0$.

(1) $x \in (-3, -2)$.　　　　　　(2) $x \in [2, 3]$.

11. (条件充分性判断) $|\log_a x| > 1$.

(1) $x \in [2, 4]$, $\dfrac{1}{2} < a < 1$.　　　　　　(2) $x \in [4, 6]$, $1 < a < 2$.

12. (条件充分性判断) 设 x, y 是实数,则可以确定 $x^3 + y^3$ 的最小值.

(1) $xy = 1$.　　　　　　　　(2) $x + y = 2$.

13. (条件充分性判断) 一元二次方程 $ax^2 + bx + c = 0$ 无实数根.

(1) a, b, c 成等比数列且 $b \neq 0$.　　　　　(2) a, b, c 成等差数列.

14. 若三次方程 $ax^3 + bx^2 + cx + d = 0$ 的三个不同实数根 x_1, x_2, x_3 满足 $x_1 + x_2 + x_3 = 0$, $x_1 x_2 x_3 = 0$,则下列关系式中恒成立的是(　　).

A. $ac = 0$　　　　　　　　B. $ac < 0$　　　　　　　C. $ac > 0$

D. $a + c < 0$　　　　　　　E. $a + c > 0$

15. (条件充分性判断) 不等式 $ax^2 + (a-6)x + 2 > 0$ 对所有实数 x 都成立.

(1) $0 < a < 3$.　　　　　　(2) $1 < a < 5$.

综合训练题答案及解析

1 【解析】

条件(1) $y = 2x + \dfrac{1}{x-1} (x > 1) \Rightarrow y = 2(x-1) + \dfrac{1}{x-1} + 2 \geqslant 2\sqrt{2} + 2 > 4.8$,充分.

条件(2) $y = x + \dfrac{5}{x^2}(x > 0) \Rightarrow y = \dfrac{x}{2} + \dfrac{x}{2} + \dfrac{5}{x^2} \geqslant 3\sqrt[3]{\dfrac{x}{2} \cdot \dfrac{x}{2} \cdot \dfrac{5}{x^2}} = 3\sqrt[3]{\dfrac{5}{4}} = \dfrac{3\sqrt[3]{10}}{2}$,不

充分.

综上所述,答案是 **A**.

2 【解析】条件(1) 方法一: $y = x(1 - 2x)\left(0 < x < \dfrac{1}{2}\right)$,整理为 $y = -2x^2 + x$,当 $x = \dfrac{1}{4}$ 时

取得最大值 $\dfrac{1}{8}$,即 $y \leqslant \dfrac{1}{8}$,不充分;方法二: $y = x(1-2x) = \dfrac{1}{2} \times 2x(1-2x) \leqslant$

$\dfrac{1}{2}\left(\dfrac{2x + 1 - 2x}{2}\right)^2 = \dfrac{1}{8}$,不充分;

条件(2) $y = x^2(1 - 2x)\left(0 < x < \dfrac{1}{2}\right)$,整理为 $y = x \cdot x(1 - 2x) \leqslant \left[\dfrac{x + x + (1-2x)}{3}\right]^3$

$= \dfrac{1}{27}$，即 $y \leqslant \dfrac{1}{27}$，充分.

综上所述，答案是 B.

3 【解析】方程可化为 $(2x + 3y - 7)a = x + 2y - 4$，

因为无论 a 取何值，方程有一公共解，

所以 $\begin{cases} 2x + 3y - 7 = 0 \\ x + 2y - 4 = 0 \end{cases}$，得 $\begin{cases} x = 2 \\ y = 1 \end{cases}$，$xy = 2$.

综上所述，答案是 E.

4 【解析】$\left(1 + \dfrac{1}{x}\right)\left(1 + \dfrac{1}{y}\right) = 1 + \dfrac{1}{x} + \dfrac{1}{y} + \dfrac{1}{xy} = 1 + \dfrac{1 + x + y}{xy} = 1 + \dfrac{2}{xy}$，

因 $x > 0, y > 0, xy \leqslant \left(\dfrac{x + y}{2}\right)^2 = \dfrac{1}{4} \Rightarrow \dfrac{1}{xy} \geqslant 4$，则 $\left(1 + \dfrac{1}{x}\right)\left(1 + \dfrac{1}{y}\right) = 1 + \dfrac{2}{xy} \geqslant 1 + 8 = 9$.

综上所述，答案是 A.

5 【解析】$\sqrt{3}$ 是 3^a 与 3^b 的等比中项，则有 $3 = 3^a \cdot 3^b = 3^{a+b}$，得到 $a + b = 1$，则 $\dfrac{1}{a} + \dfrac{1}{b} = \dfrac{a + b}{ab} = \dfrac{1}{ab}$，

因为 $a > 0, b > 0, ab \leqslant \left(\dfrac{a + b}{2}\right)^2 = \dfrac{1}{4} \Rightarrow \dfrac{1}{ab} \geqslant 4$.

综上所述，答案是 B.

6 【解析】应用增根的含义解题.

第一步，两个分式方程有相同的增根，增根一定使分母为零，

即 $\qquad\qquad\qquad\qquad x - 2 = 0 \Rightarrow x = 2$，

故 $\dfrac{x + 1}{x - |n|} = 2 - \dfrac{3}{|n| - x}$ 的增根为 2.

增根还必须是去分母后的整式方程的根.

$\dfrac{x^2 - 9x + m}{x - 2} + 3 = \dfrac{1 - x}{2 - x} \Rightarrow x^2 - 7x + m - 5 = 0 \Rightarrow 2^2 - 7 \times 2 + m - 5 = 0$，

解得 $\qquad\qquad\qquad\qquad m = 15$.

第二步，增根为 2 一定使 $\dfrac{x + 1}{x - |n|} = 2 - \dfrac{3}{|n| - x}$ 的分母为零，即 $2 - |n| = 0 \Rightarrow n \pm 2$.

第三步，$\qquad\qquad\qquad y = |x - m| + |x - n| + |x + n|$，

即 $\qquad\qquad\qquad\qquad y = |x - 15| + |x - 2| + |x + 2|$.

当 $x = 2$ 时，$\qquad\qquad\qquad y_{\min} = 17$.

综上所述，答案是 A.

7 【解析】将题目中 b 看成已知数，则条件可化为关于 a 的一元二次方程：

$\qquad\qquad\qquad 2a^2 + (2b - 10)a + (7b^2 - 18b + 19) = 0$.

因为 a 是实数，则方程必有实数根.

所以 $\Delta \geqslant 0, (2b - 10)^2 - 4 \times 2 \times (7b^2 - 18b + 19) \geqslant 0$，

可得 $(b - 1)^2 \leqslant 0$, 则 $b = 1$, $a = 2$, $a^2 + b^2 = 5$.

综上所述,答案是 **A**.

8 【解析】第一步,韦达定理:
$\begin{cases} \alpha + \beta = -\dfrac{b}{3} \\ \alpha\beta = \dfrac{c}{3} \end{cases}$
且
$\begin{cases} (\alpha + \beta) + (\alpha\beta) = \dfrac{b}{3} \\ (\alpha + \beta)(\alpha\beta) = \dfrac{c}{3} \end{cases}$.

第二步,解方程组:

突破口:
$$\begin{cases} \alpha\beta = \dfrac{c}{3} \\ (\alpha + \beta)(\alpha\beta) = \dfrac{c}{3} = \alpha\beta \\ c \neq 0 \end{cases}$$

$$\Rightarrow (\alpha + \beta - 1)(\alpha\beta) = 0 \text{ 且 } \alpha\beta \neq 0$$

$$\Rightarrow \alpha + \beta = 1 = -\dfrac{b}{3}$$

$$\Rightarrow b = -3.$$

突破口:
$$\begin{cases} \alpha + \beta = -\dfrac{b}{3} \\ (\alpha + \beta) + (\alpha\beta) = \dfrac{b}{3} \end{cases}$$

$$\Rightarrow \dfrac{c}{3} = \alpha\beta = \dfrac{2b}{3} = -2$$

$$\Rightarrow c = -6.$$

综上所述,答案是 **D**.

9 【解析】第一步,分解因式:

$x^2 - 6x + (a - 2)|x - 3| + 9 - 2a = 0$ 分解因式难关突破:

"整体看待":

$$x^2 - 6x + 9 + (a - 2)|x - 3| - 2a = 0$$

$$\Leftrightarrow (x - 3)^2 + (a - 2)|x - 3| - 2a = 0$$

$$\Leftrightarrow |x - 3|^2 + (a - 2)|x - 3| - 2a = 0$$

$$\Leftrightarrow (|x - 3| + a)(|x - 3| - 2) = 0.$$

第二步,分类讨论: $|x - 3| = 2$ 或 $|x - 3| = -a$.

$|x - 3| = 2 \Rightarrow x = 1$ 或 5,即任何情况下,原方程至少有两个实数根 1 或 5.

而原方程恰有两个不同的实数根,从而 $|x - 3| = -a$ 要么没有实数根,要么与 $|x - 3| = 2$ 有相同的实数根,即

(1) 若 $|x - 3| = -a$ 没有实数根,则 $-a < 0 \Rightarrow a > 0$,

(2) 若 $|x - 3| = -a$ 与 $|x - 3| = 2$ 有相同的实数根,则 $-a = 2 \Rightarrow a = -2$.

实数 a 的取值范围是 $a = -2$ 或 $a > 0$.

综上所述,答案是 **C**.

10 【解析】把 $(x^2 - 2x - 8)(2 - x)(2x - x^2 - 6) > 0$ 变形为最高次项的系数为正数,

原不等式等价于 $\quad (x^2 - 2x - 8)(x - 2)(x^2 - 2x + 6) > 0$,

第一步,求根 —— 分解因式法.

$$(x^2 - 2x - 8)(x - 2)(x^2 - 2x + 6)$$
$$= (x + 2)(x - 4)(x - 2)(x^2 - 2x + 6) = 0$$
$$\Rightarrow \begin{cases} x_1 = -2(奇数次方,穿) \\ x_2 = 2(奇数次方,穿) \\ x_3 = 4(奇数次方,穿) \end{cases}.$$

第二步,穿线法口诀:"奇穿偶数不穿,符号定区间"(专用于解决高次不等式).

如图 3 - 4 - 7 所示,原不等式解集为: $-2 < x < 2$ 或 $x > 4$(符号定区间),

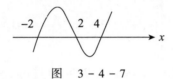

图 3 - 4 - 7

结论等价于: $-2 < x < 2$ 或 $x > 4$.

条件(1) $x \in (-3, -2)$ 不是结论的子集,故条件(1) 不是充分条件.

条件(2) $x \in [2,3]$ 不是结论的子集,故条件(2) 不是充分条件.

条件(1) 和(2) 联合得空集,推导的基础不存在了,故推不出结论.

综上所述,答案是 **E**.

11 【解析】题干: $|\log_a x| > 1 \Leftrightarrow \log_a x > 1$ 或 $\log_a x < -1$.

条件(1): $\dfrac{1}{2} < a < 1$,故以 a 为底的对数函数单调递减.

又因为 $x > \dfrac{1}{a}$,故 $\log_a x < \log_a \dfrac{1}{a} = -1$,充分.

条件(2): $1 < a < 2$,故以 a 为底的对数函数单调递增,

又因为 $a < x$,故 $\log_a x > \log_a a = 1$,也充分.

综上所述,答案是 **D**.

12 【解析】条件(1): $xy = 1 \Leftrightarrow y = \dfrac{1}{x}$,则 $x^3 + y^3 = x^3 + \dfrac{1}{x^3}$,

当 $x > 0$ 时, $x^3 + \dfrac{1}{x^3} \geq 2$,当 $x < 0$ 时, $x^3 + \dfrac{1}{x^3} \leq -2$,

故无法确定 $x^3 + y^3$ 的最小值,不充分.

条件(2): $x + y = 2 \Leftrightarrow y = 2 - x$,

$x^3 + y^3 = x^3 + (2 - x)^3 = 2[x^2 - x(2 - x) + (2 - x)^2] = 2(3x^2 - 6x + 4)$,

是一个开口方向向上的二次函数,

易知在对称轴处取得最小值,充分.

综上所述,答案是 **B**.

13 【解析】

(1) $\Delta = b^2 - 4ac = ac - 4ac = -3ac = -3b^2 < 0$

　　⇒ 一元二次方程 $ax^2 + bx + c = 0$ 无实数根.

(2) $\Delta = b^2 - 4ac = \left(\dfrac{a+c}{2}\right)^2 - 4ac = \dfrac{a^2 + c^2 - 14ac}{4}$

　　无法判断 Δ 与 0 的大小关系,故条件(2) 不充分.

综上所述,答案是 **A**.

14 【解析】

$x_1 x_2 x_3 = 0 \Rightarrow x_1, x_2, x_3$ 中必有一个根为 0,

又 $x_1 + x_2 + x_3 = 0 \Rightarrow$ 三根中另外两根互为相反数.

一个根为 $0 \Rightarrow d = 0$,则 $ax^3 + bx^2 + cx + d = x(ax^2 + bx + c) = 0$,

又另两根互为相反数,则 $-\dfrac{b}{a} = 0, \dfrac{c}{a} < 0 \Rightarrow ac < 0$.

综上所述,答案是 **B**.

15 【解析】

不等式 $ax^2 + (a-6)x + 2 > 0$ 在 **R** 上恒成立 $\Rightarrow \begin{cases} a > 0 \\ \Delta < 0 \end{cases} \Rightarrow 2 < a < 18$.

则条件(1) 不充分,条件(2) 也不充分.

条件(1) 与(2) 联合有 $1 < a < 3$,也不充分.

综上所述,答案是 **E**.

六、备 考 小 结

常见的命题模式:＿＿＿＿＿＿＿＿＿＿＿＿＿＿＿＿＿＿＿＿＿＿＿．

＿＿＿＿＿＿＿＿＿＿＿＿＿＿＿＿＿＿＿＿＿＿＿＿＿＿＿＿＿＿＿＿＿＿．

＿＿＿＿＿＿＿＿＿＿＿＿＿＿＿＿＿＿＿＿＿＿＿＿＿＿＿＿＿＿＿＿＿＿．

＿＿＿＿＿＿＿＿＿＿＿＿＿＿＿＿＿＿＿＿＿＿＿＿＿＿＿＿＿＿＿＿＿＿．

＿＿＿＿＿＿＿＿＿＿＿＿＿＿＿＿＿＿＿＿＿＿＿＿＿＿＿＿＿＿＿＿＿＿．

解题战略战术方法:＿＿＿＿＿＿＿＿＿＿＿＿＿＿＿＿＿＿＿＿＿＿＿＿．

＿＿＿＿＿＿＿＿＿＿＿＿＿＿＿＿＿＿＿＿＿＿＿＿＿＿＿＿＿＿＿＿＿＿．

＿＿＿＿＿＿＿＿＿＿＿＿＿＿＿＿＿＿＿＿＿＿＿＿＿＿＿＿＿＿＿＿＿＿．

＿＿＿＿＿＿＿＿＿＿＿＿＿＿＿＿＿＿＿＿＿＿＿＿＿＿＿＿＿＿＿＿＿＿．

＿＿＿＿＿＿＿＿＿＿＿＿＿＿＿＿＿＿＿＿＿＿＿＿＿＿＿＿＿＿＿＿＿＿．

经典母题与错题积累:＿＿＿＿＿＿＿＿＿＿＿＿＿＿＿＿＿＿＿＿＿＿＿＿．

＿＿＿＿＿＿＿＿＿＿＿＿＿＿＿＿＿＿＿＿＿＿＿＿＿＿＿＿＿＿＿＿＿＿．

＿＿＿＿＿＿＿＿＿＿＿＿＿＿＿＿＿＿＿＿＿＿＿＿＿＿＿＿＿＿＿＿＿＿．

＿＿＿＿＿＿＿＿＿＿＿＿＿＿＿＿＿＿＿＿＿＿＿＿＿＿＿＿＿＿＿＿＿＿．

攻略五

函数和解析几何

一、备考攻略综述

大纲表述

（二）代数

3. 函数

（1）集合

（2）一元二次函数及其图像

（3）指数函数、对数函数

（三）几何

3. 平面解析几何

（1）平面直角坐标系

（2）直线方程与圆的方程

（3）两点间距离公式与点到直线距离公式

命题轨迹

十几年来，函数与解析几何考题累计较多，考生必须重点把握. 函数部分重点考查反比例、一次函数、二次函数、绝对值函数的图像、定义域、值域、定点、增减、最值等. 解析几何的考查集中对称问题及线与线、线与圆、圆与圆的位置关系. 总的来说，本部分综合性较强，可与其他章节联系起来，考题遍及各个难度层次，考生应重点关注.

备考提示

（1）考生要彻底地解决联考中函数这一块，要记住函数的图形和性质及其运算.

（2）解析几何部分考生要彻底地解决联考中直线与圆的问题. 第一，搞懂并熟记坐标系的基本公式；第二，弄清直线的五种方程、适用情况，圆的两种方程、适用情况；第三，通过大量练习例题，熟练掌握位置关系的处理方法与解题技巧.

二、知　识　点

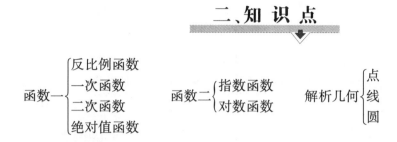

函数及其构成要素

（1）变量 y 随变量 x 的变化而变化,给定一个 x 的值,则 y 的值就确定了,那么就称 y 是 x 的函数,x 叫作自变量,y 叫作因变量,记作 $y = f(x)$.

（2）自变量的取值范围叫作定义域,因变量的取值范围叫作值域. 值域是被决定的,定义域可以是函数表达式隐含的,如 $y = \dfrac{1}{x}$ 的定义域是 $x \neq 0$,值域是 $y \neq 0$,定义域也可以是人为规定的.

常见函数的分类及其表达式(见表 3 - 5 - 1)

表 3 - 5 - 1

函数	图像	特征
反比例函数 $y = \dfrac{1}{x}$		(1) 定义域 $x \neq 0$ (2) 值域 $y \neq 0$ (3) 单调性 一、三象限各自为减 (4) 特殊性质 　　过定点 $(1,1)(-1,-1)$
正比例函数 $y = kx$		(1) 定义域 **R** (2) 值域 **R** (3) $k < 0 \Leftrightarrow$ 二、四象限减 　　$k > 0 \Leftrightarrow$ 一、三象限增

（续）

函数	图像	特征
一次函数(直线) $y = kx + b$	 $k>0$ $b<0$　　$k>0$ $b>0$ $k<0$ $b>0$　　$k<0$ $b<0$	(1) 定义域 **R** (2) 值域 **R** (3) k 定增减 　　b 定上下 (4) $k > 0$,增函数 　　$k < 0$,减函数 　　$b > 0$,y 轴截距为正 　　$b < 0$,y 轴截距为负
对勾函数 $y = x + \dfrac{1}{x}$ 注:反、正比例杂交	 $y=x$	(1) 定义域 $x \neq 0$ (2) 值域 $(-\infty, -2] \cup [2, +\infty)$ (3) 定点$(1,2)$,$(-1, -2)$ (4) 一象限先减再增 　　三象限先增再减
一元二次函数 $y = ax^2 + bx + c$ $(a > 0)$	 $\Delta>0$　　$\Delta=0$　　$\Delta<0$	(1) 定义域 **R** (2) 值域 $\left[\dfrac{4ac - b^2}{4a}, +\infty\right)$ (3) 先减再增 (4) 对称轴 $x = -\dfrac{b}{2a}$ 　　顶点坐标$\left(-\dfrac{b}{2a}, \dfrac{4ac - b^2}{4a}\right)$ (5) 与 y 轴交点$(0,c)$
绝对值函数 $y = |x - a|$	 $a < 0$　　　$a > 0$	(1) 定义域 **R** (2) 值域$[0, +\infty)$ (3) 零点$(a,0)$ 转折
绝对值函数 $y = |x - a| + |x - b|$ $(a < b)$		(1) 定义域 **R** (2) 形状似凹槽

（续）

函数	图像	特征
绝对值函数 $y = \lvert x-a \rvert - \lvert x-b \rvert$	 $a<b$　　　　$a>b$	(1) 定义域 **R** (2) 形状呈 *Z* 字形
绝对二次函数 I $y = \lvert ax^2 + bx + c \rvert$ $(a > 0)$	 $\Delta>0$　　$\Delta=0$　　$\Delta<0$	定义域 **R**
绝对二次函数 II $y = a\lvert x \rvert^2 + b\lvert x \rvert + c$ $(a > 0)$	 $\Delta>0$　　$\Delta=0$ $\Delta<0$	(1) 定义域 **R** (2) 关于 y 轴对称
指数函数 $y = a^x$	 $a > 1$　　$0 < a < 1$	(1) 定义域 **R** (2) 值域 $(0, +\infty)$ (3) 定点 $(0,1)$ (4) $a > 1$，增函数 　　$0 < a < 1$，减函数
对数函数 $y = \log_a x$	 $a > 1$　　$0 < a < 1$	(1) 定义域 $(0, +\infty)$ (2) 值域 **R** (3) 定点 $(1,0)$ (4) $a > 1$，增函数 　　$0 < a < 1$，减函数
对数函数 $y = \lvert \log_a x \rvert$	 $a > 1$　　$0 < a < 1$	(1) 定义域 $(0, +\infty)$ (2) 值域 $[0, +\infty)$ (3) 定点 $(1,0)$

（续）

函数	图像	特征
对数函数 $y = \log_a |x|$	$a > 1$　　$0 < a < 1$	(1) 定义域$(-\infty, 0) \cup (0, +\infty)$ (2) 值域 **R** (3) 定点$(-1, 0)$，$(1, 0)$ (4) 关于 y 轴对称
高次函数(穿线法) $y = \prod\limits_{i=1}^{n} (x - x_i)$		(1) 定义域 **R** (2) 奇穿偶不穿：零点的次数若为奇次方，则穿过 x 轴，若为偶次方，则不穿过 x 轴.
根幂函数 $y = \sqrt{x - a}$	$a = 0$　　$a < 0$	(1) 定义域$[a, +\infty)$ (2) 值域$[0, +\infty)$ (3) 增函数

重点函数

（1）一元二次函数

二次函数的一般式：$y = ax^2 + bx + c(a \neq 0)$；

二次函数的顶点式：$y = a\left(x + \dfrac{b}{2a}\right)^2 + \dfrac{4ac - b^2}{4a}$；

二次函数的零点式：$y = a(x - x_1)(x - x_2)$；

开口方向：由 a 决定，当 $a > (<)0$ 时，开口向上（下）；

对称轴：以 $x = -\dfrac{b}{2a}$ 为对称轴；

顶点坐标：$\left(-\dfrac{b}{2a}, \dfrac{4ac - b^2}{4a}\right)$；

y 轴截距：$y = c$；

根的判别式：$\Delta = b^2 - 4ac$，Δ 决定与 x 轴交点个数；

最值：当 $a > (<)0$ 时，有最小（大）值 $\dfrac{4ac - b^2}{4a}$，无最大（小）值.

（2）指数函数与对数函数

指数函数：形如 $y = a^x(a > 0$ 且 $a \neq 1)$ 的函数，叫作指数函数，如：

$y = \left(\dfrac{1}{2}\right)^x, y = 2^x, y = 10^x, \cdots$

对数函数:形如 $y = \log_a x(a > 0$ 且 $a \neq 1)$ 的函数,叫作对数函数,如:

$y = \log_{\frac{1}{2}} x, y = \log_2 x, y = \lg x, \cdots$

其中,$a = 10$ 时叫常用对数,记为 $y = \lg x$.

$a = e = 2.71828\cdots$ 时叫自然对数,记为 $y = \ln x$.

1) 运算公式(见表 3 – 5 – 2)

表 3 – 5 – 2

	指数函数	对数函数
定义	$a^b = N$	$\log_a N = b(b$ 叫作以 a 为底 N 的对数$)$
关系式	$a^b = N \Leftrightarrow \log_a N = b, (a > 0, a \neq 1, N > 0)$	
运算性质	$(1) a^r \cdot a^s = a^{r+s}$ $(2) (a^r)^s = a^{rs}$ $(3) (ab)^r = a^r b^r$ $\quad (a > 0, b > 0, r \in \mathbf{Q})$ $(4) a^0 = 1, a^{-p} = \dfrac{1}{a^p} (a \neq 0)$	$(1) \log_a(MN) = \log_a M + \log_a N$ $(2) \log_a \dfrac{M}{N} = \log_a M - \log_a N$ $(3) \log_a M^n = n\log_a M(M > 0, N > 0, a > 0, a \neq 1)$ (4)(换底公式)$\log_a N = \dfrac{\log_b N}{\log_b a}(b > 0$ 且 $b \neq 1)$

2) 图像及性质(见表 3 – 5 – 3)

表 3 – 5 – 3

	指数函数	对数函数
	$y = a^x(a > 0, a \neq 1)$	$y = \log_a x(a > 0, a \neq 1)$
图像		
性质	(1) 定义域:$\mathbf{R}$ (2) 值域:$(0, +\infty)$ (3) 过点$(0,1)$ (4) 当 $a > 1$ 时,在 $\mathbf{R}$ 上是增函数; $\quad$ 当 $0 < a < 1$ 时,在 $\mathbf{R}$ 上是减函数	(1) 定义域:$(0, +\infty)$ (2) 值域:$\mathbf{R}$ (3) 过点$(1,0)$ (4) 当 $a > 1$ 时,在$(0, +\infty)$ 上是增函数; $\quad$ 当 $0 < a < 1$ 时,在$(0, +\infty)$ 上是减函数
关系	$y = a^x$ 与 $y = \log_a x$ 互为反函数,两者图像关于 $y = x$ 对称	

点与坐标系

(1) 两点($P_1(x_1, y_1)$ 与 $P_2(x_2, y_2)$)之间的距离: $d = \sqrt{(x_1 - x_2)^2 + (y_1 - y_2)^2}$.

(2) 中点坐标公式 $\left(\dfrac{x_1 + x_2}{2}, \dfrac{y_1 + y_2}{2} \right)$.

(3) 交点,即同时满足两个函数表达式的点.

(4) 直角坐标系:两条相互垂直的数轴(垂足为原点)就构成了直角坐标系,其中,横轴用 x 表示,纵轴用 y 表示,有序数对(x, y) 就可以用直角坐标系中一个点来表示. 象限及符号如图 3 - 5 - 1 所示.

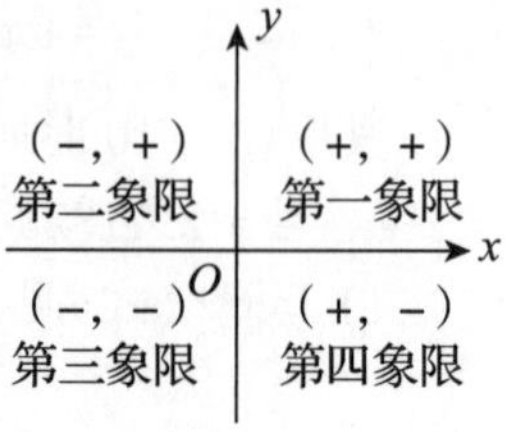

图　3 - 5 - 1

平面直线

(1) 直线方程的 5 种形式

1) 点斜式: $y - y_0 = k(x - x_0)$.

【适用】已知点 $P(x_0, y_0)$ 和斜率 k.

【局限】不能表示垂直于 x 轴的直线.

2) 斜截式: $y = kx + b$.

【适用】已知斜率 k 和直线在 y 轴上截距 b.

【局限】不能表示垂直于 x 轴的直线.

3) 两点式: $\dfrac{y - y_1}{x - x_1} = \dfrac{y_2 - y_1}{x_2 - x_1}$.

【适用】已知直线上两点 $P_1(x_1, y_1)$, $P_2(x_2, y_2)$.

【局限】不能表示垂直于 x 轴的直线.

4) 截距式: $\dfrac{x}{a} + \dfrac{y}{b} = 1$.

【适用】已知 x 轴上的截距为 a, y 轴上的截距为 b.

【局限】不能表示通过原点或垂直于坐标轴的直线.

5) 一般式: $Ax + By + C = 0 (A^2 + B^2 \neq 0)$.

(2) 两条直线的位置关系(相交、平行、垂直、夹角,见表 3 - 5 - 4)

表 3 - 5 - 4

位置关系	斜截式 $l_1: y = k_1 x + b_1$ $l_2: y = k_2 x + b_2$	一般式 $l_1: A_1 x + B_1 y + C_1 = 0$ $l_2: A_2 x + B_2 y + C_2 = 0$
平行 $l_1 /\!/ l_2$	$k_1 = k_2, b_1 \neq b_2$	$\dfrac{A_1}{A_2} = \dfrac{B_1}{B_2} \neq \dfrac{C_1}{C_2}$
相交	$k_1 \neq k_2$	$\dfrac{A_1}{A_2} \neq \dfrac{B_1}{B_2}$
垂直 $l_1 \perp l_2$	$k_1 k_2 = -1$	$\dfrac{A_1}{B_1} \cdot \dfrac{A_2}{B_2} = -1 \Leftrightarrow A_1 A_2 + B_1 B_2 = 0$

（3）两相交直线的夹角（了解）

直线 $l_1 : y = k_1 x + b_1$ 与 $l_2 : y = k_2 x + b_2$.

直线 l_1 与 l_2 的夹角 α 是最小的那个角，$\tan\alpha = \left| \dfrac{k_1 - k_2}{1 + k_1 k_2} \right|$.

直线 l_1 到 l_2 的角，指由直线 l_1（正向）出发按逆时针方向旋转到 l_2 所走过的角 θ，$\tan\theta = \dfrac{k_2 - k_1}{1 + k_1 k_2}$.

【注意】夹角的范围是 $\left[0, \dfrac{\pi}{2} \right]$，到角的范围为 $[0, \pi)$.

重要常考角度的正切值（联考必备，见表 3 - 5 - 5）

表 3 - 5 - 5

角度 α	0°	30°	45°	60°	120°	135°	150°	180°
正切值 $\tan\alpha$	0	$\dfrac{\sqrt{3}}{3}$	1	$\sqrt{3}$	$-\sqrt{3}$	-1	$-\dfrac{\sqrt{3}}{3}$	0

（4）平行线之间的距离

已知直线 $l_1 : Ax + By + C_1 = 0$，$l_2 : Ax + By + C_2 = 0$.

则两平行线间的距离为 $d = \dfrac{|C_2 - C_1|}{\sqrt{A^2 + B^2}}$.

圆

（1）定义

在一个平面内，线段 OA 绕它固定的一个端点 O 旋转一周，另一个端点 A 随之旋转所形成的图形叫作圆（第一定义）；平面内到定点的距离等于定长的点的集合（第二定义）.

圆的方程

1）标准式：$(x - x_0)^2 + (y - y_0)^2 = r^2$　【圆心 $O(x_0, y_0)$ 和半径 r】.

2）一般式：$x^2 + y^2 + Dx + Ey + F = 0$　【$D^2 + E^2 - 4F > 0$】.

3）直径式：$(x - x_1)(x - x_2) + (y - y_1)(y - y_2) = 0$　【直径端点 $A(x_1, y_1)$，$B(x_2, y_2)$】.

（2）圆与圆位置关系：

圆 $O_1 : (x - x_1)^2 + (y - y_1)^2 = r_1^2$ 与圆 $O_2 : (x - x_2)^2 + (y - y_2)^2 = r_2^2$ 的位置关系，在联考实战中一般分两步：

第一步，求圆心 $O_1(x_1, y_1)$，$O_2(x_2, y_2)$ 的距离.

$d = |O_1 O_2| = \sqrt{(x_2 - x_1)^2 + (y_2 - y_1)^2}$.

第二步，比较大小，判断位置，见表 3 - 5 - 6.

表 3 - 5 - 6

位置关系	圆心距	公共点	公切线	图像
内含	$d < \lvert r_1 - r_2 \rvert$	0	0	
内切	$d = \lvert r_1 - r_2 \rvert$	1	1	
相交	$\lvert r_1 - r_2 \rvert < d < r_1 + r_2$	2	2	
外切	$d = r_1 + r_2$	1	3	
外离	$d > r_1 + r_2$	0	4	

点、线、圆位置关系

（1）点线关系

(x_0, y_0) 和直线 $Ax + By + C = 0$.

1）点在线上

点的坐标满足直线的解析式，即 $Ax_0 + By_0 + C = 0$.

2）点与线的距离

$$d = \frac{\lvert Ax_0 + By_0 + C \rvert}{\sqrt{A^2 + B^2}} 【根据勾股定理得到】.$$

（2）点圆关系

点 (x_0, y_0) 和圆 $x^2 + y^2 + Dx + Ey + F = 0$.

1）点在圆上

点的坐标满足圆的解析式，即 $x_0{}^2 + y_0{}^2 + Dx_0 + Ey_0 + F = 0.$

2）点在圆内

$x_0{}^2 + y_0{}^2 + Dx_0 + Ey_0 + F < 0.$

3）点在圆外

$x_0{}^2 + y_0{}^2 + Dx_0 + Ey_0 + F > 0.$

（3）线圆关系

圆 $C:(x - x_0)^2 + (y - y_0)^2 = r^2$ 和直线 $l:Ax + By + C = 0.$

圆心 $C(x_0, y_0)$ 到直线 $l:Ax + By + C = 0$ 的距离，$d = \dfrac{|Ax_0 + By_0 + C|}{\sqrt{A^2 + B^2}}.$

1）相交 $d < r \Leftrightarrow$ 有两个交点.

2）相切 $d = r \Leftrightarrow$ 有一个交点.

3）相离 $d > r \Leftrightarrow$ 没有交点.

三、技巧点拨

图形变换法 🔺

　　图形变换法是依据已知的基本图形，通过对称、平移、翻转得到所求图像的方法：主要有平移口诀："左加右减""上加下减"；翻转口诀：整体绝对下翻上，自变量绝对右翻左，左右合成新图像.（详细内容参见基础夯实篇，分析前面知识点中常见函数分类和表达式）

一元二次函数、一元二次方程、一元二次不等式的比较（见表 3 - 5 - 7） 🔺

表 3 - 5 - 7

函数	方程	不等式
$y=ax^2+bx+c$ $(a>0)$ 图像	(1) $\Delta = b^2 - 4ac > 0$ (2) $ax^2 + bx + c = 0$ 有两不等实数根 $\begin{cases} x_1 = \dfrac{-b - \sqrt{b^2 - 4ac}}{2a} \\ x_2 = \dfrac{-b + \sqrt{b^2 - 4ac}}{2a} \end{cases}$	(1) $\Delta = b^2 - 4ac > 0$ (2) $ax^2 + bx + c > 0$ 的解集： $\{x \mid x < x_1 \text{ 或 } x > x_2\}$ $ax^2 + bx + c < 0$ 的解集： $\{x \mid x_1 < x < x_2\}$

（续）

函数	方程	不等式
$y=ax^2+bx+c$ $(a>0)$	$(1)\Delta = b^2 - 4ac = 0$ $(2)ax^2 + bx + c = 0$ 有两相等实数根 $x_1 = x_2 = -\dfrac{b}{2a}$	$(1)\Delta = b^2 - 4ac = 0$ $(2)ax^2 + bx + c > 0$ 的解集: $\left\{ x \mid x \neq -\dfrac{b}{2a} \right\}$ $ax^2 + bx + c < 0$ 的解集: 空集
$y=ax^2+bx+c$ $(a>0)$	$(1)\Delta = b^2 - 4ac < 0$ $(2)ax^2 + bx + c = 0$ 没有实数根	$(1)\Delta = b^2 - 4ac < 0$ $(2)ax^2 + bx + c > 0$ 的解集: 全体实数 $ax^2 + bx + c < 0$ 的解集: 空集

▌对勾函数与均值不等式

定义: 形如 $y=x+\dfrac{a}{x}(a>0)$ 的函数, 联考中, $x+\dfrac{a}{x} \geq 2\sqrt{x \cdot \dfrac{a}{x}} = 2\sqrt{a}$, 这是常见的均值不等式的应用形式, 但是均值不等式中等号成立是有条件的, 它只是对勾函数最值点处的特例, 从战略的角度, 优秀考生需要掌握对勾函数(见表3-5-8).

表3-5-8

战略方法	基本对勾函数	广义对勾函数
函数表达式	$y = x + \dfrac{1}{x}$	$y = \dfrac{x}{a} + \dfrac{b}{x}(a > 0, b > 0)$
图像		
要点	(1) 对勾函数是全局视角, 均值不等式是定点视角, 只考虑对勾函数中的最值点 (2) 对勾函数的图像关于原点对称, 最值点为 $x_0 = \pm 1$	(1) 对勾函数是全局视角, 均值不等式是定点视角, 只考虑对勾函数中的最值点 (2) 对勾函数的图像大致形状不变, 图像仍关于原点对称, 最值点为 $x_0 = \pm \sqrt{ab}$

联考中有关最值问题通常涉及一元二次函数的最值、均值不等式的最值及有关非线性的最值内容.

线圆位置关系及对称问题

线圆位置关系及其考查方向:

① 当线圆相离的时候,见图 $3-5-2$,

圆上点到线的最短距离为 $d-r$,

圆上点到线的最长距离为 $d+r$,

最短距离点为 A 点,最长距离点为 B 点.

② 当线圆相切的时候,

通常考查切点坐标、切线方程与切线斜率等.

③ 当线圆相交的时候,

通常考查弦长公式 $l=2\sqrt{r^2-d^2}$、直线方程等内容.

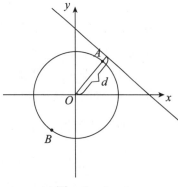

图　$3-5-2$

中心对称

① (x,y) 关于 (a,b) 的对称点坐标为 $(2a-x,2b-y)$.

② $Ax+By+C=0$ 关于 (a,b) 的对称直线为 $A(2a-x)+B(2b-y)+C=0$.

③ $(x-x_0)^2+(y-y_0)^2=r^2$ 关于 (a,b) 的对称圆为 $[x-(2a-x_0)]^2+[y-(2b-y_0)]^2=r^2$.

轴对称

① 点关于线的对称:已知 $A(x_0,y_0)$ 和直线 $l:y=kx+b$,求点 $A(x_0,y_0)$ 关于直线 l 对称的点 $P(x_1,y_1)$ 的坐标,联考中一般分两步:

第一步,画图列方程组:画出示意图 $3-5-3$,则

$$
\begin{cases}
PA \perp l \Rightarrow k \cdot \dfrac{y_1-y_0}{x_1-x_0} = -1. \\[2mm]
PA \text{ 的中点 } M\left(\dfrac{x_1+x_0}{2},\dfrac{y_1+y_0}{2}\right) \text{ 在直线 } l \text{ 上} \Rightarrow \dfrac{y_1+y_0}{2} = k \cdot \dfrac{x_1+x_0}{2}+b.
\end{cases}
$$

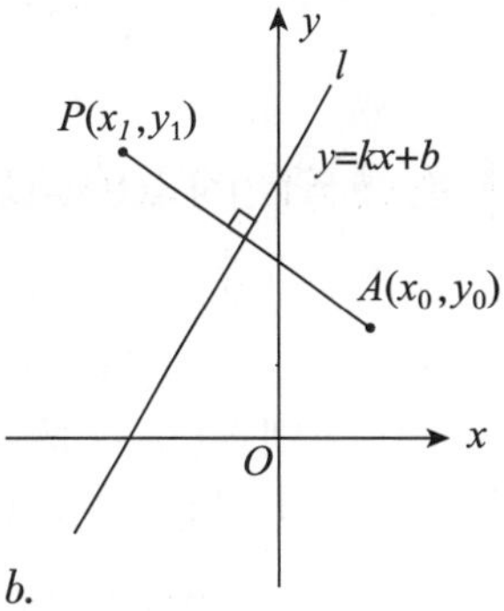

图　$3-5-3$

第二步,解方程组得坐标.

【注意】直线 l 与坐标轴平行时,直接画图找点定坐标.

② 线关于线的对称:判断位置关系,转化为点关于线的对称问题.

③ 圆关于线的对称:转化为圆心点关于线的对称问题.

曲线过定点的解题方法与步骤

定点问题的含义:含参数的方程经过定点 $P(x_0,y_0)$,是指把 $P(x_0,y_0)$ 代入方程后,不论参数取何值,方程是恒成立的.

定点坐标的求解:

(1) 把原方程整理成 $f_1(x,y)\lambda+f_2(x,y)=0$ 的形式,再令 $f_1(x,y)=0$ 与 $f_2(x,y)=0$,解

方程组,此交点就为定点 $P(x_0,y_0)$.

(2) 特值法. 取两个特殊的 λ 解出 x_0,y_0 的值即可.

圆上点的最值问题

坐标比值型的最值

【已知圆 $O:(x-x_0)^2+(y-y_0)^2=r^2$,求比值 $\dfrac{y-n}{x-m}$ 的最值与取值范围】

如果点 $P(m,n)$ 在圆外,最值与取值范围求解步骤如下:

第一步,根据 $d=r$ 求过点 $P(m,n)$ 的圆的切线的斜率 $k_1,k_2(k_1<k_2)$;

第二步,判断并确定最值:

如果切线不跨越纵轴(两切线分布在斜率不存在的直线同侧),则 $\dfrac{y-n}{x-m}$ 的取值范围是 $[k_1,k_2]$,最小值为 k_1,最大值为 k_2;

如果切线跨越纵轴(两切线分布在斜率不存在的直线的异侧),则 $\dfrac{y-n}{x-m}$ 的取值范围是 $(-\infty,k_1]\cup[k_2,+\infty)$,最小值和最大值不存在.

【注】两条切线中,可能会出现有一条切线垂直于横轴,此时斜率不存在,如果 k_1 不存在,$k_2>0$,则 $\dfrac{y-n}{x-m}$ 的取值范围是 $[k_2,+\infty)$,最小值为 k_2,最大值不存在.

直线与圆的取值范围

(1) 已知圆的方程 $(x-x_0)^2+(y-y_0)^2=r^2$,求 $ax+by+c$ 的取值范围.

令 $ax+by+c=k$ 即 $ax+by+c-k=0$,

则点 (x,y) 既在直线上又在圆上,所以圆与直线必有交点,则线圆相切或相交.

则圆心 (x_0,y_0) 到直线 $ax+by+c-k=0$ 的距离 $d\leqslant r$

$$\Rightarrow \frac{|ax_0+by_0+c-k|}{\sqrt{a^2+b^2}}\leqslant r$$

$$\Rightarrow -r\sqrt{a^2+b^2}\leqslant ax_0+by_0+c-k\leqslant r\sqrt{a^2+b^2}$$

$$\Rightarrow ax_0+by_0+c-r\sqrt{a^2+b^2}\leqslant k\leqslant ax_0+by_0+c+r\sqrt{a^2+b^2}$$

(2) 已知直线的方程 $ax+by+c=0$,求 $(x-x_0)^2+(y-y_0)^2$ 的取值范围.

令 $(x-x_0)^2+(y-y_0)^2=r_x^2$,

则圆心 (x_0,y_0) 到直线 $ax+by+c=0$ 的距离 $d\leqslant r_x$

$$\Rightarrow r_x\geqslant \frac{|ax_0+by_0+c|}{\sqrt{a^2+b^2}}.$$

四、命题点

二次函数及图像问题 ◥

例 1　（条件充分性判断）$f(2) < f(1) < f(5)$.

(1) 函数 $f(x) = x^2 + bx + c$ 对于任意的实数 t 都有 $f(2 + t) = f(2 - t)$.

(2) 函数 $f(x) = x^2 + bx + c$ 对于任意的实数 t 都有 $f(1 + t) = f(3 - t)$.

例 2　（条件充分性判断）若一元二次函数为 $f(x) = ax^2 + bx + c$，则 $\dfrac{45}{8} \leqslant f(-1) \leqslant 10$.

(1) 一元二次函数的图像过点 $A(2,0), B(4,0), C(0,3)$.

(2) 一元二次函数的图像的顶点为 $D(1,2)$，且过点 $E(0,4)$.

例 3　（条件充分性判断）直线 $y = x + b$ 是抛物线 $y = x^2 + a$ 的切线.

(1) $y = x + b$ 与 $y = x^2 + a$ 有且仅有一个交点.

(2) $x^2 - x \geqslant b - a\,(x \in \mathbf{R})$.

指数函数与对数函数 ◥

例 4　如果函数 $f(x) = (a^2 - 1)^x$ 在 $\mathbf{R}$ 上是增函数，那么实数 a 的取值范围是(　　).

A. $|a| > 1$　B. $|a| < 2$　　C. $|a| > 3$　D. $1 < |a| < \sqrt{2}$　E. 以上都不对

例 5　函数 $y = \dfrac{9}{x + 3} + x\,(x \geqslant 6)$ 取最小值时，$\log_{(x+1)} y = (\quad)$.

A. $\dfrac{1}{3}$　　　B. 2　　　　C. $\log_3 2$　　　D. 1　　　　E. $\dfrac{1}{2}$

绝对值函数及最值 ◥

例 6　（条件充分性判断）若 $y = |x - m| + |x - n|$，则 y 的最小值为 2.

(1) $m = 2, n = 4$.　　　　　　　　　　(2) $m = -4, n = -2$.

例 7　（条件充分性判断）若 $y = |x - m| - |x - n|$，则 y 的最大值为 2.

(1) $m = 2, n = 4$.　　　　　　　　　　(2) $m = -4, n = -2$.

其他函数及图像 ◥

例 8　（条件充分性判断）直线 $y = x - m$ 与曲线 $y = \sqrt{1 - x^2}$ 有两个不同的交点，

(1) $m < -1$.

(2) $m > -\sqrt{2}$.

例 9 关于 x 的不等式 $x - m > \sqrt{x}$ 对于一切正实数 x 恒成立,则实数 m 的取值范围是( ).

A. $m > \dfrac{1}{4}$　　B. $m = -\dfrac{1}{4}$　　C. $m > -\dfrac{1}{4}$　　D. $m < -\dfrac{1}{4}$　　E. $m > \dfrac{1}{2}$

点与线的关系

例 10 若以连续投掷两枚骰子分别得到的点数 a 与 b 作为点 P 的横轴和纵轴坐标,则点 $P(a,b)$ 落在直线 $x + y = 6$ 和两坐标轴围成的三角形内的概率是( ).

A. $\dfrac{1}{6}$　　　　B. $\dfrac{7}{36}$　　　　C. $\dfrac{2}{9}$　　　　D. $\dfrac{1}{4}$　　　　E. $\dfrac{5}{18}$

点与圆的关系

例 11 (条件充分性判断) 点 $P(5a + 1, 12a)$ 在圆 $(x - 1)^2 + y^2 = 1$ 的内部.

(1) $a > -\dfrac{1}{13}$.　　　　　　　　　　　　(2) $a < \dfrac{1}{13}$.

例 12 (条件充分性判断) 点 $M(s,t)$ 落入圆 $(x - a)^2 + (y - a)^2 = a^2$ 内(不含圆周)的概率是 $\dfrac{1}{4}$.

(1) s,t 是连续投掷一枚骰子两次所得到的点数, $a = 3$.

(2) s,t 是连续投掷一枚骰子两次所得到的点数, $a = 2$.

线与线的关系

例 13 设正方形 $ABCD$ 如图 $3 - 5 - 4$ 所示,其中 $A(2,1)$, $B(3,2)$,则边 CD 所在的直线方程是( ).

A. $y = -x + 1$　　　　　B. $y = x + 1$

C. $y = x + 2$　　　　　D. $y = 2x + 2$

E. $y = -x + 2$

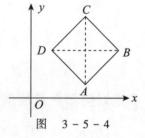

图　3 - 5 - 4

例 14 (条件充分性判断) 如图 $3 - 5 - 5$,正方形 $ABCD$ 的面积为 1.

(1) AB 所在直线的方程为 $y = x - \dfrac{1}{\sqrt{2}}$.

(2) AD 所在直线的方程为 $y = 1 - x$.

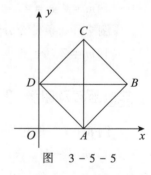

图　3 - 5 - 5

例 15 （条件充分性判断）直线 $y = x, y = ax + b, x = 0$ 所围成的三角形的面积等于 1.

(1) $a = -1, b = 2$.　　　　　　　　(2) $a = -1, b = -2$.

线与圆的关系 🔻

例 16　若圆的方程是 $y^2 + 4y + x^2 - 2x + 1 = 0$，直线的方程是 $3y + 2x = 1$，则过已知圆的圆心并与已知直线平行的直线方程是（　　）.

A. $2y + 3x + 1 = 0$　　　　B. $2y + 3x - 7 = 0$　　　　C. $3y + 2x + 4 = 0$

D. $3y + 2x - 8 = 0$　　　　E. $2y + 3x - 6 = 0$

例 17　点 $P(3,4)$ 向圆 $x^2 + y^2 + 2x - 2y = 4$ 作切线，切点是 Q，则 $|PQ|^2 = $（　　）.

A. 4　　　　B. 12　　　　C. 16　　　　D. 20　　　　E. 19

例 18　（条件充分性判断）切线方程为 $x + 3y - 5 = 0$.

(1) 圆 $x^2 + y^2 - 6x - 8y + 15 = 0$.　　　　(2) 过点 $P(2,1)$ 向圆作切线.

例 19　若圆 $C : (x + 1)^2 + (y - 1)^2 = 1$ 与 x 轴交于 A 点，与 y 轴交于 B 点，则与此圆相切于劣弧 AB 的中心 M（注：小于半圆的弧称为劣弧）的切线方程是（　　）.

A. $y = x + 2 - \sqrt{2}$　　　　B. $y = x + 1 - \dfrac{1}{\sqrt{2}}$　　　　C. $y = x - 1 + \dfrac{1}{\sqrt{2}}$

D. $y = x - 2 + \sqrt{2}$　　　　E. $y = x + 1 - \sqrt{2}$

例 20　直线 $x - 2y - 3 = 0$ 与圆 $x^2 + y^2 - 4x + 6y + 4 = 0$ 交于 P, Q 两点，C 为圆心，则 $S_{\triangle PCQ} = $（　　）.

A. 2　　　　B. $2\sqrt{3}$　　　　C. 4　　　　D. $2\sqrt{5}$　　　　E. $4\sqrt{5}$

例 21　（条件充分性判断）$-5 \leqslant 3x - 4y + 5 \leqslant 15$.

(1) $x^2 + y^2 = 4$.　　　　　　　　(2) $x^2 + y^2 = 9$.

例 22　（条件充分性判断）若 $3x - 4y + b \geqslant 0$ 恒成立，则 $b \geqslant 10$.

(1) $x^2 + y^2 = 4$.　　　　　　　　(2) $x^2 + y^2 = 4 (y \geqslant 0)$.

圆与圆的关系 🔻

例 23　（条件充分性判断）圆 $C_1 : \left(x - \dfrac{3}{2}\right)^2 + (y - 2)^2 = r^2$ 与圆 $C_2 : x^2 - 6x + y^2 - 8y = 0$ 有交点.

(1) $0 < r < \dfrac{5}{2}$.　　　　　　　　(2) $r > \dfrac{15}{2}$.

对称问题 🔻

例 24　光线经过 $A(2,3)$ 照射在 $x + y + 1 = 0$ 上，反射后经过 $B(3, -2)$，反射光线所在直线方程为（　　）.

A. $x + 7y - 17 = 0$ B. $x - 7y + 17 = 0$ C. $x + 7y + 17 = 0$
D. $x - 7y - 17 = 0$ E. 以上结论均不确

例25 设圆 C 与圆 $(x - 5)^2 + y^2 = 2$ 关于直线 $y = 2x$ 对称，则圆 C 的方程为( ).

A. $(x - 3)^2 + (y - 4)^2 = 2$ B. $(x + 4)^2 + (y - 3)^2 = 2$
C. $(x - 3)^2 + (y + 4)^2 = 2$ D. $(x + 3)^2 + (y + 4)^2 = 2$
E. $(x + 3)^2 + (y - 4)^2 = 2$

命题点答案及解析

例1解析 条件(1)和(2)分别都能推出结论，都是充分条件，推导：

条件(1)和(2)都说明一元二次函数 $f(x) = x^2 + bx + c$ 的对称轴方程为 $x = 2$.

开口向上，与对称轴越远的点的函数值越大 $\Rightarrow f(2) < f(1) < f(5)$.

综上所述，答案是 **D**.

例2解析 条件(1)和(2)分别都能推出结论. 推导：根据所给条件选择最佳的函数表达式解题.

条件(1)：设一元二次函数为 $f(x) = a(x - 2)(x - 4)$，则 $f(0) = 8a = 3 \Rightarrow a = \dfrac{3}{8}$.

故：$f(-1) = 15a = \dfrac{45}{8}$，能推出 $\dfrac{45}{8} \leqslant f(-1) \leqslant 10$.

条件(2)：设一元二次函数为 $f(x) = a(x - 1)^2 + 2$，则 $f(0) = a + 2 = 4 \Rightarrow a = 2$.

故：$f(-1) = 4a + 2 = 10$，能推出 $\dfrac{45}{8} \leqslant f(-1) \leqslant 10$.

综上所述，答案是 **D**.

例3解析 条件(1)：直线 $y = x + b$，其斜率存在且为 1.

若与抛物线有且仅有 1 个交点，则只能是相切.

因为若不知斜率时，还要考虑到与 y 轴平行的直线也会与抛物线有且仅有 1 个交点. 故条件(1)充分.

条件(2)：$x^2 - x \geqslant b - a \Leftrightarrow x^2 + a \geqslant x + b$，由数形结合可知直线 $y = x + b$ 这条直线应在抛物线 $y = x^2 + a$ 的下方，有可能相切也有可能相离，相离就是反例，故条件(2)不充分.

综上所述，答案是 **A**.

例4解析 $f(x) = (a^2 - 1)^x$ 在 **R** 上是增函数 $\Rightarrow a^2 - 1 > 1 \Rightarrow a^2 > 2 \Rightarrow |a| > \sqrt{2}$.

综上所述，答案是 **E**.

例5解析 第一步，$y = \dfrac{9}{x + 3} + (x + 3) - 3 \geqslant 2\sqrt{\dfrac{9}{x + 3} \cdot (x + 3)} - 3 = 3$，

等号成立时：$\begin{cases} \dfrac{9}{x + 3} = x + 3 \\ x \geqslant 6 \end{cases} \Rightarrow x$ 无解，

此时均值不等式已经无能为力了,需要用对勾函数.

第二步,对勾函数示意图如图 3 - 5 - 6 所示:

设 $t = x + 3$,$f(t) = \dfrac{9}{t} + t(t \geqslant 9)$,

则 $y = f(t) - 3$,$f(t) = \dfrac{9}{t} + t(t \geqslant 9)$ 是增函数,

当 $t = 9$(对应 $x = 6$)时,

$f(t) = 10$ 为最小值,$y = f(t) - 3 = 7$ 为最小值,$\log_{(x+1)} y = \log_7 7 = 1$,

综上所述,答案是 **D**.

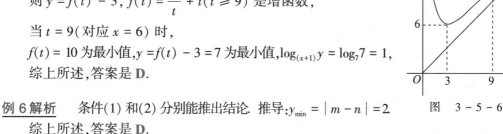

图　3 - 5 - 6

例 6 解析　条件(1)和(2)分别能推出结论. 推导:$y_{\min} = |m - n| = 2$.

综上所述,答案是 **D**.

例 7 解析　条件(1)和(2)分别能推出结论. 推导:$y_{\max} = |m - n| = 2$.

综上所述,答案是 **D**.

例 8 解析　如图 3 - 5 - 7 所示,题干曲线为一个半圆,圆心为 $(0,0)$,半径为 1,当直线在 l_1 至 l_2 之间变动时(可取 l_1,不可取 l_2),均与曲线有两个不同的交点,其中 l_1 指的是直线过点 $(-1,0)$,此时有 $m = -1$,

l_2 指的是直线与半圆相切,根据圆心到直线的距离等于半径可得 $\dfrac{|-m|}{\sqrt{1+1}} = 1 \Rightarrow m = \pm\sqrt{2}$,由图可得 $m = -\sqrt{2}$,则 m 的

取值范围为 $-\sqrt{2} < m \leqslant -1$.

易得单独的条件(1)和条件(2)均不充分,两个条件联立充分.

综上所述,答案是 **C**.

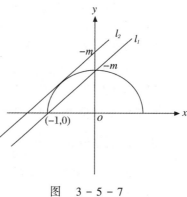

图　3 - 5 - 7

例 9 解析　<u>方法一:数形结合法</u>

第一步,转化:"关于 x 的不等式 $x - m > \sqrt{x}$ 对于一切正实数恒成立".

等价于 $y_1 = x - m$ 的图像在 $y_2 = \sqrt{x}$ 的图像上部;

第二步,作图(如图 3 - 5 - 8 所示),

先求相切时的 m:$x - m = \sqrt{x} \Rightarrow x^2 - (2m + 1)x + m^2 = 0$.

判别式 $\Delta = (2m + 1)^2 - 4m^2 = 0 \Rightarrow m = -\dfrac{1}{4}$.

根据图形判断:$m < -\dfrac{1}{4}$.

<u>方法二:变量分离法与最大最小法</u>

第一步,变量分离:$x - \sqrt{x} > m$.

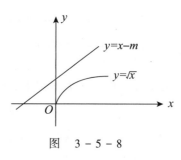

图　3 - 5 - 8

第二步,最大最小法:$x - \sqrt{x} = \left(\sqrt{x} - \dfrac{1}{2}\right)^2 - \dfrac{1}{4} \Rightarrow x - \sqrt{x}$ 的最小值为 $-\dfrac{1}{4}$.

$x - \sqrt{x} > m$ 恒成立,$m < -\dfrac{1}{4}$.

综上所述,答案是 **D**.

例 10 解析 古典概型求概率,公式为 $P(A) = \dfrac{m}{n}$,联考中一般分两步:

第一步,求 n——点数 a 与 b 分别有6种取值:$1,2,3,4,5,6$,由乘法原理可得,点 M 的不同情况有 $n = 6 \times 6 = 36$ 种.

第二步,求 m——判断点 $M(a,b)$ 与直线 $y = kx + t$ 的位置关系在联考实战中有两种方法(代数法和几何法).

回归本题,解析如下:

先作示意图(如图 $3-5-9$ 所示),

$x + y = 6$ 和两坐标轴围成的三角形区域表示为:$\begin{cases} x + y < 6 \\ 1 \leqslant x \leqslant 4 \\ 1 \leqslant y \leqslant 4 \end{cases}$,

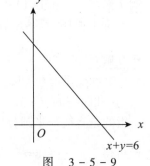

图 $3-5-9$

再作快速估算:

从而 a 与 b 只能取 $1,2,3,4$,故

当 $a = 1$ 时,$b = 1,2,3,4$,点 $M(a,b)$ 共 4 种.

当 $a = 2$ 时,$b = 1,2,3$,点 $M(a,b)$ 共 3 种.

当 $a = 3$ 时,$b = 1,2$,点 $M(a,b)$ 共 2 种.

当 $a = 4$ 时,$b = 1$,点 $M(a,b)$ 共 1 种.

由加法原理得:$m = 4 + 3 + 2 + 1 = 10$,

由古典概率公式得 $P(A) = \dfrac{m}{n} = \dfrac{10}{36} = \dfrac{5}{18}$.

综上所述,答案是 **E**.

例 11 解析 条件(1) 和(2) 单独不能推出结论,联合能推出结论. 推导:

结论等价于 $(5a)^2 + (12a)^2 < 1 \Leftrightarrow -\dfrac{1}{13} < a < \dfrac{1}{13}$,

条件(1) 和(2) 单独不是结论的子集,联合是结论的子集,可推出结论.

综上所述,答案是 **C**.

例 12 解析 古典概型求概率,公式为 $P(A) = \dfrac{m}{n}$,联考中一般分两步:

第一步,求 n.

点数 s,t 分别有6种取值:$1,2,3,4,5,6$,由乘法原理可得,点 M 的不同情况有 $n = 6 \times 6 = 36$ 种.

第二步,求 m 并判断.

条件 (1) 的充分性判断：

当 $a = 3$ 时,圆为 $(x-3)^2 + (y-3)^2 = 3^2$,

点 $M(s,t)$ 在圆 $(x-3)^2 + (y-3)^2 = 3^2$ 内部,

从而 s,t 只能取 $1,2,3,4,5$,故

当 $s = 1$ 时,$t = 1,2,3,4,5$,点 $M(s,t)$ 共 5 种.

当 $s = 2$ 时,$t = 1,2,3,4,5$,点 $M(s,t)$ 共 5 种.

当 $s = 3$ 时,$t = 1,2,3,4,5$,点 $M(s,t)$ 共 5 种.

当 $s = 4$ 时,$t = 1,2,3,4,5$,点 $M(s,t)$ 共 5 种.

当 $s = 5$ 时,$t = 1,2,3,4,5$,点 $M(s,t)$ 共 5 种.

由加法原理得：$m = 5 + 5 + 5 + 5 + 5 = 25$,

由古典概率公式得 $P(A) = \dfrac{m}{n} = \dfrac{25}{36} \neq \dfrac{1}{4}$,故条件 (1) 不是充分条件.

条件 (2) 的充分性判断：

当 $a = 2$ 时,圆为 $(x-2)^2 + (y-2)^2 = 2^2$,

因为点 $M(s,t)$ 在圆 $(x-2)^2 + (y-2)^2 = 2^2$ 内部,

从而 s,t 只能取 $1,2,3$,故

当 $s = 1$ 时,$t = 1,2,3$,点 $M(s,t)$ 共 3 种.

当 $s = 2$ 时,$t = 1,2,3$,点 $M(s,t)$ 共 3 种.

当 $s = 3$ 时,$t = 1,2,3$,点 $M(s,t)$ 共 3 种.

由加法原理得 $m = 3 + 3 + 3 = 9$.

由古典概率公式得 $P(A) = \dfrac{m}{n} = \dfrac{9}{36} = \dfrac{1}{4}$,故条件 (2) 是充分条件.

综上所述,答案是 **B**.

例 13 解析　精确作图,根据正方形中的垂直关系和边长相等求出关键点的坐标：

$A(2,1)$,$B(3,2) \Rightarrow D(1,2)$,$C(2,3)$

由两点式得直线 CD 的方程：$\dfrac{y-2}{x-1} = \dfrac{3-2}{2-1}$,即 $y = x + 1$.

综上所述,答案是 **B**.

例 14 解析　快速求解.

由条件 (1) 的充分性判断：AB 所在直线的方程为 $y = x - \dfrac{1}{\sqrt{2}}$ 说明两点：

第一,$OA = \dfrac{1}{\sqrt{2}}$.

第二,$\angle OAD = \angle ODA = 45° \Rightarrow AD = \sqrt{2} OA = 1$.

故正方形 $ABCD$ 的面积为 1,从而条件 (1) 是充分条件.

由条件 (2) 的充分性判断：AD 所在直线的方程为 $y = 1 - x$ 说明两点：

第一,$OA = OD = 1$.

第二,$AD = \sqrt{2} OA = \sqrt{2}$.

故正方形 $ABCD$ 的面积为 $\sqrt{2} \times \sqrt{2} = 2$,从而条件(2)不是充分条件.

综上所述,答案是 **A**.

例 15 解析 条件(1)的充分性判断:

第一步,画图定点.

当 $a = -1, b = 2$ 时,

画图如图 3-5-10a 所示,$y = x$,$y = -x + 2$ 与 $x = 0$ 所围

成图形为 $\triangle ABO$.

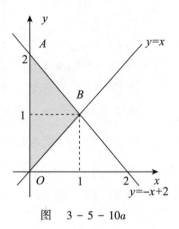

图 3-5-10a

定点:$\begin{cases} y = x \\ y = -x + 2 \end{cases} \Rightarrow \begin{cases} x = 1 \\ y = 1 \end{cases} \Rightarrow B(1, 1)$,

$\begin{cases} y = -x + 2 \\ x = 0 \end{cases} \Rightarrow \begin{cases} x = 0 \\ y = 2 \end{cases} \Rightarrow A(0, 2)$,

$\begin{cases} y = x \\ x = 0 \end{cases} \Rightarrow \begin{cases} x = 0 \\ y = 0 \end{cases} \Rightarrow C(0, 0)$.

第二步,用面积公式求面积.

$\triangle ABO$ 的底边 $AO = 2 - 0 = 2$,高为 B 点的横坐标 1,

$\triangle ABO$ 的面积为 $S_{\triangle ABO} = \dfrac{1}{2} \times 2 \times 1 = 1$.

故条件(1)是充分条件.

条件(2)的充分性判断:

第一步,画图定点.

当 $a = -1, b = -2$ 时,

画图如图 3-5-10b 所示,$y = x$,$y = -x - 2$ 与 $x = 0$

所围成图形为 $\triangle ABO$.

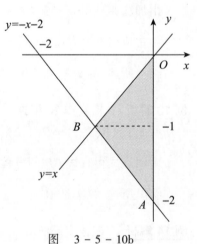

图 3-5-10b

定点 $\begin{cases} y = x \\ y = -x - 2 \end{cases} \Rightarrow \begin{cases} x = -1 \\ y = -1 \end{cases} \Rightarrow B(-1, -1)$,

$\begin{cases} y = -x - 2 \\ x = 0 \end{cases} \Rightarrow \begin{cases} x = 0 \\ y = 0 \end{cases} \Rightarrow C(0, 0)$.

第二步,用面积公式求面积.

$\triangle ABO$ 的底边 $AO = 0 - (-2) = 2$,高为 B 点的横坐标

的绝对值 1,

$\triangle ABO$ 的面积为 $S_{\triangle ABO} = \dfrac{1}{2} \times 2 \times 1 = 1$.

故条件(2)也是充分条件.

综上所述,答案是 **D**.

例 16 解析 第一步,求圆心坐标 $A(x_0, y_0)$.

把 $y^2 + 4y + x^2 - 2x + 1 = 0$ 化为标准方程：$(x - 1)^2 + (y + 2)^2 = 4$，

从而圆心的坐标为 $A(1, -2)$.

第二步，求方程 $y - (-2) = \left(-\dfrac{2}{3}\right)(x - 1)$，

化为直线方程的一般式：$3y + 2x + 4 = 0$.

综上所述，答案是 **C**.

例 17 解析　第一步，圆标准化为 $(x + 1)^2 + (y - 1)^2 = 6$，圆心 $C(-1, 1)$，

圆心到点 $P(3, 4)$ 的距离为 $d = \sqrt{(3 + 1)^2 + (4 - 1)^2} = 5$.

第二步，切线长为 $l = \sqrt{d^2 - r^2} = \sqrt{5^2 - 6} = \sqrt{19}$. 所以 $|PQ|^2 = 19$.

综上所述，答案是 **E**.

例 18 解析　条件(1) 和(2) 分别不能推出结论，联合可以推出结论. 推导：

第一步，圆标准化为 $(x - 3)^2 + (y - 4)^2 = 10$，点 $P(2, 1)$ 在圆上；

第二步，切线方程 $-(x - 3) - 3(y - 4) = 10 \Rightarrow x + 3y - 5 = 0$.

综上所述，答案是 **C**.

例 19 解析　方法一：已知直线 l 上点 $M(x_0, y_0)$ 和直线 l 的斜率 k，求直线 l 的方程.

答案：$y - y_0 = k(x - x_0)$.

回归本题，解析如下：

第一步，求坐标 $M(x_0, y_0)$.

如图 $3 - 5 - 11$ 所示，直线 OC 的方程为 $y = -x$，$OC = \sqrt{2}$，

$OM = \sqrt{2} - 1$，

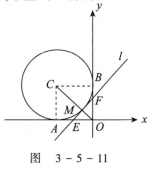

图 $3 - 5 - 11$

从而 $M(x_0, y_0)$ 为 $M\left(-\dfrac{\sqrt{2} - 1}{\sqrt{2}}, \dfrac{\sqrt{2} - 1}{\sqrt{2}}\right)$，即 $M\left(\dfrac{1}{\sqrt{2}} - 1, 1 - \dfrac{1}{\sqrt{2}}\right)$.

第二步，求直线的斜率 k.

由直线 l 与直线 $OC : y = -x$ 垂直可得，两直线的斜率之积为 -1，故 $k = 1$.

第三步，得方程

$y - \left(1 - \dfrac{1}{\sqrt{2}}\right) = x - \left(\dfrac{1}{\sqrt{2}} - 1\right)$，变形为：$y = x + 2 - \sqrt{2}$.

方法二：圆在 M 处的切线垂直于 CM，又 O, C, M 在一条直线上，$k_{OC} = -1$，

故 $k_l = 1$，设 l 的方程为 $y = x + b\,(0 < b < 1)$，即 $x - y + b = 0\,(0 < b < 1)$.

又直线与圆相切，故圆心 C 到直线 l 的距离 $d = \dfrac{|-1 - 1 + b|}{\sqrt{1^2 + (-1)^2}} = 1 \Rightarrow b = 2 - \sqrt{2}$ 或 $b = 2 + \sqrt{2}$(舍).

所以切线方程为 $y = x + 2 - \sqrt{2}$.

综上所述，答案是 **A**.

例 20 解析　第一步，标准化圆的方程可得 $(x - 2)^2 + (y + 3)^2 = 9$.

第二步,圆心到直线的距离为 $d = \dfrac{|2 + 6 - 3|}{\sqrt{1^2 + 2^2}} = \sqrt{5}$(三角形的高).

第三步,弦长为 $l = 2\sqrt{r^2 - d^2} = 2\sqrt{9 - 5} = 4$(三角形的底).

第四步,三角形的面积为 $S_{\triangle PCQ} = \dfrac{1}{2} \times 4 \times \sqrt{5} = 2\sqrt{5}$(三角形的面积公式).

综上所述,答案是 **D**.

例 21 解析　　**方法一:条件(1) 能推出结论,条件(2) 不能推出结论. 推导:**

回顾结论:(Ⅰ) 线性和 $Ax + By + C$ 的最小值为 $Ax_0 + By_0 + C - r\sqrt{A^2 + B^2}$.

(Ⅱ) 线性和 $Ax + By + C$ 的最大值为 $Ax_0 + By_0 + C + r\sqrt{A^2 + B^2}$.

应用结论解题:

在条件(1) 中最小值为 $0 + 0 + 5 - 2\sqrt{3^2 + (-4)^2} = -5$,

最大值为 $0 + 0 + 5 + 2\sqrt{3^2 + (-4)^2} = 15$,故: $3x - 4y + 5 \in [-5, 15]$.

在条件(2) 中最小值为 $0 + 0 + 5 - 3\sqrt{3^2 + (-4)^2} = -10$,

最大值为 $0 + 0 + 5 + 3\sqrt{3^2 + (-4)^2} = 20$,故: $3x - 4y + 5 \in [-10, 20]$.

综上所述,答案是 **A**.

方法二:

此题可转化为已知圆的解析式,求 $3x - 4y + 5 = k$ 这条直线的截距的取值范围.

对于条件(1) $\begin{cases} 3x - 4y + 5 - k = 0 \\ x^2 + y^2 = 4 \end{cases}$,则点 (x, y) 在直线上,又在圆上.

则圆与直线有交点,圆心 $(0, 0)$ 到直线的距离小于等于半径 2,

故有 $\dfrac{|5 - k|}{5} \leqslant 2 \Rightarrow -5 \leqslant k \leqslant 15$.

故条件(1) 充分.

对于条件(2) $\begin{cases} 3x - 4y + 5 - k = 0 \\ x^2 + y^2 = 9 \end{cases}$,则点 (x, y) 在直线上,又在圆上.

则圆与直线有交点,圆心 $(0, 0)$ 到直线的距离小于等于半径 3,

故有 $\dfrac{|5 - k|}{5} \leqslant 3 \Rightarrow -10 \leqslant k \leqslant 20$. 故条件(2) 不充分.

综上所述,答案是 **A**.

例 22 解析　　对于条件(1) $x^2 + y^2 = 4 \Leftrightarrow x^2 + y^2 - 4 = 0$,

$3x - 4y + b \geqslant 0 \Leftrightarrow 3x - 4y + b \geqslant x^2 + y^2 - 4$.

根据数形结合可理解为直线在圆的上方,故有 $\dfrac{|b|}{5} \geqslant 2 \Rightarrow b \geqslant 10$ 或 $b \leqslant -10$(舍),可得 $b \geqslant 10$.

故条件(1) 充分.

对于条件(2) $x^2 + y^2 = 4(y \geqslant 0) \Leftrightarrow x^2 + y^2 - 4 = 0(y \geqslant 0)$,

$3x - 4y + b \geqslant 0 \Leftrightarrow 3x - 4y + b \geqslant x^2 + y^2 - 4(y \geqslant 0)$.

根据数形结合可理解为直线在半圆的上方,故有 $\dfrac{|b|}{5} \geqslant 2$,可得 $b \geqslant 10$. 故条件(2) 充分.

综上所述,答案是 **D**.

例 23 解析　应用圆与圆的位置关系的解题套路.

第一步,圆 $C_1 : \left(x - \dfrac{3}{2}\right)^2 + (y - 2)^2 = r^2$ 与圆 $C_2 : (x - 3)^2 + (y - 4)^2 = 5^2$.

圆心 $C_1\left(\dfrac{3}{2}, 2\right)$ 和 $C_2(3, 4)$ 的距离 $d = |C_1 C_2| = \sqrt{\left(3 - \dfrac{3}{2}\right)^2 + (4 - 2)^2} = \dfrac{5}{2}$.

第二步,比较大小判位置.

题目结论等价于 $\Leftrightarrow r + 5 \geqslant |C_1 C_2| \geqslant |r - 5|$,

即 $r + 5 \geqslant \dfrac{5}{2} \geqslant |r - 5|$,解得 $\dfrac{5}{2} \leqslant r \leqslant \dfrac{15}{2}$.

第三步,充分性判断.

(1) $0 < r < \dfrac{5}{2}$ 不是 $\dfrac{5}{2} \leqslant r \leqslant \dfrac{15}{2}$ 的子集,故条件(1) 不是充分条件.

(2) $r > \dfrac{15}{2}$ 不是 $\dfrac{5}{2} \leqslant r \leqslant \dfrac{15}{2}$ 的子集,故条件(2) 也不是充分条件.

综上所述,答案是 **E**.

例 24 解析　根据光的反射原理(对称原理) 及反射光与入射光的特点,
先找点 $A(2, 3)$ 关于直线 $x + y + 1 = 0$ 的对称点 A' 为 $(-4, -3)$,
那么 $A'B$ 所在的直线方程就是反射光线所在的方程,
$\dfrac{x + 4}{3 + 4} = \dfrac{y + 3}{-2 + 3}$,即 $x - 7y - 17 = 0$.
综上所述,答案是 **D**.

例 25 解析　$(x - 5)^2 + y^2 = 2$ 的圆心为 $(5, 0)$,半径为 $\sqrt{2}$.
圆关于直线的对称圆只是圆心发生了变化,半径不变.
则设点 $(5, 0)$ 关于 $l : y = 2x$ 的对称点为 $C(x', y')$.

$\begin{cases} \dfrac{0 + y'}{2} = 2 \times \dfrac{5 + x'}{2} \\ \dfrac{y' - 0}{x' - 5} \times 2 = -1 \end{cases}$,解得 $\begin{cases} x' = -3 \\ y' = 4 \end{cases}$.

则圆 C 的方程为 $(x + 3)^2 + (y - 4)^2 = 2$.
综上所述,答案是 **E**.

五、综 合 训 练

综合训练题

1. (条件充分性判断) 设 a,b 是两个不相等的实数,则函数 $f(x) = x^2 + 2ax + b$ 的最小值小于零.

   (1) $1,a,b$ 成等差数列.　　　　　　　　　　(2) $1,a,b$ 成等比数列.

2. 函数 $y = 2^{-x+1} + 2$ 的图像可以由函数 $y = \left(\dfrac{1}{2}\right)^x$ 的图像经过怎样的平移得到?(　　)

   A. 先向左平移 1 个单位,再向上平移 2 个单位

   B. 先向左平移 1 个单位,再向下平移 2 个单位

   C. 先向右平移 1 个单位,再向上平移 2 个单位

   D. 先向右平移 1 个单位,再向下平移 2 个单位

   E. 不能通过平移得到

3. 函数 $y = \log_{\frac{1}{2}}(x^2 - 3x + 2)$ 的单调递减区间是(　　).

   A. $(-\infty,1)$ 　　　　　　B. $(2,+\infty)$ 　　　　　　C. $\left(-\infty,\dfrac{3}{2}\right)$

   D. $\left(\dfrac{3}{2},+\infty\right)$ 　　　　　　E. 以上都不对

4. 过点 $P(4,1)$ 作直线 l,使得 l 在两坐标轴上的截距均为正,且其和为最小,则该直线方程为(　　).

   A. $2x + y - 6 = 0$ 　　　　　B. $x + 2y - 6 = 0$ 　　　　　C. $x - 2y - 6 = 0$

   D. $x - 2y + 6 = 0$ 　　　　　E. $x + 2y + 6 = 0$

5. (条件充分性判断) 设函数 $f(x) = x^2 + ax$,则 $f(x)$ 的最小值与 $f(f(x))$ 的最小值相等.

   (1) $a \geqslant 2$.　　　　　　　　　　(2) $a \leqslant 0$.

6. 有一条光线从点 $A(-2,4)$ 射到直线 $x - y - 7 = 0$ 后再反射到点 $B(5,-1)$,则这条光线从 A 到 B 经过路径的长度为(　　).

   A. 10 　　　　B. 2 　　　　C. 4 　　　　D. 6 　　　　E. 8

7. (条件充分性判断) 光线经过点 $P_1(2,3)$,射在直线 l 上,反射后经过点 $P_2(3,-2)$,则入射直线方程为 $7x - y - 11 = 0$.

   (1) l 的方程为 $x - y + 1 = 0$.　　　　(2) l 的方程为 $x + y + 1 = 0$.

8. (条件充分性判断) $\dfrac{y+1}{x+3}$ 的最小值为 -1.

   (1) $x^2 + y^2 + 2x + 2y = 0$.　　　　(2) $x^2 + y^2 + 4x + 3 = 0$.

9. 曲线 $|xy| + 1 = |x| + |y|$ 所围成的图形的面积为(　　).

   A. $\dfrac{1}{4}$ 　　　　B. $\dfrac{1}{2}$ 　　　　C. 1 　　　　D. 2 　　　　E. 4

10. 圆 C_1 为 $x^2 + y^2 + 4x - 4y - 1 = 0$,圆 C_2 为 $x^2 + y^2 + 2x - 13 = 0$,设两圆的交点为 A,

B，则弦长 AB 的长度为(　　).

A. 2　　　　　　B. 4　　　　　　C. 6　　　　　　D. 8　　　　　　E. 10

11. (条件充分性判断) 圆 $(x-1)^2 + (y-2)^2 = 4$ 和直线 $(1+2\lambda)x + (1-\lambda)y - 3 - 3\lambda = 0$ 相交于两点.

(1) $\lambda = \dfrac{2\sqrt{3}}{5}$.　　　　　　　　　　　(2) $\lambda = \dfrac{5\sqrt{3}}{2}$.

12. 若圆 $x^2 + y^2 - 2x + 4y + 1 = 0$ 上恰有两个点到直线 $2x + y + a = 0(a > 0)$ 的距离等于 1，则 a 的取值范围为(　　).

A. $\sqrt{5} < a < 2\sqrt{5}$　　　　　　B. $\sqrt{5} \leqslant a \leqslant 2\sqrt{5}$　　　　　　C. $\sqrt{5} \leqslant a \leqslant 3\sqrt{5}$

D. $\sqrt{5} < a < 3\sqrt{5}$　　　　　　E. $\sqrt{5} < a \leqslant 3\sqrt{5}$

13. (条件充分性判断) 已知 $f(x) = x^2 + ax + b$，则 $0 \leqslant f(1) \leqslant 1$.

(1) $f(x)$ 在区间 $[0,1]$ 中有两个零点.　　　　　　(2) $f(x)$ 在区间 $[1,2]$ 中有两个零点.

14. 设抛物线 $y = x^2 + 2ax + b$ 与 x 轴相交于 A,B 两点，C 点坐标为 $(0,2)$. 若 $\triangle ABC$ 的面积为 6，则(　　).

A. $a^2 + b = 9$　　B. $a^2 - b = 9$　　C. $a^2 - b = 36$　　D. $a^2 + b = 36$　　E. $a^2 - 4b = 9$

15. 如果直线 $y = ax + 2$ 与直线 $y = 3x - b$ 关于直线 $y = x$ 对称，则(　　).

A. $a = \dfrac{1}{3}, b = 6$　　　　　　B. $a = \dfrac{1}{3}, b = -6$　　　　　　C. $a = 3, b = -2$

D. $a = 3, b = 6$　　　　　　E. $a = 3, b = -6$

综合训练题答案及解析

1. 【解析】条件(1)：$1 + b = 2a(a \neq b)$.

$f(x) = x^2 + 2ax + b$ 的最小值为 $\dfrac{4 \times 1 \times b - 4a^2}{4 \times 1} = b - a^2$，

$1 + b = 2a$ 时，$f(x)_{\min} = 2a - 1 - a^2 = -(a-1)^2 < 0$(因为 $a \neq b$，则 $a \neq 1$).

故条件(1)充分.

条件(2)：$b = a^2(a \neq b)$.

$f(x)_{\min} = b - a^2 = a^2 - a^2 = 0$，故条件(2)不充分.

综上所述，答案是 **A**.

2. 【解析】第一步，将指数函数的底变为一样. $y = 2^{-x+1} + 2 \Rightarrow y = \left(\dfrac{1}{2}\right)^{x-1} + 2$.

第二步，平移："左加右减，上加下减".

$y = \left(\dfrac{1}{2}\right)^x$ 向右平移 1 个单位，再向上平移 2 个单位得到 $y = \left(\dfrac{1}{2}\right)^{x-1} + 2$.

综上所述，答案是 **C**.

3. 【解析】函数 $y = \log_{\frac{1}{2}}(x^2 - 3x + 2)$ 由 $y = \log_{\frac{1}{2}} u, u = x^2 - 3x + 2$ 复合得到，

增减性应该使用复合函数增减性的规则.

$y = \log_{\frac{1}{2}} u$ 是减函数,只有当 $u = x^2 - 3x + 2$ 的增区间与之复合才能为减区间.

$u = x^2 - 3x + 2 = \left(x - \dfrac{3}{2}\right)^2 - \dfrac{1}{4} \Rightarrow u$ 的增区间为 $x \geqslant \dfrac{3}{2}$.

另一方面,函数的定义域:$x^2 - 3x + 2 > 0 \Rightarrow x < 1$ 或 $x > 2$.

故 $x \geqslant \dfrac{3}{2}$ 与$(x < 1$ 或 $x > 2)$ 的交集为 $x > 2$,即$(2, +\infty)$.

综上所述,答案是 **B**.

4 【解析】设直线 l 为 $\dfrac{x}{m} + \dfrac{y}{n} = 1$,点 $P(4,1)$ 在直线上,故 $\dfrac{4}{m} + \dfrac{1}{n} = 1$,

则 $m + n = (m + n) \cdot 1 = (m + n)\left(\dfrac{4}{m} + \dfrac{1}{n}\right) = 5 + \left(\dfrac{4n}{m} + \dfrac{m}{n}\right) \geqslant 5 + 2\sqrt{4} = 9$,

当且仅当 $m = 6$ 时取等号.

故 $m = 6, n = 3$,直线方程为 $x + 2y - 6 = 0$.

综上所述,答案是 **B**.

5 【解析】$f(x) = x^2 + ax$ 的最小值为 $f\left(-\dfrac{a}{2}\right) = -\dfrac{a^2}{4}$.

令 $f(x) = t = x^2 + ax$,则 $f(f(x)) = f(t) = t^2 + at$,

因为 $f(x)$ 与 $f(t)$ 的最小值相等,则 $f(t)_{\min} = -\dfrac{a^2}{4}$,

此时 $f(t)$ 也是在 $t = -\dfrac{a}{2}$ 时取到最小值,

故 $t = -\dfrac{a}{2}$ 有解,即 $f(x)_{\min} \leqslant -\dfrac{a}{2}$,

因此,$-\dfrac{a^2}{4} \leqslant -\dfrac{a}{2}$ 有解,解得 $a \geqslant 2$ 或 $a \leqslant 0$.

条件(1)和(2)单独均充分.

综上所述,答案是 **D**.

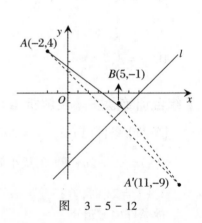

图 3 - 5 - 12

6 【解析】本题考点:对称问题 —— 点与直线.

设直线 $x - y - 7 = 0$ 为直线 l,该直线斜率为 $k_l = 1$,设点 A 关于直线 l 的对称点为 $A'(m, n)$,则 A、A' 所在直线斜率为 $k_{AA'} = \dfrac{n - 4}{m + 2}$,并且有 A、A' 的中点在直线 l 上,

则有 $\begin{cases} 1 \times \dfrac{n - 4}{m + 2} = -1 \\ \dfrac{m - 2}{2} - \dfrac{n + 4}{2} - 7 = 0 \end{cases}$,解得 $\begin{cases} m = 11 \\ n = -9 \end{cases}$,即 $A'(11, -9)$.

如图 3 - 5 - 12 所示,则这条光线从 A 到 B 的长度为 $|A'B| = \sqrt{(11 - 5)^2 + (-9 + 1)^2} = 10$.

综上所述,答案是 **A**.

7 【解析】

条件(1)：$P_2(3, -2)$ 关于直线 $x - y + 1 = 0$ 的对称点 P_2' 的坐标为 $(-3, 4)$,

故 P_1P_2' 为入射直线,方程为 $x + 5y - 17 = 0$, 不充分.

条件(2)：$P_2(3, -2)$ 关于直线 $x + y + 1 = 0$ 的对称点 P_2' 的坐标为 $(1, -4)$,

故 P_1P_2' 为入射直线,方程为 $7x - y - 11 = 0$, 充分.

综上所述,答案是 **B**.

8 【解析】条件(1) 能推出结论,条件(2) 不能推出结论. 推导：

条件(1) 中,标准化方程：$(x + 1)^2 + (y + 1)^2 = 2$.

首先,判断点 $P(-3, -1)$ 与圆的位置关系：$4 + 0 > 2 \Rightarrow$ 点 P 在圆外.

其次,求临界斜率(相切时取得)：设 $k = \dfrac{y + 1}{x + 3} \Rightarrow kx - y + 3k - 1 = 0$,

相切 $\Rightarrow d = \dfrac{|2k|}{\sqrt{k^2 + 1}} = \sqrt{2} \Rightarrow k_1 = -1 < 0, k_2 = 1 > 0$.

再次,又因为点在圆的左侧可知切线没跨越纵轴,故比值值域为 $[-1, 1]$, 最小值为 -1.

条件(2) 中,标准化方程：$(x + 2)^2 + y^2 = 1$.

首先,判断点 $P(-3, -1)$ 与圆的位置关系：$1 + 1 > 1 \Rightarrow$ 点 P 在圆外.

其次,求临界斜率(相切时取得)：设 $k = \dfrac{y + 1}{x + 3} \Rightarrow kx - y + 3k - 1 = 0$,

相切 $\Rightarrow d = \dfrac{|k - 1|}{\sqrt{k^2 + 1}} = 1 \Rightarrow k_1 = 0, k_2$ 不存在(垂直于横轴).

再次,又因为点在圆的左侧可知切线没有跨越纵轴,故比值值域为 $[0, +\infty)$, 最小值为 0.

综上所述,答案是 **A**.

9 【解析】$|xy| + 1 = |x| + |y|$, 得 $|xy| - |x| - |y| + 1 = 0$,

因式分解 $(|x| - 1)(|y| - 1) = 0$, 即 $x = \pm 1, y = \pm 1$,

故所围图形是一个边长为 2 的正方形,面积为 4.

综上所述,答案是 **E**.

【结论】若 $|xy| - a|x| - b|y| + ab = 0 (a, b > 0)$, 则有 $(|x| - b)(|y| - a) = 0$.

故 $x = \pm b, y = \pm a$. 当 $a = b$ 时,表示正方形,当 $a \neq b$ 时,表示矩形,面积均为 $4ab$.

10 【解析】将圆 C_1 与圆 C_2 的方程做差,可得弦 AB 的方程为 $x - 2y + 6 = 0$.

圆 C_1 方程为 $(x + 2)^2 + (y - 2)^2 = 9$, 圆 C_1 的圆心到 AB 的距离 $d = \dfrac{|-2 - 4 + 6|}{\sqrt{1^2 + (-2)^2}} = 0$,

故圆 C_1 的直径即为弦 AB 的长度, $AB = 6$.

综上所述,答案是 **C**.

11 【解析】方法一：应用圆与直线的位置关系的解题套路.

第一步,求圆心 $C(1, 2)$ 到直线 $l: (1 + 2\lambda)x + (1 - \lambda)y - 3 - 3\lambda = 0$ 的距离

$$d = \frac{|(1+2\lambda)\times 1 + (1-\lambda)\times 2 - 3 - 3\lambda|}{\sqrt{(1+2\lambda)^2 + (1-\lambda)^2}} = \frac{|3\lambda|}{\sqrt{5\lambda^2 + 2\lambda + 2}}.$$

第二步,比较大小判位置.

因为:$d < r \Leftrightarrow$ 直线 l 与圆 C 相交 $\Leftrightarrow$ 直线 l 与圆 C 恰好有两个交点.

所以题目结论等价于

$$d < r \Leftrightarrow d^2 < r^2 \Leftrightarrow \frac{9\lambda^2}{5\lambda^2 + 2\lambda + 2} < 4 \Leftrightarrow 11\lambda^2 + 8\lambda + 8 > 0.$$

而 $\Delta = 8^2 - 4 \times 11 \times 8 < 0$ 可知:$11\lambda^2 + 8\lambda + 8 > 0$ 恒成立,

故   条件(1) $\lambda = \dfrac{2\sqrt{3}}{5}$ 能推出结论,是充分条件.

条件(2) $\lambda = \dfrac{5\sqrt{3}}{2}$ 能推出结论,也是充分条件.

综上所述,答案是 **D**.

方法二:

直线 $(1+2\lambda)x + (1-\lambda)y - 3 - 3\lambda = 0$

$\Rightarrow \lambda(2x - y - 3) + (x + y - 3) = 0$

$\Rightarrow \begin{cases} 2x - y - 3 = 0 \\ x + y - 3 = 0 \end{cases} \Rightarrow \begin{cases} x = 2 \\ y = 1 \end{cases}$

$\Rightarrow$ 直线恒过 $(2,1)$ 将此定点代入圆 $(x-1)^2 + (y-2)^2 < 4$.

可知 $(2,1)$ 在圆内,即无论 λ 取何值,圆与直线均有两个交点.

综上所述,答案是 **D**.

<u>12</u> 【解析】圆的方程为 $(x-1)^2 + (y+2)^2 = 2^2$,圆心到直线的距离 $d = \dfrac{|2 - 2 + a|}{\sqrt{2^2 + 1^2}} = \dfrac{a}{\sqrt{5}}$.

画图分析可知,当 d 分别为 1 和 3 时,圆上恰有 3 个点和 1 个点到此直线的距离为 1.

而圆上恰有"2 个点"的情况是介于"1 个点和 3 个点"的情况之间的,

故 $1 < d < 3$,即 $\sqrt{5} < a < 3\sqrt{5}$.

综上所述,答案是 **D**.

<u>13</u> 【解析】

设抛物线 $f(x) = x^2 + ax + b$ 与 x 轴的两个交点分别为 x_1 和 x_2,则

$f(x) = (x - x_1)(x - x_2)$,那么 $f(1) = (1 - x_1)(1 - x_2)$.

条件(1):$f(x)$ 在区间 $[0,1]$ 上有两个零点,故 $0 \leq x_1 \leq 1, 0 \leq x_2 \leq 1$,

故 $0 \leq 1 - x_1 \leq 1, 0 \leq 1 - x_2 \leq 1$,相乘则有 $0 \leq f(1) = (1 - x_1)(1 - x_2) \leq 1$,充分.

条件(2):$f(x)$ 在区间 $[1,2]$ 上有两个零点,故 $1 \leq x_1 \leq 2, 1 \leq x_2 \leq 2$,

从而 $-1 \leq 1 - x_1 \leq 0, -1 \leq 1 - x_2 \leq 0$,相乘则有 $0 \leq f(1) = (1 - x_1)(1 - x_2) \leq 1$,

充分.

综上所述,答案是 **D**.

<u>14</u> 【解析】设 A, B 两点坐标分别为 $(x_1, 0), (x_2, 0)$,有 $S_{\triangle ABC} = |x_1 - x_2| \times 2 \times \dfrac{1}{2} = 6$,

则 $|x_1 - x_2| = 6 \Rightarrow \sqrt{(x_1 + x_2)^2 - 4x_1 x_2} = 6 \Rightarrow (-2a)^2 - 4b = 36 \Rightarrow a^2 - b = 9$.

综上所述,答案是 **B**.

15 **【解析】** 对于直线 $y = ax + 2$,当 $x = 0$ 时,$y = 2$,取直线 $y = ax + 2$ 上一点 $A(0, 2)$,易得点 A 关于直线 $y = x$ 的对称点 A' 的坐标为 $A'(2, 0)$,则 A' 必然在直线 $y = 3x - b$ 上,将 A' 坐标代入可得 $b = 3x - y = 6$,即 $y = 3x - 6$.

对于直线 $y = 3x - 6$,当 $x = 0$ 时,$y = -6$,取直线 $y = 3x - 6$ 上一点 $B(0, -6)$,易得点 B 关于直线 $y = x$ 的对称点 B' 的坐标为 $B'(-6, 0)$,则 B' 必然在直线 $y = ax + 2$ 上,将 B' 坐标代入可得 $0 = -6a + 2 \Rightarrow a = \dfrac{1}{3}$.

所以 $a = \dfrac{1}{3}, b = 6$.

综上所述,答案是 **A**.

六、备考小结

常见的命题模式：_____.

_____.

_____.

_____.

_____.

解题战略战术方法：_____.

_____.

_____.

_____.

经典母题与错题积累：_____.

_____.

_____.

_____.

_____.

攻略六

平面几何与立体几何

一、备考攻略综述

大纲表述

（三）几何

1. 平面图形

（1）三角形

（2）四边形（矩形、平行四边形、梯形）

（3）圆与扇形

2. 空间几何体

（1）长方体

（2）柱体

（3）球体

命题轨迹

十几年来,平面几何的考查集中在两大工具(相似和全等)、三大主体(三角形、四边形、圆与扇形)、四大偏好(面积计算、边角关系、形状判断、比例问题). 空间几何体的命题方向在于长方体、柱体、球体的表面积、体积、对角线、相似比以及长方体内、外接球体.

备考提示

（1）考生要彻底地解决联考中平面几何体的问题:第一,搞懂并熟记三种几何图形的性质与面积公式;第二,掌握并熟悉全等三角形、相似三角形性质定理及应用;第三,在解题中灵活应用勾股定理、射影定理、垂径定理.

（2）考生要彻底地解决联考中空间几何体的问题:第一,搞懂并熟记三种几何体的表面积公式与体积公式;第二,掌握并熟悉对角线为纽带解决外接球半径、表面积、体积等问题;第三,快速解决相似体的比较问题.

二、知 识 点

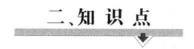

$$
\text{平面几何}
\begin{cases}
\text{平行线} \\
\text{三角形} \\
\text{四边形} \\
\text{圆与扇形}
\end{cases}
$$

$$
\text{立体几何}
\begin{cases}
\text{长方体} \\
\text{圆柱体} \\
\text{球体}
\end{cases}
$$

平行线

（1）平行线的性质与判定

1）两直线平行 ⇔ 同位角相等；

2）两直线平行 ⇔ 内错角相等；

3）两直线平行 ⇔ 同旁内角互补.

如图3-6-1所示：$\angle 1$ 与 $\angle 4$ 是同位角，同位角相等；$\angle 2$ 与 $\angle 4$ 是内错角，内错角相等；$\angle 3$ 与 $\angle 4$ 是同旁内角，同旁内角互补.

（2）直线被一组平行线截得的线段成比例

如图3-6-2所示，两条直线被三条平行线所截得的线段长分别为 a,b,c,d，即 $a:b=c:d$.

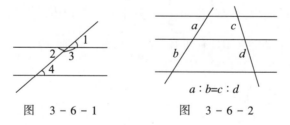

图　3-6-1　　　　图　3-6-2

三角形

（1）三角形内角之和

$$\angle 1 + \angle 2 + \angle 3 = \pi.$$

三角形外角等于不相邻的两个内角之和.

（2）三角形三边关系

任意两边之和大于第三边，即 $a+b>c$，任意两边之差小于第三边，即 $a-b<c$.

（3）三角形面积公式

$$S = \frac{1}{2}ah = \frac{1}{2}ab\sin C = \sqrt{p(p-a)(p-b)(p-c)}, p = \frac{1}{2}(a+b+c).$$

其中 h 是 a 边上的高，C 是 a,b 边所夹的角，p 为三角形的半周长.

（4）三角形的心

内心：内切圆的圆心，三条角平分线的交点.

内心性质：内心到三边的距离相等.

外心：外接圆圆心，三条边的垂直平分线（中垂线）的交点.

外心性质：外心到三个顶点的距离相等.

重心：三条中线的交点.

重心性质：重心到顶点的距离是它到对边中点的距离的 2 倍，且重心与顶点连线将三角形三等分.

垂心：三条高线的交点.

垂心性质：垂心是垂足三角形的内心.（只需要了解即可）

（5）几种特殊的三角形

1）等腰三角形常考的性质

等腰三角形两腰相等.

等腰三角形两底角相等.

等腰三角形两腰上的中线、角平分线、高都相等.

等腰三角形顶角的角平分线与底边的中线、高线重合（三线合一定理）.

特别的，等腰直角三角形的三边之比为 $1:1:\sqrt{2}$.

等腰直角三角形的面积：$S = \frac{1}{2}a^2 = \frac{1}{4}c^2$，其中 a 为直角边，c 为斜边.

2）等边三角形常考的性质（具有所有等腰三角形的性质）

等边三角形的三个内角都相等，且等于 60°.

$S = \frac{\sqrt{3}}{4}a^2.$（提高解题速度用）

等边三角形高与边的比：$\sqrt{3}:2 = \frac{\sqrt{3}}{2}:1$

3）直角三角形常考的性质

两条直角边的平方和等于斜边的平方（勾股定理）.（非常重要）

30° 角所对的边等于斜边的一半.（非常重要）

直角三角形斜边上的中线等于斜边的一半.（非常重要）

两直角边的乘积等于斜边与其高线的乘积.（非常重要）

常用勾股数：$(3,4,5)$；$(6,8,10)$；$(5,12,13)$；$(7,24,25)$；$(8,15,17)$.

勾股定理的拓展见表 3 - 6 - 1.

表 3 - 6 - 1

基本形式	拓展形式
（1）勾股定理： $\mathrm{Rt}\triangle ABC \Rightarrow a^2 + b^2 = c^2$（最长边为 c） （2）勾股定理逆定理： $a^2 + b^2 = c^2 \Rightarrow \mathrm{Rt}\triangle ABC$（最长边为 c）	锐角 $\triangle ABC \Leftrightarrow a^2 + b^2 > c^2$（最长边为 c） 直角 $\triangle ABC \Leftrightarrow a^2 + b^2 = c^2$（最长边为 c） 钝角 $\triangle ABC \Leftrightarrow a^2 + b^2 < c^2$（最长边为 c）

射影定理的含义、公式见表 3 - 6 - 2.

表 3 - 6 - 2

射影的含义	射影定理
斜边为 AB，斜边上的高为 CD AC 在 AB 上的射影是 AD（斜足到垂足） BC 在 AB 上的射影是 BD（斜足到垂足）	公式一：$AC^2 = AD \times AB$ 公式二：$BC^2 = BD \times AB$ 公式三：$CD^2 = AD \times DB$

（6）三角形的全等及相似

1）三角形全等的判定定理、性质定理见表 3 - 6 - 3.

表 3 - 6 - 3

三角形全等的判定定理	三角形全等的性质定理
（1）两边及其夹角对应相等（SAS） （2）两角及其夹边对应相等（ASA） （3）三边对应相等（SSS） （4）两角和其中一角的对边相等（AAS） （5）在两个直角三角形中，有一条直角边和斜边分别相等（HL）	一切对应量（角、线、周长、面积）全相等

2）三角形相似的判定定理、性质定理见表 3 - 6 - 4.

表 3 - 6 - 4

三角形相似的判定定理	三角形相似的性质定理 —— 维度论
（1）有两角对应相等（AA） （2）三条边对应成比例（SSS） （3）有一角相等且夹这等角的两边对应成比例（SAS）	（1）零维量（角度）的比等于相似比的零次方 （2）一维量（线段）的比等于相似比的一次方 （3）二维量（面积）的比等于相似比的二次方 （4）三维量（体积）的比等于相似比的三次方

四边形 ↰

（1）平行四边形

1）平行四边形的性质及判定定理见表 3 - 6 - 5.

表 3 - 6 - 5

平行四边形的判定定理	平行四边形的性质定理
(1) 两组对边分别平行 (2) 一组对边平行且相等 (3) 两组对边分别相等 (4) 两条对角线互相平分 (5) 两组对角分别相等	(1) 平行四边形的对边平行且相等 (2) 对角相等 (3) 对角线互相平分 (4) 平行四边形的周长 $l = 2(a + b)$ (5) 面积 $S = bh$

2) 面积与周长公式

平行四边形两边长是 a,b,以 b 为底边的高为 h,面积为 $S = bh$,周长为 $C = 2(a + b)$.

(2) 矩形

1) 矩形的性质与判定定理见表 3 - 6 - 6.

表 3 - 6 - 6

矩形的判定定理	矩形的性质定理
一个角是直角的平行四边形	矩形的四个角均是直角,对角线相等

2) 面积与周长公式

矩形两边长是 a,b,面积为 $S = ab$,周长为 $C = 2(a + b)$,对角线 $l = \sqrt{a^2 + b^2}$.

(3) 菱形

1) 菱形的性质与判定定理见表 3 - 6 - 7.

表 3 - 6 - 7

菱形的判定定理	菱形的性质定理
一组邻边相等的平行四边形 	(1) 菱形的四个边都相等 (2) 对角线相互垂直平分 (3) 对角线平分角度(与勾股定理综合) (4) 菱形的面积 $S = \dfrac{1}{2}mn$ 其中 m,n 是对角线的长度(常考)

2) 面积与周长公式

四边边长均为 a,以 a 为底边的高为 h,面积为 $S = ah = \dfrac{1}{2}l_1 l_2$,其中 l_1, l_2 分别为对角线的长,周长为 $C = 4a$.

(4) 梯形

1) 梯形的性质与判定定理见表 3 - 6 - 8.

表 3 - 6 - 8

梯形的判定定理	梯形的性质定理
只有一组对边平行且不相等的四边形 	(1) 等腰梯形的对角线相等 (2) 等腰梯形的底角相等 (3) 梯形的中位线 $MN = \dfrac{1}{2}(a + b)$ 面积 $S = \dfrac{1}{2}(a + b)h$(常考)

2) 面积与周长公式

上底为 a,下底为 b,高为 h,中位线为 $l = \dfrac{1}{2}(a + b)$,面积 $S = \dfrac{1}{2}(a + b)h.$

圆与扇形

(1) 圆

1) 圆的概念:平面内到定点的距离等于定长的点的集合,见表 3 - 6 - 9.

表 3 - 6 - 9

直线段	曲线段与角
圆上任意一点到圆心的距离为半径,记作 r 连接圆上的任意两点的线段叫作弦 经过圆心的弦叫作直径,记作 d 圆心到弦的距离叫作弦心距	圆上任意两点间的部分叫作圆弧,记作 l 顶点在圆心的角叫圆心角,记作 α 顶点在圆上,两边为弦的角叫作圆周角

2) 圆的性质见表 3 - 6 - 10.

表 3 - 6 - 10

三点定圆	不在同一条直线的三个点可以确定一个圆
垂径定理	垂直于弦的直径平分这条弦,并且平分弦所对的弧
圆心圆周角	同弧所对的圆周角是圆心角的一半,直径所对的圆周角为直角
等弧定理	在同圆或等圆中,相等的圆心角所对的弧相等,所对的弦相等,所对弦的弦心距相等
圆内接四边形	圆内接四边形的对角互补,并且任何一个外角都等于它的内对角

3) 联考常考的重要公式见表 3 - 6 - 11.

表 3 - 6 - 11

	圆	扇形
面积	$S_{圆} = \pi r^2$	$(1) S_{扇形} = S_{圆} \cdot \dfrac{\alpha}{360°} = S_{圆} \cdot \dfrac{l}{C}$;$(2) S_{扇形} = \dfrac{1}{2}lr$
周长(弧长)	$C = 2\pi r = \pi d$	$l = C \cdot \dfrac{\alpha}{360°} = 2\pi r \cdot \dfrac{\alpha}{360°} = r\theta$(其中 θ 为扇形的弧度数)

（2）扇形

1）扇形弧长：$l = r\theta = \dfrac{\alpha°}{360°} \times 2\pi r$，其中 θ 为扇形角的弧度数，α 为扇形角的角度，r 为扇形半径.

2）$S = \dfrac{\alpha°}{360°} \times \pi r^2 = \dfrac{1}{2}lr$，$\alpha$ 为扇形角的角度，r 为扇形半径.

【注】扇形面积公式可以和三角形面积公式类比记忆.

立体几何

（1）长方体

设三条棱长分别为 a,b,c.

1）长方体的全面积，$S_全 = 2(ab + bc + ca)$.

2）长方体的体积，$V = abc = Sh$.

3）长方体的对角线，$d = \sqrt{a^2 + b^2 + c^2}$.

4）当 $a = b = c$ 时的长方体称为正方体，且有 $S_全 = 6a^2$，$V = a^3$，$d = \sqrt{3}a$.

（2）圆柱体

1）轴截面：矩形，其中一边长为底面圆的直径，另一边为圆柱的高（母线长）.

2）侧面展开图：矩形，其中一边长为底面圆的周长，另一边为圆柱的高（母线长）.

3）特殊的圆柱体：

① 轴截面是正方形的圆柱：$d = 2r = h$（也称为等边圆柱）.

② 侧面展开图是正方形的圆柱：$2\pi r = h$.

4）重要公式

设高为 h，底面半径为 r.

① 圆柱体的侧面积 $S_侧 = ch = 2\pi rh$.

② 圆柱体的全面积 $S_全 = 2\pi r(h + r)$.

③ 圆柱体的体积 $V = \pi r^2 h$.

（3）球

设球的半径为 r.

1）球的表面积 $S = 4\pi r^2$.

2）球的体积 $V = \dfrac{4}{3}\pi r^3$.

（4）长方体、圆柱体和球体的关系 —— 内切与内接、外切与外接

长方体、圆柱体和球体的关系见表 3 - 6 - 12.

表 3 - 6 - 12

	体对角线是解决"接与切"问题的关键			
考点	体对角线长	外接球	内切球	注释
长方体	$\sqrt{a^2 + b^2 + c^2}$	$2R = \sqrt{a^2 + b^2 + c^2}$	当且仅当 $a = b = c$ 时存在,$2R = a = b = c$	长 a 宽 b 高 c
圆柱体	1) $\sqrt{(2\pi r)^2 + h^2}$(面上) 2) $\sqrt{(2r)^2 + h^2}$(空间上)	$2R = \sqrt{(2r)^2 + h^2}$	当且仅当 $2r = h$ 时存在,$2R = 2r = h$	底面半径 r 高 h

长方体、圆柱体和球体面积公式与体积公式小结,见表 3 - 6 - 13.

表 3 - 6 - 13

	立体几何基本公式梳理		
考点	表面积公式	体积公式	注释
长方体 (正方体)	$S = 2(ab + bc + ca)$ $S = 6a^2$	$V = abc$ $V = a^3$	长 a 宽 b 高 c
圆柱体	$S = 2\pi rh + 2\pi r^2$	$V = \pi r^2 h$	底面半径 r 高 h
球体	$S = 4\pi R^2$	$V = \dfrac{4}{3}\pi R^3$	半径 R

三、技 巧 点 拨

求线段长或线段长度之和的方法

方法一:直线上的点与直线外一点构成的所有线段中,垂线段最短.

(1) 例如,一块临河三角形的地如图 3 - 6 - 3 所示,其中 BC 表示河流,$\triangle ABC$ 的三边之长分别为 6,8,10(单位:千米),那么要修建管道将水从河里引入 A 地,最少需要多长的管道?

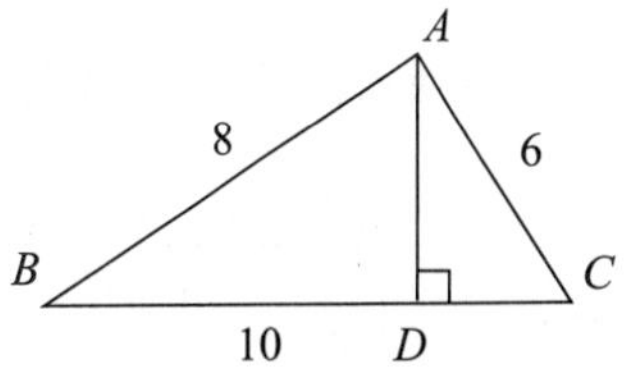

解:作 $AD \perp BC$,则 AD 为所求.

根据等面积法可知:

$AD = 4.8$.

图 3 - 6 - 3

方法二:两点之间,线段最短(往往需要作对称点).

(2) 例如,一块临河直角梯形的区域如图 3 - 6 - 4a 所示,其中 CD 表示河流,河流可以近似看作是一条直线,$AC = 14$,$BD = 4$,$AB = 26$,现在当地政府欲在河段上选址建设一个自来水厂,同时架设水管向 A,B 两地供水,那么总水管长度最少为多少?(单位:千米)

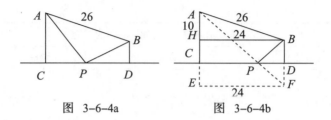

图 3-6-4a　　　　　　图 3-6-4b

解:方案一:如图 3 - 6 - 4b 所示,作 B 关于 CD 的对称点 F,作 $FE \perp AC, BH \perp AC$,连接 AF,交 CD 于 P.则 AF 为所求,$BH = 24, AE = 18, EF = 24 \Rightarrow AF = 30$.

方案二:选址在 D 处,则总水管长度 $AB + BD = 26 + 4 = 30$.两方案总长相同.

方法三:长方体、圆柱体表面,两点之间的最短距离应在展开面上用方法二.

(3) 例如,如图 3 - 6 - 5a 所示,圆柱体的高为 6,地面圆周长为 32,CD 和 EF 是相互垂直的两条直径,一只蚂蚁想沿着圆柱体的表面从 A 点爬到 E 点,那么蚂蚁爬行的最短距离为多少?

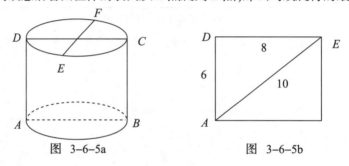

图 3-6-5a　　　　　　图 3-6-5b

解:将圆柱体的侧面展开,如图 3 - 6 - 5b 所示,则 AE 为所求.

根据已知可得 $AD = 6, DE = 8$.

根据勾股定理可知 $AE = 10$.

方法四:球体表面,两点之间的最短距离应在大圆上考虑.

(4) 例如,地球可以近似看作一个球体,两个城市之间的最短航线是球心、两个城市所在圆上的一段弧长(飞机的垂直高度这里忽略不计,实际情况可以考虑进去).

三角形的周长与面积公式、最值规律 ◓

三角形的周长与面积公式见表 3 - 6 - 14.

表 3 - 6 - 14

	三角形的周长公式	三角形的面积公式	备注
常规方法	$a + b + c$	$\dfrac{1}{2}ah$	h 是底边 a 上高
备用方法		$\sqrt{p(p-a)(p-b)(p-c)}$	海伦公式 p 是半周长
特殊结论	$3a$	$\dfrac{\sqrt{3}a^2}{4}$	等边三角形边长 a

周长与面积的最值规律：

（1）周长一定，折线图形越接近于正 n 边形，面积越大；曲线图形越接近于圆，面积越大．

特别地，周长一定，$S_{三角形} \leqslant S_{正三角形} < S_{正四边形} < S_{正五边形} < \cdots < S_{圆}$．

（2）面积一定，折线图形越接近于正 n 边形，周长越小；曲线图形越接近于圆，周长越小．

特别地，面积一定，$C_{三角形} \geqslant C_{正三角形} > C_{正四边形} > C_{正五边形} > \cdots > C_{圆}$．

求面积的核心方法 ◤

（1）规则图形转化法求面积

以三角形的面积为例，具体转化见表 3 - 6 - 15．

表 3 - 6 - 15

	基本原理一	基本原理二	基本原理三
基本图形	 同底等高，面积相等	 $MQ=QN$ 同高等底，面积相等	 $MN=3MQ$ $MC=2MB$
结论	$S_{\triangle BMN} = S_{\triangle CMN}$	$S_{\triangle BMQ} = S_{\triangle BQN}$	$S_{\triangle MCN} = 6S_{\triangle MBQ}$ $S_{\triangle MCN} = \dfrac{1}{2}MN \cdot MC \cdot \sin \angle NMC$ $S_{\triangle MBQ} = \dfrac{1}{2}MQ \cdot MB \cdot \sin \angle BMQ$ 因为 $\angle NMC + \angle BMQ = 180°$ 则 $\sin \angle NMC = \sin \angle BMQ$ 则 $S_{\triangle MCN} = 6S_{\triangle MBQ}$

（2）不规则图形求面积

首先将图形画出来，然后利用重叠、割补等方法，转化为规则图形的面积来计算．

判断三角形形状常见关系 ◤

（1）直角三角形的判断

判断条件 $\begin{cases} S = \dfrac{1}{2}ab \\ a^2 + b^2 = c^2 \\ 常见的勾股数 \end{cases}$

（2）等腰三角形的判断

判断条件：$a = b$

（3）等边三角形的判断

判断条件：$a^2 + b^2 + c^2 - ab - bc - ac = 0 \Rightarrow a = b = c$

四、命 题 点

等腰三角形、等边三角形、直角三角形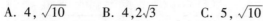

例1 方程 $x^2 - (1 + \sqrt{3})x + \sqrt{3} = 0$ 的两根分别为等腰三角形的腰 a 和底 $b(a < b)$，则该等腰三角形的面积是（　　）．

A. $\dfrac{\sqrt{11}}{4}$　　　B. $\dfrac{\sqrt{11}}{8}$　　　C. $\dfrac{\sqrt{3}}{4}$　　　D. $\dfrac{\sqrt{3}}{5}$　　　E. $\dfrac{\sqrt{3}}{8}$

例2 若 $\triangle ABC$ 的三边 a, b, c 满足 $a^2 + b^2 + c^2 = ab + bc + ca$，则 $\triangle ABC$ 为（　　）．

A. 等腰三角形　　　　　　　　B. 直角三角形　　　　　　　　C. 等边三角形

D. 等腰直角三角形　　　　　E. 以上都不对

例3（条件充分性判断）三角形是直角三角形．

（1）三角形的三条高线长之比为 $\sqrt{6} : \sqrt{3} : \sqrt{2}$．

（2）三角形的三条高线长之比为 $20 : 15 : 12$．

例4（条件充分性判断）$PQ \times RS = 12$．

（1）如图 $3 - 6 - 6$ 所示，$QR \times PR = 12$．

（2）如图 $3 - 6 - 6$ 所示，$PQ = 5$．

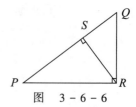

图 　3 - 6 - 6

例5 矩形 $ABCD$ 沿图 $3 - 6 - 7$ 所示的方式进行折叠，若 $AD = 9, AB = 3$，则 DE, EF 分别为（　　）．

A. $4, \sqrt{10}$　　　B. $4, 2\sqrt{3}$　　　C. $5, \sqrt{10}$

D. $5, 2\sqrt{2}$　　　E. $4, 2\sqrt{2}$

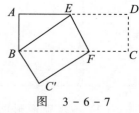

图 　3 - 6 - 7

例6（条件充分性判断）$\triangle ACD$ 的周长为 34．

（1）如图 $3 - 6 - 8$ 所示，沿折痕 DE 折叠，使得 B 与 A 重合．

（2）如图 $3 - 6 - 8$ 所示，$\text{Rt}\triangle ABC$ 中，$AC = 10, AB = 26$．

例7 如图 $3 - 6 - 9$ 所示，$AB = AC = 5, BC = 6, E$ 是 BC 的中点，$EF \perp AC$. 则 $EF = $（　　）．

A. 1.2　　　B. 2　　　C. 2.2

D. 2.4　　　E. 2.5

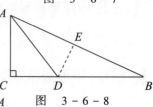

图 　3 - 6 - 8

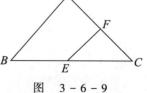

图 　3 - 6 - 9

例 8 （条件充分性判断）已知 M 是一个平面有限点集,则平面上存在到 M 中各点距离相等的点.

（1）M 中只有三个点.

（2）M 中的任意三点都不共线.

三角形、四边形的面积

例 9 直角边之和是 12 的直角三角形面积最大等于(　　　).

A. 16　　　　　　B. 18　　　　　　C. 20　　　　　　D. 22　　　　　　E. 以上均不正确

例 10 如图 3 - 6 - 10 所示,四边形 $ABCD$ 的四边中点分别是 P,Q,R,S,四边形 $PQRS$ 的四边中点分别是 U,V,W,X,已知四边形 $UVWX$ 的面积是 100,那么四边形 $ABCD$ 的面积为(　　　).

A. 500　　　　　　B. 450　　　　　　C. 300　　　　　　D. 350　　　　　　E. 400

例 11 直角三角形 ABC 的斜边 $AB = 13$cm,直角边 $AC = 5$cm,把 AC 对折到 AB 上去与斜边相重合,点 C 与点 E 重合,折痕为 AD(如图 3 - 6 - 11 所示),则图中阴影部分的面积为(　　　)cm^2.

A. 20　　　　　　B. $\dfrac{40}{3}$　　　　　　C. $\dfrac{38}{3}$　　　　　　D. 14　　　　　　E. 12

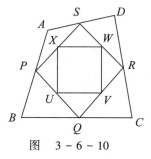

图　3 - 6 - 10

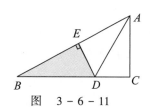

图　3 - 6 - 11

例 12 如图 3 - 6 - 12,长方形 $ABCD$ 的两条边长分别为 8m 和 6m,四边形 $OEFG$ 的面积是 4m^2,则阴影部分的面积为(　　　).

A. 32m^2　　　　　　B. 28m^2　　　　　　C. 24m^2　　　　　　D. 20m^2　　　　　　E. 16m^2

例 13 如图 3 - 6 - 13,C 是以 AB 为直径的半圆上的一个点,再分别以 AC 和 BC 作半圆,若 $AB = 5$,$AC = 3$,则图中阴影部分的面积是(　　　).

A. 3π　　　　　　B. 4π　　　　　　C. 5π　　　　　　D. 6　　　　　　E. 4

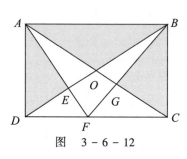

图　3 - 6 - 12

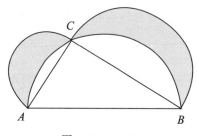

图　3 - 6 - 13

例 14 如图 3 - 6 - 14 所示,四个相同的长方形拼成面积为 529 的正方形 $AEHK$,若阴影部分的面积为 9,则原来每个长方形的长为 ( ).

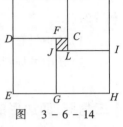

　　A. 10 　　　　B. 11 　　　　C. 12

　　D. 13 　　　　E. 14

图　3 - 6 - 14

例 15 a,b 是两个大小相同的三角形纸片,其三边长之比为 $3:4:5$,按图 3 - 6 - 15a 和图 3 - 6 - 15b 所示的方法将它们对折,使折痕(图中虚线) 过其中一个顶点,且使该顶点所在的两边重合,记折叠后不重合部分的面积分别是 S_a,S_b(阴影部分),已知 $S_a + S_b = 39$,则三角形纸片 a 的面积是( ).

　　A. 72 　　　B. 150 　　　C. 180 　　　D. 96 　　　E. 108

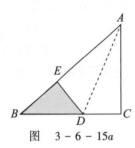

图　3 - 6 - 15a

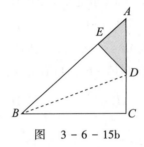

图　3 - 6 - 15b

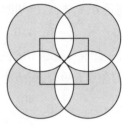

图　3 - 6 - 16

例 16 如图 3 - 6 - 16 所示,4 个圆的圆心是正方形的 4 个顶点,它们的公共点是该正方形的中心. 如果每个圆的半径都是 2cm,那么阴影部分的总面积是( )cm².

　　A. 8 　　　　B. 9 　　　　C. 10

　　D. 16 　　　　E. 32

圆与扇形

例 17 如图 3 - 6 - 17 所示,有一圆形展厅,在其圆形边缘上的点 P 处安装了一台监视器,它的监控角度是65°. 为了监控整个展厅,最少需在圆形边缘上共安装这样的监视器( ).

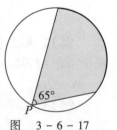

图　3 - 6 - 17

　　A. 5 台 　　　　B. 4 台 　　　　C. 3 台

　　D. 2 台 　　　　E. 6 台

例 18 (条件充分性判断) 如图 3 - 6 - 18 所示,$CD \perp AB$,AB 是半圆的直径,则半圆的面积是 $\dfrac{25\pi}{2}$.

　　(1)$AD = 8,CD = 4$. 　　　　　　(2)$BD = 2,CD = 4$.

例 19 如图 3 - 6 - 19 所示,圆 A 与圆 B 的半径均为 1,则阴影部分的面积为( ).

　　A. $\dfrac{2\pi}{3}$ 　　B. $\dfrac{\sqrt{3}}{2}$ 　　C. $\dfrac{\pi}{3} - \dfrac{\sqrt{3}}{4}$ 　　D. $\dfrac{2\pi}{3} - \dfrac{\sqrt{3}}{4}$ 　　E. $\dfrac{2\pi}{3} - \dfrac{\sqrt{3}}{2}$

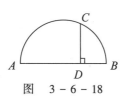

图　3 - 6 - 18

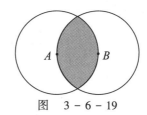

图　3 - 6 - 19

空间几何体的体积与表面积

例 20 若圆柱体的高增大到原来的 2 倍,底面积增大到原来的 4 倍,则其外接球的体积增大到原来的外接球的体积的倍数是(　　).

A. 4.5　　　　B. 8　　　　C. 9　　　　D. 16　　　　E. - 15

例 21 (条件充分性判断) 底面半径为 r,高为 h 的圆柱体表面积为 S_1,半径为 R 的球体表面积为 S_2,则 $S_1 \leqslant S_2$.

(1) $R \geqslant \dfrac{r+h}{2}$.　　　　　　　　(2) $R \leqslant \dfrac{2h+r}{3}$.

例 22 某个零部件是由图 3 - 6 - 20 所示的边界为边长是 2 的正方形的图形围绕对称轴(图中间的虚线表示) 旋转 180° 得到,其中阴影部分为材料,空白地方为挖去的两个半圆,那么该零部件的体积是(　　).

A. $\dfrac{4}{3}\pi$　　　　B. $\dfrac{2}{3}\pi$　　　　C. $\dfrac{8}{3}\pi$

D. π　　　　E. $\dfrac{1}{3}\pi$

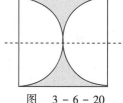

图　3 - 6 - 20

空间几何体的外接球与内切球

例 23 将半径为 R 的球磨成一个圆柱体,则这个圆柱体的体积最大为(　　).

A. $\dfrac{4\sqrt{3}}{27}\pi R^3$　　B. $\dfrac{8\sqrt{3}}{9}\pi R^3$　　C. $\dfrac{4}{27}\pi R^3$　　D. $\dfrac{8\sqrt{3}}{27}\pi R^3$　　E. $\dfrac{4\sqrt{3}}{9}\pi R^3$

例 24 某加工厂的师傅要用车床将一个球形铁块磨成一个正方体,若球的体积为 V,那么这个加工出来的正方体的体积最大为(　　).

A. $\dfrac{\sqrt{3}\,V}{3\pi}$　　　B. $\dfrac{2\sqrt{3}\,V}{3\pi}$　　　C. $\dfrac{2\pi}{\sqrt{3}\,V}$　　　D. $\dfrac{\pi}{\sqrt{3}\,V}$　　　E. 以上均不对

例 25 如图 3 - 6 - 21 所示,正方体位于半径为 3 的球内,且其一面位于球的大圆上,则正方体表面积最大为(　　).

A. 12　　　　B. 18　　　　C. 24

D. 30　　　　E. 36

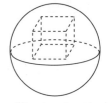

图　3 - 6 - 21

命题点答案及解析

例1解析 一元二次方程求根在联考实战中一般有两种方法：

方法一：分解因式 —— 十字相乘法（优先选用）

方法二：求根公式（备用方法）

方程 $ax^2 + bx + c = 0(a \neq 0)$ 的两个根为 $x_{1,2} = \dfrac{-b \pm \sqrt{b^2 - 4ac}}{2a}$.

回归本题,解析如下：

第一步,分解因式 —— 十字相乘法

方程 $x^2 - (1 + \sqrt{3})x + \sqrt{3} = 0$ 分解如下：

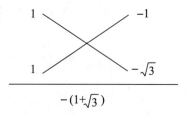

十字相乘法

故 $(x - 1)(x - \sqrt{3}) = 0 \Rightarrow a = 1, b = \sqrt{3}$.

第二步,求三角形的面积（如图 $3-6-22$ 所示）

等腰三角形求面积的一般步骤：

首先,作底边上的高线,用勾股定理求出高线长.

然后,用三角形面积公式求面积.

本题中,作 $\triangle ABC$ 底边上的高 AD,

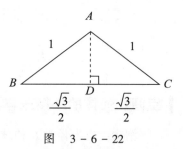

图 $3-6-22$

则 $BD = DC = \dfrac{\sqrt{3}}{2}$（三线合一定理）,

$$AD = \sqrt{1^2 - \left(\dfrac{\sqrt{3}}{2}\right)^2} = \dfrac{1}{2},$$

故 $S_{\triangle ABC} = \dfrac{1}{2} \times \sqrt{3} \times \dfrac{1}{2} = \dfrac{\sqrt{3}}{4}$.

综上所述,答案是 **C**.

例2解析

$$a^2 + b^2 + c^2 - ab - bc - ca$$

$$= \dfrac{1}{2}\left[(a - b)^2 + (b - c)^2 + (c - a)^2\right]$$

$$= 0$$

$$\Rightarrow a = b = c.$$

即 $\triangle ABC$ 为等边三角形.

综上所述,答案是 **C**.

例3解析　条件(1) 和(2) 分别都能推出结论. 推导:

条件(1): $h_a : h_b : h_c = \dfrac{1}{a} : \dfrac{1}{b} : \dfrac{1}{c} = \sqrt{6} : \sqrt{3} : \sqrt{2} \Rightarrow a : b : c = 1 : \sqrt{2} : \sqrt{3}$

$\Rightarrow a^2 + b^2 = c^2 \Rightarrow$ 直角三角形.

条件(2): $h_a : h_b : h_c = \dfrac{1}{a} : \dfrac{1}{b} : \dfrac{1}{c} = 20 : 15 : 12 \Rightarrow a : b : c = 3 : 4 : 5$

$\Rightarrow a^2 + b^2 = c^2 \Rightarrow$ 直角三角形.

综上所述,答案是 **D**.

例4解析　条件(1) 能推出结论,故条件(1) 是充分条件.

推导:等面积法 $\left\{ \begin{array}{l} S_{\triangle PQR} = \dfrac{QR \cdot PR}{2} = 6 \\ S_{\triangle PQR} = \dfrac{PQ \cdot RS}{2} \end{array} \right. \Rightarrow PQ \cdot RS = 12.$

条件(2) 不能推出结论,故条件(2) 不是充分条件.

综上所述,答案为 **A**.

例5解析　根据题意有,$AB^2 + AE^2 = BE^2 = DE^2$,

设 $DE = x$,则有 $3^2 + (9 - x)^2 = x^2$,

解得 $x = 5$,即 $DE = 5, AE = 4$,

同理可求得 $BF = 5$,故 $EF = \sqrt{(5 - 4)^2 + 3^2} = \sqrt{10}$.

综上所述,答案是 **C**.

例6解析　条件(1) 和(2) 分别不能推出结论,联合可以推出结论. 推导:$BC = 24$.

翻折得到图形与原图形全等 $\Rightarrow AD = BD \Rightarrow \triangle ACD$ 的周长 $= AC + BC = 10 + 24 = 34$.

综上所述,答案是 **C**.

例7解析　如图 3 - 6 - 23 所示,连接 AE,又 $AB = AC = 5$,故 $AE \perp BC$,

又 $BE = 3$,故 $AE = 4$.

$\dfrac{1}{2} \times EC \times AE = \dfrac{1}{2} \times AC \times EF \Rightarrow \dfrac{1}{2} \times 3 \times 4 = \dfrac{1}{2} \times 5 \times EF.$

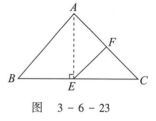

图　3 - 6 - 23

故 $EF = \dfrac{12}{5} = 2.4$.

综上所述,答案是 **D**.

例8解析　对于条件(1):取反例:三点共线,则条件(1) 不充分.

对于条件(2):取反例:平面内不在圆周上的任意 5 个点,且任意三点不共线,找不出到这 5 个点距离都相等的点,故条件(2) 不充分.

联合条件(1)与(2),有且仅有三个点,且三点不共线,则这三点能构成三角形,根据三角形的外心性质,三角形的外心到三个顶点的距离相等且存在,故联合充分.

综上所述,答案是 **C**.

例 9 解析 设两直角边为 a,b,则 $a + b = 12$.

$$S = \frac{1}{2}ab \leqslant \frac{1}{2} \times \left(\frac{a+b}{2}\right)^2 = \frac{1}{2} \times 36 = 18.$$

综上所述,答案是 **B**.

例 10 解析 <u>中点四边形定理:中点四边形的面积是"生身母亲"</u>

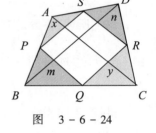

图 3-6-24

面积的一半!

设四边形 $ABCD$ 的面积为 S,其他字母所表示的图形面积表在图 3-6-24 中.

根据相似图形中,面积比等于相似比的平方可得:

$$\begin{cases} x = \frac{1}{4}S_{\triangle ABD} \\ y = \frac{1}{4}S_{\triangle CBD} \end{cases} \Rightarrow x + y = \frac{1}{4}S_{\triangle ABD} + \frac{1}{4}S_{\triangle CBD} = \frac{1}{4}S,$$

同理可得 $$m + n = \frac{1}{4}S,$$

故 $$(x + y) + (m + n) = \frac{1}{2}S.$$

结论:中点四边形的面积是"生身母亲"面积的一半!

据此可得 $S_{ABCD} = 400$.

综上所述,答案是 **E**.

例 11 解析 第一步,画图求边角.

画图:题目已经给出示意,

求边:$BC = \sqrt{AB^2 - AC^2} = \sqrt{13^2 - 5^2} = 12$,(考点:勾股定理)

$BE = AB - AE = AB - AC = 13 - 5 = 8$,(考点:翻折全等)

求角:$\angle BED = \angle AED = \angle ACD = 90°$.(考点:翻折全等)

第二步,用相似求面积.

求面积:$S_{\triangle BCA} = \frac{1}{2} \times 5 \times 12 = 30$,(考点:面积公式)

三角形相似:$\triangle BED \backsim \triangle BCA$,(考点:相似三角形的判定)

相似比 $k = \dfrac{BE}{BC} = \dfrac{8}{12} = \dfrac{2}{3}$,(考点:相似三角形的性质)

面积比等于相似比的平方 $\Rightarrow \dfrac{S_{\triangle BED}}{S_{\triangle BCA}} = k^2 = \left(\dfrac{2}{3}\right)^2 = \dfrac{4}{9}$

$$\Rightarrow S_{\triangle BED} = \frac{4}{9}S_{\triangle BCA} = \frac{4}{9} \times 30 = \frac{40}{3}.$$

（考点：相似三角形的性质）

综上所述，答案为 **B**.

例 12 解析　$S_{阴影} = S_{矩形ABCD} - S_{空白}$

$$S_{空白} = S_{\triangle ACF} + S_{\triangle BDF} - S_{四边形OEFG} = \frac{1}{2}CF \cdot BC + \frac{1}{2}DF \cdot BC - 4$$

$$= \frac{1}{2}(CF + DF) \cdot BC - 4 = \frac{1}{2}DC \cdot BC - 4$$

$$= \frac{1}{2} \times 8 \times 6 - 4 = 20,$$

故　　　　　　$S_{阴影} = S_{矩形ABCD} - S_{空白} = 8 \times 6 - 20 = 28.$

综上所述，答案是 **B**.

例 13 解析　求角：AB 为直径 $\Rightarrow \angle ACB = 90°$，（考点：直径所对的圆周角等于 90°）

求边：$\text{Rt}\triangle ACB$ 中，$BC = \sqrt{5^2 - 3^2} = 4$，（考点：勾股定理）

求面积：$S_{阴影} = S_2 + S_3 + S_4 - S_1$，（考点：图形的分割组合）

其中：以 AB,AC,BC 为直径的半圆面积分别为 S_1,S_2,S_3，$\text{Rt}\triangle ACB$ 的面积为 S_4.

由半圆的面积公式、三角形的面积公式得：

$$S_1 = \frac{1}{2}\pi\left(\frac{5}{2}\right)^2 = \frac{25\pi}{8},\ S_2 = \frac{1}{2}\pi\left(\frac{3}{2}\right)^2 = \frac{9\pi}{8},$$

$$S_3 = \frac{1}{2}\pi\left(\frac{4}{2}\right)^2 = 2\pi,\ S_4 = \frac{1}{2} \times 3 \times 4 = 6,$$

故　　　　$S_{阴影} = S_2 + S_3 + S_4 - S_1 = \frac{9\pi}{8} + 2\pi + 6 - \frac{25\pi}{8} = 6.$

综上所述，答案为 **D**.

例 14 解析　设原来每个长方形的长、宽分别为 $x,y(x > y)$.

注意到，大正方形的边长为 23，

阴影部分是一个小正方形，边长为 3，

故　　　　$\begin{cases} x + y = 23 \\ x - y = 3 \end{cases} \Rightarrow x = 13.$

综上所述，答案是 **D**.

例 15 解析　第一步，画图求边角（以图 3 - 6 - 14a 示范）

求边：根据比例关系，设 $AC = 3m$，$BC = 4m$，$AB = 5m$，

$BC^2 + AC^2 = AB^2 \Rightarrow \text{Rt}\triangle ABC$，（考点：勾股定理）

$BE = AB - AE = AB - AC = 5m - 3m = 2m$，（考点：翻折全等）

求角：$\angle BED = \angle AED = \angle ACD = 90°$.（考点：勾股定理，翻折全等）

第二步,用相似求面积

$S_{\triangle BCA} = \dfrac{1}{2} \times 3m \times 4m = 6m^2$,(考点:面积公式)

$\triangle BED \backsim \triangle BCA$,(考点:相似三角形的性质)

由面积比等于相似比的平方可知,$\dfrac{S_{\triangle BED}}{S_{\triangle BCA}} = k^2 = \left(\dfrac{1}{2}\right)^2 = \dfrac{1}{4}$

$$\Rightarrow S_{\triangle BED} = \dfrac{1}{4} S_{\triangle BCA} = \dfrac{1}{4} \times 6m^2 = \dfrac{3}{2} m^2.$$

(考点:相似三角形的性质)

同理可得,图 3 - 6 - 14b 中阴影部分的面积为 $\dfrac{2}{3} m^2$.

故 $\dfrac{3}{2} m^2 + \dfrac{2}{3} m^2 = 39 \Rightarrow m^2 = 18 \Rightarrow S_{\triangle BCA} = 6m^2 = 108$.

综上所述,答案为 **E**.

例 16 解析　　第一步,求正方形的面积.

正方形可以分割成两个底为 4,高为 2 的三角形,其面积为 $\dfrac{1}{2} \times 4 \times 2 \times 2 = 8$.

第二步,求空白部分的面积.

正方形内空白部分面积为 4 个 $\dfrac{1}{4}$ 圆的面积与正方形面积之差,即一个圆的面积与正方

形面积之差,

即 $\pi \times 2^2 - 8 = (4\pi - 8)\text{cm}^2$.

所有空白部分面积为 $2(4\pi - 8)\text{cm}^2$.

第三步,求阴影部分的面积.

阴影部分面积为四个圆面积之和与两个空白面积之和的差,

即 $\pi \times 2^2 \times 4 - 2 \times 2(4\pi - 8) = 16\pi - 16\pi + 32 = 32\text{cm}^2$.

综上所述,答案是 **E**.

例 17 解析　　$\dfrac{180°}{65°} = 2.77 \Rightarrow 2$ 台不够,3 台有余.

故最少需在圆形边缘上共安装这样的监视器 3 台.

综上所述,答案是 **C**.

例 18 解析　　条件(1) 和(2) 分别都能推出结论. 如图 3 - 6 - 25 所示,推导:

(1) 中:射影定理 $\Rightarrow CD^2 = AD \times BD \Rightarrow BD = 2 \Rightarrow AB = 8 + 2 = 10 \Rightarrow r = 5$.

面积公式 $\Rightarrow S = \dfrac{25\pi}{2}$,即推出了结论.

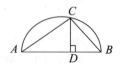

图　3 - 6 - 25

(2) 中:射影定理 $\Rightarrow CD^2 = AD \times BD \Rightarrow AD = 8 \Rightarrow AB = 8 + 2 = 10 \Rightarrow r = 5$.

面积公式 $\Rightarrow S = \dfrac{25\pi}{2}$，即推出了结论.

综上所述，答案是 **D**.

例 19 解析　如图 3 - 6 - 26 所示，$S_{阴影} = 2S_{\overparen{CBO}} = 2(S_{扇AOC} - S_{\triangle AOC})$

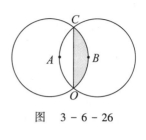

图　3 - 6 - 26

$$= 2\left(\dfrac{\pi}{3} - \dfrac{1}{2} \times \dfrac{1}{2} \times \sqrt{3}\right)$$

$$= \dfrac{2\pi}{3} - \dfrac{\sqrt{3}}{2}$$

综上所述，答案是 **E**.

例 20 解析　设原来的圆柱体的底面半径为 r，高为 h，外接球的半径为 R_1，

则
$$2R_1 = \sqrt{(2r)^2 + h^2},$$

现在的圆柱体的底面半径为 $2r$，高为 $2h$，外接球的半径为 R_2，则

$2R_2 = \sqrt{(4r)^2 + (2h)^2} = 4R_1 \Rightarrow R_2 = 2R_1 \Rightarrow$ 体积倍数为 8.

综上所述，答案是 **B**.

例 21 解析　$S_1 = 2\pi r^2 + 2\pi rh, S_2 = 4\pi R^2, S_1 \leqslant S_2 \Rightarrow r^2 + rh \leqslant 2R^2$.

条件(1)：$R \geqslant \dfrac{r + h}{2} \Rightarrow 2R^2 \geqslant \dfrac{r^2 + h^2}{2} + rh$，不充分.

条件(2)：$R \leqslant \dfrac{2h + r}{3} \Rightarrow 2R^2 \leqslant \dfrac{2(2h + r)^2}{9}$，不充分.

条件(1) 联合条件(2)：$\dfrac{r + h}{2} \leqslant R \leqslant \dfrac{2h + r}{3} \Rightarrow h \geqslant r$.

故 $2R^2 \geqslant \dfrac{r^2 + h^2}{2} + rh \geqslant \dfrac{r^2 + r^2}{2} + rh = r^2 + rh$，充分.

综上所述，答案是 **C**.

例 22 解析　半圆的半径为 1，正方形的边长为 2，题目中得到的旋转体为一个圆柱体挖去一个球，圆柱体的底面半径为 1，高为 2，体积为 2π.

球体的半径为 1，体积为 $\dfrac{4}{3}\pi r^3 = \dfrac{4}{3}\pi$.

旋转体的体积为 $2\pi - \dfrac{4}{3}\pi = \dfrac{2}{3}\pi$.

综上所述，答案是 **B**.

例 23 解析　如图 3 - 6 - 27 所示，

第一步，建立联系.

设磨成的圆柱体的底面半径为 r，高为 h.

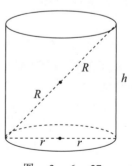

图　3 - 6 - 27

则
$$(2r)^2 + h^2 = (2R)^2,$$
第二步,根据目标使用均值不等式.

圆柱体积
$$V = \pi r^2 h,$$
$$4R^2 = 2r^2 + 2r^2 + h^2 \geqslant 3\sqrt[3]{4r^4 h^2}$$
$$\Rightarrow r^2 h \leqslant \frac{4\sqrt{3}}{9}R^3 \Rightarrow V_{\max} = \frac{4\sqrt{3}}{9}\pi R^3.$$

综上所述,答案是 **E**.

例 24 解析   当正方体内接于球时,正方体的体积最大.
$$\sqrt{3}a = 2R \Rightarrow a = \frac{2R}{\sqrt{3}} \Rightarrow a^3 = \frac{8\sqrt{3}}{9}R^3,$$

因为
$$V = \frac{4}{3}\pi R^3 \Rightarrow R^3 = \frac{3V}{4\pi},$$

所以
$$a^3 = \frac{2\sqrt{3}\,V}{3\pi}.$$

综上所述,答案是 **B**.

例 25 解析   设正方体棱长为 a,将相同的正方体放入球体下半部分,
如图 3 - 6 - 28 所示,若要表面积最大,则长方体内接于球体.

故 $\sqrt{a^2 + a^2 + (2a)^2} = 2 \times 3 \Rightarrow 6a^2 = 36.$

所以正方体的表面积最大为 36.

综上所述,答案是 **E**.

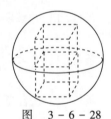

图 3 - 6 - 28

五、综 合 训 练

▌综合训练题

1. 如图 3 - 6 - 29 所示,在 $\triangle ABC$ 中 $DE \parallel BC$,且 BO 和 CO 分别是 $\angle ABC$ 和 $\angle ACB$ 的角平分线. 已知 $AB = 25.4, BC = 24.5, AC = 20$,则 $\triangle ADE$ 的周长为(   ).
   A. 45.4   B. 45.1   C. 44.8   D. 44.5   E. 44.1

2. 如图 3 - 6 - 30 所示,圆 O 是 $\triangle ABC$ 的内切圆,若 $\triangle ABC$ 的面积与周长的大小之比为 1 : 2,则圆 O 的面积为(   ).
   A. π B. 2π C. 3π D. 4π E. 5π

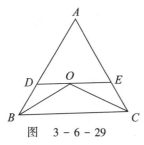

图　3－6－29

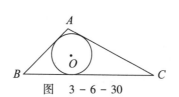

图　3－6－30

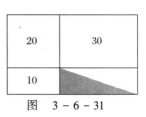

图　3－6－31

3. 如图 3－6－31 所示,有 4 个小长方形,其中的 3 个小长方形的面积分别为 20,10,30. 那么阴影部分的面积为(　　).

A. 7　　　　B. $\dfrac{15}{2}$　　　　C. 8　　　　D. 12　　　　E. 15

4. 如图 3－6－32 所示,在一个房间内,有一个梯子斜靠在墙上,梯子顶端距地面的垂直距离 AM 为 a,此时梯子的倾斜角为 75°,如果梯子底端不动,顶端靠在对面墙上,此时梯子顶端距地面的垂直距离 CN 为 b,梯子的倾斜角为 45°,则这间房间的宽 AD = (　　).

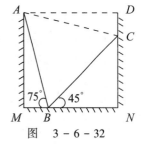

图　3－6－32

A. $2a-b$　　　B. a　　　C. $2b$

D. $\dfrac{1}{2}(a+b)$　　　E. $\dfrac{3}{2}a$

5. 如图 3－6－33 所示,两个半径为 2 的 $\dfrac{1}{4}$ 圆扇形 $\overset{\frown}{AO'B}$ 与 $\overset{\frown}{A'OB'}$ 叠放在一起,$MONO'$ 是正方形,则整个图形的面积是(　　).

A. 2π　　　B. 2　　　C. $\pi-1$

D. $2(\pi-1)$　　　E. π

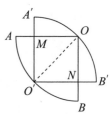

图　3－6－33

6. 如图 3－6－34 所示,矩形 $ABCD$,$AB=3$,$BC=4$. 把矩形沿直线 AC 折叠,点 B 落在点 F 处,CF 与 AD 相交于点 E,则 $\triangle AEC$ 的面积为(　　).

A. $\dfrac{75}{16}$　　　B. $\dfrac{21}{16}$　　　C. $\dfrac{55}{16}$

D. $\dfrac{43}{15}$　　　E. $\dfrac{35}{16}$

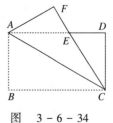

图　3－6－34

7. 如图 3－6－35 所示,大正方形边长是 10,小正方形边长是 8,阴影部分的面积为(　　).

A. 36　　　B. 48　　　C. 42

D. 50　　　E. 40

8. 如图 3－6－36 所示,三个边长为 1 的正方形所组成区域(实线区域)的面积为(　　).

A. $3-\sqrt{2}$　　　B. $3-\dfrac{3\sqrt{2}}{4}$　　　C. $3-\sqrt{3}$　　　D. $3-\dfrac{\sqrt{3}}{2}$　　　E. $3-\dfrac{3\sqrt{3}}{4}$

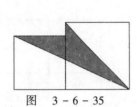

图　3 - 6 - 35

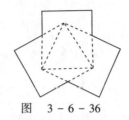

图　3 - 6 - 36

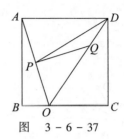

图　3 - 6 - 37

9. （条件充分性判断）如图 3 - 6 - 37 所示，已知正方形 $ABCD$ 的面积，点 O 为 BC 上一点，Q 为 DO 上一点，P 为 AO 的中点，则能确定 $\triangle PQD$ 的面积.

(1) O 为 BC 的三等分点.　　　　(2) Q 为 DO 的三等分点.

10. 球上有两个相距为 9 的平行截面，它们的面积为 49π 和 400π，则该球的表面积是（　　）.

A. 2500π　　　B. 1600π　　　C. 1200π　　　D. 900π　　　E. 800π

11. 如图 3 - 6 - 38 所示，长宽分别是 a，$2r$ 的长方形纸片两端分别去掉一个半圆，现在绕其对称轴 L_1 旋转 $180°$，则旋转得到的几何体的体积的是（　　）.

A. $\dfrac{\pi}{3}(3a - 4r)r^2$　　　　　B. $\dfrac{\pi}{3}(3a - r)r^2$　　　　　C. $\dfrac{\pi}{3}(3a - 2r)r^2$

D. $\dfrac{\pi}{3}(a - 4r)r^2$　　　　　E. $\dfrac{\pi}{3}(a - r)r^2$

12. 图 3 - 6 - 39 为一个棱长为 1 的正方体表面展开图，则该正方体中，AB 与 CD 确定的截面面积为（　　）.

A. $\dfrac{\sqrt{3}}{2}$　　　B. $\dfrac{\sqrt{5}}{2}$　　　C. 1　　　D. $\sqrt{2}$　　　E. $\sqrt{3}$

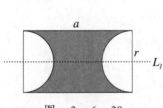

图　3 - 6 - 38

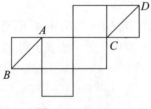

图　3 - 6 - 39

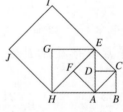

图　3 - 6 - 40

13. 如图 3 - 6 - 40 所示，如果以正方形 $ABCD$ 的对角线 AC 为边作第二个正方形 $ACEF$，再以对角线 AE 为边作第三个正方形 $AEGH$，如此下去……，已知正方形 $ABCD$ 的面积为 S_1 = 1，按上述方法所作的正方形的面积依次为 S_2，S_3，…，S_n（n 为正整数），则第 8 个正方形的面积 S_8 = （　　）.

A. 128　　　B. 256　　　C. $8\sqrt{2}$　　　D. 16　　　E. $16\sqrt{2}$

14. 如图 3-6-41 所示，$\triangle ABC$ 的面积为 1，若 $\triangle AEC$，$\triangle DEC$，$\triangle BED$ 的面积相等，则 $\triangle AED$ 的面积是（　　）.

A. $\dfrac{1}{3}$　　　B. $\dfrac{1}{6}$　　　C. $\dfrac{1}{5}$　　　D. $\dfrac{1}{4}$　　　E. $\dfrac{2}{5}$

15. (条件充分性判断)湖结冰时,一个球漂在其上,可以确定该球的体积.

    (1)已知冰面以上球的高度和球与冰面截面圆的直径.

    (2)取出球后(未弄破冰),冰面上留下一个洞,已知洞的直径和深度.

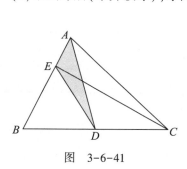 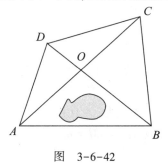 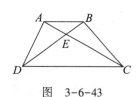

图　3-6-41　　　　图　3-6-42　　　　图　3-6-43

16. 某公园四面草坪中有一个湖,饲养黑天鹅等珍禽.如图3-6-42所示,四边形 $ABCD$ 表示公园,阴影部分表示天鹅湖.已知 AC,BD 交于点 O,且 $\triangle ABC$, $\triangle ABD$, $\triangle COD$ 面积分别为 $42,40,12$ 公顷,公园陆地总面积为 69 公顷,那么天鹅湖的面积是(　　).

    A. 1　　　　　B. 1.5　　　　　C. 2　　　　　D. 2.5　　　　　E. 3

17. 在三角形 ABC 中,$AB = 4,AC = 6,BC = 8,D$ 为 BC 的中点,则 $AD = ($　　$)$.

    A. $\sqrt{11}$　　　　B. $\sqrt{10}$　　　　C. 3　　　　D. $2\sqrt{2}$　　　　E. $\sqrt{7}$

18. 如图3-6-43所示,在四边形 $ABCD$ 中,$AB // CD$,AB 与 CD 的长度分别为 4 和 8. 若 $\triangle ABE$ 的面积为 4,则四边形 $ABCD$ 的面积为(　　).

    A. 24　　　　　B. 30　　　　　C. 32　　　　　D. 36　　　　　E. 40

综合训练题答案及解析

1 【解析】因为 $DE // BC$,故 $\angle DOB = \angle OBC$,$\angle EOC = \angle OCB$.

又 OB, OC 分别为 $\angle ABC$ 与 $\angle ACB$ 的角平分线,

故 $\angle DBO = \angle OBC$,$\angle ECO = \angle OCB$,

所以 $\angle DOB = \angle DBO$,$\angle EOC = \angle ECO$,

故 $DB = DO$,$EO = EC$,

所以 $\triangle ADE$ 的周长 $= AB + AC = 25.4 + 20 = 45.4$.

综上所述,答案是 **A**.

2 【解析】$\triangle ABC$ 周长为 $C = a + b + c$,$\triangle ABC$ 面积为 $S = \dfrac{1}{2}(a + b + c)r_{内}$,其中 a,b,c 为 $\triangle ABC$ 三边长,$r_{内}$ 为 $\triangle ABC$ 内切圆半径.

又 $\dfrac{S}{C} = \dfrac{\dfrac{1}{2}(a + b + c)r_{内}}{a + b + c} = \dfrac{r_{内}}{2} = \dfrac{1}{2} \Rightarrow r_{内} = 1$.

故圆 O 面积为 $\pi \times 1^2 = \pi$.

综上所述,答案是 **A**.

3 【解析】如图 3 - 6 - 44 所示，$SG : GT = S_{AEGS} : S_{EBTG} = 20 : 30 = 2 : 3$，$S_{SGFD} : S_{GTCF} = SG :$
$GT = 2 : 3$，又

$S_{SGFD} = 10$，因此 $S_{GTCF} = 15$，则 $S_{阴影} = \dfrac{S_{GTCF}}{2} = \dfrac{15}{2}$.

综上所述，答案是 **B**.

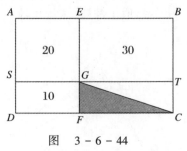

图 3 - 6 - 44

4 【解析】$\angle ABC = 60°$，又 $AB = BC$，则 $\triangle ABC$ 为正三角形，
即 $AB = AC$.

$\angle ACB = 60°$，又 $\angle BCN = 45°$，故 $\angle ACD = 75°$.

所以 $\triangle ACD \cong \triangle AMB$，故 $AD = AM = a$.

综上所述，答案是 **B**.

5 【解析】如图 3 - 6 - 45 所示，连接 OO'，因为 $OO' = 2$，所以 $ON =$
$O'N = \sqrt{2}$.

$S = S_{\overparen{AO'B}} + S_{\overparen{A'OB'}} - S_{MONO'}$

$= \dfrac{1}{4} \pi \times 2^2 + \dfrac{1}{4} \pi \times 2^2 - \sqrt{2} \times \sqrt{2}$

$= 2\pi - 2 = 2(\pi - 1)$.

综上所述，答案是 **D**.

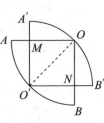

图 3 - 6 - 45

6 【解析】设 $AE = x$，则 $ED = 4 - x$，$\triangle AFE \cong \triangle CDE$，所以 $EF = ED = 4 - x$，$AF = 3$，根据
勾股定理可得 $AF^2 + EF^2 = AE^2 \Rightarrow x = \dfrac{25}{8}$，则 $\triangle AEC$ 的面积为 $S = \dfrac{1}{2} \times \dfrac{25}{8} \times 3 = \dfrac{75}{16}$.

综上所述，答案是 **A**.

7 【解析】本题考点：割补法求面积.

如图 3 - 6 - 46 所示，$S_{阴影} = S_{ABCD} + S_{EFGC} - S_{\triangle ADG} - S_{\triangle EFG} = 10^2 + 8^2 - 72 - 50 = 42$.

综上所述，答案是 **C**.

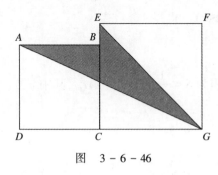

图 3 - 6 - 46

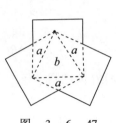

图 3 - 6 - 47

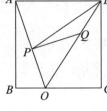

图 3 - 6 - 48

8 【解析】如图 3 - 6 - 47 所示，三个 a 区域的三角形面积相等，面积和为等边三角形 b 的面积

$S = 3S_{正} - 3a - 2b = 3S_{正} - 3b = 3 - \dfrac{3\sqrt{3}}{4}$.

综上所述,答案是 **E**.

9　**【解析】**如图 3-6-48 所示,条件(1):O 为 BC 的三等分点,Q 在 OD 的位置无法确定,故 $\triangle PQD$ 的面积无法确定.

条件(2):$S_{\triangle AOD} = \dfrac{1}{2} S_{ABCD}$,又 $S_{\triangle OPD} = \dfrac{1}{2} S_{\triangle AOD}$,

$S_{\triangle PQD} = \dfrac{1}{3} S_{\triangle OPD}$,则 $S_{\triangle PDQ} = \dfrac{1}{12} S_{ABCD}$,充分.

综上所述,答案是 **B**.

10　**【解析】**本题考点:球体基本公式.

由题可得,两个截面可能在球心同侧也可能在异侧,如图 3-6-49 所示.

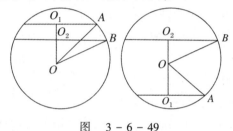

图　3-6-49

根据题意有 $\pi |O_1A|^2 = 49\pi$,则有 $|O_1A| = 7$,又有 $\pi |O_2B|^2 = 400\pi$,则有 $|O_2B| = 20$,

当两个截面在球心同侧时,$OO_1 - OO_2 = 9 = \sqrt{R^2 - 7^2} - \sqrt{R^2 - 20^2}$,

解得 $R^2 = 625 \Rightarrow S_{球} = 4\pi R^2 = 2500\pi$;

当两个截面在球心异侧时,$OO_1 + OO_2 = 9 = \sqrt{R^2 - 7^2} + \sqrt{R^2 - 20^2}$,无解.

综上所述,答案是 **A**.

11　**【解析】**本题考点:旋转体.

旋转得到的几何体的体积是 $V = V_{圆柱体} - V_{球} = \pi r^2 a - \dfrac{4}{3}\pi r^3 = \dfrac{\pi}{3}(3a - 4r)r^2$.

综上所述,答案是 **A**.

12　**【解析】**如图 3-6-50 所示,截面为边长为 $\sqrt{2}$ 的等边三角形,

故截面面积 $S = \dfrac{\sqrt{3}}{4} \times (\sqrt{2})^2 = \dfrac{\sqrt{3}}{2}$.

综上所述,答案是 **A**.

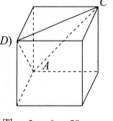

图　3-6-50

13　**【解析】**根据题意可得,S_1 对应的正方形边长为 $a_1 = 1$,S_2 对应的正方形边长为 $a_2 = \sqrt{2}$,

S_3 对应的正方形边长为 $a_3 = 2, \cdots, S_n$ 对应的正方形边长为 $a_n = \sqrt{2}^{n-1}$,设关于正方形面积的数列为 $\{S_n\}$,则有 $S_1 = 1, S_2 = 2, S_3 = 4, \cdots, S_n = 2^{n-1}$,可以看出 $\{S_n\}$ 是以首项为 1,

公比为 2 的等比数列,则当 $n = 8$ 时,有 $S_8 = 2^7 = 128$.

综上所述,答案是 **A**.

14 【解析】$\triangle DEC$,$\triangle BED$ 的面积相等且等高

$$\Rightarrow BD = DC$$

$$\Rightarrow \triangle ABD,\ \triangle ADC \text{ 等底等高}$$

$$\Rightarrow \triangle ABD,\ \triangle ADC \text{ 的面积相等,且为 } \frac{1}{2}$$

$$\Rightarrow S_{\triangle ADE} = S_{\triangle ABD} - S_{\triangle BDE} = \frac{1}{2} - \frac{1}{3} = \frac{1}{6}.$$

综上所述,答案为 **B**.

15 【解析】本题考点:几何体与其他知识综合.

如图 3 - 6 - 51 所示,球可能会存在以下两种情况.

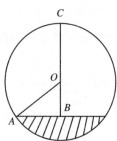
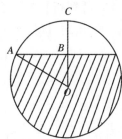

图 3-6-51

条件(1) 已知截面圆的直径 $2AB$,冰面以上球的高度为 BC,设为 h,设球的半径为 r,

对于第一个图,$OB = h - r$,$OA = r$,AB 已知,则由勾股定理可得 $(h - r)^2 + AB^2 = r^2$ ①.

对于第二个图,$OB = r - h$,$OA = r$,AB 已知,则由勾股定理可得 $(r - h)^2 + AB^2 = r^2$ ②.

① 式和 ② 式等价,均可确定 r,进而可确定该球体积,充分.

条件(2) 对于第一图,AB 已知,空穴深度已知,且设为 h,设球的半径为 r,

则 $OB = r - h$,$OA = r$,根据勾股定理 $(r - h)^2 + AB^2 = r^2$ ①,

对于第二个图,AB 已知,空穴深度已知,且设为 h,设球的半径为 r,

则 $OB = h - r$,$OA = r$,AB 已知,根据勾股定理可得 $(h - r)^2 + AB^2 = r^2$ ②,

① 式和 ② 式等价,均可确定 r,进而可确定该球体积,充分.

综上所述,答案是 **D**.

16 【解析】设 $\triangle AOB$ 的面积是 x,则其他三角形面积可用 x 表示,如图 3 - 6 - 52 所示.

根据幂等定理可得

$$12x = (42 - x)(40 - x) \Rightarrow (x - 24)(x - 70) = 0$$

$$\Rightarrow x = 24 (x = 70 \text{ 舍掉!})$$

公园总面积 $12 + x + (42 - x) + (40 - x)$

$$= 94 - x = 94 - 24 = 70.$$

天鹅湖的面积:$70 - 69 = 1$.

综上所述,答案是 **A**.

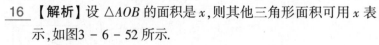

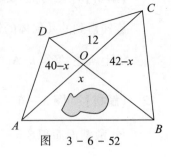

图 3 - 6 - 52

17 【解析】若 a,b,c 为三角形的三边,m_a 为边 a 的中线,

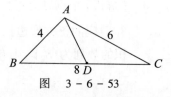

图 3 - 6 - 53

则 $m_a = \dfrac{1}{2}\sqrt{2b^2 + 2c^2 - a^2}$.

如图 $3 - 6 - 53$ 所示,可知 $AD = \dfrac{1}{2}\sqrt{2 \times 4^2 + 2 \times 6^2 - 8^2} = \sqrt{10}$.

综上所述,答案是 **B**.

18 【解析】 $\triangle AEB \backsim \triangle DEC \Rightarrow \dfrac{S_{\triangle AEB}}{S_{\triangle DEC}} = \left(\dfrac{4}{8}\right)^2 = \dfrac{1}{4} \Rightarrow S_{\triangle DEC} = 16$.

由共底等高的两三角形面积之比等于底边边长之比得

$S_{\triangle AED} = S_{\triangle BEC}$,且 $\dfrac{S_{\triangle AEB}}{S_{\triangle AED}} = \dfrac{BE}{ED} = \dfrac{AB}{DC} = \dfrac{1}{2}$,

则 $S_{\triangle AED} = S_{\triangle BEC} = 8$. 则 $S_{ABCD} = 4 + 16 + 8 \times 2 = 36$.

综上所述,答案是 **D**.

六、备 考 小 结

常见的命题模式:_____.

_____.

_____.

_____.

_____.

解题战略战术方法:_____.

_____.

_____.

_____.

_____.

经典母题与错题积累:_____.

_____.

_____.

_____.

_____.

攻略七

数 列

一、备考攻略综述

大纲表述

（二）代数

6. 数列、等差数列、等比数列

命题轨迹

十几年来,考题都集中在数列的概念与判断、性质、运用,特别是递推公式与通项公式的互化、项和关系、求和技巧以及最值问题. 数列可以和数式值结合考查,也可以与解析几何（直线与坐标轴围成的三角形面积）、平面几何（面积比）、应用题、函数等结合考查综合题. 考题综合性强,要求高,但是命题语言与模式相对比较固定,考生只要在备考与实战中抓住这点,就可以稳操胜券.

备考提示

考生要彻底地解决数列问题,务必优先掌握以下几点:第一,基本的数列公式与性质;第二,公式之间的互相转化及性质的灵活使用;第三,常见的经典命题模式和命题语言.

二、知识点

数列的相关概念

（1）数列的定义

一列数 a_1, a_2, a_3, $\cdots$, a_{n-1}, $a_n \cdots$ 就构成了数列,简记为 $\{a_n\}$. 其中, a_n 叫这个数列的第 n 项,下标 n 叫作这个项的项数.

一般形式: $a_1, a_2, a_3, \cdots, a_n$ 简记为 $\{a_n\}$.

【注】它可以理解为以正整数（或它的有限子集）为定义域的函数,运用函数的观念分析和解决有关的数列问题,是一条基本思路,递推是数列特有的表示法,它更能反映数列的特征.

（2）递推公式

由数列中靠前的一项或者几项按照某种规则,可以求出数列中后面的项,这个规则叫作数列的递推公式.

（3）通项公式

项 a_n 与项数 n 确定的函数关系,这个函数关系叫作通项公式,简记为 $a_n = f(n)$（第 n 项 a_n 与项数 n 之间的函数关系）.

并非每一个数列都可以写出通项公式;有些数列的通项公式也并非是唯一的;通项公式是确定数列的重要方法.

（4）数列前 n 项和

$S_n = a_1 + a_2 + a_3 + \cdots + a_n$ 为数列的前 n 项和.

（5）a_n 与 S_n 的关系

1）已知 a_n,求 S_n,则有

$$S_n = a_1 + a_2 + \cdots + a_n = \sum_{i=1}^{n} a_i.$$

2）已知 S_n,求 a_n,则有

$$a_n = \begin{cases} a_1 = S_1 (n = 1) \\ S_n - S_{n-1} (n \geqslant 2) \end{cases}.$$

（6）数列的分类

1）项数分类:有穷数列和无穷数列.

2）有界性分类:有界数列和无界数列.

3）增减性分类:递增数列和递减数列以及摇摆数列.

等差数列

（1）定义

如果在数列 $\{a_n\}$ 中 $a_{n+1} - a_n = d$（常数）$(n \in \mathbf{N}^*)$,则称数列 $\{a_n\}$ 为等差数列,d 为公差.

（2）通项公式

$$a_n = a_1 + (n-1)d = a_k + (n-k)d = nd + (a_1 - d).$$

（3）前 n 项和公式

$$S_n = \frac{(a_1 + a_n)n}{2} = na_1 + \frac{n(n-1)}{2}d = \left(\frac{d}{2}\right)n^2 + \left(a_1 - \frac{d}{2}\right)n.$$

（4）性质

1）$a_n = a_m + (n-m)d, d = \dfrac{a_n - a_m}{n - m}.$

2）基于等差数列的等差数列

若等差数列 $\{a_n\}$ 的公差为 d,则数列 $\{\lambda a_n + b\}$（λ, b 为常数）是公差为 λd 的等差数列.

若 $\{b_n\}$ 也是公差为 d 的等差数列,则 $\{\lambda_1 a_n + \lambda_2 b_n\}$（$\lambda_1, \lambda_2$ 为常数）也是等差数列,且公

差为 $\lambda_1 d + \lambda_2 d$.

下标成等差数列且公差为 m 的项 $a_k, a_{k+m}, a_{k+2m}, \cdots$ 组成的数列仍是等差数列,公差为 md.

若 S_n 为等差数列的前 n 项和,则 $S_n, S_{2n} - S_n, S_{3n} - S_{2n}, \cdots$ 仍为等差数列,其公差为 $n^2 d$.

3)若 $m, n, l, k \in \mathbf{Z}_+, m + n = l + k$,则 $a_m + a_n = a_l + a_k$.(若项数相等,项和相等,则可扩展到多项)

4)已知 A_n, B_n 分别为等差数列 a_n, b_n 的前 n 项和,则

$A_{2n-1} = (2n - 1)a_n, B_{2n-1} = (2n - 1)b_n$,进而有 $\dfrac{A_{2n-1}}{B_{2n-1}} = \dfrac{a_n}{b_n}$.

5)若等差数列 $\{a_n\}$ 的项数为 $2n(n \in \mathbf{Z}_+)$,

则 $S_偶 - S_奇 = nd, \dfrac{S_偶}{S_奇} = \dfrac{a_{n+1}}{a_n}, S_{2n} = n(a_n + a_{n+1})$ (a_n, a_{n+1} 为中间两项);

若数列 $\{a_n\}$ 的项数为 $2n - 1(n \in \mathbf{Z}_+)$,则 $S_奇 - S_偶 = a_n, \dfrac{S_偶}{S_奇} = \dfrac{n - 1}{n}, S_{2n-1} = (2n - 1)a_n$.

(a_n 为中间数).

等比数列 ◔

(1)定义

若在数列 $\{a_n\}$ 中后一项除以前一项恒等于定值 q,即 $\dfrac{a_{n+1}}{a_n} = q$(定值),则称数列 $\{a_n\}$ 为等比数列,q 为公比.

(2)通项

$$a_n = a_1 q^{n-1} = a_k q^{n-k} = \dfrac{a_1}{q}q^n.$$

(3)前 n 项和公式

$$S_n = \begin{cases} na_1, (q = 1) \\ \dfrac{a_1(1 - q^n)}{1 - q} = \dfrac{a_1 - a_n q}{1 - q}, (q \neq 0 \text{ 且 } q \neq 1) \end{cases}$$

(4)所有项和 S

对于无穷递减等比数列($|q| < 1, q \neq 0$),存在所有项和为 $S = \dfrac{a_1}{1 - q}$.

(5)性质

1) $a_n = a_m q^{n-m}$.

2)基于等比数列的等比数列

若数列 $\{a_n\}$ 是公比为 q_1 的等比数列;若 $\{b_n\}$ 是公比为 q_2 的等比数列,则 $\{\lambda_1 a_n \cdot \lambda_2 b_n\}$ (λ_1, λ_2 为常数) 也是等比数列且公比为 $q_1 \cdot q_2$.

下标成等差数列且公差为 m 的项 $a_k, a_{k+m}, a_{k+2m}, \cdots$ 组成的数列仍是等比数列,公比为 q^m.

若 S_n 为等比数列前 n 项和,则 $S_n,S_{2n}-S_n,S_{3n}-S_{2n},\cdots$ 仍为等比数列,其公比为 q^n.

3)若 $m,n,l,k \in \mathbf{N}^*,m+n=l+k$,则 $a_m \cdot a_n = a_l \cdot a_k$.(若项数相等,项和相等,则可扩展到多项.)

4)当 $q \neq 1$ 时,$\dfrac{S_m}{S_n} = \dfrac{1-q^m}{1-q^n}$.

【注】等比数列任一个元素均不能为零,不为零的常数列既成等差数列,也成等比数列.

三、技巧点拨

等差数列速判 ◥

(1)由等差数列通项 $a_n = a_1 + (n-1)d = a_k + (n-k)d = dn + (a_1 - d)$,知

当公差 d 不为零时,可将其抽象成关于 n 的一次函数 $f(n) = dn + (a_1 - d)$,其斜率为一次项系数 d,一次函数系数之和为首项,在 y 轴上的截距为 $(a_1 - d)$.反之,若一数列通项公式为一次函数,则其一定为等差数列.

(2)由等差数列 $S_n = na_1 + \dfrac{n(n-1)}{2}d = \left(\dfrac{d}{2}\right)n^2 + \left(a_1 - \dfrac{d}{2}\right)n$,知

当 $d \neq 0$ 时,S_n 为关于 n 的常数项为 0 的二次函数,这个特点也是判断所给的 S_n 表达式能否为等差数列的标志,并且能够快速计算等差数列的 a_n,如果 $S_n = an^2 + bn$,很快得到公差为 $2a$,进而得到通项公式.特别地,$S_n = an^2 + bn + c \Rightarrow a_n = \begin{cases} a+b+c, & n=1 \\ 2an+(b-a), & n \geq 2 \end{cases}$,若 $c \neq 0$,则数列从第二项起成等差数列.

例如 $S_n = 2n^2 - 3n$ 可以作为等差数列,但 $S_n = 2n^2 - 3n + 1$ 因为有常数项在,不能作为等差数列.

例如 $S_n = 2n^2 - 3n$,得到 $d = 4,a_n = 4n - 5$.

(3)等差中项:a,b,c 成等差数列 $\Leftrightarrow 2b = a + c$.

等差数列设元技巧 ◥

如果三个数成等差数列,除了设 $a,a+d,a+2d$ 外,还可设 $a-d,a,a+d$;四个数成等差数列时,可设 $a-3d,a-d,a+d,a+3d$.

等比数列速判 ◥

(1)由等比数列通项 $a_n = a_1 q^{n-1} = a_k q^{n-k} = \dfrac{a_1}{q}q^n$,可知

当公差 q 不为 1 时,可将其抽象成关于以 q 为底的指数函数 $f(n) = \dfrac{a_1}{q}q^n$,其系数为 $\dfrac{a_1}{q}$.这个特点也是判断 $\{a_n\}$ 是否是等比数列的标志.

（2）由等比数列前 n 项和公式 $S_n = \dfrac{a_1(1-q^n)}{1-q} = \dfrac{a_1 - a_n q}{1-q} = \dfrac{a_1}{1-q} - \dfrac{a_1}{1-q}q^n = k - kq^n$，其

中 $k = \dfrac{a_1}{1-q}$，知若 S_n 为等比数列前 n 项和，S_n 为关于 n 的指数函数，并且常数项与指数项系数

互为相反数，这个特点也是判断所给的 S_n 表达式能否作为等比数列的标志.

若 $S_n = aq^n + b$，且 $a + b \neq 0$，则 $a_n = \begin{cases} aq + b, & n = 1 \\ a(q-1)q^{n-1}, & n \geq 2 \end{cases}$，此时的 a_1 不符合 $a_n = a(q-1)q^{n-1}$.

例如，$S_n = 2^n - 1$ 可以作为等比数列，但 $S_n = 2^n + 1$ 因为常数项与指数项的系数不互为相反数，不能作为等比数列.

（3）等比中项：a, b, c 成等比数列 $\Leftrightarrow b^2 = ac$，即 $b = \pm\sqrt{ac}$.

▌等比数列的设元技巧 🌑

如果几个数成等比数列，则 3 个数时可设为 $\dfrac{a}{q}, a, aq$；4 个数时可设为 $\dfrac{a}{q^2}, \dfrac{a}{q}, a, aq$.

▌利用递推公式求数列 🌑

（1）累加法

例如，已知 $a_n = a_{n-1} + n$，且 $a_1 = 1$，求 a_n.

解：累加相抵 $\begin{cases} a_n = a_{n-1} + n \\ a_{n-1} = a_{n-2} + n - 1 \\ a_{n-2} = a_{n-3} + n - 2 \\ \cdots \\ a_3 = a_2 + 3 \\ a_2 = a_1 + 2 \end{cases} \Rightarrow a_n = a_1 + 2 + 3 + \cdots + n = \dfrac{n(n+1)}{2}$.

（2）累乘法

例如，已知 $a_n = a_{n-1} \times 3^n$，且 $a_1 = 3$，求 a_n.

解：累乘相约 $\begin{cases} a_n = a_{n-1} \times 3^n \\ a_{n-1} = a_{n-2} \times 3^{n-1} \\ a_{n-2} = a_{n-3} \times 3^{n-2} \\ \cdots \\ a_4 = a_3 \times 3^4 \\ a_3 = a_2 \times 3^3 \\ a_2 = a_1 \times 3^2 \end{cases} \Rightarrow a_n = a_1 \times 3^2 \times 3^3 \times \cdots \times 3^n = 3^{\frac{n(n+1)}{2}}$.

（3）换元法与待定系数法

例如，已知通项公式 $a_{n+1} = pa_n + q$ 和 a_1，求通项公式.

解:第一步,先用待定系数法:

设 $a_{n+1} = pa_n + q$ 恒等变形后的形式为 $a_{n+1} + x = p(a_n + x)$

$$\Rightarrow a_{n+1} = pa_n + (p-1)x \Rightarrow (p-1)x = q \Rightarrow x = \frac{q}{p-1}.$$

第二步,换元法:

设 $b_n = a_n + \dfrac{q}{p-1}$,则 $b_{n+1} = pb_n \Rightarrow \{b_n\}$ 是等比数列

故 $\left\{a_n + \dfrac{q}{p-1}\right\}$ 是首项为 $a_1 + \dfrac{q}{p-1}$,公比为 p 的等比数列

$$\Rightarrow a_n + \frac{q}{p-1} = \left(a_1 + \frac{q}{p-1}\right)p^{n-1} \Rightarrow a_n = \left(a_1 + \frac{q}{p-1}\right)p^{n-1} - \frac{q}{p-1}.$$

(4) 倒数法

例如,已知通项公式 $a_n = \dfrac{pa_{n-1}}{ma_{n-1} + q}$ 和 a_1,求通项公式.

解:第一步,先取倒数:

对 $a_n = \dfrac{pa_{n-1}}{ma_{n-1} + q}$ 两边取倒数可得 $\dfrac{1}{a_n} = \dfrac{q}{p} \cdot \dfrac{1}{a_{n-1}} + \dfrac{m}{p}$,

第二步,再使用换元法和待定系数法,特别地,若 $\dfrac{q}{p} = 1, \dfrac{m}{p} = 1$ 时,

$a_n = \dfrac{a_{n-1}}{a_{n-1} + 1} \Leftrightarrow \dfrac{1}{a_n} = \dfrac{1}{a_{n-1}} + 1 \Leftrightarrow \dfrac{1}{a_n} - \dfrac{1}{a_{n-1}} = 1 \Leftrightarrow \left\{\dfrac{1}{a_n}\right\}$ 是公差为 1 的等差数列.

(5) 相除法

例如,已知通项公式 $a_n = pa_{n-1} + q^n$ 和 a_1,求通项公式.

解:第一步,先两边除以 q^n,

$\dfrac{a_n}{q^n} = \dfrac{p}{q} \cdot \dfrac{a_{n-1}}{q^{n-1}} + 1.$

第二步,令 $b_n = \dfrac{a_n}{q^n}$,故 $b_n = \dfrac{p}{q} \cdot b_{n-1} + 1$,

再使用换元法和待定系数法求通项,从而得到 $\{b_n\}$ 的通项公式,最后得到 $\{a_n\}$ 的通项公式.

▌裂项法

对特殊数列求和,可以采用对通项裂项,进而采用相消求和法. 这是分解与组合思想在数列求和中的具体应用. 裂项法的实质是将数列中的每项(通项)分解,然后重新组合,使之能消去一些项,最终达到求和的目的,通项分解(裂项)如:

(1) $a_n = f(n+1) - f(n)$;   (2) $a_n = \dfrac{1}{n(n+1)} = \dfrac{1}{n} - \dfrac{1}{n+1}$;

(3) $\dfrac{1}{\sqrt{n+1}+\sqrt{n}}=\sqrt{n+1}-\sqrt{n}$；　　(4) $\dfrac{n}{(n+1)!}=\dfrac{1}{n!}-\dfrac{1}{(n+1)!}$．

等比数列和等差数列的交叉数列的前 n 项和求解 ◥

　　若数列 $\{a_n \cdot b_n\}$（其中 $\{a_n\}$ 为等差数列，公差为 d，$\{b_n\}$ 为等比数列，公比为 q），S_n 为 $\{a_n \cdot b_n\}$ 的前 n 项和，求 S_n．

　　解：第一步：在 S_n 上乘以 q．则得到 S_n 与 qS_n．

　　第二步：错位相消用 $S_n - qS_n$．

　　第三步：利用等比数列前 n 项和求出 $S_n - qS_n$，进而求出 S_n．

利用函数思想快速解题 ◥

　　数列的项的序号应取正整数，若以每项的序号为横坐标，该项的值为纵坐标来描点，则等差数列的图像是一条直线上一系列孤立的点．等比数列的图像是一条指数型函数图像上一系列孤立的点．因而也可以把这两种数列的图像拓展为连续曲线（直线也可以看成是曲线），利用曲线上其他的点来确定一次函数或指数型函数中的参数．基于这个观点，可以让数列的项的序号取正整数外的其他数，有时处理起问题来会显得更方便．尤其是在做选择题、填空题时，不需要参考解题过程评分，利用这样的方式来处理更准更快．

四、命 题 点

等差数列的判断 ◥

　　例 1　　下列数列的通项公式表示的数列为等差数列的是（　　　）．

A. $a_n = \dfrac{n}{n+1}$　　　　　　　　B. $a_n = n^2 - 1$　　　　　　　　C. $a_n = 5n + (-1)^n$

D. $a_n = 3n - 1$　　　　　　　　E. $a_n = \sqrt{n} - \sqrt[3]{n}$

等差数列的公式 ◥

　　例 2　　已知数列 $\{a_n\}$ 是等差数列，若 $a_{10}=30$，$a_{20}=50$，$S_n=242$，则 $n=$（　　　）．

A. 11　　　　B. 10　　　　C. 12　　　　D. 13　　　　E. 14

　　例 3　　已知 $\{a_n\}$ 为等差数列，$a_m=n$，$a_n=m$，那么 $a_{m+n}=$（　　　）．

A. 0　　　　B. m　　　　C. n　　　　D. $m+n$　　　　E. 条件不足，不能确定

　　例 4　　已知等差数列 $\{a_n\}$ 前 n 项和为 S_n，等差数列 $\{b_n\}$ 前 n 项和为 T_n，且 $\dfrac{a_4}{b_6}=\dfrac{5}{3}$，则 $\dfrac{S_7}{T_{11}}=$（　　　）．

A. $\dfrac{7}{11}$　　　　B. $\dfrac{11}{7}$　　　　C. $\dfrac{35}{33}$　　　　D. $\dfrac{33}{35}$　　　　E. $\dfrac{11}{35}$

等差数列的性质 🔖

例 5 （条件充分性判断）$a_9 = 6$.

（1）$\{a_n\}$ 是等差数列.   （2）$\{a_n\}$ 的前 17 项和 $S_{17} = 102$.

例 6 （条件充分性判断）若 p 既是偶数又是质数，则 $S_{19} : T_{19} = 3 : 2$.

（1）等差数列 $\{a_n\}$ 和 $\{b_n\}$ 的前 n 项和是 S_n 与 T_n.   （2）$\dfrac{a_{10}}{b_{10}} = 1 + \dfrac{1}{p}$.

例 7 等差数列 $\{a_n\}$ 的前 n 项和为 S_n，若 $S_{60} = 1949, S_{120} = 2009$，那么 $S_{180} = ($ $)$.

A. 60   B. 120   C. 180   D. 2009   E. 条件不足，不能确定

等差数列的应用 🔖

例 8 某工厂定期购买一种原料，已知该厂每天需要原料 6 吨，每吨价格 1800 元，原料的保管等费用平均每吨 3 元／天，每次购买原料需要支付运费 900 元. 若该厂要使平均每天支付的总费用最省，则应该每（   ）天购买一次原料.

A. 11   B. 10   C. 9   D. 8   E. 7

等比数列的判断 🔖

例 9 （条件充分性判断）$a_1^2 + a_2^2 + a_3^2 + \cdots + a_n^2 = \dfrac{4^n - 1}{3}$.

（1）数列 $\{a_n\}$ 的通项公式为 $a_n = 2^n$.

（2）在数列 $\{a_n\}$ 中，对任意的正整数 n，有 $a_1 + a_2 + a_3 + \cdots + a_n = 2^n - 1$.

等比数列的公式 🔖

例 10 在 $\dfrac{8}{3}$ 和 $\dfrac{27}{2}$ 之间插入 3 个数，使这 5 个数成为一个等比数列，则插入的 3 个数的乘积为（   ）.

A. 36   B. -216 C. 72   D. 324   E. 216

例 11 设 4 个实数成等比数列，其积为 2^{10}，中间两项的和为 4，试求公比 q 的值为（   ； ）.

A. $-\dfrac{1}{2}$ B. -2 C. $-\dfrac{1}{2}$ 或 -2

D. $\dfrac{1}{2}$ 或 2   E. 不存在

等比数列的性质 🔖

例 12 等比数列 $\{a_n\}$ 的前 n 项和为 S_n，若 $S_{60} = 1006, S_{120} = 2012$，那么 $S_{180} = ($ $)$.

A. 1006   B. 2012   C. 3018   D. 4024   E. 以上都不对

例 13 （条件充分性判断）由等比数列 $\{a_n\}$ 的奇数项构成的数列记为 $\{b_n\}$，数列 $\{b_n\}$

的前 9 项和 $S_9 < 64$.

（1）$a_3 = \dfrac{1}{6}$，$a_5 = \dfrac{1}{3}$.　　　　　（2）$a_3 = \dfrac{1}{4}$，$a_5 = \dfrac{1}{2}$.

▌等比数列的应用 ◢

例 14　一个球从 100m 高处自由落下，每次着地后又跳回前一次高度的一半再落下，当它第 10 次着地时，共经过的路程是（　　）m（精确到 1m 且不计任何阻力）.

A. 300　　　B. 250　　　C. 200　　　D. 150　　　E. 100

▌等差与等比数列的综合 ◢

例 15　（条件充分性判断）能确定 $\dfrac{\alpha + \beta}{\alpha^2 + \beta^2} = 1$.

（1）$\alpha^2, 1, \beta^2$ 成等比数列.　　　　　（2）$\dfrac{1}{\alpha}, 1, \dfrac{1}{\beta}$ 成等差数列.

例 16　（条件充分性判断）已知 $\{a_n\}$ 为等差数列，则该数列的公差为零.

（1）对任何正整数 n，都有 $a_1 + a_2 + \cdots + a_n \leqslant n$.

（2）$a_2 \geqslant a_1$.

例 17　已知 a, b, c 既成等差数列又成等比数列，设 α, β 是方程 $ax^2 + bx - c = 0$ 的两根，且 $\alpha > \beta$，则 $(\alpha^3 \beta - \alpha \beta^3)^2 = （　　）$.

A. 2　　　B. 5　　　C. 8　　　D. 20　　　E. 50

▌一般数列 ◢

例 18　若数列 $\{a_n\}$ 中，$a_n \neq 0 (n \geqslant 2)$，$a_1 = \dfrac{1}{2}$，前 n 项和 S_n 满足 $a_n = \dfrac{2S_n^2}{2S_n - 1} (n \geqslant 2)$，则 $\left\{ \dfrac{1}{S_n} \right\}$ 是（　　）.

A. 首项为 2，公比为 $\dfrac{1}{2}$ 的等比数列　　　　　B. 首项为 2，公比为 2 的等比数列

C. 既非等差数列也非等比数列　　　　　D. 首项为 2，公差为 $\dfrac{1}{2}$ 的等差数列

E. 首项为 2，公差为 2 的等差数列

例 19　已知数列 $\{a_n\}$ 满足：$a_n - a_{n-1} = \dfrac{1}{\sqrt{n+1} + \sqrt{n}} (n \geqslant 2)$，$a_1 = \sqrt{2}$，若定义新运算 $[x]$ 表示不超过 x 的最大整数，则 $[a_{2011}]$ 等于（　　）.

A. 60　　　B. 1949　　　C. 3　　　D. 44　　　E. 2009

例 20　在数列 $\{a_n\}$ 中，若 $a_n = \dfrac{2n - 3}{3^n}$，数列前 n 项和为（　　）.

A. $S_n = -\dfrac{n}{3^n}$　　　　B. $S_n = 1 - \dfrac{n}{3^n}$　　　　C. $S_n = -\dfrac{n}{3^{n-1}}$

D. $S_n = -\dfrac{n}{3^{n+1}}$　　　　E. $S_n = -\dfrac{n+1}{3^{n+1}}$

命题点答案及解析

例1解析　等差数列 $\Leftrightarrow$ 通项公式为 $a_n = An + B$,

综上所述,答案是 **D**.

例2解析　根据通项公式可得:$\begin{cases} a_1 + 9d = 30 \\ a_1 + 19d = 50 \end{cases} \Rightarrow \begin{cases} a_1 = 12 \\ d = 2 \end{cases}$,

根据求和公式可得:$S_n = 12n + \dfrac{n(n-1)}{2} \times 2 = 242 \Rightarrow (n-11)(n+22) = 0 \Rightarrow n = 11$.

综上所述,答案是 **A**.

例3解析　根据等差数列的性质可得:$d = \dfrac{a_m - a_n}{m - n} = \dfrac{n - m}{m - n} = -1$,

$$d = \dfrac{a_{m+n} - a_n}{m + n - n} = \dfrac{a_{m+n} - m}{m} = -1 \Rightarrow a_{m+n} = 0.$$

综上所述,答案是 **A**.

例4解析　$\dfrac{S_7}{T_{11}} = \dfrac{\dfrac{7(a_1 + a_7)}{2}}{\dfrac{11(b_1 + b_{11})}{2}} = \dfrac{7}{11} \cdot \dfrac{a_4}{b_6} = \dfrac{7}{11} \times \dfrac{5}{3} = \dfrac{35}{33}$.

综上所述,答案是 **C**.

例5解析　条件(1)不能推出结论,故条件(1)不是充分条件;
条件(2)不能推出结论,故条件(2)不是充分条件.
条件(1)和(2)联合能推出结论.推导过程:

$$S_{17} = 102 = \left(\dfrac{a_1 + a_{17}}{2}\right) \times 17 = 17a_9 \Rightarrow a_9 = 6.$$

综上所述,答案是 **C**.

例6解析　条件(1)不能推出结论,故条件(1)不是充分条件.
条件(2)不能推出结论,故条件(2)不是充分条件.
条件(1)和(2)联合能推出结论.推导过程:$\{a_n\}$ 和 $\{b_n\}$ 是等差数列,唯一的偶质数为2,

$$\Rightarrow \frac{a_n}{b_n} = \frac{2a_n}{2b_n} = \frac{a_1 + a_{2n-1}}{b_1 + b_{2n-1}} = \frac{\dfrac{(a_1 + a_{2n-1})(2n-1)}{2}}{\dfrac{(b_1 + b_{2n-1})(2n-1)}{2}} = \frac{S_{2n-1}}{T_{2n-1}} \Rightarrow \frac{S_{19}}{T_{19}} = \frac{a_{10}}{b_{10}} = 1 + \frac{1}{p} = \frac{3}{2}.$$

综上所述,答案是 **C**.

例 7 解析　根据等差数列的性质可得:$1949, 60, S_{180} - 2009$ 是等差数列

$$\Rightarrow 1949 + (S_{180} - 2009) = 120 \Rightarrow S_{180} = 180.$$

综上所述,答案是 **C**.

例 8 解析　框图法 —— 设每 x 天购买一次原料

购买费用		$6 \times 1800x = 10800x$	
运费		900	
保管费用	第一天	$3 \times 6x = 18x$	合计 $18(1 + 2 + 3 + \cdots + x)$ $= 9x^2 + 9x$
	第二天	$3 \times 6(x-1) = 18(x-1)$	
	第三天	$3 \times 6(x-2) = 18(x-2)$	
	...	...	
	最后一天	$3 \times 6 \times 1 = 18 \times 1$	
总费用		$9x^2 + 9x + 10800x + 900$	
每天平均费用		$y = \dfrac{9x^2 + 9x + 10800x + 900}{x} = 9\left(x + \dfrac{100}{x}\right) + 10809$	

$x + \dfrac{100}{x} \geqslant 2\sqrt{x \cdot \dfrac{100}{x}} = 20$,当且仅当 $x = \dfrac{100}{x}$,即 $x = 10$(注意 $x > 0$)时等号成立,

此时 $y_{\min} = 10989$.

综上所述,答案是 **B**.

例 9 解析　(1) 数列 $\{a_n\}$ 的通项公式为 $a_n = 2^n$,

$\Rightarrow a_n^2 = (2^n)^2 = 4^n \Rightarrow$ 数列 $\{a_n^2\}$ 是首项为 4,公比为 4 的等比数列,

$$\Rightarrow S_n = \frac{4(1 - 4^n)}{1 - 4} = \frac{4(4^n - 1)}{3}.$$

(2) $a_1 + a_2 + a_3 + \cdots + a_{n-1} + a_n = 2^n - 1$,

$a_1 + a_2 + a_3 + \cdots + a_{n-1} = 2^{n-1} - 1$,

两式相减 $\Rightarrow a_n = (2^n - 1) - (2^{n-1} - 1) = 2^{n-1}$,

$\Rightarrow a_n^2 = (2^{n-1})^2 = 4^{n-1} \Rightarrow$ 数列 $\{a_n^2\}$ 是首项为 1,公比为 4 的等比数列,

$$\Rightarrow S_n = \frac{1 \times (1 - 4^n)}{1 - 4} = \frac{4^n - 1}{3}.$$

条件(1) 不能推出结论,故条件(1) 不是充分条件.

条件(2)能推出结论,故条件(2)是充分条件.

综上所述,答案是 **B**.

例 10 解析 $\dfrac{8}{3}, a_1, a_2, a_3, \dfrac{27}{2}$ 成一个等比数列 $\Rightarrow \begin{cases} a_2^2 = a_1 a_3 = \dfrac{8}{3} \times \dfrac{27}{2} = 36 \\ a_1^2 = \dfrac{8}{3} a_2 > 0 \Rightarrow a_2 > 0 \end{cases} \Rightarrow a_2 = 6.$

故插入的 3 个数的乘积为 $a_1 a_2 a_3 = 216.$

综上所述,答案是 **E**.

例 11 解析 错误解法:设这 4 个数分别为 $\dfrac{a}{t^3}, \dfrac{a}{t}, at, at^3$(其中,$a, t$ 为实数)由题意可知

$$\begin{cases} a^4 = 2^{10}, & ① \\ \dfrac{a}{t} + at = 4, & ② \end{cases}$$

由 ① 得 $\qquad\qquad a^2 = 2^5, \qquad\qquad ③$

由 ② 得 $a = \dfrac{4t}{t^2+1}$,代入 ③ 并整理,得 $2t^4 + 3t^2 + 2 = 0.$

因为 $\Delta = 3^2 - 4 \times 2 \times 2 = -5 < 0$,所以,$t^2$ 不存在,即所求 $q = t^2$ 不存在.

【注】类似这种解法在许多资料中都出现过. 产生错误的原因是,把处理等差数列问题的方法错误地迁移到等比数列中来. 众所周知,在等差数列中若连续 4 项,可设这 4 项为 $a - 3d, a - d, a + d, a + 3d.$ 同样在等比数列中若有连续 4 项,可设为 $\dfrac{a}{q^3}, \dfrac{a}{q}, aq, aq^3$,而这种设法只有当各项同号时才可以使用. 无此条件时应设为 $\dfrac{a}{q}, a, aq, aq^2$,则由题意可知

$\begin{cases} a^4 q^2 = 2^{10}, \\ a + aq = 4, \end{cases}$ 解之得 $q = -\dfrac{1}{2}$ 或 $q = -2.$

综上所述,答案是 **C**.

例 12 解析 根据等比数列的性质可设:$1006, 1006, S_{180} - 2012$ 是等比数列,则

$$1006 \times (S_{180} - 2012) = 1006^2 \Rightarrow S_{180} = 3018.$$

综上所述,答案是 **C**.

例 13 解析 (1)等比数列 $\{a_n\}$ 中,$a_3 = \dfrac{1}{6}, a_5 = \dfrac{1}{3} \Rightarrow \begin{cases} a_1 q^2 = \dfrac{1}{6} \\ a_1 q^4 = \dfrac{1}{3} \end{cases} \Rightarrow \begin{cases} a_1 = \dfrac{1}{12}, \\ q^2 = 2 \end{cases}$

$$\Rightarrow S_9 = \dfrac{a_1 [1 - (q^2)^9]}{1 - q^2} = \dfrac{\dfrac{1}{12}(1 - 2^9)}{1 - 2} = \dfrac{511}{12} < 64.$$

（2）等比数列$\{a_n\}$中，$a_3 = \dfrac{1}{4}$，$a_5 = \dfrac{1}{2} \Rightarrow \begin{cases} a_1 q^2 = \dfrac{1}{4} \\ a_1 q^4 = \dfrac{1}{2} \end{cases} \Rightarrow \begin{cases} a_1 = \dfrac{1}{8} , \\ q^2 = 2 \end{cases}$

$$\Rightarrow S_9 = \frac{a_1 \left[1 - (q^2)^9 \right]}{1 - q^2} = \frac{\dfrac{1}{8}(1 - 2^9)}{1 - 2} = \frac{511}{8} < 64.$$

条件（1）能推出结论，故条件（1）是充分条件.

条件（2）能推出结论，故条件（2）也是充分条件.

综上所述，答案是 **D**.

例 14 解析　框图法 —— 设第 n 次着地高度为 a_n

第 1 次着地高度	$a_1 = 100$	
第 2 次着地高度	$a_2 = \dfrac{1}{2}a_1$	
第 3 次着地高度	$a_3 = \dfrac{1}{2}a_2$	a_1　　　示意图
…	…	
第 n 次着地高度	$a_n = \dfrac{1}{2}a_{n-1}$ 等比数列： 首项为 100， 公比为 $\dfrac{1}{2}$	a_2　　$a_n = \dfrac{1}{2}a_{n-1}$ a_3 a_4　……
第 n 次着地时经过的总路程		$a_1 + 2a_2 + 2a_3 + \cdots + 2a_n$

$$a_1 + 2a_2 + 2a_3 + \cdots + 2a_n = 2(a_1 + a_2 + a_3 + \cdots + a_n) - a_1$$

$$= 2 \times \frac{100 \left[1 - \left(\dfrac{1}{2} \right)^n \right]}{1 - \dfrac{1}{2}} - 100 = 300 - 400 \left(\frac{1}{2} \right)^n \approx 300.$$

综上所述，答案是 **A**.

【点评】（1）球无限反弹与着地，结果为 300（求极限）.

（2）快速求解方法：$100 + 100 + 50 + 25 + 12.5 + 6.25 + \cdots$ 找最接近的答案是 300.

例 15 解析　由条件（1）取 $\alpha = 1, \beta = -1$，则 $a^2, 1, \beta^2$ 成等比数列，但 $\dfrac{\alpha + \beta}{\alpha^2 + \beta^2} = 0 \neq 1$，不充分；

由条件（2）取 $\alpha = -1, \beta = \dfrac{1}{3}$，即 $-1, 1, 3$ 成等差数列，但 $\dfrac{\alpha + \beta}{\alpha^2 + \beta^2} < 0 \neq 1$，不充分；

联合条件(1) 和(2),由(1)$\alpha^2 \cdot \beta^2 = 1 \Rightarrow \alpha\beta = \pm 1$,(2)$\dfrac{1}{\alpha} + \dfrac{1}{\beta} = 2 \Rightarrow \dfrac{\alpha + \beta}{\alpha\beta} = 2 \Rightarrow \alpha + \beta = 2\alpha\beta$,

所以$\dfrac{\alpha + \beta}{\alpha^2 + \beta^2} = \dfrac{2\alpha\beta}{(\alpha + \beta)^2 - 2\alpha\beta} = \dfrac{2\alpha\beta}{4\alpha^2\beta^2 - 2\alpha\beta} = \dfrac{1}{2\alpha\beta - 1} = \begin{cases} 1, \alpha\beta = 1 \\ -\dfrac{1}{3}, \alpha\beta = -1 \end{cases}$.

综上所述,答案是 **E**.

例 16 解析　设等差数列的首项为 a_1,公差为 d.

条件(1):$a_1 + a_2 + \cdots + a_n = \dfrac{d}{2}n^2 + \left(a_1 - \dfrac{d}{2}\right)n$,

将其看作 n 的一元二次函数,

若 $d < 0$ 且 $y = \dfrac{d}{2}n^2 + \left(a_1 - \dfrac{d}{2}\right)n$ 的图像在 $y = n$ 的图像下方时都满足 $a_1 + a_2 + \cdots + a_n$

$\leq n$,公差 d 不一定为 0,

故不充分.

条件(2):$a_2 \geq a_1$,则 $d \geq 0$,故不充分.

两个条件联合:$S_n = \dfrac{d}{2}n^2 + \left(a_1 - \dfrac{d}{2}\right)n \leq n$,

即 $a_1 + \dfrac{n - 1}{2}d \leq 1$ 恒成立.

若 $d > 0$ 时,无论 a_1 取何值,当 $n \rightarrow +\infty$ 时,必有 $S_n > n$,

所以只能 $d = 0$.

又 $a_1 \leq 1$,此时成立,故联合充分.

综上所述,答案是 **C**.

例 17 解析　因为既成等差又成等比的数列为非零的常数列,

从而 $a = b = c \neq 0$ 原方程化为 $x^2 + x - 1 = 0$,根据韦达定理,知

$\alpha^3\beta - \alpha\beta^3 = \alpha\beta(\alpha^2 - \beta^2) = \alpha\beta[(\alpha + \beta)(\alpha - \beta)] = (-1)[(-1)(\alpha - \beta)]$,

$(\alpha - \beta)^2 = (\alpha + \beta)^2 - 4\alpha\beta = 5$.

综上所述,答案是 **B**.

例 18 解析　$S_1 = a_1 = \dfrac{1}{2} \Rightarrow \dfrac{1}{S_1} = 2$,

$S_n - S_{n-1} = a_n = \dfrac{2S_n^2}{2S_n - 1}(n \geq 2) \Rightarrow -S_n + S_{n-1} = 2S_nS_{n-1} \Rightarrow \dfrac{1}{S_n} - \dfrac{1}{S_{n-1}} = 2$

$\Rightarrow \left\{\dfrac{1}{S_n}\right\}$ 是首项为 2,公差为 2 的等差数列.

综上所述,答案是 **E**.

【点评】 使用倒数技巧.

例 19 解析 $a_n - a_{n-1} = \dfrac{1}{\sqrt{n+1} + \sqrt{n}} = \sqrt{n+1} - \sqrt{n} \Rightarrow a_n = \sqrt{n+1}$,

从而 $[a_{2011}] = [\sqrt{2012}] = 44$.

综上所述,答案是 **D**.

例 20 解析

$S_n = a_1 + a_2 + \cdots + a_n = \dfrac{-1}{3} + \dfrac{1}{3^2} + \cdots + \dfrac{2n-5}{3^{n-1}} + \dfrac{2n-3}{3^n}, 3S_n = -1 + \dfrac{1}{3} + \cdots + \dfrac{2n-3}{3^{n-1}}$,

两者相减,有

$2S_n = -1 + \dfrac{2}{3} + \dfrac{2}{3^2} + \cdots + \dfrac{2}{3^{n-1}} - \dfrac{2n-3}{3^n} = \dfrac{2}{3} \cdot \dfrac{1 - \left(\dfrac{1}{3}\right)^{n-1}}{1 - \dfrac{1}{3}} - 1 - \dfrac{2n-3}{3^n} = -\dfrac{2n}{3^n}$,

即 $S_n = -\dfrac{n}{3^n}$.

综上所述,答案是 **A**.

五、综 合 训 练

综合训练题

1. 等差数列 $\{a_n\}$ 中,$a_2 + a_3 + a_{10} + a_{11} = 2008$,那么 $a_5 + a_8 = ($ 　　$)$.

    A. 1003　　　　B. 1004　　　　C. 2008　　　　D. 2009　　　　E. 1949

2. 等差数列 $\{a_n\}$ 的前 m 项和 S_m 为 30,前 $2m$ 项和 S_{2m} 为 100,则它的前 $3m$ 项和 S_{3m} 为
  $($ 　　$)$.

    A. 210　　　　B. 220　　　　C. 120　　　　D. 180　　　　E. 0

3. 在数列 $\{a_n\}$ 中,$a_n = \dfrac{1}{n+1} + \dfrac{2}{n+1} + \cdots + \dfrac{n}{n+1}$,又 $b_n = \dfrac{2}{a_n \cdot a_{n+1}}$,则数列 $\{b_n\}$ 的前
n 项的和为 $($ 　　$)$.

    A. $\dfrac{n}{n+1}$　　　B. $\dfrac{2n}{n+1}$　　　C. $\dfrac{4n}{n+1}$　　　D. $\dfrac{8n}{n+1}$　　　E. $\dfrac{1}{n+1}$

4. 在一个首项为正数的等差数列 $\{a_n\}$ 中,前 4 项的和等于前 12 项的和,则前 n 项和 S_n 最大
  时,$n = ($ 　　$)$.

    A. 6　　　　B. 7　　　　C. 8　　　　D. 9　　　　E. 10

5. 等差数列 $\{a_n\}$ 的前 n 项和为 S_n,已知 $S_7 = 7, S_{15} = 75, T_n$ 为数列 $\left\{\dfrac{S_n}{n}\right\}$ 的前 n 项和,那么

$T_n = ($ 　　$)$．

A. $\dfrac{1}{4}n^2 - \dfrac{9}{4}n$ 　　　　　　　　B. $\dfrac{1}{4}n^2 + \dfrac{3}{4}n$ 　　　　　　　　C. $\dfrac{1}{4}n^2 - \dfrac{5}{4}n$

D. $\dfrac{1}{4}n^2 + \dfrac{7}{4}n$ 　　　　　　　　E. $\dfrac{1}{4}n^2 - \dfrac{3}{4}n$

6.（条件充分性判断）等差数列 $\{a_n\}$ 中，$a_1 = 25$，则 $S_n \leqslant S_{13}(n \in \mathbf{Z}_+)$．

　　（1）$S_9 = S_{17}$ 　　　　　　　　　　（2）$a_{13} + a_{14} = 0$．

7. 正项等比数列 $\{a_n\}$ 中，存在两项 a_m, a_n 使得 $\sqrt{a_m a_n} = 4a_1$，且 $a_7 = a_6 + 2a_5$，则 $\dfrac{1}{m} + \dfrac{4}{n}$ 的最小

　　值是（　　）．

　　A. 1 　　　　　B. 1.5 　　　　　C. 1.8 　　　　　D. 2 　　　　　E. 2.5

8. 已知数列 $\{a_n\}$ 的前 n 项和 $A_n = \dfrac{3n^2 + 5n}{2}$，数列 $\{b_n\}$ 的前 n 项和 $B_n = 3n^2 + 4n$，则下列说

　　法正确的个数是（　　）．

　　（1）数列 $\{a_n\}$ 是等差数列． 　　　　　　（2）数列 $\{b_n\}$ 是等差数列．

　　（3）数列 $\{a_n\}$ 的项一定是数列 $\{b_n\}$ 的项． 　　（4）数列 $\{b_n\}$ 的项一定是数列 $\{a_n\}$ 的项．

　　A. 1 　　　　　B. 2 　　　　　C. 3 　　　　　D. 4 　　　　　E. 0

9. 在等比数列 $\{a_n\}$ 中，公比 $q = 2$ 且 $a_1 a_2 a_3 \cdots a_{30} = 2^{30}$，则 $a_3 a_6 a_9 \cdots a_{30}$ 等于（　　）．

　　A. 2^{10} 　　　　B. 2^{20} 　　　　C. 2^{16} 　　　　D. 2^{15} 　　　　E. 2^{12}

10. 已知数列 $\{a_n\}$ 是正项等差数列，则：

　　$\dfrac{1}{\sqrt{a_1} + \sqrt{a_2}} + \dfrac{1}{\sqrt{a_2} + \sqrt{a_3}} + \cdots + \dfrac{1}{\sqrt{a_n} + \sqrt{a_{n+1}}} = \dfrac{(\quad\quad)}{\sqrt{a_1} + \sqrt{a_{n+1}}}$．

　　A. $n - 2$ 　　　B. $n - 1$ 　　　C. n 　　　D. $n + 1$ 　　　E. $n + 2$

11. 某公司以分期付款方式购买一套定价为 1100 万元的设备，首期付款 100 万元，之后每月付

　　款 50 万元，并支付上期余款的利息，月利率为 1%，则该公司为此设备支付了（　　）万元．

　　A. 1195 　　　B. 1200 　　　C. 1205 　　　D. 1215 　　　E. 1300

12. 在数列 $\{a_n\}$ 中，$a_n = \dfrac{1}{n+1} + \dfrac{2}{n+1} + \cdots + \dfrac{n}{n+1}$，又 $b_n = \dfrac{2}{a_n a_{n+1}}$，则数列 $\{b_n\}$ 的前 n 项和为

　　（　　）．

　　A. $\dfrac{n+1}{n}$ 　　　B. $\dfrac{n+1}{8}$ 　　　C. $\dfrac{8n}{n+1}$ 　　　D. $\dfrac{8n+1}{n+1}$ 　　　E. $\dfrac{n+3}{n}$

13.（条件充分性判断）已知数列 $\{a_n\}$，则数列的第 100 项 $a_{100} = 100$．

　　（1）$a_n = 3a_{n-1} + 2$ 且 $a_1 = 2$． 　　（2）$a_n = \dfrac{a_{n-1}}{a_{n-1} + 1}$ 且 $a_1 = 1$．

14.（条件充分性判断）两个数列 $\{a_n\}$，$\{b_n\}$ 分别为等比数列和等差数列，$a_1 = b_1 = 1$，则 $b_2 \geqslant a_2$．

　　（1）$a_2 > 0$． 　　　　　　　　（2）$a_{10} = b_{10}$．

15.（条件充分性判断）数列 $\{a_n\}$ 为等比数列，$a_2 + a_8$ 的值能确定．

　　（1）$a_1 a_2 a_3 + a_7 a_8 a_9 + 3a_1 a_9 (a_2 + a_8) = 27$．

　　（2）$a_3 a_7 = 1$ 且 $a_7 \geqslant a_3$．

综合训练题答案及解析

1　**【解析】**根据等差数列的性质可得：$a_2 + a_{11} = a_3 + a_{10} = a_5 + a_8 = \dfrac{2008}{2} = 1004$.

综上所述，答案是 **B**.

2　**【解析】**本题考点：等差数列性质.

根据题意可知，$S_m, S_{2m} - S_m, S_{3m} - S_{2m}$ 成等差数列，且 $S_m = 30, S_{2m} = 100$.

即 $2(S_{2m} - S_m) = S_m + (S_{3m} - S_{2m}) \Rightarrow S_{3m} = 210$.

综上所述，答案是 **A**.

3　**【解析】**因为 $a_n = \dfrac{1}{n+1} + \dfrac{2}{n+1} + \cdots + \dfrac{n}{n+1} = \dfrac{n}{2}$.

所以 $b_n = \dfrac{2}{\dfrac{n}{2} \cdot \dfrac{n+1}{2}} = 8\left(\dfrac{1}{n} - \dfrac{1}{n+1}\right)$（裂项）.

故数列 $\{b_n\}$ 的前 n 项和

$S_n = 8\left[\left(1 - \dfrac{1}{2}\right) + \left(\dfrac{1}{2} - \dfrac{1}{3}\right) + \left(\dfrac{1}{3} - \dfrac{1}{4}\right) + \cdots + \left(\dfrac{1}{n} - \dfrac{1}{n+1}\right)\right] = 8\left(1 - \dfrac{1}{n+1}\right) = \dfrac{8n}{n+1}$（裂项求和）.

综上所述，答案是 **D**.

4　**【解析】**

等差数列的前 n 项和公式与函数的关系如图 3 - 7 - 1 所示，由一

元二次函数的对称性可知 S_n 在 $n = \dfrac{4+12}{2} = 8$ 时取最大值.

综上所述，答案是 **C**.

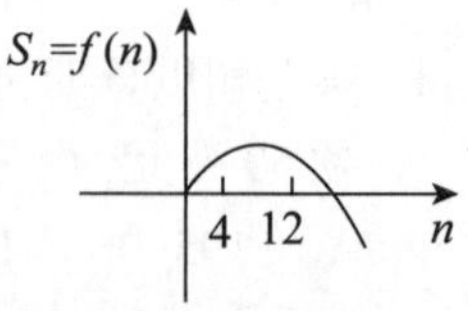

图　3 - 7 - 1

5　**【解析】**$S_7 = \dfrac{a_1 + a_7}{2} \times 7 = a_4 \times 7 = 7$，解得 $a_4 = 1$；$S_{15} = \dfrac{a_1 + a_{15}}{2} \times 15 = a_8 \times 15 = 75$，

解得 $a_8 = 5$，则有 $d = \dfrac{a_8 - a_4}{8 - 4} = \dfrac{5-1}{4} = 1, a_1 = a_4 - 3d = 1 - 3 = -2$.

因为 $S_n = \dfrac{d}{2}n^2 + \left(a_1 - \dfrac{d}{2}\right)n$，代入可得 $S_n = \dfrac{1}{2}n^2 - \dfrac{5}{2}n, \left\{\dfrac{S_n}{n}\right\} = \dfrac{1}{2}n - \dfrac{5}{2}$，

根据表达式可知数列 $\left\{\dfrac{S_n}{n}\right\}$ 是首项为 $\dfrac{S_1}{1} = -2$，公差为 $d_1 = \dfrac{1}{2}$ 的等差数列，

所以前 n 项和公式为 $T_n = \dfrac{d_1}{2}n^2 + \left(\dfrac{S_1}{1} - \dfrac{d_1}{2}\right)n = \dfrac{1}{4}n^2 - \dfrac{9}{4}n$.

综上所述，答案是 **A**.

6　【解析】条件(1)等差数列的前 n 项和的表达式为二次函数,由 $a_1 > 0$,$S_9 = S_{17}$,可得公差小于 0,对称轴为 13,即在 $n = 13$ 处函数取得最大值,即 $S_n \leqslant S_{13}$,充分;

(2) 由 $a_{13} + a_{14} = 0$,$a_1 = 25$ 可得 $a_{13} > 0$,$a_{14} < 0$,即数列前 13 项均为正,第 14 项往后均为负,因此前 13 项和最大,即 $S_n \leqslant S_{13}$,充分.

综上所述,答案是 **D**.

7　【解析】本题考点:等比数列公式、均值定理.

由 $a_7 = a_6 + 2a_5$ 可得 $a_5 q^2 = a_5 q + 2a_5 \Rightarrow q = 2$ 或 $q = -1$,

由于 $\{a_n\}$ 为正项等比数列,因此 $q = 2$,

由 $\sqrt{a_m a_n} = 4a_1$ 可得 $\sqrt{a_1 q^{m-1} a_1 q^{n-1}} = 4a_1$,化简得 $m + n = 6$,

则所求 $\dfrac{1}{m} + \dfrac{4}{n} = \dfrac{\left(\dfrac{1}{m} + \dfrac{4}{n} \right) (m + n)}{6} = \dfrac{1 + \dfrac{n}{m} + \dfrac{4m}{n} + 4}{6}$,

其中 $\dfrac{n}{m} + \dfrac{4m}{n} \geqslant 2\sqrt{4} = 4$,则所求最小值为 $\dfrac{1 + 4 + 4}{6} = 1.5$.

综上所述,答案是 **B**.

8　【解析】等差数列 $\Leftrightarrow$ 前 n 项和公式为 $S_n = An^2 + Bn$,故(1)(2)是正确的.

$A_n = \dfrac{3n^2 + 5n}{2} \Rightarrow a_n = 3n + 1$,$B_n = 3n^2 + 4n \Rightarrow b_n = 6n + 1 = 2 \times (3n) + 1$.

故 b_n 构成的集合是 a_n 构成的集合的子集,从而,(3) 错误,(4) 正确.

正确的个数是 3.

综上所述,答案是 **C**.

9　【解析】根据等比数列的性质,

有 $a_1 a_2 a_3 \cdots a_{30} = (a_1 a_{30})(a_2 a_{29}) \cdots (a_{15} a_{16}) = (a_1 a_{30})^{15} = 2^{30}$,

解得 $a_1 a_{30} = 4$,则 $a_3 a_{30} = 4q^2 = 16$,

因此所求 $a_3 a_6 a_9 \cdots a_{30} = (a_3 a_{30})(a_6 a_{27}) \cdots (a_{15} a_{18}) = (a_3 a_{30})^5 = 16^5 = 2^{20}$.

综上所述,答案是 **B**.

10　【解析】当 $d \neq 0$ 时,有

左式 $= \dfrac{\sqrt{a_2} - \sqrt{a_1}}{a_2 - a_1} + \dfrac{\sqrt{a_3} - \sqrt{a_2}}{a_3 - a_2} + \cdots + \dfrac{\sqrt{a_{n+1}} - \sqrt{a_n}}{a_{n+1} - a_n}$

$= \dfrac{nd}{d(\sqrt{a_{n+1}} + \sqrt{a_1})} = \dfrac{n}{\sqrt{a_1} + \sqrt{a_{n+1}}} =$ 右式.

当 $d = 0$ 时,有

$\dfrac{1}{\sqrt{a_1} + \sqrt{a_2}} + \dfrac{1}{\sqrt{a_2} + \sqrt{a_3}} + \cdots + \dfrac{1}{\sqrt{a_n} + \sqrt{a_{n+1}}} = \dfrac{n}{2\sqrt{a_1}}$.

综上所述,答案是 **C**.

11 【解析】$1100 + (1000 + 950 + 900 + \cdots + 50) \times 1\%$

$$= 1100 + \frac{20(1000 + 50)}{2} \times 1\%$$

$$= 1100 + 105 = 1205.$$

综上所述,答案是 **C**.

12 【解析】本题考点:化简递推公式求通项.

$$a_n = \frac{1}{n+1} + \frac{2}{n+1} + \cdots + \frac{n}{n+1} = \frac{\frac{n+1}{2} \times n}{n+1} = \frac{n}{2},$$

则有 $b_n = \frac{2}{a_n a_{n+1}} = \frac{8}{n(n+1)} = 8 \times \left(\frac{1}{n} - \frac{1}{n+1} \right)$,对于数列 $\{b_n\}$ 的前 n 项和有

$$S_n = 8 \times \left(1 - \frac{1}{2} + \frac{1}{2} - \frac{1}{3} + \cdots + \frac{1}{n} - \frac{1}{n+1} \right) = 8 \times \left(1 - \frac{1}{n+1} \right) = \frac{8n}{n+1}.$$

综上所述,答案是 **C**.

13 【解析】

条件(1):由待定系数法知数列 $\{a_n + 1\}$ 是首项为3,公比为3的等比数列,

故 $a_n + 1 = 3 \times 3^{n-1} = 3^n$, $a_n = 3^n - 1$,所以 $a_{100} = 3^{100} - 1 \neq 100$,不充分.

条件(2): $a_n \cdot a_{n-1} + a_n = a_{n-1} \Rightarrow \frac{1}{a_n} - \frac{1}{a_{n-1}} = 1$,

故 $\left\{ \frac{1}{a_n} \right\}$ 是首项为1,公差为1的等差数列,故 $\frac{1}{a_n} = n$, $a_n = \frac{1}{n}$,

所以 $a_{100} = \frac{1}{100}$,不充分.

条件(1) 与条件(2) 无法联合.

综上所述,答案是 **E**.

14 【解析】条件(1):举反例,$a_2 = 3$, $b_2 = 2$,不充分.

条件(2):由 $a_{10} = b_{10}$,可得 $q^9 = 1 + 9d \Rightarrow d = \frac{q^9 - 1}{9}$,题干要推 $b_2 \geq a_2$,即要推 $1 + d \geq q$,

即要推 $1 + \frac{q^9 - 1}{9} \geq q$,即要推 $\frac{q^9 + 8}{9} \geq q$.

举反例:$q = -10$,可得 $\frac{q^9 + 8}{9} < q$,不充分.

联合条件(1) 和(2):

方法一:运用均值定理,由条件(1)$a_2 > 0$ 可得 $q > 0$;由条件(2) 可得题干要推

$\frac{q^9 + 8}{9} \geq q$;

条件(1)和(2)联合后运用均值不等式可得 $\dfrac{q^9 + 1 + 1 + 1 + 1 + 1 + 1 + 1 + 1}{9} \geq$

$\sqrt[9]{q^9}$,充分.

方法二:运用数列的函数图像,

$a_n = a_1 q^{n-1} = q^{n-1}(q > 0)$, $b_n = b_1 + (n-1)d = 1 + (n-1)d = nd + (1-d)$,且 $a_1 = b_1$, $a_{10} = b_{10}$.

当 $0 < q < 1$ 时, a_n, b_n 图像如图 3-7-2:此时 $b_2 > a_2$.

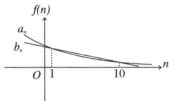

图 3 - 7 - 2

当 $q > 1$ 时, a_n, b_n 图像如图 3-7-3:此时 $b_2 > a_2$.

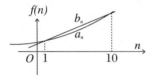

图 3 - 7 - 3

当 $q = 1$ 时, a_n, b_n 图像如图 3-7-4:此时 $b_2 = a_2$.

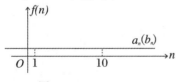

图 3 - 7 - 4

故联合充分.

综上所述,答案是 **C**.

15 【解析】

条件(1): $a_1 a_2 a_3 + a_7 a_8 a_9 + 3a_1 a_9(a_2 + a_8) = 27$,

则 $a_2^3 + 3a_2^2 a_8 + 3a_2 a_8^2 + a_8^3 = 27$,

则 $(a_2 + a_8)^3 = 27$,故 $a_2 + a_8 = 3$,充分.

条件(2):满足条件的 $\{a_n\}$ 有无数多个,故不充分.

综上所述,答案是 **A**.

六、备考小结

常见的命题模式:_____.

　　　　　　　　　　　　　　　　　　　　　　　　　　　　　　　　．

　　　　　　　　　　　　　　　　　　　　　　　　　　　　　　　　．

　　　　　　　　　　　　　　　　　　　　　　　　　　　　　　　　．

　　　　　　　　　　　　　　　　　　　　　　　　　　　　　　　　．

解题战略战术方法：　　　　　　　　　　　　　　　　　　　　　　．

　　　　　　　　　　　　　　　　　　　　　　　　　　　　　　　　．

　　　　　　　　　　　　　　　　　　　　　　　　　　　　　　　　．

　　　　　　　　　　　　　　　　　　　　　　　　　　　　　　　　．

　　　　　　　　　　　　　　　　　　　　　　　　　　　　　　　　．

经典母题与错题积累：　　　　　　　　　　　　　　　　　　　　　．

　　　　　　　　　　　　　　　　　　　　　　　　　　　　　　　　．

　　　　　　　　　　　　　　　　　　　　　　　　　　　　　　　　．

　　　　　　　　　　　　　　　　　　　　　　　　　　　　　　　　．

　　　　　　　　　　　　　　　　　　　　　　　　　　　　　　　　．

攻略八

数据分析

一、备考攻略综述

大纲表述

（四）数据分析

1. 计数原理

（1）加法原理、乘法原理

（2）排列与排列数

（3）组合与组合数

2. 数据描述

（1）平均值

（2）方差与标准差

（3）数据的图表表示：直方图，饼图，数表

3. 概率

（1）事件及其简单运算

（2）加法公式

（3）乘法公式

（4）古典概型

（5）伯努利概型

命题轨迹

十几年来，数据分析题目较多，其中以排列组合与概率考题积累最多，该部分是报考顶级名校的考生争夺的战略高地，也是大多数考生痛失分数之地。大多考生对排列组合与概率既头疼又无奈，没有有效的攻克办法。本攻略的目标是带领广大考生彻底、干净、漂亮地攻克排列组合与概率。首先，明确命题轨迹：命题重点考查加法原理（公式）、乘法原理（公式）的实际应用和各种计数的模型和技巧、古典概型、伯努利概型、加法公式与乘法公式。其次，明确攻克方法与操作步骤。考题综合性强，要求高，但是命题语言与模式相对比较固定，考生在备考与实战中抓住这点，就可以稳操胜券。

备考提示 ◀

考生要彻底地解决排列组合概率问题,第一,要掌握基本原理;第二,要掌握本部分的模型;第三,对模型对应的例题勤加练习.

二、知 识 点

计数原理 ◀

(1)加法原理

做一件事,完成它有 n 类办法,在第一类办法中有 m_1 种不同的方法,在第二类办法中有 m_2 种不同的方法,$\cdots$,在第 n 类办法中有 m_n 种不同的方法,那么完成这件事共有 $N = m_1 + m_2 + \cdots + m_n$ 种不同的方法.

(2)乘法原理

做一件事,完成它需要分成 n 个步骤,做第一步有 m_1 种不同的方法,做第二步有 m_2 种不同的方法,$\cdots$,做第 n 步有 m_n 种不同的方法,那么完成这件事有 $N = m_1 m_2 \cdots m_n$ 种不同方法.

【注意】加法原理和乘法原理,解决的都是有关做一件事的不同方法种数的问题,区别在于:加法原理针对的是"分类"问题,其中各种方法相互独立,每一种方法只属于某一类,用其中任何一种方法都可以做完这件事;乘法原理针对的是"分步"问题,各个步骤中的方法相互依存,某一步骤中的每一种方法都只能做完这件事的一个步骤,只有各个步骤都完成才算做完这件事. 应用两种原理解题:(1)分清要完成的事情是什么;(2)是分类完成还是分步完成,"类"间互相独立,"步"间互相联系;(3)有无特殊条件的限制.

计数公式 ◀

(1)定义:从 n 个不同的元素中,任取 m 个元素$(m \leqslant n)$ 有顺序的排成一列,所有不同的排列个数,称为排列数,记为 A_n^m 或 P_n^m. 当 $m = n$ 时,为全排列,记为 A_n^n 或 P_n^n.

(2)排列数公式(联考中常用的两个)

$$A_n^m = n(n-1) \cdots (n-m+1) = \frac{n!}{(n-m)!}.$$

$$A_n^n = n! = n \times (n-1) \times \cdots \times 3 \times 2 \times 1.$$

(3)经验值:(联考中提高解题速度用)

$$0! = 1! = 1; 2! = 2; 3! = 6; 4! = 24; 5! = 120; 6! = 720.$$

(4) 定义:从 n 个不同的元素中,任取 m 个元素 $(m \leqslant n)$ 不计顺序地合成一组,所有不同的组合个数,称为组合数,记为 C_n^m.

(5) 组合数公式(联考中常用的两个) $\begin{cases} C_n^m = \dfrac{A_n^m}{A_m^m}. \\ C_n^m = \dfrac{n(n-1)\cdots(n-m+1)}{m!} = \dfrac{n!}{m!\ (n-m)!}. \end{cases}$

(6) 组合数的两个性质:

1) $C_n^m = C_n^{n-m}$ (联考简化计算使用,熟练掌握).

2) $C_{n+1}^m = C_n^m + C_n^{m-1}$ (考试可能性不大).

(7) 常用组合恒等式:

1) $C_n^0 + C_n^1 + C_n^2 + \cdots + C_n^n = 2^n$;

2) $C_n^0 + C_n^2 + C_n^4 + \cdots = 2^{n-1}$;

3) $C_n^1 + C_n^3 + C_n^5 + \cdots = 2^{n-1}$.

试验与事件

(1) 随机试验

若试验满足条件:

试验可在相同条件下重复进行;

试验的结果具有很多可能性;

试验前不能确切知道会出现何种结果,只知道所有可能出现的结果.

则这样的试验叫作随机试验,简称试验,记为 E.

(2) 样本空间、样本点及基本事件

样本空间:随机试验里 E 的所有可能结果组成的集合,记为"Ω".

样本点:样本空间的元素,即 E 的每个结果,记为 a_i.

基本事件:由一个样本点组成的单点集 $\{a_i\}$.

(3) 随机事件、必然事件及不可能事件

随机事件:

随机事件是在一定条件下可能发生也可能不发生的事件,常记为 $A,B,C,\cdots$.

必然事件:

样本空间包含所有样本点,在每次试验中总是要发生的,称为必然事件.

不可能事件:

每次试验中一定不发生的事件,称为不可能事件,记为 $\varnothing$.

【注】三种事件都是在"一定条件下"发生的,当条件改变时,事件的性质也可以发生变化.

（4）事件的关系与运算

表 3 - 8 - 1

关系与运算	表述	图形	运算律及常考公式
子事件（包含）	若事件 A 发生,必然导致事件 B 发生,则 A 为 B 的子事件. 记为 $A \subset B$,或 $B \supset A$		① 交换律: $A + B = B + A$, $AB = BA$ ② 结合律: $(A + B) + C = A + (B + C)$ $(AB)C = A(BC)$ ③ 分配律: $(A + B)C = AC + BC$ $A(B + C) = AB + AC$ ④ 摩根律: $\overline{A + B} = \overline{A}\ \overline{B}$ $\overline{AB} = \overline{A} + \overline{B}$ ⑤ 常考公式: a 给定两个集合 A 和 B,那么集合 $A + B$ 中元素的个数公式为: $\|A + B\| = \|A\| + \|B\| - \|AB\|$ b 给定三个集合 A,B,C,那么集合 $A + B + C$ 中元素的个数公式为: $\|A + B + C\| = \|A\| + \|B\| + \|C\| - \|AB\| - \|AC\| - \|BC\| + \|ABC\|$
等事件	若 $A \subset B$ 且 $B \supset A$,则称事件 A 与 B 相等,记作 $A = B$		
和事件	事件 A 和事件 B 至少有一个发生的事件, 记为 $A \cup B$ 或 $A + B$		
积事件	事件 A 和 B 同时发生的事件,记为 $A \cap B$ 或 AB		
差事件	表示 A 发生而 B 不发生的事件,记为 $A\text{-}B$ 其满足 $A - B = A\overline{B}$(或 $A \cap \overline{B}$)		
互斥事件（互不相容事件）	若事件 A 与 B 不能同时发生,即 $AB = \varnothing$,则称 A 与 B 是互斥事件,反之,则称 A 与 B 相容		
对立事件（或逆事件）	若 $A \cup B = \Omega$,且 $AB = \varnothing$ 则称 A 与 B 互为对立事件(或逆事件),记 $B = \overline{A}$. 注:对立事件一定是互斥事件,但互斥事件不一定是对立事件		

概率

（1）定义

随机事件 A 发生的可能性大小的度量值称为事件 A 的概率,记为 $P(A)$,满足下列条件:

条件1:对于每一个事件 A,有 $0 \leqslant P(A) \leqslant 1$;

条件2:$P(\Omega) = 1$;$P(\varnothing) = 0$;

条件3:若 A_1, A_2, A_3 是两两互不相容的事件,则有

$P(A_1 \cup A_2 \cup A_3) = P(A_1) + P(A_2) + P(A_3)$.

（2）性质

性质1:设有有限个两两互斥的事件 $A_1, A_2, \cdots, A_n$,则 $P(\bigcup_{i=1}^{n} A_i) = \sum_{i=1}^{n} P(A_i)$;

性质2:设 $\overline{A}$ 是 A 的对立事件,则 $P(\overline{A}) = 1 - P(A)$;

性质3:设 $A \subset B$,则 $P(B - A) = P(B) - P(A)$,$P(A) \leqslant P(B)$;

性质4:$P(A \cup B) = P(A) + P(B) - P(AB)$;

$P(A \cup B \cup C) = P(A) + P(B) + P(C) - P(AB) - P(BC) - P(AC) + P(ABC)$.

【注】（1）性质1与性质4的区别:仅当 $A_1, A_2, \cdots, A_n$ 是互斥事件时才可用性质1.（2）巧妙运用性质2,当直接计算 $P(A)$ 比较麻烦而计算 $P(\overline{A})$ 比较方便时,就可先求 $P(\overline{A})$. 一般讲,若题目中出现"至多,至少"等关键词,第一反应看其对立事件. 比较两者难易程度,最终确定用哪一种方法求解.

特殊概率

（1）互斥事件概率

一般地,如果事件 A,B 互斥,那么事件 $A + B$ 发生(即 A,B 中有一个发生)的概率,等于事件 A,B 分别发生的概率的和.

如果事件 $A_1, A_2, \cdots, A_n$ 彼此互斥,那么事件 $A_1 + A_2 + \cdots + A_n$ 发生(即 $A_1, A_2, \cdots, A_n$ 中有一个发生)的概率,等于这 n 个事件分别发生的概率的和,即

$$P(A_1 + A_2 + \cdots + A_n) = P(A_1) + P(A_2) + \cdots + P(A_n).$$

（2）独立事件及其概率

1）独立事件

如果两事件中任一事件的发生不影响另一事件的概率,则称这两个事件是相互独立的.

2）独立事件的概率定义

若 $P(AB) = P(A)P(B)$,则称两事件 A 和 B 是相互独立的.

可将其理解为:相互独立事件同时发生的概率 $P(A \cdot B) = P(A) \cdot P(B)$.

一般地,如果事件 $A_1, A_2, \cdots, A_n$ 相互独立,那么这 n 个事件同时发生的概率,等于每个事件发生的概率的积,$P(A_1 \cdot A_2 \cdot \cdots \cdot A_n) = P(A_1) \cdot P(A_2) \cdot \cdots \cdot P(A_n)$.

3）独立的性质

① $A_1, A_2, \cdots, A_n$ 相互独立 $\Rightarrow A_1, A_2, \cdots, A_n$ 两两相互独立.

② 四对事件 $A, B; \bar{A}, B; A, \bar{B}; \bar{A}, \bar{B}$ 之中有一对相互独立,则另外三对也相互独立.

互斥事件与相互独立事件研究的都是两个事件的关系,但互斥的两个事件是一次试验中的两个事件,相互独立的两个事件是在两次试验中得到的,注意区别.

概率模型

(1) 古典概型

1) 定义

随机试验具有以下两个特征:

① 样本空间的元素(即基本事件) 只有有限个;

② 每个基本事件出现的可能性是相等的,称为古典概型试验.

2) 概率定义

在古典概型的情况下,事件 A 的概率定义为

$$P(A) = \frac{\text{事件} A \text{ 包含的基本事件数} k}{\text{样本空间中基本事件总数} n}.$$

(2) 伯努利概型

1) n 次独立重复实验的定义

在相同条件下,将某试验重复进行 n 次,且每次试验中任何一事件的概率不受其他次试验结果的影响,此种试验称为 n 次独立重复试验.

2) n 次独立重复实验的特征

① 试验的次数不止一次,而是多次,次数 $n \geqslant 1$;

② 每次试验的条件是一样的,是重复性的试验序列;

③ 每次试验的结果只有 A 与 $\bar{A}$ 两种(即事件 A 要么发生,要么不发生),每次试验相互独立,试验的结果互不影响,即各次试验中发生的概率保持不变.

3) 独立重复实验的概率(伯努利概率)

如果在一次试验中某事件发生的概率是 p,那么在 n 次独立重复试验中这个事恰好发生 k 次的概率: $P_n(k) = C_n^k p^k q^{n-k} (k = 0, 1, 2, \cdots, n)$,其中 $q = 1 - p$.

4) n 次独立重复试验中某事件至少发生 k 次的概率公式

$$P_n(i \geqslant k) = C_n^k p^k (1-p)^{n-k} + C_n^{k+1} p^{k+1} (1-p)^{n-k-1} + \cdots + C_n^n p^n (1-p)^0.$$

平均值

(1) 定义

设 n 个数 $x_1, x_2, x_3, \cdots, x_n$,那么 $\bar{x} = \dfrac{x_1 + x_2 + x_3 + \cdots + x_n}{n}$ 叫作这 n 个数的算术平均值,简记为 $\bar{x} = \dfrac{1}{n} \sum\limits_{i=1}^{n} x_i$,也记作 $E(X)$.

(2)性质

$E(aX+b) = aE(X) + b$ [其中, $E(X)$ 表示平均数]

方差与标准差

(1)定义

设 n 个数 $x_1,x_2,x_3,\cdots,x_n$，那么方差 $S^2=\dfrac{1}{n}[(x_1-\bar{x})^2+(x_2-\bar{x})^2+\cdots+(x_n-\bar{x})^2]$，也记作 $D(X)$.

标准差 $S=\sqrt{\dfrac{1}{n}[(x_1-\bar{x})^2+(x_2-\bar{x})^2+\cdots+(x_n-\bar{x})^2]}$，也记作 $\sqrt{D(X)}$.

(2)性质

性质 1：$D(aX+b)=a^2D(X)$（其中，a,b 是常数）；

性质 2：方差的简化公式 $S^2=\dfrac{1}{n}[(x_1{}^2+x_2{}^2+\cdots+x_n{}^2)-n\bar{x}^2]$；

性质 3：$\dfrac{1}{n}[(x_1-k)^2+(x_2-k)^2+\cdots+(x_n-k)^2]\geqslant S^2$，当且仅当 $k=\bar{x}$ 时等号成立.

【注】

方差意义

在样本容量相同的情况下，方差（标准差）越大，说明数据的波动越大，越不稳定.

研究方差的前提之一：平均数相等或非常接近.利用方差比较数据波动大小的方法和步骤，先求平均数，再求方差，然后判断得出结论.

方差与标准差

相同之处：方差和标准差都是反应一组数据离散程度的统计量.

差异之处：数据的单位和方差的单位是不一致的，方差的单位是数据单位的平方.

标准差的单位与所研究数据单位一致.

频数直方图、饼图、数表

(1)图表相关概念

1)直方图：直方图是一种直观地表示数据信息的统计图形，它由许多宽（组距）相同但高可以变化的小长方形构成，其中，组距表示数据（变量）的分布区间，高表示在这一区间的频数、频率等度量值，即小长方形的高直观地表示度量值的大小.直方图根据高度的度量值不同可以分为频数直方图、频率直方图等.

常见公式有频率 $=\dfrac{\text{频数}}{\text{总数}}$，频率之和为 1.

2)饼图：饼图是以圆形和扇形表示数据的统计图形，扇形的圆心角之比等于频数之比，圆心角的大小直观地表示度量值的大小关系.

3)数表：数表是以两行表格的形式反应数据信息的统计图形，第一行表示分布区间或散点值，第二行表示对应的度量值（频率、频数）.

三、技巧点拨

必须相邻的排列问题——捆绑法 🔖

将必须相邻的元素捆绑在一起作为一个整体,连同剩下的元素再全排列,这种方法叫作捆绑法.

不能相邻的排列问题——插空法 🔖

将不能相邻的元素放到一边暂不考虑,先把剩下的元素全排列,这些全排列的元素之间形成了许多间隔,此时便可以将不能相邻的元素排到这些间隔中去,这种方法叫作插空法.

定序问题——固定顺序(无差异)的排列问题 🔖

对于某几个元素顺序一定(无差异)的排列问题,可以先把这几个元素与其他元素一同进行排列,然后用总排列数除以这几个元素的全排列数.

若 n 个不同元素排成一排,其中有 m 个不同元素的相对顺序一定,则不同的排列总数为 $\dfrac{A_n^n}{A_m^m}$.

环排问题 🔖

一般地, n 个不同元素作为圆形排列,共有 $(n-1)!$ 种排法. 如果从 n 个不同元素中选取 m 个元素作圆形排列共有从 n 个中选取 m 个排列后除以 m 即可,即 $\dfrac{A_n^m}{m}$.

错排问题 🔖

所谓错排法即为:已知各元素现在的排列顺序,现重新排列元素,要求每个元素都不能回到以前的位置,记为错排法. 错排法求解可以借助错排公式 $D_n = \left[\dfrac{n!}{e}+0.5\right]$ 求解. 且有 $D_2 = 1$, $D_3 = 2$, $D_4 = 9$, $D_5 = 44$ 为常见的错排数.

数字排序问题 🔖

此类题目主要按照数位依次求出每种情况,利用加法、乘法原理得到总的情况数.
特别要注意"0"不能为首位,及其一些数中相关的结论.

不同元素分配问题(每个对象至少有 1 个)——打包寄送法 🔖

打包法专门解决元素是不同的分组问题. 将不同元素分组时,先将元素个数进行正整数分解并利用排列组合计算每一种分解所对应的不同分组情况,然后汇总相加,这种分组方法叫作打包法. 打包法得到的每一组都至少有一个元素.

其基本解题步骤为:

(1)确定每组组内元素(即元素个数组分解);

(2)针对每种分组情况按排列公式分步分组后汇总;

(3)有几个组内元素个数相同就除以几的阶乘.

寄送法:实际上就是将 n 个元素分到 n 个不同的位置,每个位置恰好有一个元素,不同的寄送方法为全排列 A_n^n.

打包寄送法就是将打包法和寄送法结合在一起.

不同元素分配问题

一般的有 n 封不同的信,向 m 个不同的信箱投放,则共有 m^n 种方法.

相同元素分配问题(每个对象至少有 1 个)——挡板法

挡板法专门解决元素是相同的分配问题. 将相同元素分配时,先将元素一字摆开,然后从间隔中选出所需的个数,插入挡板,将元素分成若干段,这种分组方法叫作挡板法. 挡板法得到的每个对象都至少有一个元素.

n 个相同的元素放入 m 个不同的地方,每个地方不少于 1 个,有 C_{n-1}^{m-1} 种方法.

相同元素分配问题(每个对象至少 0 个)

一般的有 n 瓶相同的可乐,给 m 个不同的人,则一共有 C_{n+m-1}^{m-1} 种方法.

染色问题

染色问题一般要求相邻的不同色,此类题目可根据图形按顺序染,但有些时候要根据情况看是否相同来分类处理,或者可以按照所用颜色数来区分,分别求解最终求和.

特别对环形染色问题有公式 $A_n=(m-1)^n+(-1)^n(m-1)$,其中 n 表示区域数,m 表示颜色数.

穷举法与列举法

对于条件比较复杂的问题,不易用公式进行运算,往往利用穷举法或者画出树状图,往往可以很清晰的求出结果.

抽签原理:签无差别,取出不放回,则每人中奖概率相同

一般地,设有 n 个无差别的签,其中只有一个有奖. 每次抽出不放回,则每个人中奖概率都为 $\dfrac{1}{n}$.

对立取反法 ◐

对于没有、全部、至少、至多型的概率问题常常采用对立求反的方法,即先考虑对立事件的概率,然后用 1 减去这个概率.

四、命 题 点

计数原理常考模型 ◐

① 必须相邻排列

例 1　编号为 A,B,C,D,E 的 5 人并排站成一排,如 C,D 必相邻,且 D 在 C 右边,那么不同排法有(　　).

A. 24 种　　　B. 60 种　　　C. 90 种　　　D. 120 种　　　E. 140 种

例 2　计划展出 10 幅不同的画,包括 1 幅水彩画、4 幅油画和 5 幅国画. 将它们排成一行陈列,要求同一品种的画必须连在一起,并且水彩画不放在两端,那么不同的陈列方式有(　　)种.

A. $P_4^4 P_6^5$　　B. $P_3^3 P_4^4 P_5^3$　　C. $P_3^1 P_4^4 P_5^5$　　D. $P_2^2 P_4^4 P_5^5$　　E. $P_3^3 P_4^4 P_5^5$

② 不能相邻排列

例 3　7 人站成一行,如果指定的两人不相邻,则不同的排法种数是(　　).

A. 1440 种　　B. 3600 种　　C. 4320 种　　D. 4800 种　　E. 4900 种

例 4　马路上有编号为 $1,2,3,\cdots,9$ 的 9 只路灯. 为节约用电,现要求把其中的三只灯关掉,但不能同时关掉相邻的两只或三只,也不能关掉两端的路灯,则满足条件的关灯方法共有(　　)种.

A. 10　　　　B. 12　　　　C. 15　　　　D. 30　　　　E. 60

③ 确定顺序排列

例 5　信号兵把红旗与白旗从上到下挂在旗杆上表示信号,现有 2 面红旗和 3 面白旗,把这 5 面旗都挂上去,可表示不同信号的种数是(　　).

A. 15　　　　B. 12　　　　C. 10　　　　D. 5　　　　E. 2

④ 环排问题

例 6　16 人围桌而坐,共有(　　)种坐法.

A. 16!　　　B. 15!　　　C. A_{16}^{15}　　　D. 16^{15}　　　E. 15^{16}

⑤ 错排问题

例 7　将数字 $1,2,3,4$ 填入标号为 $1,2,3,4$ 的四个方格里,每格填入一个数,则每个方格的标号所填的数字均不相同的填法有(　　).

A. 6 种　　　B. 9 种　　　C. 11 种　　　D. 23 种　　　E. 44 种

例8　同室 4 个人各写一张贺年卡,先集中起来,然后每人从中拿一张别人送出的贺年卡,则 4 张贺年卡的不同分配方式有(　　).

A. 6 种　　　　B. 9 种　　　　C. 11 种　　　　D. 23 种　　　　E. 44 种

⑥ 数字排列问题

例9　从 1,2,3,4,5,6,7 这七个数字中任取两个奇数和两个偶数,组成没有重复数字的四位数,其中奇数的个数为(　　).

A. 432　　　　B. 288　　　　C. 216　　　　D. 360　　　　E. 108

例10　用 0 到 9 这 10 个数字,可以组成没有重复数字的三位偶数的个数为(　　).

A. 324　　　　B. 328　　　　C. 360　　　　D. 448　　　　E. 648

例11　由数字 0,1,2,3,4,5 组成没有重复数字的六位数,其中个位数小于十位数字的共有(　　).

A. 210 个　　　B. 300 个　　　C. 464 个　　　D. 600 个　　　E. 620 个

例12　由 1,2,3,4,5,6 等 6 个数可组成(　　)个无重复且是 6 的倍数的 5 位数.

A. 100　　　　B. 120　　　　C. 150　　　　D. 240　　　　E. 300

例13　从 1 到 100 的自然数中,每次取出不同的两个数,使它们的和大于 100 则不同的取法有(　　).

A. 50 种　　　B. 100 种　　　C. 1275 种　　　D. 2500 种　　　E. 3500 种

例14　用数字 0,1,2,3,4,5 可以组成没有重复数字,并且比 20000 大的五位偶数共有(　　).

A. 288 个　　　B. 240 个　　　C. 144 个　　　D. 126 个　　　E. 120 个

例15　由 0,1,2,3,4,5 六个数字可以组成(　　)个没有重复的比 324105 大的数.

A. 287　　　　B. 267　　　　C. 290　　　　D. 297　　　　E. 280

⑦ 相同元素分配(至少有一个)

例16　若将 10 只相同的球随机放入编号为 1,2,3,4 的 4 个盒子中,则每个盒子不空的投放方法有(　　).

A. 72　　　　B. 84　　　　C. 96　　　　D. 108　　　　E. 120

例17　将组成篮球队的 12 个名额分给 5 所学校,每所学校至少 1 个名额,名额分配方法有(　　)种.

A. 125　　　　B. 150　　　　C. 225　　　　D. 250　　　　E. 330

例18　满足 $x_1 + x_2 + x_3 + x_4 = 12$ 的正整数解的组数有(　　).

A. C_{12}^3　　　B. C_{11}^3　　　C. C_{10}^3　　　D. C_{11}^4　　　E. C_{12}^4

⑧ 不同元素分配(至少有一个)

例19　3 位教师分配到 6 个班级,若其中一人教 1 个班,一人教 2 个班,一人教 3 个班,则共有分配方法(　　)种.

A. 720　　　　B. 360　　　　C. 120　　　　D. 60　　　　(注:原题只有 4 个选项)

例 20 将 4 封信投入 3 个不同的邮筒,若 4 封信全部投完,且每个邮筒至少投入一封信,则共有( )种投法.

A. 12   B. 21   C. 36   D. 42   (注:原题只有 4 个选项)

例 21 不同的钢笔 12 支,分 3 堆,一堆 6 支,另外两堆各 3 支,有( )种分法.

A. 9240   B. 9260   C. 9280   D. 9300   E. 9320

⑨ 相同元素分配

例 22 20 个不加区别的小球放入编号为 1,2,3 的 3 个盒子中,要求每个盒内的球数不小于它的编号数,则不同的放法种数是( ).

A. 40   B. 64   C. 72   D. 120   E. 144

例 23 某公司有 10 台相同的计算机支援 3 所希望小学,每所学校至少两台,那么不同的支援方案有( )种.

A. 12   B. 15   C. 18   D. 45   E. 60

⑩ 不同元素分配

例 24 有 5 人报名参加 3 项不同的培训,每人都只报一项,则不同的报法共有( )种.

A. 243   B. 125   C. 81   D. 60   E. 以上结论均不正确

例 25 把 7 名实习生分配到 6 个车间实习,共有( )种不同的分法.

A. P_7^6 B. C_7^6 C. 6^7 D. 7^6 E. P_6^6

例 26 某 8 层大楼一楼电梯上来 7 名乘客,他们到各自的一层下电梯,则下电梯的方法( )种.

A. P_7^6 B. 7^5 C. 6^7 D. 7^6 E. 7^7

⑪ 染色问题

例 27 在正五边形 $ABCDE$ 中,若把顶点 A,B,C,D,E 染上红、蓝、绿三种颜色中的一种,使得相邻顶点所染颜色不相同,则不同的染色方法共有( )种.

A. 15   B. 18   C. 24   D. 30   E. 34

例 28 某人有 3 种颜色的灯泡(每种颜色的灯泡足够多),要在如图 3-8-1 所示的 6 个点 ABC-$A_1B_1C_1$ 上各装一个灯泡,要求同一条线段两端的灯泡不同色,则每种颜色的灯泡都至少用一个的安装方法共有( )种.

A. 24   B. 16   C. 32

D. 48   E. 12

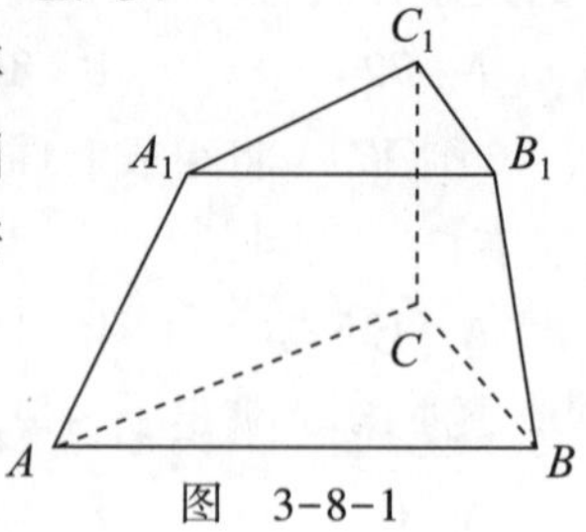

图 3-8-1

⑫ 其他问题

例 29 (条件充分性判断)公路 AB 上各站之间共有 90 种不同的车票.

(1)公路 AB 上有 10 个车站,每两站之间都有往返车票.

(2)公路 AB 上有 9 个车站,每两站之间都有往返车票.

例 30 某幢楼从二楼到三楼的楼梯共 11 级,上楼可以一步上一级,也可以一步上两级,则上楼梯的方法有(　　).

A. 34　　　　　B. 55　　　　　C. 89　　　　　D. 130　　　　　E. 144

例 31 确定两人从 A 地出发经过 B,C,沿逆时针方向行走一圈回到 A 地的方案(如图 3-8-2 所示).

若从 A 地出发时每人均可选大路或山道,经过 B,C 时,至多有一人可以更改道路,则不同的方案有(　　).

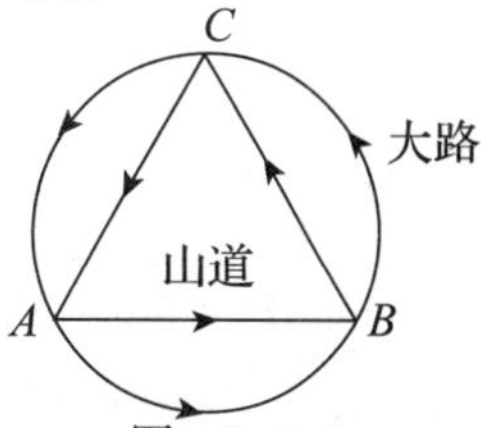

A. 16 种　　　B. 24 种　　　C. 36 种

D. 48 种　　　E. 64 种

图 3-8-2

例 32 (条件充分性判断)$0.3 \leqslant P(B) \leqslant 0.5$.

(1)$P(A) = 0.4, P(A \cup B) = 0.7$,且 A,B 互斥.

(2)$P(A) = 0.4, P(A \cup B) = 0.7$,且 A,B 相互独立.

例 33 湖中有 4 个岛,它们的位置恰好近似构成正方形的 4 个顶点. 若要修建 3 座桥将这 4 个小岛连接起来,则不同的方案有(　　)种.

A. 12　　　　　B. 16　　　　　C. 18　　　　　D. 20　　　　　E. 24

例 34 某次乒乓球单打比赛中,先将 8 名选手等分为 2 组进行小组单循环赛. 若一位选手只打了 1 场比赛后因故退赛. 则小组赛的实际比赛场数是(　　).

A. 24　　　　　B. 19　　　　　C. 12　　　　　D. 11　　　　　E. 10

古典概率

例 35 有 6 个人,每个人都以相同的概率被分配到 4 间房中的每一间中,某指定房间中恰有 2 人的概率为(　　).

A. 0.1926　　B. 0.6667　　C. 0.3333　　D. 0.2966　　E. 0.4

例 36 将 3 人以相同的概率分配到 4 间房的每一间中,恰好 3 间房中各有 1 人的概率为(　　).

A. 0.75　　　　B. 0.375　　　C. 0.1875　　　D. 0.125　　　E. 0.105

例 37 在共有 10 个座位的小会议室内随机的坐上 6 名与会者,则指定的 4 个座位被坐满的概率为(　　).

A. $\dfrac{1}{14}$　　　B. $\dfrac{1}{13}$　　　C. $\dfrac{1}{12}$　　　D. $\dfrac{1}{11}$　　　E. $\dfrac{1}{10}$

例 38 一只口袋中有 5 只同样大小的球,编号分别是 1,2,3,4,5,今从中随机取出 3 只球,则取到的球中最大号码是 4 的概率为(　　).

A. 0.3　　　　　B. 0.4　　　　　C. 0.5　　　　　D. 0.6　　　　　E. 0.7

例 39 若以连续投掷两枚骰子分别得到的点数 a 与 b 作为点 M 的横纵坐标,则点 M 落入圆 $x^2 + y^2 = 18$ 内(不含圆周)的概率是(　　).

A. $\dfrac{7}{36}$　　　B. $\dfrac{2}{9}$　　　C. $\dfrac{1}{4}$　　　D. $\dfrac{5}{18}$　　　E. $\dfrac{11}{36}$

例 40 考虑一元二次方程 $x^2+Bx+C=0$,其中 B,C 分别是将一枚骰子接连掷两次先后出现的点数,该方程有实根的概率 p 和有重根的概率 q 分别为(　　).

A. $\dfrac{17}{36},\dfrac{1}{18}$ B. $\dfrac{5}{9},\dfrac{1}{18}$ C. $\dfrac{19}{36},\dfrac{1}{6}$

D. $\dfrac{7}{12},\dfrac{1}{6}$ E. $\dfrac{19}{36},\dfrac{1}{18}$

例 41 盒中有 4 枚 2 分,2 枚 1 分的硬币,共 6 枚,从中随机取出 3 枚,3 枚硬币的面值之和是 5 分的概率为(　　).

A. 0.5   B. 0.6   C. 0.45   D. 0.55   E. 0.4

伯努利概型 ◐

例 42 人群中血型为 O 型、A 型、B 型、AB 型的概率分别是 0.46,0.4,0.11,0.03,从中任取 5 人,则至多有 1 个 O 型血的概率是(　　).

A. 0.045   B. 0.196   C. 0.201   D. 0.2415   E. 0.461

例 43 某人射击一次击中的概率为 0.6,经过 3 次射击,此人至少有两次击中目标的概率为(　　).

A. $\dfrac{81}{125}$ B. $\dfrac{54}{125}$ C. $\dfrac{36}{125}$ D. $\dfrac{27}{125}$ E. $\dfrac{19}{125}$

例 44 甲乙两人进行乒乓球比赛,比赛规则为"3 局 2 胜",即以先赢 2 局者为胜. 根据经验,每局比赛中甲获胜的概率为 0.6,则本次比赛甲获胜的概率为(　　).

A. 0.216   B. 0.36   C. 0.432   D. 0.648   E. 0.682

其他概率 ◐

例 45 (条件充分性判断)$P(AB)=\dfrac{7}{18}$.

(1)连续投掷一枚骰子两次所得到的点数之和为奇数记为事件 A.

(2)连续投掷一枚骰子两次所得到的点数之和为质数记为事件 B.

例 46 在一次竞猜活动中,设有 5 关,如果连续通过 2 关就算闯关成功,小王通过每关的概率都是 $\dfrac{1}{2}$,他闯关成功的概率为(　　).

A. $\dfrac{1}{8}$ B. $\dfrac{1}{4}$ C. $\dfrac{3}{8}$ D. $\dfrac{4}{8}$ E. $\dfrac{19}{32}$

例 47 进行一系列独立的试验,每次试验成功的概率为 p,则在成功 2 次之前已经失败 3 次的概率为(　　).

A. $4p^2(1-p)^3$ B. $4p(1-p)^3$ C. $10p^2(1-p)^3$

D. $p^2(1-p)^3$ E. $(1-p)^3$

例 48 某人将 5 个环——投向一个木栓,直到有一个套中为止,若每次套中的概率为

0.1,则至少剩下一个环未投的概率是(　　).（小数点后面保留 4 位有效数字）

  A. 0.6561   B. 0.3439   C. 0.6562   D. 0.3438   E. 0.3463

例 49 某装置的启动密码是由 0 到 9 中的 3 个不同数字组成,连续 3 次输入错误密码,就会导致该装置永久关闭,一个仅记得密码是由 3 个不同数字组成的人能够启动此装置的概率为(　　).

  A. $\dfrac{1}{120}$ B. $\dfrac{1}{168}$ C. $\dfrac{1}{240}$ D. $\dfrac{1}{720}$ E. $\dfrac{3}{1000}$

例 50 若从原点出发的质点 M 向 x 轴的正方向移动一个和两个坐标单位的概率分别是 $\dfrac{2}{3}$ 和 $\dfrac{1}{3}$,则该质点移动三个坐标单位到达点 $x=3$ 的概率是(　　).

  A. $\dfrac{19}{27}$ B. $\dfrac{20}{27}$ C. $\dfrac{7}{9}$ D. $\dfrac{22}{27}$ E. $\dfrac{23}{27}$

数据描述

①平均值与方差

例 51 已知一个样本的方差是 $S_1^2=\dfrac{1}{100}\left[(x_1-4)^2+(x_2-4)^2+\cdots+(x_{100}-4)^2\right]$,设这个样本的平均数是 a,样本的容量是 b,则 $20b+3a-1=(\quad)$.

  A. 2009   B. 2010   C. 2011   D. 2012   E. 2013

例 52 （条件充分性判断）设甲、乙两组数据的标准差分别为 S_1,S_2,则 $S_2=2011S_1$.

（1）甲组数据:$x_1,x_2,\cdots,x_n$.

（2）乙组数据:$\sqrt{2011}\,x_1+2012,\sqrt{2011}\,x_2+2012,\cdots,\sqrt{2011}\,x_n+2012$.

②数据图表表示

例 53 为了了解某校高三学生的视力情况,随机地抽查了该校 100 名高三学生的视力情况,得到频率分布直方图,如图 3-8-3 所示,由于不慎将部分数据丢失,但知道前 4 组的频数成等比数列,后 6 组的频数成等差数列,设最大频率为 a,视力在 4.6 到 5.0 之间的学生数为 b,则 a,b 的值分别为(　　).

  A. 0.27,78   B. 0.09,72   C. 0.36,87   D. 0.21,87   E. 0.33,81

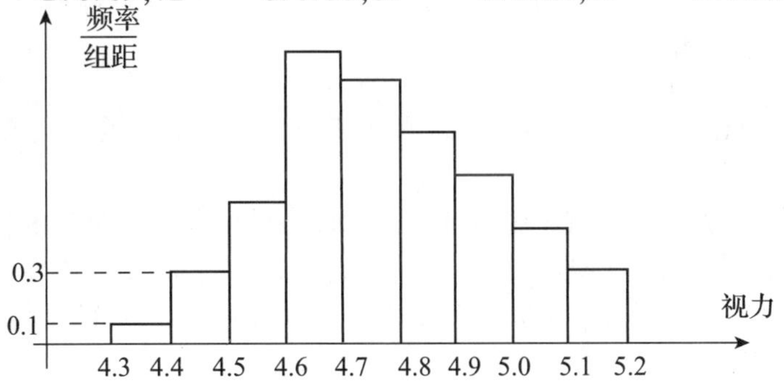

图　3-8-3

例 54 一个容量 100 的样本,其数据的分组与各组的频数见表 3-8-2.

表 3-8-2

组别	(0,10]	(10,20]	(20,30]	(30,40]	(40,50]	(50,60]	(60,70]
频数	12	13	24	15	16	13	7

则样本数据落在(10,40)上的频率为(   ).

A. 0.13   B. 0.39   C. 0.52   D. 0.64   E. 0.24

例 55 某单位 200 名职工的年龄分布情况如图 3-8-4 所示,现要从中抽取 40 名职工作样本,若用分层抽样方法,则 40 岁以上年龄段应抽取的人数是(   ).

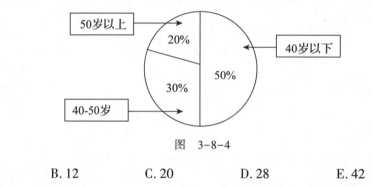

图 3-8-4

A. 8   B. 12   C. 20   D. 28   E. 42

命题点答案及解析

例 1 解析 将特殊元素 C,D 按 D 在 C 的右边"捆绑",将其看成一个大元素,与另外三个元素全排列,由于 C,D 不能交换,故不再"松绑". $A_4^3 = 24$.

综上所述,答案是 **A**.

例 2 解析 先把 3 种品种的画各看成整体,而水彩画不能放在头尾,故只能放在中间,又油画与国画有 P_2^2 种放法,再考虑油画与国画本身又可以全排列,故排列的方法为 $P_2^2 P_4^4 P_5^5$.

综上所述,答案是 **D**.

例 3 解析 先让指定的 2 人之外的 5 人排成一行,有 P_5^5 种排法,再让指定两人在每两人之间及两端的 6 个间隙中插入,有 P_6^2 种方法. 故共有 $P_5^5 P_6^2 = 3600$ 种排法.

综上所述,答案是 **B**.

例 4 解析 关掉一只灯的方法有 7 种,关第二只、第三只灯时要分类讨论,情况较为复杂. 换一个角度,从反面入手考虑.

因每一种关灯的方法唯一对应着一种满足题设条件的亮灯与暗灯的排列,于是问题转化为在 6 只亮灯中插入 3 只暗灯,且任何两只暗灯不相邻,暗灯不在两端,即从 6 只亮灯所形成的 5 个间隙中选 3 个插入 3 只暗灯,其方法有 $C_5^3 = 10$ 种,故满足条件的关灯的方法共有 10 种.

综上所述,答案是 **A**.

例 5 解析　全排列有 P_5^5 种挂法,由于 2 面红旗与 3 面白旗的分别全排列均只能做一次挂法,故共有不同的信号种数是 $P_5^5/(P_2^2 P_3^3)=10$.

综上所述,答案是 **C**.

例 6 解析　围桌而坐与坐成一排的不同点在于,坐成圆形没有首尾之分,所以固定一人并从此位置把圆形展成直线,其余 15 人共有$(16-1)!$ 种排法,即 15!.

综上所述,答案是 **B**.

例 7 解析　直接根据"错排公式"可得:$D_4=9$,答案是 **B**.

例 8 解析　直接根据"错排公式"可得:$D_4=9$,答案是 **B**.

例 9 解析　第一步,特殊优先:首先个位数字必须为奇数,从 1,3,5,7 四个中选择一个有 C_4^1 种.

第二步,剩余任意:再从剩余 3 个奇数中选择一个,从 2,4,6 三个偶数中选择两个进行十位,百位,千位三个位置的全排,则共有 $C_4^1 C_3^1 C_3^2 A_3^3=216$.

综上所述,答案是 **C**.

例 10 解析　首先应考虑"0"是特殊元素,分类讨论如下:

(1)当 0 排在末位时,有 $A_9^2=9×8=72$(个).

(2)当 0 不排在末位时,有 $A_4^1×A_8^1×A_8^1=4×8×8=256$(个).

根据分类计数原理,符合题意的偶数个数为:72+256=328.

综上所述,答案是 **B**.

例 11 解析　若不考虑附加条件,组成的六位数共有 $P_5^1 P_5^5$ 个,而其中个位数字与十位数字的 P_2^2 种排法中只有一种符合条件,

故符合条件的六位数共 $P_5^1 P_5^5÷P_2^2=300$(个)

综上所述,答案是 **B**.

例 12 解析　6 的倍数既是 2 的倍数,又是 3 的倍数. 其中 3 的倍数又满足"各个数位上的数字和是 3 的倍数"的特征,把 6 个数分成 4 组(3),(6),(1,5),(2,4),每组的数字和都是 3 的倍数,因此可分成两类讨论.

第一类:由 1,2,4,5,6 作数码,首先从 2,4,6 中任选一个作个位数字有 P_3^1,然后其余 4 个数在其他数位上全排列有 P_4^4,所以 $N_1=P_3^1 P_4^4$.

第二类:由 1,2,3,4,5 作数码,依上法有 $N_2=P_2^1 P_4^4$.

故 $N=N_1+N_2=120$(个).

综上所述,答案是 **B**.

例 13 解析　此题数字较多,情况也不一样,需要分拆摸索其规律,为了方便,两个加数中以较小的数为被加数,因为 1+100=101>100,1 为被加数的有 1 种;同理,2 为被加数的有 2 种;…;49 为被加数有 49 种;50 为被加数的有 50 种,但 51 为被加数只有 49 种;52 为被加数只有 48 种;…;99 为被加数的只有 1 种. 故不同的取法共有:

$(1+2+\cdots+50)+(49+48+\cdots+1)=2500$（种）.

综上所述，答案是 **D**.

例 14 解析 个位是 0 的有 $C_4^1 \cdot P_4^3 = 96$ 个;

个位是 2 的有 $C_3^1 \cdot P_4^3 = 72$ 个;

个位是 4 的有 $C_3^1 \cdot P_4^3 = 72$ 个;

所以共有 96+72+72 = 240 个.

综上所述，答案是 **B**.

例 15 解析 最高位大于 3 的有 $2P_5^5$ 种;最高位为 3,万位大于 2 的有: $2P_4^4$;

最高位为 3,万位为 2,千位大于 4 的有: P_3^3;

最高位为 3,万位为 2,千位为 4,百位大于 1 的有: P_2^2;

最高位为 3,万位为 2,千位为 4,百位为 1,十位大于 0 的有: P_1^1;

根据加法原理得到:共有 $N = 2P_5^5 + 2P_4^4 + P_3^3 + P_2^2 + P_1^1 = 297$ 种.

综上所述，答案是 **D**.

例 16 解析 本题适用排列组合常用模型——挡板模型: $C_{10-1}^{4-1} = C_9^3 = 84$.

综上所述，答案是 **B**.

例 17 解析 $C_{11}^4 = \dfrac{11\times10\times9\times8}{4\times3\times2\times1} = 330$.

综上所述，答案是 **E**.

例 18 解析 $x_1+x_2+x_3+x_4=12$ 的正整数解的组数可建立组合模型,将 12 个完全相同的球排成一列,在它们之间形成 11 个空隙中,任选三个插入 3 块隔板,把球分成 4 个组. 每一种方法所得球的数目依次为 x_1,x_2,x_3,x_4,显然 $x_1+x_2+x_3+x_4=12$,故 (x_1,x_2,x_3,x_4) 是方程的一组解. 反之,方程的任何一组解 (x_1,x_2,x_3,x_4),对应着唯一的一种在 12 个球之间插入隔板的方式(如图 3-8-5 所示),故方程的解和插板的方法一一对应. 即方程的解的组数等于插隔板的方法数 C_{11}^3.

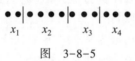

图 3-8-5

综上所述，答案是 **B**.

例 19 解析 适用排列组合打包寄送模型:

（Ⅰ）打包——把 6 个班级分成 3 个组,每个组至少得到 1 个班级,

第一层次:因每组中元素的个数产生的差异只有一大类:

6 = 1+2+3(打包计数先分解,题目已经指定分解方案).

第二层次:在这一大类中,因元素的质地产生的差异:

$6 = 1+2+3 \Rightarrow C_6^1 C_5^2 C_3^3 = 60$(有 1 个 1,就要除以 A_1^1).

即不同的打包方法为 60.

（Ⅱ）寄送——把 3 个不同的班组寄送到 3 个不同的老师,每个老师恰好 1 个,共有不同的方法数为 $A_3^3 = 6$.

根据乘法原理得:最终结果为 $60 \times 6 = 360$.

综上所述,答案是 **B**.

例 20 解析 本题适用排列组合打包寄送模型:

（Ⅰ）打包——将 4 封信分成 3 个组,每个组至少 1 封信,

第一层次:因每组中元素的个数产生的差异,只有一大类:

$$4 = 1 + 1 + 2 （打包计数先分解,只有 1 种分解方案）.$$

第二层次:在这一大类中,因元素的质地产生的差异:

$$4 = 1 + 1 + 2 \Rightarrow \frac{C_4^1 C_3^1 C_2^2}{A_2^2} = 6 （有 2 个 2,就要除以 A_2^2）.$$

即打包方法为 6.

（Ⅱ）寄送——把 3 个不同的信组寄送到 3 个不同的邮筒,每个邮筒恰好 1 个,共有不同的方法数为 $A_3^3 = 6$.

根据乘法原理得:最终结果为 $6 \times 6 = 36$.

综上所述,答案是 **C**.

例 21 解析 若 3 堆有序号,则有 $C_{12}^6 \cdot C_6^3 \cdot C_3^3$,但考虑有两堆都是 3 支,无须区别,

故共有 $\dfrac{C_{12}^6 C_6^3 C_3^3}{A_2^2} = 9240 （种）$.

综上所述,答案是 **A**.

例 22 解析 先将编号为 1,2,3 的三个盒子中分别放入 0,1,2 个小球,则将此题转化为了将 17 个小球放入三个盒子. 每个盒子不少于 1 个球的情况,则用挡板法有 $C_{16}^2 = 120$.

综上所述,答案是 **D**.

例 23 解析 先将 10 台相同的计算机中的 3 台分别给了 3 所希望小学. 则将此题转化为了将 7 台相同计算机分给 3 所希望小学,每所学校不少于 1 台的情况,则用挡板法有 $C_6^2 = 15$.

综上所述,答案是 **B**.

例 24 解析 解题套路:分步计数,实战示范:

第一步:第一个人——共 3 种不同的报考方法.

第二步:第二个人——共 3 种不同的报考方法.

第三步:第三个人——共 3 种不同的报考方法.

第四步:第四个人——共 3 种不同的报考方法.

第五步:第五个人——共 3 种不同的报考方法.

根据乘法原理可得　$3 \times 3 \times 3 \times 3 \times 3 = 243$.

综上所述,答案是 **A**.

例 25 解析 完成此事共分六步:把第一名实习生分配到车间有 6 种分法.把第二名实习生分配到车间也有 6 种分法,依此类推,由于每人选一个车间进行实习,所以共有 6^7 种不同的排法.

综上所述,答案是 **C**.

例 26 解析 某 7 层大楼一楼电梯上来乘客,每人有 7 个楼层可选择(一层除外),共有 7^7 种不同的方法.

综上所述,答案是 **E**.

例 27 解析 本题实质上是环形染色问题(3 色染 5 点),分两种情况:

(1)AD 同色:$3 \times 2 \times 1 \times 2 = 12$.

(2)AD 异色:$3 \times 2 \times 1 \times (1 \times 2 + 1 \times 1) = 18$.

故不同的染色方法为:12+18=30.

综上所述,答案是 **D**.

例 28 解析 本题实质上是环形染色问题(3 色染 6 点):

第一步,给 ABC 染色,不同的方法种数为 $3 \times 2 \times 1 = 6$.

第二步,给 $A_1B_1C_1$ 染色,等价于与 ABC 颜色错排,而三阶错排数为 2.

故安装方法为 $6 \times 2 = 12$.

综上所述,答案是 **E**.

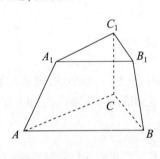

原题图

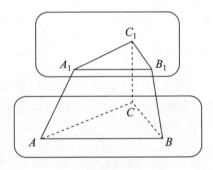

解题提示图

例 29 解析 条件(1)能推出结论,推导:$A_{10}^2 = 90$.

条件(2)不能推出结论,推导:$A_9^2 = 72$.

综上所述,答案是 **A**.

例 30 解析 设 a_n 表示从地面到第 n 级台阶的方法种数.

由加法原理可得:$a_n = a_{n-2} + a_{n-1}$,

且 $a_1 = 1, a_2 = 2, \{a_n\}$ 实际上是一个楼梯递推数列:

$1,2,3,5,8,13,21,34,55,89,144,233 \cdots \Rightarrow a_{11} = 144$.

综上所述,答案是 **E**.

例 31 解析　　$A \longrightarrow B \longrightarrow C \longrightarrow A$

从 A 到 B 共有 $2 \times 2 = 4$ 种.

从 B 至 C 共有 4 种,若两人都更改道路有 1 种,

故至多有一人更改道路有 3 种.

从 C 至 A 也有 3 种方法.

故共有 $4 \times 3 \times 3 = 36$ 种.

综上所述,答案是 **C**.

例 32 解析　　条件(1) 能推出结论. 推导:

$P(A + B) = P(A) + P(B) - P(AB) = P(A) + P(B)$.

$\Rightarrow P(B) = P(A + B) - P(A) = 0.7 - 0.4 = 0.3$,是结论的子集.

条件(2) 能推出结论. 推导:

$P(A + B) = P(A) + P(B) - P(AB) = P(A) + P(B) - P(A)P(B)$.

$\Rightarrow 0.7 = 0.4 + P(B) - 0.4P(B) \Rightarrow P(B) = 0.5$,是结论的子集.

综上所述,答案是 **D**.

例 33 解析　　排除法:4 个岛两两相连共 $C_4^2 = 6$ 条线,问题等价于从 6 条线中任选三条,去掉不能将岛全部连起来的情况. 即 $C_6^3 - 4 = 16$.

综上所述,答案是 **B**.

例 34 解析　　8 名选手分为 2 组,每组 4 名,若无人退赛共需 $2C_4^2 = 12$ 场.

此时组内每人比赛 3 场,而此人只比赛 1 场后退赛,故少赛 2 场.

所以实际比赛 $12 - 2 = 10$ 场.

综上所述,答案是 **E**.

例 35 解析　　乘法原理(分房时没有人数上的限制,可空房!)

$$\frac{C_6^2 \times 3^4}{4^6} = 0.2966.$$

综上所述,答案是 **D**.

例 36 解析　　将 3 人以相同的概率分配到 4 间房的方法 $n = 4^3 = 64$.

恰好 3 间房中各有 1 人的方法 $m = A_4^3 = 24$.

根据古典概型公式可行 $p = \dfrac{m}{n} = \dfrac{24}{64} = 0.375$.

综上所述,答案是 **B**.

例 37 解析　　总共的就座方法 $n = A_{10}^6$,指定的 4 个座位被坐满的方法 $m = C_6^2 A_6^6$,

故　　　　．　　　　　　　　　$p = \dfrac{m}{n} = \dfrac{1}{14}$.

综上所述,答案是 **A**.

例38解析 等价转化:从编号为1,2,3的球中取出2个,再取出编号为4的球,不同的方法数为:

$$m = C_3^2 = 3,$$

随机取出3只球的方法数为:

$$n = C_5^3 = 10,$$

故

$$p = \frac{m}{n} = 0.3.$$

综上所述,答案是 **A**.

例39解析 古典概型求概率,公式为 $P(A) = \dfrac{m}{n}$,联考中一般分两步:

第一步,求 n——点数 a 与点数 b 分别有6种取值:1,2,3,4,5,6,由乘法原理可得,点 M 的不同情况有 $n = 6 \times 6 = 36$ 种.

第二步,求 m——判断点 $M(a,b)$ 与圆 $f(x,y) = (x - x_0)^2 + (y - y_0)^2 - r^2 = 0$ 的位置关系,在联考实战中有两种方法:

方法一:代数法

$(1) f(a,b) < 0 \Leftrightarrow$ 点 $M(a,b)$ 在圆 $f(x,y) = 0$ 内部.

$(2) f(a,b) = 0 \Leftrightarrow$ 点 $M(a,b)$ 在圆 $f(x,y) = 0$ 的圆周上.

$(3) f(a,b) > 0 \Leftrightarrow$ 点 $M(a,b)$ 在圆 $f(x,y) = 0$ 外部.

方法二:几何法

回归本题,解析如下:

先作示意图(如图 3 - 8 - 6 所示),再作快速估算:

由 $x^2 + y^2 = 18$ 得,$x \leqslant 3\sqrt{2} \approx 4.24$,$y \leqslant 3\sqrt{2} \approx 4.24$,

因为点 $M(a,b)$ 在圆 $x^2 + y^2 = 18$ 内部,

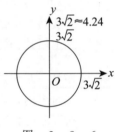

图 3 - 8 - 6

从而 a 与 b 只能取 1,2,3,4,故

当 $a = 1$ 时,$b = 1,2,3,4$,点 $M(a,b)$ 共 4 种.

当 $a = 2$ 时,$b = 1,2,3$,点 $M(a,b)$ 共 3 种.

当 $a = 3$ 时,$b = 1,2$,点 $M(a,b)$ 共 2 种.

当 $a = 4$ 时,$b = 1$,点 $M(a,b)$ 共 1 种.

由加法原理得:$m = 4 + 3 + 2 + 1 = 10$.

由古典概率公式得 $P(A) = \dfrac{m}{n} = \dfrac{10}{36} = \dfrac{5}{18}$.

综上所述,答案为 **D**.

【注意】 $M(2,4)$,$M(3,3)$,$M(4,2)$ 都在圆周上,题干在括号中标注了"不含圆周",因此考生在实战应考中要注意这些细节,$M(2,4)$,$M(3,3)$,$M(4,2)$ 这三个点就不能计入 m 中.

例40解析 一枚骰子掷两次,其基本事件总数为 $6^2 = 36$,方程组有实根的充分必要条件是 $B^2 - 4C \geqslant 0$,即 $C \leqslant \dfrac{B^2}{4}$;方程组有重根的充分必要条件是 $B^2 - 4C = 0$,即 $C = \dfrac{B^2}{4}$,易见

B	1	2	3	4	5	6
使 $C \leq B^2/4$ 的基本事件个数	0	1	2	4	6	6
使 $C = B^2/4$ 的基本事件个数	0	1	0	1	0	0

由此可见,使方程有实根的基本事件个数为:$1 + 2 + 4 + 6 + 6 = 19$,

使方程有重根的基本事件个数为 2,因此 $p = \dfrac{19}{36}$, $q = \dfrac{2}{36} = \dfrac{1}{18}$.

综上所述,答案是 **E**.

例 41 解析　方法一:用 ①,②,③,④ 表示 4 枚 2 分硬币,用 5,6 表示 2 枚 1 分硬币,从 6 枚硬币中任取 3 枚,所有可能组合为:

①②③　　　①②④　　　①②5　　　①②6

①③④　　　①③5　　　①③6

①④5　　　①④6

①56

②③④　　　②③5　　　②③6

②④5　　　②④6

②56

③④5　　　③④6

③56

④56

共 $n = 20$ 种,面值和为 5 的有

①②5　　①②6　　①③5　　①②6　　①④5　　①④6

②③5　　②③6　　②④5　　②④6　　③④5　　③④6

共 $k = 12$ 种. 于是,所求概率为 $p = \dfrac{k}{n} = \dfrac{12}{20} = 0.6$.

方法二:从 6 枚硬币中随机取出 3 枚,共有 $n = C_6^3 = 20$ 种取法. 而 3 枚硬币的面值和为 5 分,只能从 4 个 2 分中取 2 个,2 个 1 分中取 1 个,有 $k = C_4^2 C_2^1 = 12$ 种取法. 于是所求概率为 $p = \dfrac{k}{n} = \dfrac{12}{20} = 0.6$.

综上所述,答案是 **B**.

例 42 解析　分两种情况:0 个 O 型血,1 个 O 型血.

1 个人是 O 型血的概率 $p = 0.46$, 不是 O 型血的概率 $1 - p = 0.54$.

根据伯努利概型和概率加法公式可得:
$$C_5^0 (0.46)^0 (0.54)^5 + C_5^1 (0.46)^1 (0.54)^4 = 0.2415.$$

综上所述,答案是 **D**.

例 43 解析　设 A 表示射击手命中的次数,事件"3 次射击至少有两次击中目标"可以表示为

"$A \geq 2$",则 $P(A \geq 2) = P(A = 2) + P(A = 3) = C_3^2 \left(\dfrac{3}{5}\right)^2 \left(\dfrac{2}{5}\right)^1 + C_3^3 \left(\dfrac{3}{5}\right)^3 \left(\dfrac{2}{5}\right)^0 = \dfrac{81}{125}.$

综上所述,答案是 **A**.

例 44 解析　甲获胜有两种情况,一是甲以 2∶0 获胜,此时 $p_1 = 0.6^2 = 0.36$

二是甲以 2∶1 获胜,此时 $p_2 = C_2^1 \times 0.6 \times 0.4 \times 0.6 = 0.288$

故甲获胜的概率 $p = p_1 + p_2 = 0.648$

综上所述,答案是 **D**.

例 45 解析　条件(1) 和(2) 分别不能推出结论,联合可以推出结论. 推导过程:

设连续投掷一枚骰子两次所得到的点数分别为 s, t,则由条件(1) 可知 s, t 奇偶性不同.

分类讨论如下:

$s + t = 1 + 2 = 1 + 4 = 1 + 6$(有 3 种情况是质数)

$s + t = 2 + 1 = 2 + 3 = 2 + 5$(有 3 种情况是质数)

$s + t = 3 + 2 = 3 + 4 = 3 + 6$(有 2 种情况是质数)

$s + t = 4 + 1 = 4 + 3 = 4 + 5$(有 2 种情况是质数)

$s + t = 5 + 2 = 5 + 4 = 5 + 6$(有 2 种情况是质数)

$s + t = 6 + 1 = 6 + 3 = 6 + 5$(有 2 种情况是质数)

点数之和既是奇数又是质数的不同搭配情况共有 14 种,总的搭配情况共有 36 种.

根据古典概型计算公式可知 $P(AB) = \dfrac{14}{36} = \dfrac{7}{18}$.

综上所述,答案是 **C**.

例 46 解析　锁定目标:小王闯关成功分四种情况,闯关成功的概率等于每种情况的概率和.

分析运算:根据下表可得:闯关成功的概率为 $\dfrac{1}{4} + \dfrac{1}{8} + \dfrac{1}{16} \times 2 + \dfrac{1}{32} \times 3 = \dfrac{19}{32}$.

	第一关	第二关	第三关	第四关	第五关	概率
第二关时成功	√	√结束				$\dfrac{1}{2} \times \dfrac{1}{2} = \dfrac{1}{4}$
第三关时成功	×	√	√结束			$\dfrac{1}{2} \times \dfrac{1}{2} \times \dfrac{1}{2} = \dfrac{1}{8}$
第四关时成功	√	×	√	√结束		$\dfrac{1}{2} \times \dfrac{1}{2} \times \dfrac{1}{2} \times \dfrac{1}{2} = \dfrac{1}{16}$
	×	×	√	√结束		$\dfrac{1}{2} \times \dfrac{1}{2} \times \dfrac{1}{2} \times \dfrac{1}{2} = \dfrac{1}{16}$
第五关时成功	√	×	×	√	√结束	$\dfrac{1}{2} \times \dfrac{1}{2} \times \dfrac{1}{2} \times \dfrac{1}{2} \times \dfrac{1}{2} = \dfrac{1}{32}$
	×	√	×	√	√结束	$\dfrac{1}{2} \times \dfrac{1}{2} \times \dfrac{1}{2} \times \dfrac{1}{2} \cdot \times \dfrac{1}{2} = \dfrac{1}{32}$
	×	×	×	√	√结束	$\dfrac{1}{2} \times \dfrac{1}{2} \times \dfrac{1}{2} \times \dfrac{1}{2} \times \dfrac{1}{2} = \dfrac{1}{32}$

综上所述,答案是 E.

例 47 解析 先做等价转换:前 4 次试验中有 3 次失败 1 次成功,第 5 次试验成功. 根据伯努利概型和概率乘法公式可得:所求概率为 $C_4^1 p(1-p)^3 \times p = 4p^2(1-p)^3$.

综上所述,答案是 A.

例 48 解析 考虑对立事件:投完了 5 个环,等价于前 4 个环都没有投中,概率是
$$(0.9)^4 = 0.6561,$$
故至少剩下一个环未投的概率是 $1 - 0.6561 = 0.3439$.

综上所述,答案是 B.

例 49 解析 锁定目标:设 $P(A_k)$ 表示第 k 次正好打开的概率,$P(\overline{A_k})$ 表示第 k 次正好打不开的概率,则三次内打开锁的概率

$$P(k \leqslant 3) = P(A_1) + P(\overline{A_1}A_2) + P(\overline{A_1}\ \overline{A_2}A_3)$$

$$= \frac{1}{720} + \frac{719}{720} \times \frac{1}{719} + \frac{719}{720} \times \frac{718}{719} \times \frac{1}{718}$$

$$= \frac{1}{720} + \frac{1}{720} + \frac{1}{720}$$

$$= \frac{1}{240}.$$

综上所述,答案是 C.

【速解】 抓阄原理:$$P(A_k) = \frac{1}{720} + \frac{1}{720} + \frac{1}{720} = \frac{1}{240}.$$

例 50 解析 移动三个坐标单位到达点 $x = 3$ 分为三种情况:$3 = 1 + 1 + 1 = 2 + 1 = 1 + 2$,

概率为:$\left(\frac{2}{3}\right)^3 + \left(\frac{2}{3}\right)\left(\frac{1}{3}\right) + \left(\frac{1}{3}\right)\left(\frac{2}{3}\right) = \frac{20}{27}$.

综上所述,答案是 B.

例 51 解析 根据定义可得:$a = 4, b = 100$,故 $20b + 3a - 1 = 2011$,答案是 C.

例 52 解析 根据性质一可得答案是 E.

例 53 解析 设第 i 组的频数为 x_i,则

$$\frac{\frac{x_1}{100}}{4.4 - 4.3} = 0.1 \Rightarrow x_1 = 1. \qquad \frac{\frac{x_2}{100}}{4.5 - 4.4} = 0.3 \Rightarrow x_2 = 3,$$

前 4 组的频数成等比数列 $\Rightarrow x_3 = 9, x_4 = 27$,

后 6 组的频数成等差数列 $\Rightarrow 27 \times 6 + \frac{6 \times 5}{2}d = 100 - 1 - 3 - 9 \Rightarrow d = -5$,

故　　$x_5 = 22, x_6 = 17, x_7 = 12, x_8 = 7, x_9 = 2$,

从而最大频率为 $a = \dfrac{x_4}{100} = 0.27$,

视力在 4.6 到 5.0 之间的学生数为 $b = x_4 + x_5 + x_6 + x_7 = 27 + 22 + 17 + 12 = 78$.

综上所述,答案是 **A**.

例 54 解析 $\dfrac{13 + 24 + 15}{100} = 0.52$.

综上所述,答案是 **C**.

例 55 解析   根据分层抽样的规则,40 岁以下年龄段应抽取的人数占 $20\% + 30\% = 50\%$,

故 $40 \times 50\% = 20$.

综上所述,答案是 **C**.

五、综 合 训 练

综合训练题

1. 袋中有 6 只红球 4 只黑球,今从袋中取出 4 只球,设取到一只红球得 2 分,取到一只黑球得 1 分,则得分不大于 6 的概率为(　　).

    A. $\dfrac{23}{42}$ B. $\dfrac{4}{7}$ C. $\dfrac{25}{42}$ D. $\dfrac{13}{21}$ E. $\dfrac{13}{42}$

2. 一个班组里有 5 名男工和 4 名女工,若要安排 3 名男工和 2 名女工分别担任不同的工作,则不同的安排方法共有(　　) 种.

    A. 300   B. 720   C. 1440   D. 7200   E. 360

3. 将组成篮球队的 12 个名额分给 7 所学校,每所学校至少 1 个名额,则不同的分配方法有(　　) 种.

    A. 231   B. 462   C. 924   D. 1848   E. 460

4. 有 8 个人参加收发电报培训,每两人结为一对互发互收,共有(　　) 种不同的结对方式.

    A. 56   B. 384   C. 105   D. A_8^8 E. 28

5. 一种编码由 6 位数字组成,其中每位数字可以是 $0,1,2,\cdots,9$ 中的任意一个,则编码的前两位数字都不超过 5 的概率为(　　).

    A. 0.18   B. 0.36   C. 0.72   D. 0.24   E. 0.64

6. 3 名医生和 6 名护士被分配到 3 所学校为学生体检,每校分配 1 名医生和 2 名护士,则不同的分配方法共有(　　) 种.

    A. 90   B. 180   C. 270   D. 540   E. 630

7. 11 名翻译人员中,5 名只会英语翻译,4 名只会日语翻译,2 名既会英语翻译又会日语翻译,从中选出 4 人,既有英语又有日语翻译,共有(　　) 种选法.

    A. 189   B. 264   C. 324   D. 406   E. 512

8. $\angle A$ 的一边 AB 上有 4 个点, 另一边 AC 上有 5 个点, 连同 $\angle A$ 的顶点共有 10 个点, 以这些点为顶点, 可以构成(　)个三角形.

　　A. 45　　　　　B. 65　　　　　C. 78　　　　　D. 85　　　　　E. 90

9. 9 名乒乓球选手平均分成三组进行单循环比赛, 则甲、乙、丙三名种子选手在不同组的概率为(　).

　　A. $\dfrac{3}{28}$　　　B. $\dfrac{9}{28}$　　　C. $\dfrac{3}{54}$　　　D. $\dfrac{1}{6}$　　　E. $\dfrac{1}{9}$

10. 抛掷一枚不均匀的硬币, 正面朝上的概率为 $\dfrac{2}{3}$, 若将此硬币抛掷 4 次, 则正面朝上 3 次的概率为(　).

　　A. $\dfrac{8}{81}$　　　B. $\dfrac{8}{27}$　　　C. $\dfrac{32}{81}$　　　D. $\dfrac{1}{2}$　　　E. $\dfrac{26}{27}$

11. 用 1, 2, 3, 4 四个数字, 组成个位是 1 且恰有两个相同数字的四位数, 共有(　)个.

　　A. 24　　　　　B. 36　　　　　C. 48　　　　　D. 72　　　　　E. 84

12. 4 个不同的小球放入编号为 1, 2, 3, 4 的四个盒子中, 则恰有一个盒子为空的放法有(　)种.

　　A. 36　　　　　B. 72　　　　　C. 84　　　　　D. 96　　　　　E. 144

13. 羽毛球队有 4 名男运动员和 3 名女运动员, 从中选出两对参加混双比赛, 则不同的选派方式有(　)种.

　　A. 9　　　　　B. 18　　　　　C. 24　　　　　D. 36　　　　　E. 72

14. 若以连续投掷两枚骰子分别得到的点数 a 与 b 作为点 P 的横纵坐标, 则点 $P(a,b)$ 落在直线 $x+y=6, x=6, y=6$ 围成的三角形内(不含边界)的概率是(　).

　　A. $\dfrac{1}{6}$　　　B. $\dfrac{7}{36}$　　　C. $\dfrac{2}{9}$　　　D. $\dfrac{1}{4}$　　　E. $\dfrac{5}{18}$

15. $(x+2y+3z)^8$ 的展开式中共有(　)项.

　　A. 15　　　　　B. 30　　　　　C. 40　　　　　D. 45　　　　　E. 56

16. 随机掷一枚均匀的正方体骰子(正方体骰子的六个面上的点数分别为 1,2,3,4,5,6), 每次实验掷三次, 则每次实验中掷三次骰子的点数之和为 6 的概率为(　).

　　A. $\dfrac{5}{36}$　　　B. $\dfrac{21}{216}$　　　C. $\dfrac{5}{108}$　　　D. $\dfrac{1}{16}$　　　E. $\dfrac{1}{8}$

17. (条件充分性判断) 在矩形 $ABCD$ 的边 CD 上随机取一点 P, 使得 AB 是 $\triangle APB$ 的最大边的概率大于 $\dfrac{1}{2}$.

　　(1) $\dfrac{AD}{AB} < \dfrac{\sqrt{7}}{4}$.　　　　　　(2) $\dfrac{AD}{AB} > \dfrac{1}{2}$.

18. (条件充分性判断) 有甲、乙两袋奖券, 获奖率分别为 p 和 q, 某人从两袋中各随机抽取 1 张奖券, 则此人获奖的概率不小于 $\dfrac{3}{4}$.

（1）已知 $p + q = 1$. 　　　　（2）已知 $pq = \dfrac{1}{4}$.

19. 掷一枚均匀的硬币若干次,当正面向上次数大于反面向上次数时停止,则在 4 次之内停止的概率为(　　).

　A. $\dfrac{1}{8}$ 　　B. $\dfrac{3}{8}$ 　　C. $\dfrac{5}{8}$ 　　D. $\dfrac{3}{16}$ 　　E. $\dfrac{5}{16}$

20. (条件充分性判断)信封中装有 10 张奖券,只有 1 张有奖. 从信封中同时抽取 2 张奖券,中奖的概率为 P;从信封中每次抽取 1 张奖券后放回,如此重复抽取 n 次,中奖的概率为 Q,则 $P < Q$.

　（1）$n = 2$. 　　　　（2）$n = 3$.

综合训练题答案及解析

1　【解析】得分不大于 6 分三种情况:$1 + 1 + 1 + 1 \leqslant 6$, $1 + 1 + 1 + 2 \leqslant 6$, $1 + 1 + 2 + 2 \leqslant 6$

第一种情况:取出 4 个黑球的方法:1 种,

第二种情况:取出 3 个黑球 1 个红球的方法:$C_4^3 C_6^1 = 24$ 种,

第三种情况:取出 2 个黑球 2 个红球的方法:$C_4^2 C_6^2 = 90$ 种,

得分不大于 6 的方法种数为 $m = 1 + 24 + 90 = 115$,

从袋中取出 4 只球的总方法数 $n = C_{10}^4 = 210$,

根据古典概型公式可得:　　　$p = \dfrac{m}{n} = \dfrac{115}{210} = \dfrac{23}{42}$.

综上所述,答案是 **A**.

2　【解析】分步计数

第一步:从 5 名男工中选出 3 名男工——共 $C_5^3 = 10$ 种不同的方法.

第二步:从 4 名女工中选出 2 名女工——共 $C_4^2 = 6$ 种不同的方法.

第三步:将选出来的 5 名工人安排到 5 个不同的岗位——共 $A_5^5 = 120$ 种不同的方法.

根据乘法原理可得:$10 \times 6 \times 120 = 7200$.

综上所述,答案是 **D**.

3　【解析】将问题转化为把排成一行的 12 个 ○ 分成 7 份的方法数,

如 ○_○_○_○_○_○_○_○_○_○_○_○,

这样用 6 块闸板插在 11 个间隔中,共有 $C_{11}^6 = 462$ 种不同方法.

综上所述,答案是 **B**.

4　【解析】设 8 个人分别为 $1,2,3,4,\cdots,8$. 1 可以和剩下 7 个人中的任意 1 人结对,共有 7 种不同方法,1 结完对后需确定下来,假如 1 与 4 结对,2 可以和剩下 5 人中的任意 1 人结对,共有 5 种不同方法 ……;以此类推,最后两人有 1 种结对方法.

由乘法原理知共有 $7 \times 5 \times 3 \times 1 = 105$ 种不同的方法.

综上所述,答案是 **C**.

5 【解析】总共的编码数 $n = 10^6$,前两位数字都不超过 5 的编码数 $m = 6^2 \times 10^4 = 21$,

故
$$p = \frac{m}{n} = 0.36.$$

综上所述,答案是 **B**.

6 【解析】先将 3 名医生进行全排列后对号入座进入 3 所学校,有 $A_3^3 = 6$ 种方法;

再将 6 名护士平均分为 3 组,每组 2 人,有 $\dfrac{C_6^2 C_4^2 C_2^2}{A_3^3} = 15$ 种方法,

然后将 3 组护士进行全排列后对号入座进入 3 所学校,有 $A_3^3 = 6$ 种方法,

所以护士的分配共有 $\dfrac{C_6^2 C_4^2 C_2^2}{A_3^3} \times A_3^3 = 90$ 种方法;

根据分步相乘的原理,不同的分配方法共有 $A_3^3 \times 90 = 540$ 种.
综上所述,答案是 **D**.

7 【解析】不考虑特殊要求"既有英语又有日语翻译"时,共 C_{11}^4 种选法,其中:
只有英语翻译的选法有 C_5^4 种,只有日语翻译的选法有 C_4^4 种,则在特殊要求下,
共有:$C_{11}^4 - C_5^4 - C_4^4 = 324$ 种选法.
综上所述,答案是 **C**.

8 【解析】如图 3 - 8 - 7 所示,若有 A 点,只需从 AB、AC 中各选 1
个点,即 $C_4^1 C_5^1 = 20$ 种.
若不含 A,AB 有 2 点,AC 有 1 点,即 $C_4^2 C_5^1 = 30$ 种;
AB 有 1 点,AC 有 2 点,即 $C_4^1 C_5^2 = 40$ 种.
故共有 $20 + 30 + 40 = 90$ 种.
综上所述,答案是 **E**.

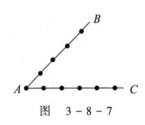
图　3 - 8 - 7

9 【解析】样本空间:将 9 名选手进行平均分组:$\dfrac{C_9^3 C_6^3 C_3^3}{A_3^3} = 280$ 种;

事件 A:给甲两名非种子选手,有 $C_6^2 = 15$ 种;给乙两名非种子选手,有 $C_4^2 = 6$ 种;
剩余的两名非种子选手直接给丙即可. 共 $15 \times 6 = 90$ 种分法.

因此概率为 $p = \dfrac{90}{280} = \dfrac{9}{28}.$

综上所述,答案是 **B**.

10 【解析】直接由伯努利概型可得:$p = C_4^3 \left(\dfrac{2}{3}\right)^3 \left(1 - \dfrac{2}{3}\right)^1 = \dfrac{32}{81}.$

综上所述,答案是 **C**.

11 【解析】若两个相同的数字为1,则从2,3,4中选出2个数. 然后与1放到3个位置上, 即 $C_3^2 A_3^3 = 18$ 种.

若两个相同的数字不为1,则从2,3,4中选出2个数,重复的数字是选出的2个数中的一个,再把重复的数字在剩下的3个位置中选2个放,最后一个数字放入最后一个位置上, 即 $C_3^2 \cdot C_2^1 \cdot C_3^2 \cdot C_1^1 = 18$ 种.

故共有 $18 + 18 = 36$ 种.

综上所述,答案是 **B**.

12 【解析】问题为将不同的元素放入不同的盒子中,应用打包寄送法,

即 $4 = 1 + 1 + 2 + 0$,故 $\dfrac{C_4^1 C_3^1 C_2^2}{A_2^2} A_4^4 = 144$.

综上所述,答案是 **E**.

13 【解析】分别从4名男运动员和3名女运动员选出2人即 $C_4^2 C_3^2 = 18$.

再将两男两女进行分组,共有2种方法,故不同选派方式有 $18 \times 2 = 36$ 种.

综上所述,答案是 **D**.

14 【解析】先作示意图(如图 $3 - 8 - 8$ 所示),

$x + y = 6, x = 6, y = 6$ 围成的三角形区域表示为:$\begin{cases} x + y > 6, \\ 1 \leq x \leq 5, \\ 1 \leq y \leq 5, \end{cases}$

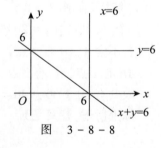

图 $3 - 8 - 8$

分类讨论如下:

当 $a = 2$ 时,$b = 5$,点 $M(a,b)$ 共 1 种.

当 $a = 3$ 时,$b = 4,5$,点 $M(a,b)$ 共 2 种.

当 $a = 4$ 时,$b = 3,4,5$,点 $M(a,b)$ 共 3 种.

当 $a = 5$ 时,$b = 2,3,4,5$,点 $M(a,b)$ 共 4 种.

由加法原理得: $m = 1 + 2 + 3 + 4 = 10$,

由古典概率公式得 $P(A) = \dfrac{m}{n} = \dfrac{10}{36} = \dfrac{5}{18}$.

综上所述,答案为 **E**.

15 【解析】因为 $(x + 2y + 3z)^8$ 的展开式中的每一项为 $mx^a y^b z^c$,且 $a + b + c = 8, a,b,c$ 为非负整数,从而展开式的项数为方程 $a + b + c = 8$ 的非负整数解的个数.

即 $\begin{cases} a + b + c = 8 \\ a \geq 0 \\ b \geq 0 \\ c \geq 0 \end{cases}$,则 $\begin{cases} (a + 1) + (b + 1) + (c + 1) = 11 \\ a + 1 \geq 1 \\ b + 1 \geq 1 \\ c + 1 \geq 1 \end{cases}$ 利用隔板法,故共有 $C_{10}^2 = 45$ 项.

综上所述,答案是 **D**.

16 【解析】每次实验中掷三次骰子的点数之和为6的情况有以下3种:

情况一:$1 + 2 + 3 = 6$,设该种情况为事件 A,则有 $P(A) = A_3^3 \times \dfrac{1}{6} \times \dfrac{1}{6} \times \dfrac{1}{6} = \dfrac{1}{36}$;

情况二:$2 + 2 + 2 = 6$,设该种情况为事件 B,则有 $P(B) = \dfrac{1}{6} \times \dfrac{1}{6} \times \dfrac{1}{6} = \dfrac{1}{216}$;

情况三:$1 + 1 + 4 = 6$,设该种情况为事件 C,则有 $P(C) = C_3^1 \times \dfrac{1}{6} \times \dfrac{1}{6} \times \dfrac{1}{6} = \dfrac{1}{72}$.

设每次实验中掷三次骰子的点数之和为 6 的概率为 p,

则 $p = P(A) + P(B) + P(C) = \dfrac{1}{36} + \dfrac{1}{216} + \dfrac{1}{72} = \dfrac{5}{108}$.

综上所述,答案是 **C**.

17　【解析】如图 3 - 8 - 9 所示,AB 是 $\triangle APB$ 的最大边,可以取

其临界值,使 $AP_2 = BP_1 = AB$,若求概率大于 $\dfrac{1}{2}$,不妨先求解

概率等于 $\dfrac{1}{2}$ 的情况,故 $\dfrac{P_1P_2}{CD} = \dfrac{1}{2}$,则 $\dfrac{DP_1}{CD} = \dfrac{CP_2}{CD} = \dfrac{1}{4}$. 设 CD

$= 4x = AB$,则 $DP_1 = CP_2 = x$,此时 $P_1E = AD = \sqrt{BP_1^2 - BE^2}$

$= \sqrt{7}x$.

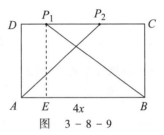

图　3 - 8 - 9

故 $\dfrac{AD}{AB} = \dfrac{\sqrt{7}}{4}$,若 AD 变短,则 P_1P_2 的长度变长,故概率大于 $\dfrac{1}{2}$.

所以条件(1) 充分,条件(2) 不充分.

综上所述,答案是 **A**.

18　【解析】此人获奖的概率为 $1 - (1 - p)(1 - q) = p + q - pq$.

条件(1):$pq \leqslant \dfrac{(p + q)^2}{4} = \dfrac{1}{4} \Rightarrow p + q - pq = 1 - pq \geqslant \dfrac{3}{4}$,充分.

条件(2):$p + q \geqslant 2\sqrt{pq} = 1 \Rightarrow p + q - pq = p + q - \dfrac{1}{4} \geqslant \dfrac{3}{4}$,充分.

综上所述,答案是 **D**.

19　【解析】若掷 1 次就停止,概率为 $\dfrac{1}{2}$;掷两次无法完成事件;

若掷 3 次就停止,则三次分别为:反正正,概率为 $\left(1 - \dfrac{1}{2}\right) \times \dfrac{1}{2} \times \dfrac{1}{2} = \dfrac{1}{8}$.

故概率为 $\dfrac{1}{2} + \dfrac{1}{8} = \dfrac{5}{8}$.

综上所述,答案是 **C**.

20　【解析】条件(1):$P = \dfrac{C_1^1 C_9^1}{C_{10}^2} = \dfrac{1}{5}$,$Q = 1 - 0.9^2 = 0.19$,故 $P > Q$,不充分.

条件(2): $P = \dfrac{1}{5}$, $Q = 1 - 0.9^3 = 0.271$, 故 $P < Q$, 充分.

综上所述, 答案是 **B.**

六、备考小结

常见的命题模式: _____.

_____.

_____.

_____.

_____.

解题战略战术方法: _____.

_____.

_____.

_____.

_____.

经典母题与错题积累: _____.

_____.

_____.

_____.

_____.

应 用 题

一、备考攻略综述

大纲表述

考试大纲无直接表述. 应用题不是一个独立的知识点与考点,应用题是其他考点的一种应用形式.

命题轨迹

应用题
- 1. 比例问题(比与比例)
  - ① 见比设 k
  - ② 多比化连比
  - ③ 率
    - 增长率(节省率)
    - 利润率(销售问题)
- 2. 行程问题
  - ① 路程问题
  - ② 水流行程问题
- 3. 工程问题(效率问题)
  - ① 工作总量常设为单位"1"
  - ② 工作效率
- 4. 浓度问题
  - ① 浓度基本公式
  - ② 浓度经验公式
- 5. 平均值问题(混合问题)
- 6. 方程问题
  - ① 方程组
    - 二元一次方程组
    - 三元一次方程组
  - ② 不定方程
  - ③ 一元一次方程
- 7. 函数问题
  - ① 二次函数
  - ② 分段函数
- 8. 最值问题
  - ① 函数最值
  - ② 不等式最值
  - ③ 线性规划最值
- 9. 集合问题(容斥原理)
  - ① 两个集合
  - ② 三个集合
- 10. 其他问题(年龄问题,公倍数问题等)

备考提示 ◐

考生要彻底地解决联考中应用题的问题:第一,搞懂各种应用题题材中的变量关系和基本公式;第二,掌握并熟练应用设元列方程以及快速求解分式方程、一元二次方程、一元一次方程、二元一次方程组、等比数列前 n 项和等内容.

二、技 巧 点 拨

比例问题 ◐

(1) 见比设 k:若甲与乙人数之比为 $a:b$,则设甲为 ak,乙为 $bk(k \neq 0)$.

(2) 多比化连比:若甲与乙人数之比为 $a:b$,乙与丙人数之比为 $c:d$,

则甲:乙:丙 $= ac:bc:bd$.

可设甲为 ack,乙为 bck,丙为 $bdk(k \neq 0)$.

(3) 甲比乙大 $p\% \Leftrightarrow \dfrac{甲-乙}{乙} = p\%$,甲是乙的 $p\% \Leftrightarrow$ 甲 $=$ 乙 $\cdot p\%$.

【注】甲比乙大 $p\%$ 不等于乙比甲小 $p\%$,不要混淆.先减小 $p\%$,再增加 $p\%$ 的值并不等于原值,即 $x(1-p\%)(1+p\%) \neq x$.

(4) 增长率(节省率)

对于有关率的应用题,应根据题意列出公式,如果求总,则要联系等比数列前 n 项和,最终求出答案.

常见的公式为:

平均增长率核心公式:　　　　终值 $=$ 初值 $\times (1+r)^n$.

平均节省率核心公式:　　　　终值 $=$ 初值 $\times (1-r)^n$.

其中,r 表示平均增长率或节省率,n 表示年数.

年利率核心公式:　　　　　　终值 $=$ 初值 $\times (1+r)^n$.

其中,r 表示年利率,n 表示存款年数.

(5) 利润率(销售问题)

解题的关键是要分清成本价、原销售价、优惠价和利润这几个概念.常用公式:

$$利润 = 售价 - 进价 = 单利 \times 件数$$

$$利润率 = \frac{利润}{进价} \times 100\% = \frac{售价 - 进价}{进价} \times 100\% = \left(\frac{售价}{进价} - 1\right) \times 100\%.$$

$$售价 = 进价 \times (1 + 利润率)$$

行程问题 ◐

常用公式:

$$s = vt, v = \frac{s}{t}, t = \frac{s}{v}(常与比例的性质结合起来)$$

常见的关系:

追及问题核心公式:路程差(追及路程) = 速度差 × 追及时间

相遇问题核心公式:路程和(相向路程) = 速度和 × 相向时间

行船问题核心公式:顺水行船速度 = 船速 + 水速

逆水行船速度 = 船速 − 水速

常见题型:

题型一:直线路程问题,此类问题是常考的问题. 做题时可结合示意图来分析,如图 3 − 9 − 1 所示.

图 3 − 9 − 1

等量关系:$s_甲 + s_乙 = s$

$$\frac{v_甲}{v_乙} = \frac{AC}{BC}(时间相同).$$

题型二:同向圆圈跑道型问题. 设跑道周长为 s. (令 $v_甲 > v_乙$) 如图 3 − 9 − 2 所示.

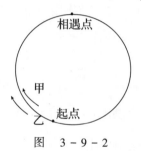

图 3 − 9 − 2

等量关系:$s_甲 − s_乙 = s$,甲、乙每相遇一次,甲比乙多跑一圈,若相遇 m 次,则有

$$s_甲 − s_乙 = m \cdot s$$

$$\frac{v_甲}{v_乙} = \frac{s_甲}{s_乙} = \frac{s_乙 + m \cdot s}{s_乙} = 1 + \frac{m \cdot s}{s_乙}$$

相遇一次时间

$$t = \frac{s}{v_甲 − v_乙}$$

题型三:逆向圆圈跑道型问题. 设跑道周长为 s. (令 $v_甲 > v_乙$) 如图 3 − 9 − 3 所示.

等量关系:$s_甲 + s_乙 = s$,即每相遇一次,甲与乙路程之和为一圈,若相遇 m 次有

$$s_甲 + s_乙 = m \cdot s.$$

$$\frac{v_甲}{v_乙} = \frac{s_甲}{s_乙} = \frac{m \cdot s − s_乙}{s_乙} = \frac{m \cdot s}{s_乙} − 1.$$

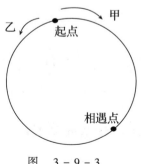

图 3 − 9 − 3

相遇一次时间

$$t = \frac{s}{v_甲 + v_乙}.$$

工程问题 ◤

通常将整个工程量看成单位 1(当只给天数,并没有给工作量时),然后根据题干条件列方程求解.

常见公式:

$$总效率 = 各效率代数和,工作效率 = \frac{工作量}{工作时间},总量 = \frac{部分量}{其对应的比例}.$$

浓度问题 ◤

对浓度问题,关键在于找准不变量.

(1)"稀释"问题:特点是增加"溶剂",解题关键是找到始终不变的量(溶质).

(2)"浓缩"问题:特点是减少"溶剂",解题关键是找到始终不变的量(溶质).

(3)"加浓"问题:特点是增加"溶质",解题关键是找到始终不变的量(溶剂).

(4)配制问题:是指两种或两种以上的不同浓度的溶液混合配制成新溶液(成品),解题关键是分析所取原溶液的溶质与成品溶质不变及溶液前后质量不变,找到两个等量关系.

常用公式:溶液 = 溶质 + 溶剂,

$$浓度 = \frac{溶质}{溶液} \times 100\% = \frac{溶质}{溶质 + 溶剂} \times 100\%.$$

(5)若一满杯纯酒精 aL,第一次倒出 mL 后用水加满,第二次倒出 mL 后用水加满,……,第 n 次倒出 mL 用水加满后的酒精浓度为 $\left(1 - \frac{m}{a}\right)^n$.

	起始溶质	倒出后剩溶质	用水加满后溶液	浓度
第一次	a	$a-m$	a	$\frac{a-m}{a} = 1 - \frac{m}{a}$
第二次	$a-m$	$a-m-m\left(1-\frac{m}{a}\right) = a\left(1-\frac{m}{a}\right)^2$	a	$\frac{a\left(1-\frac{m}{a}\right)^2}{a} = \left(1-\frac{m}{a}\right)^2$
$\vdots$	$\vdots$	$\vdots$	$\vdots$	$\vdots$
第 n 次	$a\left(1-\frac{m}{a}\right)^{n-1}$	$a\left(1-\frac{m}{a}\right)^n$	a	$\frac{a\left(1-\frac{m}{a}\right)^n}{a} = \left(1-\frac{m}{a}\right)^n$

平均值问题 ◤

当一个整体按照某个标准分为两类时,并知某混合后整体数值情况,即可根据交叉法来求解两者的比,即交叉法. 该方法先上下分别列出每部分的数值,然后与整体数值相减,减得的两个数值的最简整数比就代表每部分对应的量(重量、数量、体积、折扣前的应付总额等,根据具体问题具体分析) 的比. 此方法可以用于已知两量、两量的比和混合值四个量中的三个,求混合后另外一个. 具体关系如下所示:

$$\begin{matrix} A溶液a\% \\ B溶液b\% \end{matrix} \raise0.5ex\hbox{$\diagdown$}\kern-0.5em\raise-0.5ex\hbox{$\diagup$} \ c\% \ \raise0.5ex\hbox{$\diagup$}\kern-0.5em\raise-0.5ex\hbox{$\diagdown$} \ \begin{matrix} b-c \\ \overline{c-a} \end{matrix} = \frac{A溶液质量}{B溶液质量}$$

$$(a < c < b)$$

一个班男生的平均分为 x_1,女生的平均分为 x_2,全班的平均分为 $\bar{x}$,若 $x_1 < \bar{x} < x_2$,按方程的思路:

① 设男生有 a 人,女生有 b 人

② 则 $\bar{x} = \dfrac{ax_1 + bx_2}{a+b}$

③ $(a+b)\bar{x} = ax_1 + bx_2$

$\Leftrightarrow a(\bar{x} - x_1) = b(x_2 - \bar{x})$

$$\Rightarrow \frac{x_2 - \bar{x}}{\bar{x} - x_1} = \frac{a}{b}$$

按交叉法的思路:

设男生有 a 人,女生有 b 人.

$$\begin{matrix} 男 & x_1 & & x_2 - \bar{x} \\ & & \bar{x} & \\ 女 & x_2 & & \bar{x} - x_1 \end{matrix} \qquad 则 \frac{x_2 - \bar{x}}{\bar{x} - x_1} = \frac{a}{b}$$

两种思路本质是一样的, 实战运用建议尽量使用交叉法.

▎方程问题 ◤

① 找等量关系(审题)

② 列方程(方程组)

③ 解方程(方程组)

不定方程:指未知数个数多于方程个数的方程或方程组. 考试中主要是涉及整系数不定方程的整数解,一般要借助整除、奇数偶数、范围等特征来确定数值,最终求出符合题意的限制解.

▎函数问题 ◤

① 找函数关系(审题)

② 建立函数关系(列式)

③ 按目标分析函数关系(计算)

分段函数:对于分段求解问题先根据题意列出分段表达式,然后根据分段函数来估计各段的取值范围,与所给的数值进行比对,根据比对的结果确定相应的表达式来求解问题.

最值问题

关于应用题的最值问题,一般涉及一元二次函数的最值、不等式整数最值、线性规划问题的最值,比如,当销售价格升降引起销售量变化,从而利润是一个一元二次函数,进而可以求得利润的最大值,比如,满足某几条直线围成区域的最值时,可以通过不等式作图、整数点分析最终求得最值.

集合问题

对于集合问题,要根据题意画出韦恩图来求解.

对于两个集合,公式为 $A \cup B = A + B - A \cap B$;

对于三个集合,公式为 $A \cup B \cup C = A + B + C - (A \cap B + B \cap C + A \cap C) + A \cap B \cap C$.

其他问题

年龄问题的特点有两个:一个是年龄差值恒定,另一个是年龄同步增长,但要注意年龄为负值的情况(即没有出生).

三、命 题 点

比例问题

例 1 某电子产品一月份按原定价的 80% 出售,能获利 20%,二月份由于进价降低,按原定价的 75% 出售,却能获利 25%,那么二月份进价是一月份进价的(   ).

A. 92%   B. 90%   C. 85%   D. 80%   E. 75%

例 2 某投资者以 2 万元购买甲、乙两种股票,甲股票的价格为 8 元／股,乙股票的价格为 4 元／股,它们的投资额之比是 4∶1,当甲、乙股票价格分别为 10 元／股和 3 元／股时,该投资者全部抛出这两种股票,他共获利(   ).

A. 3000 元   B. 3889 元   C. 4000 元   D. 5000 元   E. 2300 元

例 3 (条件充分性判断)能确定某企业产值的月平均增长率.

(1) 已知一月份的产值.   (2) 已知全年的总产值.

例 4 (条件充分性判断)某公司得到一笔贷款共 68 万元用于下属三个工厂的设备改造,结果甲、乙、丙三个工厂按比例分别得到 36 万元,24 万元和 8 万元.

(1) 甲、乙、丙三个工厂按 $\frac{1}{2} : \frac{1}{3} : \frac{1}{9}$ 的比例分配贷款.

(2) 甲、乙、丙三个工厂按 9∶6∶2 的比例分配贷款.

行程问题 🔘

例 5 一艘轮船往返于甲、乙两码头之间,若船在静水中的速度不变,则当这条河的水流速度增加 50% 时,往返一次所需的时间比原来将( ).

A. 增加   B. 减少半小时   C. 不变

D. 减少 1 小时   E. 无法判断

例 6 一艘小轮船上午 8:00 启航逆流而上(设船速和水流速度一定),中途船上一块木板落入水中,直到 8:50 船员才发现这块重要的木板丢失,立即调转船头去追,最终于 9:20 追上木板. 由上述数据可以算出木板落水的时间是( ).

A. 8:35   B. 8:30   C. 8:25   D. 8:20   E. 8:15

例 7 甲、乙两人同时从同一地点出发相背而行,1 小时后他们分别到达各自的终点 A 和 B. 若从原地出发,互换彼此的目的地,则甲在乙到达 A 之后 35 分钟到达 B,则甲的速度和乙的速度之比是( ).

A. $3:5$ B. $4:3$ C. $4:5$ D. $3:4$ E. 以上都不对

例 8 (条件充分性判断)甲、乙两人同时从椭圆形跑道上同一起点出发沿着顺时针方向跑步,甲比乙快,可以确定乙的速度是甲的速度的 $\dfrac{2}{3}$ 倍.

(1) 当甲第一次从背后追上乙时,乙跑了 2 圈.

(2) 当甲第一次从背后追上乙时,甲立即转身沿着逆时针跑去,当两人再次相遇时,乙又跑了 0.4 圈.

工程问题 🔘

例 9 空水槽有甲、乙、丙三个水管,开甲管 5 分钟可注满水槽,开乙管 30 分钟可注满水槽,开丙管 15 分钟可把满槽水放完. 若三管齐开,2 分钟后关上乙管,问水槽放满时,甲管还需要开( ).

A. 4 分钟   B. 5 分钟   C. 6 分钟   D. 7 分钟   E. 8 分钟

例 10 一项工程由甲、乙两队合作 30 天可完成,甲队单独做 24 天后,乙队加入,两队合作 10 天后,甲队调走,乙队继续做了 17 天才完成. 若这项工程由甲队单独做,则需要( ).

A. 60 天   B. 70 天   C. 80 天   D. 90 天   E. 100 天

浓度问题 🔘

例 11 要从含盐 12.5% 的盐水 40 千克中蒸发掉( ) 千克的水分才能制出含盐 20% 的盐水.

A. 15   B. 16   C. 17   D. 18   E. 20

例 12 在实验中,三个试管各盛水若干克,现将浓度为 12% 的盐水 10 克倒入 A 管中,混合后取出 10 克倒入 B 管中,再混合后取出 10 克倒入 C 管中,结果 A、B、C 三个试管中盐水的浓度分别为 6%，2%，0.5%，那么三个试管中原来盛水最多的试管及其盛水量各是(　　).

　　A. A 试管，10 克　　　　　　B. B 试管，20 克　　　　　　C. C 试管，30 克

　　D. B 试管，40 克　　　　　　E. C 试管，50 克

平均值问题

例 13　已知某车间的男工人数比女工人数多 80%，若在该车间一次技术考核中全体工人的平均成绩为 75 分，而女工的平均成绩比男工的平均成绩高 20%，则女工的平均成绩为(　　)分.

　　A. 88　　　　　B. 86　　　　　C. 84　　　　　D. 82　　　　　E. 80

例 14　甲、乙两组射手打靶，乙组平均成绩为 171.6 分，比甲组平均成绩高出 30%，而甲组人数比乙组人数多 20%，则甲、乙两组射手的总平均成绩是(　　)分.

　　A. 140　　　　　B. 145.5　　　　　C. 150　　　　　D. 158.5　　　　　E. 以上都不对

例 15　公司有职工 50 人，理论知识考核平均成绩为 81 分，按成绩将公司职工分为优秀与非优秀两类，优秀职工的平均成绩为 90 分，非优秀职工的平均成绩是 75 分，则非优秀职工的人数为(　　).

　　A. 30 人　　　　　B. 25 人　　　　　C. 20 人　　　　　D. 15 人　　　　　E. 无法确认

方程问题

例 16　有一批同规格的正方形瓷砖，用它们铺满某个正方形区域时剩余 180 块，将此正方形区域的边长增加一块瓷砖的长度时，还需要增加 21 块瓷砖才能铺满，则该批瓷砖共有(　　)块.

　　A. 9981　　　　　B. 10000　　　　　C. 10180　　　　　D. 10201　　　　　E. 10222

例 17　若 1 只兔子可换 2 只鸡，2 只兔子可换 3 只鸭，5 只兔子可换 7 只鹅. 某人用 20 只兔子换得鸡、鸭、鹅共 30 只，并且鸭和鹅各至少 8 只. 则鸡与鹅的总和比鸭多(　　)只.

　　A. 2　　　　　B. 3　　　　　C. 4　　　　　D. 5　　　　　E. 6

例 18　在年底的献爱心活动中，某单位共有 100 人参加捐款，经统计，捐款总额是 19000 元，个人捐款数额有 100 元，500 元和 2000 元三种. 该单位捐款 500 元的人数为(　　).

　　A. 13　　　　　B. 18　　　　　C. 25　　　　　D. 30　　　　　E. 38

函数问题

例 19　某商场在一次活动中规定：一次购物不超过 100 元时没有优惠；超过 100 元而没有超过 200 元时，按该次购物全额 9 折优惠；超过 200 元时，其中 200 元按 9 折优惠，超过 200 元的部分按 8.5 折优惠. 若甲、乙两人在该商场购买的物品分别付费 94.5 元和 197 元，则两人购买的物品在举办活动前需要的付费总额是(　　)元.

　　A. 291.5　　　　　　　　　　　B. 314.5　　　　　　　　　　　C. 325

　　D. 291.5 或 314.5　　　　　　　E. 314.5 或 325

例 20　某自来水公司的水费计算方法如下:每户每月用水不超过 5 吨的,每吨收费 4 元,超过 5 吨的,每吨收取较高标准的费用.已知 9 月份张家的用水量比李家的用水量多 50%,张家和李家的水费分别是 90 元和 55 元,则用水量超过 5 吨的收费标准是(　　).

A.5 元/吨　　B.5.5 元/吨　　C.6 元/吨　　D.6.5 元/吨　　E.7 元/吨

最值问题

例 21　甲商店销售某种商品,该商品的进价为每件 90 元,若每件定价为 100 元,则一天内能售出 500 件,在此基础上,定价每增加 1 元,一天便能少售出 10 件,甲商店欲获得最大利润,则该商品的定价应为(　　).

A.115 元　　　B.120 元　　　C.125 元　　　D.130 元　　　E.135 元

例 22　(条件充分性判断)某年级共有 8 个班,在一次年终考试中,共有 21 名学生不及格,每班不及格的学生最多有 3 名,则〈一〉班至少有 1 名学生不及格.

(1)〈二〉班不及格人数多于〈三〉班.

(2)〈四〉班不及格的学生有 2 名.

例 23　(条件充分性判断)某单位年终共发了 100 万元奖金,奖金金额分别是一等奖 1.5 万元,二等奖 1 万元,三等奖 0.5 万元.则该单位至少有 100 人.

(1) 得二等奖的人数最多.

(2) 得三等奖的人数最多.

例 24　采购部有一笔钱计划购买 A 型彩色电视机,若买 5 台则余 2500 元,若买 6 台则差 4000 元,若将这笔钱用于买 B 型彩色电视机,正好可购 7 台.现采购部决定在原有资金基础上追加 50000 元用于购买这两种型号的彩电,要求购买 B 型彩电的台数不少于 A 型彩电的 2 倍,不多于 A 型彩电的 3 倍,那么采购部最多能购买(　　) 台彩电.

A. 13　　　B. 14　　　C. 15　　　D. 16　　　E. 17

集合问题

例 25　某单位有 90 人,其中 65 人参加外语培训,72 人参加计算机培训,已知参加外语培训而没有参加计算机培训的有 8 人,则参加计算机培训而没有参加外语培训的人数为(　　).

A. 5　　　B. 8　　　C. 10　　　D. 12　　　E. 15

例 26　某班同学参加智力竞赛,共有 A,B,C 三题,每题或得 0 分或得满分,竞赛结果无人得 0 分,三题全部答对的有 1 人,答对 2 题的有 15 人,答对 A 题的人数和答对 B 题的人数之和为 29 人,答对 A 题的人数和答对 C 题的人数之和为 25 人,答对 B 题的人数和答对 C 题的人数之和为 20 人,那么该班的人数为(　　).

A. 20　　　B. 25　　　C. 30　　　D. 35　　　E. 40

例 27　(条件充分性判断)申请驾驶执照时,必须参加理论考试和路考,且两种考试均通过,若在同一批学员中有 70% 的人通过了理论考试,80% 的人通过了路考,则最后领到驾驶执照的人有 60%.

(1) 10% 的人两种考试都没有通过.　　　　(2)20% 的人仅通过了路考.

其他问题 🔄

例 28　甲对乙说:"我在你这个岁数时,你才 10 岁",乙对甲说:"我到你这个岁数时,你已经退休 7 年了." 设退休年龄为 60 岁,则甲现在是(　　)岁.

A. 44　　　　B. 45　　　　C. 46　　　　D. 48　　　　E. 50

例 29　全家 4 口人,父亲比母亲大 3 岁,姐姐比弟弟大 2 岁,四年前他们全家的年龄和为 58 岁,而现在是 73 岁,则父亲现在的年龄是(　　).

A. 30　　　　B. 31　　　　C. 32　　　　D. 33　　　　E. 34

例 30　某地震灾区居民住房总面积为 $a\ \mathrm{m^2}$,当地政府每年以 10% 的住房增长率建设新房,并决定每年拆除固定数量的危旧房,如果 10 年后该地的住房总面积正好比现有住房面积增加一倍,那么,每年应该拆除危旧房的面积是(　　)$\mathrm{m^2}$.

$(1.1^9 \approx 2.4, 1.1^{10} \approx 2.6, 1.1^{11} \approx 2.9)$

A. $\dfrac{1}{80}a$　　　B. $\dfrac{1}{40}a$　　　C. $\dfrac{3}{80}a$　　　D. $\dfrac{1}{20}a$　　　E. 以上结论都不正确

命题点答案及解析 🔄

例 1 解析　框图法

比例问题联考实战——设元的技巧			
	原来	一月	二月
每件进价(成本)		x	y
每件卖价(出厂价)	100p	80p	75p
每件利润 = 卖价-成本		$80p - x$	$75p - y$
每件利润率 = $\dfrac{每件利润}{每件成本}$		20%	25%

根据题意可得:$\left.\begin{array}{l}\dfrac{80p-x}{x}=20\%\Rightarrow x=\dfrac{200p}{3}\\[2mm]\dfrac{75p-y}{y}=25\%\Rightarrow y=\dfrac{180p}{3}\end{array}\right\}\Rightarrow \dfrac{y}{x}\times 100\%=\dfrac{\frac{180p}{3}}{\frac{200p}{3}}\times 100\%=90\%.$

综上所述,答案是 **B**.

例 2 解析

常识:总投资盈利率=赋权后盈利率之和(加权平均数).

	甲	乙
投资比例	$\dfrac{4}{5}$	$\dfrac{1}{5}$
赋权前盈利率	$\dfrac{10-8}{8}=\dfrac{1}{4}$	$\dfrac{3-4}{4}=-\dfrac{1}{4}$
赋权后盈利率	$\dfrac{4}{5}\times\dfrac{1}{4}=20\%$	$\dfrac{1}{5}\times\left(-\dfrac{1}{4}\right)=-5\%$

根据公式：　　　　　　总投资盈利率＝赋权后盈利率之和,可得：

总投资盈利率＝20%＋(-5%)＝15%,

从而盈利额＝20000×15%＝3000.

综上所述,答案是 **A**.

例3解析　由平均增长率的定义：$\overline{x}=\sqrt[\text{次数}]{\dfrac{\text{末值}}{\text{初值}}}-1$,故月平均增长率 $\overline{x}=\sqrt[11]{\dfrac{a_{12}}{a_1}}-1$.

故条件(1)与条件(2)单独均不充分.条件(1)联合条件(2),已知全年总产值,

a_{12} 是无法确定的(a_{11} 与 a_{12} 的值可以交换),故无法确定月平均增长率.

综上所述,答案是 **E**.

例4解析　由条件(1)甲：乙：丙=$\dfrac{1}{2}$：$\dfrac{1}{3}$：$\dfrac{1}{9}$=9：6：2,两个条件等价,均具备充分性.

综上所述,答案是 **D**.

例5解析　设静水船速、水速分别为 v_1, v_0,甲乙码头距离 S.

	原来	后来
顺水船速	v_1+v_0	$v_1+1.5v_0$
逆水船速	v_1-v_0	$v_1-1.5v_0$
甲乙码头距离	s	s
顺水时间	$\dfrac{s}{v_1+v_0}$	$\dfrac{s}{v_1+1.5v_0}$
逆水时间	$\dfrac{s}{v_1-v_0}$	$\dfrac{s}{v_1-1.5v_0}$
往返总时间	$m=\dfrac{s}{v_1+v_0}+\dfrac{s}{v_1-v_0}$ $=\dfrac{2v_1\cdot s}{v_1^2-v_0^2}$	$n=\dfrac{s}{v_1+1.5v_0}+\dfrac{s}{v_1-1.5v_0}$ $=\dfrac{2v_1 s}{v_1^2-2.25v_0^2}$

$$\frac{n-m}{m} = \frac{n}{m} - 1 = \frac{\dfrac{2v_1 s}{v_1^{\,2} - 2.25v_0^{\,2}}}{\dfrac{2v_1 s}{v_1^{\,2} - v_0^{\,2}}} - 1 = \frac{1.25v_0^{\,2}}{v_1^{\,2} - 2.25v_0^{\,2}} > 0,$$

即往返一次所需时间比原来增加,但增加几小时求不出来,增加的百分比也求不出来.

综上所述,答案是 **A**.

例 6 解析 框图法(深度解析)

	设静水船速、水速分别为 v_1, v_0, 甲乙码头距离 s
示意图	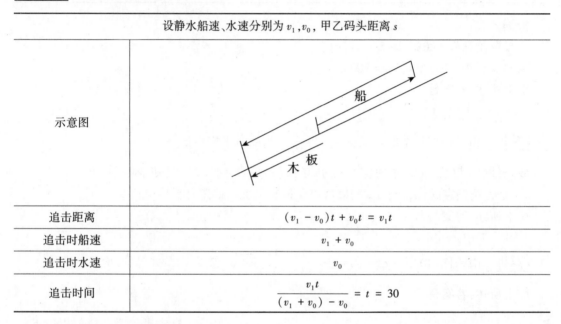
追击距离	$(v_1 - v_0)t + v_0 t = v_1 t$
追击时船速	$v_1 + v_0$
追击时水速	v_0
追击时间	$\dfrac{v_1 t}{(v_1 + v_0) - v_0} = t = 30$

故木板落水的时间是 8 : 20.

综上所述,答案是 **D**.

例 7 解析 框图法(深度解析)

	设甲的速度为 v_1,乙的速度为 v_2
示意图	$A \vdash \overset{v_1}{\longleftrightarrow} \mid \overset{v_2}{\longleftrightarrow} \dashv B$ 乙甲
交换目的地后甲行距离	v_2
交换目的地后乙行距离	v_1
甲行时间	$\dfrac{v_2}{v_1}$
乙行时间	$\dfrac{v_1}{v_2}$
甲乙时间关系	$\dfrac{v_2}{v_1} - \dfrac{v_1}{v_2} = \dfrac{35}{60}$

$$\frac{v_2}{v_1} - \frac{v_1}{v_2} = \frac{35}{60}. \ \text{设} \ \frac{v_1}{v_2} = x \Rightarrow \frac{1}{x} - x = \frac{7}{12} \Rightarrow (4x - 3)(3x + 4) = 0 \Rightarrow x = \frac{3}{4}.$$

综上所述,答案是 **D**.

例 8 解析 这是追及(或相遇、行程)问题.

条件(1) $\begin{cases} v_甲 t = 3s, \\ v_乙 t = 2s, \end{cases}$ 得 $\dfrac{v_甲}{v_乙} = \dfrac{3}{2} = 1.5$,得 $v_乙 = \dfrac{2}{3} v_甲$. 故条件(1) 充分.

条件(2) 相遇之后到下次相遇,甲、乙总行程为一圈,甲走了 $0.6s$,乙为 $0.4s$.

因为 $\dfrac{v_甲}{v_乙} = \dfrac{3}{2} = 1.5$,故 $v_乙 = \dfrac{2}{3} v_甲$. 故条件(2) 充分.

综上所述,答案是 **D**.

例 9 解析 由题得到甲、乙、丙的效率分别为 $\dfrac{1}{5}$,$\dfrac{1}{30}$ 和 $\dfrac{1}{15}$.

关上乙管后,还需 $\dfrac{1 - \left(\dfrac{1}{5} + \dfrac{1}{30} - \dfrac{1}{15}\right) \times 2}{\dfrac{1}{5} - \dfrac{1}{15}} = 5(\text{分})$.

所以水槽放满时,甲管还需开 5 分钟.

综上所述,答案是 **B**.

例 10 解析 设甲、乙单独各需 x,y 天完成,

$\begin{cases} 30\left(\dfrac{1}{x} + \dfrac{1}{y}\right) = 1 \\[2mm] 34 \times \dfrac{1}{x} + 27 \times \dfrac{1}{y} = 1 \end{cases} \Rightarrow x = 70.$

综上所述,答案是 **B**.

例 11 解析 设应蒸去水 x 千克,列表分析等量关系:

项目	盐水质量	浓度	纯水质量
减水前 减水后	40 ↓ 变化 40 - x	12.5% ↓ 变化 20%	40 × 12.5% ↓ 变化 (40 - x)20%

由题设:$40 \times 12.5\% = (40 - x) \times 20\% \Rightarrow x = 15$,所以应蒸发掉 15 千克水分.

综上所述,答案是 **A**.

例 12 解析　框图法

设 A,B,C 三个试管中原来各盛水 a,b,c 克		
	A 试管	B 试管	C 试管
溶液	$a+10$	$b+10$	$c+10$
浓度	6%	2%	0.5%
溶质	$10 \times 12\% = 1.2$	$10 \times 6\% = 0.6$	$10 \times 2\% = 0.2$

得方程：$a + 10 = \dfrac{1.2}{6\%} \Rightarrow a = 10, b + 10 = \dfrac{0.6}{2\%} \Rightarrow b = 20, c + 10 = \dfrac{0.2}{0.5\%} \Rightarrow c = 30.$

所以三个试管中原来盛水最多的试管是 C 试管，其盛水量为 30 克.

综上所述，答案是 **C**.

例 13 解析　比例问题见比设 k,m.

	男	女
人数	$180k$	$100k$
平均成绩	$100m$	$120m$
总成绩	$18000km$	$12000km$

$$平均成绩 = \frac{总成绩}{总人数} = \frac{18000km + 12000km}{180k + 100k} = \frac{750m}{7} = 75 \Rightarrow m = 0.7 \Rightarrow 120m = 84.$$

综上所述，答案是 **C**.

例 14 解析　框图法

比例问题见比设 m,n		
	甲组	乙组
人数	$120m$	$100m$
平均成绩	$100n$	$130n = 171.6$
总成绩	$12000mn$	$13000mn$

$$平均成绩 = \frac{总成绩}{总人数} = \frac{12000mn + 13000mn}{120m + 100m} = \frac{125n}{11} = \frac{125}{11} \times \frac{171.6}{130} = 150.$$

综上所述，答案是 **C**.

例 15 解析　方法一：设非优秀职工为 x 人，则

$$81 \times 50 = 75x + 90 \times (50 - x) \Rightarrow x = 30.$$

方法二:交叉法.

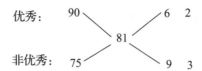

优秀:　　　90　　　　　6　　2

　　　　　　　　　　81

非优秀:　75　　　　　　9　　3

通过交叉法得到优秀职工人数:非优秀职工人数 = 2:3,从而得到非优秀职工为 30 人.

综上所述,答案是 **A**.

例 16 解析　　设原正方形边长为 n 块砖,则 $(n + 1)^2 - n^2 = 180 + 21 = 201$,

则 $n = 100$,故原有瓷砖共 $100^2 + 180 = 10180$ 块.

综上所述,答案是 **C**.

例 17 解析　　设鸡有 x 只,鸭有 y 只,鹅有 z 只.

$$\begin{cases} x + y + z = 30, & (1) \\ \dfrac{1}{2}x + \dfrac{2}{3}y + \dfrac{5}{7}z = 20, & (2) \end{cases}$$

方程(2) 化简为　　　　$21x + 28y + 30z = 840$,　　　　(3)

(1) $\times$ 30 $-$ (3),得 $9x + 2y = 60$,根据 9 的倍数和奇偶性得到:

$x = 4, y = 12, z = 14$,所以鸡、鸭、鹅分别为 4、12、14 只,鸡与鹅的总和比鸭多 6 只.

综上所述,答案是 **E**.

例 18 解析　　设捐款 100 元的有 x 人,500 元的有 y 人,2000 元的有 z 人.

$$\begin{cases} x + y + z = 100 \\ 100x + 500y + 2000z = 19000 \end{cases},$$

化简得:$4y + 19z = 90$,

根据整除,解答出 $y = 13$.

综上所述,答案是 **A**.

例 19 解析　　设购物金额为 x 元,付费额为 $f(x)$ 元.

$$f(x) = \begin{cases} x, x \leqslant 100 & 0 \sim 100 \\ 0.9x, 100 < x \leqslant 200 & 90 \sim 180. \\ (x - 200) \times 0.85 + 180, x > 200 & > 180 \end{cases}$$

故付费 94.5 元可以为消费不足 100 元,消费 94.5 元.

也可以是打折后为 94.5 元,即 $0.9x = 94.5 \Rightarrow x = 105$.

付费 197 元,故 $(x - 200) \times 0.85 + 180 = 197 \Rightarrow x = 220$.

所以两人购买的商品付费总额为 314.5 元或 325 元.

综上所述,答案是 **E**.

例 20 解析　设李家用 x 吨,超出费用为 u 元／吨.

根据两人用水的差值,得到 $0.5xu = 90 - 55 = 35$,

再由 $(x - 5)u = 55 - 20$,得到 $u = 7$.

综上所述,答案是 **E**.

例 21 解析　设比原定价 100 元高 x 元,则根据题意,利润为

$y = (100 + x - 90)(500 - 10x) = 10(10 + x)(50 - x) = -10[(x - 20)^2 - 400 + 500]$,

即 $x = 20$ 时利润最大,定价为 120 元.

综上所述,答案是 **B**.

例 22 解析　〈1〉班至少有一名学生不及格 $\Leftrightarrow$ 其他班级中至少有一个班的不及格的人数没有

达到极端的 3 个人,

故条件(1) 充分,条件(2) 也充分.

综上所述,答案是 **D**.

例 23 解析　设一等奖 x 名,二等奖 y 名,三等奖 z 名

结论 $\left.\begin{array}{l} \Leftrightarrow x + y + z \geq 100 \\ 1.5x + y + 0.5z = 100 \end{array}\right\} \Leftrightarrow (x + y + z) + 0.5(x - z) = 100$

又 $x + y + z \geq 100$,则 $x - z \leq 0 \Leftrightarrow x \leq z$.

(1) $y \geq x, y \geq z \Rightarrow x \leq z$ 则条件(1) 不充分.

(2) $z \geq x, z \geq y \Rightarrow x \leq z$ 则条件(2) 充分.

综上所述,条件(1) 不充分,条件(2) 充分,答案是 **B**.

例 24 解析　第一步:求单价(框图法)

设 A, B 型彩色电视机每台的售价分别是 x 元与 m 元,该笔钱的金额为 y 元			
	A 型		B 型
单价	x	x	$m = \dfrac{y}{7}$
数量	5	6	7
总额	$5x = y - 2500$	$6x = y + 4000$	y

由框图可得:

$$\left.\begin{array}{l} 5x = y - 2500 \\ 6x = y + 4000 \end{array}\right\} \Rightarrow \begin{cases} x = 6500 \\ y = 35000 \end{cases} \Rightarrow m = \frac{y}{7} = \frac{35000}{7} = 5000.$$

第二步:线性规划

追加资金后的可用资金总额为 $35000 + 50000 = 85000$,设购买 A, B 型彩电的台数分别为

a, b,不足以买一台彩电的余额为 $500t(0 < t < 10)$,则

$$\begin{cases} 6500a+5000b=85000-500t \\ a+b=n \\ 2a\leqslant b\leqslant 3a \end{cases} \Rightarrow \frac{170-t}{11}\leqslant n\leqslant \frac{680-4t}{43},$$

即 $15.45-\dfrac{t}{11}\leqslant n\leqslant 15.81-\dfrac{4t}{43}\Rightarrow n$ 最大可以等于 15.

方法二:线性规划

追加资金后的可用资金总额为 $35000+50000=85000$

设购买 A,B 型彩电的台数分别为 a,b

则 $\begin{cases} 6500a+5000b\leqslant 85000 \\ 2a\leqslant b\leqslant 3a \\ a\geqslant 0,b\geqslant 0 \end{cases}$ 即 $\begin{cases} 13a+10b\leqslant 170 \\ 2a-b\leqslant 0 \\ 3a-b\geqslant 0 \\ a\geqslant 0,b\geqslant 0 \end{cases}$

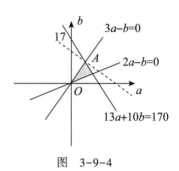

图　3-9-4

求 $z=a+b$ 的最大值,如图 3-9-4 所示.

由数形结合知当在 A 点附近的整数点 $(4,11)$ 取得最大值 15.

综上所述,答案是 **C**.

【点评】

(1)本题是根据 2010 年真题出现的线性规划、不定方程的命题新动向编制的综合题.

(2)作为备考学习资料,本题还可以深挖下去,如:当 $n=15$ 时,可解得

$$\begin{cases} a=\dfrac{20-t}{3} \\ b=\dfrac{25+t}{3} \end{cases}$$ 且 $\dfrac{170-t}{11}\leqslant 15\leqslant \dfrac{680-4t}{43}$,从而 $5\leqslant t\leqslant 8.75$,又 t 必须是除以 3 余 2,

从而 $t=5$ 或 8,解得此时 $\begin{cases} a=5 \\ b=10 \end{cases}$ 或 $\begin{cases} a=4 \\ b=11 \end{cases}$,对应剩下的余额分别是 2500,4000 元.

例 25 解析　韦恩图法

设同时参加两项培训的职工有 x 人,根据韦恩图(如图 3-9-5 所示)可得,

$65-x=8\Rightarrow 72-x=15$,

综上所述,答案是 **E**.

例 26 解析　韦恩图法

根据韦恩图(如图 3-9-6 所示设未知数)可得,

$$\left.\begin{array}{l} a+b+c=15 \\ (x+a+c+1)+(y+a+b+1)=29 \\ (x+a+c+1)+(z+c+b+1)=25 \\ (z+b+c+1)+(y+a+b+1)=20 \end{array}\right\}\Rightarrow 2(x+y+z)+4(a+b+c)+6=74,$$

$\Rightarrow x+y+z=4\Rightarrow (x+y+z)+(a+b+c)+1=4+15+1=20.$

即该班的人数为 20,

综上所述,答案是 **A**.

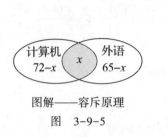

图解——容斥原理

图 3-9-5

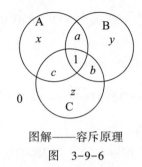

图解——容斥原理

图 3-9-6

例 27 解析 设同时通过两项考核的学员比例为 x,根据韦恩图(如图 3-9-7 所示)可得,
题目结论等价于

$$x = 60\% \rightleftharpoons \begin{cases} 70\% - x = 10\%. \\ 80\% - x = 20\%. \\ x - 50\% = 10\%. \end{cases}$$

综上所述,答案是 **D**.

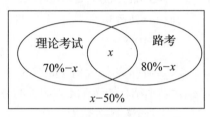

图 3-9-7

例 28 解析 设甲现年 x 岁,乙现年 y 岁.

对于甲说的话: $\qquad\qquad y - 10 = x - y \cdots ①$

对于乙说的话: $\qquad\qquad 67 - x = x - y \cdots ②$

①、②联立解得: $\qquad\qquad \begin{cases} x = 48. \\ y = 29. \end{cases}$

综上所述,答案是 **D**.

例 29 解析 设母亲的年龄为 x,弟弟的年龄为 y,

则父亲的年龄为 $x+3$,姐姐的年龄为 $y+2$.

$73 - 58 = 15 < 16 \Rightarrow 4$ 年前弟弟没有出生,弟弟是 3 年前出生的 $\Rightarrow y = 3$,

又因为 $\qquad\qquad 2x + 2y + 5 = 73$.

得 $\qquad\qquad x = 31$,$x + 3 = 34$.

综上所述,答案是 **E**.

例 30 解析 设第 n 年住房面积为 a_n,每年应拆除旧房面积是 x,

则 $a_{n+1} = 1.1a_n - x$,$a_1 = 1.1a - x \Rightarrow a_n - 10x = 1.1(a_{n-1} - 10x) \Rightarrow$

$\{a_n - 10x\}$ 是首项为 $1.1a - 11x$,公比为 1.1 的等比数列,

故 $a_n - 10x = (1.1a - 11x)1.1^{n-1} \Rightarrow$

$a_n = 10x + (a - 10x)1.1^n$,则 $a_{10} = 2a \Rightarrow x = \dfrac{3}{80}a$.

综上所述,答案是 **C**.

四、综 合 训 练

综合训练题

1. 用一笔钱购买 A 型彩色电视机,若买 5 台则余 2500 元,若买 6 台则缺 4000 元,今将这笔钱用于买 B 型彩色电视机,正好可购 7 台,那么 B 型彩色电视机每台的售价是(　　)元.
   A. 4000　　　　B. 4500　　　　C. 5000　　　　D. 5500　　　　E. 6000

2. 一件含铜、铁两种金属的合金净重 200g,用线吊住全部浸没在水里称重为 180g. 已知由于浮力作用,铁在水里减轻 $\frac{1}{11}$ 的重量,铜在水里减轻 $\frac{1}{9}$ 的重量,则此合金中包含的铁、铜两种金属的重量相差(　　)g.
   A. 10　　　　B. 20　　　　C. 30　　　　D. 40　　　　E. 50

3. A,B 两地相距 15 千米,甲中午 12 时从 A 地出发,步行前往 B 地,20 分钟后乙从 B 地出发骑车前往 A 地,到达 A 地后乙停留 40 分钟后骑车从原路返回,结果甲乙同时到达 B 地,若乙骑车比甲步行每小时快 10 千米,则两人同时到达 B 地的时间是(　　).
   A. 下午 2 时　　B. 下午 2 时半　　C. 下午 3 时　　D. 下午 3 时半　　E. 以上都不对

4. 某种新鲜水果的含水量为 98%,一天后的含水量降为 97.5%. 某商店以每千克 1 元的价格购进了 1000 千克新鲜水果,预计当天能售出 60%,两天内售完. 要使利润维持在 20%,则每千克水果的平均售价应定为(　　)元.
   A. 1. 20　　　　B. 1. 25　　　　C. 1. 30　　　　D. 1. 35　　　　E. 1. 40

5. 一艘轮船发生漏水事故,当漏进水 600 桶时,两部抽水机开始排水,甲机每分钟能排水 20 桶,乙机每分钟能排水 16 桶,经 50 分钟刚好将水全部排完,每分钟漏进的水有(　　).
   A. 12 桶　　　　B. 18 桶　　　　C. 24 桶　　　　D. 30 桶　　　　E. 35 桶

6. 一满桶纯酒精倒出 10 升后,加满水搅匀,再倒出 4 升后,再加满水. 此时,桶中的纯酒精与水的体积之比是 2∶3. 则该桶的容积是(　　)升.
   A. 15　　　　B. 18　　　　C. 20　　　　D. 22　　　　E. 25

7. 某商店将每套服装按原价提高 50% 再作七折"优惠"的广告宣传,这样每售出一套服装可获利 625 元,已知每套服装的成本是 2000 元,该店按"优惠价"售出一套服装比按原价(　　).
   A. 多赚 100 元　　　　　　　　B. 少赚 100 元　　　　　　　　C. 多赚 125 元
   D. 少赚 125 元　　　　　　　　E. 多赚 155 元

8. 母女俩今年的年龄共 35 岁,再过 5 年,母亲的年龄为女儿的 4 倍,母亲今年(　　)岁.
   A. 29　　　　B. 30　　　　C. 31　　　　D. 32　　　　E. 33

9. A,B 两个公司想承包某项工程. A 公司需要 300 天才能完工,费用为 1.5 万元/天;B 公司需要 200 天就能完工,费用为 3 万元/天. 综合考虑时间和费用等问题,在 A 公司开工 50 天后,B 公司才加入工程. 若按以上方案施工,完成该工程的费用为(　　)万元.
   A. 475　　　　B. 500　　　　C. 525　　　　D. 550　　　　E. 615

10. 某项工程项目由 A 单独完成需要 15 天,由 B 单独完成需要 18 天,由 C 单独完成需要 12 天. 现因某种原因改为:首先由 A 做 1 天,然后由 B 做 1 天,之后由 C 做 1 天,再由 A 做 1 天,……,如此循环往复,则完成该工程项目共需(　　)天.

   A. $14\frac{1}{3}$ B. $14\frac{2}{3}$ C. $13\frac{1}{3}$ D. $13\frac{2}{3}$ E. $12\frac{2}{3}$

11. 某商店采购 A,B 两种产品,A 产品和 B 产品的定价分别为 80 元和 100 元. 由于购买数量较多,采购商分别给予 A 产品 25%,B 产品 20% 的价格折扣,结果共少付了总价的 22%, 则商店购买的 A,B 产品的数量之比为(　　).

   A.4∶5   B.5∶6   C.6∶5   D.5∶4   E.3∶4

12. 某连锁企业在 10 个城市共有 100 家专卖店,每个城市的专卖店数量都不同. 如果专卖店数量排名第 5 的城市有 12 家专卖店,那么专卖店数量排名最后的城市最多有(　　)家专卖店.

   A. 2   B. 3   C. 4   D. 5   E. 6

13. 某电镀厂两次改进操作方法,使用锌量比原来节约 15%,则平均每次节约(　　).

   A. 42.5%   B. 7.5%   C. $(1-\sqrt{0.85})\times 100\%$

   D. $(1+\sqrt{0.85})\times 100\%$ E. 以上都不对

14. 某人以 6 千米/小时的平均速度上山,上山后立即以 12 千米/小时的平均速度原路返回,那么此人在往返过程中的每小时平均所走的千米数为(　　).

   A. 9   B. 8   C. 7   D. 6   E. 以上都不对

15. (条件充分性判断)某公司原有男女员工人数之比为 $a∶b$,当男员工人数增长 20%,女员工人数减少 10% 时,男女员工人数之比为 $c∶d$,则该公司的员工人数不变.

   (1)$a∶b=1∶2$.   (2)$c∶d=2∶3$.

16. 用一笔钱的 $\frac{5}{8}$ 购买甲商品,再以所余金额的 $\frac{2}{5}$ 购买乙商品,最后剩余 900 元,这笔钱的总额是(　　)元.

   A. 2400   B. 3600   C. 4000   D. 4500   E. 5400

17. 甲、乙、丙三个容器中装有盐水. 现在将甲容器中盐水的 $\frac{1}{3}$ 倒入乙容器,摇匀后将乙容器中盐水的 $\frac{1}{4}$ 倒入丙容器,摇匀后再将丙容器中盐水的 $\frac{1}{10}$ 倒回甲容器,此时甲、乙、丙三个容器中盐水的含盐量都是 9 千克. 则甲容器中原来的盐水含盐量是(　　)千克.

   A. 13   B. 12.5   C. 12   D. 10   E. 9.5

18. (条件充分性判断)甲、乙两人分别从 A、B 两地同时出发相向匀速行走,t 小时后相遇于途中 C 点,此后甲又走了 6 小时到达 B 地,乙又走了 h 小时到达 A 地,则 t,h 的值均可求.

   (1)出发 4 小时后,甲乙相遇.   (2)乙从 C 到 A 地又走了 2 小时 40 分钟.

19. 某学校组织篮球比赛,共准备了 25 件奖品分给获得一、二、三等奖的同学,为设计获得各级奖励的人数,制定两种方案:若一等奖每人发 5 件,二等奖每人发 3 件,三等奖每人发 2 件,刚好发完奖品;若一等奖每人发 6 件,二等奖每人发 3 件,三等奖每人发 1 件,也刚好发完奖品；则获得二等奖的同学共有（　　）人.

    A. 6　　　　　B. 5　　　　　C. 4　　　　　D. 3　　　　　E. 2

20. 某人去体育用品店采购体育用品，发现当买 4 个篮球和 1 个排球时，共需花费 560 元，当买 3 个排球和 4 个足球时，共需花费 500 元. 若此人篮球、排球、足球各买一个，共需（　　）元.

    A. 250　　　　B. 255　　　　C. 260　　　　D. 265　　　　E. 300

21. 王女士以一笔资金分别投入股市和基金，但因故需要抽出一部分资金，若从股市中抽出 10%，从基金中抽出 5%，则其总投资额减少 8%，若从股市和基金的投资额中各抽出 15% 和 10%，则其总投资额减少 130 万元，其总投资额为（　　）万元.

    A. 1000　　　B. 1500　　　C. 2000　　　D. 2500　　　E. 3000

22. 一列火车途经两座桥梁和一个隧道，第一座桥梁长 600 米，火车通过用时 18 秒；第二座桥梁长 480 米，火车通过用时 15 秒；隧道长 800 米，火车通过时的速度为原来的一半，则火车通过隧道所需时间为（　　）秒.

    A. 20　　　　　B. 40　　　　　C. 25　　　　　D. 60　　　　　E. 46

23. 若用浓度为 30% 和 20% 的甲、乙两种食盐溶液配成浓度为 24% 的食盐溶液 500g，则甲、乙两种溶液应各取（　　）g.

    A. 180,320　　　　　　B. 185,315　　　　　　C. 190,310

    D. 195,305　　　　　　E. 200,300

24. 某地区平均每天产生生活垃圾 700 吨，由甲、乙两个处理厂处理. 甲厂每小时可处理垃圾 55 吨，所需费用为 550 元；乙厂每小时可处理垃圾 45 吨，所需费用为 495 元. 如果该地区每天的垃圾处理费不能超过 7370 元，那么甲厂每天处理垃圾的时间至少需要（　　）小时.

    A. 6　　　　　B. 7　　　　　C. 8　　　　　D. 9　　　　　E. 10

25. 车间共有 40 人，某次技术操作考核的平均成绩为 80 分，其中男工平均成绩为 83 分，女工平均成绩为 78 分，该车间有女工（　　）人.

    A. 16　　　　　B. 18　　　　　C. 20　　　　　D. 24　　　　　E. 28

26. （条件充分性判断）某机构向 12 位教师征题，共征集 5 种题型的试题 52 道，则能够确定供题教师的人数.

    (1) 每位供题教师提供的试题数相同.

    (2) 每位供题教师提供的题型不超过 2 种.

27. 一批救灾物资分别随 16 列货车从甲站紧急调到 600 千米外的乙站，每列车的平均速度为 125 千米/小时. 若两列相邻的货车在运行中的间隔不得小于 25 千米，则这批物资全部到达乙站最少需要的小时数为（　　）.

    A. 7.4　　　　B. 7.6　　　　C. 7.8　　　　D. 8　　　　　E. 8.2

28. 一本书内有三篇文章，第一篇的页数是第二篇页数的 2 倍，是第三篇页数的 3 倍，已知第三篇比第二篇少 10 页，则这本书共有（　　）页.

    A. 100　　　　B. 105　　　　C. 110　　　　D. 120　　　　E. 130

29. 单位有男职工 420 人,男职工人数是女职工人数的 $1\frac{1}{3}$ 倍,工龄 20 年以上者占全体职工人数的 20%,工龄 10~20 年者是工龄 10 年以下者人数的一半,工龄在 10 年以下者人数是( ).

    A. 250   B. 275   C. 392   D. 401   E. 422

30. 一公司向银行借款 34 万元,欲按 $\frac{1}{2}:\frac{1}{3}:\frac{1}{9}$ 的比例分配给下属甲、乙、丙三车间进行技术改造,则甲车间应得( ).

    A. 4 万元   B. 8 万元   C. 12 万元   D. 18 万元   E. 17 万元

31. (条件充分性判断)已知某公司男员工的平均年龄和女员工的平均年龄,则能确定该公司员工的平均年龄.

    (1)已知该公司的员工人数.

    (2)已知该公司男、女员工的人数之比.

32. 国家规定税务部门规定个人稿费纳税办法是:不超过 800 元的不纳税,超过 800 而不超过 4000 元的按超过 800 元部分的 14% 纳税,超过 4000 元的按全稿酬的 11% 纳税. 已知一人纳税 660 元,则此人的稿费为( )元.

    A. 4500   B. 4800   C. 5000   D. 5400   E. 6000

33. 老师问班上 50 名同学周末复习的情况,结果有 20 人复习过数学、30 人复习过语文、6 人复习过英语,且同时复习了数学和语文的有 10 人、语文和英语的有 2 人、英语和数学的有 3 人. 若同时复习过这三门课的人数为 0,则没复习过这三门课程的学生人数为( ).

    A. 7   B. 8   C. 9   D. 10   E. 11

34. 甲花费 5 万元购买了股票,随后他将这些股票转卖给乙,获利 10%,不久乙又将股票返卖给甲,但乙损失了 10%,最后甲按乙卖给他的价格的 9 折把这些股票卖掉了,不计交易费,甲在上述股票交易中( ).

    A. 不亏不盈   B. 盈利 50 元   C. 盈利 100 元   D. 亏损 50 元   E. 亏损 100 元

35. 将一批树苗种在一个正方形花园的边上,四角都种. 如果每隔 3 米种一棵,那么剩余 10 棵树苗;如果每隔 2 米种一棵,那么恰好种满正方形的 3 条边,则这批树苗有( ).

    A. 54 棵   B. 60 棵   C. 70 棵   D. 82 棵   E. 94 棵

综合训练题答案及解析

1. 【解析】设 A,B 型彩色电视机每台的售价分别是 x 元与 m 元,该笔钱的金额为 y 元.

	A 型		B 型
单价	x	x	$m=\dfrac{x}{7}$
数量	5	6	7
总额	$5x=y-2500$	$6x=y+4000$	y

由框图可得：

$$\left.\begin{array}{l} 5x = y - 250 \\ 6x = y + 4000 \end{array}\right\} \Rightarrow \left\{\begin{array}{l} x = 6500 \\ y = 35000 \end{array}\right. \Rightarrow m = \frac{y}{7} = \frac{35000}{7} = 5000.$$

综上所述，答案是 **C**.

2 【解析】设铁与铜的重量分别为 x, y，

则 $\left\{\begin{array}{l} x + y = 200 \\ \dfrac{1}{11}x + \dfrac{1}{9}y = 200 - 180 \end{array}\right. \Rightarrow \left\{\begin{array}{l} x = 110 \\ y = 90 \end{array}\right.$.

故铁与铜的重量相差 $110 - 90 = 20g$.

综上所述，答案是 **B**.

3 【解析】设甲的速度为 v，则乙的速度 $v + 10$

示意图	甲 $\xrightarrow{\quad v \quad}$ A ⎯⎯⎯⎯⎯⎯⎯⎯⎯⎯⎯⎯ B 停留40分钟 $\xrightarrow{\quad v+10 \quad}$ 乙 $\xleftarrow{\qquad}$ 20分钟后
甲行距离	15
乙行距离	30
甲行时间	$\dfrac{15}{v}$
乙行时间	$\dfrac{30}{v + 10}$
甲乙时间关系	$\dfrac{15}{v} = \dfrac{30}{v + 10} + 1$

$\dfrac{15}{v} = \dfrac{30}{v + 10} + 1 \Rightarrow (v - 5)(v + 30) = 0 \Rightarrow v = 5 \Rightarrow$ 甲步行时间为 $\dfrac{15}{5} = 3$ 小时，

两人同时到达 B 地的时间是：下午 3 时，

综上所述，答案是 **C**.

4 【解析】设第 2 天的水果重 x 千克，平均售价为 y 元.

$1000 \times (1 - 60\%) = 400$，因为果干的质量不变，故 $400 \times (1 - 98\%) = x \cdot (1 - 97.5\%)$，

解得 $x = 320$.

所以总收入：$1000 \times (1 + 20\%) = 600y + 320y$，解得

$y = \dfrac{1200}{920} \approx 1.30$.

综上所述，答案是 **C**.

5 【解析】<u>方法一</u>：设每分钟漏进 x 桶，$600 + 50x = 36 \times 50 \Rightarrow x = 24$.

方法二:直接分析.

$$效率 = \frac{36 \times 50 - 600}{50} = 24.$$

综上所述,答案是 **C**.

6 【解析】最终溶质 = 初始溶质 $\times \left(1 - \dfrac{每次倒出量}{容器容积}\right)^{次数}$.

设桶的容积为 a 升,

故 $\dfrac{2}{5}a = a \times \left(1 - \dfrac{10}{a}\right) \times \left(1 - \dfrac{4}{a}\right) \Rightarrow a = 20.$

综上所述,答案是 **C**.

7 【解析】比例问题联考实战 —— 设元的技巧:该商品每件的卖价为 $100p$ 元.

	原来	后来
进价(成本)	2000	2000
卖价	$100p$	$150p \times 0.7 = 105p$
利润 = 卖价 - 进价	$100p - 2000$	625

根据题意可得: $\left.\begin{array}{l}105p - 2000 = 625 \Rightarrow p = 25 \\ 100p - 2000 = 100 \times 25 - 2000 = 500\end{array}\right\} \Rightarrow 625 - 500 = 125.$

综上所述,答案是 **C**.

8 【解析】5 年后母女俩年龄共 $35 + 10 = 45$(岁),5 年后母亲的年龄为 $45 \times \dfrac{4}{5} = 36$(岁),

即现在母亲年龄为 31 岁,女儿年龄为 4 岁.

综上所述,答案是 **C**.

9 【解析】设工作总量为 600,则 A, B 公司的工作效率分别为 2,3.

A 组 50 天的工作量为 100,故还剩工作量 500,此时 A,B 共同完成, 需要 $500 \div (2 + 3) = 100$ 天. 故 A 工作 150 天,B 工作 100 天,总费用为 $1.5 \times 150 + 3 \times 100 = 525$ 万元.

综上所述,答案是 **C**.

10 【解析】设工程总量为 180,则 A, B, C 的工作效率分别为 12,10,15,合做 1 轮可完成工程量 $12 + 10 + 15 = 37$,故合做 4 轮完成的工程量为 148,剩余工程量为 32.

故 A 再做 1 天, B 再做 1 天,C 再做 $\dfrac{32 - 12 - 10}{15} = \dfrac{2}{3}$ 天可完成全部工程.

所以共需 $3 \times 4 + 1 + 1 + \dfrac{2}{3} = 14\dfrac{2}{3}$ 天完成.

综上所述,答案是 **B**.

11 【解析】设购买 A, B 的产品分别为 x, y 个.

A 产品总价:$80x$　25%　2%

22%　$=\dfrac{2}{3}$.

B 产品总价:$100y$　20%　3%

故 $\dfrac{80x}{100y}=\dfrac{2}{3}\Rightarrow x:y=5:6$

所以 A,B 产品的数量之比为 $5:6$.

综上所述,答案是 **B**.

---

12 【解析】设 10 个城市专卖店的数量由多到少的个数分别为 $x_1,x_2,x_3,\cdots,x_{10}$.

由题意知:$x_5=12$,若 x_{10} 最多,则 x_1 到 x_4 最小且 x_6 到 x_9 最大且连续.

故 $x_4=13,x_3=14,x_2=15,x_1=16$.

设 $x_6=a$,则 $x_7=a-1,x_8=a-2,x_9=a-3,x_{10}=a-4$,

故 $16+15+14+13+12+a+(a-1)+(a-2)+(a-3)+(a-4)=100\Rightarrow a=8$.

所以排名最后的城市最多有 $8-4=4$ 家专卖店.

综上所述,答案是 **C**.

---

13 【解析】框图法

设原来用锌量为 A,平均每次节约率为 x		
	用锌量	对比学习提示:
原来	A	(1) 平均每次节约率为 x,节约 n 次后的耗用量为 $A(1-x)^n$
第一次技改	$A(1-x)$	(2) 平均每次增长率为 x,增长 n 次后的产量为 $A(1+x)^n$
第二次技改	$A(1-x)^2$	

$$A(1-x)^2=(1-15\%)A\Rightarrow x=(1-\sqrt{0.85})\times100\%.$$

综上所述,答案是 **C**.

---

14 【解析】方法一:框图法

设从山脚到山顶的距离为 x		
	上山	下山
路程	x	x
速度	6	12
时间	$\dfrac{x}{6}$	$\dfrac{x}{12}$

$$平均速度=\dfrac{总路程}{总时间}=\dfrac{x+x}{\dfrac{x}{6}+\dfrac{x}{12}}=\dfrac{2x}{\dfrac{x}{4}}=8.$$

【点评】方法二:框图法(最小公倍数法快速求解)

因为从山脚到山顶的距离对结果没有影响,所以可设为 12 千米(6,12 的最小公倍数)

	上山	下山
路程	12	12
速度	6	12
时间	2	1

$$平均速度 = \frac{总路程}{总时间} = \frac{12 + 12}{2 + 1} = \frac{24}{3} = 8.$$

综上所述,答案是 **B**.

15 **【解析】** 要使得总人数不变,即总人数增长率为 0%.

根据交叉法可得原有男女员工人数之比应为 $\dfrac{0\% - (-10\%)}{20\% - 0\%} = \dfrac{1}{2}$,

或现有男女员工人数之比为 $\dfrac{1 \times (1 + 20\%)}{2 \times (1 - 10\%)} = \dfrac{2}{3}$.

可得条件(1) 充分,条件(2) 充分.
综上所述,答案是 **D**.

16 **【解析】** 设这笔钱的总额是 x 元,$\left(1 - \dfrac{5}{8}\right)\left(1 - \dfrac{2}{5}\right)x = 900 \Rightarrow x = 4000$.

综上所述,答案是 **C**.

17 **【解析】** 丙倒出 $\dfrac{1}{10}$,还剩 $\dfrac{9}{10}$,此时含盐量为 9 千克,

故丙原来有 10 千克,倒给甲 1 千克.

所以甲倒出 $\dfrac{1}{3}$,还剩 $\dfrac{2}{3}$ 时含盐量为 8 千克,故甲原来含盐量为 12 千克.

综上所述,答案是 **C**.

18 **【解析】** 由图 3 - 9 - 8 可知,$tv_甲 = hv_乙$,$6v_甲 = tv_乙$,

由条件(1) 得 $t = 4$,$h = \dfrac{t^2}{6} = \dfrac{8}{3}$,由条件(2) 得 $h = \dfrac{8}{3}$,$t = \sqrt{6h} = 4$,

只需知道其中一个便可知道另一个参数值.

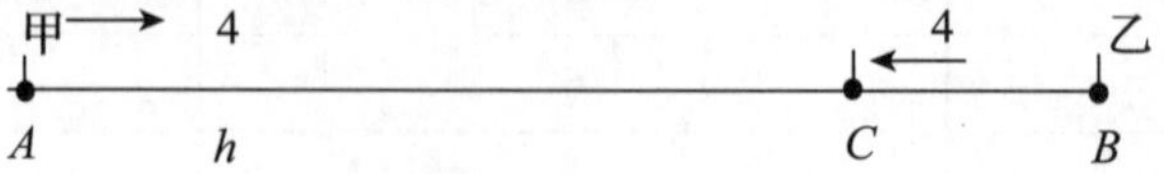

图 3 - 9 - 8

综上所述,答案是 **D**.

19 **【解析】** 设获得一、二、三等奖的同学分别为 x,y,z 人.

则 $\begin{cases} 5x + 3y + 2z = 25 \\ 6x + 3y + z = 25 \end{cases} \Rightarrow 7x + 3y = 25$;又 x,y 均为整数,

x	0	1	2	3
y	$\dfrac{25}{3}$	6	$\dfrac{11}{3}$	$\dfrac{4}{3}$

所以 $x = 1, y = 6$,即获得二等奖的同学共有 6 人.

综上所述,答案是 **A**.

20 【解析】设篮球、排球和足球的单价分别为 x, y, z,则有 $\begin{cases} 4x + y = 560 \\ 3y + 4z = 500 \end{cases}$,

两式相加可得 $4x + 4y + 4z = 1060 \Rightarrow x + y + z = 265$.

综上所述,答案是 **D**.

21 【解析】框图法

设总投资额为 A, 股票所占的资金比例为 x

常识:总比例变化率 $=$ 赋权后各部分变化率之和(加权平均数)

		股票	基金
	投资比例	x	$1 - x$
方案一	赋权前离场比例	10%	5%
	赋权后离场比例	$10\%x = 0.1x$	$5\%(1 - x) = 0.05 - 0.05x$
	总体离场比例	$0.1x + (0.05 - 0.05x) = 0.05(1 + x)$	
方案二	赋权前离场比例	15%	10%
	赋权后离场比例	$15\%x = 0.15x$	$10\%(1 - x) = 0.1 - 0.1x$
	总体离场比例	$0.15x + (0.1 - 0.1x) = 0.05(2 + x)$	

根据题意可得:

$$\left. \begin{array}{l} 0.1x + (0.05 - 0.05x) = 0.05(1 + x) = 0.08 \Rightarrow x = 0.6 \\ 0.15x + (0.1 - 0.1x) = 0.05(2 + x) = \dfrac{130}{A} \end{array} \right\} \Rightarrow A = 1000.$$

综上所述,答案是 **A**.

22 【解析】设火车的长度为 s,速度为 v.

故 $\begin{cases} \dfrac{s + 600}{v} = 18 \\ \dfrac{s + 480}{v} = 15 \end{cases} \Rightarrow \begin{cases} s = 120 \\ v = 40 \end{cases}$.

所以火车通过隧道的时间 $t = \dfrac{800 + 120}{40 \times \dfrac{1}{2}} = 46$.

综上所述,答案是 **E**.

23　【解析】设乙溶液应取 x 克.

	甲	乙
溶液	$500 - x$	x
浓度	30%	20%
溶质	$150 - 0.3x$	$0.2x$

因为甲、乙溶液混合前的溶质之和与混合后的溶质相等，

所以 $(150 - 0.3x) + 0.2x = 500 \times 24\% \Rightarrow x = 300$，从而 $500 - x = 200$.

综上所述，答案是 **E**.

24　【解析】设甲、乙两厂处理垃圾时间分别为 x, y 小时.

则 $\begin{cases} 55x + 45y = 700 \\ 550x + 495y \leqslant 7370 \end{cases} \Rightarrow \begin{cases} 55x + 45y = 700 \\ 50x + 45y \leqslant 670 \end{cases} \Rightarrow 5x \geqslant 30 \Rightarrow x \geqslant 6.$

故甲厂每天处理垃圾至少需要 6 小时.

综上所述，答案是 **A**.

25　【解析】设该车间女工的人数为 x.

	男工	女工
人数	$40 - x$	x
平均成绩	83	78
总成绩	$3320 - 83x$	$78x$

$$\text{平均成绩} = \frac{\text{总成绩}}{\text{总人数}} = \frac{3320 - 83x + 78x}{40} = 80 \Rightarrow x = 24.$$

综上所述，答案是 **D**.

26　【解析】设提供试题的教师有 x 人，每人提供 a 题.

条件(1)：$ax = 52 = 1 \times 52 = 2 \times 26 = 4 \times 13 (x \leqslant 12) \Rightarrow x = 1$ 或 2 或 4，不充分.

条件(2)：每位教师提供的题型不超过 2 种，共有 5 种题型，故 $x \geqslant 3$，不充分.

条件(1) 联合条件(2)：$ax = 52(3 \leqslant x \leqslant 12)$，故 $x = 4, a = 13$，充分.

综上所述，答案是 **C**.

27　【解析】若最后一列货车到达，第一列货车相当于走了 $600 + 25 \times 15$ 千米，

所需时间为 $\dfrac{600 + 25 \times 15}{125} = 7.8$ 小时.

综上所述，答案是 **C**.

28　【解析】设第一篇的页数为 $6x$.

	页数
第一篇	$6x$
第二篇	$3x$
第三篇	$2x$

根据题意得,$3x - 2x = 40 \Rightarrow x = 10 \Rightarrow 6x + 3x + 2x = 11x = 110$,

即书共有 110 页.

综上所述,答案是 **C**.

29　【解析】

	男(420人)	女$\left(420 \times \dfrac{3}{4} = 315 \text{人}\right)$	合计$(420 + 315 = 735)$
比例:工龄 20 年以上			20%
比例:工龄 10 ~ 20 年			$80\% \times \dfrac{1}{3} = \dfrac{7}{15}$
比例:工龄 10 年以下			$80\% \times \dfrac{2}{3} = \dfrac{8}{15}$

根据题意得:工龄在 10 年以下者人数是 $735 \times \dfrac{8}{15} = 392$.

综上所述,答案是 **C**.

【注】对比例问题考生要在熟练度和技巧上下功夫.

30　【解析】甲:乙:丙 $= \dfrac{1}{2} : \dfrac{1}{3} : \dfrac{1}{9} = 9 : 6 : 2$,

故甲:$\dfrac{9}{17} \times 34 = 18$(万元).

综上所述,答案是 **D**.

31　【解析】条件(1):显然不充分.

条件(2):设男、女员工的平均年龄分别为 a,b;男、女员工人数之比为 $m : n$.

故整体平均年龄为 $a \times \dfrac{m}{m + n} + b \times \dfrac{n}{m + n}$,充分.

综上所述,答案是 **B**.

32　【解析】先预测、考查一下:$4000 - 800 = 3200, 3200 \times 14\% = 448$.

因为 $660 > 448$,所以,此人的稿费超过 4000 元,

设此人的稿费为 x 元,则 $11\% \cdot x = 660$,所以 $x = 6000$ 元.

综上所述,答案是 **E**.

33　【解析】$|A + B + C| = |A| + |B| + |C| - |AB| - |AC| - |BC| + |ABC|$.

即 $|A + B + C| = 20 + 30 + 6 - 10 - 2 - 3 + 0 = 41$ 人.

故没有复习过三门课程的学生有 $50 - 41 = 9$ 人.

综上所述,答案是 **C**.

34　【解析】常识:利润 = 投资收入 – 投资成本.

	甲	乙	甲
投资成本	50000	55000	49500
投资收入	55000(等于下家乙的投资成本)	49500(等于下家甲的投资成本)	44550
利润率	10%	– 10%	– 10%
利润 = 投资收入 – 投资成本	5000(需要)	– 5500	– 4950(需要)

根据题意可得:

甲在上述股票交易中的总利润为 $5000 + (-4950) = 50$ 元,

即盈利50元.

综上所述,答案是 **B**.

35　【解析】设正方形边长为 x.

则 $\dfrac{4}{3}x + 10 = \dfrac{3}{2}x + 1$,得 $x = 54$.

$\dfrac{4}{3}x$ 是 $\left(\dfrac{x}{3} - 1\right) \times 4 + 4$(先不算四角的情况,再最后加上),

$\dfrac{3}{2}x + 1$ 是 $\left(\dfrac{x}{2} - 1\right) \times 3 + 4$(只有 3 条边).

故这批树苗共 $\left(\dfrac{4}{3}x + 10\right)$ 棵,即 $\dfrac{4}{3} \times 54 + 10 = 82$ 棵.

综上所述,答案是 **D**.

五、备 考 小 结

常见的命题模式:_____.

_____.

_____.

解题战略战术方法：_____．

经典母题与错题积累：_____．

第四篇 模考冲刺篇

建议学习时间：11月~12月初（备考冲刺阶段）

战略目标：实战模拟，查漏补缺，调整心态.

特别提示：

提示一： 2套模拟试卷的难度和运算量稍大于真题；

提示二：每套模拟试卷都有个别题是在基础夯实阶段和强化阶段没有讲解的"钉子题"，安排这样的题主要是帮助考生训练如何克服"钉子题"对考试情绪和心态的影响.

学法导航：

第一步：每套尽量按要求限时全真模拟训练；

第二步：根据书中 2 套模拟试卷的试题分析表，再次对最薄弱点作针对性的强化学习；

第三步：根据 2 套题的解题时间、解题的平稳度，综合调整心态；

第四步：总结、分析前三步的学习收获，让自己平静地放松1~2天.

本篇2套模拟试卷均配有详细的视频解析，扫描二维码，关注微信公众号xinquangzs，发送"数学精点+模拟试卷号"，即可查看.

例如发送"数学精点02"，即可查看模拟试卷二全部题目的视频解析.

模拟试卷一

扫描二维码,发送"数学精点 + 模拟试卷号",查看视频解析.
例如发送"数学精点01",即可查看模拟试卷一全部题目的视频解析.

时间:45 分钟~65 分钟   得分:____

一、问题求解:第 1~15 小题,每小题 3 分,共 45 分. 在下列每题给出的 A、B、C、D、E 五个选项中,只有一个选项是最符合题目要求的.

1. 某人沿着公路行走,沿途发现每隔 9 分钟有一辆 300 路的公交车从后面超过他,每隔 6 分钟遇到一辆 300 路的公交车迎面而来. 若 300 路的公交车发车的间隔时间是相同的,而且公交车的速度是相同的,那么 300 路的公交车发车的时间间隔是( )分钟.
   A. 11.8   B. 10.2   C. 9.8   D. 8   E. 7.2

2. 有一堆苹果平均分给甲、乙两组同学,每人可得 6 个,如果只分给甲组同学,每人可得 10 个,若只分给乙组同学,则每人可得( )个苹果.
   A. 8   B. 12   C. 15   D. 20   E. 25

3. 一对夫妻在正常结婚 5 年后生了一个女孩,又过了若干年后,这个三口之家里,每个人的年龄都是质数(素数),且女儿的岁数加上妈妈的岁数正好等于爸爸的岁数,那么这对夫妻结婚时的年龄之和为( ).
   A. 44   B. 46   C. 48   D. 50   E. 52

4. 已知某车间的男工人数比女工人数多 50%,若在该车间一次技术考核中全体工人的平均成绩为 80 分,而女工的平均成绩比男工的平均成绩高 15%,则女工的平均成绩为( )分.
   A. 88   B. 89   C. 75.5   D. 82.6   E. 86.8

5. 设直线 $nx + (n+1)y = \sqrt{2}$ (n 是正整数)与两坐标轴围成的三角形的面积等于 m,则 $\dfrac{1}{m}$ 一定是( ).
   A. 3 的倍数   B. 4 的倍数   C. 5 的倍数   D. 偶数   E. 奇数

6. 如图 1 所示,两个正方形 $ABCD$ 与 $CEFH$ 的面积之和为 120,面积之差为 60. 则三角形 BDF 的面积为( ).
   A. 30   B. 50
   C. 60   D. 45
   E. 55

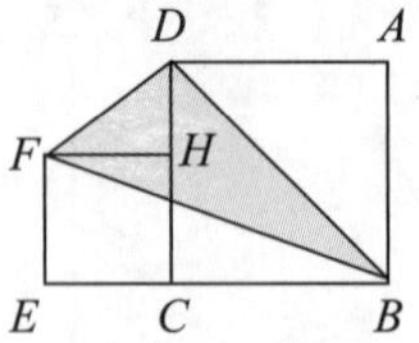

图 1

7. 某商店举行店庆活动,顾客消费达到一定数量后,可以在 4 种赠品中随机选取 2 件不同的赠品. 任意两位顾客所选的赠品中,至少有 1 件品种相同的概率是( ).
   A. $\dfrac{5}{6}$ B. $\dfrac{4}{9}$ C. $\dfrac{1}{3}$ D. $\dfrac{1}{2}$ E. $\dfrac{2}{3}$

8. 多项式 $x^3 + ax^2 + bx - 6$ 的两个因式是 $x - 1$ 和 $x - 2$,则 $(2a + b)^{ab} = ($).

A. 1   B. 2   C. 243   D. 49   E. -7

9. 已知 $a^2 + b^2 = 1$, $c^2 + d^2 = 1$, 则 $ac + bd$ 的最大值为( ).

    A. $\dfrac{1}{2}$ B. $\dfrac{\sqrt{3}}{2}$ C. $\dfrac{3}{4}$ D. $\dfrac{3}{2}$ E. 1

10. 不等式 $(x^4 - 4) - 3(x^2 - 2) \geq 0$ 的解是( ).

    A. $x \geq \sqrt{2}$ 或 $x \leq -\sqrt{2}$ 或 $-1 \leq x \leq 1$ B. $-\sqrt{2} \leq x \leq \sqrt{2}$

    C. $-1 \leq x \leq 1$ D. $-\sqrt{2} < x < \sqrt{2}$

    E. 空集

11. 直线 $x + 2y - 3 = 0$ 与直线 $ax + 4y + b = 0$ 关于点 $P(1,0)$ 对称,则 $b = ($).

    A. 2   B. 1   C. -1 D. -2 E. 3

12. 20 个不加区别的小球放入编号为 1,2,3 的 3 个盒子中,要求每个盒内的球数不小于它的编号数,则不同的放法种数是( ).

    A. 40   B. 64   C. 72   D. 120   E. 144

13. 在一次竞猜活动中,设有 5 关,如果通过 2 关就算闯关成功,小王通过每关的概率都是 $\dfrac{1}{2}$, 他闯关成功的概率为( ).

    A. $\dfrac{1}{8}$ B. $\dfrac{13}{16}$ C. $\dfrac{3}{8}$ D. $\dfrac{1}{2}$ E. $\dfrac{19}{32}$

14. 方程 $\dfrac{1}{x^2 + 3x + 2} + \dfrac{1}{x^2 + 5x + 6} + \dfrac{1}{x^2 + 7x + 12} = \dfrac{1}{x + 4}$ 的解为 $x = ($).

    A. 8   B. 11   C. 3   D. 2   E. -11

15. 一个表面涂成红色的正方体被分割成大小相同的 n^3 个小正方体,若随机地取出一个恰有两面是红色的小正方体的概率为 $\dfrac{2}{9}$,那么随机地取出一个小正方体恰好没有红色面的概率为( ).

    A. $\dfrac{1}{27}$ B. $\dfrac{8}{27}$ C. $\dfrac{4}{9}$ D. $\dfrac{5}{9}$ E. $\dfrac{1}{3}$

二、条件充分性判断:第 16~25 小题,每小题 3 分,共 30 分.

解题说明:

本大题要求判断所给出的条件(1)和(2)能否充分支持题干中陈述的结论. A、B、C、D、E 五个选项为判断结果,只有一个选项是最符合题目要求的.

    A. 条件(1)充分,但条件(2)不充分

    B. 条件(2)充分,但条件(1)不充分

    C. 条件(1)和(2)单独都不充分,但条件(1)和(2)联合起来充分

    D. 条件(1)充分,条件(2)也充分

    E. 条件(1)和(2)单独都不充分,条件(1)和(2)联合起来也不充分

16. $\dfrac{1}{2} < a < 1.$

    (1) $\log_{2a} \dfrac{1+a^3}{1+a} < 0.$ (2) $\log_{2a} \dfrac{1+a^3}{1+a} > 0.$

17. m 一定是偶数.

    (1)同学们相互送贺年卡,每人只要接到对方的贺年卡就一定回赠一张贺年卡,送的贺年卡的总数为 m.

    (2)同学们相互送贺年卡,每人只要接到对方的贺年卡就一定回赠一张贺年卡,送了奇数张贺年卡的人数为 m.

18. 动点 (x,y) 的轨迹是圆.

    (1) $|x-y| + |y| = 4.$

    (2) $3(x^2 + y^2) + 6x - 9y + 1 = 0.$

19. $\{a_n\}$ 是等差数列, $S_1, S_2, S_3, \cdots, S_n$ 中最大的是 S_6.

    (1) $a_3 = 12.$ (2) $S_{12} > 0, S_{13} < 0.$

20. 设 $[x]$ 表示不超过 x 的最大整数,则 $6 < x < 7$.

    (1) $[x] + [2x] = 19.$ (2) $[x] + [2x] = 18.$

21. 关于 x 的方程 $x^2 - 6x + (a-2)|x-3| + 9 - 2a = 0$ 有两个不同的实数根.

    (1) $a = -2.$ (2) $a > 0.$

22. 数列 $\{a_n\}$ 的前 n 项和 $S_n = 2^{n+1} - n - 2.$

    (1) $a_1 = 1,$ 且 $a_{n+1} = 2a_n + 1.$

    (2) $a_n = 2^n - 1.$

23. 方程 $2ax^2 - 2x - 3a + 5 = 0$ 的一个根大于 2,另一个根小于 1.

    (1) $a > -\dfrac{1}{5}.$ (2) $a < 0.$

24. 设 x, y 为非负实数,则 $\lg x + \lg y = 2.$

    (1) $x + y \geqslant 20.$ (2) $x^2 + y^2 \leqslant 200.$

25. 这个样本的平均数的绝对值是 3.

    (1)样本 $1, 3, 2, k, 5$ 的标准差为 $\sqrt{2}$.

    (2)样本 $-1, -3, -2, k, -5$ 的标准差为 $\sqrt{2}$.

模拟试卷一试题分析

题号	答案	自测与诊断	考点定位 查漏补缺	解题要点 得分技巧
1	E		行程问题、应用题	框图法、方程法
2	C		分配问题、应用题	框图法、方程法
3	B		数列、质数(初等数论)	质数表
4	E		比例、应用题	框图法
5	D		数列求和、解析几何、面积	裂项多米诺技巧
6	D		平面几何	等积转换
7	A		排列组合(复杂计数)、概率	古典概型
8	A		因式分解、因式定理	因式定理与赋值法
9	E		不等式与最值	柯西不等式
10	A		高次不等式	穿线法
11	A		直线与圆、对称问题	垂直、中点
12	D		排列组合(复杂计数)	挡板模型
13	B		闯关问题、概率、应用题	分类讨论
14	D		分式方程	裂项技巧
15	B		立体几何(体积)、概率	解高次方程、古典概型
16	A		对数函数、不等式、绝对值	数形结合法、增减性
17	D		奇数与偶数(初等数论)	整体捆绑考虑
18	B		方程与曲线	定义
19	B		等差数列的项和性质	数列四性质(表)
20	A		整数(初等数论)	整数、小数分部设元
21	D		绝对值、非负数、指数运算	整体法
22	D		数列	换元法、求和公式
23	C		一元二次函数、方程、不等式	数形结合法、根的"第二母型"
24	C		均值不等式	举反例
25	E		平均数、方差、标准差	方程求解

模拟试卷一分析结果与查漏补缺方向

错题题号与考点	
答错原因与对策	
盲区题号与考点	
盲区原因与对策	
紧急补救与安排	

模拟试卷二

扫描二维码,发送"数学精点+模拟试卷号",查看视频解析.

例如发送"数学精点02",即可查看模拟试卷二全部题目的视频解析.

时间:45 分钟~65 分钟　　　　　得分:

一、问题求解:第 1~15 小题,每小题 3 分,共 45 分. 在下列每题给出的 A、B、C、D、E 五个选项中,只有一个选项是最符合题目要求的.

1. 小明在 8 点到 9 点之间开始解一道题,当时时针与分针正好成一条直线,解完题时两针正好第一次重合,那么小明解这道题用的时间是(　　　)分钟(结果取最接近的整数).
   A. 27　　　　　B. 29　　　　　C. 31　　　　　D. 32　　　　　E. 33

2. 一项工程,甲、乙两队合作需要 12 天完成,乙、丙两队合作需要 15 天完成,甲、丙两队合作需要 20 天完成,如果由甲、乙、丙三队合作需要(　　　)天完成.
   A. 8　　　　　B. 9　　　　　C. 10　　　　　D. 11　　　　　E. 12

3. 由 0,1,2,3,4,5 六个数字可以组成(　　　)个数字不重复且 2,3 相邻的四位数.
   A. 10　　　　　B. 20　　　　　C. 30　　　　　D. 50　　　　　E. 60

4. 有 200 根圆钢,将其中一些堆放成横截面为正三角形形状的垛,要求剩余的圆钢尽可能的少,这时剩余的圆钢有(　　　).
   A. 9 根　　　　　B. 10 根　　　　　C. 19 根　　　　　D. 20 根　　　　　E. 29 根

5. 已知 $x^2 - 3x + 1 = 0$, 则 $x^3 + \dfrac{1}{x^3} = ($　　　$)$.
   A. 3　　　　　B. 6　　　　　C. 9　　　　　D. 18　　　　　E. 27

6. 梯形 $ABCD$ 中, 如图 1 所示, $AB = 10$, $CD = 20$, $\angle D$ 与 $\angle C$ 互余,分别以 AB, AD, BC 为直径向外作半圆, 则三个半圆的面积和为(　　　).
   A. 50π　　　　　B. 150π　　　　　C. 200π
   D. 25π　　　　　E. 250π

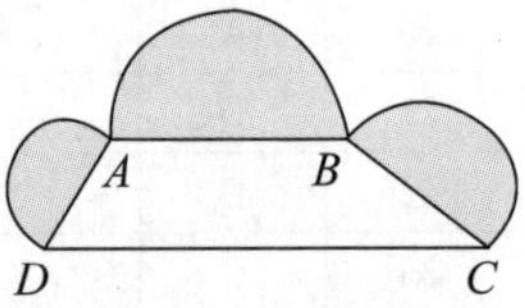

图　1

7. 若 10 把钥匙中只有 2 把钥匙能打开某锁,则从中任取 2 把能打开锁的概率为(　　　).
   A. $\dfrac{7}{45}$　　　　　B. $\dfrac{1}{5}$　　　　　C. $\dfrac{17}{45}$　　　　　D. $\dfrac{13}{45}$　　　　　E. $\dfrac{19}{45}$

8. 已知整数 a, b, c 满足 $a^2 + b^2 + c^2 + 43 \leqslant ab + 9b + 8c$, 则 $a = ($　　　$)$.
   A. 10　　　　　B. 3　　　　　C. 8　　　　　D. 4　　　　　E. 6

9. 某公司购进一批原料,购进价格为每千克 30 元. 物价部门规定其销售单价不得高于每千克 70 元,也不得低于每千克 30 元.市场调查发现:单价定为 70 元时,日均销售 60 千克.单价每降低 1 元,日均多售出 2 千克. 在销售过程中,每天还要支出其他费用 500 元(天数不足一天时,按整天计算),若该公司欲获得最大日均利润,则该原料的定价应为每千克(　　　).

A. 65 元   B. 56 元   C. 55 元   D. 58 元   E. 68 元

10. 已知一元二次函数 $y = x^2 + ax + b$ 的图像与 x 轴交点的横坐标分别为 1,2,则 $ax^2 + bx + 1 > 0$ 的解集为(   ).

    A. $\left(-\dfrac{1}{3}, 1\right)$ B. $\left(-\infty, -\dfrac{1}{3}\right)$ C. $(1, +\infty)$ D. $(-1, 3)$ E. 不确定

11. 已知 $x + 2y = 2(x > 0, y > 0)$,则代数式 $z = \dfrac{2}{x} + \dfrac{1}{y}$ 取最小值时,$xyz = ($ $)$.

    A. 2   B. 1   C. 4   D. 8   E. $\dfrac{1}{2}$

12. 将 4 个相同的白球和 5 个相同的黑球全部放入 3 个不同的盒子中,每个盒子既要有白球,又要有黑球,且每个盒子中都不能同时只放入 2 个白球和 2 个黑球,则所有不同的放法种数为(   ).

    A. 6   B. 9   C. 12   D. 15   E. 18

13. 甲、乙两机床相互没有影响地生产某种产品,甲机床产品的正品率是 0.9,乙机床产品的正品率是 0.95,那么从甲、乙两机床生产的产品中各取 1 件,至少有一件正品的概率是(   ).

    A. 0.98   B. 0.959   C. 0.95   D. 0.995   E. 0.975

14. 若等式 $\dfrac{m}{x+3} - \dfrac{n}{x-3} = \dfrac{8x}{x^2 - 9}$ 对任意的 $x(x \neq \pm 3)$ 恒成立,则 $mn = ($ $)$.

    A. 8   B. 16   C. 0   D. -8 E. -16

15. 圆柱体的底面半径和高之比为 1:2,若体积增加到原来的 6 倍,底面半径和高的比例保持不变,则底面半径增加到原来的(   )倍.

    A. $\sqrt{6}$ B. $\sqrt[3]{6}$ C. $\sqrt{3}$ D. $\sqrt[3]{3}$ E. 6

二、条件充分性判断:第 16~25 小题,每小题 3 分,共 30 分.

解题说明:

本大题要求判断所给出的条件(1)和(2)能否充分支持题干中陈述的结论. A、B、C、D、E 五个选项为判断结果,只有一个选项是最符合题目要求的.

A. 条件(1)充分,但条件(2)不充分.

B. 条件(2)充分,但条件(1)不充分.

C. 条件(1)和(2)单独都不充分,但条件(1)和(2)联合起来充分.

D. 条件(1)充分,条件(2)也充分.

E. 条件(1)和(2)单独都不充分,条件(1)和(2)联合起来也不充分.

16. $(2x^2 + x + 3)(-x^2 + 2x + 3) < 0$.

    (1) $x \in [-3, -2]$.   (2) $x \in [4, 5]$.

17. 这 4 个数的乘积等于 30.

    (1) 4 个互不相等的自然数,最大的数与最小的数之差是 4,这 4 个数的和是最小的两

位奇数.

(2) 4 个互不相等的自然数,最大的数与最小的数之积是奇数,这 4 个数的和是最小的两位奇数.

18. $a = 1$.

(1) 圆 $x^2 + y^2 = 4$ 与圆 $x^2 + y^2 + 2ay - 6 = 0$ 的公共弦长为 $2\sqrt{3}$.

(2) 圆 $x^2 + y^2 = 2$ 与圆 $x^2 + y^2 + 2ay - 6 = 0$ 的公共弦长为 $2\sqrt{3}$.

19. $\dfrac{1}{a_1} + \dfrac{1}{a_2} + \dfrac{1}{a_3} + \cdots + \dfrac{1}{a_n} < \dfrac{3}{5}$.

(1) 数列 $\{a_n\}$ 中,$a_1 = 5$.

(2) 数列 $\{a_n\}$ 的前 n 项和 S_n 满足 $S_n = a_{n+1}(n \in \mathbf{N}^*)$.

20. $f(x)$ 除以 $(x + 2)(x + 3)$ 的余式为 $2x - 5$.

(1) 多项式 $f(x)$ 除以 $(x + 2)$ 的余式为 1.

(2) 多项式 $f(x)$ 除以 $(x + 3)$ 的余式为 -1.

21. a, b, c, d 的算术平均数为 $\dfrac{9}{2}$.

(1) a, b, c, d 是互异的自然数,且 $abcd = 360$.

(2) a, b, c, d 是一个等差数列.

22. 若 S_n 表示正项等比数列 $\{a_n\}$ 的前 n 项和,则 $S_{12} = 270$.

(1) $S_3 = 18$,$S_6 = 54$.

(2) $S_3 = 18$,$S_9 = 126$.

23. $\alpha^2 + \beta^2$ 的最小值是 $\dfrac{1}{2}$.

(1) α 与 β 是方程 $x^2 - 2ax + (a^2 + 2a + 1) = 0$ 的两个实数根.

(2) $\alpha\beta = \dfrac{1}{4}$.

24. 设 a, b 为非负实数,则 $a + b \leqslant \sqrt{7 + 4\sqrt{3}}$.

(1) $ab \leqslant \dfrac{1}{2}$.   (2) $a^2 + b^2 \leqslant 8$.

25. 数列 $\{a_n\}$ 为等差数列,则 $m = 6$.

(1) $\{a_n\}$ 共有 $2m+1$ 项,所有奇数项之和为 120,所有偶数项之和为 100.

(2) S_n 为 $\{a_n\}$ 的前 n 项和,且 $S_{12} > 0 > S_{13}$,当 $n = m$ 时 S_n 最大.

模拟试卷二试题分析

题号	答案	自测与诊断	考点定位 查漏补缺	解题要点 得分技巧
1	E		应用题、钟表问题	方程法
2	C		应用题、工程问题	方程法
3	E		排列组合	捆绑法
4	B		应用题、数列求和	试解法
5	D		方程、代数式求值	恒等变形、立方公式
6	D		平面几何	勾股定理、中位线、面积公式
7	C		应用题、概率、开锁问题	抓阄原理
8	B		不等式、非负数	配方法
9	A		应用题、最值	一元二次函数最值
10	A		一元二次函数不等式	双根式、解集口诀
11	A		均值不等式、最值	恒等变形技巧（对勾）
12	C		排列组合	摸球模型、挡板法
13	D		概率	概率运算公式
14	E		恒成立	系数为零
15	B		立体几何、比例	圆柱体积公式
16	D		高次不等式	穿线法
17	D		奇数偶数、最值	奇偶分析
18	E		圆与圆的位置关系、弦长公式	距离公式
19	C		数列	放缩法
20	E		因式定理、余式定理	因式定理、余式定理
21	C		平均数、初等数论、数列	分解质因数
22	D		等比数列的性质	等距保性
23	D		方程、最值	韦达定理
24	C		均值不等式、二次根式	均值不等式、整体技巧
25	B		数列	数列和的性质

模拟试卷二分析结果与查漏补缺方向

错题题号与考点	
答错原因与对策	
盲区题号与考点	
盲区原因与对策	
紧急补救与安排	

第五篇　考场增分策略篇

建议学习时间：12月中旬（临入考场阶段）

战略目标：将"厚书"变成"几页纸"，浓缩精华、轻松应考.

特别提示：

　　"考场增分策略篇"可以在基础阶段和强化阶段穿插提早学习.

学法导航：

　　考前十天左右开始学习考场增分策略篇，完全掌握解题策略、条件反射、结论.

增 分 策 略 一

考场必备策略

1. 保持良好的心态

在考场上保持良好的心态非常重要. 面对研究生考试,考生应以一颗平常心去对待,应该在战略上藐视它,在战术上重视它. 在考场上,如果非常紧张,可对自己给予积极的心理暗示,增强自己的信心. 考生在考场上答数学题应采用这样的策略:"基础题,全做对;一般题,一分不浪费;尽力冲击较难题,即使做错不后悔". 在考场上,千万不要因为题目难就灰心丧气,影响后面的答题,事实上,题目难大多数人都会觉得难,真正胜利的人就是能够坚持到底的人.

2. 选择适合自己的做题顺序

管理类联考数学考试部分共有 25 道题,分为两个部分,第一部分是问题求解,共 15 道题,第二部分是条件充分性判断,共 10 道题. 考生可以根据自己的实际情况选择先做哪一部分. 条件充分性判断相对问题求解来讲简单些,因为条件充分性判断有的时候可以先排除一些明显不可能的选项. 先答这部分题目可在一定程度上增强考生的信心,之后再做问题求解部分. 但是,若是数学基础较为扎实的学生,可以按顺序答题. 但是,不管选择哪种顺序,数学部分的建议用时为 60~70 分钟,超过 70 分钟,可能就会影响后面逻辑和作文的答题.

3. 做选择题的方法

联考数学题目都为单项选择题,出题人在设置错误选项时一般会遵循一定的思维模式,比如设置与题目完全无关的迷惑选项,两个或三个顺序数字的选项,或者出题人在设置选项顺序时故意将与正确答案非常相似的选项放在前面,导致粗心的考生误选等. 同学们在做选择题时可以采用一些常见方法来答题,这样既节省了时间,也提高了正确率. 常见的做单项选择题的方法如下:

正推法:主要适合根据题干中的已知条件,经过简单的运算,就可以得出结论的,根据得出的结论来直接做出选择.

逆推法:主要适合根据选项条件可以得出一些结论,并和题干中的结论对比进而得出答案.

赋值法:主要是将各个备选选项代入题目中,来判定得出的答案与假设条件或常识性知识是否相矛盾或者不符合题意,如果是,则排除该选项.

排除法:主要适合题干中给的条件是抽象内容,此时考生可以根据自己平时所掌握的知识,将最不适合题意的选项排除掉. 其中有些题可以直接将其他四项排除掉,选出正确答案. 比如,在答案明显是正数的题目中,就可以先排除负数的选项. 另外,考生可以通过举反例的方式排除错误选项.

画图表法:主要适合题目中给出关于函数一些特性,如图像、奇偶性等,画图会将题目抽象的语言具体化;或者当题目的叙述特别烦琐时,特别是应用题,可以采用画表格的方法,这样可以使题目中的信息一目了然;抑或当题目求解的是集合问题时,可以画图来快速解题.

4. 答题卡填涂及复查

数学考试全部为选择题,需要将答案填涂在答题卡上. 这种情况下,考生最易出现的问题是填涂不规范,以致在机器阅卷中产生误差,克服这类问题的简单方法是要把铅笔削好. 铅笔不能削尖削细,而应相对粗些,且应把铅笔尖削磨成马蹄状或者直接把铅笔削成方形,这样的话,一个答案最多只涂两笔就可以涂好,既快又标准. 防止考试中漏涂、错涂、试卷科目和考号是考生应十分注意的问题. 考生在接到答题卡后不应忙于答题,而应在监考老师的统一组织下将答题卡的表头按要求进行"两填两涂". 即用蓝色或黑色钢笔或圆珠笔填写姓名、填写准考证号;用2B铅笔涂黑考试科目、涂黑准考证号.

在联考考试中,最后要留出时间复查答卷是保证考试成功的一个很重要的环节. 特别是考生采取灵活的答题顺序,更应该复查,看是否有遗漏. 选择题的检查主要是查看有无遗漏,并复核你心存疑虑的项目. 但若没有充分的理由,一般不要改变你依据第一感觉做出的选择.

总之,管理类联考中的数学部分灵活性很强,一道题往往综合了很多知识点,因此,考生应加强综合题型的训练,能够对常见题型、思路、解题方法有系统的把握,并在做题中实践这些做题技巧、思路,将其内化为自己的习惯.

真切希望本书能够帮助每一位学子金榜题名!

增 分 策 略 二

考场必备的解题条件反射

目标 1	非负数之和等于零,求参数
解题 条件 反射	反射一:非负零和,分别为零 反射二:常考非负数(式)有二次根式、绝对值、完全平方式

目标 2	比例问题
解题 条件 反射	反射一:见比设 k 反射二:同构即等

目标 3	应用题
解题 条件 反射	反射一:示意图法 反射二:列方程、函数解题

目标 4	质数问题
解题条 件反射	反射一:质数表(100 以内) 反射二:试解法

目标 5	连续性最值问题
解题 条件 反射	反射一:均值不等式(包括柯西不等式) 反射二:配方法与一元二次函数顶点式 反射三:对勾函数与数形结合法

目标 6	离散型最值问题
解题 条件 反射	反射一:正整数积一定求和的最大值或最小值,先分解质因数,考虑分散与集中 反射二:正整数和一定求积的最大值或最小值,先分解质因数,考虑分散与集中 反射三:数列最值问题先连续化,再考虑取最靠近的整数,或用定义法

目标 7	代数式求值
解题 条件 反射	反射一：公式法、恒等变形 反射二：竖式除法、因式定理、余式定理、带余除法恒等式、赋值法 反射三：整体处理法

目标 8	一元二次方程
解题 条件 反射	反射一：韦达定理、判别式 反射二：根的分布 反射三：两根代数式的恒等变形公式

目标 9	不等式
解题 条件 反射	反射一：不等式的性质、均值不等式 反射二：高次不等式先因式分解，再用穿线法 反射三：分式不等式先整式化，再用穿线法 反射四：根式不等式先有理化，平方时要分类讨论

目标 10	数列
解题 条件 反射	反射一：数列的公式有求和公式、通项公式、递推公式 反射二：数列的性质有位项关系（等和或等积、定差或定比）、等距保性 反射三：最值套路（比较法与函数法）、方程思维 反射四：$\dfrac{a_n}{b_n} = \dfrac{A_{2n-1}}{B_{2n-1}}$ 反射五：等差数列 $\begin{cases} a_n = m \\ a_m = n \end{cases} \Rightarrow a_{m+n} = 0 \qquad \begin{cases} S_n = m \\ S_m = n \end{cases} \Rightarrow S_{m+n} = -(m+n)$

目标 11	恒成立问题
解题 条件 反射	反射一：变量分离法、最大最小法 反射二：一元二次函数判别式法（包括开口方向）

目标 12	平面几何、空间几何体问题
解题 条件 反射	反射一：全等与相似（维度论） 反射二：整体处理法 反射三：转化法、割补法

目标 13	解析几何问题
解题 条件 反射	反射一:中点公式、距离公式(三个)、弦长公式、斜率公式 反射二:最值常用数形结合法 反射三:点、线、圆之间的位置关系(距离公式是关键,对称的解决方案) 反射四:斜率与倾斜角之间的转化和对应关系

目标 14	数据描述问题
解题 条件 反射	反射一:平均值、方差原始公式、方差简化公式相关性质 反射二:直方图、数表、饼图的含义

目标 15	排列组合概率问题
解题 条件 反射	反射一:常考计数模型有打包寄送法、挡板法、捆绑法、插空法、染色分类法、数字问题(倍数、奇数、偶数等约束条件)、定位定序法等 反射二:常考概率模型有古典概型、伯努利概型、抽检问题、抓阄模型 反射三:集合与事件运算中的摩根定律、韦恩图 反射四:概率运算中的乘法公式、加法公式

增分策略三

考场必备的核心数学公式与结论

表 5-3-1　恒等变形

裂项变形	$\dfrac{1}{n(n+k)}=\dfrac{1}{k}\left(\dfrac{1}{n}-\dfrac{1}{n+k}\right)$
平方公式	$a^2-b^2=(a+b)(a-b)$ $(a^2+b^2)(x^2+y^2)-(ax+by)^2=(ay-bx)^2$ $(a+b)^2=a^2+b^2+2ab$　　特别地, $\left(x+\dfrac{1}{x}\right)^2=x^2+\dfrac{1}{x^2}+2$ $(a-b)^2=a^2+b^2-2ab$　　特别地, $\left(x-\dfrac{1}{x}\right)^2=x^2+\dfrac{1}{x^2}-2$
立方公式	$a^3-b^3=(a-b)(a^2+ab+b^2)$ $a^3+b^3=(a+b)(a^2-ab+b^2)$ $(a+b)^3=a^3+3a^2b+3ab^2+b^3$　　特别地, $\left(x+\dfrac{1}{x}\right)^3=x^3+\dfrac{1}{x^3}+3\left(x+\dfrac{1}{x}\right)$ $\qquad\quad=a^3+b^3+3ab(a+b)$ $(a-b)^3=a^3-3a^2b+3ab^2-b^3$　　特别地, $\left(x-\dfrac{1}{x}\right)^3=x^3-\dfrac{1}{x^3}-3\left(x-\dfrac{1}{x}\right)$ $\qquad\quad=a^3-b^3-3ab(a-b)$
配方变形	$a^2+b^2+c^2+ab+bc+ca=\dfrac{1}{2}\left[(a+b)^2+(b+c)^2+(c+a)^2\right]$ $a^2+b^2+c^2-ab-bc-ca=\dfrac{1}{2}\left[(a-b)^2+(b-c)^2+(c-a)^2\right]$ $a^2+b^2+c^2+2ab+2bc+2ca=(a+b+c)^2$ $ax^2+bx+c=a\left(x+\dfrac{b}{2a}\right)^2+\dfrac{4ac-b^2}{4a}$
分解因式	提取公因式法、分组法、十字相乘法、双十字相乘法、因式定理、余式定理、拆项补项法

表 5-3-2　均值不等式(正数范围内讨论)

二元形式	$a^2+b^2\geqslant 2ab,\qquad a+b\geqslant 2\sqrt{ab},\qquad 2(a^2+b^2)\geqslant (a+b)^2$ 等号当且仅当 $a=b$ 时成立

（续）

三元形式	$a^3 + b^3 + c^3 \geq 3abc$，$a + b + c \geq 3\sqrt[3]{abc}$，$3(a^2 + b^2 + c^2) \geq (a + b + c)^2$ 等号当且仅当 $a = b = c$ 时成立
对勾形式	$a + \dfrac{k}{a} \geq 2\sqrt{k}$，等号当且仅当 $a = \sqrt{k}$ 时成立 $a + \dfrac{k}{a^2} \geq 3\sqrt[3]{\dfrac{k}{4}}$（本质上是三元均值不等式），等号当且仅当 $a = \sqrt[3]{2k}$ 时成立
柯西形式	$(a^2 + b^2)(x^2 + y^2) \geq (ax + by)^2$，等号当且仅当 $ay = bx$ 时成立
极端原理	$\max\{a, b, c\} \geq \dfrac{a + b + c}{3} \geq \sqrt[3]{abc} \geq \min\{a, b, c\}$

表 5-3-3　一元二次方程、不等式、函数

二次方程	判别式 $\Delta = b^2 - 4ac$，韦达定理 $\begin{cases} x_1 + x_2 = -\dfrac{b}{a} \\ x_1 x_2 = \dfrac{c}{a} \end{cases}$
二次函数	一般式：$y = ax^2 + bx + c$　　　顶点式：$y = a\left(x + \dfrac{b}{2a}\right)^2 + \dfrac{4ac - b^2}{4a}$ 零点式：$y = a(x - x_1)(x - x_2)$　　　对称轴：$x = -\dfrac{b}{2a}$ 最　值：(1) $a > 0 \Leftrightarrow y_{\min} = \dfrac{4ac - b^2}{4a}$　　　(2) $a < 0 \Leftrightarrow y_{\max} = \dfrac{4ac - b^2}{4a}$
二次不等式	解集口诀：大于零，取两边；小于零，夹中间 恒成立口诀：开口判别式，两个都要看

表 5-3-4　指数与对数

指数运算	指数幂的运算规则： (1)指数幂乘法：$a^m \times a^n = a^{m+n}$　　　(2)指数幂除法：$a^m \div a^n = a^{m-n}$ (3)指数幂幂：$(a^m)^n = a^{mn}$　　　(4)指数幂分解：$(ab)^m = a^m \times b^m$ 指数幂的等价转换： (1)分数指数幂：$a^{\frac{m}{n}} = \sqrt[n]{a^m}$　　　(2)负数指数幂：$a^{-m} = \dfrac{1}{a^m}$ 特别地，$a^0 = 1$
对数运算	对数的运算规则： (1)对数加法：$\log_a M + \log_a N = \log_a(MN)$ (2)对数减法：$\log_a M - \log_a N = \log_a \dfrac{M}{N}$ (3)指数析出：$\log_{a^m} x^n = \dfrac{n}{m}\log_a x$ (4)换底公式：$\log_A M = \dfrac{\log_c M}{\log_c A} = \dfrac{\lg M}{\lg A}$ (5)对数恒等式：$a^{\log_a M} = M$ 特别地，$\log_a 1 = 0$，$\log_a a = 1$

表 5-3-5　数据描述

趋势性描述	均值: $\bar{x} = \dfrac{x_1 + x_2 + \cdots + x_n}{n}$ 性质: $E(aX + b) = aE(X) + b$
波动性描述	方差: $S^2 = \dfrac{1}{n}\big[(x_1 - \bar{x})^2 + (x_2 - \bar{x})^2 + \cdots + (x_n - \bar{x})^2\big]$ 简化计算: $S^2 = \dfrac{1}{n}\big[(x_1^2 + x_2^2 + \cdots + x_n^2) - n\bar{x}^2\big]$ 标准差: $S = \sqrt{\dfrac{1}{n}\big[(x_1 - \bar{x})^2 + (x_2 - \bar{x})^2 + \cdots + (x_n - \bar{x})^2\big]}$ 性质: $D(aX + b) = a^2 D(X)$
图形表示法	直方图、数表、饼图

表 5-3-6　平面几何与空间几何体

勾股定理	勾股定理的完整内容是: 直角三角形(最大边为 c) $\Leftrightarrow a^2 + b^2 = c^2$ (1) 勾股定理: 直角三角形(最大边为 c) $\Rightarrow a^2 + b^2 = c^2$ (2) 勾股定理逆定理: $a^2 + b^2 = c^2 \Rightarrow$ 直角三角形(最大边为 c) 常考勾股数: (1) $3k, 4k, 5k$; (2) $5k, 12k, 13k$ 勾股定理与均值不等式的结合考试角度: (1) 简单角度: $2(a^2 + b^2) \geqslant (a + b)^2 \Rightarrow c \geqslant \dfrac{a + b}{\sqrt{2}}$ (等腰直角三角形时取等号) (2) 复杂角度: $(x^2 + y^2)(a^2 + b^2) \geqslant (xa + yb)^2 \Rightarrow c \geqslant \dfrac{xa + yb}{\sqrt{x^2 + y^2}}$
射影定理 【Rt△中】	(1) $AC^2 = AD \times AB$ (2) $BC^2 = BD \times AB$ (3) $CD^2 = AD \times DB$
中位线定理	三角形中位线平行且等于底边的一半. 梯形的中位线: $MN = \dfrac{1}{2}(a + b)$
面积公式	$S_{三角形} = \dfrac{1}{2}ah$, $S_{梯形} = \dfrac{1}{2}(a + b)h$, $S_{菱形} = \dfrac{1}{2}mn$ (注: m, n 为菱形对角线长) $S_{长方形} = ab$, $S_{圆} = \pi r^2$, $S_{扇形} = \dfrac{\alpha}{360°}\pi r^2 = \dfrac{1}{2}lr$
体积公式	$V_{长方体} = abc$, $V_{圆柱体} = \pi r^2 h$, $V_{球体} = \dfrac{4}{3}\pi R^3$
长方体内接于球	$2R = \sqrt{a^2 + b^2 + c^2}$

维度论	考点	角度	长度	面积	体积
	维度	零维	一维	二维	三维
	比例	k^0	k^1	k^2	k^3

表 5-3-7　数列

等差数列 与等比数 列的判断	(1)等差数列判断基本方法一(定义法)：$a_n - a_{n-1} = $ 定值 $\Leftrightarrow$ 等差数列 　　等差数列判断基本方法二(中项法)：$2a_n = a_{n-1} + a_{n+1} \Leftrightarrow$ 等差数列 　　等差数列快速判断策略一(项和法)(等价形式)： 　　　　表现形式一：$a_n = An + B \Leftrightarrow$ 等差数列 　　　　表现形式二：$S = An^2 + Bn \Leftrightarrow$ 等差数列 　　等差数列快速判断策略二(衍生法)(充分形式)： 　　　　表现形式一：$\{a_n\}$ 是等差数列 $\Rightarrow \{ka_n + p\}$ 是等差数列 　　　　表现形式二：$\{a_n\}, \{b_n\}$ 都是等差数列 $\Rightarrow \{ka_n + pb_n\}$ 是等差数列 (2)等比数列判断基本方法一(定义法)：$\dfrac{a_n}{a_{n-1}} = $ 定值 $\Leftrightarrow$ 等比数列 　　等比数列判断基本方法二(中项法)：$a_n^2 = a_{n-1}\,a_{n+1}$(其中每项均不为 0) $\Leftrightarrow$ 等比数列 　　等比数列快速判断策略一(项和法)(等价形式)： 　　　　表现形式：$S_n = Aq^n - A \Leftrightarrow$ 等比数列 　　等比数列快速判断策略二(衍生法)(充分形式)： 　　　　表现形式一：$\{a_n\}$ 是等比数列 $\Rightarrow \{ka_n\}$ 是等比数列 　　　　表现形式二：$\{a_n\}, \{b_n\}$ 都是等比数列 $\Rightarrow \{ka_nb_n\}$ 是等比数列
基本公式	(1)等差数列的三个公式： 　　公式一：通项公式：$a_n = a_1 + (n-1)d$ 　　公式二：求和公式：$S = \dfrac{(a_1 + a_n)n}{2}$ 与 $S = na_1 + \dfrac{n(n-1)}{2}d$ 　　公式三：中项公式：$a_n = \dfrac{a_{n-m} + a_{n+m}}{2}$ (2)等比数列的三个公式： 　　公式一：通项公式：$a_n = a_1 q^{n-1}$ 　　公式二：求和公式：若 $q \neq 1$，则 $S = \dfrac{a_1(1 - q^n)}{1 - q}$ 　　　　　　　　　若 $q = 1$，则 $S = na_1$ 　　公式三：中项公式：$a_n = \pm \sqrt{a_{n-m}a_{n+m}}$
基本性质	(1)等差数列的四个性质： 　　性质一：若 $m + n = p + q$，则 $a_m + a_n = a_p + a_q$ 　　性质二：$d = \dfrac{a_m - a_n}{m - n}$ 　　性质三：（Ⅰ）等距项还是等差数列：$a_{n+k}, a_{n+2k}, a_{n+3k}, \cdots$ 　　　　　　（Ⅱ）等距和还是等差数列：$S_n, S_{2n} - S_n, S_{3n} - S_{2n}, \cdots$ 　　性质四：$\dfrac{a_n}{b_n} = \dfrac{A_{2n-1}}{B_{2n-1}}$

（续）

基本性质	(2)等比数列的三个性质： 性质一：若 $m + n = p + q$，则 $a_m a_n = a_p a_q$ 性质二：$\lg q = \dfrac{\lg a_m - \lg a_n}{m - n}$ 性质三：（Ⅰ）等距项还是等比数列：$a_{n+k}, a_{n+2k}, a_{n+3k}, \cdots$ （Ⅱ）等距和还是等比数列：$S_n, S_{2n} - S_n, S_{3n} - S_{2n}, \cdots$
常考结论	(1)等差数列的常用常考结论： 结论一：奇偶项之和的比： （Ⅰ）若项数 $n = 2k$ 时，则 $\begin{cases} S_{偶} + S_{奇} = k(a_k + a_{k+1}) \\ S_{偶} - S_{奇} = kd \end{cases} \Rightarrow \begin{cases} S_{偶} = ka_{k+1} \\ S_{奇} = ka_k \end{cases} \Rightarrow \dfrac{S_{偶}}{S_{奇}} = \dfrac{a_{k+1}}{a_k}$ （Ⅱ）若项数 $n = 2k - 1$ 时，则 $\begin{cases} S_{偶} + S_{奇} = (2k-1)a_k \\ S_{偶} - S_{奇} = -a_k \end{cases} \Rightarrow \begin{cases} S_{偶} = (k-1)a_k \\ S_{奇} = ka_k \end{cases} \Rightarrow \dfrac{S_{偶}}{S_{奇}} = \dfrac{k-1}{k}$ 结论二：轮换对称求项和： （Ⅰ）若 $a_m = n, a_n = m$，则 $a_{m+n} = 0$ （Ⅱ）若 $S_m = n, S_n = m$，则 $S_{m+n} = -(m+n)$ (2)等比数列的常用常考结论： 结论一：等比数列中的项、公比都不能是零 结论二：若 $\lvert q \rvert < 1$，则 $S = \dfrac{a_1(1 - q^n)}{1 - q} \rightarrow S = \dfrac{a_1}{1 - q}$（$n$ 越大越接近）
求和公式 与通项公式 的转化	$a_n = \begin{cases} S_1 \ (n = 1) \\ S_n - S_{n-1} \ \ (n \geqslant 2) \end{cases}$
递推公式 与通项公式 的转化	累加法、累乘法、换元法、循环法、倒数法
绝对数列 求和	整体处理
差比数列 求和	错位相减法
数列最值	比较法

表 5-3-8　解析几何

中点公式	$\begin{cases} x = \dfrac{x_1 + x_2}{2} \\ y = \dfrac{y_1 + y_2}{2} \end{cases}$　拓展:重心公式 $\begin{cases} x = \dfrac{x_1 + x_2 + x_3}{3} \\ y = \dfrac{y_1 + y_2 + y_3}{3} \end{cases}$
斜率公式	$k = \dfrac{y_2 - y_1}{x_2 - x_1}$ 拓展一:到角公式 $\tan\alpha = \dfrac{k_2 - k_1}{1 + k_1 k_2}$,其中 $\alpha \in [0, 180°)$ 拓展二: $k_1 k_2 = -1 \Rightarrow$ 垂直; $\begin{cases} k_1 = k_2 \\ b_1 \neq b_2 \end{cases} \Rightarrow$ 平行; $k_1 \neq k_2$ 且 $k_1 k_2 \neq -1 \Rightarrow$ 相交
距离公式	点到点的距离公式: 　　已知两点坐标分别为 $P_1(x_1, y_1), P_2(x_2, y_2)$ 　　那么 $d = \|P_1 P_2\| = \sqrt{(x_2 - x_1)^2 + (y_2 - y_1)^2}$ 点到直线的距离公式: 　　已知点的坐标 $P(x_0, y_0)$ 和直线 $l : Ax + By + C = 0$ 　　那么点到直线的距离 $d = \dfrac{\|Ax_0 + By_0 + C\|}{\sqrt{A^2 + B^2}}$ 平行直线间的距离公式: 　　已知直线 $l_1 : Ax + By + C_1 = 0, l_2 : Ax + By + C_2 = 0$ 　　那么平行直线间的距离 $d = \dfrac{\|C_2 - C_1\|}{\sqrt{A^2 + B^2}}$
点线对称	求点 $A(x_0, y_0)$ 关于直线 $l : y = kx + b$ 对称的点 $P(x_1, y_1)$ 的坐标的方法: $\begin{cases} PA \perp l \Rightarrow k \times \dfrac{y_1 - y_0}{x_1 - x_0} = -1 \\ PA \text{ 的中点 } M\left(\dfrac{x_1 + x_0}{2}, \dfrac{y_1 + y_0}{2}\right) \text{ 在直线 } l \text{ 上} \Rightarrow \dfrac{y_1 + y_0}{2} = k \times \dfrac{x_1 + x_0}{2} + b \end{cases}$
考场应用	点与圆的位置关系的判断: 　先用点点距离公式求圆心到点的距离 d ,再比较 d 与半径 r 的大小 线与圆的位置关系的判断: 　先用点线距离公式求圆心到直线的距离 d ,再比较 d 与半径 r 的大小 圆与圆的位置关系的判断: 　先用点点距离公式求圆心距 d ,再比较 d 与两圆半径和、差的大小 弦长公式: $l = 2\sqrt{r^2 - d^2}$ (d 为圆心到割线的距离) 切线长公式: $l = \sqrt{d^2 - r^2}$ (d 为圆心到圆外那点的距离)、 光线反射:转化为点线对称问题求解

表 5-3-9　排列组合

打包寄送法	打包——把 N 个不同的物体分成 n 个组(这 n 组是不计顺序的) 　　例如,把 6 个班级分成 3 个组,每个组至少得到 1 个班级,有多少种不同的分组方法的求法: 　　第一层次:因每组中元素的个数产生的差异,分成三大类: $$6 = 1 + 1 + 4$$ $$6 = 1 + 2 + 3$$ $$6 = 2 + 2 + 2(打包计数先分解)$$ 　　第二层次:在每一大类中,因元素的质地产生的差异: $$6 = 1 + 1 + 4 \Rightarrow \frac{C_6^1 C_5^1 C_4^4}{A_2^2} = 15(有两个 1,就要除以 A_2^2)$$ $$6 = 1 + 2 + 3 \Rightarrow C_6^1 C_5^2 C_3^3 = 60(有一个 1,就要除以 A_1^1)$$ $$6 = 2 + 2 + 2 \Rightarrow \frac{C_6^2 C_4^2 C_2^2}{A_3^3} = 15(有三个 2,就要除以 A_3^3)$$ 　　根据加法原理:不同的打包方法为 15 + 60 + 15 = 90. 　　打包口诀:"打包计数先分解,对照分解写组合; 　　　　　　　组合相乘作分子,同数全排作分母." 　　寄送——把 N 个不同的物体寄送到 N 个不同的地方,每个地方恰好 1 个,请问:共有多少种不同的方法? 答案:A_N^N 　　打包寄送公式:将打包方案数乘以寄送方案数,就得到总的方案数
挡板法	把 N 个相同的物体一字排开,共有 $N-1$ 个间隔,只需要从这 $N-1$ 个间隔中选出 $n-1$ 个并插进 $n-1$ 个挡板,把 N 个相同的物体分割成为 n 段,第几段的物体就分给第几个受体,这正好完成了任务. 有多少种不同的插入挡板的方法就是所求的结果. 图形示范如下: 挡板公式:——最终方案总数等于插挡板的方法数:C_{N-1}^{n-1}
错排法	把 n 个编好号的物体(编号分别是 $1,2,3,\cdots,n$)分给 n 个编好号的受体(编号分别是 $1,2,3,\cdots,n$),每个受体恰好得到一个物体,但是要求在分配时物体的编号与受体的编号不同. 请问:共有多少种不同的分法? 错排公式:$D_n = n!\left[\dfrac{1}{2!} - \dfrac{1}{3!} + \dfrac{1}{4!} - \dfrac{1}{5!} + \dfrac{1}{6!} + \cdots + \dfrac{(-1)^n}{n!}\right]$ 进一步地,可以简化如下:$D_n = \left[\dfrac{n!}{e} + 0.5\right]$ (其中 $e = 2.71828\cdots$) 常见错排数:$D_2 = 1, D_3 = 2, D_4 = 9, D_5 = 44$
捆绑法	相邻问题用捆绑法. 第一步,将要相邻的元素捆在一起,捆绑体内部进行排序 第二步,将捆绑体和剩下的元素排序 第三步,根据乘法原理求总方案数

（续）

插空法	不相邻问题用插空法 第一步,将要相邻的元素排序 第二步,将不相邻的元素插进上述元素之间及两端的空位 第三步,根据乘法原理求总方案数
分步计算	对染色问题、数字问题等可以先画分叉树,再综合用乘法原理、加法原理

表 5-3-10　概率

集合与事件的运算规则	(1)交换律——加法交换律:$A + B = B + A$,乘法交换律:$AB = BA$ (2)结合律——加法结合律:$(A + B) + C = A + (B + C)$ 　　　　　乘法结合律:$(AB)C = A(BC)$ (3)分配律——简单分配律:$B(A + C) = AB + BC$ 　　　　　复杂分配律:$(A + B)(A + C) = A + BC$ (4)摩根律——加法求否律:$\overline{A + B} = \overline{A}\,\overline{B}$,乘法求否律:$\overline{AB} = \overline{A} + \overline{B}$
集合与事件的韦恩图与容斥原理	(1)韦恩图 　　　　二元韦恩图　　　　　三元韦恩图 (2)容斥原理 　表现形式一(集合元素个数的视角): 　　二元容斥:$\lvert A + B \rvert = \lvert A \rvert + \lvert B \rvert - \lvert AB \rvert$ 　　三元容斥:$\lvert A + B + C \rvert = \lvert A \rvert + \lvert B \rvert + \lvert C \rvert - \lvert AB \rvert - \lvert AC \rvert - \lvert BC \rvert + \lvert ABC \rvert$ 　表现形式二(事件概率公式的视角): 　　二元容斥:$P(A + B) = P(A) + P(B) - P(AB)$
概率的加法、减法、乘法公式	(1)概率的加法公式:$P(A + B) = P(A) + P(B) - P(AB)$ (2)概率的减法公式:$P(A - B) = P(A) - P(AB)$ (3)概率的乘法公式:$P(AB) = P(B)P(A \mid B)$ 特别地,当 A 与 B 独立时,$P(AB) = P(A)P(B)$. 当 n 个事件 $A_1, A_2, \cdots, A_n$ 相互独立时, 　$P(A_1 A_2 \cdots A_n) = P(A_1)P(A_2)\cdots P(A_n)$
独立性判断	$P(AB) = P(A)P(B) \Leftrightarrow A$ 与 B 独立
对立性判断	$\begin{cases} P(AB) = 0 \\ P(A) + P(B) = 1 \end{cases} \Leftrightarrow \begin{cases} AB = \varnothing \\ A + B = \Omega \end{cases} \Leftrightarrow A$ 与 B 对立

（续）

古典概型	$P(A) = \dfrac{m}{n}$
伯努利概型	n 次独立重复试验恰好发生 k 次的概率 $P_n(k) = \mathrm{C}_n^k p^k (1-p)^{n-k}$ 伯努利概型的两个要点： （1）在 1 次试验中某事件发生的概率是 p （2）n 次独立重复试验中这个事件恰好发生 k 次 n 次独立重复试验至少发生 k 次的概率为 $P_n(k) + P_n(k+1) + \cdots + P_n(n)$ n 次独立重复试验至多发生 k 次的概率为 $P_n(0) + P_n(1) + P_n(2) + \cdots + P_n(k)$

　　这本随书附赠的基础入门手册是作者根据多年的辅导经验编写而成,包括两部分内容:

　　1. 管理类联考数学常用公式. 系统讲解考试大纲中要求的基本公式,帮助考生轻松地应对考试中涉及的相关公式.

　　2. 五大补弱专项. 针对多数考生都存在的薄弱点,形成排列组合、概率、数列、不等式、函数共五大补弱专项,利用"知识点＋习题"的形式帮考生快速熟悉相关知识.

　　本手册适用于数学基础薄弱的考生学习使用,可为之后的基础、强化乃至冲刺阶段的学习打下良好基础. 对自身基础很自信的考生,可忽略此部分内容的学习.

　　另外,管理类联考数学部分有一种新题型——**条件充分性判断题**,在学习本手册之前,考生应学习基础分册应试指导篇指导一的内容,对新题型有所认知.

目　录

管理类联考数学基本公式

一、算术

(一) 整数

1. 整数及其运算

1) 整数±整数＝整数

2) 整数×整数＝整数(自然数的平方为完全平方数)

3) 整数÷整数＝整数……整数(整数及带余除法，$a……b$ 表示商为 a，余数为 b)

4) $[a] \leqslant a$，$[a]$ 为 a 的取整，即不超过 a 的最大整数

5) $\{a\} = a - [a]$，$\{a\}$ 为 a 的小数部分

2. 整除、公倍数、公约数

1) $a \div b = c \Leftrightarrow a = bc$

2) $a \div b = c……d \Leftrightarrow a = bc + d$

3) (a, b) 为 a, b 的最大公约数，求法：①短除法　②质因数分解法　③辗转相除法

4) $[a, b]$ 为 a, b 的最小公倍数，求法：①短除法　②质因数分解法　③辗转相除法

5) $ab = [a, b](a, b)$

6) $1 \sim 15$ 倍数的特点($2, 3, 5, 6, 10$ 为重点)

7) $1 \sim M$ 中能被 a 或 b(a, b 互质)整除的个数有 $\left[\dfrac{M}{a}\right] + \left[\dfrac{M}{b}\right] - \left[\dfrac{M}{ab}\right]$ 个

3. 奇数、偶数

1) 奇数±奇数＝偶数，奇数±偶数＝奇数

2) 偶数±奇数＝奇数，偶数±偶数＝偶数

3) 奇数个奇数相加(减)为奇数，奇数个偶数相加(减)为偶数

4) 偶数个奇数相加(减)为偶数，偶数个偶数相加(减)为偶数

5) 奇数×奇数＝奇数，奇数×偶数＝偶数

6) 偶数×奇数＝偶数，偶数×偶数＝偶数

7) 任意个奇数相乘为奇数，任意个偶数相乘为偶数

8) 若 $x, y, \sqrt{x \pm y}$ 为整数，则 $x \pm y$ 与 $\sqrt{x \pm y}$ 奇偶性一致

4.质数、合数

1）100 以内的质数共 25 个（2，3，5，7，11，13，17，19，23，29，…）

2）最小的质数（也是唯一的偶质数）是 2，最小的合数是 4

3）质因数分解：$M=m_1^{p_1}m_2^{p_2}\cdots m_n^{p_n}$（$m_1,m_2,\cdots,m_n$ 均为质数）

4）$M=m_1^{p_1}m_2^{p_2}\cdots m_n^{p_n}$，则 M 的正约数共有 $(p_1+1)(p_2+1)\cdots(p_n+1)$ 个

（二）分数、小数、百分数

1）分数：真、假、代、繁、既约、最简

2）小数：有限，无限（无限不循环、无限循环、无限纯循环、无限混合循环）

3）分数与小数互化的方法：

　　①有限小数转化为分数用补 0 法

　　②无限纯循环小数转化为分数用补 9 法

　　③无限混合循环小数转化为分数用 0-9 法

4）$\dfrac{b}{a}\pm\dfrac{c}{a}=\dfrac{b\pm c}{a}$，$\dfrac{b}{a}\pm\dfrac{d}{c}=\dfrac{bc\pm ad}{ac}$，$\dfrac{b}{a}\cdot\dfrac{d}{c}=\dfrac{bd}{ac}$，$\dfrac{b}{a}\div\dfrac{d}{c}=\dfrac{bc}{ad}$

（三）比与比例

1）见比设 k：若 $a:b=c:d=k$，则 $a=bk,c=dk$

2）多比化连比：若 $a:b=m_1:m_2,b:c=m_2:m_3$，则 $a:b:c=m_1:m_2:m_3$

3）正比与反比：$\dfrac{a}{b}=k$（k 为常数），则 a 与 b 成正比；$ab=k$（k 为常数），则 a 与 b 成反比

4）更比定理：$\dfrac{a}{b}=\dfrac{c}{d}\Leftrightarrow\dfrac{a}{c}=\dfrac{b}{d}$

5）反比定理：$\dfrac{a}{b}=\dfrac{c}{d}\Leftrightarrow\dfrac{b}{a}=\dfrac{d}{c}$

6）合比定理：$\dfrac{a}{b}=\dfrac{c}{d}\Leftrightarrow\dfrac{a+b}{b}=\dfrac{c+d}{d}$

7）分比定理：$\dfrac{a}{b}=\dfrac{c}{d}\Leftrightarrow\dfrac{a-b}{b}=\dfrac{c-d}{d}$

8）合分比定理：$\dfrac{a}{b}=\dfrac{c}{d}\Leftrightarrow\dfrac{a+b}{a-b}=\dfrac{c+d}{c-d}$

9）等比定理：$\dfrac{a}{b}=\dfrac{c}{d}=\dfrac{a+c}{b+d}=\dfrac{a-c}{b-d}$

　　等比定理拓展：$\dfrac{a}{b}=\dfrac{c}{d}=\dfrac{e}{f}=\dfrac{a+c+e}{b+d+f}$（$b+d+f\neq0$）

（四）数轴与绝对值

1）去绝对值：$|a|=\begin{cases}a&(a\geqslant0)\\-a&(a<0)\end{cases}$

2）绝对值的几种基本形式：

① $|x|>a(a>0) \Leftrightarrow x>a$ 或 $x<-a$

② $|x|<a(a>0) \Leftrightarrow -a<x<a$

③ $|x-a|+|x-b| \geqslant |a-b|$（其中 $a \leqslant b$）

④ $-|a-b| \leqslant |x-a|-|x-b| \leqslant |a-b|$（其中 $a \leqslant b$）

⑤ $|x-a|+|x-b|+|x-c| \geqslant |a-c|$（其中 $a \leqslant b \leqslant c$）

⑥ $f(x)=|x-x_1|+|x-x_2|+\cdots+|x-x_{2n}| \geqslant f(x_n)=f(x_{n+1})$（其中 $x_1 \leqslant x_2 \leqslant \cdots \leqslant x_{2n}$）

⑦ $f(x)=|x-x_1|+|x-x_2|+\cdots+|x-x_{2n+1}| \geqslant f(x_{n+1})$（其中 $x_1 \leqslant x_2 \leqslant \cdots \leqslant x_{2n+1}$）

⑧ $f(x)=|x-x_1|+|x-x_2|+\cdots+|x-x_{2n-1}| \geqslant f(x_n)$（其中 $x_1 \leqslant x_2 \leqslant \cdots \leqslant x_{2n-1}$）

二、代 数

（一）整式

1. 整式及其运算（10 组基本公式）

1）平方差公式：$a^2-b^2=(a-b)(a+b)$，$x^2+\left(\dfrac{x^2-1}{2}\right)^2=\left(\dfrac{x^2+1}{2}\right)^2$

2）立方差公式：$a^3-b^3=(a-b)(a^2+ab+b^2)=(a-b)[(a-b)^2+3ab]$

3）立方和公式：$a^3+b^3=(a+b)(a^2-ab+b^2)=(a+b)[(a+b)^2-3ab]$

4）二项式定理：

① 完全平方和：$(a+b)^2=a^2+2ab+b^2$

② 完全平方差：$(a-b)^2=a^2-2ab+b^2$

③ 完全立方和：$(a+b)^3=a^3+3a^2b+3ab^2+b^3$

④ 完全立方差：$(a-b)^3=a^3-3a^2b+3ab^2-b^3$

⑤ 二项式定理及展开式：$(a+b)^n=C_n^0 a^n b^0+C_n^1 a^{n-1} b^1+\cdots+C_n^r a^{n-r} b^r+\cdots+C_n^n a^0 b^n$

5）$(a+b+c)^2=a^2+b^2+c^2+2ab+2ac+2bc$

6）$a^2+b^2+c^2-ab-ac-bc=\dfrac{1}{2}[(a-b)^2+(a-c)^2+(b-c)^2]$

7）$a^3+b^3+c^3-3abc=(a+b+c)(a^2+b^2+c^2-ab-ac-bc)$（当 $a+b+c=0$ 时，$a^3+b^3+c^3=3abc$）

8）$(a+1)(b+1)(c+1)=abc+ab+ac+bc+a+b+c+1$

9）$a^n-b^n=(a-b)(a^{n-1}+a^{n-2}b^1+a^{n-3}b^2+\cdots+ab^{n-2}+b^{n-1})$

10）$a^n+b^n=(a+b)(a^{n-1}-a^{n-2}b^1+a^{n-3}b^2-\cdots-ab^{n-2}+b^{n-1})$（$n$ 为奇数）

2. 整式的因式与因式分解（因式分解中常用的基本技巧）

① 配方法　② 公式法　③ 分组分解法　④ 提取公因式法　⑤ 十字相乘法

⑥ 双十字相乘法，双 Δ 法，判别式法　⑦ 裂项补项法　⑧ 综合除法（其他方法）

⑨ 因式定理：$f(x) \div p(x)=g(x) \Leftrightarrow f(x)=p(x) \cdot g(x)$

⑩ 余式定理：$f(x) \div p(x)=g(x) \cdots\cdots r(x) \Leftrightarrow f(x)=p(x) \cdot g(x)+r(x)$

（二）分式及其运算（恒等变形是关键）

1）低级（加减）运算先通分

2) 高级运算勿忘提取公因式约分

3) 分母为因式之积时要考虑拆开(6组长串裂项拆开技巧)

4) 涉及求未知数的值,勿忘分母不为零

5) 变形技巧为乘1(恒等变形)

(三)函数

1. 集合

1) 集合的关系与运算:$A \subset B$,$A \supset B$,$A = B$,$A \cup B$,$A \cap B$,$\bar{A}$,$\bar{B}$

2) 集合中元素的性质:确定性、无序性、互异性

3) 集合的性质:

①$A \cap B \subseteq A \subseteq A \cup B$

②$A \cap B = A \Leftrightarrow A \subseteq B$

③$\overline{A \cup B} = \bar{A} \cap \bar{B}$,$\overline{A \cap B} = \bar{A} \cup \bar{B}$

4) 集合的两个重点公式:

①$P(A \cup B) = P(A) + P(B) - P(A \cap B)$

②$P(A \cup B \cup C) = P(A) + P(B) + P(C) - P(AB) - P(AC) - P(BC) + P(ABC)$

2. 一元二次函数及其图像

对于一元二次函数 $f(x) = ax^2 + bx + c$:

1) 开口方向:$a > 0$,向上;$a < 0$,向下

2) 定义域:$\mathbf{R}$,即 $(-\infty, +\infty)$

3) 值域:$a > 0$ 时,$\left[\dfrac{4ac-b^2}{4a}, +\infty\right)$;$a < 0$ 时,$\left(-\infty, \dfrac{4ac-b^2}{4a}\right]$

4) 对称轴:$x = -\dfrac{b}{2a}$(配方法)

5) 顶点坐标:$\left(-\dfrac{b}{2a}, \dfrac{4ac-b^2}{4a}\right)$

6) 单调性:若 $a > 0$,当 $x \in \left(-\infty, -\dfrac{b}{2a}\right]$ 时,$f(x)$ 单调递减;当 $x \in \left[-\dfrac{b}{2a}, +\infty\right)$ 时,$f(x)$ 单调递增. 若 $a < 0$,当 $x \in \left(-\infty, -\dfrac{b}{2a}\right]$ 时,$f(x)$ 单调递增;当 $x \in \left[-\dfrac{b}{2a}, +\infty\right)$ 时,$f(x)$ 单调递减.

7) 最值:若 $a > 0$,当 $x = -\dfrac{b}{2a}$ 时,$f(x)$ 取最小值 $\dfrac{4ac-b^2}{4a}$;若 $a < 0$,当 $x = -\dfrac{b}{2a}$ 时,$f(x)$ 取最大值 $\dfrac{4ac-b^2}{4a}$

8) 图像:由以上几点共同决定

3. 指数函数与对数函数

(1) 指数函数、幂函数相关公式

1) $y = a^x$($a > 0$ 且 $a \neq 1$)

①定义域:$\mathbf{R}$,即 $(-\infty, +\infty)$　　　②值域:$(0, +\infty)$　　　③过定点:$(0, 1)$

④当 $a>1$ 时,在 **R** 上单调递增,当 $0<a<1$ 时,在 **R** 上单调递减

2) $(ab)^m=a^m \cdot b^m$ 3) $(a^m)^n=(a^n)^m=a^{mn}$ 4) $a^m \cdot a^n=a^{m+n}$

5) $a^m \div a^n=a^{m-n}$ 6) $a^1=a, a^0=1, a^{-1}=\dfrac{1}{a}$ 7) $\sqrt[n]{a^m}=a^{\frac{m}{n}}$

8) $a^{-p}=\dfrac{1}{a^p}$

（2）对数函数相关公式

1) $y=\log_a x (a>0$ 且 $a \neq 1)$

  ①定义域：$(0,+\infty)$ ②值域：**R**，即 $(-\infty,+\infty)$ ③过定点：$(1,0)$

  ④当 $a>1$ 时,在 $(0,+\infty)$ 上单调递增,当 $0<a<1$ 时,在 $(0,+\infty)$ 上单调递减

2) $\log_a M+\log_a N=\log_a MN$ 3) $\log_a M-\log_a N=\log_a \dfrac{M}{N}$

4) $\log_{a^n} b^m=\dfrac{m}{n}\log_a b$ 5) $\log_a 1=0, \log_a a=1, \log_a \dfrac{1}{a}=-1$

6) $\log_a b=\dfrac{\log_c b}{\log_c a}=\dfrac{\ln b}{\ln a}=\dfrac{\lg b}{\lg a}=\dfrac{\log_b b}{\log_b a}=\dfrac{1}{\log_b a}$ 7) $\log_a b \cdot \log_b a=1$

8) $a>0$ 且 $a \neq 1, a^x=M \Leftrightarrow x=\log_a M$

4. 代数方程

（1）一元一次方程

$$ax+b=0 \Rightarrow \begin{cases} x=-\dfrac{b}{a} \ (a \neq 0) \\ x \in \mathbf{R} \ (a=0, b=0) \\ x \in \varnothing \ (a=0, b \neq 0) \end{cases}$$

（2）一元二次方程

对于一元二次方程 $ax^2+bx+c=0$：

1) 判别式：由配方法得 $ax^2+bx+c=0 \Leftrightarrow a\left(x+\dfrac{b}{2a}\right)^2=\dfrac{b^2-4ac}{4a} \Rightarrow \Delta=b^2-4ac$

2) 韦达定理：由因式分解得 $ax^2+bx+c=a(x-x_1)(x-x_2)=0 \Rightarrow x_1+x_2=-\dfrac{b}{a}, x_1 x_2=\dfrac{c}{a}$

3) 一元二次韦达定理拓展（一元三次方程）：

$ax^3+bx^2+cx+d=a(x-x_1)(x-x_2)(x-x_3)=0 \Rightarrow x_1+x_2+x_3=-\dfrac{b}{a},$

$x_1 x_2 x_3=-\dfrac{d}{a}, x_1 x_2+x_2 x_3+x_1 x_3=\dfrac{c}{a}$

4) 根的求解：

  ①因式分解（十字相乘法）

  ②求根公式：$x=\dfrac{-b \pm \sqrt{\Delta}}{2a}, \Delta=b^2-4ac$

5) 根的分布（$ax^2+bx+c=0, a \neq 0$）：

  ①无实数根 $\Leftrightarrow \Delta<0$

②有实数根 $\Leftrightarrow \Delta \geq 0$

③有相等实数根 $\Leftrightarrow \Delta = 0$

④有不等实数根 $\Leftrightarrow \Delta > 0$

⑤有相等正根 $\Leftrightarrow \Delta = 0, x_1 + x_2 = 2x_1 > 0, x_1 x_2 = x_1{}^2 > 0$

⑥有相等负根 $\Leftrightarrow \Delta = 0, x_1 + x_2 = 2x_1 < 0, x_1 x_2 = x_1{}^2 > 0$

⑦有相等 0 根 $\Leftrightarrow \Delta = 0, x_1 + x_2 = 0, x_1 x_2 = 0$

⑧有不等正根 $\Leftrightarrow \Delta > 0, x_1 + x_2 > 0, x_1 x_2 > 0$

⑨有不等负根 $\Leftrightarrow \Delta > 0, x_1 + x_2 < 0, x_1 x_2 > 0$

⑩有一正一负根 $\Leftrightarrow x_1 x_2 < 0$

⑪有一正一负根且 | 正根 | > | 负根 | $\Leftrightarrow x_1 + x_2 > 0, x_1 x_2 < 0$

⑫有一正一负根且 | 正根 | = | 负根 | $\Leftrightarrow x_1 + x_2 = 0, x_1 x_2 < 0$

⑬有一正一负根且 | 正根 | < | 负根 | $\Leftrightarrow x_1 + x_2 < 0, x_1 x_2 < 0$

⑭有一正一 0 根 $\Leftrightarrow x_1 + x_2 > 0,\ x_1 x_2 = 0 \Leftrightarrow ax^2 + bx = 0$ 且 a, b 异号

⑮有一负一 0 根 $\Leftrightarrow x_1 + x_2 < 0,\ x_1 x_2 = 0 \Leftrightarrow ax^2 + bx = 0$ 且 a, b 同号

6) 区间根：$f(x) = ax^2 + bx + c = 0 (a > 0, k_1, k_2$ 为常数且 $k_1 < k_2)$

①$x_1 < k_1 < x_2 < k_2 \Leftrightarrow f(k_1) < 0, f(k_2) > 0$

②$k_1 < x_1 < k_2 < x_2 \Leftrightarrow f(k_1) > 0, f(k_2) < 0$

③$x_1 < k_1 < k_2 < x_2 \Leftrightarrow f(k_1) < 0, f(k_2) < 0$

④$k_1 < x_1 < x_2 < k_2 \Leftrightarrow f(k_1) > 0, f(k_2) > 0, f\left(-\dfrac{b}{2a}\right) < 0,\ k_1 < -\dfrac{b}{2a} < k_2$

5. 不等式

1) 不等式的基本性质

①传递性：$a > b, b > c \Rightarrow a > c$

②对称性：$a > b \Leftrightarrow b < a$；$a < b \Leftrightarrow b > a$

③运算性：$a > b \Leftrightarrow a + c > b + c$；$a > b, c > 0 \Leftrightarrow ac > bc$；$a > b, c < 0 \Leftrightarrow ac < bc$

④同向相加性：$a > b, c > d \Leftrightarrow a + c > b + d$

⑤同向皆正相乘性：$a > b > 0, c > d > 0 \Leftrightarrow ac > bd > 0$

⑥同向皆正乘方性：$a > b > 0 \Leftrightarrow a^n > b^n > 0, n \in \mathbf{Z}_+$

⑦同向皆正开方性：$a > b > 0 \Leftrightarrow \sqrt[n]{a} > \sqrt[n]{b} > 0, n \in \mathbf{Z}_+$

2) 一元一次不等式(组)：①同大取大　②同小取小　③大小之间取中间

3) 一元二次不等式：同一元二次方程,看不等式符号,定取值区间

4) 一元 n 次不等式(穿针引线法)：化系为正,乘除一家,定零排开,右上翘,奇穿偶不穿

5) 简单的绝对值不等式：①一个绝对值　②两个绝对值　③三个绝对值

　④偶数个绝对值　⑤奇数个绝对值

6) 均值不等式：一正,二定,三相等

①$a^2 + b^2 \geq 2ab$；$a + b \geq 2\sqrt{ab} (a > 0, b > 0)$

②$a + b + c \geq 3\sqrt[3]{abc} (a > 0, b > 0, c > 0)$；$abc \leq \left(\dfrac{a + b + c}{3}\right)^3$

7) 三角不等式：$||a| - |b|| \leq |a \pm b| \leq |a| + |b|$

① $|a+b|<|a|+|b|\Leftrightarrow ab<0$

② $|a+b|=|a|+|b|\Leftrightarrow ab\geqslant 0$

③ $|a+b|>||a|-|b||\Leftrightarrow ab>0$

④ $|a+b|=||a|-|b||\Leftrightarrow ab\leqslant 0$

⑤ $|a-b|<|a|+|b|\Leftrightarrow ab>0$

⑥ $|a-b|=|a|+|b|\Leftrightarrow ab\leqslant 0$

⑦ $|a-b|>||a|-|b||\Leftrightarrow ab<0$

⑧ $|a-b|=||a|-|b||\Leftrightarrow ab\geqslant 0$

8) 柯西不等式: $(a_1^2+a_2^2+\cdots+a_n^2)(b_1^2+b_2^2+\cdots+b_n^2)\geqslant(a_1b_1+a_2b_2+\cdots+a_nb_n)^2$

① $(a^2+b^2)(c^2+d^2)\geqslant(ac+bd)^2$，当 $ad=bc$ 时取 = 号；当 $ad\neq bc$ 时取 > 号

② $(a^2+b^2)(c^2+d^2)\geqslant(ad+bc)^2$，当 $ac=bd$ 时取 = 号；当 $ac\neq bd$ 时取 > 号

9) 分式不等式: $\dfrac{f(x)}{g(x)}\geqslant 0\Leftrightarrow f(x)g(x)\geqslant 0$ 且 $g(x)\neq 0$

10) 根式不等式:

① $\sqrt{f(x)}\geqslant g(x)\Rightarrow f(x)\geqslant 0,g(x)<0$ 或 $f(x)\geqslant 0,g(x)\geqslant 0,f(x)\geqslant g^2(x)$

② $f(x)\geqslant\sqrt{g(x)}\Rightarrow f(x)\geqslant 0,g(x)\geqslant 0,f^2(x)\geqslant g(x)$

③ $\sqrt{f(x)}\geqslant\sqrt{g(x)}\Rightarrow f(x)\geqslant 0,g(x)\geqslant 0,f(x)\geqslant g(x)$

11) 指数不等式: $a^{f(x)}\geqslant a^{g(x)}(a>0$ 且 $a\neq 1)$

① 当 $a>1$ 时，$f(x)\geqslant g(x)$

② 当 $0<a<1$ 时，$f(x)\leqslant g(x)$

12) 对数不等式: $\log_a f(x)\geqslant\log_a g(x)(a>0$ 且 $a\neq 1)$

① 当 $a>1$ 时，$f(x)\geqslant g(x)>0$

② 当 $0<a<1$ 时，$0<f(x)\leqslant g(x)$

6. 数列、等差数列、等比数列

(1) 数列

1) 定义: $a_1,a_2,\cdots,a_n,\cdots,n$ 与 a_n 之间的函数关系一一对应

2) 通项公式: $a_n=f(n)$

3) 前 n 项和: $S_n=a_1+a_2+\cdots+a_n=\sum\limits_{i=1}^{n}a_i$

4) a_n 与 S_n 的关系: $a_n=\begin{cases}S_1(n=1)\\S_n-S_{n-1}(n\geqslant 2)\end{cases}$

5) 分类:

① 项 $\begin{cases}有穷\\无穷\end{cases}$ ② 单调性 $\begin{cases}递增\ a_{n+1}>a_n\\递减\ a_{n+1}<a_n\\不增不减\ a_{n+1}=a_n\\摆动\end{cases}$ ③ 特点 $\begin{cases}等差数列\\等比数列\\既是等差又是等比数列\\既非等差又非等比数列\end{cases}$

(2) 等差数列

1) 定义: $a_n-a_{n-1}=d(n\geqslant 2);a_{n+1}-a_n=d(n\geqslant 1)$

2) 通项公式: $a_n=a_1+(n-1)d=nd+a_1-d=kn+b$ (累加法，一次函数)

3) 前 n 项和公式: $S_n = \dfrac{n(a_1+a_n)}{2} = a_1 n + \dfrac{n(n-1)}{2}d$

$$= \dfrac{d}{2}n^2 + \left(a_1 - \dfrac{d}{2}\right)n = an^2 + bn\,(\text{倒序相加,二次函数})$$

4) 性质及公式(常用):

① 通项: $a_n = a_1 + (n-1)d = a_m + (n-m)d \Leftrightarrow \dfrac{a_n-a_m}{n-m} = d$

② 等和: $m+n=p+q \Leftrightarrow a_m+a_n = a_p+a_q$

③ 中项: $m+n=2p \Leftrightarrow a_m+a_n = 2a_p \Rightarrow S_{2m-1} = (2m-1)a_m$

④ 脚标等距: $a_n, a_{n+k}, a_{n+2k}, \cdots$ 成等差数列,公差为 kd

⑤ 求和等距: $S_n, S_{2n}-S_n, S_{3n}-S_{2n}, \cdots$ 成等差数列,公差为 n^2d

⑥ 新数列成等差数列: $\{a_{2n}\}; \{a_{2n+1}\}; \{\lambda a_n\}; \{\lambda_1 a_n \pm \lambda_2 b_n\}$ ($\{a_n\}, \{b_n\}$ 均为等差数列)

⑦ $S_\text{奇}$ 与 $S_\text{偶}$ 的关系:

$2n$ 项: $S_\text{奇} - S_\text{偶} = -nd$, $\dfrac{S_\text{奇}}{S_\text{偶}} = \dfrac{a_n}{a_{n+1}}$

$2n+1$ 项: $S_\text{奇} - S_\text{偶} = a_{n+1}$, $\dfrac{S_\text{奇}}{S_\text{偶}} = \dfrac{n+1}{n}$

$2n-1$ 项: $S_\text{奇} - S_\text{偶} = a_n$, $\dfrac{S_\text{奇}}{S_\text{偶}} = \dfrac{n}{n-1}$

(3) 等比数列

1) 定义: $\dfrac{a_n}{a_{n-1}} = q\,(n \geq 2)$; $\dfrac{a_{n+1}}{a_n} = q\,(n \geq 1)$

2) 通项公式: $a_n = a_1 q^{n-1} = \dfrac{a_1}{q}q^n = kq^n$(累积乘法,指数函数)

3) 前 n 项和公式: $S_n = \begin{cases} na_1\,(q=1) \\ \dfrac{a_1(1-q^n)}{1-q} = -\dfrac{a_1}{1-q}q^n + \dfrac{a_1}{1-q} = kq^n - k \left(q \neq 1, k = -\dfrac{a_1}{1-q}\right) \end{cases}$

4) 性质及公式(常用):

① 通项: $a_n = a_1 q^{n-1} = a_m q^{n-m}$

② 等和: $m+n=p+q \Leftrightarrow a_m \cdot a_n = a_p \cdot a_q$

③ 中项: $m+n=2p \Leftrightarrow a_m \cdot a_n = a_p^2$

④ 脚标等距: $a_n, a_{n+k}, a_{n+2k}, \cdots$ 成等比数列,公比为 q^k

⑤ 求和等距: $S_n, S_{2n}-S_n, S_{3n}-S_{2n}, \cdots$ 成等比数列,公比为 q^n

⑥ 新数列成等比数列: $\{a_{2n}\}; \{a_{2n+1}\}; \{|a_n|\}; \{a_n^2\}; \{a_n^3\}; \{\lambda a_n\}; \left\{\dfrac{1}{a_n}\right\}; \left\{\dfrac{\lambda_1 a_n}{\lambda_2 b_n}\right\}$ ($\{a_n\}, \{b_n\}$ 均为等比数列)

⑦ 无穷等比数列的和: $S = \dfrac{a_1}{1-q}\,(|q|<1)$

⑧特殊等比数列：$a_{n+1}=pa_n+q(p\neq1)$，则$\left\{a_n+\dfrac{q}{p-1}\right\}$是等比数列

三、几 何

(一)平面几何

1.三角形

1)三边关系：任意两边之和大于第三边,任意两边之差小于第三边($a+b>c$ 且 $a+c>b$ 且 $b+c>a$)

2)内角之和(n 边形)：$(n-2)\times180°$

3)分类：①按边 $\begin{cases}\text{等腰三角形}\begin{cases}\text{等腰三角形}\\\text{等边三角形}\end{cases}\\\text{不等边三角形}\end{cases}$ ②按角 $\begin{cases}\text{锐角三角形}\\\text{直角三角形}\\\text{钝角三角形}\end{cases}$

4)面积：①$S=\dfrac{1}{2}ah_a=\dfrac{1}{2}bh_b=\dfrac{1}{2}ch_c$ ②$S=\dfrac{1}{2}ab\sin C=\dfrac{1}{2}ac\sin B=\dfrac{1}{2}bc\sin A$

③$S=\dfrac{1}{2}(a+b+c)r_{内}$ ④$S=\dfrac{abc}{4R_{外}}$ ⑤$S=\sqrt{p(p-a)(p-b)(p-c)}$ $\left(p=\dfrac{a+b+c}{2}\right)$

5)周长：$C=a+b+c$

6)全等：①SAS ②ASA ③AAS ④SSS ⑤HL(直角边和斜边)

7)相似：①AA ②S′AS′ ③$\dfrac{S_1}{S_2}=\left(\dfrac{a_1}{a_2}\right)^2$ (a_1,a_2 为对应边)

8)四心五线：①内心(角平分线) ②外心(垂直平分线) ③重心(中线)
④垂心(高线) ⑤中位线

9)重要定理：①勾股定理：$a^2+b^2=c^2$,$x^2+\left(\dfrac{x^2-1}{2}\right)^2=\left(\dfrac{x^2+1}{2}\right)^2$

②角平分线定理：角平分线平分对边的比例等于其对应的邻边之比

③重心定理：重心等分三角形面积

10)共底等高：共底等高的三角形面积之比等于其对应的底边之比

2. 四边形

1)平行四边形的面积：$S=ah$(a 表示底边,h 表示对应底边上的高)

2)矩形的面积：$S=ab$(a 表示长,b 表示宽)

3)菱形的面积：$S=ah=\dfrac{1}{2}mn$(m,n 表示两条对角线)

4)正方形的面积：$S=ah=ab=\dfrac{1}{2}mn$(同上,$a=b,m=n$)

5)梯形的面积：$S=\dfrac{1}{2}(a+b)h$(a 表示上底,b 表示下底,h 表示高)

6)任意四边形的幂等定理:$S_1 \cdot S_3 = S_2 \cdot S_4$($S_1$、$S_3$,$S_2$、$S_4$分别为被对角线分成的两组对顶的三角形的面积)

3.圆与扇形(设半径为 r,弧长为 l)

1)圆的面积:$S = \pi r^2$

2)圆的周长:$C = 2\pi r$

3)圆的基本概念:圆;圆心角;圆周角;弦;弧;优弧;劣弧;弦心距;弦切角

4)扇形的面积:$S = \dfrac{n\pi r^2}{360°} = \dfrac{1}{2}rl$(弧长公式:$l = \dfrac{n\pi r}{180°}$)

5)扇形的周长:$C = l + 2r$

6)圆心角与圆周角的关系:同弧或等弧所对的圆周角是其所对应的圆心角的一半

7)垂径定理:过圆心垂直于弦的直径必平分弦以及该弦所对的两段弧

8)弦切角定理:弦切角等于其所夹的这段弧所对应的圆周角

(二)立体几何

1.长方体(设长、宽、高分别为 a,b,c)

1)长方体的表面积:$S_{表} = 2(ab + bc + ac)$

2)长方体的体积:$V = abc$

3)长方体的对角线:$d = \sqrt{a^2 + b^2 + c^2}$

2.正方体(设边长为 a)

1)正方体的表面积:$S_{表} = 6a^2$

2)正方体的体积:$V = a^3$

3)正方体的对角线:$d = \sqrt{3}a$

3.圆柱体(设高为 h,底面半径为 r)

1)圆柱体的侧面积:$S_{侧} = 2\pi rh$

2)圆柱体的表面积:$S_{表} = 2\pi r(r + h)$

3)圆柱体的体积:$V = \pi r^2 h$

4)圆柱体的对角线:$d = \sqrt{(2r)^2 + h^2}$

4.球体

1)球体的表面积:$S = 4\pi r^2$

2)球体的体积:$V = \dfrac{4}{3}\pi r^3$

5.接切关系

1)半径为 r 的球加工的最大正方体的体积为 $\dfrac{8\sqrt{3}}{9}r^3$

2)半径为 r 的球加工的最大圆柱体的体积为 $\dfrac{4\sqrt{3}}{9}\pi r^3$

（三）解析几何

1. 平面直角坐标系

1）点的坐标 (x, y)：四个象限，x 轴，y 轴

2）点 (x_1, y_1) 关于 (x_0, y_0) 的对称点为 $(2x_0 - x_1, 2y_0 - y_1)$

3）点 (x_1, y_1) 与点 (x_2, y_2) 连线的中点为 $\left(\dfrac{x_1 + x_2}{2}, \dfrac{y_1 + y_2}{2}\right)$

2. 直线方程与圆的方程

（1）直线方程

1）斜截式：$y = kx + b$

2）点斜式：$y - y_0 = k(x - x_0)$

3）两点式：$\dfrac{y - y_1}{x - x_1} = \dfrac{y_2 - y_1}{x_2 - x_1}$

4）截距式：$\dfrac{x}{a} + \dfrac{y}{b} = 1$

5）一般式：$ax + by + c = 0$

（2）圆的方程

1）标准式：$(x - x_0)^2 + (y - y_0)^2 = r^2$（$(x_0, y_0)$ 为圆心，r 为半径）

2）一般式：$x^2 + y^2 + Dx + Ey + F = 0$ $\left(D^2 + E^2 - 4F > 0，圆心为\left(-\dfrac{D}{2}, -\dfrac{E}{2}\right)\right)$

3. 两点间距离公式与点到直线的距离公式

1）两点间距离公式：$d = \sqrt{(x_1 - x_2)^2 + (y_1 - y_2)^2}$（两点坐标分别是 (x_1, y_1)，(x_2, y_2)）

2）点 (x_0, y_0) 到直线 $ax + by + c = 0$ 的距离：$d = \dfrac{|ax_0 + by_0 + c|}{\sqrt{a^2 + b^2}}$

3）点 (x, y) 关于 x 轴的对称点是 $(x, -y)$

4）点 (x, y) 关于 y 轴的对称点是 $(-x, y)$

5）点 (x, y) 关于原点的对称点是 $(-x, -y)$

6）点 (x, y) 关于直线 $y = x$ 的对称点是 (y, x)

7）点 (x, y) 关于直线 $y = -x$ 的对称点是 $(-y, -x)$

8）点 (x, y) 关于直线 $ax + by + c = 0$ 的对称点是 (x_1, y_1)，则有 $\begin{cases} a\left(\dfrac{x + x_1}{2}\right) + b\left(\dfrac{y + y_1}{2}\right) + c = 0 \\ \dfrac{y_1 - y}{x_1 - x} \cdot \left(-\dfrac{a}{b}\right) = -1 \end{cases}$

9）$ax + by + c = 0$ 关于 (x_0, y_0) 的对称直线是 $a(2x_0 - x) + b(2y_0 - y) + c = 0$

10）$a_1x + b_1y + c_1 = 0$ 与 $a_2x + b_2y + c_2 = 0$ 平行 $\Leftrightarrow \dfrac{a_1}{a_2} = \dfrac{b_1}{b_2} \neq \dfrac{c_1}{c_2}$

11）$a_1x + b_1y + c_1 = 0$ 与 $a_2x + b_2y + c_2 = 0$ 垂直 $\Leftrightarrow a_1a_2 + b_1b_2 = 0$

12）$a_1x + b_1y + c_1 = 0$ 与 $a_2x + b_2y + c_2 = 0$ 重合 $\Leftrightarrow \dfrac{a_1}{a_2} = \dfrac{b_1}{b_2} = \dfrac{c_1}{c_2}$

13) $a_1x+b_1y+c_1=0$ 与 $a_2x+b_2y+c_2=0$ 相交$\Leftrightarrow \dfrac{a_1}{a_2} \neq \dfrac{b_1}{b_2}$

14) 点与圆的位置关系：

点(x,y)；圆$f(x,y)=0$，半径为r；点与圆心的距离为d

① $d>r \Leftrightarrow f(x,y)>0 \Leftrightarrow$ 点在圆外

② $d=r \Leftrightarrow f(x,y)=0 \Leftrightarrow$ 点在圆上

③ $d<r \Leftrightarrow f(x,y)<0 \Leftrightarrow$ 点在圆内

15) 直线与圆的位置关系：

直线$f(x,y)=ax+by+c=0$；圆$f_1(x,y)=0$，半径为r；圆心到直线的距离为d

① $d>r \Leftrightarrow f(x,y)=f_1(x,y)=0$ 无解$\Leftrightarrow$ 直线与圆相离

② $d=r \Leftrightarrow f(x,y)=f_1(x,y)=0$ 有一组解$\Leftrightarrow$ 直线与圆相切

③ $d<r \Leftrightarrow f(x,y)=f_1(x,y)=0$ 有两组解$\Leftrightarrow$ 直线与圆相交

16) 圆与圆的位置关系：

r_1 为圆 O_1 的半径，r_2 为圆 O_2 的半径；两圆圆心之间的距离为d

① $d>r_1+r_2 \Leftrightarrow$ 两圆外离$\Leftrightarrow$ 有 4 条公切线（2 外 2 内）

② $d=r_1+r_2 \Leftrightarrow$ 两圆外切$\Leftrightarrow$ 有 3 条公切线（2 外 1 内）

③ $|r_1-r_2|<d<r_1+r_2 \Leftrightarrow$ 两圆相交$\Leftrightarrow$ 有 2 条公切线（2 外 0 内）

④ $d=|r_1-r_2| \Leftrightarrow$ 两圆内切$\Leftrightarrow$ 有 1 条公切线（1 外 0 内）

⑤ $d<|r_1-r_2| \Leftrightarrow$ 两圆内含$\Leftrightarrow$ 有 0 条公切线

17) 直线被圆所截弦长：

① $l=2\sqrt{r^2-d^2}$（r 为圆的半径；d 为圆心到直线的距离）

② $l=\sqrt{1+k^2}\,|x_1-x_2|=\sqrt{1+k^2}\sqrt{(x_1+x_2)^2-4x_1x_2}$

（k 为直线的斜率；x_1,x_2 为直线与圆两交点的横坐标）

四、数据分析

（一）计数原理

1) 加法原理：$M=m_1+m_2+\cdots+m_n$

乘法原理：$M=m_1m_2m_3\cdots m_n$

2) 排列与排列数：$A_n^m=P_n^m=n(n-1)(n-2)\cdots(n-m+1)=\dfrac{n!}{(n-m)!}=C_n^m \cdot A_m^m$

3) 组合与组合数：

① $C_n^m=\dfrac{A_n^m}{A_m^m}=\dfrac{\dfrac{n!}{(n-m)!}}{m!}=\dfrac{n!}{m!\,(n-m)!}$

② $C_n^0=C_n^n=C_m^m=1$

③ $C_n^m=C_n^{n-m}$

④$C_n^m + C_n^{m-1} = C_{n+1}^m$

⑤$C_n^0 + C_n^1 + C_n^2 + \cdots + C_n^n = 2^n$

（二）数据描述

1) 平均值：

①算术平均值：$\bar{x} = \dfrac{x_1 + x_2 + x_3 + \cdots + x_n}{n} = \dfrac{\sum\limits_{i=1}^{n} x_i}{n}$

②几何平均值：$x_g = \sqrt[n]{x_1 \cdot x_2 \cdot x_3 \cdot \cdots \cdot x_n} = \sqrt[n]{\prod\limits_{i=1}^{n} x_i}\ (x_i > 0)$

③算术平均值与几何平均值的关系：$\bar{x} \geqslant x_g$

特别地：$\dfrac{x_1 + x_2}{2} \geqslant \sqrt{x_1 \cdot x_2}$；$\dfrac{x_1 + x_2 + x_3}{3} \geqslant \sqrt[3]{x_1 \cdot x_2 \cdot x_3}\ (x_1 > 0, x_2 > 0, x_3 > 0)$

④算术平均值的性质：$E(ax+b) = aE(x) + b$

2) 方差与标准差：

①方差第一公式：$\sigma^2 = \dfrac{1}{n}\left[(x_1 - \bar{x})^2 + (x_2 - \bar{x})^2 + \cdots + (x_n - \bar{x})^2\right]$

②方差第二公式：$\sigma^2 = \dfrac{1}{n}\left[(x_1^2 + x_2^2 + \cdots + x_n^2) - n\bar{x}^2\right]$

③方差的性质：$D(ax+b) = a^2 D(x)$

④$\sqrt{D(ax+b)} = a\sqrt{D(x)}$

3) 数据的图标表示（直方图、饼图、数表）：

掌握频数、频率、样本、组距、期望、比例等基本概念

（三）概率

1) 事件及其简单运算，加法公式和乘法公式：

①$P(A+B) = P(A \cup B) = P(A) + P(B) - P(AB)$

②$P(A-B) = P(A\bar{B}) = P(A) - P(AB)$

③$P(B-A) = P(B\bar{A}) = P(B) - P(AB)$

④$P(AB) = P(A \cap B) = P(A)P(B|A) = P(B)P(A|B)$

⑤AB 互斥 $\Leftrightarrow P(AB) = 0$；$AB$ 对立 $\Leftrightarrow P(AB) = 0$ 且 $P(A) + P(B) = 1$；AB 独立 $\Leftrightarrow P(AB) = P(A) \cdot P(B)$

⑥$P(A_1 \cup A_2 \cup \cdots \cup A_n) = 1 - P(\bar{A_1})P(\bar{A_2}) \cdots P(\bar{A_n})\ (A_1, A_2, \cdots, A_n$ 相互独立$)$

⑦若 $P(AB) = P(A) \cdot P(B) \Rightarrow P(\bar{A}\ \bar{B}) = P(\bar{A}) \cdot P(\bar{B})$；$P(A\bar{B}) = P(A) \cdot P(\bar{B})$；$P(\bar{A}B) = P(\bar{A}) \cdot P(B)$

2) 古典概型：$P = \dfrac{m}{n}$，①找分母 n ②找分子 m ③求 $P = \dfrac{m}{n}$

3) 伯努利概型：$P = C_n^k p^k (1-p)^{n-k}$

专项一　排列组合

备考指南

掌握加法原理以及乘法原理，并能运用这两个原理分析并解决一些简单的问题.理解排列、组合的意义.排列、组合在概率中也有应用，因此必须要学好排列组合.

核心考点

1. 加法原理，乘法原理　　★★★
2. 排列与排列数　　★★★
3. 组合与组合数　　★★★
4. 排列与组合的基本公式　　★★

排列组合的基本概念

1. 分类计数原理(加法原理)

一般地，完成一件事有 n 类不同的方案，在第一类方案中有 m_1 种不同的方法，在第二类方案中有 m_2 种不同的方法……在第 n 类方案中有 m_n 种不同的方法，那么完成这件事情共有 $N=m_1+m_2+\cdots+m_n$ 种不同的方法.

例1　从甲地到乙地，可以乘火车，也可以乘汽车，还可以乘轮船.一天中，火车有 4 班，汽车有 2 班，轮船有 3 班，那么一天中乘坐这些交通工具从甲地到乙地共有(　　)种不同的方法.

A. 2　　　　　B. 3　　　　　C. 4　　　　　D. 9　　　　　E. 11

例2　用 10 元、5 元和 1 元来支付 20 元钱的书款，不同的支付方法有(　　)种.

A. 5　　　　　B. 8　　　　　C. 9　　　　　D. 10　　　　　E. 12

2. 分步计数原理(乘法原理)

一般地，完成一件事情，必须连续依次完成 n 个步骤，这件事情才能完成；若完成第一个步骤有 m_1 种方法，完成第二个步骤有 m_2 种方法……完成第 n 个步骤共有 m_n 种方法，那么完成这件事情共有 $N=m_1 \cdot m_2 \cdot m_3 \cdot \cdots \cdot m_n$ 种方法.

例3 3个班分别从5个景点中选择1处游览,则不同的选法有( )种.

A. 60   B. 3^5 C. 5^3 D. 10   E. 5^5

例4 书架上某层有6本书,新买了3本书插进去,要保持原来的6本书的原有顺序不变,则有( )种不同的插法.

A. 210   B. 120   C. 360   D. 450   E. 504

例5 两次抛掷同一枚骰子,两次出现数字之和为奇数的情况有( )种.

A. 9   B. 18   C. 24   D. 27   E. 36

3. 组合与组合数

从 n 个不同元素中,任取 $m(m \leqslant n)$ 个元素并为一组,称为从 n 个不同元素中取出 m 个元素的一个组合. 从 n 个不同的元素中取出 $m(m \leqslant n)$ 个元素的所有组合的个数,称为从 n 个元素中取出 m 个不同元素的组合数,记作 C_n^m.

例6 如图2-1,某城市有7条南北走向的街道,5条东西走向的街道,如果从城市的一端(A 处)走向另一端(B 处),则最短走法有( )种.

A. 120   B. 150   C. 180

D. 200   E. 210

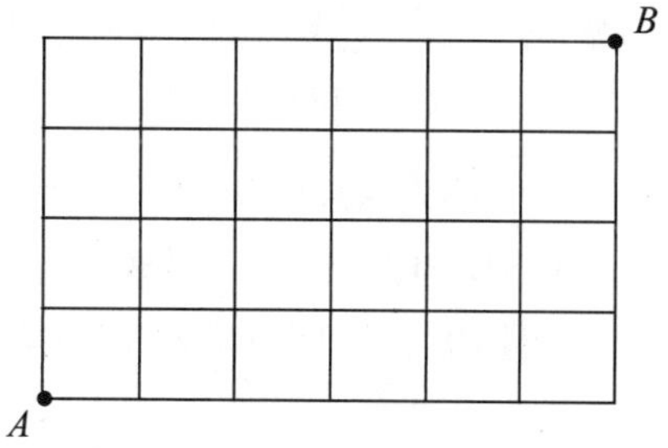

图 2-1

例7 有6名男医生,5名女医生,从中选出2名男医生和1名女医生组成一个医疗小队,则不同的选法有( )种.

A. 60   B. 70   C. 75   D. 85   E. 150

4. 排列与排列数

从 n 个不同元素中,任取 $m(m \leqslant n)$ 个元素,按照一定顺序排成一列,称为从 n 个不同元素中取出 m 个元素的一个排列. 从 n 个不同的元素中取出 $m(m \leqslant n)$ 个元素的所有排列的个数,称为从 n 个元素中取出 m 个不同元素的排列数,记作 A_n^m. 当 $m=n$ 时,A_n^n 称为全排列.

例8 从 A 地到 B 地共有10个车站,每两站之间都有往返车票,则 A 地与 B 地之间共有( )种不同往返车票.

A. 30   B. 45   C. 60   D. 90   E. 120

例9 从2、3、5、7、11、13这六个数中选出不同的两个数构成分数,则可以构成的分数与真分数分别有( )个.

A. 30,15   B. 15,7   C. 30,20   D. 60,30   E. 40,20

排列组合的基本公式

1. 阶乘与全排列

$0!=1$ $\quad$ $1!=1$ $\quad$ $2!=2$ $\quad$ $3!=6$ $\quad$ $4!=24$ $\quad$ $5!=120$ $\quad$ $6!=720$

$n!=n\times(n-1)\times(n-2)\times\cdots\times2\times1$

2. 排列与排列数

$A_n^m=P_n^m=\dfrac{n!}{(n-m)!}$；$A_n^m=C_n^m A_m^m$

3. 组合与组合数

$C_n^m=\dfrac{A_n^m}{A_m^m}=\dfrac{n!}{(n-m)!\,m!}$；$C_n^0=C_n^n=C_m^m=1$；

$C_n^m=C_n^{n-m}$（若 $C_n^x=C_n^y$，则 $x=y$ 或 $x+y=n$）；$C_n^m+C_n^{m-1}=C_{n+1}^m$

4. 二项式定理

$(a+b)^n=C_n^0 a^n b^0+C_n^1 a^{n-1}b^1+C_n^2 a^{n-2}b^2+\cdots+C_n^r a^{n-r}b^r+\cdots+C_n^n a^0 b^n$；

$C_n^0+C_n^1+C_n^2+\cdots+C_n^n=2^n$；$C_n^0+C_n^2+C_n^4+\cdots=2^{n-1}$；$C_n^1+C_n^3+C_n^5+\cdots=2^{n-1}$

例 10 若 $C_n^4>C_n^6$，则 n 的集合为（ $\quad$ ）.

A. $\{7,8,9\}$ $\qquad\qquad$ B. $\{6,7,8,9,10\}$ $\qquad\qquad$ C. $\{8,9\}$

D. $\{6,7,8,9\}$ $\qquad\qquad$ E. $\{5,6,7,8,9,10\}$

例 11 $C_3^0+C_4^1+C_5^2+C_6^3+\cdots+C_{10}^7=($ $\quad$).

A. 180 $\qquad$ B. 210 $\qquad$ C. 250 $\qquad$ D. 280 $\qquad$ E. 330

例 12 $\left(2x^3-\dfrac{1}{\sqrt{x}}\right)^7$ 的展开式中常数项为（ $\quad$ ）.

A. 14 $\qquad$ B. -14 $\qquad$ C. 42 $\qquad$ D. -42 $\qquad$ E. 36

例题参考答案

1~5：D $\quad$ C $\quad$ C $\quad$ E $\quad$ B $\qquad\qquad$ 6~10：E $\quad$ C $\quad$ D $\quad$ A $\quad$ D $\qquad\qquad$ 11~12：E $\quad$ A

经典例题题解

例 1 解析 从甲到乙地有 3 类方案,且每类方案当中的每种方法均可单独完成这件事,故由加法原理知有 $4+2+3=9$ 种不同的方法.

综上所述,答案是 **D**.

例 2 解析 设 10 元、5 元、1 元分别有 x,y,z 张,故 $10x+5y+z=20(x,y,z=\mathbf{N})$

①当 $x=0$ 时,即 $5y+z=20$,解得 $\begin{cases}y=0\\z=20\end{cases}$ 或 $\begin{cases}y=1\\z=15\end{cases}$ 或 $\begin{cases}y=2\\z=10\end{cases}$ 或 $\begin{cases}y=3\\z=5\end{cases}$ 或 $\begin{cases}y=4\\z=0\end{cases}$

②当 $x=1$ 时,即 $5y+z=10$,解得 $\begin{cases} y=0 \\ z=10 \end{cases}$ 或 $\begin{cases} y=1 \\ z=5 \end{cases}$ 或 $\begin{cases} y=2 \\ z=0 \end{cases}$

③当 $x=2$ 时,即 $y+z=0$,解得 $\begin{cases} y=0 \\ z=0 \end{cases}$,故共有 9 种不同方法.

综上所述,答案是 **C**.

例 3 解析　要做的事需分 3 步完成,因每个班有 5 种不同的选择方法,
故由乘法原理知共有 $5\times5\times5=5^3$ 种不同方法.
综上所述,答案是 **C**.

例 4 解析　"这件事"为将 3 本不同的书分步插入到原来的 6 本书当中,那么根据乘法原理,
第 1、2、3 本书分别有 7、8、9 个空隙供选择(注:空隙是越来越多的),故共有 $7\times8\times9=$
504 种不同方法.
综上所述,答案是 **E**.

例 5 解析　由奇偶分析可知共有"先偶后奇"和"先奇后偶"这 2 种情况,
故共有 $3\times3+3\times3=18$ 种不同情况.
综上所述,答案是 **B**.

例 6 解析　如图 2-2 所示,最短的步数为 10 步,即 4 次
"向上",6 次"向右",又因为"向上"之间、"向右"
之间的步伐无区别,故共有 $C_{10}^6 \cdot C_4^4 = 210$ 种.
综上所述,答案是 **E**.

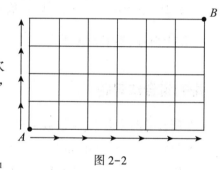

图 2-2

例 7 解析　先选 2 名男医生 C_6^2 种,再选 1 名女医生 C_5^1
种.根据乘法原理有 $C_6^2 \cdot C_5^1 = 75$ 种.
综上所述,答案是 **C**.

例 8 解析　先选 2 个车站 C_{10}^2 种,又因为出发站和终点站是不同的,有 A_2^2 种,
故共有 $C_{10}^2 \cdot A_2^2 = 90$ 种不同车票.
综上所述,答案是 **D**.

例 9 解析　分数:先选 2 个数有 C_6^2 种,再将其排到分子、分母上,有 A_2^2 种排法,
故共有 $C_6^2 \cdot A_2^2 = 30$ 种.
真分数:先选 2 个数有 C_6^2 种,又因为"分子"小于"分母",
故排法只有 1 种,故共有 $C_6^2 \cdot 1 = 15$ 种.
综上所述,答案是 **A**.

例 10 解析 $C_n^4 > C_n^6$，故 $\dfrac{A_n^4}{4!} > \dfrac{A_n^6}{6!}$（$n \geqslant 6$），即 $\dfrac{6!}{4!} > \dfrac{A_n^6}{A_n^4}$.

化简有 $6 \times 5 > \dfrac{n(n-1)(n-2)\cdots(n-5)}{n(n-1)(n-2)(n-3)}$，故 $n^2 - 9n - 10 < 0$，解得 $-1 < n < 10$，

又因为 $n \in \mathbf{Z}_+$，故 $n \in \{6,7,8,9\}$.

综上所述，答案是 **D**.

例 11 解析 因为 $C_n^m + C_n^{m-1} = C_{n+1}^m$，故 $C_3^0 + C_4^1 = C_4^0 + C_4^1 = C_5^1$，同理 $C_5^1 + C_5^2 = C_6^2，C_6^2 + C_6^3 = C_7^3，\cdots$

因此原式 $= C_{10}^6 + C_{10}^7 = C_{11}^7 = C_{11}^4 = 330$.

综上所述，答案是 **E**.

例 12 解析 $\left(2x^3 - \dfrac{1}{\sqrt{x}}\right)^7$ 的通项公式为

$$T_{r+1} = C_7^r (2x^3)^{7-r} \cdot \left(\dfrac{1}{\sqrt{x}}\right)^r = C_7^r \cdot 2^{7-r} \cdot (-1)^r \cdot x^{21-3r} \cdot x^{-\frac{r}{2}} = C_7^r \cdot 2^{7-r} \cdot (-1)^r \cdot x^{21-\frac{7}{2}r}$$

令 $21 - \dfrac{7}{2}r = 0$，故 $r = 6$，所以常数项为 $C_7^6 \cdot 2^1 \cdot (-1)^6 \cdot x^0 = 14$.

综上所述，答案是 **A**.

排列组合练习题

1. 在所有的两位数中，个位数字比十位数字大的两位数有（　　）个.

   A. 45　　　　B. 40　　　　C. 36　　　　D. 35　　　　E. 30

2. 8 本不同的书，任选了 3 本分给 3 个同学，每人 1 本，则有（　　）种不同的分法.

   A. 8^3　　　　B. 3^8　　　　C. 6　　　　D. 336　　　　E. 240

3. 平面上 4 条平行的横线与另外 5 条平行的竖线互相垂直，则它们共构成（　　）个矩形.

   A. 20　　　　B. 60　　　　C. 120　　　　D. 180　　　　E. 480

4. 某高三毕业班有 40 名同学，同学之间两两彼此给对方仅写一条毕业留念，那么全班共写了（　　）条毕业留念.

   A. 390　　　　B. 780　　　　C. 1560　　　　D. 3120　　　　E. 6240

5. 从 10 名大学毕业生中选 3 人担任村长助理，则甲、乙至少有 1 人，而丙没有入选的不同选法有（　　）种.

   A. 85　　　　B. 56　　　　C. 49　　　　D. 28　　　　E. 14

6. 在 200 件产品中，有 197 件合格品，3 件次品. 从这 200 件产品中任意抽取 5 件，则抽出的 5 件中至少有 2 件是次品的不同抽法有（　　）种.

   A. $C_3^2 C_{197}^3$　　　　　　B. $C_3^2 C_{197}^3 + C_3^3 C_{197}^2$　　　　　　C. $C_{200}^5 - C_{197}^5$

   D. $C_{200}^5 - C_3^1 C_{197}^4$　　　　E. $C_3^3 C_{197}^2$

7. 从正方体的 6 个面中选取 3 个面,其中 2 个面不相邻的选法共有(   )种.
   A. 8   B. 12   C. 16   D. 20   E. 24

8. 从 6 名志愿者中选派 4 人在星期六和星期日参加公益活动,每人一天,每天 2 人,则不同的选派方法共有(   )种.
   A. 24   B. 30   C. 60   D. 90   E. 120

9. 有 7 名同学站成一排,甲身高为最高,排在中间,其他 6 名同学身高不相等,甲的左边和右边以甲身高为准,由高到低排列,共有(   )种不同排法.
   A. 10   B. 20   C. 30   D. 40   E. 50

10. 将 4 个不同的黑球和 4 个不同的红球排成一排,若要求红球和黑球分别放在一起,则不同的排法有(   )种.
   A. A_8^8 B. $A_4^4 \cdot A_4^4$ C. $A_4^4 \cdot A_4^4 \cdot A_2^2$
   D. $C_8^4 \cdot C_8^4 \cdot C_2^2$ E. $A_8^4 \cdot A_8^4$

11. 若 6 名同学站成一排,且甲、乙不能站在一起,则不同的排法有(   )种.
   A. $A_6^4 \cdot A_2^2$ B. $A_6^6 - A_5^5$ C. $A_4^4 \cdot A_5^2$
   D. $A_4^4 \cdot A_3^2$ E. $A_4^4 \cdot A_2^2$

12. 8 人站成前后两排照相,每排 4 人,其中甲、乙两人必须在前排,丙必须在后排,则共有(   )种不同的排法.
   A. 40320   B. 576   C. 1680   D. 24   E. 5760

13. 用 0 到 9 十个数字可以组成没有重复数字的三位偶数的个数为(   ).
   A. 324   B. 328   C. 360   D. 648   E. 680

14. $(a+x)^5$ 展开式中 x^2 的系数为 10,则 $a=$(   ).
   A. -2 B. -1 C. 1   D. 2   E. 3

15. 二项式 $\left(x^2 + \dfrac{1}{2\sqrt{x}}\right)^{10}$ 的展开式中的常数项为(   ).

   A. $\dfrac{45}{256}$ B. $\dfrac{45}{512}$ C. $\dfrac{9}{256}$ D. $\dfrac{5}{512}$ E. 不存在

排列组合练习题参考答案

1~5:C D B C C   6~10:B B B D B C   11~15:C E B C A

排列组合练习题题解

1 【解析】若十位为 1,则个位可为 2~9 中的任意数字,故共有 $1 \times 8 = 8$ 种情况. 若十位为 2,则个位可为 3~9 中的任意数字,故共有 $1 \times 7 = 7$ 种情况. 以此类推,若十位为 8,则个位只能为 9,故有 $1 \times 1 = 1$ 种情况. 所以共有 $8+7+6+\cdots+1 = \dfrac{(8+1) \times 8}{2} = 36$ 种不同情况.

综上所述,答案是 C.

2 【解析】从 8 本不同的书中选 3 本并分配给 3 个同学,故共有 $C_8^3 \cdot A_3^3 = 336$ 种不同分法.

综上所述,答案是 **D**.

3 【解析】在这 5 条平行线中任选 2 条,然后在另一组 4 条平行线中任选 2 条即可构成矩形(不涉及位置). 由题意,有 $C_5^2 \cdot C_4^2 = 60$ 个矩形.
综上所述,答案是 **B**.

4 【解析】毕业留念需要"送留念"和"收留念"的双方,则分步共有 $C_{40}^1 \cdot C_{39}^1 = 1560$ 条毕业留念.
综上所述,答案是 **C**.

5 【解析】①有甲,无乙,无丙:有 $C_7^2 = 21$ 种;
②有乙,无甲,无丙:有 $C_7^2 = 21$ 种;
③甲、乙都有,无丙:有 $C_7^1 = 7$ 种.
故共有 $21+21+7 = 49$ 种.
综上所述,答案是 **C**.

6 【解析】分为两类:
2 件次品 3 件正品,有 $C_3^2 \cdot C_{197}^3$ 种;3 件次品 2 件正品,有 $C_3^3 \cdot C_{197}^2$ 种.
故共有 $C_3^2 \cdot C_{197}^3 + C_3^3 \cdot C_{197}^2$ 种不同抽法.
综上所述,答案是 **B**.

7 【解析】"不相邻的二个面"为 3 组相对的面,即"上,下""前,后""左,右"3 组对面,先从 3 组对面中任取 1 个有 C_3^1 种,再从剩下的 4 个面中任取 1 个有 C_4^1 种,故共有 $C_3^1 \cdot C_4^1 = 12$ 种.
综上所述,答案是 **B**.

8 【解析】先选 2 个人去星期六有 C_6^2 种,再选 2 个人去周日有 C_4^2 种,分步相乘,共有 $C_6^2 \cdot C_4^2 = 90$ 种.
综上所述,答案是 **D**.

9 【解析】先排甲,有 1 种排法,再排甲左边的 3 个人,有 $C_6^3 \cdot 1$ 种,最后排甲右边的 3 个人,有 $C_3^3 \cdot 1$ 种,分步相乘,故共有 $1 \cdot C_6^3 \cdot 1 \cdot C_3^3 \cdot 1 = 20$ 种不同排法.
综上所述,答案是 **B**.

10 【解析】由题知,黑球和红球是分别相邻的,故分别有 A_4^4 和 A_4^4 种排法,再将黑、红球视为两个大整体,有 A_2^2 种排法,分步相乘有 $A_4^4 \cdot A_4^4 \cdot A_2^2$ 种不同排法.
综上所述,答案是 **C**.

11 【解析】先排甲、乙之外的 4 个人,有 A_4^4 种排法,再将甲、乙插入到 5 个空隙中有 A_5^2 种,分步相乘共有 $A_4^4 \cdot A_5^2$ 种不同排法.
综上所述,答案是 **C**.

12 【解析】先选前排的 4 个人并排序有 $C_5^2 \cdot C_2^2 \cdot A_4^4$ 种,再选后排的 4 个人并排序有 $C_3^3 \cdot C_1^1 \cdot A_4^4$ 种,分步相乘共有 $C_5^2 \cdot C_2^2 \cdot A_4^4 \cdot C_3^3 \cdot C_1^1 \cdot A_4^4 = 5760$ 种不同排法.

综上所述,答案是 **E**.

13 【解析】首先应考虑"0"是特殊元素,分类讨论如下:

(1) 当个位为 0 时,有 $C_1^1 \cdot A_9^2 = 72$ 种.

(2) 当个位不为 0 时,有 $C_4^1 \cdot C_8^1 \cdot C_8^1 = 4 \times 8 \times 8 = 256$ 种.

分类相加,共有 $72 + 256 = 328$ 种不同偶数.

综上所述,答案是 **B**.

14 【解析】$(a+x)^5$ 的通项公式为 $T_{r+1} = C_5^r a^{5-r} x^r$,令 $r = 2$,故 $T_3 = C_5^2 a^3 x^2 = 10 a^3 x^2$,即 $a^3 = 1$,解得 $a = 1$.

综上所述,答案是 **C**.

15 【解析】$\left(x^2 + \dfrac{1}{2\sqrt{x}}\right)^{10}$ 的通项公式为 $T_{r+1} = C_{10}^r (x^2)^{10-r} \cdot \left(\dfrac{1}{2\sqrt{x}}\right)^r$

$$= \left(\dfrac{1}{2}\right)^r \cdot C_{10}^r \cdot x^{20-2r} \cdot x^{-\frac{r}{2}}$$

$$= \left(\dfrac{1}{2}\right)^r \cdot C_{10}^r \cdot x^{20-\frac{5}{2}r}$$

令 $20 - \dfrac{5}{2}r = 0$,即 $r = 8$,故常数项为 $\left(\dfrac{1}{2}\right)^8 \cdot C_{10}^8 = \dfrac{45}{256}$.

综上所述,答案是 **A**.

专项二 概率

备考指南

概率部分在考试中通常会有 2~3 道题目,分值在 6~9 分,显然是十分重要的. 首先我们要了解一些基本的事件及概率的定义;然后要掌握特殊事件的关系及基本运算公式;最后要熟练掌握并灵活运用古典概型和伯努利概型. 当然,概率的古典概型和排列组合有千丝万缕的联系,所以学好排列组合是学好概率的必备条件.

核心考点

1. 基本事件　　　　　　　　★
2. 概率的定义　　　　　　　★
3. 互斥、对立与相互独立事件　★★
4. 古典概型与伯努利概型　　　★★★

事件及概率的基本概念

1. 基本事件的概念

一般地,我们把在条件 S 下,一定会发生的事件,叫作相对于条件 S 的必然事件,简称必然事件.

在条件 S 下,一定不会发生的事件,叫作相对于条件 S 的不可能事件,简称不可能事件.

必然事件和不可能事件统称为在条件 S 下的确定事件,简称确定事件.

在条件 S 下可能发生也可能不发生的事件,叫作相对于条件 S 的随机事件,简称随机事件.

通过上文我们知道了什么是随机事件,那么有一类随机事件叫作基本事件,它具有如下两个特点:

(1)任何两个基本事件是互斥的.

(2)任何事件(除不可能事件)都可以表示成基本事件的和.

2. 概率的定义及事件的概率

对于随机事件,我们用概率(p)来度量它发生的可能性大小,其中 $0 \leqslant p \leqslant 1$.

随机事件:$0<p<1$;必然事件:$p=1$;不可能事件:$p=0$.

3. 频率与概率

在相同条件 S 下重复 n 次试验,观察某一事件 A 是否出现,称 n 次试验中 A 出现的次数 n_A 为事件 A 出现的频数,称事件 A 出现的比例 $f_n(A)=\dfrac{n_A}{n}$ 为事件 A 出现的频率.频率的取值范围是 $[0,1]$,但是一定要注意,概率和频率意义上不同,概率是常量,频率是变量.

例1　下列说法正确的是(　　).

A. 由生物学知道生男生女的概率约为 0.5,一对夫妇先后生两个小孩,则一定为一男一女

B. 一次摸奖活动中,中奖概率为 0.2,则摸 5 张票,一定有一张中奖

C. 事件"三角形的内角和为 180°"是随机事件

D. 本市明天降雨概率为 80%,表明明天出行不带雨具淋雨的可能性很大

E. 以上均不正确

例2　已知某厂产品的合格率为 90%,现抽出 10 件产品检查,则下列说法正确的是(　　).

A. 合格产品少于 10 件　　　　　　　　B. 合格产品多于 9 件

C. 合格产品正好是 9 件　　　　　　　　D. 合格产品可能是 9 件

E. 以上均不正确

概率的基本性质

1. 互斥

如果事件 $A\cap$ 事件 B 为空集,那么 A 与 B 的关系为互斥,它的含义是:事件 A 与事件 B 在一次试验中不可能同时出现.

如果事件 A 与事件 B 互斥,则 $P(A+B)=P(A)+P(B)$.

推广:如果事件 $A_1,A_2,\cdots,A_n$ 两两互斥(彼此互斥),那么事件"$A_1\cup A_2\cup\cdots\cup A_n$"发生(指事件 $A_1,A_2,\cdots,A_n$ 中至少有一个发生)的概率等于这 n 个事件分别发生的概率和,即
$$P(A_1\cup A_2\cup\cdots\cup A_n)=P(A_1)+P(A_2)+\cdots+P(A_n)$$
以上两个公式被称为互斥事件的概率加法公式.

2. 对立事件

不能同时发生且必有一个发生的两个事件互为对立事件.事件 A 的对立事件记为 $\overline{A}$.

如果事件 A 与事件 B 相互对立,则 $P(A)+P(B)=1$.

3. 相互独立事件

若事件 A(或 B)是否发生对事件 B(或 A)发生的概率没有影响,则这两个事件相互独立.

如果事件 A 与事件 B 相互独立,则 $P(AB)=P(A)\cdot P(B)$.

推广:如果事件 $A_1,A_2,\cdots,A_n$ 相互独立,那么这 n 个事件同时发生的概率等于每个事件

发生的概率的积,即 $P(A_1 \cdot A_2 \cdot \cdots \cdot A_n) = P(A_1) \cdot P(A_2) \cdot \cdots \cdot P(A_n)$.

以上两个公式被称为相互独立事件的概率乘法公式.

4. 互斥事件与对立事件的区别与联系

互斥事件是指事件 A 与事件 B 在一次试验中不会同时发生,其具体包括三种不同的情形:

①事件 A 发生且事件 B 不发生;

②事件 A 不发生且事件 B 发生;

③事件 A 与事件 B 同时不发生.

而对立事件是指事件 A 与事件 B 有且仅有一个发生,其中包括两种情形:

①事件 A 发生且事件 B 不发生;

②事件 B 发生且事件 A 不发生.

对立事件是互斥事件的特殊情形.

例 3 某射手在一次射击训练中,射中 10 环、9 环、8 环、7 环的概率分别是 0.21, 0.23,0.25,0.28,则该射手在一次射击中射中 10 环或 7 环的概率和小于 7 环的概率分别为( ).

A. 0.49,0.03　　　　　　B. 0.45,0.05　　　　　　C. 0.36,0.10

D. 0.54,0.07　　　　　　E. 0.27,0.12

例 4 某部队征兵体检,应征者视力合格的概率为 $\dfrac{4}{5}$,听力合格的概率为 $\dfrac{5}{6}$,身高合格的概率为 $\dfrac{6}{7}$,从中任选一个应征者,则该应征者三项均合格的概率为( ).

A. $\dfrac{4}{9}$　　　　B. $\dfrac{1}{9}$　　　　C. $\dfrac{4}{7}$　　　　D. $\dfrac{5}{6}$　　　　E. $\dfrac{2}{3}$

例 5 一个均匀的正方体玩具(俗称骰子)的各个面上分别标以数 1,2,3,4,5,6,将这个玩具向上投掷一次,设事件 A 表示向上的一面的点数是奇数,事件 B 表示向上的一面出现的点数不超过 3,事件 C 表示向上的一面出现的点数不小于 4,则( ).

A. A 与 B 是互斥而非对立事件

B. A 与 B 是对立事件

C. B 与 C 是互斥而非对立事件

D. B 与 C 是对立事件

E. B 与 C 是对立而非互斥事件

概率基本模型

1. 古典概型

若试验具有以下特点:

①试验中所有可能出现的基本事件只有有限个;

②每个基本事件出现的可能性相等.

我们将具有这两个特点的概率模型称为古典概率模型,简称古典概型.

对于古典概型,任何事件的概率为:$P(A)=\dfrac{A\text{包含的基本事件个数}}{\text{基本事件的总数}}$.

古典概型的基本步骤:

①求分母:基本事件的总数 n;

②求分子:事件 A 包含的基本事件的个数 m;

③求概率:事件 A 发生的概率 $P(A)=\dfrac{m}{n}$.

2. 伯努利概型

(1)n 次独立重复试验的定义

在相同条件下,将某试验重复进行 n 次,且每次试验中任一事件的概率不受其他次试验结果的影响,此种试验称为 n 次独立重复试验.

(2)n 次独立重复试验的特征

①试验次数不止一次,而是多次;

②每次试验的条件是一样的,是重复性的试验序列;

③每次试验的结果只有 A 与 $\bar{A}$ 两种(即事件 A 要么发生要么不发生),每次试验相互独立,结果互不影响,即各次试验中事件 A 发生的概率保持不变.

(3)独立重复试验的概率(伯努利概型)

如果在一次试验中某事件发生的概率是 p,那么在 n 次独立重复试验中恰好发生 k 次的概率:$P_n(k)=C_n^k p^k q^{n-k}(k=0,1,2,\cdots,n)$,其中 $q=1-p$.

(4)n 次独立重复试验中某事件至少发生 k 次的概率公式

$P_n(i\geqslant k)=C_n^k p^k (1-p)^{n-k}+C_n^{k+1}p^{k+1}(1-p)^{n-k-1}+\cdots+C_n^n p^n (1-p)^0$

例 6　从含有 2 件正品 a_1,a_2 和 1 件次品 b_1 的 3 件产品中每次任取 1 件,每次取出后不放回,连续取 2 次,则取出的 2 件产品恰有 1 件次品的概率为(　　).

A. $\dfrac{5}{6}$　　　B. $\dfrac{1}{3}$　　　C. $\dfrac{1}{2}$　　　D. $\dfrac{2}{3}$　　　E. $\dfrac{5}{9}$

例 7　一个盒子中放有 5 个完全相同的小球,球上分别标有号码 1,2,3,4,5. 从中任取一个,记下号码后放回,再取出一个,记下号码后放回,则所得两球的号码之和为 6 的概率与所得两球的号码之和是 3 的倍数的概率分别为(　　).

A. $\dfrac{1}{5},\dfrac{2}{5}$　　B. $\dfrac{1}{15},\dfrac{3}{5}$　　C. $\dfrac{2}{5},\dfrac{19}{25}$　　D. $\dfrac{1}{15},\dfrac{6}{25}$　　E. $\dfrac{1}{5},\dfrac{9}{25}$

例 8　3 名同学参加跳高、跳远、铅球项目的比赛,若每人都选择其中 2 个项目,则有且仅有 2 人选择的项目完全相同的概率为(　　).

A. $\dfrac{5}{27}$　　　B. $\dfrac{2}{3}$　　　C. $\dfrac{7}{9}$　　　D. $\dfrac{13}{27}$　　　E. $\dfrac{2}{9}$

例 9　甲、乙两人各射击一次击中目标的概率分别是 $\dfrac{2}{3}$ 和 $\dfrac{3}{4}$,假设甲、乙两人之间及每次射击之间是否击中目标互不影响,则甲、乙两人各射击 4 次,甲恰好击中目标 2 次且乙恰好击中目标 3 次的概率为(　　).

A. $\dfrac{1}{8}$ B. $\dfrac{1}{9}$ C. $\dfrac{1}{27}$ D. $\dfrac{4}{27}$ E. $\dfrac{3}{8}$

例 10 某人射击一次击中的概率为 0.6,经过 3 次射击,此人至少有两次击中目标的概率为( ).

A. $\dfrac{91}{125}$ B. $\dfrac{71}{125}$ C. $\dfrac{81}{125}$ D. $\dfrac{11}{25}$ E. $\dfrac{61}{125}$

例题参考答案

1~5:D D A C D   6~10:D E B A C

经典例题题解 ◢

例 1 解析 选项 A、B 是可能发生的,而非"一定",错误,选项 C 是必然事件.

综上所述,答案是 **D**.

例 2 解析 合格率为"90%",非"100%",故 10 件产品中,有 0~10 件合格产品均有可能发生,故选项 D 正确.

综上所述,答案是 **D**.

例 3 解析 设事件 A、B、C、D、E 分别代表射中 10 环、9 环、8 环、7 环以及 7 环以下,事件 A、D 为互斥事件,事件 E 与其余 4 个事件为对立事件.

$P(A \cup D) = P(A) + P(D) = 0.21 + 0.28 = 0.49$.

$P(E) = 1 - P(A \cup B \cup C \cup D) = 1 - (0.21 + 0.23 + 0.25 + 0.28)$

$\qquad = 1 - 0.97 = 0.03$.

综上所述,答案是 **A**.

例 4 解析 设事件 A、B、C 分别代表视力、听力、身高合格,故 $P(A) = \dfrac{4}{5}$,$P(B) = \dfrac{5}{6}$,$P(C) = \dfrac{6}{7}$,$P(ABC) = P(A)P(B)P(C) = \dfrac{4}{5} \times \dfrac{5}{6} \times \dfrac{6}{7} = \dfrac{4}{7}$.

综上所述,答案是 **C**.

例 5 解析 事件 A:1,3,5 点;事件 B:1,2,3 点;事件 C:4,5,6 点,故事件 A 与 B 非互斥,非对立,事件 B 与 C 互斥,且对立.

综上所述,答案是 **D**.

例 6 解析 根据古典概率型可得 $P(A) = \dfrac{m}{n} = \dfrac{2 \cdot C_2^1 \cdot C_1^1}{C_3^1 \cdot C_2^1} = \dfrac{2}{3}$.

综上所述,答案是 **D**.

例 7 解析 分母 n:$n = 5 \times 5 = 25$.

分子 m:

问题 1:6=1+5=2+4=3+3=4+2=5+1,共 5 种情况.

问题 2:3=1+2=2+1;6=1+5=2+4=3+3=4+2=5+1;9=4+5=5+4,

共有 2+5+2=9 种情况. 故两球号码之和为 6 和两球号码之和为 3 的倍数的概率分别为

$$P_1 = \frac{m}{n} = \frac{5}{25} = \frac{1}{5}; P_2 = \frac{m}{n} = \frac{9}{25}.$$

综上所述,答案是 E.

例 8 解析 分母 n:$C_3^2 \cdot C_3^2 \cdot C_3^2 = 27$ 种.

分子 m:先确定项目相同的 2 人以及他们所选择的项目,有 $C_3^2 \cdot C_3^2 = 9$ 种,再确定最后 1 个人的项目 $C_1^1 \cdot C_2^1$ 种,故共有 $C_3^2 \cdot C_3^2 \cdot C_1^1 \cdot C_2^1 = 18$ 种. 由古典概型公式可得:

$$P = \frac{m}{n} = \frac{18}{27} = \frac{2}{3}.$$

综上所述,答案是 B.

例 9 解析 $P_{甲4}(2) = C_4^2 \cdot \left(\frac{2}{3}\right)^2 \cdot \left(1 - \frac{2}{3}\right)^2 = C_4^2 \cdot \left(\frac{2}{3}\right)^2 \cdot \left(\frac{1}{3}\right)^2 = \frac{8}{27}.$

$$P_{乙4}(3) = C_4^3 \cdot \left(\frac{3}{4}\right)^3 \cdot \left(1 - \frac{3}{4}\right)^1 = C_4^3 \cdot \left(\frac{3}{4}\right)^3 \cdot \left(\frac{1}{4}\right)^1 = \frac{27}{64}.$$

利用独立事件的乘法公式可得,$P = P_{甲4}(2) \cdot P_{乙4}(3) = \frac{8}{27} \times \frac{27}{64} = \frac{1}{8}.$

综上所述,答案是 A.

例 10 解析 $P_3(i \geq 2) = P_3(2) + P_3(3) = C_3^2 \cdot \left(\frac{3}{5}\right)^2 \cdot \left(\frac{2}{5}\right)^1 + C_3^3 \cdot \left(\frac{3}{5}\right)^3 \cdot \left(\frac{2}{5}\right)^0 = \frac{81}{125}.$

综上所述,答案是 C.

概率练习题

1. 以下命题正确的个数为( ).
   ①必然事件发生的概率等于 1; ②某事件发生的概率等于 1.1;
   ③互斥事件一定是对立事件; ④对立事件一定是互斥事件;
   ⑤在适宜的条件下种下一粒种子,观察它是否发芽(种子发芽受天气等因素影响),这个试验为古典概型.
   A. 0 　　　　　　B. 1 　　　　　　C. 2 　　　　　　D. 3 　　　　　　E. 4

2. 从一堆产品(其中正品与次品都多于 2 件)中任取 2 件,观察正品与次品的件数,则下列每对事件为互斥事件和对立事件的分别为( ).
   ①恰好有 1 件次品和恰好有 2 件次品; ②至少有 1 件次品和全是次品;
   ③至少有 1 件正品和至少有 1 件次品; ④至少有 1 件次品和全是正品.
   A. ②④,④ 　　　　　　B. ②③,②③ 　　　　　　C. ①②④,①
   D. ①④,① 　　　　　　E. ①④,④

3. 在同一试验中,对于一对事件 A,B,若事件 A 为必然事件,事件 B 为不可能事件,那么事

件 A 与 B( ).

A. 是互斥事件,不是对立事件   B. 是对立事件,不是互斥事件

C. 既是互斥事件,也是对立事件   D. 既不是对立事件,也不是互斥事件

E. 以上结论均不正确

4. 在某一时期内,一条河流某处的年最高水位在各个范围内的概率如下:

年最高水位	低于10米	$[10,12)$米	$[12,14)$米	$[14,16)$米	不低于16米
概率	0.10	0.28	0.38	0.16	0.08

则在同一时期内河流这一处的最高水位在 $[10,16)$ 米与不低于 14 米的概率分别为( ).

A. 0.62, 0.24   B. 0.24, 0.82   C. 0.82, 0.24

D. 0.38, 0.66   E. 0.64, 0.24

5. 袋中装有除颜色不同其他都相同的红、黄、蓝球各1个,从中有放回地每次任取1个球,直到取到红球为止,则第四次为首次取到红球的概率为( ).

A. $\frac{9}{80}$ B. $\frac{8}{81}$ C. $\frac{3}{82}$ D. $\frac{8}{27}$ E. $\frac{5}{80}$

6. 甲、乙两队进行排球比赛决赛,现在的情形是甲队只要再赢1局就获得冠军,乙队需要再赢2局才能获得冠军. 若两队胜每局的概率相同,则甲队获得冠军的概率为( ).

A. $\frac{1}{2}$ B. $\frac{3}{5}$ C. $\frac{2}{3}$ D. $\frac{3}{4}$ E. $\frac{1}{3}$

7. 某奖项可以一个人独得,也可以两人同得. 已知甲、乙两人获得此奖的概率相同,并且他们两人中有人获奖的概率为0.36,那么甲、乙两人同时得奖的概率为( ).

A. 0.36   B. 0.25   C. 0.04   D. 0.16   E. 0.64

8. 一个袋子里有2个白球、3个黑球、4个红球,从中任取3个球恰好有2个球同色的概率为( ).

A. $\frac{1}{12}$ B. $\frac{3}{14}$ C. $\frac{5}{14}$ D. $\frac{4}{7}$ E. $\frac{55}{84}$

9. 7张椅子排成一排,有4人就座,每人一个座位,其中恰有2个连续空位的概率为( ).

A. $\frac{4}{7}$ B. $\frac{3}{7}$ C. $\frac{5}{14}$ D. $\frac{2}{7}$ E. $\frac{5}{7}$

10. 某市为了迎接2017年博览会的到来,已在市民中选取了8名青年志愿者,其中有3名男青年志愿者、5名女青年志愿者,现从中选取3人担任导引工作,则这3个人中既有男青年志愿者又有女青年志愿者的概率为( ).

A. $\frac{45}{512}$ B. $\frac{75}{512}$ C. $\frac{45}{56}$ D. $\frac{15}{64}$ E. $\frac{35}{56}$

11. 一个袋中装有形状一样的小球共6个,其中红球1个、黄球2个、绿球3个,现有放回地取球3次,记取到红球得1分,取到黄球得0分,取到绿球得-1分,则3次取球总得分为0分的概率为( ).

A. $\frac{1}{6}$ B. $\frac{1}{27}$ C. $\frac{1}{36}$ D. $\frac{11}{54}$ E. $\frac{11}{27}$

12. 甲、乙两人做出拳游戏(石头、剪刀、布),则甲、乙两人平局以及甲赢的概率分别为(　　).

A. $\dfrac{1}{3},\dfrac{4}{9}$　　　　B. $\dfrac{1}{3},\dfrac{1}{3}$　　　　C. $\dfrac{1}{6},\dfrac{1}{3}$　　　　D. $\dfrac{2}{9},\dfrac{2}{9}$　　　　E. $\dfrac{5}{6},\dfrac{1}{2}$

13. 若以连续掷两次骰子分别得到的点数 m,n 作为点 P 的坐标 (m,n),则点 P 落在圆 $x^2+y^2=16$ 内(不包含圆周)的概率为(　　).

A. $\dfrac{1}{9}$　　　　B. $\dfrac{2}{9}$　　　　C. $\dfrac{1}{3}$　　　　D. $\dfrac{2}{3}$　　　　E. $\dfrac{5}{6}$

14. 某人以卧姿打靶的命中率为 0.5,则此人以卧姿射击 10 次,命中靶子 7 次的概率为(　　).

A. $\dfrac{15}{128}$　　　　B. $\dfrac{15}{64}$　　　　C. $\dfrac{15}{32}$　　　　D. $\dfrac{7}{128}$　　　　E. $\dfrac{7}{64}$

15. 将一枚质地均匀的硬币投掷 5 次,如果出现 k 次正面的概率等于出现 $(k+1)$ 次正面的概率,则 $k=$ (　　).

A. 0　　　　B. 1　　　　C. 2　　　　D. 3　　　　E. 4

概率练习题参考答案

1~5:C E C C B　　　　　6~10:D C E A C　　　　　11~15:D B B A C

概率练习题题解 ◢

1 【解析】　⑤:在"适宜条件"下,P(发芽)$\neq P$(不发芽),故不满足古典概型的定义,错误. 由概率相关知识得,①④正确,②③⑤错误.

综上所述,答案是 **C**.

2 【解析】　从一堆产品中任取 2 件,有 2 正,1 次 1 正,2 次共 3 种情况,由事件的相关定义得,①④为互斥事件,④为对立事件.

综上所述,答案是 **E**.

3 【解析】　$P(A)=1$,$P(B)=0$,因为 A 与 B 互斥且 $P(A)+P(B)=1$,故事件 A、B 为对立事件.

综上所述,答案是 **C**.

4 【解析】　设事件 A、B、C、D、E 分别代表最高水位低于 10 米,$[10,12)$ 米,$[12,14)$ 米,$[14,16)$ 米,不低于 16 米,

则 P(水位在 10 至 16 米)$=P(B\cup C\cup D)=0.28+0.38+0.16=0.82$.

则 P(水位不低于 14 米)$=P(D\cup E)=0.16+0.08=0.24$.

综上所述,答案是 **C**.

5 【解析】　分母:$3\times3\times3\times3=81$ 种,分子:红球在第 4 次首次取到,故前 3 次取的均为黄球、蓝球中的 1 种,故有 $2\times2\times2\times1=8$ 种,

由古典概型的公式得,$P=\dfrac{8}{81}$.

综上所述,答案是 **B**.

6 【解析】 甲获得冠军有 2 种情况,即"再赢 1 局"和"先输 1 局,再赢 1 局",

故 $P = \dfrac{1}{2} + \dfrac{1}{2} \times \dfrac{1}{2} = \dfrac{3}{4}$.

综上所述,答案是 **D**.

7 【解析】 设甲、乙两人获奖的概率均为 P,

故有人获奖的概率为:$P(1-P) + (1-P)P + P^2 = 1 - (1-P)^2 = 2P - P^2 = 0.36$.

解得 $P = 0.2$.

故两人同时获奖的概率为 $0.2 \times 0.2 = 0.04$.

综上所述,答案是 **C**.

8 【解析】分母:$C_9^3 = 84$ 种,

分子:有 2 白 1 其他色,2 黑 1 其他色,2 红 1 其他色,共三类情况,

故共有 $C_2^2 \cdot C_7^1 + C_3^2 \cdot C_6^1 + C_4^2 \cdot C_5^1 = 55$ 种.

由古典概型的公式得 $P = \dfrac{55}{84}$.

综上所述,答案是 **E**.

9 【解析】分母:$C_7^4 \cdot A_4^4 = A_7^4$,

分子:题干等价于"4 个已入座的人和 3 个空座位排序,且有 2 个空座位是连续的",先

排这 4 个人有 A_4^4 种,再将 2 个相邻的空座位和另 1 个空座位插入到 4 个人所形

成的 5 个空隙中,有 A_5^2 种,故共有 $A_4^4 \cdot A_5^2$ 种.

由古典概型公式得 $P = \dfrac{A_4^4 A_5^2}{A_7^4} = \dfrac{4}{7}$.

综上所述,答案是 **A**.

10 【解析】 分母:$C_8^3 = 56$ 种,

分子:有 2 男 1 女和 1 男 2 女共 2 类情况,故共有 $C_3^2 \cdot C_5^1 + C_3^1 \cdot C_5^2 = 45$ 种.

由古典概型的公式得 $P = \dfrac{45}{56}$.

综上所述,答案是 **C**.

11 【解析】 分母:$C_6^1 \cdot C_6^1 \cdot C_6^1 = 216$ 种,

分子:共有 3 黄球,1 红 1 黄 1 绿这 2 种情况,故共有 $C_2^1 \cdot C_2^1 \cdot C_2^1 + C_1^1 \cdot C_2^1 \cdot C_3^1 \cdot A_3^3 = 44$ 种.

由古典概型的公式得 $P = \dfrac{44}{216} = \dfrac{11}{54}$.

综上所述,答案是 **D**.

12 【解析】 甲、乙两人平局的情况为甲、乙均出剪刀,均出石头,均出布共 3 种情况,故概率为 $P_1 = \dfrac{1}{3} \times \dfrac{1}{3} \times 3 = \dfrac{1}{3}$.

甲赢的情况为甲剪刀乙布、甲石头乙剪刀,甲布乙石头共 3 种情况,故概率为

$P_2 = \dfrac{1}{3} \times \dfrac{1}{3} \times 3 = \dfrac{1}{3}$.

综上所述,答案是 **B**.

13 【解析】 分母:$C_6^1 \cdot C_6^1 = 36$ 种.

分子:$m^2 + n^2 < 16$,穷举有:

(1)当 $m = 1$ 时,$n^2 < 15$,故 $n = 1, 2, 3$.

(2)当 $m = 2$ 时,$n^2 < 12$,故 $n = 1, 2, 3$.

(3)当 $m = 3$ 时,$n^2 < 7$,故 $n = 1, 2$.

因为共有 $3 + 3 + 2 = 8$ 种情况,由古典概型公式得 $P = \dfrac{8}{36} = \dfrac{2}{9}$.

综上所述,答案是 **B**.

14 【解析】 由伯努利概型公式得 $P_{10}(7) = C_{10}^7 \cdot (0.5)^7 \cdot (1 - 0.5)^3 = \dfrac{120}{1024} = \dfrac{15}{128}$.

综上所述,答案是 **A**.

15 【解析】 易知 $P_{正} = P_{反} = \dfrac{1}{2}$,因为 $P_5(k) = P_5(k+1)$,

即 $C_5^k \cdot \left(\dfrac{1}{2}\right)^k \cdot \left(\dfrac{1}{2}\right)^{5-k} = C_5^{k+1} \cdot \left(\dfrac{1}{2}\right)^{k+1} \cdot \left(\dfrac{1}{2}\right)^{4-k}$

故 $C_5^k \cdot \left(\dfrac{1}{2}\right)^5 = C_5^{k+1} \cdot \left(\dfrac{1}{2}\right)^5$,故 $C_5^k = C_5^{k+1}$,即 $k = k+1$ 或 $k + k + 1 = 5$.

所以 $k = 2$.

综上所述,答案是 **C**.

专项三　数列

备考指南 ◣

数列在考试中通常会有 2 道题目,分值为 6 分.关于数列,首先要了解数列的分类和通项公式,由数列的递推公式求通项公式;其次要掌握等差数列和等比数列的定义、通项公式及前 n 项和公式;最后要灵活运用等差数列和等比数列的性质.

核心考点 ◣

1. 数列通项公式及前 n 项和公式　　　　★
2. 数列由递推公式求通项公式　　　　★★
3. 数列通项与前 n 项和的关系　　　　★★
4. 等差数列与等比数列的定义　　　　★★★
5. 等差数列与等比数列的基本公式　　　　★★★

数列的基本概念 ◣

对数列的研究源于现实生产、生活的需要.在日常生活中,人们经常遇到像存款利息,房贷还款等实际计算问题,它们都需要有关数列的知识来解决.在本专题中,我们将学习数列的概念和表示方法,并将学习两种特殊的数列——等差数列和等比数列.

1. 数列的定义

按照一定顺序排列的一列数称为数列.每列数中的一个数叫作数列的项,数列的每一项都和它的序号有关,排在数列第一位的数叫作这个数列的第一项(通常也叫作首项),排在第二位的数叫作这个数列的第二项,以此类推,排在第 n 位的数称为该数列的第 n 项.

$$a_1,a_2,\cdots,a_n,\cdots$$

其中 a_n 是数列的第 n 项,叫作数列的通项,我们常把一般形式的数列简记为 $\{a_n\}$.

项数有限的数列叫作有穷数列,项数无限的数列叫作无穷数列.从第 2 项开始,每一项都大于它的前一项的数列叫作递增数列;从第 2 项开始,每一项都小于前一项的数列叫作递减数列;各项相等的数列叫作常数列;从第 2 项起,有些项大于前一项,有些项小于前一项的数列叫作摆动数列.

2. 数列的通项公式

如果数列 $\{a_n\}$ 的第 n 项与序号 n 之间的关系可以用一个函数式 $a_n = f(n)$ 来表示,那么这个函数叫作这个数列的通项公式. 并非每一个数列都可以写出通项公式;有些数列的通项公式也并非是唯一的;通项公式是确定数列的重要方法.

3. 数列的递推公式

如果已知数列的第一项(或前几项),且从第二项(或某一项)开始的任一项 a_n 与它的前一项 a_{n-1}(或前几项)间的关系可以用一个公式来表示,那么这个公式就叫作这个数列的递推公式. 递推公式也是给出数列的一种方法,有些数列的递推公式可以有不同形式,即不唯一;有些数列没有递推公式;有递推公式的数列不一定有通项公式.

4. 数列的前 n 项和公式

$S_n = a_1 + a_2 + \cdots + a_n$ 为数列的前 n 项和.

5. 数列的通项公式与前 n 项和公式的关系

(1)已知 a_n 求 S_n

$$S_n = a_1 + a_2 + \cdots + a_n = \sum_{i=1}^{n} a_i$$

(2)已知 S_n 求 a_n

$$a_n = \begin{cases} S_1, & n = 1 \\ S_n - S_{n-1}, & n \geq 2 \end{cases}$$

例 1 已知函数 $f(x) = \dfrac{1-2x}{x+1}$,若 $a_n = f(n)$,则数列 $\{a_n\}$ 为(   ).

A. 递增数列   B. 递减数列   C. 常数列   D. 摆动数列   E. 无法确定

例 2 数列 $\{a_n\}$ 的通项公式为 $a_n = \dfrac{n-\sqrt{97}}{n-\sqrt{98}}$,它的前 30 项中最大项是第(   )项,最小项是第(   )项.

A. 9,11   B. 9,10   C. 10,8   D. 10,11   E. 10,9

例 3 已知 $a_n = a_{n-1} + n$,且 $a_1 = 1$,则通项 $a_n = ($).

A. $a_n = \dfrac{n(n+1)}{2}$ B. $a_n = \dfrac{n(n-1)}{2} + 1$ C. $a_n = \dfrac{2n^2-1}{2}$

D. $a_n = n$ E. 以上均不正确

例 4 已知 $a_n = a_{n-1} \times 3^n$,且 $a_1 = 3$,则通项 $a_n = ($).

A. $a_n = 3^{\frac{n(n-1)}{2}} + 2$ B. $a_n = 3^n$

C. $a_n = \begin{cases} 3, & n = 1 \\ 3^{\frac{n(n-1)}{2}}, & n \geq 2 \end{cases}$ D. $a_n = 3^{\frac{n(n+1)}{2}}$ E. 以上均不正确

例 5 已知 $\{a_n\}$ 满足 $a_n = 4a_{n-1} + 3$,且 $a_1 = 1$,则这个数列的第五项的值为(   ).

A. 200   B. 225   C. 340   D. 420   E. 511

例 6 已知 $\{a_n\}$ 的前 n 项和为 S_n 满足 $S_n=3^n-2$，则该数列的通项为(　　).

A. $a_n=2\times3^{n-1}$ 　　B. $a_n=\begin{cases}1,n=1\\2\times3^{n-1},n\geq2\end{cases}$ 　　C. $a_n=\begin{cases}1,n=1\\2\times3^n,n\geq2\end{cases}$

D. $a_n=2\times3^n$ 　　E. $a_n=\begin{cases}1,n=1\\3^{n-1},n\geq2\end{cases}$

等差数列

1. 等差数列的定义

一个数列从第二项开始，每一项与前一项的差都等于同一个常数，那么这个数列叫作等差数列. 这个常数叫作等差数列的公差，公差通常用字母 d 表示. 即 $a_n-a_{n-1}=d(n\geq2)$.

如果三个数 x,A,y 组成等差数列，那么 A 叫作 x 与 y 的等差中项. 如果 A 是 x 和 y 的等差中项，则 $A=\dfrac{x+y}{2}$. 如果一个数列从第 2 项开始，每一项(有穷数列的末项除外)都是它的前一项与后一项的等差中项，那么这个数列是等差数列.

2. 等差数列的基本公式

等差数列的通项公式：$a_n=a_1+(n-1)d=dn+(a_1-d)$

等差数列的前 n 项和公式：$S_n=\dfrac{n(a_1+a_n)}{2}=na_1+\dfrac{n(n-1)}{2}d=\dfrac{d}{2}n^2+\left(a_1-\dfrac{d}{2}\right)n$

例 7 在等差数列 $\{a_n\}$ 中，已知 $a_5=10,a_{12}=31$，则首项和公差分别为(　　).

A. $a_1=-2,d=3$ 　　B. $a_1=2,d=3$ 　　C. $a_1=2,d=-3$

D. $a_1=-2,d=-3$ 　　E. $a_1=-2,d=2$

例 8 梯子共有 5 级，从上往下数第 1 级宽 35 厘米，第 5 级宽 43 厘米，且各级的宽度依次成等差数列，则梯子的第 4 级宽度为(　　)厘米.

A. 37 　　B. 38 　　C. 39 　　D. 40 　　E. 41

例 9 若 x 是 a,b 的等差中项，x^2 是 $a^2,-b^2$ 的等差中项，则 a,b 的关系为(　　).

A. $a=b=0$ 　　B. $a=-b=0$ 　　C. $a=3b$

D. $a=3b$ 或 $a=-b$ 　　E. $a=-b$

例 10 某屋顶的一个斜面成等腰梯形，要铺上瓦片，已知最上面一层(一行)铺 21 块，往下每一层多铺 1 块，一共铺 19 层，则这个斜面需要用(　　)块瓦片.

A. 550 　　B. 560 　　C. 570 　　D. 580 　　E. 590

例 11 等差数列 14,11,8,… 的前 n 项和取得最大值时，$n=$(　　).

A. 3 　　B. 4 　　C. 5 　　D. 6 　　E. 7

等比数列 ◤

1.等比数列的定义

如果一个数列从第2项开始,每一项与前一项的比等于同一个常数,这样的数列叫作等比数列.这个常数叫作公比,通常用字母 $q(q\neq0)$ 表示.即 $\dfrac{a_n}{a_{n-1}}=q(n\geq2,q\neq0)$.

如果三个数 x,G,y 组成等比数列,则 G 叫作 x 和 y 的等比中项.如果 G 是 x 和 y 的等比中项,那么 $\dfrac{G}{x}=\dfrac{y}{G}$,即 $G^2=xy$.显然,两个正数(或两个负数)的等比中项有两个,它们互为相反数,一个正数和一个负数没有等比中项.如果一个数列从第2项起,每一项(有穷数列的末项除外)都是它的前一项与后一项的等比中项,那么这个数列是等比数列.

2.等比数列的基本公式

等比数列的通项公式: $a_n=a_1q^{n-1}=\dfrac{a_1}{q}\cdot q^n=k\cdot q^n$

等比数列的求和公式: $S_n=\begin{cases} na_1(q=1) \\ \dfrac{a_1(1-q^n)}{1-q}(q\neq1)=\dfrac{-a_1}{1-q}q^n+\dfrac{a_1}{1-q}=a\cdot q^n+b(a+b=0) \end{cases}$

3.等差数列与等比数列的联系与区别

	等差数列	等比数列
不同点	(1)强调每一项与前一项的差 (2) a_1 和 d 可以为0 (3)等差中项唯一	(1)强调每一项与前一项的比 (2) a_1 和 d 均不为0 (3)等比中项有两个值
相同点	(1)都强调每一项与前一项的关系 (2)公差与公比都必须是常数 (3)数列都可以由 a_1,d 或 a_1,q 确定	
联系	(1)若 $\{a_n\}$ 为正项等比数列,则 $\{\log_b a_n\}$ 为等差数列 (2)若 $\{a_n\}$ 为等差数列,则 $\{b^{a_n}\}$ 为等比数列	

例12 若 $M=a^4+a^2b^2,N=b^4+a^2b^2$(其中 $ab\neq0$),则 M 与 N 的等比中项为(　　).

A. $ab(a^2+b^2)$ B. $-ab(a^2+b^2)$ C. $\pm ab(a^2+b^2)$

D. $ab(a^2-b^2)$ E. $\pm ab(a^2-b^2)$

例13 在等比数列 $\{a_n\}$ 中, $a_2=4,a_5=-\dfrac{1}{2}$,则 $a_n=($　　$)$.

A. $a_n=-8\times\left(-\dfrac{1}{2}\right)^{n-1}$ B. $a_n=-8\times\left(\dfrac{1}{2}\right)^{n-1}$ C. $a_n=8\times\left(-\dfrac{1}{2}\right)^{n-1}$

D. $a_n=8\times\left(\dfrac{1}{2}\right)^{n-1}$ E. $a_n=-8\times\left(-\dfrac{1}{4}\right)^{n-1}$

例14 等比数列 $\{a_n\}$ 的公比 $q=\dfrac{1}{2}$, $a_8=1$,则前8项之和 $S_8=($　　$)$.

A. 165　　　　　B. 180　　　　　C. 215　　　　　D. 235　　　　　E. 255

例 15　某市近 10 年的年国内生产总值从 2000 亿元开始,以 10% 的速度增长,则该城市近 10 年的国内生产总值的和为(　　). ($1.1^{11} \approx 2.85$; $1.1^{10} \approx 2.59$; $1.1^9 \approx 2.36$)

A. 27200　　　B. 31800　　　C. 37000　　　D. 39200　　　E. 42000

例题参考答案

1~5: B E A D E　　　　6~10: B A E D C　　　　11~15: C C A E B

经典例题题解

例 1 解析　①$f(x) = \dfrac{1-2x}{x+1} = \dfrac{-2(x+1)+3}{x+1} = -2 + \dfrac{3}{x+1}$.

②$a_n = f(n) = -2 + \dfrac{3}{n+1}$($n \geq 1$),故 $\{a_n\}$ 为递减数列.

综上所述,答案是 **B**.

例 2 解析　①$a_n = \dfrac{n - \sqrt{98} + \sqrt{98} - \sqrt{97}}{n - \sqrt{98}} = 1 + \dfrac{\sqrt{98} - \sqrt{97}}{n - \sqrt{98}}$.

②故 $n = 9$ 取得最小值,$n = 10$ 取得最大值.

综上所述,答案是 **E**.

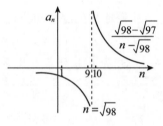

图 4-1

例 3 解析　①$a_n - a_{n-1} = n$,即 $a_2 - a_1 = 2$;$a_3 - a_2 = 3$;$\cdots$;$a_n - a_{n-1} = n$.

②故 $a_n - a_1 = 2 + 3 + \cdots + n \Rightarrow a_n = 1 + 2 + \cdots + n = \dfrac{n(n+1)}{2}$.

综上所述,答案是 **A**.

例 4 解析　①$\dfrac{a_n}{a_{n-1}} = 3^n$,即 $\dfrac{a_2}{a_1} = 3^2$;$\dfrac{a_3}{a_2} = 3^3$;$\cdots$;$\dfrac{a_n}{a_{n-1}} = 3^n$.

②故 $\dfrac{a_2}{a_1} \cdot \dfrac{a_3}{a_2} \cdot \cdots \cdot \dfrac{a_n}{a_{n-1}} = \dfrac{a_n}{a_1} = 3^2 \times 3^3 \times \cdots \times 3^n$.

③即 $a_n = 3 \times 3^2 \times \cdots \times 3^n = 3^{\frac{n(1+n)}{2}}$.

综上所述,答案是 **D**.

例 5 解析　①$a_n + 1 = 4(a_{n-1} + 1) \Rightarrow \dfrac{a_n + 1}{a_{n-1} + 1} = 4$.

②故 $\{a_n + 1\}$ 是以 2 为首项 4 为公比的等比数列,

$a_n + 1 = 2 \times 4^{n-1} \Rightarrow a_n = 2 \times 4^{n-1} - 1$.

③故 $a_5 = 2 \times 4^4 - 1 = 2^9 - 1 = 511$.

综上所述,答案是 **E**.

例 6 解析 ①当 $n=1$ 时，$a_1=S_1=1$；

当 $n\geqslant 2$ 时，$a_n=S_n-S_{n-1}=(3^n-2)-(3^{n-1}-2)=2\times 3^{n-1}$.

②故 $a_n=\begin{cases}1,n=1\\2\times 3^{n-1},n\geqslant 2\end{cases}$.

综上所述，答案是 **B**.

例 7 解析 ①$d=\dfrac{a_{12}-a_5}{12-5}=\dfrac{31-10}{7}=3$.

②$a_5=a_1+4d=10\Rightarrow a_1=10-12=-2$.

综上所述，答案是 **A**.

例 8 解析 ①$\begin{cases}a_1=35\\a_5=43\end{cases}\Rightarrow d=\dfrac{a_5-a_1}{5-1}=\dfrac{43-35}{4}=2$.

②$a_4=a_5-d=43-2=41$.

综上所述，答案是 **E**.

例 9 解析 ①$\begin{cases}a+b=2x\\a^2-b^2=2x^2\end{cases}\Rightarrow\begin{cases}x^2=\dfrac{(a+b)^2}{4}\\x^2=\dfrac{a^2-b^2}{2}\end{cases}$.

②$\dfrac{(a+b)^2}{4}=\dfrac{(a+b)(a-b)}{2}$.

故 $a+b=0$ 或 $a+b=2(a-b)$，即 $a=-b$ 或 $a=3b$.

综上所述，答案是 **D**.

例 10 解析 ①$a_1=21,d=1,n=19$.

②$S_n=\dfrac{d}{2}n^2+\left(a_1-\dfrac{d}{2}\right)n=\dfrac{1}{2}\times 19\times 19+\left(21-\dfrac{1}{2}\right)\times 19=\dfrac{1}{2}\times 19\times(19+41)=570$.

综上所述，答案是 **C**.

例 11 解析 ①$a_1=14,d=-3$.

故 $a_n=14+(n-1)\times(-3)=-3n+17$.

②$a_5=2>0,a_6=-1<0$.

故 S_5 最大.

综上所述，答案是 **C**.

例 12 解析 ①M,N 的等比中项为 $\pm\sqrt{MN}$.

②故 $\pm\sqrt{a^2(a^2+b^2)\times b^2(a^2+b^2)}=\pm ab(a^2+b^2)$.

综上所述，答案是 **C**.

例 13 解析 ① $q^3 = \dfrac{a_5}{a_2} = \dfrac{-\dfrac{1}{2}}{4} = -\dfrac{1}{8} \Rightarrow q = -\dfrac{1}{2}, a_1 = -8.$

② $a_n = a_1 q^{n-1} = -8 \times \left(-\dfrac{1}{2}\right)^{n-1}.$

综上所述,答案是 **A**.

例 14 解析 ① $a_1 = \dfrac{a_8}{q^7} = \dfrac{1}{\left(\dfrac{1}{2}\right)^7} = 2^7.$

② $S_8 = \dfrac{a_1(1-q^8)}{1-q} = \dfrac{2^7 \times \left(1 - \dfrac{1}{2^8}\right)}{1 - \dfrac{1}{2}} = 2^8 - 1 = 255.$

综上所述,答案是 **E**.

例 15 解析 $S_{10} = \dfrac{2000 \times (1 - 1.1^{10})}{1 - 1.1} = 20000 \times 1.59 = 31800.$

综上所述,答案是 **B**.

数列练习题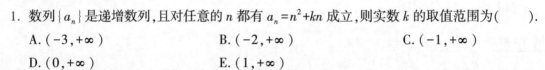

1. 数列 $\{a_n\}$ 是递增数列,且对任意的 n 都有 $a_n = n^2 + kn$ 成立,则实数 k 的取值范围为( ).

   A. $(-3, +\infty)$ B. $(-2, +\infty)$ C. $(-1, +\infty)$

   D. $(0, +\infty)$ E. $(1, +\infty)$

2. 已知数列 $\{a_n\}$ 满足 $a_1 = 33$,$a_{n+1} - a_n = 2n$,则 $a_n = ($).

   A. $2n^2 - 2n + 33$ B. $n^2 - n - 33$ C. $n^2 + n + 33$

   D. $n^2 - 3n + 33$ E. $n^2 - n + 33$

3. 在所有的两位正整数中,所有除以 3 余 1 的整数之和为( ).

   A. 1508   B. 1605   C. 1555   D. 1595   E. 1625

4. 在数列 $\{a_n\}$ 中,若 $a_1 = 1$,$a_{n+1} = 2a_n + 3 (n \geq 1)$,则该数列的通项 $a_n = ($).

   A. $2^{n+1} - 3$ B. $2^{n+1} + 3$ C. $2^n - 1$

   D. $3 \cdot 2^n - 5$ E. $3n^2 - 2$

5. 数列 $\{a_n\}$ 的前 n 项和 $S_n = n^2 - 10n + 5$,则此数列的通项公式为( ).

   A. $a_n = 2n - 11$ B. $a_n = \begin{cases} -4, & n = 1 \\ 3n - 12, & n \geq 2 \end{cases}$ C. $a_n = 3n - 12$

D. $a_n = \begin{cases} -4, & n=1 \\ 2n-11, & n \geqslant 2 \end{cases}$　　　　E. $a_n = 2n^2 - 11$

6. 已知数列 $\{a_n\}$ 各项均为正数, 前 n 项和为 S_n, 且 $S_n = \dfrac{a_n(a_n+1)}{2}$, 则 $\{a_n\}$ 为(　　　).

　　A. 等比数列　　　　　　　　B. 等差数列　　　　　　　C. 既非等差又非等比数列

　　D. 既是等差又是等比数列　　E. 以上均不正确

7. 已知数列 $\{a_n\}$ 为等差数列, $a_3 = \dfrac{5}{4}$, $a_7 = -\dfrac{7}{4}$, 则 $a_{15} = ($　　　).

　　A. $-\dfrac{45}{4}$　　　　B. $-\dfrac{37}{4}$　　　　C. $-\dfrac{35}{4}$　　　　D. $-\dfrac{31}{4}$　　　　E. $-\dfrac{27}{4}$

8. 已知递增的等差数列 $\{a_n\}$ 满足 $a_1 = 1$, $a_3 = a_2^2 - 4$, 则 $a_n = ($　　　).

　　A. $2n-1$　　　　　　　　　B. $2n+1$　　　　　　　　C. n

　　D. $3n-2$　　　　　　　　　E. $2n^2 - 1$

9. 已知 $\{a_n\}$ 是等差数列, $a_1 + a_2 = 4$, $a_7 + a_8 = 28$, 则该数列的前 10 项之和 S_{10} 等于(　　　).

　　A. 64　　　　　B. 100　　　　　C. 110　　　　　D. 120　　　　　E. 130

10. 已知数列 $\{a_n\}$ 的前 n 项和 $S_n = 3^{n-1} + k$ (k 为常数), 那么下列结论正确的是(　　　).

　　A. k 为任意实数时, $\{a_n\}$ 是等比数列　　　　B. $k = -1$ 时, $\{a_n\}$ 是等比数列

　　C. $k = 0$ 时, $\{a_n\}$ 是等比数列　　　　　　　D. $k = -\dfrac{1}{3}$ 时, $\{a_n\}$ 是等比数列

　　E. $\{a_n\}$ 不可能是等比数列

11. 等比数列 $\{a_n\}$ 中, $a_1 = \dfrac{1}{8}$, $q = 2$, 则 a_4 与 a_8 的等比中项为(　　　).

　　A. 4　　　　　B. -4　　　　　C. ± 4　　　　　D. 6　　　　　E. ± 6

12. 设 $f(n) = 2 + 2^4 + 2^7 + 2^{10} + \cdots + 2^{3n+10}$, 则 $f(n) = ($　　　).

　　A. $\dfrac{2}{7}(8^n - 1)$　　　　　B. $\dfrac{2}{7}(8^{n+1} - 1)$　　　　　C. $\dfrac{2}{7}(8^{n+3} - 1)$

　　D. $\dfrac{2}{7}(8^{n-1} - 1)$　　　　E. $\dfrac{2}{7}(8^{n+4} - 1)$

13. 已知在等比数列 $\{a_n\}$ 中, $a_1 = 3$, $a_4 = 81$, 若数列 $\{b_n\}$ 满足 $b_n = \log_3 a_n$, 则数列 $\left\{ \dfrac{1}{b_n b_{n+1}} \right\}$ 的前

　　n 项和 $S_n = ($　　　).

　　A. $\dfrac{n}{n-1}$　　　　B. $\dfrac{n}{n+2}$　　　　C. n　　　　D. $\dfrac{n}{n+1}$　　　　E. $\dfrac{1}{n+1}$

14. 设等比数列 $\{a_n\}$ 的公比为 q, 前 n 项和为 S_n, 若 S_{n+1}, S_n, S_{n+2} 成等差数列, 则 $q = ($　　　).

　　A. 2　　　　　B. -2　　　　　C. 2 或 -2　　　　D. 1　　　　　E. -1

15. 等差数列 $\{a_n\}$ 的公差为 2, 若 a_2, a_4, a_8 成等比数列, 则 $\{a_n\}$ 的前 n 项和 $S_n = ($　　　).

A. $n(n+1)$ B. $n(n-1)$ C. $\dfrac{n(n+1)}{2}$ D. $\dfrac{n(n-1)}{2}$ E. $\dfrac{n(n+1)}{4}$

数列练习题参考答案

1~5: A E B A D   6~10: B D A B D   11~15: C E D B A

数列练习题题解

1 【解析】因为 $\{a_n\}$ 是递增数列,故 $a_{n+1}-a_n>0$,化简有 $k>-2n-1$ 恒成立.

所以当 $n=1$ 时,$k>(-2n-1)_{\max}=-3$.

所以 $k>-3$.

综上所述,答案是 **A**.

2 【解析】由题意,

$a_n-a_{n-1}=2(n-1)$

$a_{n-1}-a_{n-2}=2(n-2)$

$\vdots$

$a_2-a_1=2\times1$

两边相加,有 $a_n-a_1=2[(n-1)+(n-2)+\cdots+1]$

$=\dfrac{2[(n-1)+1](n-1)}{2}=n^2-n(n\geq2)$.

故 $a_n=n^2-n+33(n\geq2)$.

又因为 $a_1=33$,满足 $1^2-1+33=33$,故 $a_n=n^2-n+33(n\geq1)$.

综上所述,答案是 **E**.

3 【解析】这组数分别为 $10,13,16,\cdots,97$,一共 30 项.

故 $S_n=10+13+\cdots+97=\dfrac{(10+97)\times30}{2}=1605$.

综上所述,答案是 **B**.

4 【解析】原数列非等差,亦非等比数列,故构造特殊的等比数列.

此时 $x=\dfrac{3}{2-1}=3$,即 $a_{n+1}+3=2(a_n+3)$.

又 $a_1=1$,故数列 $\{a_n+3\}$ 为首项为 4,公比为 2 的等比数列,

所以 $a_n=4\cdot2^{n-1}-3=2^{n+1}-3$.

综上所述,答案是 **A**.

5 【解析】当 $n\geq2$ 时,$a_n=S_n-S_{n-1}=2n-11$.

当 $n=1$ 时,$a_1=1^2-10+5=-4$.

又 $a_1 = -4 \neq 2 \times 1 - 11$，故 $a_n = \begin{cases} -4, & n=1 \\ 2n-11, & n \geq 2 \end{cases}$．

综上所述，答案是 **D**.

6 　【解析】当 $n \geq 2$ 时，$a_n = S_n - S_{n-1} = \dfrac{a_n(a_n+1) - a_{n-1}(a_{n-1}+1)}{2}$，

即 $a_n + a_{n-1} = (a_n - a_{n-1})(a_n + a_{n-1})$．

故 $a_n - a_{n-1} = 1$．

又 $a_1 = S_1 = 1$，故 $\{a_n\}$ 为首项为 1，公差为 1 的等差数列.

故 $a_n = 1 + (n-1) \cdot 1 = n$．

综上所述，答案是 **B**.

7 　【解析】$a_7 - a_3 = 4d = -3$．

$a_{15} = a_7 + 8d = a_7 + 4d \cdot 2 = -\dfrac{7}{4} + 2 \times (-3) = -\dfrac{31}{4}$．

综上所述，答案是 **D**.

8 　【解析】因为 $a_3 = a_2^2 - 4$，故 $1 + 2d = (1+d)^2 - 4$．

解得 $d = \pm 2$，又因为 a_n 是递增的，故 $d = 2$．

故 $a_n = 1 + 2(n-1) = 2n-1$．

综上所述，答案是 **A**.

9 　【解析】$(a_7 + a_8) - (a_1 + a_2) = 12d = 24$，故 $d = 2$．

又 $a_1 + a_2 = 2a_1 + d = 4$，故 $a_1 = 1$．

所以 $a_{10} = 1 + 9 \times 2 = 19$．

故 $S_{10} = \dfrac{(a_1 + a_{10}) \times 10}{2} = 100$．

综上所述，答案是 **B**.

10 　【解析】$S_n = 3^{n-1} + k = \dfrac{1}{3} \cdot 3^n + k$．

根据等比数列的特征，当 $\dfrac{1}{3} + k = 0$，即 $k = -\dfrac{1}{3}$ 时，数列 $\{a_n\}$ 为等比数列.

综上所述，答案是 **D**.

11 　【解析】设等比中项为 x．

$a_n = \dfrac{1}{8} \cdot 2^{n-1} = 2^{n-4}$，故 $a_4 = 1$，$a_8 = 16$．

故 $x^2 = a_4 \cdot a_8$，即 $x = \pm \sqrt{1 \times 16} = \pm 4$．

综上所述,答案是 **C**.

12 【解析】设 $2, 2^4, 2^7, \cdots, 2^{3n+10}$ 构成的数列为 $\{a_n\}$,

则 $a_n = 2 \cdot 8^{n-1}$,2^{3n+10} 为该数列的第 $n+4$ 项.

故 $f(n) = 2 \cdot \dfrac{1-8^{n+4}}{1-8} = \dfrac{2}{7}(8^{n+4}-1)$.

综上所述,答案是 **E**.

13 【解析】$\dfrac{a_4}{a_1} = q^3 = 27$,故 $q=3$,因此 $a_n = 3 \cdot 3^{n-1} = 3^n$.

$b_n = \log_3 a_n = \log_3 3^n = n$,故 $\dfrac{1}{b_n b_{n+1}} = \dfrac{1}{n(n+1)} = \dfrac{1}{n} - \dfrac{1}{n+1}$.

所以 $S_n = \left(1 - \dfrac{1}{2}\right) + \left(\dfrac{1}{2} - \dfrac{1}{3}\right) + \cdots + \left(\dfrac{1}{n} - \dfrac{1}{n+1}\right) = \dfrac{n}{n+1}$.

综上所述,答案是 **D**.

14 【解析】$2S_n = S_{n+1} + S_{n+2}$,故 $2S_n = S_n + a_{n+1} + S_n + a_{n+1} + a_{n+2}$,

化简得 $a_{n+2} = -2a_{n+1}$,故 $q = -2$.

综上所述,答案是 **B**.

15 【解析】$a_4^2 = a_2 a_8$,故 $(a_1 + 3d)^2 = (a_1 + d)(a_1 + 7d)$,

解得 $a_1 = d = 2$,故 $a_n = 2 + 2(n-1) = 2n$.

则 $S_n = \dfrac{(2+2n) \cdot n}{2} = n(n+1)$.

综上所述,答案是 **A**.

专项四　不等式

备考指南 ◤

　　不等式在考试中通常会有 3~4 道题目,也会和其他的模块相结合考查.对于不等式,首先我们要了解不等式的基本性质;然后要熟练掌握求解基本不等式解集的方法;最后要灵活运用均值不等式、三角不等式及求解不等式的恒成立问题.

核心考点 ◤

　　1.不等式的基本性质　　　　★★★
　　2.基本不等式的求解　　　　★★★
　　3.不等式的恒成立问题　　　★★

不等式的基本概念 ◤

　　我们用数学符号"$\neq$""$>$""$<$""$\geqslant$""$\leqslant$"连接两个数或代数式,以表示他们之间的不等关系.含有这些不等号的式子,叫作不等式.要特别注意,"$\geqslant$"和"$\leqslant$"两个符号的含义,如果 a,b 是两个实数,那么 $a\leqslant b$ 即为 $a<b$ 或 $a=b$;$a\geqslant b$ 即为 $a>b$ 或 $a=b$.

　　数轴上任意两点中,右边点对应的实数比左边点对应的实数大,对于任意实数 a,b,在 $a>b,a<b,a=b$ 三种关系中有且仅有一种关系成立.在数学中我们比较两个数的大小只要考查他们的差就可以了.若 $a-b>0$ 则 $a>b$;若 $a-b<0$ 则 $a<b$;若 $a-b=0$ 则 $a=b$.

不等式的主要性质 ◤

　　1.不等式的基本性质
　　(1)对称性:若 $a>b$,则 $b<a$;若 $b<a$,则 $a>b$.
　　(2)传递性:若 $a>b,b>c$,则 $a>c$.
　　(3)加法法则:若 $a>b,c>d$,则 $a+c>b+d$.　　　　　(同向可加)
　　(4)乘法法则:若 $a>b>0,c>d>0$,则 $a \cdot c>b \cdot d>0$.　　(同向同正可乘)
　　(5)倒数法则:若 $a>b>0$,则 $\dfrac{1}{b}>\dfrac{1}{a}>0$.　　　　　(同向皆正可倒数)

(6)乘方法则:若 $a>b>0$,则 $a^n>b^n>0$.

(7)开方法则:若 $a>b>0$,则 $\sqrt[n]{a}>\sqrt[n]{b}>0$.

例1 已知 $a>2$,$b>2$,则(　　　).

A. $ab>a+b$　　　　　　　　　　B. $ab<a+b$　　　　　　　　　　C. $ab\geqslant a+b$

D. $ab\leqslant a+b$　　　　　　　　　　E. 无法确定

例2 (条件充分性判断) $\lg x+\log_x 10>2$.

(1) $x>1$.　　　　　　　　　　(2) $x\neq 10$.

例3 下列命题中正确的是(　　　).

A. 若 $ac>bc$,则 $a>b$　　　　　　　　　　B. 若 $a^2>b^2$,则 $a>b$

C. 若 $\dfrac{1}{a}>\dfrac{1}{b}$,则 $a<b$　　　　　　　　　　D. 若 $\sqrt{a}>\sqrt{b}$,则 $a>b$

E. 若 $a^{2n}<b^{2n}$,则 $a<b$

例4 下列命题中正确的是(　　　).

A. 若 $a>b$,则 $a^2>b^2$　　　　　　　　　　B. 若 $a>|b|$,则 $a^2>b^2$

C. 若 $|a|>b$,则 $a^2>b^2$　　　　　　　　　　D. 若 $a>b$,$c>d$,则 $a-c>b-d$

E. 若 $a>b>0$,$0<c<d$,则 $\dfrac{a}{c}<\dfrac{b}{d}$

例5 以下说法正确的有(　　　)个.

①若 $a>b>c>d$,则 $\dfrac{1}{a-d}>\dfrac{1}{b-c}$;②若 $a>b>c$,$a+b+c=0$ 则 $\dfrac{c}{a-c}<\dfrac{c}{b-c}$;

③若 $a>b>0$,$c>d>0$,则 $\sqrt{\dfrac{a}{d}}>\sqrt{\dfrac{b}{c}}$;④ $a^2+b^2+1>2(a-b-1)$ 恒成立.

A. 0　　　　　　B. 1　　　　　　C. 2　　　　　　D. 3　　　　　　E. 4

不等式的解

1. 一元一次不等式

含有一个未知数并且未知数最高次数是一次的不等式,叫作一元一次不等式.

对于一元一次不等式 $ax+b>0(a\neq 0)$:

若 $a>0$,则不等式的解集为 $\left\{x\left|x>-\dfrac{b}{a}\right.\right\}$

若 $a<0$,则不等式的解集为 $\left\{x\left|x<-\dfrac{b}{a}\right.\right\}$

2. 一元二次不等式

含有一个未知数并且未知数最高次数是二次的整式不等式,叫作一元二次不等式. 一元二次不等式的一般表达形式为 $ax^2+bx+c>0(a\neq 0)$ 或 $ax^2+bx+c<0(a\neq 0)$,其中 a,b,c 均为常数.

对于一元二次不等式 $ax^2+bx+c>0$ 或 $ax^2+bx+c<0(a\neq 0)$:

（1）当 $\Delta = b^2 - 4ac > 0$，一元二次方程有两个不同的实根 x_1，x_2（令 $x_1 < x_2$）

若 $a > 0$，不等式 $ax^2 + bx + c > 0$ 解集为 $\{x \mid x > x_2$ 或 $x < x_1\}$

若 $a > 0$，不等式 $ax^2 + bx + c < 0$ 解集为 $\{x \mid x_1 < x < x_2\}$

若 $a < 0$，不等式 $ax^2 + bx + c > 0$ 解集为 $\{x \mid x_1 < x < x_2\}$

若 $a < 0$，不等式 $ax^2 + bx + c < 0$ 解集为 $\{x \mid x > x_2$ 或 $x < x_1\}$

（2）当 $\Delta = b^2 - 4ac = 0$，一元二次方程有两个相同的实根 $x_1 = x_2 = -\dfrac{b}{2a}$

若 $a > 0$，不等式 $ax^2 + bx + c > 0$ 解集为 $\left\{x \mid x \neq -\dfrac{b}{2a}\right\}$

若 $a > 0$，不等式 $ax^2 + bx + c < 0$ 解集为 $\varnothing$（空集）

若 $a < 0$，不等式 $ax^2 + bx + c > 0$ 解集为 $\varnothing$（空集）

若 $a < 0$，不等式 $ax^2 + bx + c < 0$ 解集为 $\left\{x \mid x \neq -\dfrac{b}{2a}\right\}$

（3）当 $\Delta = b^2 - 4ac < 0$，一元二次方程无实根

若 $a > 0$，不等式 $ax^2 + bx + c > 0$ 解集为 **R**

若 $a > 0$，不等式 $ax^2 + bx + c < 0$ 解集为 $\varnothing$（空集）

若 $a < 0$，不等式 $ax^2 + bx + c > 0$ 解集为 $\varnothing$（空集）

若 $a < 0$，不等式 $ax^2 + bx + c < 0$ 解集为 **R**

3. 一元高次不等式

简单的一元高次不等式使用数轴穿根法求解，其步骤是：

（1）分解成若干个一次因式的积，并使每一个因式中最高次项的系数为正；

（2）将每一个一次因式的根标在数轴上，从最大根的右上方依次通过每一点画曲线；并注意"奇穿过偶弹回"；

（3）根据曲线显现的符号变化规律，写出不等式的解集.

如 $(x+1)(x-1)^2(x-2) < 0$，根据图 5-1 所示，可知其解集为 $\{x \mid -1 < x < 1$ 或 $1 < x < 2\}$.

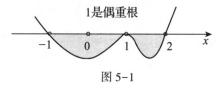

图 5-1

4. 分式不等式

分式不等式的解：$\dfrac{f(x)}{g(x)} > 0 \Leftrightarrow f(x)g(x) > 0$；$\dfrac{f(x)}{g(x)} \geqslant 0 \Leftrightarrow \begin{cases} f(x)g(x) \geqslant 0 \\ g(x) \neq 0 \end{cases}$

5. 根式不等式

根式不等式的解：

$(1)\ \sqrt{f(x)} > g(x) \Rightarrow \begin{cases} f(x) > 0 \\ g(x) \geqslant 0 \\ f(x) > g^2(x) \end{cases}$ 或 $\begin{cases} f(x) \geqslant 0 \\ g(x) < 0 \end{cases}$

$(2)\ \sqrt{f(x)} < g(x) \Rightarrow \begin{cases} f(x) \geqslant 0 \\ g(x) > 0 \\ f(x) < g^2(x) \end{cases}$

$(3)\ \sqrt{f(x)} < \sqrt{g(x)} \Rightarrow \begin{cases} f(x) \geqslant 0 \\ g(x) > 0 \\ f(x) < g(x) \end{cases}$

6. 绝对值不等式

(1) $|f(x)| \leqslant a$, $|f(x)| \geqslant a$ 型不等式的解法

1) 若 $a \geqslant 0$, 则 $|f(x)| \leqslant a$ 的解集为 $[-a, a]$;

$|f(x)| \geqslant a$ 的解集为 $(-\infty, -a] \cup [a, +\infty)$.

2) 若 $a < 0$, 则 $|f(x)| \leqslant a$ 的解集为 $\varnothing$(空集); $|f(x)| \geqslant a$ 的解集为 **R**.

(2) $|x-a| + |x-b| \geqslant c$, $|x-a| + |x-b| \leqslant c$ 型不等式的解法

1) 令每个绝对值符号里的一次式为 0, 求出相应的根;

2) 把这些根由小到大排序, 它们把实数轴分为若干个区间;

3) 在所分区间上, 根据绝对值的定义去掉绝对值符号, 讨论所得的不等式在这个区间上的解集;

4) 这些解集的并集就是原不等式的解集.

7. 指数与对数不等式

(1) 指数不等式

$a^{f(x)} > a^{g(x)}\ (a > 0\ 且\ a \neq 1) \Rightarrow \begin{cases} 当\ a > 1\ 时, f(x) > g(x) \\ 当\ 0 < a < 1\ 时, f(x) < g(x) \end{cases}$

(2) 对数不等式

$\log_a f(x) > \log_a g(x)\ (a > 0\ 且\ a \neq 1) \Rightarrow \begin{cases} 当\ a > 1\ 时, f(x) > g(x) > 0 \\ 当\ 0 < a < 1\ 时, 0 < f(x) < g(x) \end{cases}$

例 6 关于 x 的不等式 $ax - b > 0$ 的解集为 $(-\infty, 1)$, 则关于 x 的不等式 $\dfrac{ax+b}{x-2} > 0$ 的解集为( ).

A. $(-\infty, -1) \cup (2, +\infty)$ B. $(-\infty, 1) \cup (2, +\infty)$ C. $(-\infty, -1)$

D. $(1, 2)$ E. $(-1, 2)$

例 7 一元二次不等式 $3x^2 - 4ax + a^2 < 0\ (a < 0)$ 的解集为( ).

A. $\left\{ x \mid \dfrac{a}{3} < x < a \right\}$ B. $\left\{ x \mid x > a\ 或\ x < \dfrac{a}{3} \right\}$ C. $\left\{ x \mid a < x < \dfrac{a}{3} \right\}$

D. $\left\{ x \mid x > \dfrac{a}{3}\ 或\ x < a \right\}$ E. $\{ x \mid a < x < 3a \}$

例 8 不等式 $\dfrac{x+1}{x} \leqslant 3$ 的解集为( ).

A. $\left\{x \mid 0 \leqslant x \leqslant \dfrac{1}{2}\right\}$　　　　　　B. $\left\{x \mid x \geqslant \dfrac{1}{2} \text{或} x \leqslant 0\right\}$　　　　　　C. $\left\{x \mid x \geqslant \dfrac{1}{2} \text{或} x < 0\right\}$

D. $\left\{x \mid 0 < x \leqslant \dfrac{1}{2}\right\}$　　　　　　E. $\left\{x \mid x > \dfrac{1}{2} \text{或} x < 0\right\}$

例9　不等式 $\sqrt{2x^2+1} - x \leqslant 1$ 的解集为(　　).

A. $\{x \mid 0 \leqslant x \leqslant 2\}$　　　　　　B. $\{x \mid 0 < x \leqslant 2\}$　　　　　　C. $\{x \mid 0 \leqslant x < 2\}$

D. $\{x \mid 1 \leqslant x \leqslant 2\}$　　　　　　E. $\{x \mid 1 < x \leqslant 2\}$

例10　若不等式 $|kx-4| \leqslant 2$ 的解集为 $\{x \mid 1 \leqslant x \leqslant 3\}$,则实数 $k=$(　　).

A. 1　　　　　B. 2　　　　　C. 6 或 2　　　　　D. 3　　　　　E. 4

不等式恒成立问题 🔖

(1)一元二次不等式恒成立

若 $a>0$,一元二次不等式 $ax^2+bx+c>0$ 恒成立,则 $\Delta = b^2-4ac<0$

若 $a<0$,一元二次不等式 $ax^2+bx+c<0$ 恒成立,则 $\Delta = b^2-4ac<0$

(2)不等式恒成立

常应用函数方程思想和"分离变量法"转化为最值问题

若不等式 $f(x)>A$ 在区间 D 上恒成立,则等价于在区间 D 上 $f(x)_{\min}>A$

若不等式 $f(x)<B$ 在区间 D 上恒成立,则等价于在区间 D 上 $f(x)_{\max}<B$

例11　已知对于任意实数 x,不等式 $(a+2)x^2+4x+(a-1)>0$ 恒成立,则 a 的取值范围为(　　).

A. $(-\infty,2) \cup (2,+\infty)$　　　　　　B. $(-\infty,-2) \cup [2,+\infty)$　　　　　　C. $(-2,2)$

D. $(2,+\infty)$　　　　　　E. 以上结论均不正确

例12　$x \in \mathbf{R}$,不等式 $\dfrac{3x^2+2x+2}{x^2+x+1}>k$ 恒成立,则正数 k 的取值范围为(　　).

A. $k<2$　　　　B. $0<k<2$　　　　C. $1<k<2$　　　　D. $k<-1$ 或 $k>1$　　　　E. $k>2$

例题参考答案

1~5:A　C　D　B　C　　　　　6~10:E　C　C　A　B　　　　　11~12:D　B

经典例题题解 🔖

例1解析　①$ab-a-b = ab-a-b+1-1 = (a-1)(b-1)-1.$

②$a>2,b>2$,故 $a-1>1,b-1>1$,则 $(a-1)(b-1)-1>0.$

所以 $ab-a-b>0$ 即 $ab>a+b.$

综上所述,答案是 **A**.

例2解析　①$\lg x + \dfrac{1}{\lg x} - 2 = \dfrac{\lg^2 x - 2\lg x + 1}{\lg x} = \dfrac{(\lg x - 1)^2}{\lg x}.$

② 条件(1):举反例 $x=10$,条件(2):举反例 $x=-1$,可知条件(1)和(2)均单独不充分.

③ 联合条件(1)和(2)：$x>1$ 且 $x \neq 10$,则 $\lg x>0$ 且 $\lg x \neq 1$,

故 $\dfrac{(\lg x-1)^2}{\lg x}>0$.

综上所述,答案是 **C**.

例3解析　A:举反例 $a=1,b=2,c=-1$;

B:举反例 $a=-2,b=1$;

C:举反例 $a=1,b=-1$;

E:举反例 $a=1,b=-2$;

D:$\sqrt{a}>\sqrt{b}\geq0$,同向皆正具有乘方性,故 $a>b$.

综上所述,答案是 **D**.

例4解析　A:举反例 $a=1,b=-2$;

C:举反例 $a=1,b=-2$;

D:举反例 $a=2,b=1,c=3,d=2$;

E:举反例 $a=2,b=1,c=1,d=2$;

B:$a>|b|\geq0$,同向皆正具有乘方性,故 $a^2>b^2$.

综上所述,答案是 **B**.

例5解析　①$a>b>c>d\Rightarrow a-d>b-c>0\Rightarrow\dfrac{1}{a-d}<\dfrac{1}{b-c}$,故错误.

②$a-c>b-c>0\Rightarrow\dfrac{1}{a-c}<\dfrac{1}{b-c}$,又 $c<0$,

故 $\dfrac{c}{a-c}>\dfrac{c}{b-c}$,所以错误.

③$c>d>0\Rightarrow0<\dfrac{1}{c}<\dfrac{1}{d}$,又 $0<b<a\Rightarrow0<\dfrac{b}{c}<\dfrac{a}{d}$.

故 $0<\sqrt{\dfrac{b}{c}}<\sqrt{\dfrac{a}{d}}$.

④$a^2-2a+1+b^2+2b+1+1=(a-1)^2+(b+1)^2+1>0$,显然恒成立.

综上所述,答案是 **C**.

例6解析　①$ax>b\Rightarrow x<1$,故 $\begin{cases}a<0\\a=b\end{cases}$.

②$\dfrac{ax+b}{x-2}>0\Rightarrow(x+1)(x-2)<0\Rightarrow-1<x<2$.

综上所述,答案是 **E**.

例7解析　①$3x^2-4ax+a^2<0\Rightarrow(3x-a)(x-a)<0$.

②又 $u<0$,故 $u<x<\dfrac{a}{3}$.

综上所述,答案是 **C**.

例 8 解析　① $\dfrac{x+1}{x}-3\leqslant 0\Rightarrow\dfrac{2x-1}{x}\geqslant 0\Rightarrow\begin{cases}(2x-1)x\geqslant 0\\x\neq 0\end{cases}$.

②故 $x\geqslant\dfrac{1}{2}$ 或 $x<0$.

综上所述,答案是 **C**.

例 9 解析　① $\sqrt{2x^2+1}\leqslant x+1$.

② $\begin{cases}2x^2+1\geqslant 0\\x+1\geqslant 0\\2x^2+1\leqslant x^2+2x+1\end{cases}\Rightarrow\begin{cases}x\geqslant -1\\0\leqslant x\leqslant 2\end{cases}\Rightarrow 0\leqslant x\leqslant 2$.

综上所述,答案是 **A**.

例 10 解析　① $\begin{cases}|k-4|=2\\|3k-4|=2\end{cases}\Rightarrow\begin{cases}k=6\ \text{或}\ k=2\\k=2\ \text{或}\ k=\dfrac{2}{3}\end{cases}$.

②故 $k=2$.

综上所述,答案是 **B**.

例 11 解析　①若 $a=-2$,不恒成立.

②若 $a\neq -2$,则 $\begin{cases}a+2>0\\\Delta<0\end{cases}\Rightarrow a>2$.

综上所述,答案是 **D**.

例 12 解析　① $k<\dfrac{3x^2+2x+2}{x^2+x+1}=\dfrac{2x^2+2x+2}{x^2+x+1}+\dfrac{x^2}{x^2+x+1}=2+\dfrac{x^2}{x^2+x+1}$.

② $\dfrac{x^2}{x^2+x+1}$ 的最小值为 0,故 $k<2$,又 k 为正数,则 $0<k<2$.

综上所述,答案是 **B**.

不等式练习题

1. 对于实数 a,b,c,给出的下列命题中正确的有(　　)个.

①若 $a>b$,则 $ac^2>bc^2$;　　　　　②若 $ac^2>bc^2$,则 $a>b$;

③若 $a<b<0$,则 $a^2>ab>b^2$;　　　④若 $a<b<0$,则 $\dfrac{1}{a}<\dfrac{1}{b}$;

⑤若 $a<b<0$,则 $\dfrac{b}{a}>\dfrac{a}{b}$;　　　　　⑥若 $a<b<0$,则 $|a|>|b|$;

⑦若 $c>a>b>0$,则 $\dfrac{a}{c-a}>\dfrac{b}{c-b}$;　　⑧若 $a>b$,$\dfrac{1}{a}>\dfrac{1}{b}$,则 $a>0,b<0$.

A. 3　　　　　　B. 4　　　　　　C. 5　　　　　　D. 6　　　　　　E. 7

2. 对于实数 x,y,z, 给出的下列命题中一定正确的为(   ).

    A. 若 $x<y<z$ 则 $xy^2<zy^2$ B. 若 $\sqrt{x}<y$, 则 $x<y$

    C. 若 $x>y$, 则 $\lg x>\lg y$ D. 若 $x^2<y$, 则 $x<y$

    E. 若 $x+y\geqslant 4$, 则 $x\geqslant 2$ 或 $y\geqslant 2$

3. 若 $a>1$, 且 $\log_a n<\log_a q<\log_a m$, 则(   ).

    A. $\dfrac{m+n}{2m+n}>\dfrac{m+q}{2m+q}$ B. $\dfrac{m+n}{2m+n}<\dfrac{m+q}{2m+q}$

    C. $\dfrac{m+n}{2m+n}\geqslant\dfrac{m+q}{2m+q}$ D. $\dfrac{m+n}{2m+n}\leqslant\dfrac{m+q}{2m+q}$

    E. 以上均不正确

4. 若关于 x 的不等式 $ax+2\leqslant 3x+b$ 的解集为 $\left\{x\mid x\leqslant\dfrac{2}{3}\right\}$, 关于 x 的不等式 $bx+2\leqslant 3x+a$ 的解

    集为 $\{x\mid x\geqslant 2\}$, 则 $a+b=($).

    A. 0   B. 15   C. 20   D. 10   E. 不存在

5. 若不等式 $x^2+px+q<0$ 的解集为 $\{x\mid 1<x<2\}$, 则不等式 $\dfrac{x^2+px+q}{x^2-5x-6}>0$ 的解集为(   ).

    A. $\{x\mid x<-1$ 或 $1<x<2\}$ B. $\{x\mid x<-1$ 或 $1<x<2$ 或 $x>6\}$

    C. $\{x\mid 1<x<2$ 或 $x>6\}$ D. $\{x\mid x<-1$ 或 $x>6\}$

    E. $\{x\mid x\leqslant -1$ 或 $1\leqslant x\leqslant 2$ 或 $x\geqslant 6\}$

6. 不等式 $(x^3-1)(x-1)(x+2)>0$ 的解集为(   ).

    A. $\{x\mid x>-2\}$ B. $\{x\mid x>-2$ 且 $x\neq 1\}$

    C. $\{x\mid x>1$ 或 $x<-2\}$ D. $\{x\mid -2<x<1\}$ E. $\{x\mid x>1\}$

7. 不等式 $\dfrac{5-x}{x^2-2x-3}\leqslant -1$ 的解集为(   ).

    A. $(-\infty,-1)\cup[1,2]\cup(3,+\infty)$ B. $(-1,1]\cup[2,3)$

    C. $(-1,1)\cup(2,3)$ D. $(-\infty,-1)\cup(1,2)\cup(3,+\infty)$

    E. 以上结论均不正确

8. 不等式 $\sqrt{x-1}+x>7$ 的解集为(   ).

    A. $\{x\mid x>7\}$ B. $\{x\mid 5<x\leqslant 7\}$ C. $\{x\mid x>5\}$

    D. $\{x\mid x\leqslant 7\}$ E. $\{x\mid x\leqslant 5\}$

9. 不等式 $|\sqrt{x-2}-3|<1$ 的解集为(   ).

    A. $\{x\mid 6<x<18\}$ B. $\{x\mid -6<x<18\}$ C. $\{x\mid 1\leqslant x\leqslant 7\}$

    D. $\{x\mid -2\leqslant x\leqslant 3\}$ E. 以上均不正确

10. 不等式 $|x+2|\geqslant |x|$ 的解集为(   ).

    A. $\{x\mid x\leqslant -1\}$ B. $\{x\mid x\geqslant 0\}$ C. $\{x\mid x\leqslant 0\}$

    D. $\{x\mid x\geqslant -1\}$ E. $\{x\mid -1\leqslant x\leqslant 0\}$

11. 不等式 $|x-1|+|x+2|\geqslant 5$ 的解集为(   ).

    A. $\{x\mid x\leqslant 2\}$ B. $\{x\mid -3\leqslant x\leqslant 2\}$ C. $\{x\mid x\geqslant 2\}$

D. $\{x\mid x\leqslant -3\}$ E. $\{x\mid x\leqslant -3$ 或 $x\geqslant 2\}$

12. 关于 x 的不等式 $3^{x+1}+18\times 3^{-x}>29$ 的解集为(　　).

　　A. $\left\{x\mid x>2\text{ 或 }x<\log_3\dfrac{2}{3}\right\}$ B. $\{x\mid x>2\}$ C. $\left\{x\mid x<\log_3\dfrac{2}{3}\right\}$

　　D. $\left\{x\mid \log_3\dfrac{2}{3}<x<2\right\}$ E. $\left\{x\mid x>\log_3\dfrac{2}{3}\right\}$

13. 若 $x=6$ 时,不等式 $\log_a(x^2-2x-15)>\log_a(x+13)$ 成立,则此不等式的解集为(　　).

　　A. $\{x\mid -4<x<-3\}$ B. $\{x\mid 5<x<7\}$

　　C. $\{x\mid -4<x<-3$ 或 $5<x<7\}$ D. $\{x\mid -4<x<7\}$

　　E. $\{x\mid -3<x<7\}$

14. 若不等式 $\dfrac{2x^2+2kx+k}{4x^2+6x+3}<1$ 对于一切实数都成立,则 k 的取值范围为(　　).

　　A. $k>3$ 或 $k<1$ B. $1\leqslant k\leqslant 3$ C. $k\geqslant 3$ 或 $k\leqslant 1$

　　D. $1\leqslant k<3$ E. $1<k<3$

15. 多项式 $kx^2-(k-8)x+1$ 对一切实数 x 均为正值,则 k 的取值范围为(　　).

　　A. $k<8$ B. $k>4$ C. $k<16$

　　D. $4<k<16$ E. $4<k<8$

不等式练习题参考答案

　　1~5：C　E　B　E　B   6~10：B　B　C　A　D   11~15：E　A　C　E　D

▌不等式练习题题解 ◉

1　【解析】当 $c=0$ 时,①错误.

　　当 $a=-2,b=-1$ 时,④⑤错误.

　　根据前提知 $c^2>0$,故②成立.

　　因为 $a<b<0$,故 $a^2-ab=a(a-b)$,$ab-b^2=b(a-b)$ 均大于 0,③成立.

　　由绝对值的几何意义,⑥成立.

　　因为 $c>a>b>0$,故 $\dfrac{c}{b}-1>\dfrac{c}{a}-1>0$,即 $\dfrac{c-b}{b}>\dfrac{c-a}{a}>0$,

　　由不等式倒数性可知,$\dfrac{a}{c-a}>\dfrac{b}{c-b}$,⑦成立.

　　因为 $a>b$,$\dfrac{1}{a}>\dfrac{1}{b}$,可知 a,b 一正一负,故 $a>0$,$b<0$,⑧成立.

　　综上所述,答案是 **C**.

2　【解析】当 $y=0$ 时,$xy^2=zy^2$,A 错误.

　　当 $x=16,y=9$ 时,$x>y$,B 错误.

　　当 $x=-2,y=-4$ 时,对数无意义,C 错误.

当 $x=y=\dfrac{1}{3}$ 时, $x=y$, D 错误.

E:反证法,若 $x<2$ 且 $y<2$,则 $x+y<4$ 与前提" $x+y\geqslant4$ "矛盾,故 $x\geqslant2$ 或 $y\geqslant2$,E 正确.

综上所述,答案是 **E**.

3 【解析】由 $a>1$ 可知 $0<n<q<m$,故 $\dfrac{m+n}{2m+n}-\dfrac{m+q}{2m+q}=\dfrac{(m+n)(2m+q)-(m+q)(2m+n)}{(2m+n)(2m+q)}$

$$=\dfrac{mn-mq}{(2m+n)(2m+q)}<0.$$

综上所述,答案是 **B**.

4 【解析】由题知不等式 $(a-3)x\leqslant b-2$ 的解集为 $\left\{x\mid x\leqslant\dfrac{2}{3}\right\}$,

故 $a-3>0$ 且 $\dfrac{b-2}{a-3}=\dfrac{2}{3}$,故 $a>3$ 且 $\dfrac{a}{b}=\dfrac{3}{2}$.

同理,不等式 $(b-3)x\leqslant a-2$ 的解集为 $\{x\mid x\geqslant2\}$,

故 $b-3<0$ 且 $\dfrac{a-2}{b-3}=2$,故 $b<3$ 且 $\dfrac{a-2}{b-3}=2$.

联合有 $b=8,a=12$,矛盾.

综上所述,答案是 **E**.

5 【解析】 $x^2+px+q<0$ 的解集为 $x\in(1,2)$,故 $x_1=1,x_2=2$ 为 方程 $x^2+px+q=0$ 的两根. 代入解得 $p=-3,q=2$.

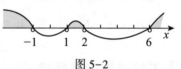

图 5-2

故不等式 $\dfrac{x^2+px+q}{x^2-5x-6}=\dfrac{x^2-3x+2}{x^2-5x-6}>0\Leftrightarrow(x^2-3x+2)(x^2-5x-6)>0$

$$\Leftrightarrow(x-1)(x-2)(x-6)(x+1)>0.$$

由穿线法可知, $x<-1$ 或 $1<x<2$ 或 $x>6$.

综上所述,答案是 **B**.

6 【解析】不等式等价于 $(x-1)^2(x+2)(x^2+x+1)>0$,因为 $x^2+x+1>0$ 恒成立,

故 $(x-1)^2(x+2)>0$,由穿线法可知, $x>-2$ 且 $x\neq1$.

综上所述,答案是 **B**.

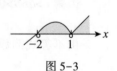

图 5-3

7 【解析】移项通分有, $\dfrac{x^2-3x+2}{x^2-2x-3}\leqslant0$,

故 $(x^2-3x+2)(x^2-2x-3)\leqslant0$ 且 $x^2-2x-3\neq0$.

即 $(x-1)(x-2)(x-3)(x+1)\leqslant0$ 且 $x\neq3$ 且 $x=-1$,

故 $x\in(-1,1]\cup[2,3)$.

综上所述,答案是 **B**.

8　【解析】对不等式 $\sqrt{x-1}>7-x$ 进行分类讨论,

当 $7-x<0$ 时,则 $\begin{cases} x-1\geqslant 0 \\ 7-x<0 \end{cases}$,故 $x>7$;

当 $7-x\geqslant 0$ 时,则 $\begin{cases} x-1>0 \\ x-1>(7-x)^2 \\ 7-x\geqslant 0 \end{cases}$,故 $5<x\leqslant 7$.

故 $x>5$.

综上所述,答案是 **C**.

9　【解析】去绝对值有 $-1<\sqrt{x-2}-3<1$,故 $2<\sqrt{x-2}<4$.

两边平方有 $4<x-2<16$,故 $6<x<18$.

综上所述,答案是 **A**.

10　【解析】因为不等号两边均非负,故两边平方得到 $|x+2|^2\geqslant |x|^2$,即 $(x+2)^2\geqslant x^2$,

解得 $x\geqslant -1$.

综上所述,答案是 **D**.

11　【解析】令 $y=|x-1|+|x+2|$,则 $y=\begin{cases} -1-2x, & x<-2 \\ 3, & -2\leqslant x\leqslant 1. \\ 2x+1, & x>1 \end{cases}$

当 $x<-2$ 时,$y=-1-2x\geqslant 5$,故 $x\leqslant -3$.

当 $-2\leqslant x\leqslant 1$ 时,$y\geqslant 5$ 无解.

当 $x>1$ 时,$y=2x+1\geqslant 5$,故 $x\geqslant 2$.

故 $x\leqslant -3$ 或 $x\geqslant 2$.

综上所述,答案是 **E**.

12　【解析】令 $3^x=t$,则 $3^{-x}=\dfrac{1}{t}$,故 $3t+\dfrac{18}{t}>29$,化简有 $3t^2-29t+18>0$.

即 $(3t-2)(t-9)>0$,解得 $t<\dfrac{2}{3}$ 或 $t>9$.

当 $t<\dfrac{2}{3}$ 时,即 $3^x<\dfrac{2}{3}$,因此 $x<\log_3\dfrac{2}{3}$.

当 $t>9$ 时,即 $3^x>9$,因此 $x>2$.

故 $x<\log_3\dfrac{2}{3}$ 或 $x>2$.

综上所述,答案是 **A**.

13　【解析】当 $x=6$ 时,$\log_a 9 > \log_a 19$,故 $0<a<1$.

若 $\log_a(x^2-2x-15) > \log_a(x+13)$,则 $x^2-2x-15<x+13$ 且 $x^2-2x-15>0$,

解得 $-4<x<7$,且 $x<-3$ 或 $x>5$,故 $-4<x<-3$ 或 $5<x<7$.

综上所述,答案是 **C**.

14　【解析】不等式移项,通分有 $\dfrac{2x^2+(6-2k)x+(3-k)}{4x^2+6x+3}>0$. 又因为 $\Delta=6^2-4\times4\times3<0$,故 $4x^2+6x+3>0$ 恒成立,所以去分母有 $2x^2+(6-2k)x+(3-k)>0$ 对一切实数恒成立,故

$$\begin{cases} 2>0 \\ \Delta=(6-2k)^2-4\times2\times(3-k)<0 \end{cases}$$,解得 $1<k<3$.

综上所述,答案是 **E**.

15　【解析】题干等价于不等式 $kx^2-(k-8)x+1>0$ 恒成立.

当 $k=0,x>-\dfrac{1}{8}$ 时才使不等式成立,舍去.

当 $k\ne0$,不等式 $kx^2-(k-8)x+1>0$ 为一元二次不等式,若它恒成立,

则开口向上,判别式小于 0,即 $k>0$ 且 $\Delta<0$,解得 $4<k<16$.

综上所述,答案是 **D**.

专项五　函数

备考指南 ◈

　　函数在考试中通常会和方程与不等式结合进行考查,所以我们对函数的一些基本概念和方法要足够熟练.首先要了解集合、函数的定义域与值域的基本概念与运算;然后要掌握一元二次函数的基本特性、指数与对数的基本运算、指数函数与对数函数的特征.

核心考点 ◈

　　1.集合的定义及运算　　　　　　★★
　　2.函数的定义及定义域与值域　　★
　　3.一元二次函数的特性　　　　　★★★
　　4.指数与对数的运算　　　　　　★★★
　　5.指数函数与对数函数的基本特性　★★★

函数的基本概念 ◈

　　1. 集合

　　(1)集合的定义

　　我们看到的、听到的、触摸到的、想到的各种各样的事物或一些抽象的符号,都可以看作对象. 一般地,把一些能够确定的、不同的对象看成一个整体,就说这个整体是由这些对象的全体构成的集合(或集). 构成集合的每个对象叫作这个集合的元素(或成员).

　　一般地,我们把不含任何元素的集合叫作空集,记作 $\varnothing$. 含有有限个元素的集合叫作有限集,含有无限个元素的集合叫作无限集.非负整数全体构成的集合叫作自然数集,记作 **N**;在自然数集内排除 0 的集合叫作正整数集,记作 $\mathbf{N}_+$ 或 $\mathbf{N}^*$;整数全体构成的集合叫作整数集,记作 **Z**;有理数全体构成的集合叫作有理数集,记作 **Q**;实数全体构成的集合叫作实数集,记作 **R**.

（2）集合的描述方法

如果一个集合是有限集，元素又不太多，常常把集合的所有元素都列出来，写在花括号"{ }"内表示这个集合，这种表示集合的方法叫作列举法. 例如：24 的所有正因数构成的集合可表示为{1,2,3,4,6,8,12,24}.

一般地，如果在集合 I 中，属于集合 A 的任意一个元素 x 都具有性质 $p(x)$，而不属于集合 A 的元素都不具有性质 $p(x)$，则性质 $p(x)$ 叫做集合 A 的一个特征性质. 于是集合 A 可以用它的特征性质 $p(x)$ 描述为 $\{x\in I\,|\,p(x)\}$，它表示集合 A 是由集合 I 中具有性质 $p(x)$ 的所有元素构成的，这种表示集合的方法叫作特征性质描述法，简称描述法. 例如：方程 $x^2-1=0$ 的解集可表示为 $\{x\in\mathbf{R}\,|\,x^2-1=0\}$.

（3）集合的性质

①确定性：作为一个集合的元素，必须是确定的. 这就是说，不能确定的对象就不能构成集合. 也就是说，给定一个集合，任何一个对象是不是这个集合的元素也就确定了.

②互异性：对于一个给定的集合，集合中的元素一定是不同的（或者说是互异的）. 这就是说，集合中的任何两个元素都是不同的对象.

③无序性：集合中的元素不考虑顺序，对于元素相同而排列次序不同的集合认为是相同的集合，这个特征常用来判断两个集合的关系.

（4）集合的关系

集合通常用大写字母 $A,B,C,\cdots$ 来表示，它们的元素通常用小写字母 $a,b,c,\cdots$ 来表示. 如果 a 是集合 A 的元素，就说 a 属于 A，记作 $a\in A$，读作"a 属于 A". 如果 a 不是集合 A 的元素，就说 a 不属于 A，记作 $a\notin A$，读作"a 不属于 A".

一般地，如果集合 A 的任意一个元素都是集合 B 的元素，那么集合 A 叫作集合 B 的子集，记作 $A\subseteq B$ 或 $B\supseteq A$. 任何一个集合都是他本身的子集，空集是任意一个集合的子集.

如果集合 A 是集合 B 的子集，并且集合 B 至少有一个元素不属于 A，那么集合 A 叫作集合 B 的真子集，记作 $A\subset B$.

一般地，如果集合 A 的每一个元素都是集合 B 的元素，反过来，集合 B 的每一个元素也是集合 A 的元素，那么我们就说集合 A 等于集合 B，记作 $A=B$.

我们常用平面内一条封闭曲线的内部表示一个集合，用这种图形可以形象地表示出集合之间的关系，这种图形通常叫作维恩图.

（5）集合的运算

一般地，对于两个给定的集合 A,B，由属于 A 又属于 B 的所有元素构成的集合叫作 A 与 B 的交集，记作 $A\cap B$.

一般地，对于两个给定的集合 A,B，由两个集合所有元素构成的集合，叫作 A 与 B 的并集，记作 $A\cup B$.

在研究集合与集合之间的关系的时候，如果所要研究的集合都是某一给定集合的子集，那么称这个给定的集合为全集，通常用 U 表示. 如果给定集合 A 是全集 U 的一个子集，由 U 中不属于 A 的所有元素构成的集合，叫作 A 在 U 中的补集，记作 $\complement_U A$.

2. 函数

(1)函数的定义

设 A,B 是两个非空数集,如果按照某种确定的对应关系 $f:A \to B$,使对于集合 A 中的任意一个数 x,在集合 B 中都有唯一确定的数 $f(x)$ 和它对应. 称 $f:A \to B$ 为从集合 A 到集合 B 的一个函数,记作: $y=f(x)$, $x \in A$.

(2)函数的定义域、值域

如果两个变量 x 和 y,给定了一个 x 值,相应地就确定唯一的一个 y 值,那么我们称 y 是 x 的函数,其中 x 是自变量, y 是因变量,自变量 x 的取值范围 A 叫作函数的定义域;与 x 的值相对应的 y 值叫作函数值,所有函数值 $\{f(x) \mid x \in A\}$ 构成的集合 B 叫作函数的值域.

注意:(i)函数符号 $y=f(x)$ 与 $f(x)$ 的含义是一样的;都表示 y 是 x 的函数,其中 x 是自变量, $f(x)$ 是函数值,连接的纽带是法则 f. f 是单值对应.

(ii)定义中的集合 A,B 都是非空的数集,而不能是其他集合.

(3)一个函数的构成要素:定义域、值域和对应关系.

(4)相等函数

两个函数定义域相同,且对应关系一致,则这两个函数为相等函数.

注意:两个函数的定义域与值域相同,这两个函数不一定是相等函数. 例如,函数 $y=x$ 和 $y=x+1$,其定义域与值域完全相同,但不是相等函数. 因此判断两个函数是否相等,关键是看定义域和对应关系.

(5)函数的表示方法:解析法、图像法和列表法.

(6)单调性

如果一个函数在某个区间 M 上是增函数或是减函数,则这个函数在这个区间 M 上具有单调性. 如果取区间 M 中的任意两个值 x_1, x_2,变量 $\Delta x = x_1 - x_2 > 0$,当 $\Delta y = f(x_1) - f(x_2) > 0$ 时,就称函数 $y=f(x)$ 在区间 M 上是增函数;当 $\Delta y = f(x_1) - f(x_2) < 0$ 时,就称函数 $y=f(x)$ 在区间 M 上是减函数.

(7)分段函数:在函数的定义域内,对于自变量 x 的不同取值区间,有着不同的对应法则,这种函数通常叫作分段函数.

分段函数的定义域等于各段函数的定义域的并集,其值域等于各段函数的值域的并集,分段函数虽由几个部分组成,但它表示的是一个函数.

例 1 设 $P = \{x \mid x < 4\}$, $Q = \{x \mid x^2 < 4\}$,则( ).

A. $P \subseteq Q$ B. $Q \subseteq P$ C. $P \subseteq \complement_R Q$

D. $Q \subseteq \complement_R P$ E. 以上均不正确

例 2 已知集合 $M = \{x \mid (x+2)(x-1) < 0\}$, $N = \{x \mid x+1 < 0\}$,则 $M \cap N = ($).

A. $(-1,1)$ B. $(-2,1)$ C. $(-2,-1)$

D. $(1,2)$ E. $(-1,2)$

例 3 已知 $M = \{x \mid 0 \leqslant x \leqslant 2\}$, $N = \{y \mid 0 \leqslant y \leqslant 3\}$,给出下列五个图形,其中能表示从集

合 M 到集合 N 的函数关系的有( ).

A.0 个   B.1 个   C.2 个   D.3 个   E.4 个

a

b

c

d

e

例 4 下列图像中不能作为函数图像的是( ).

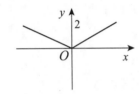
A.
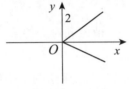
B.
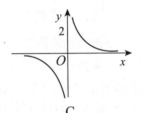
C.

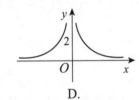
D.
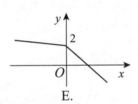
E.

例 5 下列各对函数中,相同的是( ).

A. $f(x)=x, g(x)=\dfrac{x^2}{x}$ B. $f(x)=x, g(x)=\sqrt[3]{x^3}$

C. $f(x)=x, g(x)=(\sqrt{x})^2$ D. $f(x)=\sqrt{x^2}, g(x)=x$

E. $f(x)=\sqrt[3]{x^3}, g(x)=\sqrt[4]{x^4}$

例 6 已知函数 $f(x)=\begin{cases} x^2, & x>0 \\ \pi, & x=0, \\ 0, & x<0 \end{cases}$ 那么 $f(f(f(-3)))=($).

A. 0   B. π C. π^2 D. 9   E. π^4

基本函数

1. 一元二次函数($y=ax^2+bx+c$,其中 $a\neq 0$)

(1)一元二次函数解析式的三种形式

①一般式: $f(x)=ax^2+bx+c(a\neq 0)$

②顶点式: $f(x)=a(x-h)^2+k(a\neq 0)$

③两根式: $f(x)=a(x-x_1)(x-x_2)(a \neq 0)$

（2）求一元二次函数解析式的方法

①已知三个点坐标时,宜用一般式.

②已知抛物线的顶点坐标或与对称轴有关或与最大(小)值有关时,常使用顶点式.

③若已知抛物线与 x 轴有两个交点,且横坐标已知时,选用两根式求 $f(x)$ 更方便.

（3）一元二次函数图像的性质

①一元二次函数 $f(x)=ax^2+bx+c(a \neq 0)$ 的图像是一条抛物线,对称轴方程为 $x=-\dfrac{b}{2a}$,顶点坐标是 $\left(-\dfrac{b}{2a},\dfrac{4ac-b^2}{4a}\right)$.

②当 $a>0$ 时,抛物线开口向上,函数在 $\left(-\infty,-\dfrac{b}{2a}\right]$ 上递减,在 $\left[-\dfrac{b}{2a},+\infty\right)$ 上递增,当 $x=-\dfrac{b}{2a}$ 时, $f_{\min}(x)=\dfrac{4ac-b^2}{4a}$;当 $a<0$ 时,抛物线开口向下,函数在 $\left(-\infty,-\dfrac{b}{2a}\right]$ 上递增,在 $\left[-\dfrac{b}{2a},+\infty\right)$ 上递减,当 $x=-\dfrac{b}{2a}$ 时, $f_{\max}(x)=\dfrac{4ac-b^2}{4a}$.

③一元二次函数 $f(x)=ax^2+bx+c(a \neq 0)$,当 $\Delta=b^2-4ac>0$ 时,图像与 x 轴有两个交点 $M_1(x_1,0)$, $M_2(x_2,0)$, $|M_1M_2|=|x_1-x_2|=\dfrac{\sqrt{\Delta}}{|a|}$.

（4）一元二次函数 $f(x)=ax^2+bx+c(a \neq 0)$ 的最值

1） $f(x)$ 在区间 **R** 的最值

①若 $a>0$,则 $f(x)$ 在 $x=-\dfrac{b}{2a}$ 取得最小值 $\dfrac{4ac-b^2}{4a}$

②若 $a<0$,则 $f(x)$ 在 $x=-\dfrac{b}{2a}$ 取得最大值 $\dfrac{4ac-b^2}{4a}$

2）若 $a>0$, $f(x)$ 在区间 $[m,n]$ 的最值

①若 $-\dfrac{b}{2a} \leq m$,则 $f(x)$ 在 $x=m$ 处取得最小值 $f(m)$;在 $x=n$ 处取得最大值 $f(n)$.

②若 $m<-\dfrac{b}{2a} \leq \dfrac{m+n}{2}$,则 $f(x)$ 在 $x=-\dfrac{b}{2a}$ 处取得最小值 $\dfrac{4ac-b^2}{4a}$;在 $x=n$ 处取得最大值 $f(n)$.

③若 $\dfrac{m+n}{2}<-\dfrac{b}{2a} \leq n$,则 $f(x)$ 在 $x=-\dfrac{b}{2a}$ 处取得最小值 $\dfrac{4ac-b^2}{4a}$;在 $x=m$ 处取得最大值 $f(m)$.

④若 $-\dfrac{b}{2a}>n$,则 $f(x)$ 在 $x=n$ 处取得最小值 $f(n)$;在 $x=m$ 处取得最大值 $f(m)$.

例7 已知二次函数 $f(x)$, $f(0)=-5$, $f(-1)=-4$, $f(2)=5$,则二次函数的解析式为（　　）.

A. $f(x)=2x^2+x-5$ 　　　　　　　B. $f(x)=2x^2-x-5$

C. $f(x)=2x^2+x+5$ 　　　　　　　D. $f(x)=-2x^2+x-5$

E. $f(x) = -2x^2 - x - 5$

例8 函数 $f(x) = ax^2 + bx + c$ 满足 $a, b, c, b^2 - 4ac$ 都是正数,则 $f(x)$ 的图像不经过( ).

A. 第一象限　　　　　　　　B. 第二象限　　　　　　　　C. 第三象限

D. 第四象限　　　　　　　　E. 四个象限均经过

例9 函数 $y = \sqrt{x^2 + 2x - 24}$ 的单调递减区间是( ).

A. $(-\infty, -6]$　　　　　　B. $[-6, +\infty)$　　　　　　C. $(-\infty, -1]$

D. $[-1, +\infty)$　　　　　　E. $(-\infty, 1]$

例10 若 $x, y \in \mathbf{R}$,且 $3x^2 + 2y^2 = 2x$,则 $x^2 + y^2$ 的最大值为( ).

A. $-\dfrac{4}{9}$　　　　B. 0　　　　C. $\dfrac{4}{9}$　　　　D. $\dfrac{9}{4}$　　　　E. 3

2. 指数与指数幂的运算及指数函数

(1) 根式的概念

① n 个 a 的乘积为 a^n, a^n 叫作 a 的 n 次幂, a 叫作幂的底数, n 叫作幂的指数. 如果 n 是正整数,这样的幂叫作正指数幂.

② 如果 $x^n = a, (a \in \mathbf{R}, n > 1,$ 且 $n \in \mathbf{N}_+)$,那么 x 叫作 a 的 n 次方根. 求 a 的 n 次方根,叫作把 a 开 n 次方,称作开方运算. 当 n 是奇数时, a 的 n 次方根用符号 $\sqrt[n]{a}$ 表示;当 n 是偶数时,正数 a 的正的 n 次方根用符号 $\sqrt[n]{a}$ 表示,正数 a 的负的 n 次方根用符号 $-\sqrt[n]{a}$ 表示;0 的 n 次方根是 0.

③ 正数 a 的正 n 次方根叫作 a 的 n 次算数根,当 $\sqrt[n]{a}$ 有意义时, $\sqrt[n]{a}$ 叫作根式,这里 n 叫作根指数, a 叫作被开方数. 当 n 为奇数时, a 为任意实数;当 n 为偶数时, $a \geq 0$.

④ 根式的性质: $(\sqrt[n]{a})^n = a$;当 n 为奇数时, $\sqrt[n]{a^n} = a$;当 n 为偶数时,

$$\sqrt[n]{a^n} = |a| = \begin{cases} a, & a \geq 0 \\ -a, & a < 0 \end{cases}$$

(2) 分数指数幂的概念

① 正数的正分数指数幂的意义是: $a^{\frac{m}{n}} = \sqrt[n]{a^m}$ ($a > 0, m, n \in \mathbf{N}_+,$ 且 $n > 1$), 0 的正分数指数幂等于 0.

② 正数的负分数指数幂的意义是: $a^{-\frac{m}{n}} = \left(\dfrac{1}{a}\right)^{\frac{m}{n}} = \sqrt[n]{\left(\dfrac{1}{a}\right)^m}$ ($a > 0, m, n \in \mathbf{N}_+,$ 且 $n > 1$), 0 的负分数指数幂没有意义. 注意口诀:底数取倒数,指数取相反数.

(3) 分数指数幂的运算性质

① $a^r \cdot a^s = a^{r+s}$ ($a > 0, r, s \in \mathbf{R}$)　　　② $(a^r)^s = a^{r \cdot s}$ ($a > 0, r, s \in \mathbf{R}$)

③ $(ab)^r = a^r b^r$ ($a > 0, b > 0, r \in \mathbf{R}$)　　④ $a^r \div a^s = a^{r-s}$ ($a > 0, r, s \in \mathbf{R}$)

⑤ $a^{\frac{m}{n}} = \sqrt[n]{a^m}$ ($a > 0, m > 0, n > 0$)　　⑥ $a^{-m} = \dfrac{1}{a^m}$ ($a > 0, m > 0$)

⑦ $a^0 = 1, a^1 = a$

(4) 指数函数的定义及性质

函数名称	指数函数	
定义	函数 $y=a^x(a>0$ 且 $a\neq1)$ 叫作指数函数	
	$a>1$	$0<a<1$
图像		
定义域	**R**	
值域	$(0,+\infty)$	
过定点	图像恒过点$(0,1)$,即当 $x=0$ 时,$y=1$	
单调性	在 **R** 上为递增函数	在 **R** 上为递减函数
函数值的变化情况	$a^x>1(x>0)$ $a^x=1(x=0)$ $0<a^x<1(x<0)$	$0<a^x<1(x>0)$ $a^x=1(x=0)$ $a^x>1(x<0)$
a 的变化对图像的影响	在第一象限内,a 越大图像越高;在第二象限内,a 越大图像越低	

3. 对数与对数的运算及对数函数

(1)对数的定义

①在指数函数 $y=a^x(a>0$ 且 $a\neq1)$ 中,对于实数集 **R** 内的每一个值 x,在正实数集内都有唯一确定的值 y 和它对应;反之,对于正实数集内的每一个确定的值 y,在 **R** 内都有确定的值 x 和它对应.幂指数 x,又叫作以 a 为底 y 的对数,记作 $x=\log_a y$,其中 a 叫对数的底数,y 叫作真数.

②负数和零没有对数;1 的对数为 0;底的对数等于 1.

③对数式与指数式的互化:$x=\log_a N\Leftrightarrow a^x=N(a>0$,且 $a\neq1,N>0)$.

(2)常用对数与自然对数

常用对数:$\lg N$,即 $\log_{10}N$;自然对数:$\ln N$,即 $\log_e N$(其中 e$=2.71828\cdots$).

(3)对数的运算性质

如果 $a>0,a\neq1,M>0,N>0$,那么

①加法:$\log_a M+\log_a N=\log_a MN$

②减法:$\log_a M-\log_a N=\log_a\dfrac{M}{N}$

③数乘:$\log_a M^n=n\log_a M(n\in\mathbf{R})$

④$\log_{a^b}M^n=\dfrac{n}{b}\log_a M(b\neq0,n\in\mathbf{R})$

⑤$a^{\log_a N}=N$

⑥换底公式:$\log_a M=\dfrac{\log_b M}{\log_b a}(b>0,$且$b\neq1)$

⑦$\log_a1=0,\log_a a=1,\log_a a^b=b$

（4）对数函数的定义及性质

函数定义	对数函数	
定义	函数 $y=\log_a x(a>0$ 且 $a\neq1)$ 叫作对数函数	
	$a>1$	$0<a<1$
图像		
定义域	$(0,+\infty)$	
值域	**R**	
恒过定点	图像恒过点 $(1,0)$，即当 $x=1$ 时，$y=0$	
单调性	在 $(0,+\infty)$ 上是增函数	在 $(0,+\infty)$ 上是减函数
函数值的变化情况	$\log_a x>0(x>1)$ $\log_a x=0(x=1)$ $\log_a x<0(0<x<1)$	$\log_a x<0(x>1)$ $\log_a x=0(x=1)$ $\log_a x>0(0<x<1)$
a 的变化对函数图像的影响	在第一象限内，a 越大图像越低；在第四象限内，a 越大图像越高	

例 11 $\log_{27}32\times\log_8 9=($ ）.

A. $\dfrac{9}{8}$　　　B. $\dfrac{10}{9}$　　　C. $\dfrac{11}{10}$　　　D. $\log_2 3$　　　E. $\log_3 2$

例 12 $\dfrac{1}{\log_2 7}+\dfrac{1}{\log_5 7}+\dfrac{1}{\log_3 7}=($ ）.

A. $\log_7 10$　　B. $\log_2 10$　　C. $\log_7 30$　　D. $\log_5 30$　　E. $\log_2 30$

例 13 若 $2^a=5^b=10$，则 $\dfrac{1}{a}+\dfrac{1}{b}=($ ）.

A. 2　　　　B. 5　　　　C. lg 2　　　　D. lg 5　　　　E. 1

例 14 函数 $y=a^x+b$，若 $0<a<1,b<-1$，则函数图像不经过（ ）.

A. 第一象限　　　　　B. 第二象限　　　　　C. 第三象限

D. 第四象限　　　　　E. 以上均不正确

例 15　若 $\left(\dfrac{1}{2}\right)^{2a+1}<\left(\dfrac{1}{2}\right)^{3-2a}$,则实数 a 的取值范围是(　　).

A. $(1,+\infty)$ 　 B. $\left(\dfrac{1}{2},+\infty\right)$ 　 C. $(-\infty,1)$

D. $\left(-\infty,\dfrac{1}{2}\right)$ 　 E. $(-\infty,2)$

例题参考答案

1~5：B　C　D　B　B　　　　6~10：C　A　D　A　C　　　　11~15：B　C　E　A　B

经典例题题解 ◐

例 1 解析　①$P=\{x\mid x<4\}$,$Q=\{x\mid -2<x<2\}$.

②故 $Q\subseteq P$.

综上所述,答案是 **B**.

例 2 解析　①$M=\{x\mid -2<x<1\}$,$N=\{x\mid x<-1\}$.

②故 $M\cap N=\{x\mid -2<x<-1\}$.

综上所述,答案是 **C**.

例 3 解析　①函数定义域为 $\{x\mid 0\leqslant x\leqslant 2\}$,排除 c.

②一对一或多对一均可表示函数,但一对多不是函数,排除 d,故可以表示的有 3 个.

综上所述,答案是 **D**.

例 4 解析　函数不能为一对多,故 B 图像不能表示函数.

综上所述,答案是 **B**.

例 5 解析　A、C 的定义域不同;D、E 的对应法则不同.故相同的为 B.

综上所述,答案是 **B**.

例 6 解析　$f(f(f(-3)))=f(f(0))=f(\pi)=\pi^2$.

综上所述,答案是 **C**.

例 7 解析　①设 $f(x)=ax^2+bx+c\,(a\neq0)$.

②$\begin{cases}f(0)=c=-5\\f(-1)=a-b+c=-4\\f(2)=4a+2b+c=5\end{cases}\Rightarrow\begin{cases}c=-5\\b=1\\a=2\end{cases}$.

故 $f(x)=2x^2+x-5$.

综上所述,答案是 **A**.

<u>例 8 解析</u> ①$a>0, -\dfrac{b}{2a}<0, \Delta>0, c>0$.

②图像大致如图 6-1 所示,故不过第四象限.

综上所述,答案是 **D**.

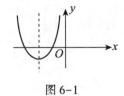

图 6-1

<u>例 9 解析</u> ①$\begin{cases} x^2+2x-24\geqslant 0 \\ x\leqslant -1 \end{cases} \Rightarrow \begin{cases} x\geqslant 4 \text{ 或 } x\leqslant -6 \\ x\leqslant -1 \end{cases}$.

②故 $x\leqslant -6$.

综上所述,答案是 **A**.

<u>例 10 解析</u> ①$2y^2=2x-3x^2\geqslant 0\Rightarrow 0\leqslant x\leqslant \dfrac{2}{3}$.

②$x^2+y^2=x^2+\dfrac{2x-3x^2}{2}=-\dfrac{1}{2}x^2+x$.

③故当 $x=\dfrac{2}{3}$ 时取最大值 $\dfrac{4}{9}$.

综上所述,答案是 **C**.

<u>例 11 解析</u> $\log_{27}32\times\log_8 9=\log_{3^3}2^5\times\log_{2^3}3^2=\dfrac{5}{3}\log_3 2\times\dfrac{2}{3}\times\log_2 3=\dfrac{10}{9}$.

综上所述,答案是 **B**.

<u>例 12 解析</u> $\dfrac{1}{\log_2 7}+\dfrac{1}{\log_5 7}+\dfrac{1}{\log_3 7}=\log_7 2+\log_7 5+\log_7 3=\log_7 30$.

综上所述,答案是 **C**.

<u>例 13 解析</u> ①$a=\log_2 10, b=\log_5 10$

②$\dfrac{1}{a}+\dfrac{1}{b}=\dfrac{1}{\log_2 10}+\dfrac{1}{\log_5 10}=\lg 2+\lg 5=1$

综上所述,答案是 **E**.

<u>例 14 解析</u> 图像如图 6-2 所示,故不经过第一象限.

综上所述,答案是 **A**.

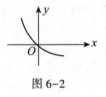

图 6-2

<u>例 15 解析</u> $\left(\dfrac{1}{2}\right)^{2a+1}<\left(\dfrac{1}{2}\right)^{3-2a}\Rightarrow 2a+1>3-2a\Rightarrow a>\dfrac{1}{2}$

综上所述,答案是 **B**.

函数练习题

1. 若 A, B, C 为三个集合, $A\cup B=B\cap C$,则一定有(　　)

A. $A\subseteq C$ 　　　　　　　　　B. $C\subseteq A$ 　　　　　　　　　C. $A\neq C$

D. $A=\varnothing$ 　　　　　　　　　E. $A=C$

2. 下列图形中,是函数图像的为( ).

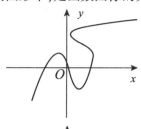
A.

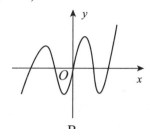
B.

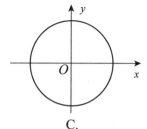
C.

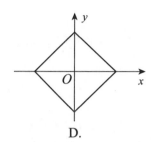
D.

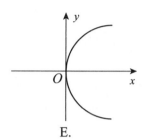
E.

3. 下列四组函数中,表示同一函数的一组是( ).

A. $y=\dfrac{x}{x}$ 与 $y=1$ B. $y=\sqrt{x^2}$ 与 $y=\left(\sqrt{x}\right)^2$

C. $y=\sqrt[5]{x^5}$ 与 $y=\sqrt[6]{x^6}$ D. $y=\sqrt{x^2}$ 与 $y=\begin{cases}x,x\geqslant 0\\-x,x<0\end{cases}$

E. $y=a^{\log_a x}$ 与 $y=x$

4. 若函数 $f(x)=\begin{cases}a^x,x>1\\\left(4-\dfrac{a}{2}\right)x+2,x\leqslant 1\end{cases}$ 是 **R** 上的增函数,则实数 a 的取值范围为( ).

A. $(1,+\infty)$ B. $(1,8)$ C. $(4,8)$

D. $[4,8)$ E. $[4,+\infty)$

5. 函数 $y=\dfrac{\sqrt{x-5}}{x-6}+\log_2(x^2-x-2)$ 的定义域为( ).

A. $\{x\mid x\geqslant 5$ 且 $x\neq 6\}$ B. $\{x\mid x<-1$ 或 $x\geqslant 5$ 且 $x\neq 6\}$

C. $\{x\mid x\leqslant -1$ 或 $x\geqslant 5$ 且 $x\neq 6\}$ D. $\{x\mid x<-1\}$ E. $\{x\mid x>6\}$

6. 函数 $y=\sqrt{1-x}+\sqrt{x+3}$ 的最大值为 M,最小值为 m,则 $\dfrac{M}{m}=($).

A. $2\sqrt{2}$ B. $\sqrt{2}$ C. $\dfrac{\sqrt{2}}{2}$ D. 2 E. $\dfrac{1}{2}$

7. 已知函数 $f(x)=\begin{cases}-x,x\leqslant 0\\x^2,0<x\leqslant 1\\x-\dfrac{3}{2},x>1\end{cases}$,则 $f(f(f(-2)))=($).

A. 2   B. $\dfrac{1}{2}$ C. $\dfrac{1}{4}$ D. 4   E. $\dfrac{3}{2}$

8. 若函数 $y = x^2 + (a+2)x + 3, x \in [a, b]$ 的图像关于直线 $x = 1$ 对称，则 $b = ($ $)$.

    A. 2   B. 3   C. 4   D. 5   E. 6

9. 函数 $f(x) = \log_{0.5}(x^2 - x)$ 的单调递减区间为 (   ).

    A. $(-\infty, 0) \cup (1, +\infty)$ B. $(0, 1)$ C. $\left(-\infty, \dfrac{1}{2}\right)$

    D. $\left(\dfrac{1}{2}, +\infty\right)$ E. $(1, +\infty)$

10. 若二次函数 $f(x) = x^2 + 4x + 5$ 在闭区间 $[m, 0]$ 上有最大值 5，最小值 1，则 m 的取值范围为 (   ).

    A. $m \leqslant -2$ B. $-4 \leqslant m \leqslant -2$ C. $-2 \leqslant m \leqslant 0$

    D. $-4 \leqslant m \leqslant 0$ E. $m \leqslant -4$

11. 如果 $\lg(x-y) + \lg(x+2y) = \lg 2 + \lg x + \lg y$，则 $\dfrac{x}{y} = ($ $)$.

    A. -1 B. 2   C. -1 或 2   D. 3   E. 4

12. 设 $\log_2 3 \times \log_3 4 \times \log_4 5 \times \cdots \times \log_{2005} 2006 \times \log_{2006} m = 4$，则 $m = ($ $)$.

    A. 2   B. 4   C. 8   D. 16   E. 32

13. 已知函数 $y = f(x)$ 为二次函数，且满足 $f(0) = -3, f(1) = 0, f(-3) = 0$，则二次函数的解析式为 (   ).

    A. $f(x) = x^2 - 2x - 3$ B. $f(x) = x^2 - 2x + 3$

    C. $f(x) = x^2 + 3x - 2$ D. $f(x) = x^2 + 3x + 2$

    E. $f(x) = x^2 + 2x - 3$

14. 如果 $\log_{0.5} x < \log_{0.5} y < 0$，那么 (   ).

    A. $y < x < 1$ B. $x < y < 1$ C. $1 < x < y$

    D. $1 < y < x$ E. $y < 1 < x$

15. 关于 x 的方程 $4^{x - \frac{1}{2}} + 2^x = 1$ 的解为 (   ).

    A. $\log_2(\sqrt{3} + 1)$ B. $2\log_2(\sqrt{3} - 1)$ C. $\log_2(\sqrt{3} - 1)$

    D. 1   E. 2

函数练习题参考答案

    1~5：A B D D A   6~10：B C E E B   11~15：B D E D C

函数练习题题解 🔄

1 【解析】因为 $A \subseteq A \cup B, C \cap B \subseteq C$, 而 $A \cup B = C \cap B$, 故 $A \subseteq C$.

综上所述, 答案是 **A**.

2 【解析】函数 $y = f(x)$ 反映的是自变量 x 和因变量 y 间的对应关系. 即每一个 x 都唯一对应一个 y, 故只有 B 选项满足条件.

综上所述, 答案是 **B**.

3 【解析】若两个函数相同, 则其定义域、值域、对应法则完全相同.

$$A: \begin{cases} y = \dfrac{x}{x} = 1, x \neq 0 \\ y = 1, x \in \mathbf{R} \end{cases}$$

$$B: \begin{cases} y = \sqrt{x^2} = |x|, x \in \mathbf{R} \\ y = (\sqrt{x})^2 = x, x \geq 0 \end{cases}$$

$$C: \begin{cases} y = \sqrt[5]{x^5} = x, x \in \mathbf{R} \\ y = \sqrt[6]{x^6} = |x|, x \in \mathbf{R} \end{cases}$$

$$D: \begin{cases} y = \sqrt{x^2} = |x|, x \in \mathbf{R} \\ y = \begin{cases} x, x \geq 0 \\ -x, x < 0 \end{cases} \Rightarrow y = |x|, x \in \mathbf{R} \end{cases}$$

$$E: \begin{cases} y = a^{\log_a x} \Rightarrow \log_a y = \log_a x \Rightarrow y = x, x > 0 \\ y = x, x \in \mathbf{R} \end{cases}$$

综上所述, 答案是 **D**.

4 【解析】$f(x)$ 为分段函数, 若 $f(x)$ 在 $\mathbf{R}$ 上为增函数, 故 $f(x)$ 在各分段区间内单增, 且在"分段点"($x = 1$)处应也保持单增的趋势, 故

$$\begin{cases} a > 1 \\ 4 - \dfrac{a}{2} > 0 \\ \left(4 - \dfrac{a}{2}\right) \times 1 + 2 \leq a \end{cases} , 解得 a \in [4, 8).$$

综上所述, 答案是 **D**.

5 【解析】由题意得,

$$\begin{cases} x - 6 \neq 0 \\ x - 5 \geq 0 \\ x^2 - x - 2 > 0 \end{cases} \Rightarrow \begin{cases} x \neq 6 \\ x \geq 5 \\ x > 2 \text{ 或 } x < -1 \end{cases}$$

求交集有 $\{x \mid x \geqslant 5$ 且 $x \neq 6\}$.

综上所述,答案是 **A**.

6 【解析】定义域要求 $1-x \geqslant 0$ 且 $x+3 \geqslant 0$,故 $-3 \leqslant x \leqslant 1$.

$y^2 = (1-x)+(x+3)+2\sqrt{1-x}\sqrt{x+3} = 4+2\sqrt{(1-x)(x+3)}$. 令 $f(x) = (1-x)\cdot(x+3)$,$-3 \leqslant x \leqslant 1$. 由二次函数性质得,当 $x = \dfrac{1+(-3)}{2} = -1$ 时,$f(x)$ 取最大值为 4. 当 $x=-3$ 或 1 时,$f(x)$ 取最小值 0. 故 y^2 的最大值和最小值分别为 8 和 4,且 $y>0$,所以 y 的最大值和最小值分别为 $2\sqrt{2}$ 和 2,故 $\dfrac{M}{m} = \dfrac{2\sqrt{2}}{2} = \sqrt{2}$.

综上所述,答案是 **B**.

7 【解析】$f(x)$ 为分段函数,由内往外代值计算得到 $f(f(f(-2)))$ 的值.

因为 $x=-2<0$,故 $f(-2) = -(-2) = 2$.

因为 $x=2>1$,故 $f(f(-2)) = f(2) = 2-\dfrac{3}{2} = \dfrac{1}{2}$.

又因为 $x = \dfrac{1}{2} \in (0,1)$,故 $f(f(f(-2))) = f\left(\dfrac{1}{2}\right) = \left(\dfrac{1}{2}\right)^2 = \dfrac{1}{4}$.

综上所述,答案是 **C**.

8 【解析】由题意二次函数 $f(x)$ 的对称轴 $x = \dfrac{a+2}{-2\times1} = 1$,故 $a=-4$.

又因为 $f(x)$ 在 $[a,b]$ 的图像关于 $x=1$ 对称,故 $\dfrac{a+b}{2} = \dfrac{b-4}{2} = 1$,故 $b=6$.

综上所述,答案是 **E**.

9 【解析】令 $u(x) = x^2-x$,则 $f(x) = \log_{0.5}u(x)$ 是单调递减的,由复合函数的"同增异减"的知识得,应找 $u(x)$ 的单调递增区间.

$x = \dfrac{-1}{-2\times1} = \dfrac{1}{2}$,故 $x \geqslant \dfrac{1}{2}$ 且 $u(x) = x^2-x>0$,解得 $x>1$.

综上所述,答案是 **E**.

10 【解析】对称轴为 $x = \dfrac{4}{-2\times1} = -2$,$f(-2) = (-2)^2+4\times(-2)+5 = 1$(最小值),

$f(0) = 0+0+5 = 5$(最大值),故区间 $[m,0]$ 包括对称轴 $x=-2$,

由对称性可知,$-4 \leqslant m \leqslant -2$.

综上所述,答案是 **B**.

11 【解析】$\lg(x-y)+\lg(x+2y)=\lg2+\lg x+\lg y$，故 $\lg(x-y)(x+2y)=\lg2xy(x,y>0)$，

即 $(x-y)(x+2y)=2xy$，则有 $(x+y)(x-2y)=0$，

故 $x=2y$ 或 $x=-y$（舍），所以 $\dfrac{x}{y}=2$.

综上所述，答案是 **B**.

12 【解析】原式化简有 $\dfrac{\lg3}{\lg2}\times\dfrac{\lg4}{\lg3}\times\cdots\times\dfrac{\lg m}{\lg2006}=4$，即 $\dfrac{\lg m}{\lg2}=4$，

解得 $m=2^4=16$.

综上所述，答案是 **D**.

13 【解析】设 $f(x)=a(x-1)(x+3)$，又因为 $f(0)=-3$，故 $-3=a(0-1)(0+3)$，

即 $a=1$，所以 $f(x)=(x-1)(x+3)=x^2+2x-3$.

综上所述，答案是 **E**.

14 【解析】$0=\log_{0.5}1$，又因为以 0.5 为底的对数函数单调递减，故 $x>y>1$.

综上所述，答案是 **D**.

15 【解析】方程化简有 $\dfrac{1}{2}\cdot2^{2x}+2^x=1$. 令 $2^x=t(t>0)$，故 $t^2+2t-2=0$.

解得 $t_1=-\sqrt{3}-1$（舍），$t_2=\sqrt{3}-1$，故 $2^x=\sqrt{3}-1$，解得 $x=\log_2(\sqrt{3}-1)$.

综上所述，答案是 **C**.